全国注册建筑师继续教育必修教材（之十三）

通用无障碍设计

清华大学建筑设计研究院有限公司　编著

邵　磊　主编

中国建筑工业出版社

图书在版编目（CIP）数据

通用无障碍设计/清华大学建筑设计研究院有限公司编著；邵磊主编．—北京：中国建筑工业出版社，2022.4（2024.11重印）

全国注册建筑师继续教育必修教材之十三

ISBN 978-7-112-27177-1

Ⅰ.①通… Ⅱ.①清… ②邵… Ⅲ.①残疾人—城市道路—设计—继续教育—教材 ②残废者住宅—建筑设计—继续教育—教材 Ⅳ.①U412.37 ②TU241.93

中国版本图书馆CIP数据核字（2022）第040708号

责任编辑：黄　翊　徐　冉
责任校对：张　颖

全国注册建筑师继续教育必修教材（之十三）

通用无障碍设计

清华大学建筑设计研究院有限公司　编著

邵　磊　主编

*

中国建筑工业出版社出版、发行（北京海淀三里河路9号）

各地新华书店、建筑书店经销

北京传奇天下文化发展有限公司制版

建工社（河北）印刷有限公司印刷

*

开本：787毫米×1092毫米　1/16　印张：30¼　字数：693千字

2022年4月第一版　　2024年11月第九次印刷

定价：**85.00**元

ISBN 978-7-112-27177-1

（39027）

编委会
（按姓氏笔画排序）

前　　言

　　2020年9月，习近平总书记在湖南考察调研时强调指出："无障碍设施建设问题，是一个国家和社会文明的标志，我们要高度重视。"这代表了以习近平总书记为核心的党中央对无障碍环境建设的高度关切与重视。

　　从20世纪80年代以来，我国的无障碍环境发展取得了巨大的进步。针对2022年冬奥会和冬残奥会的成功举办，残疾人奥林匹克委员会（简称国际残奥委会）无障碍专家伊莱亚娜·罗德里格斯评价，"让残疾人更加积极主动地融入社会，（在这方面）北京无疑给下一届冬残奥会的东道主设立了标杆"❶。无论是在理念与标准、设计与工程，还是在运行与协同等多个方面，通用包容、合理便利的无障碍环境建设都为主办城市沉淀下宝贵的奥运遗产。

　　在近几年的"两会"上，"无障碍"同样得到代表委员们的热切关注，成为近年来的热点话题。全国人大常委会委员、中国残联副主席吕世明表示，担任全国人大代表五年来，他每年的议案和建议大多聚焦无障碍环境建设。2022年"两会"上，他进一步呼吁将无障碍环境建设纳入公共信用制度体系中。

　　每个人都可能遇到行动、感知等功能障碍问题，有的是暂时的——比如嘈杂环境对听觉的影响，运动损伤对活动的影响；有的会伴随终生——比如脊髓损伤、先天残疾；有的是显性的——比如肢体残疾；有的是隐性的，不容易被外界看到——比如听力障碍、精神障碍；有的对参与社会生活没有产生太大障碍——比如色弱及近视、老花眼；有的会形成很难逾越的社会鸿沟——比如自闭症；有的不需要他人照料——比如独立生活的残障人士；有的离不开照料——比如帕金森、认知障碍等疾病导致的失能。诸如此类的身心障碍问题林林总总、不胜枚举。仅仅从残障相关的人口基数来说，2006年第二次全国残疾人抽样统计我国残疾人口总数达8296万。与此同时，我国现在老龄化的形势很严峻，第七次全国人口普查数据显示，我国60岁及以上人口为2.6亿，占比18.70％；65岁及以上人口为1.9亿，占13.50％。如果根据经验推算，其中失能老人不低于800余万人，半失能老人近3000万人，另有约1000万失智老人。另外，我国正在接受康复治疗的卒中患者总数过千万，脑瘫患者600余万人、自闭症患者1000万人。除了这些对无障碍环境有迫切需求的人群，我们已经认识到，身心障碍问题本质上涉及不同生命周期、不同身体状况的全体社会成员，代表了丰富、个性化的需求对通用包容、融合共享的呼唤。一个世纪以来，"多样、平等、包容"的理念在全球议题中不断被关注和强调，已经成为全球共识。

---

❶ 中国青年网.中国人的故事｜全国人大代表吕世明：无障碍环境建设应当纳入公共信用制度体系中［EB/OL］.https：//baijiahao.baidu.com/s？id=1726810364349293624&wfr=spider&for=pc.

2017年全国政协双周座谈会上，清华大学庄惟敏教授提出"今天的无障碍已经远远超出了传统意义上的建筑设施的领域，涉及科技研发、城乡建设、医疗卫生、教育培训、文化传播等各个方面"。他强调，"应当加大力度支持无障碍新型智库的建设和相关领域人才培养，增加财政支持和科研投入，促进成果转化，提升无障碍建设的科技含量，让无障碍创新发展成为建设小康社会、民生改善的重要抓手。"❶

的确，面对新时代高质量发展的目标和建设社会主义现代化国家的战略部署，包括健康老龄化、儿童友好、共同富裕、乡村振兴等重大领域，无障碍已成为人居环境建设的底色，是国家民生保障基本战略的重要组成，承载着社会公平正义诉求和对人的生命尊重与关怀。

在这样的发展趋势下，面对无障碍用户需求的系统性、多样性和复杂性，无障碍的未来是什么？未来的无障碍会怎样？科学、技术和艺术如何面向通用无障碍的目标开展对话与合作？多学科交叉协同如何提供更加综合、完整的解决方案？我们知道，城市人因工程学的提出，促进了社会、心理、生理、工程、生物化学、工业设计、人体量度、认知科学、互动设计、视觉设计、用户界面设计与用户体验设计等一系列领域开展"人的相关性"的交叉组合研究与创新，以谋求更高效、更安全、更健康和更美好的以人为中心的工作生活界面。❷

此次注册建筑师继续教育环节中全面纳入无障碍相关的专项培训内容，并组织不同领域的数十位专家、学者深入开展教材编撰，是以城市人因工程的理念为基础，多维角度建构无障碍发展全景画面的创造性探索，在无障碍领域此举史无前例。本教材从通用无障碍导论、无障碍的前策划与后评估、无障碍设计与工程建设、法规与政策以及优秀实践案例等多方面展开，力图在理念认识、设计技巧、工程重点问题等方面为大家形成高效、实用并具有启发的参考。

另外，不同学科、领域、行业的侧重点有所不同。本教材的重点还是以建筑师创作和实践的需求为基本面。从更全面地理解我国无障碍发展的趋势的角度，以下几点构成了本教材的重要背景，需要格外关注。

（1）法治保障在快速提升

从促进无障碍发展的角度，要满足高质量发展要求，法治是关键。应提升立法层级，在当前《无障碍环境建设条例》的基础上，尽快出台《无障碍环境建设法》。这已经得到各方面的充分关注和推动，目前全国人民代表大会相关立法程序已经启动，这将进一步推动无障碍法规、政策的落地实施。适老化、儿童友好、包容性与无障碍等各项标准建设在法治体系的完善中，会进一步深度、有机地融合，并通过法律责任的强化得到全方位保障。

（2）无障碍治理能力不断增强

无障碍建设关乎社会可持续发展，是国家治理体系和治理能力现代化的重要

❶ 中国政协网．无障碍环境建设也要"面向未来"［EB/OL］．http：//www.cppcc.gov.cn/zxww/2017/06/09/ARTI1496971491247412.shtml？from＝groupmessage.
❷ 张利．城市人因工程学：一个学科交叉的新领域［J］．世界建筑，2021（3）：8-12.

内容，需要全社会的共同关注。不仅是建成环境，也成为当前公共政策、社会学、经济学等跨学科研究的关键议题，这奠定了全方位、多层次建构中国无障碍环境治理体系的重要基础。在以积极老龄观、实现健康老龄化的进程中，政府、社会、家庭都是我国老龄化社会治理结构中的核心主体，及早建立健全相关社会治理与服务体系和人才体系至关重要，因此应推动具有中国特色的无障碍环境建设在学科体系、学术体系和话语体系等方面的发展，促进聚力协同，实现无障碍的可持续社会价值。

（3）无障碍成为人居环境品质的重要体现

在2021年清华大学无障碍发展研究院"无障碍与未来人居"学术年会上❶，中国工程院马国馨院士指出，关心弱势群体是我国制度优越性和社会文明发展的重要体现，无障碍设计在专业教育领域仍需进一步加大力度，更加深入细致地了解不同人群需求，全面提升以人为本的设计水平。中国工程院孟建民院士指出，无障碍建设与未来人居环境发展息息相关，这不仅是规划、建筑领域的工作，也需结合5G网络、人工智能、信息科学等跨学科领域的成果，共同应对未来城市发展中的复杂障碍问题。中国工程院庄惟敏院士强调，伴随着愈发多样的需求、不断进步的设计与建设技术，对建筑全过程、系统性的策划、建造、运行、评估愈发重要，对促进无障碍水平的螺旋式上升有重要意义。

（4）无障碍与科技的融合改变未来

无障碍事业的长远发展离不开科学技术的不断创新和应用。如何让肢体残疾者更加自如地行动，让视力障碍者和听觉障碍者更加便捷地使用互联网资源，诸如此类的问题都是当代科技创新需要面对的现实。不仅是掌握核心技术问题，第五次产业革命的到来在系统性解决方案、多主体参与、学科深度交叉等方面，都会带来整个产业链的变革。伴随人工智能的快速发展，人工智能的"包容性"问题也愈发被广泛关注，从产品克服"数字鸿沟"到更为底层的算法及其权利问题，如何在已经到来的数字时代，更全面地认知空间无障碍、数字无障碍和服务无障碍是新的课题。

（5）无障碍高质量发展促进人的全面发展

从未来学习行为、社会环境、教育理念的三重变化可以看出，终身学习已经成为个人与社会发展的基本支撑。在服务国家战略需求、产业转型升级和人的全面发展中，机会获得、资源分配、个体赋能都需要通用无障碍的环境作为基础。无障碍建设是系统性工程，尤其是在促进终身学习的各种支撑条件中，各类校园空间、设施、设备、教学方式和资源都应当尽快实现更加包容、平等、共享。

对建筑师而言，无障碍设施不仅是空间和设施，"无障碍"代表了一个价值体系，是一个基准线。从世界范围来看，无障碍的理念从最初针对残疾人消除空间障碍，到进一步消除社会参与障碍，再到走向"通用设计""包容性设计""为所有人设计""赋能环境"（Enabling Environment）等诸多不同的概念，其发展趋势毫无疑问都是一个目标指向，就是更加平等、包容和共享。

---

❶ http：//www.bj.xinhuanet.com/2021-05/10/c_1127426117.htm.

当我们意识到由于认识、方法、技术等诸多方面的忽视而导致物质空间、数字空间、公共服务等各种"鸿沟"的时候，在当下营造高品质人居环境的过程中，从对包容性的认识到空间本身、室内外设施设备、材料细节中充分体现对人的尊重和包容，都是设计方法论、技术和手法、建设和工艺等方面需要深入反思的深题。希望通过我们的不懈努力，使人居环境建设更加包容、友善，有温度、有品质。

目　录

第3篇 无障碍工程建设

第1篇 通用无障碍导论

本篇统稿人：孙力扬 冯善伟 邵磊

本篇以认识、理解无障碍的相关概念为基础，以"残疾观"的历史演变为主线，讲述了几个世纪以来全世界有关无障碍的理念在内涵和外延上的变化，进一步对通用设计、包容性设计等当前具有国际共识的理念、方法和挑战性议题进行了介绍和讨论。通过这些介绍，阐述了作为"全社会的最大公约数"，实现通用无障碍（Universal Accessibility）是保障多样、平等和包容发展的基石。本篇选取了无障碍文化的构建与传播、交通强国与无障碍出行、"数字鸿沟"与信息无障碍、无障碍专项规划四个方面，分别从文化、交通、科技、建设的维度，展示了无障碍所涉及的跨学科、跨领域、跨行业的多样化、丰富性和立体感。希望通过这些内容，启发读者再思考、再认识无障碍发展的意义和价值体系，进一步在专业技术和职业发展中充分体现包容、平等、多样的价值取向。

1 无障碍相关概念与发展演变[*]

1.1 残疾观的演变

我国春秋时期就有"八疾"之说，主要指聋、盲、哑、侏儒、驼背、鸡胸、跛、愚的残疾。在《管子·入国》中曾谈到齐国的"养疾"政策，"所谓养疾者，凡国都皆有掌养疾，聋、盲、哑、跛、躄、偏枯、握递，不耐自生者，上收而养之疾官，而衣食之，殊身而后止。"对不能自理的人，国家有专门的"上收而养之"的做法，这体现了我国自古对残障问题的人文关怀。

与此同时，由于古代理念、知识以及生产方式的局限，对身体残疾"污名化"的现象也普遍存在。比如在古希腊时期，身患残疾的人被认为是"劣等"的。在《理想国》中，柏拉图建议将畸形以及下等人的后代放到一些"神秘的未知地方"。亚里士多德在《政治学》中也提出"生子残疾者弃之"的观点。❶ 15世纪开始的文艺复兴时期，西方社会在人文主义、人权说、平等思潮的影响下，伴随着科学技术，尤其是医学的进步，可以较好地解释残疾产生的原因，并掌握了疾病治疗的手段和方法，这些都激发了社会维护残疾人尊严和权利的意识——人们开始用医学手段来治疗和矫正残疾，用教育引导智力残疾者，特殊教育学校开始出现。这个阶段人们普遍认为残疾是个人问题和医疗问题。

进入20世纪以后，因两次世界大战而伤残的军人在福利机构虽然得到很好的医疗护理和照顾，但是与外界隔离，生活不便，缺乏社会融入，他们逐渐丧失了自由和建立社会关系的机会。长此以往，因为残疾而导致的社会问题逐渐为人们所认识和重视。于是从20世纪60年代开始，全世界对于残疾人的观点逐渐开始了转变，最典型的例子就如"残奥会"，便是20世纪20年代初期到中期，从伤残军人康复到残疾人以平等、自主的目标广泛参与体育运动的转变而正式诞生的。这个阶段，残疾人不断发起的平权运动、独立生活运动，促使人们意识到残疾和贫困并非仅是个人的悲剧，也是"社会的残疾"，人们对待残疾人的观点逐渐从旧残疾人观转向了新残疾人观，即认为残障不应被"污名化"、被隔离和歧视，不能简单地归为"疾病"，生理上的功能损害不能影响其享有参与社会的平等权利，应该保障整个社会通过知识、信息和环境的弥补条件，使残疾人可以平等、自主地参与社会事务和工作，实现个人价值。这些理念被概括为残疾观的"社会模式"。

由于残疾观的转变，20世纪30年代，瑞典、丹麦等国家开始在城市中建设专供残疾人使用的设施，作为倡导残疾人"正常化"努力的一部分。1959年欧

---

* 本章作者：邵磊、曲文雍、徐秉钧、金安园。

❶ 赵森，易红. 从个人到社会：残疾模式的理念更新与范式转换［J］. 残疾人研究，2021（3）：12-22.

洲议会通过了《方便残疾人使用的公共建设的设计与建设的决议》。大概同一时期，美国为了方便伤残军人就业不受限制而着手建设专门的设施，1961 年美国率先制定了《便于肢体残疾人进入和使用的建筑设施的美国标准》，这也是世界上第一个有关无障碍（Barrier-free）的标准。❶ 此后，英国、加拿大、日本等几十个国家和地区相继制定了有关法规。欧洲国家在推进道路、建筑等公共场所进行无障碍设施建设与改造时，重点强调住宅的"无障碍化"。一些国家从 20 世纪 60 年代起设计和建设"无障碍化"住宅，在设施安全性能、与他人交流、沟通等方面考虑十分细致，为残疾人、老年人提供真正"无障碍化"、安全便利的居住环境。1973 年，日本厚生省为改造社会环境，提高残疾人和老年人的参与能力，制定"福利城市政策"，建议 20 万以上人口的城市实施下列改造内容：交通路口应配置安全设施；公共场所配备轮椅；公共场所为残疾人开放；修建残疾人专用厕所；对于老年人、残疾人使用的浴缸，周围墙上安装扶手，有特殊要求的地方配备移动式浴缸车；为残疾人住宅装电话，建立电话服务网；对广大公民进行关心残疾人、老年人的教育。1979 年，厚生省为进一步推进"福利城市政策"，将上述条款的适用范围又扩大到 10 万人以上的城市，同年开始推行"残疾人住宅改建贷款制度"，以改善残疾人、老年人的居住环境。❷

1.2 残疾与障碍

如前文所述，20 世纪人们对无障碍的认识是从身体残障开始的，但 20 世纪中期以后，人们愈发重视残障问题对个体和社会的综合影响。2001 年，有两件事进一步推动人们不再将无障碍概念仅仅局限于残障领域，而是在更加广阔的社会关系和生活空间里来定义和使用。

一是《国际健康功能与身心障碍分类系统》（ICF）的国际通用版本在世界卫生组织协调下获得批准。这一分类系统把"障碍"界定为："个人环境中限制功能发挥并形成残疾的各种因素，其中包括有障碍的物质环境、人们对残疾的消极态度、缺乏相关的辅助技术的应用，以及既存在又妨碍所有健康人全部生活领域里的服务、体制和政策等"。也就是说，其定义在物质环境、社会环境（如制度法规、语言环境）和态度环境里，限制发挥功能的各种因素都是障碍，从而与传统的医学模式的残疾定义分道扬镳。这为在更广范围内讨论失能与无障碍的关系问题提供了契机。

二是同一年国际标准化组织首次界定了"Accessibility"的标准，在包括残疾人在内的各类特定人群同样能够无障碍地进入不同场合、获取信息、接受服务等方面达成了国际共识。❸

由此可见，"残障"中的"障"强调的是人与社会环境的矛盾，是指存在某

---

❶ 厉才茂．无障碍概念辨析［J］．残疾人研究，2019（4）：64-72.
❷ 吕世明．我国无障碍环境建设现状及发展思考［J］．残疾人研究，2013（2）：3-7.
❸ 厉才茂．无障碍概念辨析［J］．残疾人研究，2019（4）：64-72.

种障碍的人机会的丧失或受到限制，导致其不能像正常人一样平等地融入社会。人们对于"残疾"的认识逐渐从最开始的个体缺陷，开始发展为社会环境对残障者形成的制约，更为重视社会对残障人士造成的负面影响。这种反思显示出当今社会无障碍意识的提高，面向政府部门、规划师、设计师、公众的无障碍意识的普及和推广迫在眉睫。

随着人口结构的变化、对弱势群体关注的增加，无障碍设计的服务对象从残障人扩大到所有存在特殊需求的群体，包括老人、儿童、孕妇、病人等这些由于自身生理限制造成使用基础服务设施不方便的人群，以及携带重物、推婴儿车等由于外在原因造成行动不便的人群，还包括少数民族、外国人等由于文化、语言不同造成的出行不便的人群。可以说每个人在生命周期中都会因为年龄、性别、伤病甚至文化等因素，遇到看得到或者看不到的身心障碍、交流障碍等问题，其中那些表面上察觉不到的障碍往往会带来更大的困扰和痛苦，无障碍设计则是要发现并尽量解决这样的问题。

1.3　无障碍与通用设计

经常会看到有关无障碍设计的不同词语表述，如无障碍设计（Barrier-free Design 或 Accessible Design）、通用设计（Universal Design）、包容性设计（Inclusive Design）、为所有人设计（Design-for-all）等。这些中西语汇之间都有什么关系？如何理解中文的"无障碍"概念？以下先从英文概念的变迁说起。

如前文有关残疾观演变的讨论，20 世纪初期西方社会普遍使用"Barrier-free"来表述"无障碍"的消除物理空间障碍的意义。随着无障碍理念从物理空间到社会融入的不断深化，以 1990 年《美国残疾人法》立法为例，其将无障碍与残疾人权利保护和反残疾歧视立场联系在一起，基于保障残疾人平等参与和受益的机会，规定就业、交通、公共设施、政府服务和电信等各方面对于残疾人必须是"可进入的""可使用的"（Accessible），由此提出了无障碍概念新的术语表达，即"Accessibility"（中文也译作"可及性""可使用性"）。这一概念贯穿于该法案，成为美国残疾人权利立法的核心概念，也影响着随后很多国家和地区的人们关于无障碍的认识和行动。1993 年 12 月发布的联合国大会第 48/96 号决议《残疾人机会均等标准规则》中，附录第五条规则"Accessibility"（联合国公布的中文文件将之译为"无障碍环境"）明确提出了包括物质环境的无障碍、信息和交流的无障碍两个方面共 11 项具体规则与要求。这是"Accessibility"的概念首次正式出现在残疾人权利国际文书中，标志着无障碍开始成为国际残疾人事务的核心主题。❶

由此可以看出，无障碍设计理念最初强调的是消除残疾人在操作和移动中的障碍，主要集中于研究物理环境的无障碍（Barrier-free）。物理环境中的无障碍

---

❶ 厉才茂．无障碍概念辨析［J］．残疾人研究，2019（4）：64-72.

包括城市中的道路、住宅区和建筑、景观绿地等方面的规划与建设，应保障残疾人的通行和使用过程中的无障碍，重视从物质空间上满足特殊人群的行为需求。随着残疾观的不断进步，无障碍已经不仅局限于物理环境范围，信息交流无障碍、服务无障碍等也被纳入无障碍要求中，"Accessibility"作为外延更为广阔的概念被普遍接纳。2006 年 12 月第 61 届联合国大会通过的《残疾人权利公约》第九条完整阐明了无障碍（Accessibility）的意义、适用范围以及应当采取的措施，给出了更为详尽和周延的释义，即"为了使残疾人能够独立生活和充分参与社会，缔约国应该采取措施，确保残疾人在与其他人平等的基础上，无障碍地进出物质环境，使用交通工具，利用信息和通信，包括信息和通信技术和系统，以及享有城市和农村地区向公众开放或提供的其他设施和服务"。

在对无障碍内涵和目标不断形成世界共识的基础上，设计范式也亟待构建新的理念、原则和方法。在早期倡导无障碍设计和无障碍建筑的阶段，大家都认识到这一概念在法律、经济和社会方面具有巨大的影响力，能够满足残疾人和非残疾人的日常需求，比如 20 世纪 30 年代北欧国家开始兴建残疾人专用设施，消除物质空间环境中的障碍，"无障碍设计"开始萌芽。当建筑师们开始为标准实施而奋斗时，却发现无障碍往往会被认为是"特殊的""昂贵的"，且往往缺乏美学特质。但是，更加显而易见的是，这种为了适应残障需求所开展的设计与实践实际上会使每个人都受益。那么为什么不能构建一种人人平等、无差别对待的设计范式呢？就此问题，在 1975 年"国际康复论坛"中提出了"不仅对特殊群体，对老年人和滞后于主流社会的人群都应给予关照"的观点，即"面向所有人"这一理念。到 20 世纪 80 年代，美国北卡罗来纳州立大学（North Carolina State University）建筑系研究教授罗纳德·梅斯（Ronald Mace）成为第一个提出将"面向所有人"的通用设计原则应用于建筑的人。

"通用设计"（Universal Design）强调设计应适合所有使用者，以全体大众为出发点，让环境、空间、设施能适合所有人使用。有关通用设计的概念有很多表述，以下借鉴爱尔兰在 2005 年的《残疾人法》中的法律定义。

环境的设计和组成，应当能够被访问、理解和使用，需要满足以下几点：

① 应尽最大可能；

② 以最独立、最自然的方式；

③ 在尽可能广泛的情况下；

④ 不需要为任何年龄，体形，或特定的身体、感官、心理或智力残疾的人，进行适配、改装、辅助设备或专门解决方案；

⑤ 就电子系统的创建过程而言，其产品、服务或系统应可被任何人使用。

至此，现代语境中的无障碍设计成为一个多学科、多领域相结合的精密系统，不仅可以直接反映出一个国家的城市发展水平，也展现出其人文精神高度。在西方文本语境中，Barrier-free（无障碍）与 Universal Design（通用设计）代表着不同历史阶段观念的差异。

《联合国残疾人权利公约》在总结实践的基础上，创造性地提出"通用设计"和"合理便利"概念，在各类人群最大不同需求和残疾人特殊需求之间取得平衡，并找到合乎公平原则和市场法则的解决方法，为人们在更广的领域更好地认识、定义和使用"无障碍"（Accessibility）提供了可能。在实现无障碍目标的过程中，全世界也在不断更新和优化相关理念和设计范式，包容性设计（Inclusive Design）、为所有人设计（Design-for-all）、有利环境（Enabling Environment）等概念层出不穷，但其总的理念都是面向平等、包容、多样以及可持续的发展目标。

如何理解中文的"无障碍"？笔者认为，在我国"无障碍"一词并非英文单词的简单直译。"Barrier-free""Accessibility"在我国官方文件和学术研究中均被译为"无障碍"，既代表了物质空间环境的无障碍（Barrier-free），又代表了在空间、信息、服务等领域的可达性或无障碍（Accessibility）。近年来，在无障碍文化传播中，还产生了"无障·爱"等独具中文特色的创新用法，又给"无障碍"的概念增加了人文关怀、包容共享的内涵。

1.4 无障碍发展的世界挑战

1.4.1 老龄化社会对无障碍需求迅速增加

根据美国人口普查局美国社区调查（American Community Survey，ACS）估计，2016 年美国残疾人的总比率为 12.8%，约有 4196 万人，其中 65 岁及以上占比 41.4%。美国因为年老产生残障的比例非常高，65 岁及以上人群中有 35.2% 有残疾。2015 年新加坡全国社会服务委员会（National Council of Social Service）对 2000 名 18 岁及以上的新加坡公民和永久居民进行了随机抽样调查，50 岁及以上的新加坡人自我报告残疾患病率为 13.3%，包括因事故、疾病和年老而致残的人。根据日本政府网站 2018 年公布的数据，日本共计有 936.6 万残障人士，约占总人口的 7.4%。其中身体残障人群中 65 岁以上占 72.6%，智力障碍人群中 65 岁以上占 15.5%，精神障碍人群中 65 岁以上占 36.7%。中国残障人群约有 8500 万人，约占总人口的 6%，其中 60 岁以上占 53.24%，65 岁及以上占 45.26%。我国台湾地区 2011 年 12 月底身心障碍者人数为 110 万人，占总人口的 4.74%，身心障碍者的年龄分布也是年龄越大占比越高，60 岁以上的身心障碍者占总数的 45.9%。

我们应重视全球老龄化带来的残障人群迅速增加的现状，在《美国残疾人法案》及新加坡无障碍总体规划中都明确指出老龄化导致残障人群的增加。我国同其他国家一样，未来几年内因老致残的比例会迅速增加。根据东京都社会福祉基础调查报告，随着年龄增大，老年人行动能力是下降最快的，其次是听力和视力的下降。如果老年人行动有障碍，而环境无法给予好的支持，会导致其生活圈变小、生活内容单调，从而老化速度更快。

1.4.2 社会对障碍问题的态度仍然存在较大差异

新残疾观推广 50 年以来，各国残疾人依然认为自身平等参与社会仍有障碍。2014 年英国机构 Scope about Disability 的调研发现大众对于残障人士的否定态度极大影响了残障人士的工作和生活，有超过 36％的被访者认为残疾人没有其他人有效率，67％以上的人认为和残障人士说话觉得不舒服与尴尬，24％的残障人士表示因为残疾在工作和生活中经历过被他人期望较低的情况，人们更愿意与"有形残障"（如行动障碍或者感官障碍）的残疾人交流，与"隐形残障"（如精神障碍、自闭症和学习障碍）的残疾人则交流更少，43％的人不认识任何残疾人。日本残疾人认为整体社会还是存在残疾羞耻文化，在教育、就业和社区生活方面存在隔离。新加坡社会服务全国委员会（NCSS）和机构 Len Foundation 就新加坡人对残障人士的态度所做的调查结果显示，新加坡人对于残障人士的社交礼仪不是很清楚，很多用人单位不愿意雇佣残疾人。残疾人士和家庭成员认为应提供更多的支持帮助残疾人士融入社会和参与社会。

1.4.3　就业鸿沟形成可持续发展的重大挑战

全球范围内残障人与健全人就业的鸿沟依然存在。目前全球发展中国家中有 80％～90％的处于就业年龄的残疾人为失业状态，而在工业化发达的国家，这一数字在 50％～70％。根据 2018 年 6 月 21 日美国劳工部劳动统计局公布数据，2017 年美国 18～64 岁的残疾人中有 29.3％有工作，身体健全人的就业比例为 73.5％。16 岁及以上残疾人群的收入中位值为 22047 美元，约为非残疾人群收入中位值的三分之二，残疾人士和非残疾人士之间收入中位数有超过 1 万美元的差距。这一收入差距自 2008 年以来就存在，2013 年以来仍在扩大，这与残障人群在信息化社会存在诸多障碍有关。

美国残疾人受教育程度相对较高，且有 504 法案"禁止在工作场所及其计划和活动中歧视残疾人"的支持，残疾人与健全人就业行业分布基本相似。40％的美国残疾人拥有本科及以上的学历，27％是大专学历，残疾人从事农业、零售业和服务业的比例要高于健全人士，但是在教育、管理、金融和专业服务业的比例要低于健全人。

1.4.4　以谱系障碍为代表的多样性愈发受到关注

神经多样性（Neurodiversity）的概念是呼吁把各种神经功能障碍理解为人类基因组正常范围内的变化，是人类无法避免的疾病和障碍，如自闭症、双相情感障碍、失读症等各种神经模式的人。在各国残疾儿童比例下降的情况下，儿童患发育障碍的比例在提高，美国自闭症谱系人群比例为每 59 个家庭有 1 位。据新加坡教育部报告，18 岁以下的未成年人有感觉障碍、身体障碍、自闭症谱系障碍和智力障碍的学生障比例为 2.1％。我国目前自闭症人群约有 1000 万人，其中有 200 万是未成年人。以往我们更关注有形的残疾，但现实中有 70％～80％的残疾是隐形的，隐形残障人群的需求应该被重视起来，并给予支持和尊重。

1.4.5　文化、体育与旅游的无障碍需求增长迅速

习近平总书记说："健全人可以活出精彩的人生，残疾人也可以活出精彩的

人生。我们每个人都要珍惜生命、追求健康，努力创造无愧于时代的精彩人生。"当前所有国家都认同和鼓励残疾人参加更丰富的文化、体育和娱乐休闲活动，改善个人的健康和福祉，促进包容性社区的发展。根据欧洲无障碍旅游网（ENAT）的数据，2012 年"无障碍旅游"为欧盟创造了 7860 亿欧元的总营业额，并创造了 900 万个就业岗位。随着经济和消费水平的提高，残疾人、老年人和儿童在文化、体育、娱乐休闲方面的需求会越大越大，将来无障碍文旅休闲的发展会给社会带来良好的经济效益和更多的就业岗位。

很多国家已经意识到无障碍环境对于社会经济的促进作用。日本于 2017 年修编《关于促进高龄者、残疾人等的移动无障碍化的法律》（简称《无障碍新法》），其中除了为迎接 2020 年东京奥运会根据残奥会的要求制定了关于赛场观众席位的要求，同时也考虑到访日外国游客和高龄社会的需求。我国台湾地区的无障碍建设也从起初仅为了便利残疾人逐渐发展到为了对老年人及所有人群友好，现在则拓展到为了扩大旅游服务业的旅游收益。

1.4.6　融合教育迫切需要提升无障碍基础

融合教育作为国际教育发展的全新理念兴起于 20 世纪 90 年代。1994 年联合国教科文组织在西班牙城市萨拉曼卡召开"世界特殊教育大会"，通过了《萨拉曼卡宣言》，首次提出"融合教育"的概念。其核心理念是教育面向所有青少年，使他们接受适合自身发展的教育，获得更好的发展机会并更好地适应社会。融合教育的本质是通过教育内容、教育途径、教育结构和教育战略的变革和调整，减少教育系统内外的排斥，以应对所有学习者多样化的需求，增加他们学习、文化和社区参与的机遇，努力使所有的人受到平等的教育，特别是帮助那些由于身体、智力、经济、环境等原因可能被边缘化和遭歧视的孩子受到同样的教育。保障所有学习者受教育的权利不会因为个人的特点与障碍而被剥夺，其最终目的在于建立一个更加公平、公正的社会。今天的融合教育理念已不再是仅仅针对残障群体的教育，而是要求普通学校通过制度、资源、技术、环境等方面的创新，对所有具有平等权利的受教育者提供满足他们需求的教育环境。

在我国，初、中等教育的融合教育基本上是通过"随班就读"的方式实现的。随班就读作为具有中国特色的融合教育实践有着举足轻重的意义。1987 年国家教委《关于印发〈全日制弱智学校（班）教学计划〉的通知》中明确提到：在普及初等教育的过程中，大多数轻度弱智儿童已经进入当地普通小学随班就读。1993 年，亚太地区"特殊教育研讨会"在黑龙江省哈尔滨市召开，"全纳"（Inclusion）的概念被引入中国，开始从融合的视角探讨我国随班就读的发展。1994 年国家教委发布《关于开展残疾儿童随班就读工作的试行办法》，随后国务院批准实施《残疾人教育条例》，标志着"随班就读"通过国家教育政策法规获得了正式的法律地位，随班就读进入深化发展的实践和提高阶段。

融合教育在中国的发展使残障青少年有机会与普通的同龄者生活、学习在一起，共同感受时代的进步，使他们更加容易融于社会，享受国家发展的成果。但随着全民教育水平的提高和几十年以"随班就读"为中心的融合教育实践，"随班就读"的短板与局限性也日益显现。学校如何满足学生日益多样化的具有个性的学习需求，避免以普通学生为中心而不能很好顾及残疾学生的特殊需求是问题的核心。融合教育的目的绝不仅仅是从形式上把残障学生塞入普通课堂，而是需要通过系统的教育程序使特殊受教育者最大限度地发挥出自己的特长和潜能，满足特殊学生的发展需求。以人为本是我国发展的基本理念，更是实现校园无障碍环境的根本保证。校园无障碍的实现是满足特殊学生生理、生活需求的基本保证，是实现融合教育的必需条件。

1.4.7　无障碍法律诉讼与维护平等权益需求增强

2018 年 7 月美国法院行政办公室司法数据和分析办公室发布了 2017 年与《美国残疾人法案》（ADA）相关的诉讼案件数据。这些诉讼案件共计 10773 件，占民事案件总数的 4% 和民权案件的 27%，既有集体诉讼也有个人诉讼，起诉对象有政府、公司、社会组织等相关单位。2005～2017 年，《美国残疾人法案》案件的申请量增加了 4 倍，在餐馆、电影院、学校和办公楼等场所遇到障碍的案件有 8279 件，增加了 521%，就业歧视案件达到 2494 件，增加了 196%。2017 年有 814 件信息无障碍方面的诉讼，有代表性的案件是一起盲人起诉零售店 Winn Dixie 的网站没有信息无障碍，这是美国第一起针对私人零售商的信息无障碍的起诉。最后这家零售店被罚支付 25 万美元进行网站改造。而之前的相关诉讼主要是针对大型公司、组织和政府。

分析《美国残疾人法案》诉讼案件，残障人士排在第一位的诉求是公共场所无障碍环境，另外其在网站、APP 和其他终端设备方面的信息无障碍需求也必须重视。除了消除环境障碍，消除残障人群在就业和受教育方面受到的歧视和不平等更为重要。

近几年来我国残障人士对平等参与社会的需求愈发强烈，他们也通过残疾人联合会、法律、媒体等多方面途径扩大声音与积极维权。社会上大部分部门和组织对残障人士的维权行为予以正面响应，但仍限于"头痛医头，脚痛医脚"，没有进行系统提高与完善，不能形成系统化的无障碍环境。未来全社会各个行业应该更加关注残障人群在教育、就业、参加文体娱乐休闲活动、医疗康复等多个方面的权利与需求，并创新服务模式与产品为其赋能。

1.5　我国无障碍环境建设标准体系的发展

我国无障碍设施建设自 20 世纪 80 年代开始起步。1982 年首次将"国家和社会帮助安排盲、聋、哑和其他有残疾的公民的劳动、生活和教育"作为公民的一项基本权利写入了《中华人民共和国宪法》。1985 年，中国残疾人福利基金会、北京市残疾人协会和北京市建筑设计院举办了"残疾人与社会环境研讨会"，联合发出了"为残疾人创造便利的生活环境"的倡议，产生了很大的社会反响。同年，北京市政府将王府井、西单—西四、东单—东四、美术馆—朝阳门四条街道和百货大楼、新华书店、工艺美术服务部、吉祥戏院、儿童影院等建筑作为无障碍改造试点。❶ 其后，在全国人大六届三次会议和全国政协六届三次会议上，部分人大代表、政协委员提出"在建筑设计规范和市政设计规范中，考虑残疾人需要的特殊设置"的议案。国务院对此十分重视，提出了制定《方便残疾人通行的设计规范》的指示。

1989 年，建设部、民政部和中国残联共同发布了《方便残疾人使用的城市道路和建筑物设计规范（试行）》JGJ 50—88，主要针对下肢残疾者和视力残疾者，适用于城市道路和重要公共建筑。这是我国第一部无障碍行业标准，标志着我国无障碍环境建设标准体系开始正式建立。

1990 年，我国依据宪法制定了《中华人民共和国残疾人保障法》，以维护残疾人的合法权益，发展残疾人事业，保障残疾人平等地充分参与社会生活，共享社会物质文化成果。此法明确，残疾人在视力、听力、言语、肢体残疾之外，还包括智力、精神等多种残疾类型。在"环境"一章，此法要求国家和社会逐步创造良好的环境，改善残疾人参与社会生活的条件，实行方便残疾人的城市道路和建筑物设计规范，采取无障碍措施。

1996 年，《中华人民共和国老年人权益保障法》公布，要求新建或者改造城镇公共设施、居民区和住宅，应当考虑老年人的特殊需要，建设适合老年人生活和活动的配套设施。法律先行，其为标准体系的建立打下了基础，也提出了要求。

1998 年 4 月，建设部下发《关于做好城市无障碍设施建设的通知》（建规〔1998〕93 号）。1998 年 6 月，建设部、民政部、中国残联联合发布《关于贯彻实施方便残疾人使用的城市道路和建筑物设计规范的若干补充规定的通知》（建标〔1998〕177 号），对城市无障碍建设提出了进一步的具体要求。为了适应迅速发展的无障碍设施建设的需要，1998 年建设部等部门组织力量，在认真总结实践经验、参考有关国际标准和国外先进技术的基础上，对《方便残疾人使用的城市道路和建筑物设计规范（试行）》JGJ 50—88 着手进行修订。

2001 年，行业标准《城市道路和建筑物无障碍设计规范》JGJ 50—2001 发布施行，原《方便残疾人使用的城市道路和建筑物设计规范（试行）》JGJ 50—88 同时废止。此版规范增加了居住建筑和居住区的无障碍设计内容，并提高了部分无障碍设施的标准。同一时期，老年人相关的建筑设计标准中也制定了无障碍相关要求。例如，建设部和民政部于 1999 年联合发布了行业标准《老年人建筑设计规范》JGJ 122—99，建设部和质量监督检验检疫总局于 2003 年联合发布了国家标准《老年人居住建筑设计标准》GB/T 50340—2003，规定专供老年人使用的公共建筑和居住建筑应具备方便残疾人使用的各类无障碍设施，兼为老年人使用。2004 年，第一部地方无障碍法律《北京市无障碍设施建设和管理条例》发布，为北京市无障碍环境的建设和改造提供了抓手。

2010 年，国家标准《无障碍设施施工验收及维护规范》GB 50642—2011 的发布填补了无障碍施工验收和使用维护领域标准的空白。其后，国家标准《无障

---

❶ 吕世明. 我国无障碍环境建设现状及发展思考［J］. 残疾人研究，2013（2）：3-7.

碍设计规范》GB 50763—2012 于 2012 年发布实施，取代了原《城市道路和建筑物无障碍设计规范》JGJ 50—2001 并沿用至今。此版规范在总结实践经验、分析建设现状和参考国际标准的基础上再次提高了部分指标，并且将面向群体进一步从"行动不便者"拓宽到所有"有需求的人"，适用范围也进一步纳入了城市广场、城市绿地、历史文物保护建筑等区域。同年，国务院发布《无障碍环境建设条例》，首次明确了在无障碍设施建设和使用方面的法律责任，要求对不符合无障碍设施工程建设标准的情况责令改正，依法处罚。

此外，相关部委在一些特殊行业和领域（铁道、民航、网站、标识等）也分别制定了各自的无障碍标准。例如，铁道部发布了《铁路旅客车站无障碍设计规范》TB 10083—2005，民航局发布了《民用机场旅客航站区无障碍设施设备配置》MH/T 5107—2009，工信部发布了《网站设计无障碍技术要求》YD/T 1761—2012、《移动通信终端无障碍技术要求》YD/T 3329—2018 等。同时，地方政府主导编制的具有地域特色的无障碍地方标准也层出不穷。

伴随着经济社会从高速发展向高质量发展阶段的转型，近几年来我国在无障碍标准编制时也更加注重品质的提升。在 2022 北京冬奥会和冬残奥会、2022 杭州亚运会和亚残运会、雄安新区、粤港澳大湾区、"一带一路"等国家大事件和战略的引领下，《北京 2022 年冬奥会和冬残奥会无障碍指南》《雄安新区无障碍规划标准导则》《粤港澳大湾区无障碍环境系统配套规则导则》等标准以及导则陆续发布。

1.6 通用无障碍目标与"社会最大公约数"

2016 年世界旅游日，时任联合国秘书长潘基文发表《为所有人的旅游——提升通用无障碍》(*Tourism for All-promoting Universal Accessibility*)，强调了通用无障碍（Universal Accessibility）对实现人类社会共同繁荣与和平的重要意义。❶

通用无障碍是一个具有高度包容性的用语，主要有如下特点：

（1）通用无障碍是不断螺旋上升的过程

长期以来保障无障碍建设的重点是立法、法规和标准化，其主要目的是满足不同的用户群体需求制定最低遵守标准。通用无障碍设计的核心点在于在满足无障碍底线要求的基础上，更好地通过设计创新、技术创新、服务创新满足所有使用者的无障碍需求。用户、需求、市场与技术都在发生变化，通用设计有明确的原则、方法与评价标准，但并没有固化的技术规格，而设计是在使用者和市场的互动中不断反馈需求、不断调整、不断创新的螺旋上升过程。

（2）包容社会成为通用的出发点

以前无障碍更注重解决物理环境的障碍，如轮椅使用者的坡道和盲人的盲道，现在对通用设计的理解已经扩展为更人性的服务，如让残障人群进电影院看

---

❶ https：//www.unwto.org/world-tourism-day-2016.

电影、乘坐火车和飞机出行或旅游。这一趋势也与现在越来越注重"用户体验"相符合，创新服务和设计服务的融合将作为一种重要的工作方法，通用无障碍的创新应该从问题出发，以提升用户需求和服务质量为设计目的，通过解决用户的问题和改善用户体验的方式来创造使用价值，从而实现不断的优化和应用。

（3）通用无障碍是可持续发展目标的重要内涵

2015 年 9 月 25 日，联合国可持续发展峰会上 193 个成员国正式通过 17 个可持续发展目标。面对复杂的社会、经济和环境问题，所有社会成员的参与、努力是实现可持续目标的核心动力。在过去，政府和公众可能认为仅为少数人群的无障碍是特殊的事情。随着全球老龄化加剧和慢性病人群的增加，许多国家已经认识到通用无障碍环境在未来发展的重要性和紧迫性。其除了可以提前应对多样化障碍人群对环境的要求，更有助于每个人平等参与社会和实现可持续发展。构建包容性社会能带来整体社会的高质量发展和增长，所以针对通用设计的投资具有经济和社会双重意义。

1.6.1 通用无障碍的内容与方法论

我国建设以人为中心和更具包容性的社会，使每个人都有更大的可能性参与、贡献和共享社会发展是解决我国现阶段城乡建设发展不平衡和不充分的有效抓手。2018 年 10 月 15 日举办的"包容与多样"无障碍发展国际学术大会上发布的《通用无障碍发展北京宣言》，可以代表我国科研机构关于建设无障碍通用人居环境建设的紧迫性、重要性的思考以及发展范式的研究成果。

该宣言指出我国为了实现可持续发展必须在人居环境的建设和社会基础设施与基本服务中确立通用无障碍的基本原则，为所有人提供平等与充分参与的机会，明确"通用无障碍"的关键内容如下：

① 人居环境与基本服务无障碍：城镇化进程中多种形式的贫困、社会与经济发展水平的分化与空间隔离将导致在消除"基于残疾的歧视"的过程中更复杂和尖锐的矛盾。有些群体在社会经济快速发展中容易被遗漏和忽略，这为社会全体的永续发展带来巨大挑战，必须在人居环境的建设和社会基础设施与基本服务中，确立通用无障碍的基本原则，为所有人提供平等与充分参与的机会。

② 信息无障碍：信息社会的科技进步与创新日新月异，人们对信息科技与人工智能的依赖程度不断提升。由于技术手段在通用无障碍性能上的差异，导致信息获取、加工、利用的困难和不平等，这些新兴技术的障碍使行动或感知不便利的群体失去了在信息社会交流与平等参与的机会。

③ 确立通用无障碍发展的范式：在定义和实施通用无障碍发展的过程中，政策、立法以及规划、融资、建设、运行、治理的各个环节在系统化衔接、同步化实施等方面的不足，是导致通用无障碍的设施与服务效率低下的关键原因，必须重新反思与认识通用无障碍的发展范式对人居环境建设与社会服务产生的根本性影响，确立以法律为准绳、以用户为中心、以实际需求为基础、以无障碍愿景为导向、以系统规划为框架、以系统统筹为方法、以行动计划为保障的发展范式。

④ 多主体共同参与模式：理念的不断提升需要切实的行动给予保障。在不同层面、不同区域、不同环节提升通用无障碍的水平，需要包括政府、企业、社会组织在内的多方利益主体的充分参与与合作，确保在行动过程中，有充分的立法保障，对行动主体的适当赋能，及时的监督、检查、评估与权衡，充分认识到通用无障碍的发展是一个达成"全社会最大公约数"的动态协调过程，是一个"永远在路上"的持续演进和改善过程。

基于上述内容，通用无障碍的方法论和实现路径可以比较形象地概括为"法律之牙""通用之道""参与之法"，分别代表了"术、道、径"三者的关系。

（1）法律之牙

通用无障碍首先强调以实现无障碍为根本原则，无障碍的基本要求必须从立法、司法、执法层面上得到充分保障。纵观国际社会残疾人权利运动的历史，独立生活、平等就业、融合教育，消除一切歧视、虐待、忽视以及其他类型的妨碍，这些无一能离开法律的强化。以美国为例，从 20 世纪 60 年代的民权运动（Civil Rights Movement）和以爱德华·罗伯茨（Ed Roberts）为标志性人物的独立生活运动（Independent Living Movement）不仅促成了独立生活中心（Center for Independent Living）、世界残疾研究院（World Institute for Disability）等大量社会组织的诞生，更重要的是推动了 1973 年《康复法案 504 条款》（Section 504 Rehabilitation Act）的发布，这是美国有史以来第一次以立法形式消除对残疾人的歧视，并因此产生了巨大的效应——围绕 504 条款的诸多诉讼和运动，为 20 世纪 80 年代《美国残疾人法案》（Americans with Disability Act，ADA）草案的提出奠定了决定性基础。90 年代美国形成了以《美国残疾人法案》《住房公平法》（Fair House Act，FHA）、《残疾儿童教育法》（Education for Handicapped Children's Act，IDEA）为基础的残疾人权利保护法律框架。

（2）通用之道

通用设计就是为所有人的设计，但绝不意味着只有"一种设计""面面俱到"或者"白璧无瑕"。通用设计概念最早的提出者罗纳德·梅斯强调通用设计是定义用户（Users），是消费市场驱动（Consumer Market Driven），是"尽最大可能延伸"的设计方法论。通用设计包含了易用、无障碍的内容，但不像无障碍立法和规范，通用设计没有终极标准，而是一个按照为所有人的设计的原则，不断设计、生产、使用、评价、反馈的螺旋上升过程。只有这样，我们的环境、产品以及相关功能才能在整个生产和消费过程中永续创新，不断以用户为中心，贴近用户需求。

（3）参与之法

通用无障碍的核心价值在于"用户中心"，实现通用无障碍的路径在于充分地参与过程。正如我们需要深入理解和认同人与社会的多样性，面向未来的无障碍相关制度和实现过程也有赖于多样化群体参与才能真正符合通用无障碍的内涵。其包括重要的三个步骤：多元参与框架的建立、多阶段参与的螺旋上升、不同用户之间有效的沟通和协作。满足了上述三个条件，通用和无障碍的诸多关系才能在动态的讨论与权衡过程中进行判断和决策。

1.6.2　通用无障碍发展的现实挑战❶

当前我国社会在以通用无障碍为基本范式推动人居环境与公共服务发展方面还面临很多挑战，在应对社会经济发展水平差距、无障碍相关科学问题和科学规律的基础研究、法律法规和政策的完善、落地实施的精度和质量、专门人才和理念的培养与传播等方面都需要探索符合国情、具有中国特色的道路。我们面临的问题可以简要概括为以下几个方面：

（1）认识落后

《通用无障碍发展北京宣言》就是在重申以《联合国残疾人权利公约》为代表的一系列国际社会努力的基础上，将通用无障碍发展范式和21世纪可持续发展（以联合国17项可持续发展目标为代表）、建设所有人的包容性城市（以联合国人居三会议《新城市议程》为代表）以及充分认识无障碍概念的动态性以及问题的多样性、时代性、差异性等重要理念的关系进行了阐释。通用无障碍的发展已经不局限于历史上"建筑可达"的概念，而是和当今世界最重要的发展议题和目标血脉相连，无论是从政府治理，还是从市场生产消费，抑或从社会自治方面，通用无障碍都是基本原则。

（2）基础研究薄弱

对通用无障碍的深入理解，必须建立在对中国问题、中国需求、中国模式的广泛、细致的研究基础上。当前我国无障碍领域发展突飞猛进，但这仅仅是一个从注地到平地的过程，借鉴了大量发达国家和地区过去几十年的成果。如果从世界眼光、国际标准、中国特色的角度，实现通用无障碍发展从平地到高原甚至耸立起高峰，仅仅靠"拿来主义"无以为继。当前对于不同群体的需求所开展的实证性深入研究非常匮乏，对中国国情下用户的多样化、个性化缺乏细致的了解和认识，也缺乏讨论和争鸣。基础研究的薄弱直接导致在设计、技术创新与生产等环节对通用无障碍发展支持的不足，甚至大量出现违反无障碍原则的例子。

（3）制度"一刀切"

由于跨人群、跨部门、跨行业、跨领域，涉及宏观规划也体现为微观实施，存在巨大地域和社会差距，既包括国家救济和福利也有社会公益，同时还存在市场利益，通用无障碍的制度建设与实施是一个复杂的治理系统的典型代表。"自上而下"与"自下而上"协同制度发育不良，不同地区和人群的差异无法体现，"一刀切"制度常常会导致无障碍实施缺乏弹性和系统性，应对问题科学性和韧性不足，不同层级的标准、规范、政策衔接不精确，缺少在审批、监督、管理等方面有针对性的制度安排，致使评价、监督、反馈的螺旋上升动态过程受阻。

（4）"运动战"模式不可持续

如同20世纪90年代的城市更新和新区开发，我国近些年在无障碍环境建设方面突飞猛进发展的同时，"运动战"的模式、一蹴而就的心态、形式主义的操作也在不断提醒我们，要认识到"无障碍永远在路上"的基本特征。人与人、人

---

❶　邵磊. 通用无障碍发展的理念与挑战［J］. 残疾人研究，2018（4）：22-26.

与物、物与物的关系一直在发生变化，通用无障碍在空间、社会、经济等维度都表现为动态变化的模型，急功近利的操作模式反而会导致适得其反。

（5）信息无障碍严重落后

中国已经成为全球第一互联网大国，不仅拥有最多的用户，在技术上也位居前列，尤其是在移动端的社交、电商、金融等方面，比很多发达国家都遥遥领先，未来数字城市、智慧城市的发展，更是让绝大多数社会生活都以网络为基本载体。然而即便如此，面向信息获取、传输、加工、利用的平等，即信息无障碍却严重发育不良，即便是国家部委网站也有相当一部分没有采用无障碍辅助技术。目前国内还没有因此产生诉讼的案件。但在 2017 年的美国，仅仅关于公共网站未能按照 WCAG 2.0AA 标准建设、保证公平使用的联邦诉讼案件就多达 814 起。❶

（6）公众参与严重缺乏

我国不同群体在无障碍发展的各个环节上的参与度还有很大的提升余地。社会组织发育相对滞后、基层社会治理模式还在摸索过程之中、公共参与的制度缺乏强制力和号召力、不同群体和用户参与意识比较单薄等原因，都导致了在无障碍环境的快速建设中公共参与的不足或者滞后，这必然也导致了"通用"理念成为空中楼阁，"无障碍"在解决用户需求方面无法做到精准。

（7）投入不够

无障碍的精髓不是体现在"面"上，而是体现在"心"里。在过去相当长一段时间里，以打造城市风貌或者拉动建设投资的城市开发模式下，无障碍都处于"尴尬"的地位——不容易体现出壮观或华丽，也无法获得大规模投资的绩效。因此在过去的发展评价模式下无障碍建设都难以获得足量、持久而又稳定的投入。而如今很多城市的发展强调存量更新，既有环境的改造更是在技术、政策、社会动员等层面矛盾重重。尤其是无障碍方面，改造实施之后表面上却不见得有很大改观，这也影响了投资的结构，造成了无障碍方面的投入的亏欠。

1.6.3　通用无障碍呼唤全社会参与

日本 2020 年奥运会和残奥会组委会发布的《通用设计 2020 行动计划》的目标是通过促进无障碍理念来实现人人都能共同生活的共生社会，实现无论有无残疾，无论男女老幼，所有人都能互相尊重彼此的人权和尊严，都能享受生机勃勃的人生。此计划基于残障的"社会模式"出发，着力从推进广大国民"心无障碍"理念与打造人人都能安全舒适行动的通用设计街区两个方面推进行动计划。这两项工作成为实现共生社会的两大支柱。在评审政策实施效果时积极邀请残障人士参与，将是否反映了残障人士的意见作为年终工作审查的必要内容。

新加坡除了实施无障碍总体规划，同时也推出促进包容性社会建设的路线图——有利环境规划。有利环境（Enabling Environment）是指通过将一系列相互关联的条件聚合在一起，促进公民和社会组织顺利和持续地参与公共政策制定

---

❶　https：//www.adatitleiii.com/2018/01/2017-website-accessibility-lawsuit-recap-a-tough-year-for-businesses.

过程，以及以可持续和有效的方式推动全面社会发展。以《第三个有利环境总体规划 2017—2021》(*3rd Enabling Master Plan 2017—2021*) 为例，规划中提出在新加坡全行业、跨部门推动包容性社会的建设，通过 4 个关键着力点、9 个战略方向和 20 条实施建议具体实施，包括教育、就业、护理人员、科技、商业服务、社区建设等部门和组织，医疗康复、全生命周期检测、跨部门合作服务，将残障群体、照护者、服务组织、公众、社区、整个社会都纳入到整体规划中，以保障建设一个充满关爱和包容的社会，使残疾人能充分发挥自己的潜力，并充分参与社会并作出贡献。通用无障碍愿景的达成，其实就是有利环境建设的发展范式的结果，只有把总体愿景、系列法规、用户、实际需求、系统规划、各类具体要素、投融资、建设、运行、治理、人才培养等多种相互关联的因素进行综合考虑并系统化和同步化实施，才能建设一个良好的无障碍包容环境。

1.6.4　通用无障碍必须逾越"数字鸿沟"

2017 年，全球有 49.7% 的人口使用互联网，大部分用户是在亚洲地区的中国和印度，北美地区网络使用普及率最高为 88%。全球约有 2.5 亿智能手机用户，根据 2016 年美国皮尤研究中心调查显示，美国健全人使用互联网的人数是残疾人的 3 倍。信息无障碍理念自 20 世纪 90 年代开始引起重要国际组织和发达国家的关注，并为网站、软件及 APP、终端设备、图书、视频等方面的信息无障碍研发了相关标准与技术。

美国学者彼得·布兰克 (Peter Blank) 通过研究网站信息无障碍，认为现阶段网站实现了用户可交互、信息可解释、可定制满足偏好。目前的网页无障碍对于认知障碍和精神障碍人群最不友好，未来阶段所有人使用的将是同样的网页，不需要单独设立无障碍网页和提供辅助技术，网页设计超越个人差异，具备易用性和内容可理解性，趋向通用无障碍化，改善因年龄、健康情况、文化差异导致的认知障碍，确保所有人都充分、平等地参与和共享互联网。美国联邦通讯委员会 (FCC) 于 2010 年发布了《21 世纪通信和视讯协助工具法案》(*21st Century Communications and Video Accessibility Act*，CVAA)，要求先进的通信服务、通信工具、产品和视频应能够让残疾人使用。未来无障碍、通用设计和可用性在网站、物联网平台和智能终端界面将会普遍使用，让残障者能及时在互联网、手机、电视等终端设备和平台上方便地获得信息和服务是将来的发展趋势，未来还会更大范围地拓展到穿戴设备、智能家具和智慧城市。

2 文化传播与无障碍文化 *

在我国近 40 年的无障碍环境建设发展历程中，文化传播始终与无障碍社会实践相伴共生、相互促进、共同发展。文化传播既是手段也是目的，旨在通过以无障碍文化为内涵的媒介传播抵达人心，营造全社会的无障碍氛围，普及无障碍理念，深化无障碍理论研究，推动无障碍社会实践高质量发展，构建新时代中国特色社会主义无障碍文化体系。我国的无障碍文化传播从无意识到有意识，从感性到理性，从弱小到强大，走出了一条贯穿"以人民为中心"的创新发展之路，既为我国无障碍事业发展提供理论遵循、价值观念和行动指南，同时也有效推进我国无障碍环境法治化、规范化、系统化建设向前发展，从而在精神与物质两个层面持续发挥作用，彰显无障碍文化传播的独特功效与魅力。

2.1 无障碍文化传播的基本概念

2.1.1 无障碍文化的概念

文化是人类认识世界、创造世界、改造世界的产物，是人类智慧和创造力的体现。文化既是民族的也是世界的，是人类或者一个民族、一类人群共同具有的符号、价值观及其规范。符号是文化的基础，价值观是文化的核心，而规范包括的习惯规范、道德规范和法律规范等则是文化的主要内容。在人类文化中那些先进的、科学的、优秀的、健康的部分被称为"人文"。文化有广义和狭义之分，文化是一个大概念，支撑和推动社会前进与发展的一定是文化的力量。

无障碍文化是人类文化的一部分，是人类在不断认识"障碍"、挑战"障碍"、跨越"障碍"的过程中，有意识地开展消除障碍、追求平等共享的物质成果和精神成果的总和。无障碍文化培育发展形成无障碍社会实践最广泛、最深厚的价值观基础，无障碍文化兴与强将带来国家无障碍事业发展及社会文明的兴与强。

无障碍文化是以"消除障碍、融合共享"为核心，以尊严、平等、包容、公平、公正，促进人的全面发展为目标，体现社会主义核心价值观，是中国特色社会主义优秀文化的有机组成部分。其内涵包括物质的、制度的，也包括社会的、心理的等多个层面，其实质是人道的精神、人权的精神、现代化的精神，体现对人的根本尊重、对人的根本关怀、对人的自由而全面发展的褒扬和推进。其外延是通过个人、家庭、社区、社会的无障碍畅通、畅享环境的建立，创建一个与人方便、让人自由，最大限度地满足人民群众的社会交往、社会交流、社会生活的环境，消除社会生活中的"一切障碍"，包括物理环境障碍、信息交流障碍和社会服务及心理障碍等，从而达到关注人、尊重人、体恤人，实现"平等、融合、

---

* 本章作者：骆燕。

共享"。因此，无障碍文化涉及人的根本观念、社会的根本目标、人间温暖与平等公正。无障碍文化传播的目标就是弘扬无障碍文化，推进无障碍建设实践，促进人的全面发展。

习近平总书记指出："文化是一个国家、一个民族的灵魂。文化兴国运兴，文化强民族强。"文化能为人民提供坚强的思想保证、强大的精神力量、丰润的道德滋养。党的十九大报告提出："发展中国特色社会主义文化，就是以马克思主义为指导，坚守中华文化立场，立足当代中国现实，结合当今时代条件，发展面向现代化、面向世界、面向未来的，民族的科学的大众的社会主义文化，推动社会主义精神文明和物质文明协调发展。"这就为我国无障碍文化建设与传播提供了基本思路与根本遵循。

2.1.2　无障碍文化传播的概念

传播是指利用一定的媒介和途径所进行的有目的的信息传递活动。无障碍文化传播就是指通过各种传播媒介，及时地向公众传递有关无障碍事业发展中的各种信息，及时、有效地收集社会公众对无障碍环境建设的认知、态度和感受，了解和掌握社会舆情、民生需求、行业动态以及事业发展方向等。

无障碍文化传播过程是一种传递社会主义核心价值观，传递正能量的信息分享、信息交流和沟通的过程，在以国家无障碍政策法规、无障碍导则规范、无障碍典型案例、无障碍文化普及为内容的信息传播基础上取得普遍理解，达成共识。在国家"十四五"发展规划和全面建成社会主义现代化国家的新发展阶段，高品质、高质量的无障碍文化传播不可或缺，对确立、培育、发展和普及无障碍文化，建立无障碍文化自信，健全中国特色社会主义的无障碍法治体系，提升社会治理体系和治理能力现代化，以新发展理念高质量地推动新发展阶段的社会经济建设和实施民生幸福工程战略，让每一个社会公民都能更有尊严、更有品质地享有全面小康带来的安全感、获得感和幸福感，具有重要的现实意义和深远的历史意义。

2.1.3　无障碍文化传播的基本效应

无障碍环境建设，从根本上讲就是为人创造更加美好的生活，让人生活得更有尊严、更加幸福。而无障碍文化传播正是服务于这一目标，满足社会成员的交流与沟通、学习与成长、发展与进步的需要，以无障碍文化传播社会性、目的性、创造性、多元性、融合性等来促进社会文明进步，促进城乡的发展，协调社会、家庭与个人的诸多种平衡，从而达到全龄友好、全生命周期、全人群的获益、共享和共同富裕。

（1）社会导向效应

这是无障碍文化传播的一项基本任务，体现无障碍环境建设及文化建设的社会性、目的性及超越性。无障碍文化从本质上讲，是以生命关爱生命的一种信仰、一种道德规范、一种行为准则和一种实践标准。无障碍是人类创造的，服务于人类，要达到利他和利己的最完美统一的理想境界。因此，在无障碍文化传播中，要研究社会公众对无障碍人文认知的价值取向，在社会生活、社会工作以及发明创造中要有正确辨别和选择的认知，坚持用正确、积极的价值观念来指导自身行为，其对人的发展和社会进步具有不可估量的效用和意义。因此，社会导向效应对倡导文明风尚、培育公序良俗、形成行动自觉、促进社会文明进步都具有深层次的影响。

（2）多元融合效应

无障碍事业本身就是一种多元融合的文化现象，既涉及国家的治国理政方针，又涉及百姓民生的生活诉求，是一项"顶天""立地"的事业，也是一项涉及社会方方面面的综合运行体，单靠某一行业、某一组织、某一群体是很难完善其事的。通过强大的文化传播系统来联系社会机体、调动社会机体、完善社会机体，共同推进，催化多元融合效应，才能达到全社会共治共建共享和人人参与的理想境界。譬如，近年来我国的城建、交通、信息、金融、文旅、卫生、民政、残联等领域都结合本部门业务开展了相关无障碍推进工作，形成"殊途同归""异曲同工"之效。

（3）助力创新效应

无障碍事业是社会发展进程中与科技创新同步前行的事业，是一项不断接续又不断创新、没有"最好"只有"更好"、永无止境的事业。无障碍文化传播的立足点和着重点也永远离不开"创新"和"创造"，创新、创造反映的是思维、技术、经济、社会相结合的综合效应，带动理念意识的更新、设计思路的更新、材料择取的更新、技术流程的更新和生产工艺的更新等。因此，创新是无障碍文化的灵魂，形成一个竞相迸发创新智慧的智库，汇聚各方面创新人才，创造一个有助于创新的制度环境、文化环境和教育环境，才有助于无障碍文化传播始终站在前沿，紧跟时代的发展步伐，传递创新发展理念，引领发展潮流。

（4）文化增值效应

文化增值以往只提及国际文化交流中的增值效应，新时代无障碍文化传播中同样也蕴含巨大的增值效应，其实现的关键在于无障碍文化的创新发展。文化增值的方法，一是再生和衍生，二是创意，三是复制。而无障碍文化传播的增值也正是如此。譬如，2020年首次评选出的全国无障碍设施设计十大精品案例得到了全媒体的广泛关注和推广，成果汇编成《全国无障碍设施设计十大精品案例图集》，举行了专门的图片展，同时在中国建筑学会年会上进行推介。精品案例的成功经验、设计精髓、细节打造，都进行了广泛的复制，再生与衍生品层出不穷，启发建筑师进行大胆的创意和开发，并使其创新、创造活动得到最大延伸，从而使其得到最为充分的增值。

2.1.4 无障碍文化传播的主要方式

无障碍文化传播的主要方式有两种：一是直接传播，二是间接传播。近年来在我国无障碍文化传播中这两种方式都得到了广泛的运用。文化传播过程取决于文化的实用价值、创新程度、文明声望、时代契合性等多种因素。

（1）直接传播

这是在无障碍文化传播中直接的精品推介和展示方式。以往的参观学习、实地考察变为现场研学，细致推敲、精准研磨，成品案例成为最直观、最真实、可知可感可探可评的参照物。此种切磋效果，可以衍生或催生无数重大项目无障碍设计落地，可以有效避免设计施工中不必要的返工、浪费现象，让精品典型案例的教化作用发挥到最大。

（2）间接传播

这种方式是以文化活动为创意联合媒体多渠道推广的模式。无障碍文化传播通过各种途径，以前所未有的规模和速度推进，无障碍文化的覆盖面和认同性日益增强，引发全社会各行各业的重视。譬如主流媒体对无障碍的宣传、新媒体传播渠道的加盟、各领域无障碍论坛的交流，全国无障碍成果展示应用推广，无障碍文化图书出版，无障碍公众号平台推荐，多领域合作形成了新时代无障碍文化传播的新特点。

2.2 无障碍文化传播的时代特征

无障碍文化传播是时代的呼唤。党的十九大报告强调："坚定道路自信、理论自信、制度自信、文化自信"。"四个自信"是我党文化建设的目标，也是我国无障碍文化传播的目标。党的十八大以来，我国进入新时代，以习近平同志为核心的党中央提出了"以人民为中心"的思想，对残疾人事业格外关心、格外关注，高度重视无障碍环境建设，无障碍环境建设已成为实现全民小康生活的重要内容之一。十九届五中全会后，我国进入新发展阶段，无障碍文化又被赋予了全面建成社会主义现代化国家更崇高、更深刻和更广泛的内涵与外延。

2.2.1 融入总书记的关怀与嘱托

以习近平同志为核心的党中央对无障碍环境建设高度重视，习近平总书记多次对无障碍环境建设作出重要指示，高瞻远瞩，率先垂范，以浓浓的为民情怀关注着无障碍发展。

2019年2月1日，习近平总书记在北京看望慰问基层干部群众。在一座四合院门前，总书记走到台阶时，指着这个台阶说："这个台阶有点不安全，你们要想办法，要让老百姓出行更加安全。"2019年9月25日，习近平总书记在出席北京大兴国际机场投运仪式时实地考察了残疾人无障碍设施。2019年12月19日，习近平总书记在澳门濠江中学观看了学校科技创新作品的展示，听取学生介绍科创作品长城的故事和导盲杖、夜间智慧泊车系统。2020年9月17日，在湖南考察与基层代表座谈时，习近平总书记指示："无障碍设施建设问题是一个国家和社会文明的标志，我们要高度重视。"2021年1月18日，习近平总书记在北京考察冬奥会、冬残奥会筹办工作。1月19日，习近平总书记乘坐京张高铁赴张家口赛区考察北京冬奥会、冬残奥会筹办工作。1月20日上午，习近平总书记在人民大会堂主持召开北京2022年冬奥会和冬残奥会筹办工作汇报会，习近平总书记在会上强调"同步推进各类配套设施和无障碍环境建设"。2021 年 12 月 8 日，"2021·南南人权论坛"在北京开幕，主题为"人民至上与全球人权治理"。国家主席习近平向"2021·南南人权论坛"致贺信，并指出人权是人类文明进步的标志。呵护人的生命、价值和尊严，实现人人享有人权，是人类社会的共同追求。坚持人民至上，把人民对美好生活的向往作为奋斗目标，是时代赋予世界各国的责任。习近平强调，中国共产党始终是尊重和保障人权的政党。中国坚持以人民为中心，把人民利益放在首位，以发展促进人权，推进全过程人民民主，促进人的自由全面发展，成功走出一条符合时代潮流的人权发展道路，推动中国人权事业取得了显著成就，14 亿多中国人民在人权保障上的获得感、幸福感、安全感不断增强。人权实践是多样的，世界各国人民应该也能够自主选择适合本国国情的人权发展道路。中国愿同广大发展中国家一道，弘扬全人类共同价值，践行真正的多边主义，为促进国际人权事业健康发展贡献智慧和力量。2022 年 1 月 4 日，习近平总书记在北京考察 2022 年冬奥会、冬残奥会筹办备赛工作，视察北京冬奥村（冬残奥村）居住区、广场区、运行区三个区域，察看运动员公寓无障碍卫生间等无障碍设施，强调"增设相关无障碍设施"。

这一个个温暖的瞬间，体现出总书记浓浓的、深深的为民情怀，为我国无障碍环境建设指明了方向，提供了遵循，更增添了无障碍文化自信的力量。

2.2.2　融入顶层设计的重视与推动

李克强总理至今已经连续四年在《政府工作报告》中提出加快无障碍设施和环境建设。《中华人民共和国国民经济和社会发展第十四个五年规划和 2035 年远景目标纲要》将无障碍环境建设作为突出重要工作予以强调。国务院残疾人工作委员会办公室邀请相关部委业务司局召开无障碍环境建设立法会商会达成共识；全国人大社会建设委员会已将无障碍立法调研列为 2021 年重点工作。在全国两会上有关无障碍方面的议案达 20 多项，上海市以代表团名义提出为无障碍环境立法的议案。十三届全国人大常委会第二十九次会议审议国务院关于建设现代综合交通运输体系有关工作情况的报告和联组会议，栗战书委员长强调城乡无障碍标准体系和设施建设。各部门法规、政策频繁出台，无障碍环境建设已被纳入国家发展规划，形成国家顶层设计，在乡村振兴、交通强国、脱贫攻坚、应对老龄化及加快发展养老服务业、促进旅游业改革发展、国家信息化规划、全国文明单位测评体系及推进基本公共服务均化等规划之中得以有效落实。

如今，我国无障碍环境建设已成为最大的"惠民工程""幸福工程"，被写进了国家中长发展规划，写进了政府工作报告，写进了中国人权发展报告，写进了全面小康的报告，写进了国家交通发展的报告等，相关的法规、政策也密集出台。

2.2.3　融入行业自律的示范引导

2019 年 7 月，中国银行业发布《2018 年中国银行业社会责任报告》《中国银行业无障碍环境建设成果集锦》。中国建设银行的"劳动者港湾"项目在全行网点实行并设立无障碍文化专项基金。2020 年国务院发布《中国交通的可持续发展》白皮书，其中交通领域无障碍环境建设作为一项重要内容。2020 年 12 月 3 日，中国民航局发布《民用机场旅客航站楼航站区设备设施的配置技术标准》新标。2021 年 5 月 20 日，中国民用机场协会举办第六届机场服务大会无障碍环境建设发展论坛，39 家千万级运输机场联合发出无障碍倡议，举办首期民用机场无障碍专项设计定向培训班。我国铁路运输截至 2020 年基本形成交通运输无障碍出行服务体系，火车站、公路服务区、城市轨道交通站无障碍设施实现全覆盖。铁路 12306 网站上线启用残疾人购买专用票额车票程序。国家铁路总公司对"复兴号"高铁动车组列车无障碍车厢改进优化。信息服务业发展无障碍电影、电视手语、信息科技产品应用和信息无障碍服务，推进信息无障碍测评等。

如今，我国无障碍环境建设在公共服务行业的先行示范，以"通用""普惠"为理念，从完善无障碍服务到建立行业无障碍系统体系成效显著。

2.2.4　融入智库智能的参与和指导

无障碍环境建设智库汇聚来自高校科研机构、建筑设计知名企业和社会组织各方的智慧智能，围绕国家重点工程和重大项目开展无障碍专项咨询指导和跟踪服务。譬如，打造精品案例，为北京冬奥会、冬残奥会，杭州亚运会、亚残运会场馆等无障碍建设提供服务；推进城市无障碍提升行动，配合北京、深圳、杭州、天津、西安、成都、哈尔滨等城市建设，为城市无障碍提升提供咨询；服务重点工程，为新建、改建机场航站楼、雄安新区、康复大学、商业步行街等项目提供无障碍咨询，打造精品样板等。

我国著名的战略学家、中央党校段培君教授曾说："无障碍不是一个领域的事情，它是涉及整个国家、整个社会方方面面的一个巨大的工程，它涉及我们整个国家未来目标的实现。今天搞现代化，如果不包括'无障碍'这个要求，那就不是当代意义上的现代化。"无障碍属于美好生活的范畴，这是对无障碍文化内涵与外延的最好概括。

总之，无障碍文化传播紧扣新时代发展，围绕国家无障碍立法工作，加快推进无障碍环境建设立法进程；围绕信息无障碍，推动缩小"数字鸿沟"，补齐信息普惠短板；围绕城市更新、社区建设、适老化和老旧小区改造，探索路径和方法，让人民群众生活更方便、更舒心、更美好；围绕推进我国无障碍环境建设高质量发展，开展无障碍认证工作研究和国家强制性标准宣贯等，为中国特色社会主义无障碍文化自信奠定了基础，也为新时代无障碍文化传播探索了发展道路。

2.3　无障碍文化传播的价值体系

无障碍文化是具有时代性、多元性、综合性、融合性的社会意识的综合反映。无障碍文化与社会实践融合形成其独特的价值体系，在社会生活的方方面面发挥着引领作用。无障碍文化传播的价值主要体现为以下五个方面。

2.3.1　政治价值

"政治价值"是指人们对政治活动和政治现象的道德、伦理的评价和判断，以及人们"应该做什么"的信仰、规范等观念。习近平总书记强调"民生是最大的政治"。无障碍文化的根本是"以人为本""以人民为中心""平等、融合、共享"，无障碍社会实践的目标就是为所有人创造宜居、宜行、宜业的生活环境及提供生活便利。在我国最直接、最切实的无障碍需求群体有 8500 余万残疾人、2.64 亿老年人、2 亿多儿童及其他特殊需求群体，约占我国总人口的 30％以上。无障碍文化建设是社会主义国家意志的具体体现，无障碍社会实践是民众所需、民心所向，其深度融合、相互促进发展有利于社会和家庭的稳定，提高国家执政能力和文化软实力，维护国家利益和国家形象。

2.3.2　思想价值

思想价值是指社会或群体、个人将某种价值取向确定为主导追求方向的过程。无障碍文化已逐渐成为社会群体对世界和自身的态度、观点和信念。从国家层面的高度，从全局的角度，运用系统论的方法，形成对无障碍环境建设的重点突破，从而形成无障碍文化渗透于各方面、各层次、各要素的统筹规划与发展，以集中有效资源，高效、快捷地实现目标。例如，我国《无障碍环境建设条例》颁布实施以来，相应的地方性法规、行业标准、各部门的规章制度及服务规范等不断完善，带动了如金融业、交通运输、信息通信、旅游服务及住建、民政、信息服务等相关部门与领域的无障碍政策法规研究和推进。无障碍文化与社会实践的有机融合，改变了人们的社会关系和社会生活，同时也催生和繁荣了更高层次的无障碍文化建设，引导形成各行业的特色文化和自觉行动，形成全社会共同的精神财富。

2.3.3　经济价值

在经济全球化的今天，文化对经济发展的推动、引领和支撑作用越来越明显。无障碍文化与经济和政治相互交融，在综合国力竞争中的地位和作用越来越突出。中央党校常务副校长何毅亭在给全国无障碍环境建设成果展示应用推广活动的寄语中说："无障碍建设实际上是一个国家科技化、智能化、信息化水平的体现，是一个国家经济建设和社会建设水平的体现，也是一个国家硬实力和软实力的综合体现。它的推进，也将有助于推进我国的经济建设、社会建设、文化建设和制度建设，对于我国新时期创新转型发展将产生积极影响。"经济与文化的融合已成为当今社会发展的一种趋势，可以推动创新能力、科技赋能，抢占人才高地。因此，在全面建设社会主义现代化国家的过程中，人们所求的高质量、高品质生活，需要无障碍社会实践与高新科技融合，让科学研究、技术攻关、产品应用具有强大的竞争实力，从而促进就业、拉动内需、开拓市场，必将转化成为巨大的经济价值。

2.3.4 社会价值

无障碍文化与社会实践融合的社会价值在于提升以人的精神文明高度发展为基础的社会文明。近年来，在我国推进的无障碍进家庭、进社区、进城乡、进校园、进心田等文化活动，就是要将无障碍文化融入社会主义核心价值观，营造良好的社会氛围，提高社会公民素质与修养，形成无障碍"人人需要、人人关注、人人参与、人人建设、人人维护、人人共享"的共识与行动，潜移默化和深远持久地影响人们的社会实践认识活动和思维方式。

2.3.5 实践价值

无障碍文化传播的实践价值在于总结规律，建立体系，形成有效的方法、路径和手段。实践价值不是凭空产生的，而是需要人类自觉的追求。无障碍文化与社会实践融合而产生的实践价值，具有客体性、客观性，可以进行定性、定量分析。社会文明史就是人类不断追求实践价值的历史。人类追求实践价值的过程，用哲学命题表述就是"实践求功"，以实践价值促进"事半功倍"的效果。在我国40多年的无障碍社会实践中，无障碍环境建设从无到有，从小到大，从城市到乡村，从社区到家庭，每一个发展过程，都是一个螺旋式上升的新阶段。经过实践的摸索与探求，不断总结和完善出一套具有中国特色的制度导则、技术规范、图册图集等无障碍文化要素，同时对推进模式、合作方法、解决方案等形成了一套有效的方法路径与经验。这些都是无障碍文化与社会实践融合的产物，是在无障碍社会实践中形成的宝贵财富。从生活实践中获取真实体验，才能让无障碍行动少碰壁，少吃苦，少走弯路，这就是文化推动社会实践的真正道理，也是以"新发展理念"推动无障碍社会实践向高质量、高品质、高效能发展的重要手段。

总之，无障碍文化传播的价值体现是时代进步的标志。党的十九届五中全会提出全面建设社会主义现代化国家的宏伟目标，其着眼点和落脚点就在于"促进人的自由和全面发展"，走向共同富裕，这也为我国无障碍文化传播提出新要求。现代化国家建设与美好生活愿景需要更多符合人民期待和社会发展的无障碍文化，无障碍文化传播任重道远。

2.4 无障碍文化传播的典型案例

近年来，无障碍文化传播与如火如荼的无障碍环境建设密切结合，反映社会生活现实，传播无障碍先进理念，推介为民办实事的"惠民工程"。目前，无障碍环境建设已成为文明城市、宜居家园、幸福生活的重要指标，从"量变"到"质变"得到全面提升，这是历史发展和时代进步的大趋势，也是无障碍文化传播最真实的成果。在此，仅列举几个典型案例加以说明。

2.4.1 全国无障碍环境建设成果展示应用推广活动

从"728"活动来看无障碍文化传播成果。"728"对中国无障碍事业来说是个具有特殊意义的日子。2016 年 7 月 28 日，习近平总书记到唐山截瘫疗养院看望残疾人，发出了"全国建成小康社会，残疾人一个也不能少"的号召。2019 年 7 月 28 日，正值总书记号召三周年之际，中国残联无障碍环境建设推进办联合 16 家单位发起了"全国首届无障碍环境建设成果展示应用推广活动"。自此，"728"活动就成为我国无障碍事业一个独特的品牌，并已成功举办三届。其主要成果有：由 50 家单位发起成立全国无障碍环境建设智库，发起"无障碍畅享行动 2019—2022"，设立"728"为"全国无障碍宣导日"，举行首次全国无障碍设施设计十大精品案例分享，成立建筑师无障碍志愿使团，启动"星计划"，首次由住建部和中国残联合评选出"十三五"无障碍优秀成果 22 项，由中国视障服务中心等 5 家单位联合评选出信息无障碍创新成果 20 项等。活动连续三年共累积汇总无障碍成果 900 余项。成果内容涵盖政策法规、规范导则、实践案例、精品图集、文化图书、辅助产品、信息智慧等，涉及各个领域、各个部门和各个方面。

2.4.2 "国家无障碍战略研究与应用丛书"系列图书

2019 年、2021 年"国家无障碍战略研究与应用丛书"第一辑和第二辑共计 20 册出版发行，内容涵盖无障碍战略、奥运、交通、校园建设、人居环境、社会包容、标识设计等众多领域。丛书由中国残联无障碍环境建设推进办公室策划指导，清华大学无障碍发展研究院、北京大学人口所无障碍人文基金项目中心组织编写，辽宁人民出版社出版发行。丛书入选国家"十三五""十四五"重点图书出版规划项目和 2019 年度、2021 年度国家出版基金项目。此套丛书是我国第一套成体系、成规模研究无障碍战略发展与应用的丛书，是向新中国成立 70 周年大庆、建党百年献礼的重要成果。

2.4.3 "无障·爱，助梦想起飞"快闪活动

星云文化教育公益基金会、中国民用机场协会、北京大兴国际机场、残疾人事业发展研究会无障碍环境专委会联合举办"无障·爱，助梦想起飞"快闪活动。2021 年 5 月 20 日正值"第 10 个全球无障碍宣传日"，在北京大兴国际机场候机大厅举办的"无障·爱，助梦想起飞"快闪活动展现了无障碍事业的文化魅力，展现出残疾人积极乐观、勇于拼搏的自强精神及人们对全球共享"无障·爱"的期盼。快闪活动在北京、台北、东京、马尼拉、吉隆坡、纽约、巴黎、约翰内斯堡、悉尼、圣保罗全球 10 座城市同步举行。各城市通过歌舞等文艺表演形式，宣传"无障·爱"，体验"无障·爱"，让无障碍理念走入更多人的心中，以此来为 2022 年北京冬奥会、冬残奥会预热，让世界了解中国无障爱，让各地运动员因"无障·爱"而绽放微笑，拥抱充满希望的未来。此次快闪活动宣传片得到中宣部领导的高度好评，在多次无障碍大型活动中广为展示，近亿人观看直播回放，成为 2021 年我国一张靓丽的无障碍文化名片。

2.4.4 无障碍设施设计"十大精品案例"典型引路

在中国残联、住建部等相关部门支持和指导下，2020 年推选出全国无障碍

设施设计"十大精品案例",包括:北京大兴国际机场无障碍系统设计、《北京2022年冬奥会和冬残奥会无障碍指南技术指标图册》、北京市残疾人职业康复和托养服务中心——无障碍专项设计、《北京无障碍城市设计导则》、《高铁雄安站无障碍设计图示图集》、《国家残疾人冰上运动比赛训练馆》、杭州西湖湖滨区步行街无障碍环境改造、《清华大学校园总体规划无障碍专项》、《无障碍标识设计指南及图示》、《西湖大学无障碍环境建设指南及图示》。"十大精品案例"代表了我国当今无障碍环境建设的最新优秀成果。通过举办"十大精品案例分享活动""十大精品案例图片展""十大精品案例回头看"等活动,在国家重点工程、重大项目以及城市提升行动中,分享精品设计理念,挖掘精品打造过程,放大无障碍示范效应,形成无障碍环境最佳设计方案。

2.4.5 "致敬无障碍发展"年度青年人物风采展示活动

2021年5月9日,"致敬无障碍发展"年度青年人物风采展示活动启动。活动由清华大学无障碍发展研究院和《中国青年》杂志社联合发起,重点树立和宣传"十三五"期间在中国无障碍建设发展领域表现突出、有显著成绩和贡献的年龄在40周岁(含40周岁)以下的中国青年典型。2021年12月3日,第30个国际残疾人日风采展示活动落下帷幕,共推出2021年"致敬无障碍发展"年度青年人物10位、重点关注青年人物20位。《中国青年》杂志第22期推出专题报道《爱,无障碍》,报道10位年度青年人物的先进事迹和风采故事,影响面广,颇受关注。

2.4.6 "畅享无障碍人文大讲堂"开启与新媒体融合新途径

2021年11月13日~12月30日,由残疾人事业发展研究会无障碍环境专委会智库合作单位与映客互娱集团联合承办、全国各地10家无障碍会客厅协办的"畅享无障碍人文大讲堂"六讲系列活动直播成功举办。主题分别为:畅享无障碍法规与政策、畅言无障碍人文价值、畅视无障碍法治治理、畅谈无障碍信息交流、畅导无障碍文化传播、畅往无障碍美好愿景。同期还举行了全国首部《无障碍环境蓝皮书(2021)》发布解读和专家访谈活动,共有51位无障碍专家、教授和行业推动者参与分享。映客直播联合凤凰新闻、中国网、一点资讯、哔哩哔哩等5家平台同步进行全程直播。六讲大讲堂累计在线观看人数突破千万,整体覆盖人群近8000万,创下无障碍文化宣传普及史上的新纪录,开创了我国无障碍文化全民普及网络直播宣讲的先河。

综上所述,无障碍文化传播与我国无障碍实践共存并进,让无障碍文化持续渗透到社会生活的各个方面,带动和促进了无障碍事业的全面发展。同时不断打造中国特色的无障碍文化品牌,向世界讲述中国无障碍人权保障故事,助推无障碍精品工程,展现出社会文明进步的美好发展前景。

3 交通强国与无障碍环境[*]

目前我国有 60 岁以上老年人约 2.64 亿,占总人口的 18.7%,"十四五"期间,我国将从轻度老龄化进入中度老龄化阶段。目前我国有残疾人 8500 多万,此外还有大量的孕妇、婴幼儿和暂时行动不便者等弱势群体。

无障碍环境是残疾人参与社会生活的基本条件,是方便老年人、孕妇、婴幼儿和暂时行动不便者的重要条件。加强无障碍环境建设是社会文明进步的重要标志。党的十八大以来,在习近平新时代中国特色社会主义思想的指引下,我国交通发展取得历史性成就,发生历史性变革,进入高质量发展的新时代,已经成为交通大国,并加快向交通强国迈进。建设交通强国,推进基本公共服务均等化,加快交通无障碍环境建设,保障老年人、残疾人等群体的出行权益,是交通运输高质量发展的重要内容,是推动交通运输改革发展成果更好惠及人民群众、满足人民美好生活需要的重要举措。

3.1 我国交通无障碍环境建设情况

近年来,我国全面推进交通无障碍环境建设工作,制定、出台、实施了各项政策措施,为残疾人、老年人等社会特殊弱势群体营造了安全、便捷、舒适的出行和发展环境,取得了明显成效。

在制度政策方面,交通运输部联合六部门印发的《关于进一步加强和改善老年人残疾人出行服务的实施意见》(交运发〔2018〕8 号)明确了到 2020 年、2035 年无障碍出行的发展目标和重点任务。交通运输部联合六部门印发的《关于切实解决老年人运用智能技术困难便利老年人日常交通出行的通知》(交运发〔2020〕131 号)提出了进一步完善交通运输领域便利老年人出行服务的政策措施。民航局、铁路局、邮政局及交通运输部内各司局在制定各项政策中均考虑了无障碍环境建设内容,有力支撑了交通无障碍的发展。

在标准规范方面,交通运输部加强对交通运输领域无障碍建设标准的制、修订工作,公路、铁路、民航、水运、邮政及城市公共交通领域相关标准均包含了无障碍环境建设条款。《汽车客运站级别划分和建设要求》JT/T 200—2020、《内河船舶法定检验技术规则(2019)》《铁路旅客车站设计规范》TB 10100—2018、《铁道客车及动车组无障碍设施通用技术条件》GB/T 37333—2019、《城市公共汽电车客运服务规范》GB/T 22484—2016、《汽车客运站服务星级划分与评定》JT/T 1158—2017、《综合客运枢纽服务规范》JT/T 1113—2017、《铁路旅客运输服务质量》GB/T 25341 等标准从基础设施、交通工具、运输服务等方面对交通无障碍的发展提供了指引和规范。

在基础设施方面,交通运输行业持续加大财政资金投入,按照相关标准规

---

* 本章作者:陈朝。

范，加强交通基础设施无障碍建设。对不满足无障碍标准要求的原有交通运输基础设施积极增加改造力度。推进交通运输装备升级改造，积极推广应用无障碍化城市公交车和出租车辆。各地在综合客运枢纽、公路客运站、高速公路服务区、客运码头、机场、轨道交通站与城市公交站场等交通基础设施规划建设中，不断扩大无障碍设施的配套建设。道路标识标线、盲道、楼梯、坡道、轮椅升降机和专用电梯等无障碍通道和服务设施不断完善。

在出行服务方面，各地积极落实国家有关优惠政策，为残疾人、儿童等提供交通运输票价优惠。结合做好春运、"十一"黄金周等重点时段运输保障工作，组织运输企业、民航机场和道路、铁路、水路等客运站，加大对残疾人、老年人等社会特殊弱势群体的帮扶力度，做好进站、购票、乘车（船、机）等环节的出行引导，努力改善其出行体验。加快综合交通出行信息平台建设，纳入铁路客运、道路客运、公交地铁、出租车、公共自行车、停车场等相关信息系统，为乘客提供及时准确的交通出行信息服务。

经过多年的建设，交通无障碍环境建设取得了显著成效，但仍存在诸多发展短板。

一是需要进一步加强无障碍理念在交通运输领域的贯彻落实，在综合交通运输体系规划及各专项规划中明确无障碍环境建设相关内容。交通运输行业发展规划中关于无障碍环境建设的内容较少，行业对无障碍建设的重视程度有待提高。

二是交通运输部已出台的行业标准中无障碍环境建设内容的操作性有待加强。目前交通枢纽场站建设均遵照住建部印发的《无障碍设计规范》GB 50763—2012进行建设，但由于该规范为通用规范，和交通运输行业设施特点结合不紧密，在建设中设计人员往往无法设计出高质量的无障碍建设方案。同时，交通运输行业内关于无障碍建设的内容又较少，操作性不强，极大制约了交通基础设施的无障碍设计。

三是交通设施中虽有无障碍设施，但由于运维不善、设施不连续等原因导致设施使用率较低。从调研的情况来看，由于交通基础设施内部无障碍设施的不连续、不通畅，以及部分设施运维不善，导致无障碍出行链中断，而残疾人面对不连续的出行设施，会降低其对无障碍出行的信心，开始抵触出行。

四是交通无障碍服务和信息化水平有待提升。交通运输业是服务性行业，但对残疾人、儿童、行动不便者等特需人群的服务水平还不高，在服务用语、服务管理等方面还有较大的提升空间。交通出行信息无障碍交互水平较低，智能化、人性化服务水平有待提升。

3.2 交通强国建设对无障碍环境建设提出新的要求

中共中央、国务院于2019年9月印发《交通强国建设纲要》，其中明确提出"到2035年，无障碍出行服务体系基本完善。到本世纪中叶，全面建成人民满意、保障有力、世界前列的交通强国"的建设目标，九大重点任务中，"构建便捷顺畅的城市（群）交通网"明确指出要"完善无障碍设施"。❶ 2020 年 10 月底，十九届五中全会审议通过了《中共中央关于制定国民经济和社会发展第十四个五年规划和二〇三五年远景目标的建议》，提出要"实施积极应对人口老龄化国家战略"，首次明确把积极应对人口老龄化提升到国家战略层面，成为国家的中心工作之一。交通无障碍环境建设是积极应对人口老龄化的重要举措，也是交通强国建设的重要内容。❷

人民满意是交通无障碍环境建设的根本宗旨。交通无障碍环境建设要以习近平新时代中国特色社会主义思想为指导，牢固树立为人民服务的宗旨意识，围绕法规政策完善、标准规范制订、基础设施建设、运输装备升级、服务品质提升等方面，全力打造交通无障碍环境，保障老年人、残疾人的出行权益，增强其获得感、幸福感、安全感，建成人民满意、保障有力、世界前列的交通强国，为实现交通强国梦提供坚强支撑。

法规政策是交通无障碍环境建设的重要保障。交通无障碍环境建设是交通强国建设的重点任务，其发展需要积极把握方向、谋划大局，因此要在法规政策方面优先保障。一是结合交通运输大部制改革，统筹考虑铁路、公路、水路、民航等各种交通方式立法资源，建立无障碍交通环境法治体系，完善顶层制度设计，建立健全交通运输各领域协同配合、齐抓共管的长效机制。二是认真研究无障碍出行环境建设主要任务、短板与瓶颈，多措并举出台无障碍出行政策，三是，各级交通运输主管部门与人民政府要深化、细化、实化各项政策措施，共同落实交通无障碍环境建设任务。❸

标准规范是交通无障碍环境建设的工作指引。《交通强国建设纲要》中提出要"构建适应交通高质量发展的标准体系，加强重点领域标准有效供给"。交通无障碍环境建设正处于重要的发展时期，需要加强对建设工作的指引和规范，努力推动相关专项标准研究和制、修订。紧扣交通强国建设重点任务，无障碍领域的交通行业标准体系要覆盖基础设施、交通装备、运输服务、出行信息等方面，全方位、多维度夯实交通无障碍环境建设基础，使交通运输供给更加公平地惠及全体人民。

基础设施是服务无障碍出行的基本条件。在综合客运枢纽、铁路客运站、公路客运站、客运码头、机场、地铁站、公交站、公路服务区等交通基础设施规划建设中，加大对无障碍设施的配套建设改造力度，是交通基础设施发展从"有没有"向"好不好"转变的重要环节。列车、飞机、城市公共汽（电）车、地铁等各类交通运输工具应该聚焦残疾人和老年人等群体出行环境改善，持续优化无障碍设备配置，提升设备普及率、适老化和服务均等化水平。❹

❶ 中共中央 国务院. 交通强国建设纲要［EB/OL］.［2019-09-19］. https：//xxgk. mot. gov. cn/2020/jigou/zcyjs/202006/t20200623_3307512. html.

❷ 中共中央 国务院. 国家综合立体交通网规划纲要［EB/OL］.［2021-02-25］. https：//xxgk. mot. gov. cn/2020/jigou/zhghs/202102/t20210225_3527909. html.

❸ 魏雷，袁妙彧. 城市社区"适老化"交通系统建设研究［J］. 公路交通科技（应用技术版），2018（2）：318-321.

❹ 尹虎. 轮椅使用者的城市交通枢纽无障碍环境研究［D］. 北京：北方工业大学，2018.

出行服务是交通无障碍环境建设的本质属性。无障碍服务能力、服务意识和服务水平的提升是满足残疾人、老年人便捷顺畅出行需求、推动建设人民满意交通强国的重要举措。一方面，要强化交通运输企业和客运枢纽等出行服务主体的服务意识，通过开展无障碍服务培训等方式规范行业服务，对残疾人、老年人群体加大帮扶力度，提升服务能力，为改善他们的出行体验提供高质量服务。另一方面，要加强服务创新，加快综合交通出行信息平台建设，整合铁路、民航、道路客运、水运、地铁、出租、公共自行车、停车等相关信息，通过电子服务屏、移动终端等多种方式为残疾人、老年人乘客提供一站式出行信息服务。

3.3　我国交通无障碍环境体系建设思路

未来 30 余年，我国将进入工业化中后期和后工业化发展阶段，经济增长中的"量"不再是最重要的问题，处于高水平上对"质"的需求将成为更受重视的关注点。在新型工业化、城镇化背景下，交通运输需求在继续增长的同时，更加趋向多元化、个性化、品质化，更加注重公平性，亟须建立交通无障碍体系，以满足老年人、残疾人等不同群体的出行需求。

交通无障碍体系应是以服务旅客为核心，围绕旅客服务建立的一整套服务系统，包括制度、标准、流程、架构、设施、设备、标识、人员等软、硬件。交通无障碍体系的宗旨是从残疾人、老年人等旅客的实际需求出发，为其提供全方位、人性化的服务。以最专业的队伍、最智能的设备、最全面的体系，及时、精准、全面地关注并响应残疾人、老年人的每一个服务需求。❶

根据交通运输系统构成，结合无障碍发展要求，交通无障碍体系框架可分为四层，包括制度文化、基础设施、信息化及运输服务。制度文化包括国家及交通行业颁布的无障碍环境建设、无障碍服务等方面的法律、法规、政策及标准，还包括交通无障碍出行服务的理念和方针目标等。基础设施主要包括综合客运枢纽、汽车客运站、公交枢纽站等各类型客运枢纽站场、公路服务区等服务设施，以及无障碍的载运工具。交通信息无障碍主要指通过信息化手段，为任何人提供便捷、准确的交通出行信息，主要包括无障碍信息交互设备以及无障碍的信息交互方式等。运输服务的无障碍主要指交通运输企业通过教育培训，为老年人、残疾人等提供舒心的爱心帮扶服务，解决无障碍出行服务问题。未来，要着力从这四个方面逐步构建交通无障碍体系，促进基本公共服务均等化，为老年人、残疾人参与社会生活、获得公共交通服务创造更好的条件。

3.3.1　加强顶层设计

（1）深化体制改革及机制创新

只有具备良好的基础设施条件、先进的管理体制和服务机制，交通无障碍才

---

❶ 陈朝. 浅谈交通强国建设背景下无障碍环境建设［J］. 交通建设与管理，2020（2）：58-61.

能可持续发展。❶ 交通无障碍建设涉及交通、住建、工信等多部门，建立多部门协调配合、共同推进的合作机制，是推进交通无障碍建设的基本保障。同时，交通运输行业应主动适应时代和社会发展的要求，学习借鉴国际先进经验、好做法，不断创新行业内无障碍出行服务的体制机制和方式方法，使交通运输服务能够更好地面向大众、服务人民、惠及老百姓。

（2）完善和落实相关标准规范

无障碍交通出行特点决定了无障碍建设要与交通运输行业特点相结合，而不是简单地复制住建行业的无障碍建设标准。加强交通无障碍环境建设与服务标准制、修订，构建交通无障碍标准规范体系，才能高效指导和规范交通无障碍设施建设与管理。❷ 在实际操作中，需要加强无障碍标准需求调研，重点开展交通运输基础设施、交通工具、交通标识、出行信息服务、运输服务等无障碍标准研究和制、修订工作，为交通无障碍环境建设提供指引和规范。

（3）建立交通无障碍认证机制

由于缺乏无障碍建设的验收评审机制，导致部分地方为降低建设成本而不重视无障碍交通设施建设。为有效加强无障碍交通设施的事中、事后监督检查，建议建立交通无障碍认证机制，完善监管环节，督导并鼓励交通运输企业加强无障碍设施建设。❸ 据初步统计，我国相继发布、实施了一系列涉及无障碍设施建设的相关标准规范，但当前还没有针对交通无障碍认证的标准，其认证标准体系还没有建立。无障碍认证主要包括无障碍环境认证、无障碍产品认证和无障碍专业技术人员评价。无障碍环境认证的对象为交通基础设施、运载工具、交通设施设计施工等。认证过程从设计阶段介入，到施工验收阶段结束，主要针对认证对象的无障碍系统性、功能性、规范性进行等级评定。无障碍认证可依据现有标准与规范，针对认证对象，提出具体的认证要求，制定相应认证标准。

3.3.2　加强交通设施设备无障碍建设

（1）制定无障碍建设的系统规划

目前，行业和地方政府对无障碍建设的重视程度还有待提升。为有效推进交通无障碍建设工作，需要加强行业规划中的无障碍建设内容。❹ 在研究分析的基础上，确定基础建设的长远和近期计划。在系统规划的基础上，进行全面安排，在确保系统完整性的同时，努力解决好交通基础设施无障碍建设问题，从而实现全面、系统的调整，实现不同阶段的目标，将整体和部门完美结合、新建基础设施和改造设施相结合、技术与建设相结合。

❶ 宫晓东，高桥仪平. 日本无障碍环境建设理念及推进机制分析［J］. 北京理工大学学报（社会科学版），2018，20（2）：168-172.

❷ 娄乃琳，赵尤阳. 我国"适老化"无障碍环境建设基本情况［J］. 建设科技，2019（11）：16-22.

❸ 薛宇欣，凌苏杨. 美日等发达国家无障碍环境建设机制的对比分析［J］. 住区，2020（3）.

❹ Xiongbin L. Incorporating equity concerns into transportation planning and policies in urban china: the Status Quo of practice and implications［J］. China City Planning Review，2019（1）：56-64.

（2）建设和改造无障碍交通设施

目前由于各类无障碍设施之间联系不够紧密，没有形成系统，导致残障人士出行困难。残障人士出行过程中，在无障碍设施的保障下，残障人士容易放松警惕，而无障碍设施的设计不规范等问题容易造成残障人士受到意外伤害，导致残障人士对无障碍设施的信任感缺失，从而加深其对未来出行的心理障碍。❶ 针对以上提到的各个无障碍交通设施之间存在使用切换的问题，应当通过无障碍设施的改建达到使其成为连续状态的理想状态。另外还需要政府宣传无障碍设施相关知识，倡导社会公众保护无障碍设施、关爱残障人士，减少公众对无障碍设施的损坏，构建无障碍环境帮助残障人士出行。同时，要结合肢体残疾、听力残疾和视力残疾人士出行的需求及特征，利用信息技术采集分析无障碍设施建设对人体的适应性，根据人体工程学要求建设改造相关设施。❷

（3）加强对设计与建设人员的教育培训

调研了解到，部分设计人员对无障碍设计理念的理解不深入，对技术要求掌握不熟练，导致无障碍设计不规范。部分施工人员不掌握无障碍设备的安装技术，导致部分无障碍设备安装错误，无法使用。所以，通过对相关设计人员、施工人员的全面培训，可以使其完全了解和掌握无障碍理念在实际中的运用。❸ 进行无障碍的交通设计，不仅是入口的一个坡道，更重要的是它的系统化，从而确保无障碍交通系统在设计的过程中能够完整。要确保交通建筑或者道路实现无障碍，必须完善各个环节，提高工程设计人员的自身素质与设计能力，确保无障碍设计不出现错误。

（4）配备种类齐全的无障碍设备

目前，交通运输的智能服务设备种类很多，但无障碍信息服务功能较少，缺少语音播报、盲文提示等功能，部分自助设备位置较高，无法满足乘坐轮椅的旅客的自助服务需求。今后的工作中应加强无障碍设备的应用：一方面是在现有设备的基础上进行智能化改造，例如自助售票机、检票机、闸机、查询机等；另一方面是专门为重点旅客设计研发智能化设备（系统），如智能语音/手语翻译器、智能求助子系统、盲人导引子系统、助残机器人、面向听力与语言障碍旅客的标识子系统、助残机器人、共享轮椅、共享担架等，提供安全适用的无障碍交通设备。

3.3.3 加强交通信息无障碍建设

信息无障碍是指任何人在任何情况下都能平等、方便、无障碍地获取信息、利用信息。随着大数据、云计算、物联网等数字信息化技术应用的推广，我国出行信息无障碍也实现了快速发展，已推出北京残疾人服务地图、北京市残疾人出行预约、真行软件等无障碍智能出行 APP。但总体上看，这些软件功能相对比较单一，没有系统性考虑出行的各个环节和影响因素，实际应用范围有限。为构建基于出行链的无障碍出行服务系统，今后应加快无障碍智能出行信息系统的研

---

❶ 李晨静，陈陆洋. 老龄化背景下关于城市交通适老化对策的思考［J］. 山东交通科技，2020，176（1）：32-34.

❷ 胡青兰，石灿. 关于我国无障碍环境建设的思考［J］. 现代特殊教育，2019（18）.

❸ 陈苏娜. 当代交通建筑无障碍设计研究［D］. 北京：北京交通大学，2016.

发和应用，构建覆盖静态交通、枢纽站场、交通工具等方面，基于出行链的无障
碍智能出行信息系统。❶ 该系统还须强化应对疫情、恐怖袭击等重大突发状况的
无障碍出行保障功能，具备信息发布、运营线路查询、安全站点显示等功能，利
用大数据、云计算等技术分析运行线路途径区域数据及沿途乘客上下车数据，科
学计算安全的乘车路线，指导老年人和残障人士安全便捷出行，实现其使用一个
软件，安全行遍天下。

3.3.4　提供无障碍运输服务

（1）在全行业营造尊重弱势群体的文化氛围

提高公众关注弱势群体平等出行的社会意识是改善弱势群体交通环境的重要
保障之一。目前，部分行业的从业者对残疾人仍具有同情的心理，没有建设平等
服务、相互尊重的思想。应通过多渠道、多方式建立残疾人与普通人群之间沟通
的桥梁，使普通人能够体会和理解残障人士的需求，从而自觉、主动地关爱和帮
助他们。应尽快在全社会、全行业建立起尊重弱势群体的文化氛围，使弱势群体
的出行权利受到社会尊重，出行条件受到各方保障。❷

（2）提高交通运输企业无障碍服务水平

所有的交通理念、交通政策、交通技术和交通规划方案，最终必须通过具体
操作层面的运营和服务才能实现。目前，交通运输行业针对老年人、残疾人的服
务还不够细致，企业缺乏服务管理制度、标准服务用语与行为规范，无障碍交通
运营和管理尚处于起步阶段。完善的交通无障碍体系需要精心的运营和科学的管
理，才能在保持市场竞争力的同时，提供优质的交通出行服务。交通运输企业需
要不断加强服务人员的职业培训，强化服务理念，提升服务水平，营造敬老爱
老、关爱残疾人的服务环境。❸

---

❶　甘为，胡飞. 城市现有公共交通适老化服务设计研究［J］. 南京艺术学院学报（美术与设计），
2017（1）：213-215.

❷　赵尤阳. 美国无障碍环境建设法律法规和运行机制研究［J］. 建设科技，2019（11）：30-35.

❸　Yang L，Guo Y，Liu J . Using entropy weight method to assess transit satisfaction：A focus on ol-
der adults［J］. China City Planning Review，2021（1）：64-73.

4 包容性发展与无障碍出行 *

联合国 2015 年制定的可持续发展目标中就明确提出要"建设包容、安全、有韧性的可持续城市和人类社区",其中包括了"向所有人提供安全、负担得起的、易于利用、可持续的交通运输系统⋯⋯要特别关注处境脆弱者、妇女、儿童、残疾人和老年人的需要"。❶ 我国于 2014 年发布的《国家新型城镇化规划(2014—2020 年)》中多次强调城市规划要注重公平、共享、以人为本。

在城市中,不论是创造财富的工作、商务活动,还是休闲、访友的社会活动都日益频繁,城市内部及城市间的联系日益密切。城市本身正是由于方便的联系而发展存在的。这种联系必然伴随着人员和货物的移动。"出行移动已经成为当今社会一个最基本的价值,成为实现社会变革、发展进步的前提条件。"正如法国学者弗朗索瓦·朗社所言,体现人们克服空间距离因素制约、实现自由移动能力的城市机动性已经是当今城市发展中人类的一项"根本权力",它是包括老年人、残疾人及由于各种原因身体行动能力受限的人在内的所有社会成员进入一定的建筑物、空间场所参与社会活动、自主生活和享受健康服务的必要条件。

此外,目前我国无障碍建设还存在地区间的差异,同城市相比,乡村地区的残障人士仍然面临更多困难。有些无障碍设施或服务只面向受本地官方认可的残障人士服务而排斥外地的弱势群体及其他确实有需要的社会群体。随着生活水平的提高、寿命的延长及"独生子女"政策的长期影响,今天关注这些"隐形"残疾人的需求的呼声越来越大,也是推动包容性发展理念的一个重要因素。无障碍交通环境建设可以让所有有需要的人群具有持续和长久的"获得感",并赋予城市品质除视觉效果以外的社会意义出行权的保证是城市发展的基础。保证人的出行权就是确保城市发展所必需的个体与组织间持续不断的物质、信息交流。❷ 因此交通无障碍出行环境是中国城市包容性发展建设的重要部分。

4.1 我国的交通无障碍环境建设

包容性发展理念在快速城镇化的中国有不同于其他国家与地区的意义与内容。改革开放后,中国迎来了经济的快速发展和城镇化水平的不断提高,城市发展与空间品质的提升是近三十年来中国社会最显著的变化之一,城市的现代化建设已经取得了令人瞩目的成就。然而多年粗放式、增量型的城市发展也忽视和带来的不少问题。其中包括城市建设中对传统弱势群体(如残障人士、老年人和儿童)的需求的忽视,新的城市问题(如城市环境安全和城乡一体化发展带来的挑

＊ 本章作者:潘海啸、华夏、施路遥。

❶ 联合国. 目标 11:建设包容、安全、有抵御灾害能力和可持续的城市和人类住区 [EB/OL]. [2021-04-23]. https://www. un. org/sustainabledevelopment/zh/cities/.

❷ Ascher F. Le sens du mouvement. Modernité et mobilités dans les sociétés urbaines contemporaines [M] // Allemand S, Ascher F, Lévy J. Les sens du mouvement. Paris:Belin, 2004:336.

战），也包括社会成员对自主参与、自我实现、个人权益及城市资源配置的公平性等价值取向的追求给城市环境建设提出的新需求。

这些发展中的遗留问题和新的需求决定了中国环境对包容性发展理念的需求与其他国家情况的差异。我国城市普遍进行了盲道的建设，许多大城市已经实现了在重要交通枢纽和轨道交通站点提供无障碍电梯、无障碍坡道等服务，在许多无障碍出行设施不完备的地方，人工服务会协助残障人士完成出行，在一定程度上弥补了不足。然而盲道被占、碎片化建设的交通无障碍设施建设服务对象的特定性等问题依赖人工服务已不能解决城市包容性发展面临的这些新的问题。

具体来说，首先，在公民参与规划的水平整体较低的情况下，弱势群体需要方便日常生产和日常生活活动的声音并不能在出行环境建设中获得足够的重视。例如，在满足社区规划中人行道宽度要求的同时，人行道的铺装设计并不适合使用轮椅或是婴儿车的行人使用；在轨道交通车站按照现有标准提供无障碍电梯的同时，车站周边的隔离护栏仍然妨碍残障人士出入车站。2016年在上海市闵行区进行的无障碍环境调查中，残障人士提出出行中最不方便的几个环境要素包括交叉口没有语音提示、上下公交车没有辅助设施、公共厕所数量较少等（图1-4-1、图1-4-2）。这些事例都表明当前日常生活中出行环境建设对弱势群体需求的忽视。

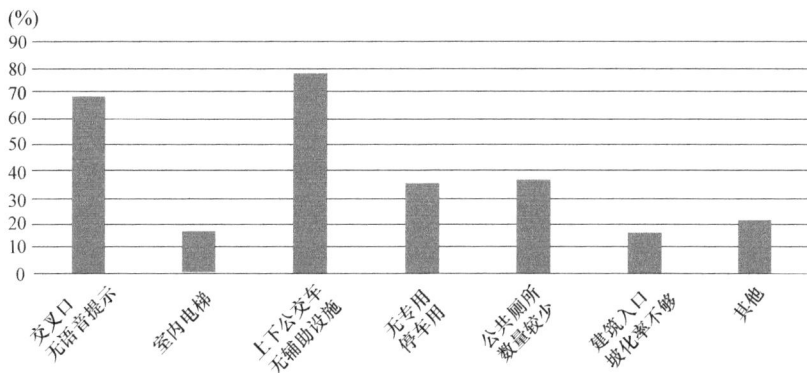

图 1-4-1　闵行区无障碍调查指出出行过程中最不方便的城市空间

其次，交通无障碍环境建设考虑不够全面，缺乏对弱势群体安全的关注或忽视地区间发展的差异。比如许多城市建设仍然以方便小汽车出行为重心进行街道环境设计和建筑物的功能设计，过宽的社区级道路、过长的没有安全岛人行横道，或是按照机动车通行时间来规划行人通行信号灯，建筑设计中以汽车交通为导向的设计不仅要占据大量的空间资源，也会导致建筑物周边街道品质的下降，更严重的是给身体能力和经济能力受限的广大"隐形残疾人"自主参与社会活动、享受社会服务带来极大的限制。这种所谓有品质的建筑与城市设计模式完全忽略了城市的社会性要素，必然导致这部分群体的日益边缘化，难以实现有尊严的、体面的生活状态。

另外，这样的城市环境对于有行动障碍的弱势群体不仅是不方便的，更存在

图 1-4-2　闵行区残障人士过路口困难地点的分布

安全隐患。近期提出的"零伤亡愿景"理念区别于传统的交通安全理念，提出更全面的要求，强调人的生命安全必须高于其他道路交通目标，设计师在设计道路时必须考虑人为错误，减少致命的碰撞机会。❶ 我国也应充分考虑弱势群体的出行需求，制定适合所有出行者的设计规范、政策和措施，将真正的安全融入每一个环节。

此外，城乡发展不平衡、二元结构割裂现象严重也极大影响了地区及城市的发展，众多学者对城乡协调发展的概念、动力机制、措施等作了详细的分析，然而对城乡无障碍发展仍缺乏研究。在强调城乡协调发展的今天，同城市地区的无障碍建设相比，城市郊区与乡镇地区的交通无障碍环境建设水平仍然较低，设施完备程度差距较大，并且乡村大量劳动力流失，村庄空心化、老龄化和社会失能的问题更加严重，对无障碍环境建设需求迫切。

4.2　城市的精细化管理中的社会性与交通无障碍

为弱势群体建设无障碍出行环境强调将弱势群体平等对待，协助他们依靠

---

❶ 潘海啸，张晓赫，胡森."零伤亡愿景"视角下的安全城市导向规划设计［J］. 现代城市研究，2020（11）：16-20.

自身力量来完成日常出行，而不是单纯地将他们看作弱势群体。❶ 因此交通无障碍环境建设需要从"依赖外界提供人工服务"转变为"为弱势群体自立提供机会"。这一需求的转变也是顺应包容性发展中对鼓励弱势群体融入社会的建议。

　　当前强调城市建设应以人为本和精细化管理是包容性发展理念在中国应用的具体表现。精细化管理要满足更广泛甚至所有社会群体的需求。不仅从空间环境建设等硬件条件着手，也要关注如何从政策制定、机构管理、法律法规等软件上提高城市建设水平。比如，通过加强规划建设单位与弱势群体之间的信息沟通来保证人们对无障碍出行的真实需求反映在建成环境中；加强机构内部横向与纵向的信息沟通、协调来减少无障碍环境建设的碎片化现象，实现对无障碍环境建设从规划建设到建成维护的全程关注，避免出现"虎头蛇尾"或是"自相矛盾"的无障碍环境建设；最后，通过颁布、修改、协调相关的法律法规来对无障碍环境规划与建设行为采取必要的约束与管理。合理地运用这些措施手段才能够实现城市无障碍环境建设的以人为本和精细化管理。

　　未来的交通无障碍环境建设应当正视当前存在的问题，以包容性发展理念为导向，促进交通无障碍环境建设向实现更全面的无障碍出行努力。更全面的无障碍出行应遵循全过程无障碍、全对象无障碍、系统化无障碍体系和以人为本的无障碍设计四个原则。具体来说，出行的全过程从信息获取到完成出行都应实现无障碍；出行无障碍建设应当面向全社会所有成员；无障碍设施体系应当系统化，避免出现无障碍出行链断裂；无障碍环境建设应当满足使用者的真实需求。针对这四个原则，交通无障碍环境建设应采取相应的措施来实现更全面无障碍设计来贯彻包容性发展理念。

　　遵循包容性发展理念的交通无障碍环境建设首先具体可以从必要的出行需求和减少出行需求两个方面理解人们对无障碍交通出行的环境需求。这样的划分源于今天人们对交通出行的理解从"机动性"向"可达性"的转变。即城市应当通过空间规划手段来减少日常活动，如购物、通学、通勤等出行的频率与距离，针对社会成员的需求，提高相应各类城市资源的可达性。因此，在进行必要出行时，整个出行过程，即从获取出行信息到最终抵达出行目的地，都需要实现面向所有群体的无障碍环境。而减少必要出行的次数与距离，则应当创造安全、便捷的无障碍邻里环境，以提升步行或是骑行前往邻里各个设施的效率。下面以城市常见的交通出行方式为例，依据上述交通无障碍环境建设的四个原则，讨论出行过程和日常生活中的无障碍环境建设需要注意的事项。

4.3　出行过程无障碍

　　根据全面无障碍出行环境建设的原则，出行是由多个环节构成的一个连续的

――――――――――
　　❶ 杨锃."正常化"视野下公共性建设之探索——基于城市社区无障碍设施的利用与改善［J］.华中科技大学学报（社会科学版），2018，32（2）：16-22.

过程。任何一个环节，或者任何两个环节间接驳的不方便，都意味着出行全程的不便。❶ 建筑物或城市的场所空间是人们出行的起点或终点，从出门到一个服务端终点建筑物的可能性和方便性是实现全体社会成员广泛参与的基础，也是建筑空间社会性的基础。从决定出行到最终抵达目的地，出行全过程包括了获取出行信息、前往搭乘交通工具、出行过程、前往出行目的地四个环节（图1-4-3）。不同的出行方式中，使用公共交通出行还有购票、等待等环节。根据"全对象无障碍"原则，不论采用哪种出行方式，出行的全过程都应当连贯、便捷，且考虑所有使用人群的需求。尤其是公共交通服务，其作为我国许多城市最主要的出行方式和一种重要的社会服务，需要考虑到老年人、儿童、身心残障人士、推婴儿车或是携带行李的旅客、外国人等出行弱势群体的需求。

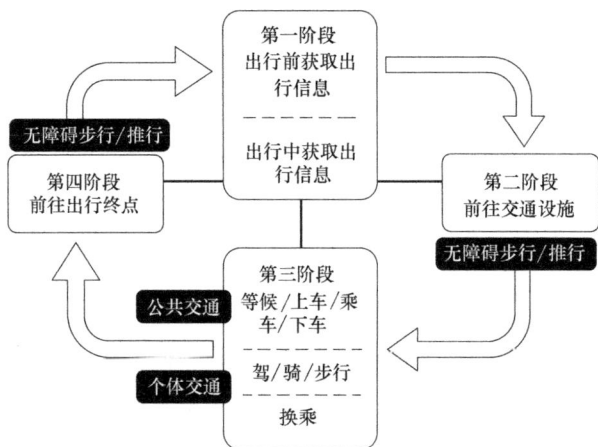

图 1-4-3　无障碍出行是不间断的连续串联过程

4.3.1　出行信息获取

信息获取包括两个层面，一个是出行前的信息获取，另一个是出行中的信息获取。在网络信息时代的今天，使用网页和移动客户端等方式获取出行信息非常常见。因此相关平台（地图引擎、交通运营商、搜索平台等）应当考虑有信息获取困难的群体的需要，提供语音朗读、高对比度页面、大字号页面等信息传递方式。除了提供基本出行信息，也应当提供全面翔实、及时更新的无障碍出行相关信息，比如如何寻求帮助，如何使用无障碍设施等。在出行过程中信息获取的情况也十分常见。出行服务的提供者（道路交管部门和交通运营商等）应当通过纸质地图、清晰的指示标识，配合人工咨询与语音播报等视觉、听觉、触觉多种手段提供无障碍交通设施的分布信息和使用信息，也包括使用易于理解的方式提供交通服务班次、出行时间、等候时间、出行天气等常规出行信息以及交通设施周

---

❶　张仰斐. 中国城市的交通无障碍设施实用性实证研究——以上海市为例［D］. 上海：同济大学，2010.

围地区的环境信息。多渠道的信息传递方式便于弱势人群快速适应陌生环境，降低生理和心理条件对出行体验的影响。

4.3.2　搭乘交通工具

搭乘交通工具环节主要指在借助交通工具的情况下，离开出发地前往搭乘交通工具的地点的过程。对个体机动出行来说，这意味着保证机动车停放位置的无障碍可达性，比如预留残疾人车位、保留较宽步行通道等。对于公共交通出行来说，公共交通设施周边城市空间应建立在城市整体无障碍环境优化的基础之上，设置完善的无障碍设施体系，并与站点的无障碍设施相衔接，保证整体搭乘过程的连贯。比如，市区轨道交通服务直接服务范围一般在 500m 左右，轨道交通站点 500m 范围内的区域都应提供良好的盲道、路缘、坡道、无障碍信息指示设施。不仅街道上有连贯通畅的无障碍通道，道路交叉口的设计也应当保证障碍人群安全便利的通行。

4.3.3　出行过程

无障碍出行过程指从抵达交通服务设施到离开交通服务设施之间的出行要满足无障碍要求。这一环节主要针对搭乘公共交通过程中的公共交通站点的无障碍需求，主要包括站点的无障碍需求和出行中的无障碍需求。对公共交通站点来说，应设置与城市无障碍设施衔接的无障碍设施。考虑到各种出行障碍的群体，应不仅提供独立盲道、坡道空间、无障碍电梯、无障碍洗手间等便利肢体残疾和盲人的设施，也应考虑听力与语言障碍和其他体弱人群，提供手语翻译设备、休息室等设施。无障碍设施的分布应当考虑进站、购票、安检、验票、候车、上车、下车、换乘、出站一系列流程，提供相应的无障碍设施。比如在购票环节提供低位自动售票机，在安检环节提供低位安检设施，在检票环节提供宽通道摆式闸机，在候车环节提供无障碍厕所和充足的候车座椅，在上下车环节提供方便轮椅的便携式坡道等。❶

出行中的无障碍需求也同样重要。比如，轨道车辆在列车首尾提供无障碍专用空间，并与站台指示相匹配，巴士车辆下车门附近按比例提供弱势群体专用座位、轮椅固定器及呼叫按钮。车上提供语音和可视化等多种报站方式，包括在无障碍专用位置上提供单独的出行信息语音播报或显示。设置公共交通专用道、改善公交车辆的动力系统、缩小公共交通之间水平与垂直方向上的换乘距离都可以带来舒适的出行体验；降低急刹车、急转弯等交通行为并避免长距离交通换乘能减少弱势群体出行中的不便。新的车辆技术也可以改善无障碍出行的体验。对于出租车服务来说，可推行新型无障碍汽车或改造现有的汽车内部空间，选用轮椅直入方式，方便弱势群体上下车。而巴士可以选购可侧跪并带有无障碍踏板的车辆，以方便轮椅上下。

---

❶ 潘海啸，邹为，赵婷，等. 上海轨道交通无障碍环境建设的再思考［J］. 上海城市规划，2013（2）：70-76.

客流较繁忙的公共交通枢纽周围应考虑提供无障碍出租车、社区巴士服务，以解决公共交通站点与乘客目的地距离较远的问题。在老龄化问题较突出的社区也应在社区接驳巴士车队中安排一定比例的无障碍公交车，其站点重点覆盖老年人、残疾人聚集区，连接残联机构、地区商业中心、医院、公园等公共场所。

4.3.4 前往目的地

从离开交通工具到前往最终目的地是上述"搭乘交通工具"的反向流程，因此对交通站点、停车设施与旅行目的地之间无障碍出行的连续性有相同的要求。与之不同的是，离开交通设施、站点后应当提供明确的周边空间环境的指示信息，缩短无效绕行距离（图 1-4-4）。

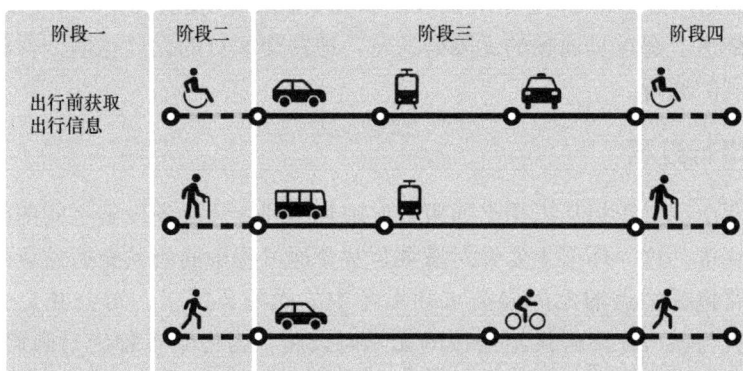

图 1-4-4 全流程的无障碍出行示例

4.4 日常生活无障碍

日常生活无障碍的目标是减少或完全取消由获取必要生活资料与服务产生的出行行为。这意味着在居住社区的空间规划应当保证社区内的基本设施都在步行或骑行 15 分钟范围内。而对于老年人、残障人士等行动不便的群体，则应适当缩小设施分布范围。此外。街道空间设计应当采取多种手段保证步行和骑行人士的安全，保证人们能够方便快捷地前往社区内的各个目的地。最后，必要的对内、对外出行设施的分布与规划对于社区内居民便捷、无障碍地前往社区内、外的目的地也十分重要。

4.4.1 用地功能规划

用地功能的合理规划是减少必要出行、控制出行在步行与骑行范围内的重要方式。主要的措施是鼓励混合用地的开发，鼓励提供基本生活服务设施和特殊化服务设施的共享社区中心的建设。生活中必需的城市设施，如超市、社区诊所、中小学等，需要分布在主要居住地区的合理步行范围内，并与城市无障碍出行设施、公共交通网络有良好的衔接。此外，一些城市基本的就业场所，如中小型企业等也可与社区规划结合，减少长距离通勤的需求。

4.4.2 街道规划与设计

除了合理的用地规划，街道网络与街道空间设计也是提高社区出行效率与安全性的主要方式。其中，在街道网络规划方面应鼓励"小街区，密路网"的建设理念，缩小住区规模，减少日常出行的绕行距离和出行障碍。在街道空间设计方面需要考虑出行弱势群体的出行特点和实际需求，营造安全、舒适的出行环境。例如考虑到老年人和残疾人出行不便的特点，道路人行道空间应按一定距离范围设置路边座椅、轮椅停靠处等道路小品设施，以解决其短距离出行的停靠需求。合理协调步行、骑行与机动车出行间的关系，灵活采用"交通安宁化"措施来保证社区中出行的安全，实现交通安全零伤亡愿景。这些措施包括道路交叉口机动车道变窄、抬高人行横道、机动车限速 30km/h、机动车路内停车等，保证社区中出行的安全。

4.4.3 出行设施分布

结合出行弱势群体的空间分布特征和未来演变趋势，合理进行出行设施选址。在公共交通方面应保证居民出行 15 分钟范围内能到达一个或多个公交站点。老龄化和残障人士比例较高的住区甚至可以考虑在住区出入口处设置独立的公交站点。公交线路连接重要的地铁站点、医院、公园等大型公共设施，保障其出行自由。此外，住区内部还应设置一定比例的无障碍停车位，满足居民的轮椅和专用助动车的停靠。

4.5 结论与建议

综上所述，在包容性发展理念指导下的交通无障碍环境建设不仅延续了当前对身心残障人士出行需求方面的关注，也进一步将这种关怀扩大到社会所有群体，并涵盖出行过程的方方面面。这不仅是无障碍环境服务范围的扩大，也需要空间设计与规划部门开展必要的空间环境规划，也意味着从无障碍出行规划、建设、管理的机制上突破现有的局限，促进形成更加灵活、包容的社会组织与协调方式，以保证包容性发展与交通无障碍环境建设的可持续发展。在此方面，今后的城市建设应参考如下几点建议。

4.5.1 完善包容性发展法规制度

目前无障碍设施设计的技术规范主要涉及城市道路、城市广场、城市绿地、居住区、居住建筑等物质公共空间建设层面，关注物理性弱势群体，关于全部出行对象的交通无障碍层面较少涉及，且集中于从工程技术手段方面提出若干项宽泛的定性规划要求，没有提及明确的实施监督主体和审批机制，导致长久以来交通无障碍实际实施效果不佳，广受诟病。鼓励包容性发展的法规制度应细化交通无障碍部分的规范细则，实施精细化设计，建立工程建设全过程审查制度，涵盖规划设计、建设实施、审查验收等过程，明确不同过程的主管部门和评价指标，从而保证包容性发展理念一以贯之。不同城市应根据自身的经济社会发展特征、地形地貌特点等要素制定符合城市自身、灵活的设计规范和法规制度。

4.5.2　促进社会各方的协调合作

（1）政府与社会团体的合作

政府的推动和决策导向是加快交通无障碍设施建设发展的关键力量。但是仅仅依靠政府自上而下的推动，一方面政府财政水平难以提供大量高质量、高水平的无障碍设施，另一方面也容易忽视弱势群体的实际出行需求。因此政府需要与社会团体合作，在宏观上予以把控和监管，将具体实施建设的权力下放至合格的社会团体，使其根据当地的实际特征进行精细化的规划设计，提供较高水平的交通无障碍设施。

（2）政府内部间的沟通

政府建设部门应作为主导，将各种无障碍设施统一纳入公共交通设施的建设过程中。成立城市无障碍建设部门，加强相关部门间的合作和协商。新建项目中各个部门应做到建设同步审批、同步实施、同步验收和交付使用，从而减少前期沟通不到位而后期弥补的成本。

4.5.3　搭建包容性城市建设平台

充分利用当前的大数据、互联网、人工智能等信息技术，建立智慧城市时空大数据平台，将城市所有的原始数据、规划设计都以"一张图、一个平台"的形式加以落实，确保城市未来长久发展。并且通过此数据平台将目前的规划、建设、实施情况向公众展示，加强公众参与和监督的力度，提升市民对无障碍设施了解度和对城市的归属感。

5 逾越"数字鸿沟"和信息无障碍[*]

5.1 信息无障碍相关背景与需求

信息无障碍是指任何人（无论是健全人还是残疾人，无论是年轻人还是老年人）在任何情况下都能平等地、方便地理解、交互和利用信息。其目的是缩小全社会不同阶层、不同地区、不同年龄、不同健康状况的人群在信息理解、信息交互、信息利用方面的数字鸿沟，使其更加方便地参与社会生活。信息无障碍的基础是信息获取，使用已有的感官来弥补部分缺失感官带来的信息获取鸿沟，利用替补的感官来获取信息，如视力残疾人访问网页，可以借助读屏软件，将网页的文字信息转换成声音信息。

根据美国哈佛商学院有关研究的分析表明，人脑接受外部信息主要依赖五种感官，其占比分别为：视觉83%，听觉11%，嗅觉3.5%，触觉1.5%，味觉1%。[1] 对于特殊人群而言，感官的缺陷将阻碍他们便捷地获取互联网信息。

在特殊人群中，不同程度的缺陷使得他们对互联网信息无障碍服务建设的需求不尽相同。为了更好地开展信息无障碍标准及建设，下面从几大类需求进行阐述与分析。

5.1.1 视力障碍

由于视力的障碍，他们只能依赖听觉和触觉等来感知世界，无法直接获取视觉信息。而互联网上绝大部分信息都是通过终端屏幕显示的，依靠视觉来感知，因此视力障碍人群在网站与 APP 的信息访问上存在着健全人难以想象的困难，他们迫切需要实现互联网信息无障碍。一般情况下，视力障碍人群通常使用读屏软件（Screen Reader）以及触摸设备访问网页内容。读屏软件可以将一些文本内容转化为语音流，从而帮助视障者获取信息。与健全人正常阅读的方式相比，通过读屏软件获取信息存在信息获取速度较慢、只能线性获得信息、无法获取网页上的非文本内容等弊端。视力障碍用户希望互联网能提供相应的无障碍服务能力，特别是非文本信息的转化问题，如提供读屏软件无法提供的提示帮助信息。

此外，视力障碍中的色盲用户会对一些特定颜色或颜色组表达的内容产生理解和辨识障碍，如果互联网中的重要信息或超级链接等采用特定颜色标注，色盲用户将无法感知。而低视力的残疾人在网页显示方面对字体的大小和对比度有着独特需求，网站与 APP 中的文字如果字体过小，将会导致他们在阅读方面产生

---

[*] 本章作者：卜佳俊、王炜、周晟、于智。

[1] Treichler D G. Are you missing the boat in training aids? [J]. Film and Audio-Visual Communication，1967，48（1）：14-16，28-30，48.

障碍。因此，字体颜色和大小以及对比度是色盲、色弱以及低视力人群对互联网无障碍服务能力建设的主要需求。

5.1.2 听力障碍

对于听力障碍人群而言，他们听不到或听不清周围环境的声音，但拥有正常的视觉。听力障碍人群在上网的操作中与健全人类似，但对于获取互联网中没有文字注解的视频和音频内容存在巨大障碍。此外，用户在访问互联网遇到意外情况或者存在问题，需要客服人员提供技术支持时，如果客服只提供电话交流这一种途径，听力障碍者就难以与客服人员沟通并快速有效地解决问题。因此如果仅仅采用电话沟通与反馈，对于听力障碍者而言将会存在极大的沟通障碍。而听力障碍者最常用的交流方式——手语在不同地域的表达存在较大的差异，提供手语辅助的电视台、视频网站在兼容性方面也存在无法弥补的短板。因此，文本交流和音频信息文本转化问题是目前听力障碍人群用户的主要服务需求。

5.1.3 多重残疾

多重残疾人在互联网信息交流中困难重重，可供选择的信息交流方式非常局限。以聋盲人为例，他们存在听觉和视觉的同时缺失，将较大程度上依赖触觉来感知周围信息，而大多数网站与 APP 没有提供虚拟现实的信息传递接口，加上辅助器具对触觉的局限性，导致聋盲人无法获取电子信息内容。部分听障与语言障碍儿童和视觉障碍儿童由于患有视听残障，且心智尚未发育完全，还会存在认知与学习障碍，这使其本身受到视听残障限制的信息交流又多了一层隔阂，更加难以习得互联网的信息。

5.1.4 认知和学习障碍

认知与学习障碍主要指智力活动能力明显低于一般人水平。该群体由于认知能力较差，对于互联网提供的信息往往无法正常理解和记忆。如过密的文字内容布局、过长的语句、过难的术语和成语以及过分的语言描述，对他们的理解都是一种极大的考验；对于需要运用感官特性如形状、大小、视觉位置、方向或声音等进行辅助理解和操作的内容，如地图导航等，他们也束手无策。因此，对于认知与学习障碍群体而言，互联网内容可理解性的建设非常重要。

5.1.5 老年人与儿童

根据第七次全国人口普查数据显示，我国 60 岁以上老年人口超 2.64 亿，65 岁以上老人占比 13.5%，接近"深度老龄化"水平。❶ 在 2021 年的中国互联网络信息中心（CNNIC）的统计数据显示，我国 50 岁及以上网民群体所占比例达 28.0%。❷ 互联网持续高速向中老年群体渗透，但由于年龄的增长，老年人身体

---

❶ http：//www.stats.gov.cn/tjsj/tjgb/rkpcgb/qgrkpcgb/202106/t20210628_1818824.htm.

❷ http：//www.cnnic.net.cn/hlwfzyj/hlwxzbg/hlwtjbg/202109/t20210915_71543.htm.

功能在不断衰退，如视力下降、听力衰退、记忆理解认知能力弱化等，在接受信息或其他方面也面临着困难。

在中国互联网络信息中心的报告中，我国 19 岁以下网民占比为 15.7%，总数超过 1.58 亿人。儿童群体的认知与学习能力也处于弱势，由于儿童的认知与心智尚未成熟，对于互联网中一些内容会出现理解困难甚至误解。

由于上述不同特殊人群具有的各种无障碍访问上的困难，特殊人群在"互联网＋"时代面临的信息鸿沟已不容小觑，信息无障碍服务成为他们迫切的实际需求，以保障其信息平等、无障碍获取。对于残疾人而言，他们更希望得到社会的关心与尊重，因此信息无障碍服务建设也是体现"互联网＋"时代社会公平的重要表现。

5.2　我国信息无障碍发展综述

我国对信息无障碍的研究从 21 世纪初到现在，大致分为三个阶段。

5.2.1　2003～2007 年：起步与尝试阶段

2003 年，"建设数字大连——残疾人信息无障碍论坛"的开幕，使信息无障碍在我国首次进入公众视野。

2004 年 10 月 15 日，由联合国教科文组织指导，中国残疾人福利基金会、中国互联网协会共同主办的首届信息无障碍论坛在北京召开，拉开了我国信息无障碍事业的序幕，信息无障碍的概念开始在国内普及，之后信息无障碍的研究工作及成果开始迅速增长。

2007 年开始，以阿里巴巴、百度、腾讯、科大讯飞为代表的一批新兴互联网企业开始投入到信息无障碍领域的研究和开发。

在此期间，IBM、Microsoft 等跨国企业也逐步将信息无障碍建设的成果引入中国。以 IBM 公司为例，其在参与国际无障碍标准制定的同时专门设立了 IBM 全球信息无障碍中心（IBM Human Ability & Accessibility Center）中国分部。

5.2.2　2008～2014 年："奥运＋亚运＋世博"阶段

2007 年，在党的第十七次全国代表大会的报告中强调"发扬人道主义精神，发展残疾人事业，推进信息无障碍工作，最大限度减少甚至消除残疾人之间、残疾人与健全人之间的信息交流的障碍，使残疾人能够享受信息化所带来的成果，是新时期发展到一定阶段的必然要求，是社会人文关怀的具体体现，也是全面建设小康社会和构建社会主义和谐社会的重要内容"。这标志着我国正式将信息无障碍建设研究作为构建和谐社会的重要内容。2008 年，工业和信息化部发布了《信息无障碍 身体机能差异人群 网站设计无障碍技术要求》YD/T 1761—2008，将我国信息无障碍网站建设以行业标准的方式确定下来。

2008 年初，由国家体育总局、中国残疾人联合会、中国互联网协会等单位发起 2008 北京奥运会、残奥会网站信息无障碍行动。2010 年，在上海召开了举世瞩目的世界博览会（EXPO 2010）。在世博会 160 多年的历史中首次设立了以残疾人为主题的"生命阳光馆"。2010 年，广州举办了首届亚洲残疾人奥运会。

残奥会、世博会、亚残会等一系列大型综合公共赛事与会展，为我国信息无障碍的发展提供了重要的经验积累，2012 年 12 月 28 日，工业和信息化部发布实施通信行业标准《网站设计无障碍技术要求》YD/T 1761—2012，代替《信息无障碍 身体机能差异人群 网站设计无障碍技术要求》YD/T 1761—2008，详细规范了设计无障碍网站的技术要求。

2008～2014 年，在国家发改委、科技部、文化部等单位的支持下，陆续启动了一批残疾人信息无障碍相关的科研项目，如"十一五"国家科技支撑重点项目"中国残疾人信息无障碍关键技术支撑体系及示范应用"（中国残联系统第一个国家科技支撑计划项目）、"十二五"国家科技支撑计划项目"残疾人康复服务关键技术研发及应用示范""面向盲人的文化资源整合与文化服务关键技术及应用示范"、国家发改委项目"残疾人人口基础数据库管理系统"等国家级重大项目。

2012 年，中国残联开始试点省级残联门户网站无障碍建设情况的考评工作，12 家省、市级残联门户网站开始网站无障碍建设。2013 年，考评范围扩大至全国省级残联门户网站，并将此工作纳入各省级残联信息化常态工作计划中。

同年，工信部将网站无障碍可访问性纳入政府网站绩效综合评估工作中。2013～2015 年，每年有超过 400 家政府网站接受无障碍可访问性测试。

5.2.3 2015 年以后：全面发展阶段

2015 年 3 月发布的政府工作报告要求制定"互联网＋"行动计划，信息无障碍的重要性得到进一步提升，各大互联网公司、科研院所开始全面参与信息无障碍领域的相关工作。

2016 年 9 月 13 日，在国家标准化委员会、中国残联的指导下，信息无障碍技术标准联合工作组正式成立，工作组汇聚了我国信息无障碍领域的机关企事业单位、高校、科研机构、用户代表、互联网公司以及众多专家、学者，共同参与，构建我国信息无障碍标准规范体系。

2018 年 12 月，中国残联、中国雄安集团数字城市科技有限公司联合国内信息无障碍领域相关单位，组织开展《雄安新区无障碍环境建设导则》制定工作。

2019 年 9 月，国家标准化委员会正式发布了《信息技术互联网内容无障碍可访问性技术要求与测试方法》GB/T 37668—2019，标志着我国首个与国际标准接轨的互联网内容技术标准正式发布。2020 年 3 月 1 日，新华社、中国政府网对该标准作了报道《"互联网盲道"新国标正式实施 逾千万视障人士受益》，3 月 2 日，人民日报作了题为《互联网信息无障碍领域首个国标实施——视障人群 打开新"视"界》的纸质版专题报道，此外还得到了光明日报、工人日报、南方都市报、科技日报、环球网、浙江日报等 17 家中央与地方媒体的集中报道。该标准根据我国移动互联网发展的现状，增加了对移动应用的相关技术要求，充分体现了对互联网新技术的考虑、兼容和支持。与 WCAG 2.1 保持最大限度的兼容性，增加了每项技术要求的测试方法，弥补了国际标准在测试方法上的缺失和不足，大大提升了标准的可实施性，更好地服务国内用户，同时也为我国的互联网企业走出国门提供了标准的支持。该标准实施后，基于此标准，一大批互联网产品均开展了相应的无障碍建设工作，手机淘宝、支付宝、微信等一系列热门互联网产品在无障碍体验方面有了很大提升。浙江大学、北京航空航天大学等高校网站也开展了相应的无障碍改造工作。

5.3 国内外信息无障碍发展现状

5.3.1 法律法规与政策

2006 年 12 月 13 日联合国大会通过了《残疾人权利公约》，该公约有 146 个签字国，并有 90 个缔约国批准了该公约。这是有史以来在开放供签字之日获得签字数量最多的联合国公约。公约第九款明确要求"缔约国当采取适当措施，确保残疾人在满足人人平等的基础上，无障碍地进出物质环境，享用交通工具，利用信息通信技术和系统，以及享用在城市和农村地区向公众开放或提供的其他设施和服务"。标志着信息无障碍的重要性日益凸显，逐渐引起各国的重视。信息无障碍法律主要规范了各国在政府部门、公共服务单位和私营企业的互联网内容与服务。❶ 全球各国陆续出台了 30 余部涉及信息无障碍的专项法律、法规与强制政策，涵盖了亚洲、欧洲、美洲和大洋洲的 25 个国家与地区。

（1）亚洲国家与地区

1）中国

《中华人民共和国宪法》明确规定了国家尊重和保障人权，同时对残疾人劳动、生活、教育、医疗、社会保险、社会救济等方面提出了具体意见。目前中国已形成的无障碍法律法规体系以《宪法》为核心，以《残疾人保障法》为基本法律，为保障残疾人权益、发展残疾人事业保驾护航。

2008 年 4 月 24 日最新修订的《中华人民共和国残疾人保障法》正式提出将信息交流无障碍作为残疾人的重要权益之一，是信息交流无障碍推进的重要法律依据。其中第五十二条规定："国家采取措施，为残疾人信息交流无障碍创造条件；各级人民政府和有关部门应当采取措施，为残疾人获取公共信息提供便利；国家和社会研制、开发适合残疾人使用的信息交流技术和产品；公共服务机构和公共场所应当创造条件，为残疾人提供语音和文字提示、手语、盲文等信息交流服务，并提供优先服务和辅助性服务"。

2012 年 6 月 13 日，国务院第 208 次常务会议通过了《无障碍环境建设条例》，并自 2012 年 8 月 1 日起施行。这是我国第一部关于无障碍环境建设的行政法规，标志着我国无障碍环境建设步入了法治化的轨道。条例涉及市政建设、公

---

❶ https：//www.w3.org/WAI/policies.

共交通、信息交流、社区服务等诸多领域，其中提到："国家鼓励、支持采用无障碍通用设计的技术和产品，推进残疾人专用的无障碍技术和产品的开发、应用和推广；县级以上人民政府应当将无障碍信息交流建设纳入信息化建设规划，并采取措施推进信息交流无障碍建设；残疾人组织的网站应当达到无障碍网站设计标准，设区的市级以上人民政府网站、政府公益活动网站，应当逐步达到无障碍网站设计标准"。

《"十四五"残疾人保障和发展规划》针对信息无障碍环境建设进一步明确，"加快发展信息无障碍。将信息无障碍作为数字社会、数字政府、智慧城市建设的重要组成部分，纳入文明城市测评指标"，要求立足新发展阶段，贯彻新发展理念，构建新发展格局，坚持弱有所扶，以推动残疾人事业高质量发展为主题，以巩固拓展残疾人脱贫攻坚成果、促进残疾人全面发展和共同富裕为主线，保障残疾人平等权利，增进残疾人民生福祉，增强残疾人自我发展能力，推动残疾人事业向着现代化迈进，不断满足残疾人美好生活需要。

2）日本

日本在 2000 年颁布了《建立先进的信息和电信网络社会的基本法案》，并由工业标准调查会负责信息无障碍标准的制定。2000 年发布了《标准开发人员的指南》JIS Z 8071、《老年人和残疾人指南信息和通信设备软件和服务第 1 部分：通用指南》JIS X 8341—1 等系列标准。分别从信息处理设备、网站内容以及办公设备等方面指导信息无障碍开发，以满足老年人和残障人士的需求。日本政府要求政府网站在招标时对企业进行审核，所有招标企业均需符合无障碍要求，否则不允许被纳入政府采购标准。

3）印度

印度在国家政策上明确了全社会应当为残疾人建立一个包容、平等的环境。1992 年出台的《印度康复委员会法案》大力发展康复中心的服务人力资源。1995 年出台的《残疾人（平等机会、权利保护和充分参与）法》为残障人士提供了教育、就业、创造无障碍环境、社会安全方面的保障。1999 年出台的《自闭症、脑瘫、精神发育迟滞和多重残疾患者福利国家信托法》在保障这四类人群的法定监护权的同时也提供最大化的自主生活权利。

除了法律框架外，印度还开发建设了广泛的无障碍基础设施，致力于不同领域的无障碍发展。印度政府一直在帮助残疾人采购符合印度 ISI 标准的经久耐用、科学制造的现代辅助工具和器具，通过减少残疾所带来的影响来促进他们的身体、社会和心理独立。参与为残疾人制造高科技辅助设备的私营、公共和联合部门企业将由公共部门银行提供财政支持。❶

（2）欧盟及欧洲国家

1）欧盟

欧盟在 2016 年开始实施了《网络和移动端无障碍指令》法案，作为评估进

---

❶ https：//www.medindia.net/indian _ health _ act/national-policy-for-persons-with-disabilities-national-policy-statement.htm.

入欧盟市场的 ICT 产品和服务是否满足无障碍要求的标准。其规定了信息和通信技术产品和服务无障碍设计的技术要求，确保有功能障碍人群在 ICT 产品和服务的使用中享有平等的权利，采用了 WCAG2.0 中所有 A 及 AA 级准则。同时欧盟还有一个针对公共部门和私营部门的法案《欧洲无障碍法案》，也以 WCAG 2.0 为参考标准。

2）英国

英国新的《平等法》出台于 2010 年，这个反歧视法将英国其他平等法整合到一起，适用于英格兰、苏格兰和威尔士（不含北爱尔兰），以 WCAG2.0 为参考。

新的《平等法》在信息获取、服务、就业等方面都对残疾人作出了保障。要求所有信息社会服务提供商户都必须事先考虑残障人士的需求，确保所有残障人士都能够访问网站，其中包括使用语音文字转换软件的视障患者，手部灵巧度受损，不能使用鼠标的人，有阅读障碍和学习困难的人。❶

3）法国

法国于 2005 年 2 月 11 日颁布第 2005—102 号法案，以保障残疾人的平等权利和机会。该法案确保残疾人能够因其残疾的后果而得到补偿，使残疾人能够有效地参与社会活动，为残疾人提供现代化的无障碍服务。该法案第 47 条规定，国家、地方当局和依赖公共通信服务的公共机构有义务向残疾人提供公共通信服务。例如，可以通过点击专门的按钮来调整信息的大小，以便于视障者使用，或为听障者增加声音。这些服务应该遵循有关互联网可访问性的国际标准。2016 年和 2018 年分别对该条目进行补充和修订，要求任何在线公共通信服务的主页应清楚地标明其是否符合无障碍规则，未能使在线公共通信服务符合本规则者将受到罚款处罚。❷

4）德国

2011 年 9 月，德国《无障碍信息技术法律 BITV 2.0》测试标准正式生效。BITV 2.0 是基于 2008 年由 Web Accessibility Initiative（WAI）发布的 WCAG2.0 完成的。

BIK 是一个由 DIAS 公司和德国联邦政府组织包括盲人和视力残疾人在内的特殊人群组织构建的联合组织。该机构的目标是提高对于残疾人士的网络访问便利性，从而增加其潜在的就业机会。该机构主要有两个部门，即 BITV 检测与 BIK 工作。此项目得到德国联邦劳动和社会事务部的资金支持。

目前所有德国的联邦机构网站都要经过 BITV 的检测与评分。网站的所有测试要求均被评定为"符合"或"接近符合"才可以被认为是无障碍的。

5）欧洲其他国家

欧洲各国积极在法律法规与政策上对信息无障碍进行相关要求。丹麦 2007 年发布强制性政策《Agreement on the use of open standards for software in the

---

❶ https：//www.equalityhumanrights.com/en/equality-act/equality-act-2010.

❷ https：//www.legifrance.gouv.fr/dossierlegislatif/JORFDOLE000017759074.

public sector》；芬兰 2003 年发布无障碍法《Act on Electronic Services and Communication in the Public Sector》；爱尔兰 2004 年发布《反歧视法 2004》，2005 年发布《无障碍法 2005》；意大利 2004 年发布无障碍法《Provisions to support the access of disabled people to IT tools》；荷兰 2016 年施行《采购法 2012》；2016 发布强制性政策《Policy in the Netherlands》；挪威 2013 发布反歧视法《Regulation for universal design of information and communication technology (ICT) solutions》；瑞士 2002 年发布反歧视法《Federal Act on the Elimination of Discrimination against People with Disabilities》。

（3）美洲国家

1）美国

美国 1990 年修订的《The American Disabilities Act of 1990》明令禁止对于残障人士在服务以及就业方面的歧视，具有重大意义。从 1998 年开始，《Section 508 of the US Rehabilitation Act of 1973，as amended》正式实施，被称为《508 法案》。该法案中涉及信息无障碍的内容，要求所有的政府网站必须符合《508 法案》中要求的规则，任何为政府服务的签约公司必须遵循这些规则来设计和开发网页，任何与政府有业务往来的公司以及接受政府资金资助的公司都必须尽可能地提供无障碍的网络服务。目前《508 法案》的信息无障碍内容完全来自 W3C 的 WCAG 2.0，内容一致。

2）加拿大

加拿大政府于 2000 年施行由国库委员会秘书处首席信息官部提出的无障碍检测 Common Look and Feel（CLF）1.0 标准，而后在 2007 年推出 CLF 2.0 检测标准。根据 CLF 标准的要求，所有政府部门网站必须满足 WCAG2.0 标准 AA 级要求，同时必须通过 CLF 2.0 标准。政府于 2016 年发布《Policy on Communications and Federal Identity》，要求官方发布内容需符合网络可访问性标准的要求，并应提供与残疾人基本平等的公开信息。

（4）大洋洲国家

澳大利亚 1992 年发布反歧视法案《Disability Discrimination Act 1992 》，2016 年发布采购推荐政策《Procurement Standard Guidance》；新西兰 2013 年发布强制性政策《Online Practice Guidelines》，均对信息无障碍作出了相关要求。

5.3.2　标准体系建设

国际无障碍技术标注主要依托于主流国际标准化组织进行研究与制定、发布与实施，而不同的国际标准化组织研究的方向和侧重有所差别。

（1）ISO/IEC JTC1

ISO 和 IEC 关于信息无障碍标准的制定工作集中在信息技术标准化技术委员会（ISO/IEC JTC1），其研究的内容主要侧重于整体性、全局性的考虑，不但全面考虑信息技术在该领域的应用，也搜集各类残障人士的需求，并一一映射，而且该类标准中也汇集了各国信息无障碍相关规范，例如万维网联盟（W3C）的 WCAG2.0 全文。

ISO/IEC JTC1 已发布的很多具体应用领域的标准中都包含信息无障碍方面的要求，但这些标准均以某类应用为主体，对信息无障碍需求的覆盖很难说全面。为了改变这种局面，ISO/IEC JTC1 于 2004 年 12 月通过决议，成立信息无障碍特别工作组（SWG-A），协助全面推动信息无障碍工作。

（2）ITU-T

ITU-T 是联合国下设的负责电信领域工作的专门机构。ITU-T 的工作主要集中在通信技术的无障碍规范研究上，其内部研究无障碍相关标准的研究组有：

① ITU-T SG2，服务提供和电信管理操作相关方面研究组；

② ITU-T SG1，电信发展策略与政策研究组；

③ ITU-T SG16，多媒体编码、系统和应用研究组。

目前 SG16 已经修订了若干标准，加入了信息无障碍相关部分。ITU-T 于 2007 年通过了《ITU-T F.790 老年人和残障人士的电信接入能力指南》。SG16 在报告中明确提出开展关于无障碍接入电信服务（主要是为听力与语言障碍人群提供文本通信）的课题研究。2007 年 12 月，ITU-TSAG（电信标准化顾问组）会议正式通过成立可接入性与人机因素的 JCA。

（3）W3C

万维网联盟（W3C）侧重于网页无障碍的具体技术指标；W3C 的子机构 WAI（Web Accessibility initiative）一直致力于网络无障碍方面标准的研究，目前国际上通常会采用 W3C 信息无障碍的标准作为互联网领域基础标准。其中《网络内容可访问性指南》（WCAG）是最有影响力的一部标准，已经被 46 个国家及地区采纳作为本国或者本地区的无障碍标准，作为其法律法规依据。

（4）欧盟规范

欧盟标准化机构主要包括：欧盟专事通信标准研究的标准化机构欧洲电信联盟（ETSI）、欧洲标准化委员会（CEN）、欧洲电工标准化委员会（CENELEC）。

在信息无障碍领域，欧盟规范与 ISO/IEC 研究内容大致相同，均为全面考虑需求与技术的映射及各相关国家的规范，但是欧盟的标准添加了中间步骤，即功能需求阶段。欧盟标准对功能需求与标准条款间的差异进行分析，找出了没有需求对应的条款及没有条款对应的需求。

（5）我国信息无障碍标准体系

工业和信息化部（原信息产业部）早在 2006 年就将信息无障碍纳入了"阳光绿色工程"计划，启动了信息无障碍的标准研究工作。2007 年以来制定并发布了涉及电信网及互联网的技术、设施、服务、产品等方面的信息无障碍技术标准 15 项，其中《信息无障碍 身体技能差异人群 网站设计无障碍技术要求》YD/T 1761—2008 参考 W3C 的 WCAG 2.0 制定并于 2008 年发布，为我国开展互联网无障碍建设提供了技术依据。其后工信部对该标准进行更新，在 2012 年发布了《网站设计无障碍技术要求》YD/T 1761—2012。

2016 年 9 月，在中国残疾人联合会和国家标准化管理委员会的指导下，由中国残联信息中心、浙江大学等单位成立了信息无障碍技术标准联合工作组，启动信息无障碍技术标准体系架构建设，重点加强新的互联网技术及标准符合度检测方法的研究和标准化建设。

2020 年 3 月 1 日，国家标准《信息技术 互联网内容无障碍可访问性技术要求与测试方法》GB/T 37668—2019 正式实施。该标准作为我国互联网信息无障碍领域创新性的国际标准，根据我国移动互联网的发展现状，增加了对移动应用的相关技术要求，充分体现了对互联网新技术的考虑、兼容和支持。与 WCAG 2.1 保持最大限度的兼容性，增加了每项技术要求的测试方法，弥补了国际标准在测试方法上的缺失和不足，大大提升了标准的可实施性，更好地服务国内用户，同时也为我国互联网企业走出国门、走向国际提供了标准上的保障。

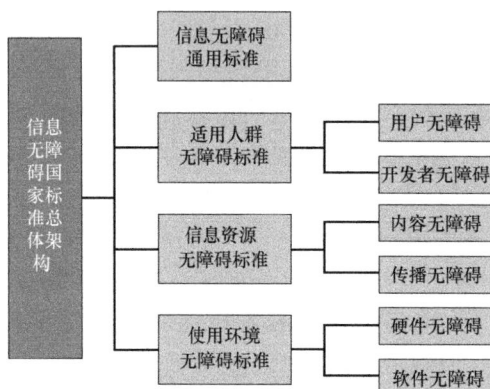

图 1-5-1 信息无障碍国家标准总体架构

截至 2021 年 6 月，我国先后颁布了信息无障碍领域相关国家标准 4 项、行业标准 17 项，初步建立了以国家标准为基础，行业标准、团体标准为扩展，符合我国国情、具备自主知识产权的信息无障碍标准规范体系。这些技术标准为我国开展信息无障碍立法工作提供了技术依据，该类标准的有效实施提升了我国信息无障碍的整体服务能力，推动了我国信息无障碍事业的长足发展（图 1-5-1）。

5.4 总结

经过了十多年的发展，信息无障碍的社会关注度得到了显著的提高，一系列相关政策和文件经国家各部委发布出台，用以提高政府和公共服务的信息无障碍水平。2020 年的新冠肺炎疫情带来社会生活向线上生活的转移，更让大家体会到了信息无障碍是一个全社会的问题，其不仅能够帮助到残疾人，更能够帮助以老年人为代表的所有身体机能差异人群。2020 年 11 月，国务院办公厅印发了《关于切实解决老年人运用智能技术困难的实施方案》。同年 12 月，工信部印发了《互联网应用适老化及无障碍改造专项行动方案》，标志着信息无障碍建设已经成为国家信息化建设中的重点工作。截至 2020 年底，国内已有近 50 家公司专门设立负责企业产品信息无障碍的部门，其中包括了几乎所有的头部互联网企业。随着 2022 年北京冬奥会、冬残奥会，杭州亚运会及亚残运会等重大赛事的启动，结合最近发布的一系列政策、文件、技术标准，我国迎来了新一轮的信息无障碍建设"黄金窗口期"，同时也是我们这个互联网大国信息无障碍建设水平大幅度提升的"关键机遇期"。

6 城市建设与无障碍专项规划 *

6.1 无障碍专项规划的意义

无障碍专项规划是在城市空间规划和发展规划的基础上，以相关法律、法规和技术规范为准则，以通用设计、包容性设计的理念与方法为指导，对新建、改建的物质空间环境、信息环境以及相关设施设备和服务，通过广泛的社会参与，提出无障碍发展目标与相关要素，划定实施区域与范畴，对实现通用无障碍目标进行统筹规划，制定行动方案。

无障碍专项规划不仅针对残障人士，每个人的生命周期中都会在一定阶段面临行动和感知的障碍，无障碍与每个生命的权利和自由密切相关。无障碍专项规划的意义在于实现建成环境与服务的通用无障碍，是以通用设计、包容性设计与无障碍刚性要求为基本内涵的发展范式，是面向所有人实现机会均等、切实参与、包容发展的重要基础。在追求正义、安全、健康、方便、可支付、韧性和永续的人居环境发展过程中，通用无障碍的愿景、路径、实施与行动计划需要通过无障碍专项规划达成共识并付诸行动。

行动与感知不便包括由于身体残疾以及心理、认知、伤病等各种情况导致的不便，也包括因为年龄、语言、性别等差异带来的特定需求而导致的不便。通用无障碍的目标即以各种用户的需求为中心，针对这些需求进行环境与服务的无障碍化，通过设定合理的无障碍目标、划定实施区域、统筹无障碍要素、优化系统各个环节、确定近远期行动计划，消除我们所处的环境中的各种障碍，减轻人们由各种原因所产生的负担，使生活和工作更加安全和便利，获取信息更加便捷，保障更为自主、自由、体面地出行，促进空间、设施、服务更加包容和通用。

6.2 无障碍专项规划的原则

6.2.1 以人为本，实现通用无障碍

无障碍专项规划是以人的需求为中心的专项规划，无障碍环境的优化提升将是一项长期、持续的过程。应当以不同阶段的人的需求为依据，确定通用无障碍的整体目标与阶段性目标，确立通用无障碍的刚性与弹性标准，设定规划期限，形成无障碍相关指标的要求及推进时间计划。

6.2.2 要素同步，系统统筹

要实现无障碍，在不同尺度、不同环节的同步与系统化至关重要。要素同步

---

* 本章作者：邵磊、徐秉钧、侯雨亭、丁晨。

指为了实现系统衔接，相关无障碍要素应当同步建设；系统统筹指在不同环节和领域，无障碍要素应当衔接顺畅。这个原则的确立需要统筹地方各级政府机构、设施设备管理者、公共团体、设计委托方等各方事业主体，达成相关各方的共识，得以将各项无障碍相关工作综合化、一体化地推进与集中实施。

面向通用无障碍的系统规划应当和其他各项规划有机衔接，以空间规划和发展规划所确定的规模、性质、功能等为依据开展编制工作，着重强调和道路交通规划、生活设施、医疗卫生与养老规划、绿地系统规划、基础设施规划等专项规划相协调，在城市设计中充分考虑通用无障碍人性化的空间与设施布局，在控制性详细规划中将无障碍要素作为控制指标进行约束。

6.2.3　因地制宜，突出特色

通用无障碍专项规划应当结合当地的气候气象条件、地理地形条件、居民老龄化程度、观光来访者情况等，对城市设施、公共空间、交通节点、景观景点等地区进行适宜的规划，并充分尊重地方的文化、习俗与景观风貌特色。

6.2.4　政府引领，公众参与

无障碍专项规划的实施，需要在政府引领的基础上，充分实现不同人群的参与，通过社会组织与团体、残障人士、老年人等群体的参与、提案以及互动，保障无障碍设施建设的通用性与有效性，实现包容通用的无障碍环境的永续发展。

6.3　无障碍专项规划的重点内容

6.3.1　无障碍建筑和场地

无障碍建筑和场地主要是保证所有人都能够平等、便捷、无障碍地进出建筑物并在其中进行活动。建筑无障碍是人们居住、生活、工作、娱乐的基础空间保障，建筑周边场地的无障碍保障了建筑物与城市空间的畅通衔接。

无障碍建筑和场地应符合以下规划建设原则：

（1）全覆盖性

无障碍建筑与场地应覆盖当地各项规划中设计的各类建筑，保证区域内所有建筑和建筑周边场地的物理空间无障碍。

（2）特殊性

各类建筑在符合无障碍公共建筑和居住建筑中一般规定的基础上，如会展中心、体育馆、图书馆等特殊建筑应同时满足特殊的无障碍需求。

（3）整体性

无障碍建筑与场地应考虑建筑和场地环境的整体性，保证建筑内部空间的连续性、舒适性、通用性、适用性，保证所有人的需求都能得到满足，还应补充配置适应特殊需求的专用设备设施，确保所有人在建筑空间环境中都能够正常地使用室内、室外的各类设施。

6.3.2　无障碍绿色生态

以无障碍绿色生态作为引导目标，杜绝形式主义，最大限度地增强园林景观无障碍设计的科学性，体现人文关怀精神。

无障碍绿色生态应遵循以下规划建设原则：

（1）安全性

园林景观绿地首先应保证环境对所有人都是安全的。老年人、儿童和残障人士由于生理和心理条件的改变，行为能力和活动能力受限，对环境安全性的要求较高。在园林景观绿地的规划设计中，必须树立以人为本的思想，积极营造出适宜的活动空间，保证所有人都能在安全的环境中进行活动与交流，从而增加美好使用体验。

（2）趣味性

园林景观绿地的功能应迈向多元化，至少具备游憩休闲、生态价值、避险防灾、人文教育功能，在空间处理上对多元化的空间进行复合性无障碍设计，保证园林景观绿地能够满足这些功能需求。园林景观绿地中的无障碍设计应注重增强空间趣味性，体现人文精神、文化内涵与艺术元素，为园林景观绿地增加活力。

（3）易接近性

园林景观绿地应满足所有人的观赏需求，尤其应保证行动不便者可以安全、直接地与景观产生互动，要保证他们参加各种活动的可能性。园林景观绿地的易接近性不仅是为所有人提供物理空间上的便捷，也进一步提高了环境对人的心理的积极作用。

6.3.3　无障碍公共服务

在系统化建设公共服务设施网络的基础上，通过提高公共服务设施的无障碍可达性，进一步实现公共服务设施的高质量和实用性。

无障碍公共服务应遵循以下规划建设原则：

（1）网络化

公共服务设施规划与建设应形成网络，无障碍设施是其中的重要连接。在设计初期应对所有公共服务设施进行无障碍专项规划，把信息和物质的无障碍设施串联起来，形成一个整体的无障碍氛围，公共服务设施才能发挥最大的服务作用。

（2）人性化

无障碍公共服务不仅是硬件设施的无障碍，同时也应保证各项服务的无障碍。服务无障碍一方面应增强提供服务人员的无障碍意识，另一方面也应完善服务制度中对残障人士的支持和保障。保证包括残障人士、老年人、孕妇、儿童在内的所有人都能平等地享受各项公共服务，体现当地公共服务的高标准、高水平。

6.3.4　无障碍交通出行

坚持公交优先，综合布局各类城市交通设施，实现多种交通方式顺畅换乘和无缝衔接，打造便捷、安全、绿色、智能的交通系统。强调交通出行的便捷和安全，保证所有人在任何情况下都能无障碍地抵达目的地。无障碍交通出行是从动态过程的角度保证使用者能够"畅捷移动"，走出家门并且平等地融入社会生活。

无障碍交通出行应遵循以下规划建设原则：

（1）系统性

交通系统应保证所有交通出行方式的无障碍化，包括慢行交通，如步行、自行车等；城市内快速交通，如公交车、汽车、地铁等；城市间交通，如高铁、飞机等。各类交通工具之间无障碍接驳，满足不同出行方式之间的快速、高效、无障碍的换乘需求，保证所有人都能够独立、自主地出行，形成高覆盖率的无障碍交通网络，增加美好的出行体验。

（2）复合性

交通系统实行分层交通体系，主要包括地面层、地下一层、地下二层。无障碍设计中需要根据不同标高层次的功能，明确各层的无障碍设计要点，并以此组织"纵向"无障碍交通流线，同时考虑不同标高层的合理连通方式。内部三个交通层面相互之间应通过无障碍坡道或无障碍垂直交通联系，形成复合性无障碍交通体系。

6.3.5 无障碍临时设施

考虑在临时事件安全运行、灾害预防、公共安全、综合应急等体系中的无障碍建设，构建城市安全和应急防灾体系，提升综合防灾水平。

无障碍临时设施应遵循以下规划建设原则：

（1）通用性

除了永久性设施、设备，无障碍还体现在临时事件中的临时设施、流线、人员、服务以及相关预案。无障碍临时设施应以已有的无障碍通行线路作为组织基础，提供通用的无障碍绿色通道，为举办大事件或临时活动提供无障碍硬件支持。并设置负责临时无障碍设施的专业人员进行综合协调，确保临时活动中残障人士的基本需求能够得到满足。

（2）有效性

应设置高标准的防灾应急级别，使所有人在应急防灾避难中都能够快速、安全地疏散、撤离，通过无障碍防灾避难和无障碍应急报警设计，保证所有人都能够提前掌握疏散线路、应急通道等信息，并在灾害或紧急事件发生时都能感知信息提示，依靠无障碍报警和逃生信息的引导采取有效行动脱离险境。

6.3.6 无障碍智慧信息

全方位、全流程保障智能基础设施、智能中枢和应用安全，构建城市网络安全保障体系。建立城市智能运行模式和智能治理体系，健全城市智能民生服务系统，打造具有深度学习能力、全球领先的数字智能城市。无障碍智慧信息主要指标识标志系统和互联网信息系统的无障碍化。

无障碍智慧信息应遵循以下规划设计原则：

（1）易识别性

各类显示信息的标识、标志应系统化、标准化、实用化、可识别化，确保信息的准确传达。标识、标志应考虑残障人士的识别能力，将视觉、听觉与触觉相结合，保证标识、标志易于所有人理解，并通过统一设计和特殊处理，创建能以不同形式展现而不丢失信息或结构的内容，保证标识、标志的导向性和易识别性。

（2）交互性

数字城市建设旨在通过创新数据技术为居民提供智能民生服务系统，保证所有人都能够平等地享受科技带来的生活便利。为满足包括残障人士、老年人在内的所有人的使用需求，互联网信息系统应注重感官交互性和情感交互性，保证互联网产品的可操作性、可访问性、兼容性等，避免出现系统复杂化、碎片化，影响残障人士使用体验。

6.4 无障碍专项规划的机制建设

为了保证在实施过程中能够切实有效地达到预期效果，要设置多领域协同创新的实施机制和长效的保障机制，提升无障碍专项规划的实用性和实效性。

6.4.1 实施机制

（1）分级实施

无障碍规划项目的实施采取分级制度，主要包括权责分级和要求分级。

首先，要明确各级政府之间的权责关系，界定相关行动的权责主体。由相关主管单位作为权利主体，全权推动实施，各下级部门严格配合执行。各级部门之间要形成固定的合作模式，指定实施工作负责人。负责人有监督实施的权利，并承担责任。

其次，在项目实施过程中，相关各部门应严格遵守各项要求。其中强制性要求应在规划、设计、施工中完整体现；参考性要求由主管单位以及其他相关单位根据自身需要进行科学筛选，并严格执行。

（2）成立监督小组

由主管单位、残联组织、无障碍专业团队、社会组织以及其他相关主管部门联合成立监督小组，对无障碍规划项目的实施进行全周期监督。在实施过程中，监督小组应对所有无障碍设计方案进行把关，确保基础工作无纰漏，在建设阶段中监督小组应对建设情况进行不定期抽查，对不符合要求的工程进行公示并发布整改命令。

（3）成立专家委员会

由残联组织、无障碍科研机构、相关行业专家联合组成无障碍项目专家委员会，为项目实施提供专业建议和指导。专家委员会应建立协调把控机制，长期跟踪，负责规划和建筑方案的无障碍设计把控，以提高决策的科学性和可行性。专家委员会通过召开规划和建筑方案评审会，为项目建设单位、设计单位的设计人员及相关管理人员答疑解惑，对于重点项目和难点项目全程协助甚至帮助修改调整细节方案。

（4）发挥协同作用

政府、公众、市场和设计人员是城市治理的主体，无障碍建设要充分考虑各个主体之间的关系及其需求，注重规划实施和公众参与，提出了多元化的实施机制，在政策层面、规划层面、建设层面上形成配套，强调规划先行、资金保障、公众参与、部门协同等重点机制。

1）规划先行

在建设工作全面开始之前，必须保证规划设计先行，通过优秀的规划设计方案来保障无障碍专项规划的实施效果。探索建立责任规划师、责任建筑师制度，鼓励愿意自主参与并贡献智慧的志愿者规划师和设计师等参与规划设计，同时邀请风景园林、文化艺术、智能技术等多学科、多领域的专家学者加入项目实施过程，形成"规划师＋"的参与模式。

2）资金保障

加强各级公共财政投入，鼓励和引导社会资本参与到无障碍系统的建设和整治中来，确保建设与维护成本的稳定来源。

3）公众参与

鼓励公众参与无障碍系统设计、管理与维护的全过程中；在项目内容公示后积极收集公众的意见并给予反馈，增强公众满意度；项目建设完成后，倡导公众共创高品质空间，维护建设成果。考虑聘请志愿者作为无障碍设施运维的社会监督员，将无障碍设施运维管理监督落实到网格化城管执法、日常行业管理和区域治理之中，通过政府和行业监管、社会公众监督形成合力。

4）部门协同

增强规划、建设、交管、绿化及市容等管理部门在规划、建设环节的沟通协调。在各部门沟通协调的基础上，明确政府各部门的引导作用，自主、自觉地对各类项目实施情况进行评估，保证实施的顺利进行。

6.4.2 保障机制

（1）成立管理小组

由项目主管单位、相关行业部门、残联组织、无障碍专业团队联合成立管理小组。管理小组负责协调各部门、各单位、各企业之间的沟通工作，积极解决合作中遇到的问题和矛盾，保证各单位有组织、有效率地完成无障碍建设工作。建设工作完成后，管理小组全面承担无障碍系统管理维护工作，保证无障碍发展的长效性。

同时，管理小组也负责无障碍理念的推广宣传工作，加强全民认知教育。相关宣传工作应在政府部门、规划师、公众之间同步展开，全面深化无障碍意识和系统规划理念。

（2）建立审查制度

建立健全审核、审查机制，委托专业机构进行全面巡查和年度抽查。公共建筑、居住建筑、公园绿地、道路交通、旅游景区在工程分部分项验收时应进行无障碍设施专项验收，对其中的无障碍电梯、无障碍楼梯、坡道、走廊、公共卫生间等进行分项抽样验收。对公共信息服务、城市导视系统中的无障碍可视标识和信息提示标识系统进行专项验收。

为保证项目落成后的无障碍设施正常使用，对建成的无障碍设施应进行年度抽检，以主管单位、行业组织和所属社区为实施主体，由无障碍监督员对照相关考核内容进行抽检。抽检不合格的设施按照要求进行整改。

（3）建立奖惩制度

建立适当的奖惩制度，鼓励符合要求的无障碍设计和建设。奖励对象应当包括相关主管部门、建设单位、规划师、社区、公众等多种参与者，以设立奖项、税收优惠、补贴等奖励方式为主。

对未按照要求进行设计建设的，除进行整改提升外，还应进行适当的惩罚，建议与当地的规划维护机制相结合，制定相应的惩罚措施。通过有效的奖惩机制，在缓解各类压力的同时，降低不良影响，提高规划的社会、经济效应，保证实施效力。

（4）建设"全生命周期"的智能监管平台

确立"全生命周期"的管控、维护与监督机制。聘请社会志愿者作为无障碍监督员，加强对无障碍设施的日常监督管理工作。政府、行业监管与社会公众形成相互补充的长效监管机制，共同发挥作用。将无障碍设施的运行维护、监督管理落实到网格化，做到每片社区、每条街道都有监管单位。

利用大数据技术搭建智能监管平台，形成动态网络，实现信息的无障碍传递。无障碍建设的各参与方共享此信息平台，并对监管过程中发现的问题及时报告反映，方便各级管理机构迅速作出反馈，并协调沟通解决。

第 2 篇 无障碍环境的设计

本篇统稿人：焦舰　黄献明

　　本篇系统、完整地介绍了无障碍环境设计的技术要点，具有最新的实效性、操作性和体系性。本篇内容既包括了无障碍设计在建筑设计中的如何开展策划和评估的方法论，又针对场地、建筑、空间、标识等建成环境中的关键内容，从各种无障碍要素的配置方式、具体形式、技术规格和规范等方面进行了详细介绍。其内容以当前新颁布实施的《建筑与市政工程无障碍通用规范》GB 55019—2021 各条强制性规范为主线组织，配以大量图纸和说明，同时为了能够更好地体现技术规范的设计应用，选取了机场和教育建筑作为案例进行具体讲解。本篇不仅仅局限于技术规范，同时强调了服务、管理和运行是无障碍设计的重要组成部分，并结合当前无障碍认证制度的最新推动情况，完整地介绍了认证制度体系构建的探索。本篇内容既可以作为深入认识无障碍、开展无障碍体检和咨询的参考，又可以作为设计手册查阅。

1 无障碍设计的前策划与后评估[*]

1.1 无障碍设计前策划与后评估的概念

无障碍设计前策划是在通用无障碍理念的指导下，针对不同建设项目的功能定位和设计特色，对相关的无障碍环境要素进行研究，明确无障碍设计原则，梳理无障碍需求，针对无障碍设计的重点与难点，提出无障碍设计策略，确定适用的无障碍性能标准和设施建设标准，提出设计与建造过程中各阶段的无障碍技术要点和实施细则，完善无障碍设计体系，规范设计内容和成果表达方式，并以此科学、合理地制定无障碍设计任务书或导则，指导无障碍设计，并对设施建造实施及部品选配的细节进行精细化把控的全过程工作。

无障碍设计后评估是以人的行为和需求为出发点，对建设项目无障碍设计与性能之间关系的研究。对依据策划拟定的设计任务书进行的无障碍系统落位和设施设计、施工完成后的性能、精细化程度，以及无障碍设计是否满足使用者的需求、会对使用者带来何种影响而进行的评价和反馈。

1.2 无障碍设计前策划与后评估的意义

1.2.1 现阶段无障碍设计存在的问题

（1）理念落后

通用设计理念强调设计的通用性和包容性，而目前建设方或设计师通常认为无障碍设施仅供残疾人使用，公共场所的残疾人很少，因而没必要进行无障碍设计；或是认为无障碍设施影响外观效果而将其设置于隐蔽位置。这些落后理念导致设计师对于无障碍设施"是否要设、设什么、如何设"等问题缺乏基本认知。

（2）缺乏系统性

虽然建设项目在方案、初步设计及施工图阶段都有无障碍专项设计说明或图纸，但内容一般仅局限于对部分无障碍设施的简单描述和标准图索引，只见树木不见森林——未形成系统的路径规划和设施空间布局。比如，设计了无障碍厕位，却未考虑到达无障碍厕位的线路迂回，轮椅无法回转或影响其他厕位开门等实际使用问题。

（3）图纸表达精细化设计深度欠缺

现行的无障碍规范以文字性描述为主，图示较少，设计人员对于设施配置原理和如何方便使用缺乏认知，对设施安装尺寸和位置不掌握，索引的标准图不匹配或不准确，因设计不到位导致施工、安装错误使设施无法正常使用的情况经常发生。

---

[*] 本章作者：王宁、苗志坚、李琳、孙延超。

1.2.2　无障碍设计前策划的目的和意义

前策划是针对建设项目在无障碍设计方面进行的包括社会、环境、经济、功能等因素在内的研究工作。其目的是研究设计任务书的合理性，并以此指导无障碍设计。

无障碍环境设计是一个多尺度整合性的设计，是多学科、多领域结合的系统而非单纯的设施建设。无障碍设计前策划统筹空间规划、交通规划、景观规划、场地设计、建筑设计、室内外装修、标识设计和部品设计，以及无障碍信息和服务等多领域的无障碍相关内容，对其方法、手段、过程和关键点进行探求，取得定性和定量结果，从而制定系统完善、功能合理的无障碍设计目标，针对通用无障碍设计的系统路径和空间配置提出技术要求，涵盖细部尺寸、做法等具体规定，并在指导无障碍设计的过程中不断反馈。为项目在完成之后具有较高的经济效益、环境效益和社会效益提供科学的依据。

1.2.3　无障碍设计后评估的作用和价值

后评估是一个基于环境行为学的研究范式，是检验设计的功能与效果的工具。通过后评估环节，对无障碍建成环境进行检验，对策划当中确定的无障碍设计目标和建设标准进行反馈，是无障碍设计全生命周期的重要环节。对无障碍环境的效益最大化、资源的有效利用和社会公平起到重要的作用。

无障碍设计后评估的短期价值主要体现在对项目无障碍设计的经验反馈上，包括识别无障碍设计的问题、决策制定过程分析等；中期价值主要体现在对同类项目的效能评价方面；长期价值主要体现在标准优化方面，改善性能、更新资料库、设计标准和指导规范，通过量化评估加强对性能的衡量，从而提高无障碍设计的价值和效率。

1.2.4　无障碍设计前策划—后评估机制

在无障碍设计中引入"前策划—后评估"机制，在设计前通过前策划帮助建筑师确立无障碍设计目标和指导原则，明确无障碍建设标准，并协助建筑师选择合适的技术手段以达成这些目标和原则。在建成之后，通过完善的后评估标准对无障碍建设的实际性能和效果进行检验。依靠构建无障碍设计"前策划—后评估"的闭环，通过不断反馈和改进，实现无障碍设计和建造的良性循环。

无障碍设计的前策划与后评估，体现了一种更为全面的设计观，将无障碍设计所蕴含的社会、经济和环境关系纳入到设计与评价体系当中，对于社会融合、残障平等观念的普及，老龄化应对和全龄友好社会的建立都将起到积极的推动作用。

无障碍设计"前策划—后评估"机制的建立，有利于建筑师在无障碍设计的各个环节树立基于性能和使用者需求的价值导向，从而更有效地指导设计及其施工建设。同时，也能够促使管理者不仅关注无障碍设施性能的技术维护，更关注使用者的需求和满意度，进而转向对无障碍环境可持续发展的综合考虑。

1.3 无障碍设计前策划的研究要素

无障碍设计前策划依据相关规范标准，研究交通、场地、景观、建筑、室内及标识和部品等相关无障碍设计要素，以人为本，考虑项目功能特点和不同人群需求，提供多种可供选择的通行、使用、交互和服务的方式，对所有人提供满足通用性与个性化需求的，体现平等、包容、关怀的环境，落实建设项目的规划定位并引导设计创新，提升全龄友好的环境空间质量，提高建筑师对包容性社会的理念认识和实践效果。

1.3.1 理念依据

随着人人平等、无差别对待等人文思想的传播，以及人口结构变化带来的对老年人和弱势群体的普遍关注，人类社会"残疾观"、设计观、发展观不断演变，无障碍环境不再仅仅服务于残疾人和老年人，而是为每个社会成员提供更安全保障、便捷舒适的生活环境。因此无障碍设计也更具有通用性和包容性，以全体社会大众为出发点，在设计中综合考虑不同人群的认知能力与体能特征，提供任何人都能使用且都能以自己的方式来使用的优良设计产品，让环境、空间、设施适合所有人。

1.3.2 环境要素

无障碍设计前策划以"人"为核心，研究与全龄、全人群相关的无障碍环境要素，具体包括：

（1）人与城市的关系

与城市联系的无障碍，包括：出行的自由度，城市公共设施的可达性，公共交通、人行道设施与场地的无障碍接驳，无障碍停车、落客、候车的便利性等。

（2）人与场地的关系

场地内部通行的无障碍，包括：场地高程特点、环境特征、内部道路交通、导示寻路系统的配置等。

（3）人与建筑空间的关系

通行与使用的无障碍，包括：建筑内部功能流线、功能设施的可达可用，无障碍通行设施配置，无障碍使用空间的数量、位置与性能等。

（4）人与自然环境的关系

保证障碍人群和普通人群具有享受景观的同等权利，包括：景观路径及景观设施的安全性、可达性及互动体验的参与性等。

（5）人与人之间的关系

信息与服务的无障碍，包括：老人、儿童及视觉障碍、听力障碍、肢体残疾等特殊需求群体的行为特点及信息获取方式，以及为不同群体提供公共服务的种类与特色。

（6）应急事件中人的生命安全

安全疏散、应急避险的无障碍策略，以及临时事件中的无障碍支持。

1.3.3　功能需求

无障碍设计前策划依据不同建筑或场所的功能类型、在城市中的定位、使用人群与强度等特征，对出行与到达、空间和设施使用、标识导示系统、信息交流与公共服务、应急与安全等方面的无障碍需求进行研究。不同功能特点的建筑使用场景不同，其无障碍设计需求也不尽相同。例如以下几个方面。

博物馆建筑是服务城市、供社会大众使用且儿童友好的公共场所，具有功能复杂、人流量大、使用人群复合的特点，应注重在观展流线上的无障碍通行顺畅，以及不同人群（包括视障、听障、肢残、老人、儿童、孕妇、体弱人士及有语言或文化差异人士等）对功能设施使用和对公共服务便利性的需求。

大学校园以教、学、研为主要功能，同时兼顾生活、运动、休闲等功能，应注重校园内无障碍路径的规划，教学研空间的视觉、听觉信息获取的便利性，以及无障碍教室、无障碍卫生间、无障碍宿舍等使用空间的配置需求。

机场等公共交通设施人流量大、使用人群复合，应注重出发与到达流线上的无障碍通行顺畅和无障碍卫生间、母婴室等服务设施的使用便利性需求。

酒店、宾馆等建筑应便于到达，并注重无障碍餐饮、无障碍客房等功能空间的使用需求，以及从入住到退房服务流程上的使用体验。

1.3.4　设计特色

建筑和环境设计具有多样性和独特性特点，即使是同类型的建设项目，其建筑风格和空间特色也各不相同。在无障碍设计前策划研究中，需要分析由规划布局或空间特色带来的无障碍相关问题，将无障碍设计策划与建筑空间特色相结合，通过无障碍解决方案，突出建筑功能定位和规划设计特点，引领设计创新。

1.4　无障碍设计前策划的内容

无障碍设计前策划旨在通过对项目无障碍相关要素的研究，提出无障碍设计目标和原则，确定无障碍性能标准和建设标准，明确无障碍设计的技术要点和实施细则，规范图纸内容与表达方式，形成无障碍设计导则或设计任务书，指导设计人员进行无障碍系统性规划，组织无障碍路径，落位无障碍空间，配置无障碍设施，并通过精细化的设计和表达，实现系统完善、功能合理的无障碍设计。

1.4.1　提出无障碍设计目标和原则

（1）底线达标

依据现行规范、标准及城市无障碍建设的相关要求，满足无障碍通行设施、无障碍服务设施、无障碍信息交流设施以及无障碍设施施工验收和维护方面的基本要求，达到无障碍设计的底线要求。

（2）系统完善

从宏观到微观、由整体到局部、由外到内，提出无障碍系统性设计策略。比如，从城市层面的无障碍接驳、场地层面的开放空间与建筑出入口的无障碍连接路径、建筑层面的无障碍通行顺畅和空间设施使用便捷，到信息获取层面的标识清晰、交流便利，每一层级都包含有通行、使用、信息与服务的功能设施的性能和技术要求，形成完整的无障碍设计体系。

（3）功能合理

提出适合项目功能特色和设计特色的无障碍策略，提升城市空间环境质量。比如，应对宜居城市建设体现全龄友好的安全、包容、人性化的无障碍环境策略；从使用者的实际感官体验出发，提供视觉、听觉、触觉、嗅觉、感觉等不同感知方式和舒适度的无障碍环境设计策略；注重人的心理感受，体现人性化和绿色、健康的通用无障碍设计策略。

1.4.2　确定无障碍性能标准和建设标准

《无障碍设计规范》GB 50763—2012 规定了不同类型建筑与环境无障碍设施的基本配置标准，2022 年实施的全文强制性规范《建筑与市政工程无障碍通用规范》GB 55019—2021 规定了无障碍设施的性能标准。考虑到不同建筑的使用功能、使用人群的复合程度、场地与建筑的开放程度及人流量等因素，以及不同地域、气候环境、建设条件的差异，在确定无障碍建设标准时，应当以人为本，考虑不同使用群体的需求和使用便利性，通过策划研究确定项目的无障碍建设标准。例如以下几个方面：

对于公共建筑的无障碍电梯配置，规范要求"公共建筑内设有电梯时，至少应设置 1 部无障碍电梯"，但考虑到通用性和使用方便、避免差别对待等人性化因素，可将并排设置的几部客梯全部设置为无障碍电梯。

对于医院康复建筑的停车场无障碍停车位，规范要求的配置比例为"100 辆以上时应设置不少于总停车数 1%"，但考虑到该类型建筑使用人群主要以病弱、残障人士、老人、儿童居多，无障碍停车位使用需求大，因此配置比例可以依据实际需求提高至 5% 或以上。同时，如果停车场地分散，应保证每个场地均配置有无障碍停车位，而不是集中设置于一处；设置位置应保证距离人行出入口路线最短、通行便捷且尽量不穿越车行道。

这些与具体使用功能相关的性能标准和建设标准未在规范中予以规定，应通过无障碍设计前策划进行研究并予以确定。

1.4.3　明确无障碍技术要点和实施细则

无障碍设计前策划对于场地和建筑在系统路径规划提出建议，并对通行设施、服务设施、信息交流设施在空间布局等方面提出技术要点和实施细则。

（1）场地

首先，考虑场地与城市公共交通无障碍接驳，并连通场地内公共空间及设施。合理设置缘石坡道、盲道等人行道无障碍设施，对人行横道、人行天桥及地道、公交站点等进行无障碍通行设计和智能导示设施设计；考虑无障碍停车的相关要求，确保数量充足、位置合理、使用便捷、线路安全。

其次，保证场地内主要步行路径的通行安全性和连续性，包括对于通行宽度、铺地选材和铺设方法的要求，确保可达性。

最后，对景观环境进行无障碍设计，保证开放空间与景观绿化的安全与共享。通过无障碍路径联系景观节点，考虑通行宽度和高差处理，并对广场与铺地、植物配置、滨水景观、服务设施与小品、照明与灯具等景观元素，以及质感与色彩、圆角设计、服务犬临时休息点等进行通用无障碍设计。

（2）建筑

建筑的无障碍设计策划应确保空间设施对各类人群可达性、可用性和安全性，达到无障碍流线清晰、通行顺畅、空间布局合理、设施使用便捷、部品精准到位的要求。包括以下几方面内容。

无障碍流线：设置明确的无障碍通行路径，串联功能空间和无障碍设施，并保证无障碍设施数量满足要求、布局合理、流线顺畅。同时在使用高峰期确保残障和有特殊需求群体出入的安全性和连续性。

无障碍通行：妥善解决水平和垂直方向无障碍通达性。对水平通行设施（包括无障碍出入口、坡道、盲道、门体、轮椅空间、扶手等）和垂直通行设施（包括电梯、楼梯、扶梯等）节点配置标准、形式、位置、做法等提出要求。

无障碍使用：结合使用功能和人员密集程度，对无障碍卫生间、母婴室、公共卫生间适老适幼等配置标准、细节做法等提出要求，确保设施位置合理、方便到达、使用便利。

无障碍服务：包括为不同人群提供信息辅助、通行协助和使用便利等，考虑轮椅使用人群对于空间和高度的需求，同时需要考虑包括导盲犬在内的工作犬的陪同问题。

（3）标识与信息

标识设计应充分考虑包括残障人士、老幼群体在内的各类人群的生理特征和信息获取方式，方便识别、清晰易懂，注重系统性、连续性，同时考虑标识的视觉要素、悬挂形式与安装高度、材料选择和施工工艺等通用性能。

同时，依靠信息技术和设备设施，打造智慧导引、智慧交互、智慧服务的信息无障碍系统。

（4）应急与安全

考虑应急报警与避险疏散系统的无障碍，帮助不同人群获取报警信息并协助脱离险境。在临时事件中提供临时设施、流线、人员、服务以及相关无障碍预案，让不同人群融入大事件活动。

1.4.4 规范无障碍设计的图示与表达

通用无障碍环境设计是基于通行、服务、信息交流三大体系的系统性解决方案。清晰明确的图纸表达有助于精细化设计和对施工细节的把握。因此无障碍设计前策划需要对无障碍设计专项的图纸内容、深度及表达方式进行设定，并满足以下要求：

（1）全域配置——无障碍路径与空间配置规划

在规划层面上，通过无障碍路径规划，梳理不同建筑功能的无障碍流线，提取流线上的无障碍需求，对无障碍设施的数量、位置、通达性和便利性等方面进行全域空间配置。

（2）技术示范——基于不同场景的无障碍性能标准的节点设计

在建筑层面上，针对无障碍设施的性能标准，对技术节点给出详细的文字描述、细部尺寸和做法图示。

（3）精细达标——通用无障碍设施的精细化设计和规范的图示表达

在设施层面，采用图示的形式清晰明了地表达无障碍专项设计图纸内容，明确和规范设备安装位置及尺寸，对无障碍设计的细节和做法进行直观和精细表达。

1.5　无障碍使用后评估的内容与方法

无障碍使用后评估是对建成并使用一段时间后的无障碍环境进行评价的系统程序和方法，对依据无障碍设计任务书确定的建设标准、系统路径、设施落位及建造安装的精准度，以及是否满足使用者需求进行评价。无障碍使用后评估遵循因地制宜的原则，结合项目所在地域的气候、环境、资源等特点，对无障碍环境全生命周期内场地、建筑和专项的使用后性能进行综合评价，兼顾经济效益、社会效益和环境效益，同时对于提升全社会的无障碍环境水平具有重要意义。

目前尚没有完全针对无障碍环境设计的后评估标准，但在中国建筑学会即将发布的《公共建筑后评估标准》里，涵盖了无障碍方面的评价内容、方法和标准，可以作为无障碍环境设计使用后评估的依据和参照。

该标准里后评估的指标体系由场地、建筑、专项三类指标组成，每类指标均包括控制项和评分项，并统一设置提高和创新项。控制项的评定结果为"满足"或"不满足"；评分项、提高和创新项的评定结果为分值。后评估在满足所有控制项要求后，按总得分确定等级。在专项后评估中，有专门针对无障碍的控制项，评分项中亦有专门的无障碍章节。同时，在场地、建筑的评定标准里，也涉及部分无障碍相关内容。下面结合《公共建筑后评估标准》阐述无障碍使用后评估的相关内容。

1.5.1　场地后评估

控制项条文"4.1.2场地应具有合理的规模，满足日常通行、安全疏散、应急救援的需求"，涉及无障碍通行、疏散、应急等方面的前策划内容。

评分项第二部分"交通组织"中，对于外部交通可达性、内部交通流线合理性、静态交通合理性、无障碍设施合理性分别进行分值评定。其中，前三项涉及场地出入口与城市公共交通的无障碍接驳、场地内部无障碍通行、无障碍停车设施等策划内容；第四项从竖向、标识、安全设施和无障碍导引等方面对无障碍设施的合理性进行评定。评估内容与所对应的无障碍设计策划内容如表2-1-1所示。

"场地后评估—评分项—交通组织"条文中评估内容与策划内容对照　表 2-1-1

评分项	评估内容	分值	策划内容
4.2.4　外部交通可达性(10分)	1　场地出入口设置合理,人员集散不产生交通拥堵	3	无障碍出入口、无障碍通道
	2~4　场地与市政交通、公交站点、人行通道联系便捷	4	人行道无障碍设施(缘石坡道、盲道、过街提示等)
	5　场地出入口设置各类车辆过渡、等候空间,不影响外部交通	3	无障碍落客、候车空间
4.2.5　内部交通流线合理性(10分)	1　场地内人流、车流、物流合理分流	5	无障碍通行路径
	2　场地内道路指示明确,易于识别方向	5	标识导示系统
4.2.6　静态交通合理性(10分)	1　静态交通流线合理,指示明确,服务半径适宜	5	无障碍落客区、标识导示系统
	2　各类车辆停车容量满足使用需求	5	无障碍停车位
4.2.7　无障碍设施合理性(5分)	1　场地竖向通达性	2	无障碍坡道
	2　标识清晰完善	1	无障碍标识导示系统
	3　扶手、盲道等安全设施达标	1	扶手、盲道
	4　采用声音、嗅觉等多种引导策略	1	信息无障碍与标识导示

评分项第三部分"场地环境"在景观规划合理性方面虽未直接提及无障碍内容,但条文中"提供多样化室外空间,满足多功能使用需求""室外设施完备,材料安全、耐用、易于维护""室外绿化适当,景观层次丰富,环境整洁美观"内容均涉及包括观景台、廊架、雨篷、座凳、垃圾桶、灯具、标识牌等室外设施,喷泉、雕塑、艺术装置等景观艺术设施,广场、平台、室外休憩区域等室外开敞或半开敞的公共空间,以及防灾避险等方面的通用无障碍前策划的相关内容。

1.5.2　建筑后评估

控制项条文"5.1.2建筑空间应满足使用功能要求。各类交通空间应满足人员通行、无障碍、紧急疏散、应急救护等要求,且应保持畅通;卫生间、浴室、厨房等应满足相应使用人群数量、安全、卫生防疫、垃圾分类等要求"。其中,人员密集的公共场所的水平、垂直交通顺畅,集散空间充足;卫生间的数量、配置满足各使用人群的需求及相应的使用功能等,均是无障碍设计前策划需要考虑的内容。

控制项条文"5.1.3建筑内人、车、物流应交通顺畅,组织有序",也涉及无障碍流线的配置合理、出入便捷。

评分项第二部分"空间"中,对空间布局、尺度、流线、垂直交通、物理性能、空间体验、内部交通与停车场库等提出要求,均涉及通用无障碍设计前策划的相关内容。评估内容与所对应的无障碍设计策划内容如表 2-1-2 所示。

"建筑后评估—评分项—空间"条文中评估内容与策划内容对照　表 2-1-2

评分项	评估内容	分值	策划内容
5.2.5　空间布局合理,满足功能、工艺需求(12分)	3　辅助使用空间布局合理	3	无障碍休息区、无障碍卫生间、无障碍席位等

评分项	评估内容	分值	策划内容
5.2.7 空间流线规划合理,使用便捷(12分)	1 人车分流及不同使用人群的步行距离、平面流线交叉的控制	3	无障碍流线、上落客区
	2 出入口位置、数量和尺度合理	3	无障碍出入口
	3 门厅、走廊及交通空间的连接关系和尺度适宜	3	无障碍水平通行设施
	4 后勤服务流线的效率及合理性	3	无障碍服务
5.2.8 垂直交通布局合理,使用便捷(8分)	1 楼梯、台阶、坡道等布局、尺度和连接关系的效率与合理性	4	无障碍垂直通行设施
	2 电梯、扶梯、自动步道等运行效率及布局合理性	4	无障碍电梯、扶梯、自动步道
5.2.11 空间物理性能好,环境舒适度高(25分)	1 日照时数,自然光照度和均匀度,人工照明照度、均匀度、显色性等光环境参数符合功能和工艺要求	5	视觉舒适度
	2 室内混响时间、背景噪声等声环境参数满足功能和工艺要求	5	听觉舒适度
5.2.12 空间体验感受好(15分)	1 使用者对公共空间体验感受好	5	五感体验,通用无障碍设计
	2 使用者对主要使用空间体验感受好	5	
	3 使用者对辅助使用空间体验感受好	5	
5.2.14 内部交通与停车场库规划布置合理,容量适宜,使用便捷效率高(10分)	1 内部车辆流线组织及出入口设置合理	5	无障碍停车流线
	2 停车库布局合理,符合使用需求	5	无障碍车位

1.5.3 专项后评估

控制项条文"6.1.3 公共建筑室外和室内空间均应进行公共建筑导向标识系统的专项设计及安装,满足使用需求"。标识导示系统让使用者更好地理解和利用建筑及其空间环境,从这个意义上说,标识本身便是无障碍设计前策划内容的一部分,应充分考虑各类人群(包括残障人士、老幼群体等)的生理特征和信息获取方式,保证系统性和连续性。

控制项条文"6.1.4 建筑周边场地、道路、环境的照明照度、光源显色性及照明灯具安装位置等应满足晚间通行安全、节能、避免光污染等功能要求",控制项条文"6.1.5 建筑出入口处、主要门厅、电梯厅、楼梯、走道等通行空间和公共卫生间等公用空间应设置符合照度和节能要求的照明,满足夜间通行安全、路径识别和公用等功能要求",条文中对夜间照明的安全性,特别是场地地面有高差处和座椅处是否设置照明设施,是否存在过度照明等现象,建筑出入口处、主要门厅、电梯厅、楼梯、走道等通行空间和公共卫生间等公用空间的晚间是否设有合理的照明设施,均作了规定。这些也是通用无障碍设计前策划所关注的内容。

控制项条文"6.1.6 建筑周边场地、建筑出入口和内部功能空间的无障碍设施应符合下列规定:应具有连续、系统的无障碍路线,地面应平整、防滑;台阶高差处、道路接驳处应设有无障碍设施和标识;主要垂直电梯和室内外楼梯应满足无障碍要求;无障碍停车位数量和位置应满足无障碍要求"。控制项条文

"6.1.7 建筑物内至少应有一处具有无障碍厕位、无障碍盥洗台和小便池等无障碍设施，满足无障碍使用要求的公共卫生间或独立的无障碍卫生间"，对建筑在通行和使用上应满足的无障碍性能提出底线要求，体现通用性原则，为包括老年人、残疾人和儿童在内的所有人营造通用、全龄友好的无障碍环境。

评分项第二部分为"标识系统"，对室内外标识的系统性、醒目性、清晰性，以及在位置、尺寸、材质、颜色等方面的通用设计提出评估要求。

评分项第四部分"无障碍"对无障碍设施满足全龄友好的通用设计提出具体要求。评估内容与所对应的无障碍设计策划内容如表 2-1-3 所示。

"专项后评估—评分项—无障碍"条文中评估内容与策划内容对照　表 2-1-3

评分项	评估内容	分值	策划内容
6.2.9 无障碍设施满足全龄友好使用要求(6分)	1 无障碍设施满足便利性要求，且具有系统的无障碍标识	3	无障碍设施位置是否符合便利性要求，设置系统连续的标识系统
	2 用材和细部构造满足防滑、避免磕碰等安全性要求	2	无障碍设施防滑材料选择，避免磕碰、圆角设计，提升建筑人性化性能。信息获得、操作使用和空间尺度等满足全龄人群和辅具使用者及协助者的使用要求
	3 标识和信息发布满足通用性识别要求	1	适老适残、全龄友好，信息查询设置无障碍大字字符功能，字符大小符合残障人士的使用要求，关键信息能保证不同类型残障人士(听力障碍、视觉障碍、语言障碍、肢体残疾等)顺利获取与交流
6.2.10 无障碍通用设施和功能用房满足无障碍使用要求(6分)	1 建筑出入口、接待服务台、楼电梯、卫生间、门体等通用设施符合无障碍使用要求	3	障碍人士的无障碍通行和使用，设置系统的引导标识
	2 功能用房的空间尺度、设施和家具符合无障碍使用要求	2	轮椅通行和回转的空间要求，设施和家具所应具有的容膝空间等
	3 具有导视导盲设施和辅助措施	1	保障视障人士出行无障碍，设置导盲设施，以及导盲犬准入的辅助设施

1.5.4 提高和创新

建筑部分条文"7.2.4 通过创新型的使用空间，促进公共活动的活力"。在空间创新和使用方式的变革中，将产生大量的具有高度灵活性和适应性的建筑空间及创新场所，比如体育场馆空间实现演出、大型活动等多功能运营，教学空间适应教育方式的变化，交通空间的站城一体，公共建筑内设置母婴室等。这些创新型空间，更需要在通用无障碍理念指导下，通过通用无障碍设计前策划的目标设定及后评估的实践反馈，实现人性化和包容性的创新空间体验。

综上所述，应在项目设计前通过前策划环节明确无障碍设计任务书和设计要求，在项目建成后。通过后评估环节检验无障碍环境使用状况，将前策划所设定的设计目标、建设标准、技术要点和实施细则与实际建成情况及使用效果进行对比，发现问题、总结经验，为日后无障碍设计和决策提供可靠依据，从而构建"无障碍设计前策划—无障碍使用后评估"的闭环，并通过不断反馈和持续改进实现无障碍环境设计与建设高质量发展的良性循环。

1.6 案例：雄安商务服务中心无障碍设计前策划

1.6.1 项目概况

雄安商务服务中心是雄安新区首批社会服务配套项目，总建筑面积约 82 万 m^2，由会展中心、商务办公、酒店、公寓、综合商业、幼儿园等多个建筑组团构成，使用功能复杂，使用人群复合，人流量较大。规划布局利用中央下沉水景和多个下沉庭院，将地面与地下空间连通，公共空间面积较传统布局提高 1 倍，形成人车分流的多层次交通体系、多级别的立体化空间体系和多样化的生态景观环境（图 2-1-1）。

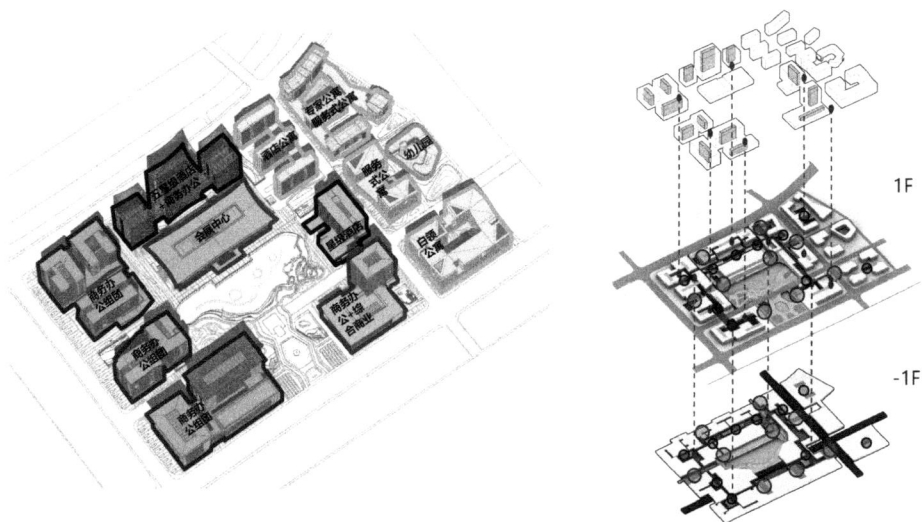

图 2-1-1　雄安商服中心功能结构示意

项目以打造全龄友好园区为目标，为满足各类人群的使用需求，全方位提升园区无障碍环境质量，项目设计单位委托专业团队进行无障碍设计前策划，编制设计任务书并开展全过程无障碍专项设计咨询工作。

1.6.2 前策划要点

无障碍设计前策划结合项目的规划定位、功能特点、设计特色，分析环境要素和无障碍需求，确定无障碍设计原则、建设标准和设计要求。策划要点主要体现在以下几个方面：

根据项目功能复杂的特点，考虑不同人群（包括残障人士、老人、儿童、孕妇，以及推婴儿车、提重物以及语言文化差异等导致的各种有需要的群体）在不同功能建筑中通行与使用的场景化解决方案，针对不同建筑类型确定无障碍设计标准，比如：针对商业会展的人流特征，在无障碍设施的容量负荷方面进行优化；针对商务办公的开放性和现代化特性，在无障碍的通达性和空间设施人性化方面进行提升；针对酒店、公寓，在无障碍入住体验和休闲娱乐设施易达可用方面进行优化；针对综合商业，在便利性和通用性方面进行优化；针对幼儿园，在安全性和儿童友好方面进行优化提升。

针对项目空间立体、景观丰富的规划设计特色，结合场地高差，解决垂直层面上无障碍通行便利的问题；针对多样的生态景观环境与滨水景观等开放空间，优化景观无障碍设计，保障所有人享受景观的权利。同时，对于现代园区智慧化管理和运行的要求，进行信息无障碍与建筑智能化探索。对于人车分流的立体交通体系，提供需求响应式的公共交通接驳和无障碍停车、候车方式，并提供信息化与人性化结合的园区无障碍公共服务。

针对项目在方案、初步设计、施工图和施工过程等不同阶段提出无障碍工作重点：概念方案阶段，结合规划设计要求和项目定位，分析无障碍设计的需求，确定无障碍设计的目标和原则；扩初阶段，根据设计重点与难点确定无障碍建设标准，编制无障碍设计任务书，进行无障碍系统路径与空间配置规划并预留相应空间；施工图阶段，对无障碍专项设计的技术要点进行图纸表达，并对施工做法和产品选择提出具体要求；在设计的全过程，对于土建设计、精装修设计等环节进行无障碍图纸审核并提供技术咨询，组织专家论证或评审；在施工过程中，对于施工的规范度、完成度，无障碍设备选型，材料、家具、设施等产品选配和最终质量给予咨询建议。

无障碍系统性设计和精细化表达，提供从园区环境到建筑内部，涵盖信息交流与应急安全等多方面的无障碍解决方案，在纵向上结合建筑功能流线要求进行无障碍系统路径规划，在横向上结合通行、使用、交互的要求进行空间布局和设施配置规划，形成系统性设计。同时，对无障碍设计图纸内容和精细化表达提出要求。

1.6.3 无障碍专项设计任务书

（1）框架

无障碍专项设计任务书以通用无障碍理念为出发点，从宏观到微观、由整体到局部、由外到内，对园区环境无障碍、建筑无障碍、信息无障碍和无障碍应急四个方面内容进行节点归纳梳理，并对无障碍设计专篇图纸内容及检查与验收提出要求（图 2-1-2）。

（2）要求

1）园区环境无障碍

基于立体空间体系和绿化景观系统与不同标高层功能联系，园区内无障碍环境以畅行易达的交通体系、安全共享的景观绿化、通用便捷的公共服务为目标。交通设计考虑公共交通的无障碍接驳、停车设施无障碍、步行路径无障碍；景观设计对景观游线、滨水岸线、庭院花园、广场铺装、植物配置、照明及小品等环境要素提出无障碍设计要求；并对无障碍公共服务提出性能要求。

一、无障碍理念演变

二、无障碍设计任务书编制目的

三、园区环境无障碍	四、建筑无障碍	五、信息无障碍	六、无障碍应急
1.畅行易达的无障碍交通体系 2.安全共享的无障碍景观绿化 3.通用便捷的园区公共服务	1.会展中心 2.商务办公 3.酒店 4.商业服务 5.公寓 6.幼儿园 7.其他通用无障碍要求	1.无障碍标识系统 2.无障碍智慧环境 智慧通行 智慧交流 智慧服务	1.应急报警 2.应急避险 3.安全疏散 4.临时事件

七、附录 无障碍专项设计图纸要求及检查与验收

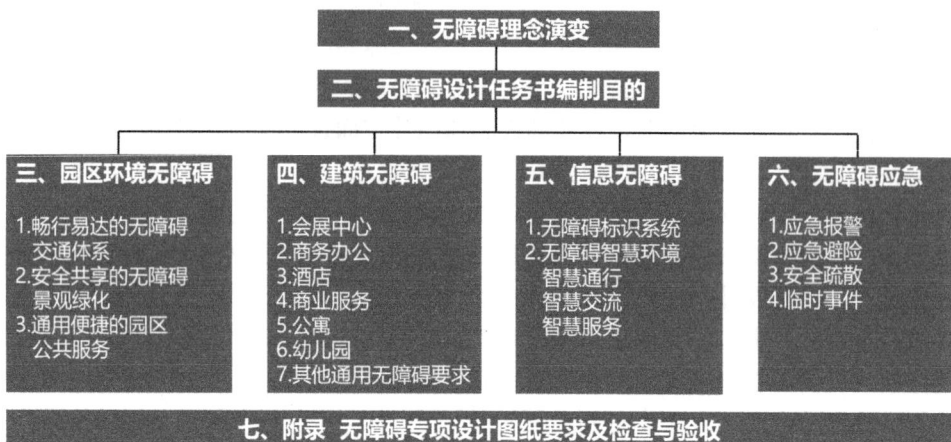

图 2-1-2 雄安商服中心无障碍设计任务书框架

2）建筑无障碍

不同建筑类型在通行和使用方面具有共性要求，如无障碍出入口设计中对于高差、轮椅空间和门体的要求，水平通行设施中对通道、房间门、地面高差等的要求，垂直通行设施中对楼梯、台阶、无障碍电梯、扶梯、扶手等的要求，以及卫生间、母婴室等辅助设施和低位服务设施的设计要求。同时，多样化的功能空间要求无障碍场景化解决方案，比如：针对会展中心和商务办公的会议室、报告厅，提出无障碍席位和无障碍主席台的设计要求；针对酒店、公寓提出无障碍客房、无障碍住房的设计要求；针对商业建筑提出无障碍餐饮、购物、观影等设计要求；针对幼儿园提出安心安全的圆角设计等要求（图 2-1-3）。

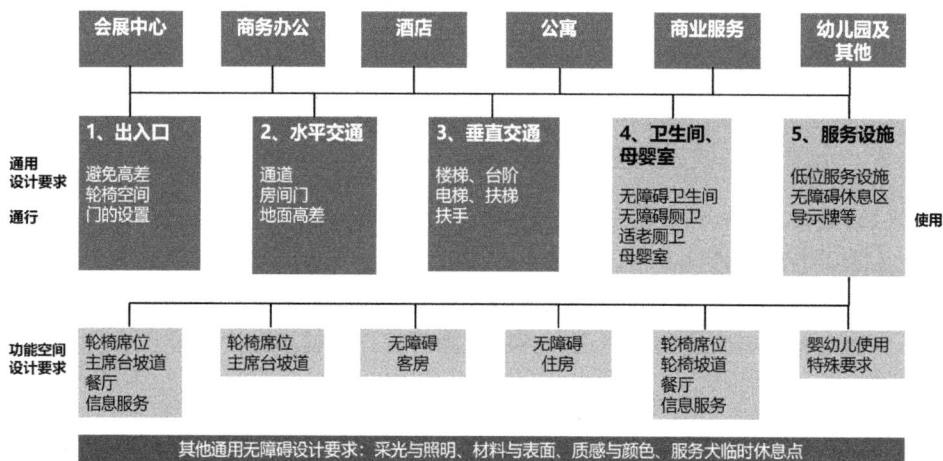

会展中心 商务办公 酒店 公寓 商业服务 幼儿园及其他

通用设计要求 / 通行：
1、出入口：避免高差、轮椅空间、门的设置
2、水平交通：通道、房间门、地面高差
3、垂直交通：楼梯、台阶、电梯、扶梯、扶手
4、卫生间、母婴室：无障碍卫生间、无障碍厕卫、适老厕卫、母婴室
5、服务设施：低位服务设施、无障碍休息区、导示牌等

功能空间设计要求：
轮椅席位、主席台坡道、餐厅、信息服务 / 轮椅席位、主席台坡道 / 无障碍客房 / 无障碍住房 / 轮椅席位、轮椅坡道、餐厅、信息服务 / 婴幼儿使用特殊要求

其他通用无障碍设计要求：采光与照明、材料与表面、质感与颜色、服务犬临时休息点

图 2-1-3 雄安商服中心建筑无障碍设计框架

3）信息无障碍

包括无障碍标识导引系统和无障碍智慧园区的性能标准和技术措施。

4）无障碍应急

提出应急报警、应急避险、应急疏散以及临时事件的无障碍策略。

1.6.4　无障碍引领设计创新

依据无障碍设计任务书的指导，在初步设计中对方案的无障碍性能标准进行了优化提升，完善了无障碍系统路径和设施空间落位，并在施工图设计中对无障碍细节进行深化设计。

（1）园区无障碍环境设计优化

系统性梳理了无障碍设施配置标准和空间布局，增设室外无障碍电梯，确保每个下沉庭院的地下层和地面层都能无障碍连通。并对场地内无障碍道路设施、无障碍景观设施等选型进行示意（图 2-1-4）。

无障碍停车位配比提升至总车位数的 2%，优化点位设置，靠近无障碍出入口，路线便捷，并尽量不穿越车行道，并对车库人行通道、无障碍车位的划线和标识进行专门设计。

深化了园区无障碍智慧系统，采用多功能杆柱，实现 5G 覆盖、WIFI 覆盖、LORA 覆盖、视频监控、路灯、信息发布、紧急报警、直流充电桩、园区广播及环境监测等多重功能，并通过无人配送外卖系统等提供园区服务（图 2-1-5）。

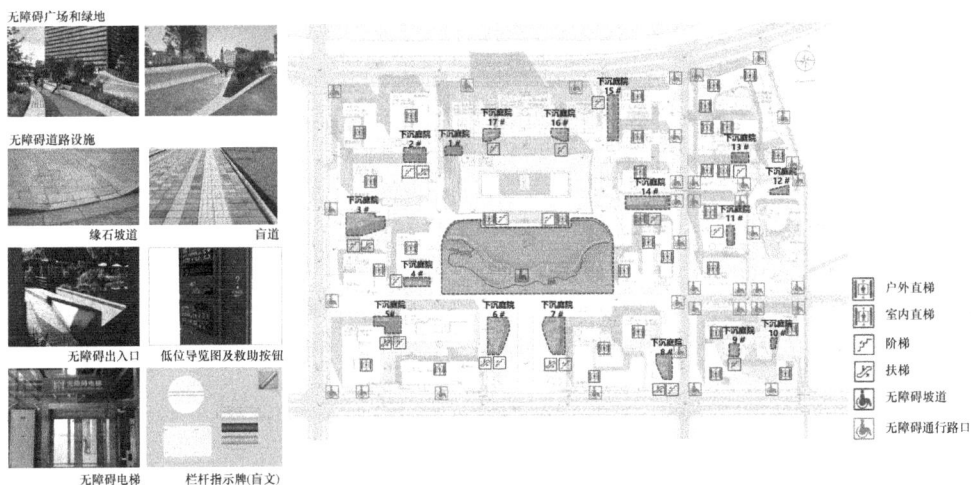

图 2-1-4　雄安商服中心园区环境无障碍点位配置优化

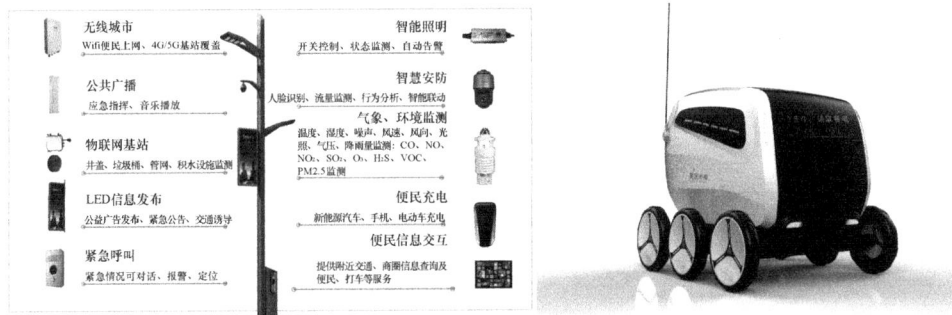

图 2-1-5　雄安商服中心无障碍智慧系统

图 2-1-6　雄安商服中心景观无障碍坡道

景观设计将中国画的山水意境融入无障碍坡道形态，解决室外垂直层面通行便利的同时，形成景观设计创新（图 2-1-6）。

（2）建筑无障碍设计优化

提升了无障碍电梯的配置标准，将室外环境和建筑内部所有客梯均设置为无障碍电梯，并对候梯厅、轿厢、操作盘等进行精细化设计。完善无障碍卫生间的部品用途，并规范具体尺寸和安装位置。公共卫生间厕位内增设抓杆，男厕增设无障碍小便器，洗手间增设低位洗手台等，形成适老、适弱、适幼的全龄设计。办公、会展、酒店等建筑内增设母婴室等人性化设施。并从空间布局、设施配置、设备安装等方面对无障碍客房进行细节设计。

参考文献

［1］　庄惟敏，张维，梁思思．建筑策划与后评估［M］．北京：中国建筑工业出版社，2018.
［2］　庄惟敏，等．后评估在中国［M］．北京：中国建筑工业出版社，2017.
［3］　庄惟敏．建筑策划与设计［M］．北京：中国建筑工业出版社，2016.
［4］　庄惟敏．建筑策划导论［M］．北京：中国水利水电出版社，2001.

2 无障碍通行设计技术要点与案例[*]

2.1 设计原则

无障碍通行设计应该遵照系统性原则，确保系统性的前提下，确保每一个通行环节和通行设施的合理性。按照新近发布的国家标准《建筑与市政工程无障碍通用规范》GB 55019—2021 规定，通行设施主要包括无障碍通道、轮椅坡道、无障碍出入口、门、无障碍电梯和升降平台、楼梯和台阶、扶手、无障碍机动车停车位和上/落客区、缘石坡道以及盲道。下文将按此分类分别介绍各个设施的设计要点。

2.2 设计要点

2.2.1 无障碍通道

（1）轮椅坡道或缘石坡道设置

解决高差问题为无障碍通道的重要功能，当无障碍通道上存在地面高差时，应设置轮椅坡道或缘石坡道。针对路缘石的高差设置缘石坡道，其他高差设置轮椅坡道。轮椅坡道和缘石坡道的具体设置要求，将在轮椅坡道部分作详细说明。

（2）通行宽度要求

通行净宽不应小于 1.20m，人员密集的公共场所的通行净宽不应小于 1.80m。只有确保通道宽度，才能保证轮椅的通行和疏散。以上所要求的净宽是指无障碍通道、轮椅坡道等无障碍通行设施的两侧墙面外表皮或固定障碍物之间的水平净距离；门扇开启后，开启扇内侧边缘之间或者门框内缘与开启门扇内侧边缘之间的水平净距离；当设置扶手时，扶手截面内侧之间的水平净距离。设计时应按照以上要求去核实净宽度是否满足。

通道的通行净宽不小于 1.20m，是为了能容纳一辆轮椅和一个人侧身通行，确保行人相向而行时的通过。通道的通行净宽不小于 1.80m，则能容纳两辆轮椅正面相对通行（图 2-2-1）。本要求不适用于客房和居住建筑的户内或套内走廊。❶

（3）轮椅通行需求

满足轮椅通行是无障碍通道的重要功能，因此，无障碍通道上的门洞口均应考虑轮椅通行的需要。各类检票口、结算口等应设轮椅通道，均应设置满足轮椅

---

* 本章作者：焦舰、郑康、焦博洋、于博。

❶ 人员密集场所是指：营业厅、观众厅、礼堂、电影院、剧院和体育场馆的观众厅，公共娱乐场所中出入大厅、舞厅，候机（车、船）厅及医院的门诊大厅等面积较大、同一时间聚集人数较多的场所。

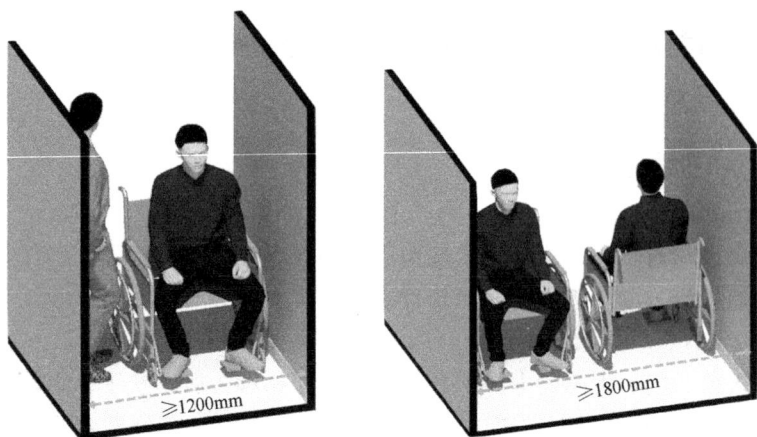

图 2-2-1　通道通行宽度示意

图 2-2-2　轮椅通行示意

通行的宽通道，净宽应≥900mm（图 2-2-2）。同时这也给携带大件行李、推婴儿车、视觉障碍等人士提供了更方便、安全的通行条件。

（4）无障碍通道与井盖、箅子

无障碍通道上有井盖、箅子时，其孔洞的宽度或直径不应大于13mm，条状孔洞应垂直于通行方向。因为井盖、箅子的孔洞会对轮椅的通行和盲杖的使用带来不便和安全隐患，所以应尽量避免在无障碍通道上设置有孔洞的井盖、箅子。无法避免时，则孔洞的宽度、直径和走向，应按照规定进行设置，这样可以防止卡住盲杖或轮椅小轮等危险。

（5）特殊净高安全措施

当自动扶梯、楼梯的下部以及各种室内外低矮空间能够进入时，头部的障碍是盲杖无法触碰到的，容易造成磕碰，所以净高不大于2.00m处采取悬挂活动警示牌、地面围挡等方式进行提示。同时，设置安全阻挡措施，需避免其自身带来伤害。

2.2.2　轮椅坡道

为保证轮椅使用中的安全性和适用性，依据主要在建筑室内外使用的手动和电动轮椅车的性能指标，轮椅坡道横向坡度不应大于1：50，纵向坡度不应大于

1：12；当条件受限且坡段起止点的高差不大于 150mm 时，纵向坡度不应大于1：10；考虑使用者的体力情况，每提升一定的高度需要设置一个平台提供短暂休息，每段坡道的提升高度不应大于 750mm。否则容易造成因体力不支无法操作轮椅的情况，带来安全隐患。具体计算形式为轮椅坡道坡度为 1：12 时，每段坡道的提升高度不应大于 750mm，即水平长度不应大于 9.00m，否则应设休息平台。

轮椅坡道需考虑到不同类型轮椅车的使用，通行净宽不应小于 1.20m。根据我国的轮椅车相关产品标准，最宽的轮椅车为普通机动轮椅车，其宽度标准为不大于 1.20m，而经常使用的电动和手动轮椅车，其宽度标准为不大于 780mm。因此，轮椅坡道的通行净宽不应小于 1.20m。但本宽度要求不适用于客房和居住建筑的户内或套内坡道。

对于轮椅坡道的起点、终点和休息平台的通行净宽要求是为了保证无障碍通行的顺畅。净宽不应小于坡道的通行净宽，水平长度不应小于 1.50m，门扇开启和物体不应占用此范围空间。乘轮椅者在进入坡道之前和行驶完成后，可以通过设置的水平行驶空间来调整轮椅，平台长度不小于 1.50m，则可满足乘轮椅者调整方向或者短暂休息的需要。

无论什么高度，一般行动时借助扶手会更为安全。但当轮椅坡道的高度不大于300mm，或坡度不大于 1：20 时，大部分乘轮椅者和行动不便的人士可以不借助扶手通行，考虑到不同的现实情况，不提出必须设置两侧扶手的要求。在条件允许时，鼓励轮椅坡道均设置两侧扶手。但当轮椅坡道的高度大于 300mm 且纵向坡度大于 1：20 时，应在两侧设置扶手，坡道与休息平台的扶手应保持连贯。

设置扶手的轮椅坡道的临空侧采取的安全阻挡措施，可为以下做法中的至少一种（图 2-2-3）：

① 坡道面和平台面从扶手外边缘向外扩宽 300mm；
② 坡道和平台边缘设置高度不小于 50mm 的安全挡台；
③ 坡道和平台设置距离坡道面和平台面不大于 100mm 的斜向栏杆。

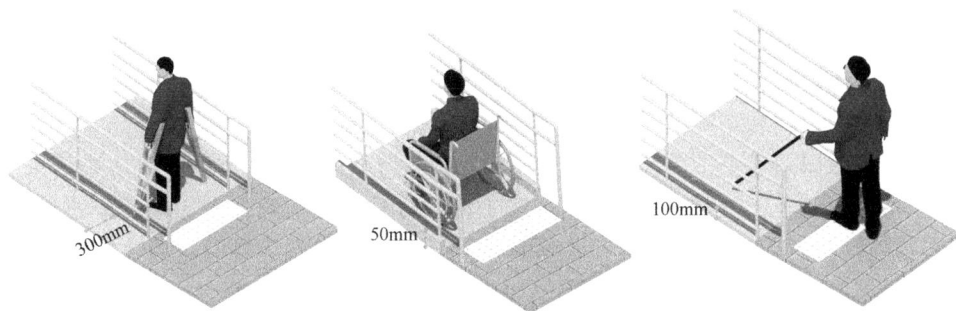

图 2-2-3　轮椅坡道的临空侧安全阻挡措施示意

2.2.3　无障碍出入口

（1）无障碍出入口应为以下 3 种出入口之一

① 地面坡度不大于 1：20 的平坡出入口。平坡出入口是通行最为便捷的无

障碍出入口，体现了通用设计的原则。建议在工程中，特别是大型公共建筑中优先选用。无障碍出入口地面坡度不大于1:20时，等同于坡度不大于1:20的轮椅坡道，还应满足轮椅坡道的具体要求。

② 同时设置台阶和轮椅坡道的出入口。与平坡出入口相比，坡度大于1:20的轮椅坡道的坡度比较陡，对于部分行动不便人士来说，走轮椅坡道会比上台阶更加困难。此外，雨雪等气象条件下行人在轮椅坡道上滑倒的风险增大，因此在出入口同时设置台阶和轮椅坡道更加合理。

③ 同时设置台阶和升降平台的出入口。同时设置台阶和升降平台的做法主要适用于建筑出入口的无障碍改造，因场地条件有限而无法修建轮椅坡道时，可以采用占地面积小的升降平台以取代轮椅坡道的做法。一般的新建建筑及有条件的改造工程不提倡此种做法。

（2）无障碍出入口门前平台与雨篷

除平坡出入口外，无障碍出入口的门前应设置平台，在门完全开启的状态下，平台的净深度不应小于1.50m，且上方应设置雨篷。无障碍出入口平台的深度不仅要能够满足轮椅的回转和通行，还要考虑其他人通行的安全和便利。入口上方设置雨篷既能够有效防止上空坠物，也可在雨雪天气为出入的人群提供过渡空间，避免出入口地面湿滑带来的危险。

（3）轮椅通行功能

满足轮椅通行是无障碍出入口的重要功能。当出入口设置闸机时，应设轮椅能够通行的宽通道，同时也为携带大件行李、推婴儿车、视觉障碍等人士提供了更方便安全的通行条件。因此，在设置出入口闸机时，至少有一台开启后的通行净宽不应小于900mm，或者在紧邻闸机处设置供乘轮椅者通行的出入口，通行净宽不应小于900mm。

2.2.4 门的无障碍要求

满足无障碍要求的门应可以被清晰辨认，且保证方便开关和安全通过，以方便包括乘轮椅者在内的各类残障人士和老年人的使用。在无障碍通行流线上的门以及无障碍电梯、无障碍卫生间等有内部使用空间的无障碍设施的门及其他有无障碍需求的房间和空间的门应满足无障碍要求。

在无障碍通道上不应使用旋转门。因为旋转门无法满足无障碍的功能要求。对于行动障碍者、视觉障碍者、老年人、需要导盲犬陪同的人士、推童车的人士等，旋转门均存在障碍和风险。在无障碍通道经过处如有旋转门，旁边应同时设置满足本节要求的平开门或自动门，以满足无障碍通行。

满足无障碍要求的门不应设挡块和门槛，门口有高差时，高度不应大于15mm，并应以斜面过渡，斜面的纵向坡度不应大于1:10。挡块和门槛会给乘轮椅者以及行动不便者带来通行困难甚至安全问题，对于老年人则存在跌倒风险。门内外要尽量做到水平，高差无法避免时以斜面过渡，同时防范斜面纵向坡度过陡带来的跌倒风险。

（1）手动门

新建和扩建建筑的门开启后的通行净宽不应小于 900mm，既有建筑改造或改建的门开启后的通行净宽不应小于 800mm。根据我国轮椅车的相关产品标准，经常使用的电动和手动轮椅车，其宽度标准为≤780mm；根据对于辅具发展的调研，轮椅车种类越来越多，有些轮椅车的宽度更大。对于既有建筑改造或改建的建筑，考虑到可行性，门宽设计不能小于 800mm 以确保基本通行需要；对于新建或扩建的建筑，根据近些年实际情况和发展趋势，参考国外的相关要求，门开启后的通行净宽应保证不小于 900mm，以确保通行的便利性。

平开门的门扇里、外侧均应设置执手，执手应满足单手握拳操作，操作部分距地面高度应为 0.85～1.00m，门扇里侧执手的设置是为便于人进入后将门关上使用。考虑到部分手部残障者的使用，门执手需要满足可单手握拳操作，无需紧抓、捏、旋转等要求手和手指配合，或者是手腕灵活转动才能完成的动作。球形门执手不能满足上述要求，常规做法是选择满足上述要求的杠杆式门执手。

手动门需要使用者用一定的力量才能完成开门的动作，考虑到上肢力量差的人群，除防火门外，门开启所需的力度不应大于 25N，关于门的启闭力试验方法执行相关的标准规范。

（2）自动门

无论是手动装置还是由传感器自动控制的自动门系统，对大多数人来说都是非常便利的，公共场所的门应优先考虑采用自动门系统。自动门要考虑其安全性、通行的宽度以及手动启闭装置的安装高度。手动启闭装置包括按钮、刷卡、密码锁等。满足无障碍要求的自动门应保证开启后的通行净宽不小于 1.00m，当设置手动启闭装置时，可操作部件的中心距地面高度应为 0.85～1.00m。

（3）全玻璃门

当采用全玻璃门时为了防止玻璃门破碎带来的伤害，应选用安全玻璃或采取防护措施；同时为了避免识别不清，应设置醒目的防撞提示措施，包括但不限于防撞提示标识，标识的颜色要考虑背景光线条件变化的情况，易于察觉；标识的宽度应覆盖完整的玻璃宽度，设置高度至少应在人坐姿和站姿均能方便识别的高度范围，距地面高度应为 0.85～1.50m，但并不限于此范围。当开启扇左右两侧也为玻璃隔断时，门应与玻璃隔断在视觉上显著地区分开，玻璃隔断也应采取醒目的防撞提示措施。

（4）其他

连续设置多道门时，门之间的距离要考虑乘轮椅者、推童车的人等人士开关门和通过所需的空间。两道门之间的距离除去门扇摆动的空间后的净间距不应小于 1.50m。门扇摆动的空间为门扇从关闭到完全开启所占用的空间。以上要求不适用于客房和居住建筑的户内或套内门。

考虑到行动障碍人群移动缓慢的特点，满足无障碍要求的安装有闭门器的门，从闭门器最大受控角度到完全关闭前 10°的闭门时间不应小于 3 秒。这样可以确保移动缓慢的人群通过时不被自动关闭的门扇影响。

对于双向开启的门，使用者需可看到其他使用者从反方向接近，为双方留出反应的时间，避免发生碰撞。满足无障碍要求的双向开启门设置的观察窗应能够满足乘轮椅者以及身高矮小者的视野要求。通视部分的下沿距地面高度应大于850mm。

2.2.5 电梯和升降平台的无障碍要求

（1）候梯厅

电梯是包括乘轮椅者在内的所有人群使用最为频繁和方便的垂直交通设施。乘轮椅者在到达候梯厅后，要转换位置和等候，因此候梯厅的深度净尺寸为1.80m比较合适。在空间相对较小时，候梯厅的深度也不应小于1.50m，以满足直径不小于1.50m的轮椅回转空间。

电梯厅的呼叫按钮应设置在能让乘轮椅者及其他行动不便人士易于触碰的位置，按钮中心距地面高度应为0.85～1.10m。当呼叫按钮一侧有垂直墙面时，设置的位置需与墙面有一定的距离，距内转角处侧墙距离不应小于400mm，以方便乘轮椅者进行操作。盲文标识不宜设置在按钮上，以避免误按。

呼叫按钮前应设置提示盲道，辅助视觉障碍者分辨呼叫按钮所在位置，方便其呼叫电梯。

电梯厅为方便听觉障碍者辨别电梯停靠楼层和运行信息，应设置显示装置对其进行提示；为方便视觉障碍者辨别电梯停靠楼层，应设置抵达音响对其进行提示。

（2）电梯轿厢

无障碍电梯轿厢的规格应依据建筑类型和使用要求选用。在使用电梯时，乘轮椅者需要相对更大的空间。因此，无障碍电梯轿厢的尺寸应满足包括乘轮椅者在内人士的使用便利和安全。满足乘轮椅者使用的最小轿厢规格，深度不应小于1.40m，宽度不应小于1.10m。同时满足乘轮椅者使用和容纳担架的轿厢，如采用宽轿厢，深度不应小于1.50m，宽度不应小于1.60m；如采用深轿厢，深度不应小于2.10m，宽度不应小于1.10m。轿厢内部设施应满足无障碍要求。深度为1.40m、宽度为1.10m的小型梯，轮椅进入电梯后不能回转，只能正面进入、倒退而出，或倒退进入、正面而出，所以该尺寸为底线要求，在条件受限的情况下满足乘轮椅者的基本使用条件，具体项目应综合考虑急救和无障碍需求确定适合的轿厢尺寸。轿厢内部设施包括装置设备、内表面材料、扶手等应满足相关标准的无障碍要求，特别是便利轮椅人士观察背后环境的镜面设施。

（3）电梯门

无障碍电梯门应为水平滑动式门，完全开启时间应保持不小于3秒。新建和扩建建筑的电梯门开启后的通行净宽不应小于900mm；既有建筑改造或改建的电梯门开启后的通行净宽不应小于800mm。

（4）公共建筑无障碍电梯设置

公共建筑内设有电梯时，至少应设置1部无障碍电梯。考虑到公共建筑使用者的公共性，有无障碍电梯的设置要求，但并不意味着其他类型的建筑允许不设置无障碍电梯，其他类型建筑应满足相关的对于无障碍电梯设施的要求。

（5）升降平台

升降平台包括垂直升降平台和斜向升降平台，垂直升降平台在场地受限的改造工程中应用较多。升降平台的下部、传送装置等易造成伤害的部位应采取围挡等形式的安全防护措施；升降平台应确保轮椅停放空间，深度不应小于1.20m，宽度不应小于900mm，并设扶手、安全挡板和呼叫控制按钮，呼叫控制按钮的高度应满足前文所述按钮设置有关要求。

2.2.6　楼梯和台阶

在老年人建筑、医疗建筑、康复建筑等视觉障碍使用者较多的建筑，以及盲人公园、盲人沙滩等服务于较多视觉障碍者的室外空间中，楼梯和台阶需要符合以下的要求：

为提示视觉障碍者所处位置接近有高差变化处，在距踏步起点和终点250~300mm处应设置提示盲道，其长度应与梯段的宽度相对应，可以整块提示盲道砖连接覆盖梯段宽度，如梯段宽度为1.20m，提示盲道砖的宽度为250mm时，铺设4块盲道砖，提示盲道与梯段两侧边缘间距100mm（图2-2-4）。上行和下行的第一阶应在颜色或材质上与平台有明显区别。

不应采用无踢面和直角形突缘的踏步。无踢面楼梯易造成跌绊危险；踏面的前缘若有突出部分，应设计成圆弧形，以防直角形突缘绊落拐杖头和刮碰鞋面。如踏步贴有防滑条或警示条等附着物，附着物均不应突出踏面。

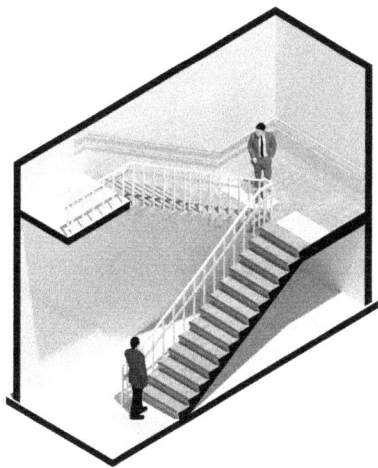

图2-2-4　盲道提示示意

3级及3级以上的台阶和楼梯应在两侧设置扶手。

2.2.7　扶手

满足无障碍要求的单层扶手的高度应为850~900mm；设置双层扶手时，上层扶手高度应为850~900mm，下层扶手高度应为650~700mm。扶手高度为踏步前缘垂直向上到扶手中心线的高度（图2-2-5）。

扶手设置得不连贯会带来使用的不便，而且突然失去支撑可能造成使用者安全隐患。行动障碍者和视觉障碍者主要使用的楼梯、台阶和轮椅坡道的扶手应在全长范围内，包括梯段和休息平台以及轮椅坡道的坡段和休息平台等部位全部保持连贯。

为避免人们在使用扶手后突然感觉手臂滑下扶手而产生不安，应将扶手的末端加以处理，以利于身体稳定。同时也是为了利于包括乘轮椅者在内的行动不便者在刚开始借助扶手做上下楼梯、坡道等行动时的抓握或借力。在行动障碍者和视觉障碍者主要使用的楼梯和台阶、轮椅坡道设置的扶手起点和终点处应水平延伸，水平延伸应从第一级/最后一级踏步前缘开始算起。延伸长度不应小于300mm；扶手末端应向墙面或向下延伸，延伸长度不应小于100mm。

老年人、病弱者等人士经常将全身依靠扶手，为了防止可转动等非固定形式的扶手在使用时带来的安全隐患，扶手的安装必须足够牢固。形状和截面尺寸应易于抓握，一般情况下圆形扶手的直径或矩形扶手的截面宽度为30~50mm。当扶手安装在墙上时，扶手的内侧与墙之间要有一定的距离，以提供适当的抓握空间。截面的内侧边缘与墙面的净距离不应小于40mm（图2-2-6）。

为了便于视觉障碍者辨认扶手的位置，扶手应与安装固定的背景墙面形成视觉的反差，反差可以利用明显的颜色或亮度对比。

图 2-2-5 无障碍要求扶手高度示意

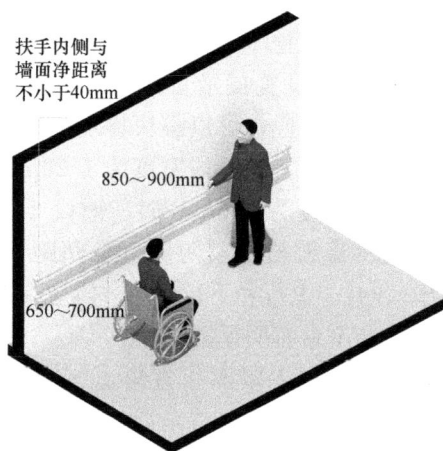

图 2-2-6 扶手设置示意

2.2.8 无障碍机动车停车位和上/落客区

应将通行方便、路线短的停车位设为无障碍机动车停车位。在设置地面停车场时，应选择距离建筑的无障碍出入口路线短、临近无障碍通道、通行方便的停车位设为无障碍机动车停车位。在设置地下停车库时，应将距离无障碍电梯路线短且通行方便的停车位设为无障碍机动车停车位。

无障碍机动车停车位一侧，应设宽度不小于1.20m的轮椅通道，以方便乘轮椅者由车辆转乘至轮椅。相邻的两个无障碍机动车停车位可共用一个轮椅通道。轮椅通道与其所服务的停车位不应有高差，和人行通道有高差处应设置缘石坡道，且应与无障碍通道衔接（图2-2-7）。

为确保乘轮椅者从车辆移乘至轮椅时，轮椅能够稳定停放。无障碍机动车停车位及周边供轮椅停放的地面坡度不应大于1：50。

无障碍机动车停车位的地面应设置停车线，同时应设置轮椅通道线和无障碍机动车停车位标识，避免被占用。标识一般设在无障碍机动车停车位的地面停车线范围内，为了引导使用者顺利找到无障碍机动车停车位，还应设置系统的引导标识。

无障碍停车位的配置应有统一的要求，总停车数在 100 辆以下时应至少设置 1 个无障碍机动车停车位，100 辆以上时应设置不少于总停车数 1％的无障碍机动车停车位；城市广场、公共绿地、城市道路等场所的停车位应设置不少于总停车数 2％的无障碍机动车停车位。计算应采取进位原则，如 240 辆总停车数时，若按照 1％的设置要求，应设置 3 个无障碍机动车停车位。

在交通客运场站、医院及其他客流集中的公共场所以及无障碍需求比较集中的设施中，应设置无障碍小汽（客）车上客和落客区便于乘轮椅者使用，其尺寸不应小于 2.40m×7.00m，和人行通道有高差处应设置缘石坡道且与无障碍通道衔接（图 2-2-8）。

图 2-2-7　无障碍机动车通道示意

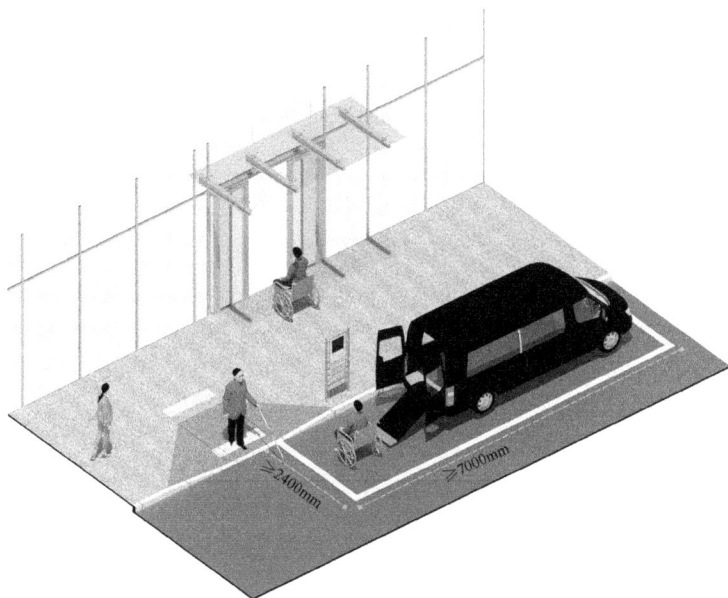

图 2-2-8　无障碍小汽（客）车上客和落客区示意

2.2.9 缘石坡道

解决高差问题为无障碍通行的重要功能。在各种路口、出入口和人行横道处，存在立缘石设置产生的高差，缘石坡道为解决此障碍的主要无障碍设施。所以在各种路口、出入口和人行横道处，有高差时应设置缘石坡道。

缘石坡道的坡口与车行道之间应无高差，便于乘轮椅者、推婴儿车者、携带行李者及其他行动不便者的安全通行及使用。为了达到无高差的效果，在设计时就应设计为无高差，施工时也应在满足相应施工验收标准的基础上尽量避免高差。

为了保证视觉障碍者的使用安全，起到警示作用，在缘石坡道距坡道下口路缘石 250～300mm 处应设置提示盲道。提示盲道的长度应与缘石坡道的宽度相对应——指的是以整块提示盲道砖连接覆盖缘石坡道通长宽度，如三面缘石坡道正面坡道宽度为 1.2m，提示盲道砖的宽度为 250mm 时，铺设 4 块盲道砖，提示盲道与坡道两侧边缘间距 100mm。另外，应特别注意的是，在缘石坡道下口附近设置提示盲道时，提示盲道是设置在缘石坡道上，而不是车行道上（图 2-2-9）。

图 2-2-9　提示盲道设置示意

缘石坡道的坡度需要满足一定条件，以避免坡道过陡造成的安全隐患，坡度应符合以下要求：由于全宽式单面坡缘石坡道的设置受人行道宽度的影响较小，因此全宽式单面坡缘石坡道的坡度不应大于 1：20；其他形式缘石坡道的正面和侧面的坡度不应大于 1：12。

为保证乘轮椅者和行人的通行，缘石坡道的宽度应符合下列要求：全宽式单面坡缘石坡道的坡道宽度应与人行道宽度相同；三面坡缘石坡道的正面坡道宽度不应小于 1.20m；其他形式的缘石坡道的坡口宽度均不应小于 1.50m。

缘石坡道顶端处应留有过渡空间，以保证包括乘轮椅者在内的行人的滞留及安全通过，过渡空间的宽度不应小于 900mm。

缘石坡道的设置需要考虑与其他设施的组配问题，如雨水箅子、阻车桩等，避免造成使用者的通行不便或障碍。这个问题在我国城市中较为普遍，造成了较多安全问题。缘石坡道上下坡处不应设置雨水箅子，如有需要设置阻车桩时，阻车桩的净间距不应小于 900mm，以保证轮椅使用者的顺利通行。

2.2.10 盲道

为方便视觉障碍者的安全通行，人行道或其他场所的地面常采用铺设盲道的形式，使视觉障碍者通过盲杖触觉及脚感等方式，实现向前行走及辨别方向的目的。我国近些年的无障碍建设比较重视盲道的铺设，但也产生了很多铺设不合理的情况。盲道的铺设应保证视觉障碍者安全行走和辨别方向。

盲道不仅要达到引导及提示视觉障碍者通行的作用，更要起到保护视觉障碍者通行安全的目的，因此盲道在人行道的设置位置要避开树木（穴）、电线杆、拉线、变电箱等地面及地上部分的障碍物。盲道上也不得设置垃圾桶、消火栓等设施，非机动车的停放位置应避开盲道。

行进盲道是保障盲人通行的连续性和安全性的手段之一，在城市主要商业街、步行街的人行道，以及视觉障碍者集中区域（如盲人学校、盲人工厂、医院等区域）的周边道路的人行道，均需要设置行进盲道协助盲人通过盲杖和脚底触觉等方式，实现方便安全通行的目的。视觉障碍者集中区域的判断，应结合各城市或区域相关统计调查数据，在相关规划设计层面予以分析，确定总体规模以及空间分布特征，进而为其周边道路行进盲道的设置提供支撑。城市主要商业街、步行街的人行道和视觉障碍者集中区域的周边道路的人行道应设置行进盲道，行进盲道的宽度应为 250～500mm。其他地段是否铺设行进盲道需根据实际需求进行具体判断。为了便于视觉障碍者通过盲杖和脚底的触觉辨识，且不影响其他通行者的通行空间，行进盲道的宽度要满足一定的要求。

提示盲道具有警示危险和提示变化的作用，对于视觉障碍者的安全出行非常重要。需要安全警示和提示处包括需提示的门、视觉障碍者主要使用的楼梯和台阶的起止处、站台边缘及其他可能发生人身伤害或者需要提示定位的位置。其长度应与需安全警示和提示的范围相对应。为了便于视觉障碍者能够辨识，且不影响其他通行者的通行空间，提示盲道的宽度要满足一定的要求。行进盲道的起点、终点、转弯处，应设置提示盲道，其宽度不应小于 300mm，且不应小于行进盲道的宽度。

由于部分视觉障碍者能够辨别光线及色觉的反差，因此盲道的颜色或材质要与相邻人行道的铺面形成差异，便于视觉障碍者的发现及使用。在铺设盲道时，盲道应与相邻人行道铺面的颜色或材质形成差异。

3 卫生间无障碍设计的技术要点与案例 [*]

本章节中的卫生间主要指居住用房当中的卫生间、公共卫生间、无障碍卫生间和无障碍浴室。在各类建筑中，卫生间是使用频率最高、使用人群最广的功能空间。从某种程度上讲，卫生间的设计质量代表了社会文明的发展状态，关系到使用者的生活品质，应予以高度重视。

我国1989年4月1日颁布实施的《方便残疾人使用的城市道路和建筑物设计规范》JGJ 50—88中首次提及了残疾人厕位和残疾人厕所的概念，并在后续建设的建筑中开始考虑卫生间的无障碍设计。进入21世纪，无障碍设计理念得到了更加充分的传播，无障碍设计实践也得到了更加广泛的开展。无障碍卫生间逐渐成为各类建筑中的"标配"。

卫生间的无障碍设计是建筑师应该掌握的基本功。本部分将从常见误区、国际经验、设计原则、技术要点和案例分析5个部分进行具体讲解。

3.1 卫生间无障碍设计的常见认识误区

3.1.1 无障碍设计要求理解偏差

这类认识误区将卫生间的无障碍设计简单理解为设置无障碍卫生间或无障碍厕位，忽略对其中的细节设计的认真推敲，导致一些无障碍卫生间内虽然设有相应的无障碍设施，但由于平面布局不合理、设施设备位置不当等原因，并不能很好地满足各类人群的使用需求。因此，卫生间的无障碍设计不应仅仅体现在设置有相应的功能空间和设施设备，更应体现在细节层面的周到考虑。

3.1.2 无障碍厕位实际需求认识误区

此类误区对无障碍厕位的实际使用需求理解不足，认为只要在男、女卫生间内分别设置无障碍厕位，就已经实现了无障碍设计，无需再设置独立的无障碍卫生间。但实际中常遇到使用者和照护者性别不同的情况，例如女儿照顾老父亲、爸爸照顾小女儿等，若未设置不区分使用者性别的无障碍卫生间，则无法满足照护需求。因此，公共卫生间应至少设置包含一处不区分使用者性别的无障碍卫生间，以应对多样化的使用需求。

3.1.3 通用无障碍设计认识误区

目前，大多数无障碍卫生间是以方便肢体残疾人群使用为标准进行设计的，但实际上其使用人群还包括老年人、病人、儿童、孕妇以及他们的陪同人员，等等。不同人群的身体状况和使用需求各异，如果仅考虑残障人士需求，往往不能

---

[*] 本章作者：周燕珉、秦岭、罗鹏、方芳。

够方便所有人使用。例如，对于带着婴儿的母亲而言，一些无障碍卫生间中就缺少婴儿座椅，导致母亲在如厕时无法妥善安置婴儿。因此，卫生间的无障碍设计应充分照顾到各类人群的使用需求。

3.2 卫生间的分类和无障碍设计原则

3.2.1 卫生间无障碍设计的国际经验

（1）充分调研使用需求

一些发达国家对无障碍卫生间规划设计的研究较为成熟，可借鉴的经验包括：前期进行充分的使用需求调研，并将其结果作为指导空间设计和产品设计的重要依据；细分使用人群，配置对应设施；设置多功能卫生间以满足各类人群的使用需求；以及，在大中型卫生间分散布置不同类别的厕位，提高使用效率。

日本的一项调研结果显示，人们更希望在各类场所中设置能够满足使用要求的小型厕所，需求排在前 5 位的场所依次为公园、地铁站、便利店、超市、小型餐厅（图 2-3-1）。类似这样的调研结论有助于设计师更加了解无障碍设施的使用对象，从而设计出更适用、更具针对性的方案。

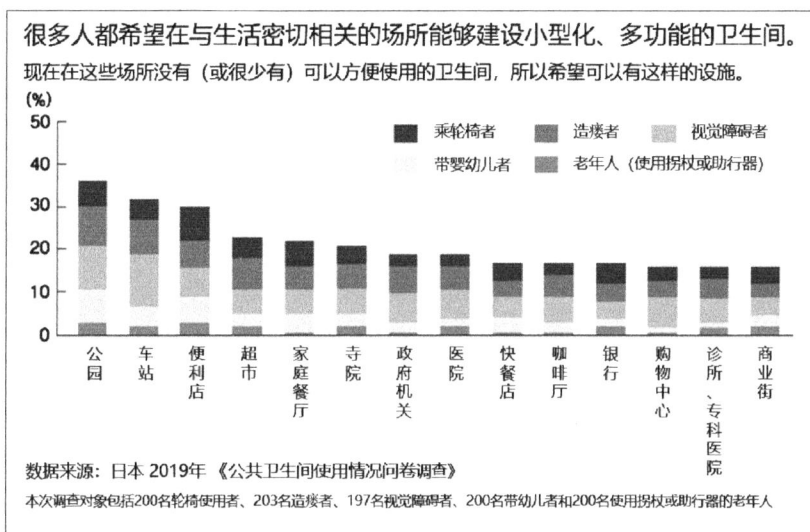

图 2-3-1 日本某企业对公共卫生间使用需求的调查结果（来源：日本 TOTO 公司产品册）

（2）细分使用人群，配置对应设施

细分使用人群有助于设计师明确服务对象，精准匹配设计方案，提高空间利用效率。根据建筑功能确定主要的使用人群，并按其需求特征加以细分，可以针对性地布置卫生间平面并配置相应的设施。通常需要考虑的特殊人群包括老年人、肢体残疾人士、轮椅使用者、造口者、视觉障碍者、孕妇、婴幼儿以及他们的陪同照护者，等等。每类人群对于卫生间的使用需求都存在或多或少的差异。例如，轮椅使用者需要卫生间内有充足的空间，以方便轮椅回转和照护者辅助操作；婴幼儿及其照护者需要有护理台，以方便更换尿布；视觉障碍者则需要环境

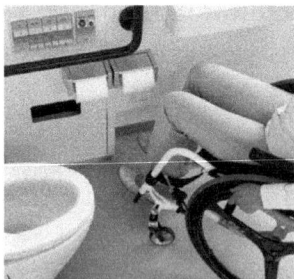

轮椅使用者需要充足的空间
用于轮椅回转和辅助操作

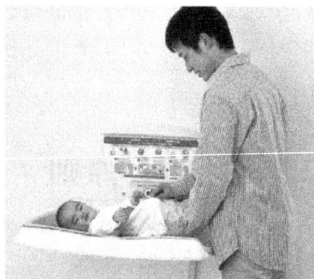

照护者需使用护理台
为婴儿更换尿布

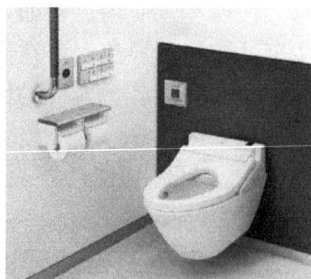

视觉障碍者需要环境中
有强烈的色彩对比

图 2-3-2 各类使用人群的需求特点示意（来源：日本 TOTO 公司产品册）

中有强烈的色彩对比，并配有语音提示或盲文（图 2-3-2）。

（3）设置多功能通用卫生间，满足各类人群的使用需求

设置多功能通用卫生间是为了满足各类人群的使用需求。传统的公共卫生间通常按性别划分，男女分开，对一些特殊人群不友好。例如，儿童、老人、有智力障碍或身体障碍的人士在有异性陪同的情况下，就无法进入指定性别的卫生间；一些变性者、同性恋者等性少数群体，在进入指定性别的卫生间时也会遭遇尴尬（图 2-3-3）。因此，一些发达国家无论是在大规模集中式的公共卫生间，还是小规模家庭式的卫生间，都至少设置一处独立、空间相对宽敞的无性别多功能通用卫生间，以满足包括老年人、残疾人、轮椅使用者、携带婴幼儿者、有异性陪同照护的人士以及性少数群体在内的各类人群的使用需求（图 2-3-4）。

（4）分散布置不同类别的厕位，提高使用效率

大中型卫生间的人流量大、服务人群多样、需求较为复杂，若仅设置一个多功能卫生间，很容易出现有特殊需求的人士排队的情况；而如果设置多个多功能卫生

女性照护者陪同男性老人

母亲陪同儿子

性少数群体

图 2-3-3 不方便使用指定性别的卫生间的情况（图片来源：日本 TOTO 公司产品册）

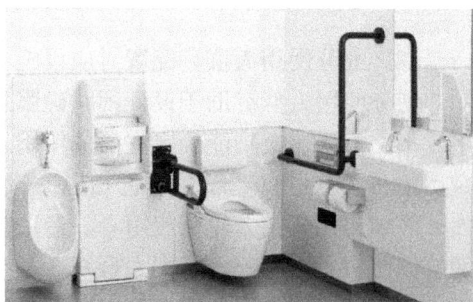

图 2-3-4 多功能卫生间的设计实例

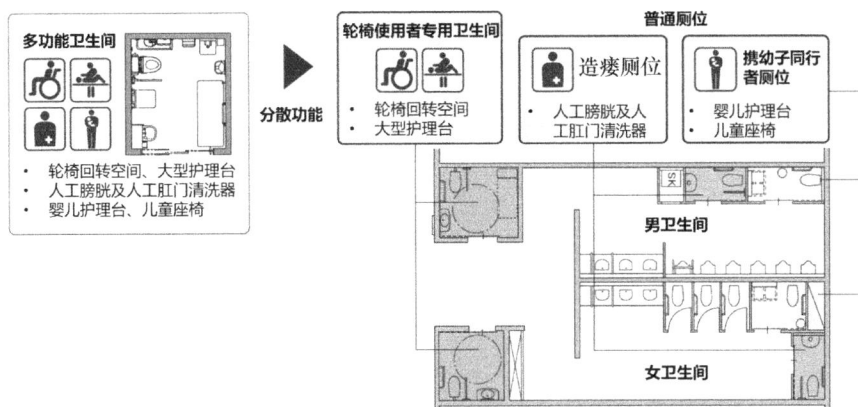

多功能卫生间
- 轮椅回转空间、大型护理台
- 人工膀胱及人工肛门清洗器
- 婴儿护理台、儿童座椅

分散功能

轮椅使用者专用卫生间
- 轮椅回转空间
- 大型护理台

普通厕位

造瘘厕位
- 人工膀胱及人工肛门清洗器

携幼子同行者厕位
- 婴儿护理台
- 儿童座椅

男卫生间

女卫生间

分散功能设置前，所有特殊需求人士都需要排队使用仅有的1处多功能卫生间

将多功能卫生间的功能分散至不同厕位后，特殊需求人士可根据自身的需求特征使用适宜的厕位，从而提高公共卫生间的利用效率，缓解排队的现象

图 2-3-5　将多功能卫生间的功能分散至不同厕位的设计示例
（来源：改绘自日本 TOTO 公司产品册）

间，又会占用较大的面积。为此，一些发达国家根据不同人群的需求将相应的设施设备分散布置在同一卫生间的不同厕位或同一建筑中的不同卫生间，一方面可更集约地利用空间，另一方面也可有效避免多功能卫生间特殊需求人士排队现象（图 2-3-5）。

借鉴上述国际经验，本节从我国无障碍卫生间的类型及其使用需求分析入手，根据不同建筑类型使用人群特征，确定卫生间无障碍设计的原则。

3.2.2　卫生间的类型及其无障碍设计需求

根据建筑功能、规模和形式的不同，可将卫生间大致划分为 4 种类型，其基本特征和无障碍设计需求如下。

（1）居住用房中的卫生间

住宅、公寓等居住建筑，以及酒店、老年人照料设施、医疗机构、残疾人康复中心等设有长、短期居住单元的公共建筑，其居住单元内的公共卫生间在面积、功能、形式等方面较为类似，因此将其归为一类进行考虑。

这类卫生间通常面积不大，需要满足使用者盥洗、如厕和洗浴的需求，根据使用者特征的差异，其无障碍设计需求又可进一步细分，如表 2-3-1 所示。

居住建筑和公共建筑居住单元的使用者特征及卫生间的无障碍设计需求　表 2-3-1

建筑功能/空间	使用者特征	卫生间的无障碍设计需求
住宅	明确且固定	针对使用者特征进行相应的无障碍设计，或预留日后进行无障碍改造的可能性
医疗机构中的病房 老年人照料设施中的老人居室 残疾人康复中心中的康复疗养室	明确但不固定	针对特定人群（病人、老年人、残疾人等）的需求特征，进行无障碍设计，以满足其使用需求
酒店中的客房 公寓中的套型	不明确且不固定	预留一部分满足无障碍设计要求的居住单元，供有特定需求的人群使用

（2）小型公共配套服务设施中的公共卫生间

位于餐厅、商店、银行、诊所等小型公共配套服务设施中的公共卫生间，其服务人群数量虽然不多，但类型较为复杂多样，需要利用有限的面积设置小型的无障碍卫生间，以满足各类人群的使用需求。

（3）大中型公共建筑中的公共卫生间

位于商场、办公楼、教学楼、医院、车站、机场、博物馆等大型公共建筑公共区域的公共卫生间，其服务人群具有数量多、流量大、类型复杂等共性特征。这类公共卫生间的面积通常较大，需要考虑各类人群的使用需求，根据建筑功能配置相应的设施设备，除男、女卫生间外，还应设置不指定性别的多功能卫生间。

（4）作为单体建筑的公共卫生间

独立成栋的公共卫生间通常位于公园、广场、旅游景点、市政道路等场所，除了需要满足大型公共建筑中公共卫生间的无障碍设计需求之外，还应充分考虑使用者到达和出入的便利性。

3.2.3　卫生间的无障碍设计原则

卫生间的无障碍设计应符合以下几条基本原则。

（1）位置近便

卫生间的位置应近便易达，避免设置在距离较远、流线曲折的位置，给使用者造成障碍。居住建筑或公共建筑的居住单元当中的卫生间应临近卧室、起居室等主要活动空间进行布置；公共建筑公共区域中的卫生间则应临近门厅、休息厅、多功能厅等人员较为集中的空间进行布置；而作为独立建筑的卫生间则应临近场地出入口、道路交汇口、主要活动场地等位置进行布置。

（2）规模合理

设计时，应根据所属建筑或场地的功能，以及使用者特征，合理配置卫生间的数量和面积。考虑无障碍要求时，卫生间的数量和面积应至少满足表2-3-2中的底线要求。

（3）功能齐全

设计时，应根据使用人群的需求配置功能齐全的用房空间和设施设备。考虑无障碍要求时，卫生间的功能配置应至少满足表2-3-3底线要求。

考虑无障碍要求时各类卫生间在数量和面积方面的底线要求　　　　表2-3-2

类型	数量和面积的底线要求
居住建筑或公共建筑客房、居室中的无障碍卫生间	面积应≥4.00m²，且内部留有直径≥1.50m的轮椅回转空间
公共建筑中的公共卫生间	每层应至少分别设置1处满足无障碍要求的公共卫生间，或在男、女公共卫生间附近至少设置1个独立的无障碍卫生间

考虑无障碍要求时各类卫生间在功能配置方面的底线要求　　表 2-3-3

类型	功能配置底线要求
无障碍客房和无障碍住房、居室中的无障碍卫生间	内部应设置无障碍坐便器、无障碍洗手盆、无障碍淋浴间或盆浴间、低位挂衣钩、低位毛巾架、低位搁物架和救助呼叫装置
公共建筑中的无障碍卫生间	内部应设置无障碍坐便器、无障碍洗手盆、多功能台、低位挂衣钩和救助呼叫装置
满足无障碍要求的公共卫生间	女卫生间:应设置无障碍厕位和无障碍洗手盆; 男卫生间:应设置无障碍厕位、无障碍小便器和无障碍洗手盆

（4）环境舒适

卫生间应保证其物理环境的舒适性:宜具有良好的自然通风和采光条件,外窗可采用高窗、天窗等开窗形式或磨砂玻璃等材料,在引入改善自然通风和采光条件的同时保证私密性;应设置机械排风设备,保证空气清新。室内照明应做到照度充足、光线均匀;位于气候较为炎热或寒冷地区的卫生间,宜设置空调供暖设备,以保证使用的舒适性。

（5）标识清晰

公共卫生间应具有清晰的标识系统。在主要通道设置醒目的导视标识,在公共卫生间门外设置易于分辨的标识,用以引导使用者快速找到卫生间的位置。

3.3　卫生间无障碍设计的技术要点

3.3.1　满足基本使用功能需求

卫生间无障碍设计应首先满足基本的使用功能需求,各功能空间的设计要求如下。

（1）满足无障碍要求的公共卫生间（厕所）（图 2-3-6）

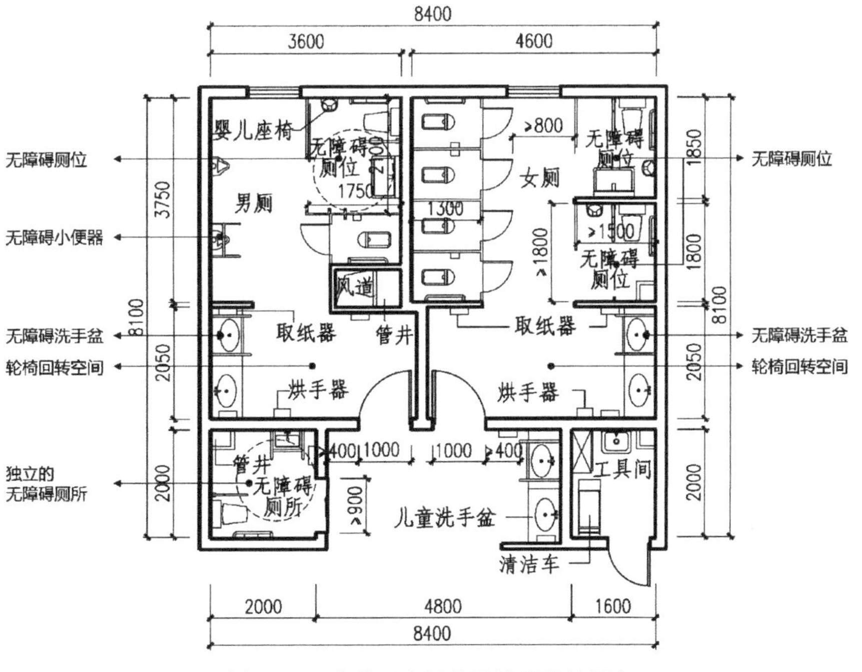

图 2-3-6　公共卫生间的无障碍设计要点

① 男、女公共卫生间（厕所）附近至少设置 1 个独立的无障碍厕所；

② 女卫生间（厕所）应设置无障碍厕位和无障碍洗手盆，男卫生间（厕所）应设置无障碍厕位、无障碍小便器和无障碍洗手盆；

③ 内部应留有直径不小于 1.50m 的轮椅回转空间。

（2）无障碍厕位（图 2-3-7）

① 应方便乘轮椅者到达和进出，尺寸应≥1.80m×1.50m；

② 如采用向内开启的平开门，应在开启后厕位内留有直径≥1.50m 的轮椅回转空间，并采用门外可紧急开启的门闩；

③ 应设置无障碍坐便器。

（3）无障碍厕所（图 2-3-8）

① 位置应靠近公共卫生间（厕所），面积应≥4.00m³，内部应留有直径≥1.50m 的轮椅回转空间；

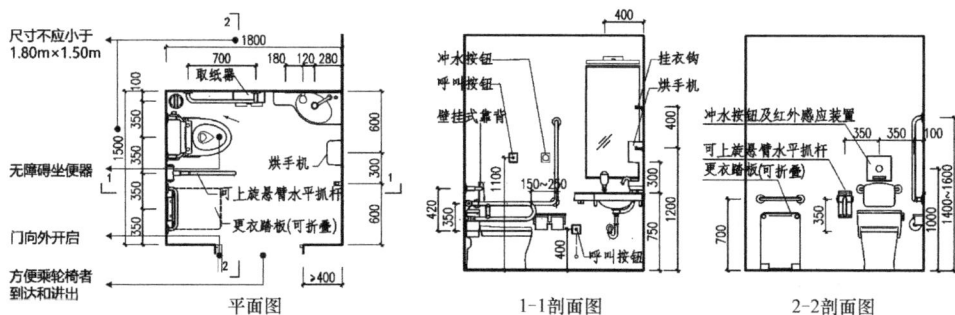

图 2-3-7　无障碍厕位的设计要点

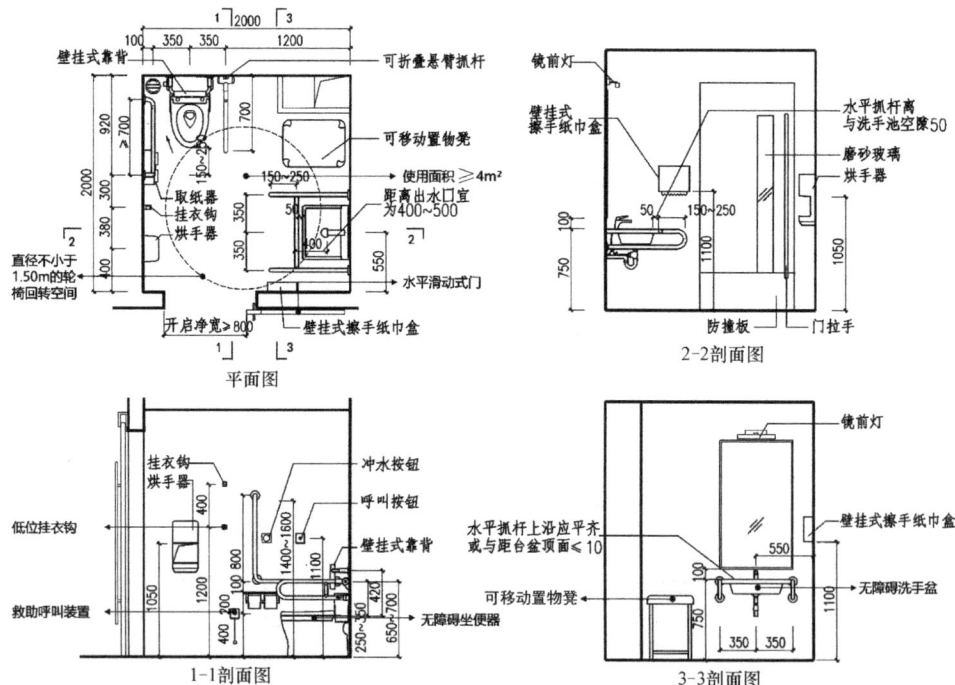

图 2-3-8　无障碍厕所的设计要点

② 内部应设置无障碍坐便器、无障碍洗手盆、多功能台、低位挂衣钩和救助呼叫装置；

③ 应设置水平滑动式门或向外开启的平开门。

（4）无障碍浴室（图2-3-9）

① 应设置至少一个无障碍淋浴间或盆浴间和1个无障碍洗手盆；

② 无障碍淋浴间的短边宽度应≥1.50m，淋浴间前应设一块≥1500mm×800mm的净空间，和淋浴间入口平行的一边的长度应≥1.50m；

③ 淋浴间入口应采用活动门帘。

（5）无障碍更衣室（图2-3-10）

① 乘轮椅者使用的储物柜前应设直径不小于1.50m的轮椅回转空间；

② 乘轮椅者使用的座椅的高度应为400～450mm。

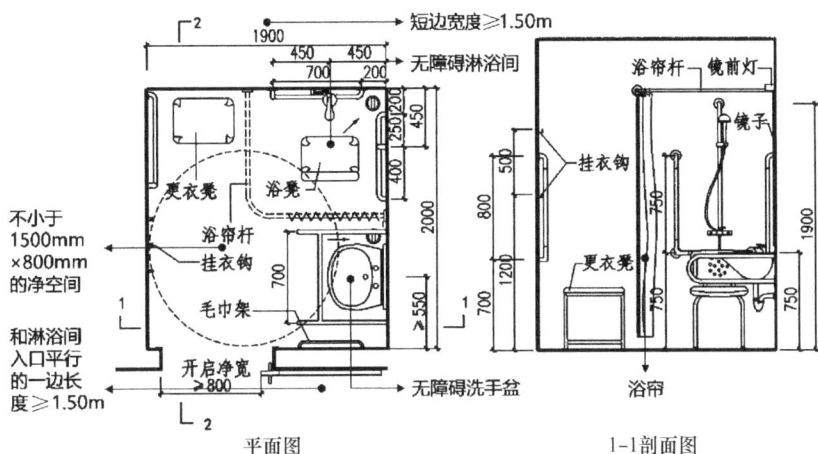

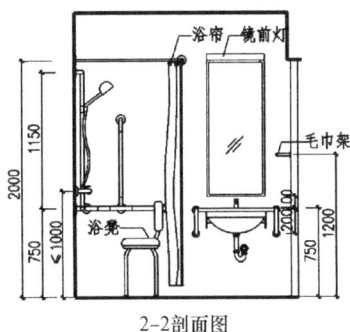

图 2-3-9　无障碍浴室的设计要点

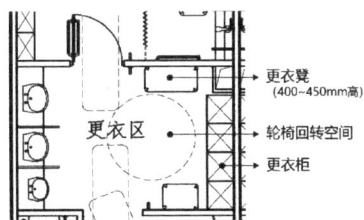

图 2-3-10　无障碍更衣室的设计要点

3.3.2　配置必要的设施设备

卫生间无障碍设计需要根据使用人群的需求特征对卫生间内的设施设备进行配置，常用的设施设备如表2-3-4所示。

卫生间内常见的无障碍设施设备 表 2-3-4

设施设备分类	设施设备示意图
通用洁具	无障碍洗手盆(台面式)　无障碍洗手盆(台面式)　无障碍小便器 无障碍坐便器　人工膀胱及人工肛门清洗器　污物池　无障碍浴盆间　无障碍淋浴间
婴幼儿洁具和辅助设施	儿童洗手盆　儿童小便器　儿童坐便器　儿童座椅　儿童更衣踏板
护理台	儿童护理台　折叠式护理台(垂直于墙面)　折叠式护理台(平行于墙面)
门	卫生间平开门　普通推拉门　三折推拉门　电动推拉门　厕位隔间门
安全抓杆	L形抓杆　I形抓杆　水平抓杆　上旋悬臂式抓杆　落地式水池抓杆　U形抓杆 花洒架兼抓杆　T形抓杆　浴室水平抓杆　台面式水池抓杆　P形抓杆　小便器抓杆

设施设备分类	设施设备示意图
其他辅助设施	低位置物架　低位挂衣钩　低位毛巾杆　冲水按钮　坐便器靠背 擦手纸盒　挂墙垃圾桶　烘手器　救助呼叫装置　可撑扶和置物的取纸器

3.3.3　符合人体工学尺寸要求

卫生间的无障碍设计应注意符合人体工学尺寸，各类无障碍设施的设计要求如下。

(1) 无障碍坐便器（图 2-3-11）

① 无障碍坐便器两侧应设置安全抓杆，轮椅接近坐便器一侧应设置可垂直或水平 90°旋转的水平抓杆，另一侧应设置 L 形抓杆；

② 轮椅接近无障碍坐便器一侧设置的可垂直或水平 90°旋转的水平安全抓杆距坐便器的上沿高度应为 250～350mm，长度应≥700mm；

③ 无障碍坐便器另一侧设置的 L 形安全抓杆，其水平部分距坐便器的上沿高度应为 250～350mm，水平部分长度应≥700mm；其竖向部分应设置在坐便器前端 150～250mm 处，竖向部分顶部距地面高度应为 1.40～1.60m；

④ 坐便器水箱控制装置应位于易于触及的位置，应可自动操作或单手操作；

⑤ 取纸器应设置在坐便器的侧前方；

⑥ 坐便器附近应设置救助呼叫装置，并满足坐在坐便器上和跌倒在地面的人均能够使用。

(2) 无障碍小便器（图 2-3-12）

① 小便器下口距地面高度应≤400mm；

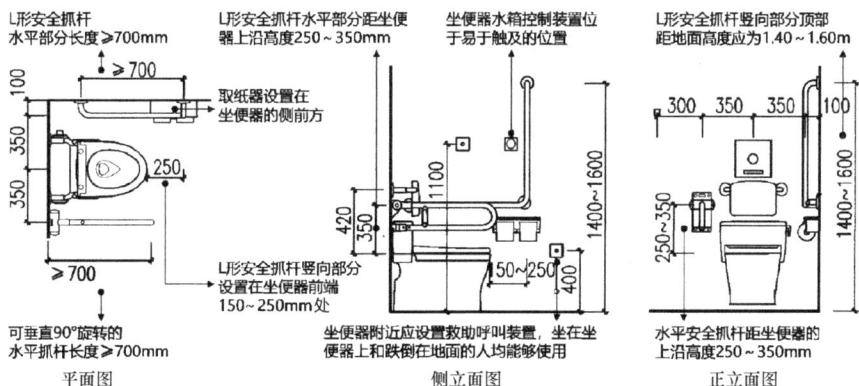

图 2-3-11　无障碍坐便器的设计要求

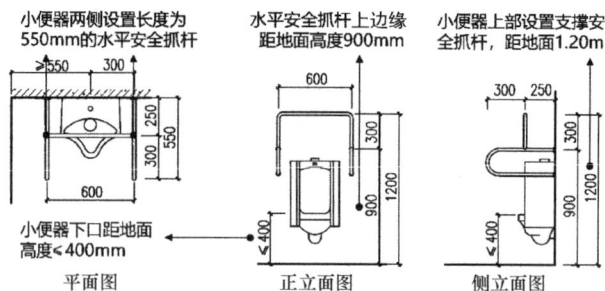

图 2-3-12 无障碍小便器的设计要求

② 应在小便器两侧设置长度为 550mm 的水平安全抓杆,其上边缘距地面高度应为 900mm;应在小便器上部设置支撑安全抓杆,距地面高度应为 1.20m。

(3) 无障碍洗手盆 (图 2-3-13)

① 台面距地面高度应≤800mm,水嘴中心距侧墙应≥550mm,其下部应留出不小于宽 750mm、高 650mm、距地面高度 250mm 范围内进深≥450mm,其他部分进深≥250mm 的容膝容足空间;

② 应在洗手盆上方安装镜子,镜子反光面的底端距地面的高度应≤1.00m;当镜子底端与洗手盆上沿的垂直距离≥100mm 时,宜采用有角度的镜子,以方便坐轮椅者使用;

③ 出水龙头应采用杠杆式水龙头或感应式自动出水方式;

④ 应在洗手盆两侧设置长度水平安全抓杆;

⑤ 挂墙式洗手盆的水平安全抓杆和洗手盆前方的支撑安全抓杆距地面高度应≤800mm,且上沿应与台盆顶面平齐,并与洗手盆间留有进深 50mm 的容手空间;

⑥ 设置支撑安全抓杆时,水平安全抓杆末端与支撑安全抓杆间距应为 150~250mm;不设置安全抓杆时,水平安全抓杆末端与洗手盆前沿间距应为 100~200mm;

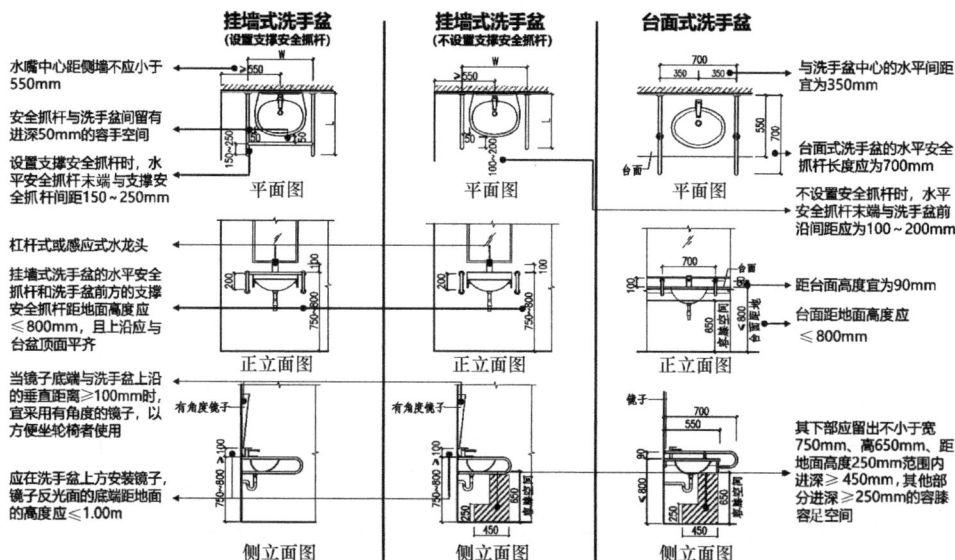

图 2-3-13 无障碍洗手盆的设计要求

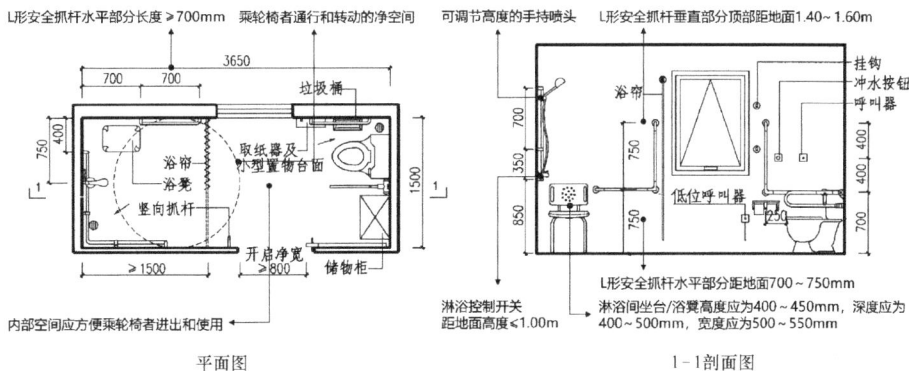

图 2-3-14 无障碍淋浴间的设计要点

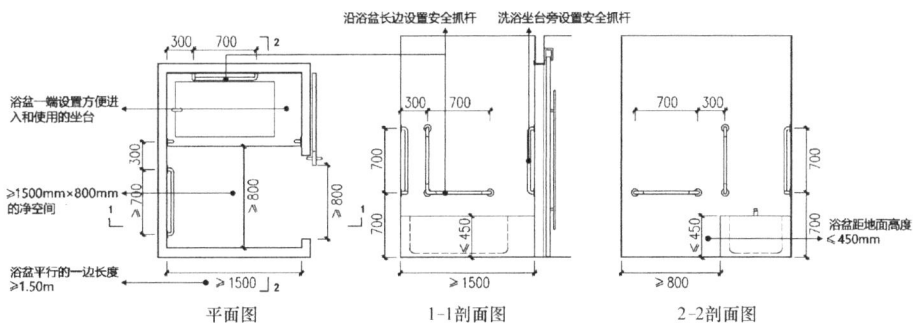

图 2-3-15 无障碍盆浴间的设计要点

⑦ 台面式洗手盆的水平安全抓杆长度应为 700mm，与洗手盆中心的水平间距宜为 350mm，距台面高度宜为 90mm。

（4）无障碍淋浴间（图 2-3-14）

① 内部空间应方便乘轮椅者进出和使用；

② 淋浴间前应设便于乘轮椅者通行和转动的净空间；

③ 淋浴间坐台应安装牢固，高度应为 400～450mm，深度应为 400～500mm，宽度应为 500～550mm；

④ 应设置 L 形安全抓杆，其水平部分距地面高度应为 700～750mm，长度应≥700mm，其垂直部分应设置在淋浴间坐台前端，顶部距地面高度应为 1.40～1.60m；

⑤ 控制淋浴的开关距地面高度应≤1.00m；应设置一个手持的喷头，其支架高度距地面高度应≤1.20m，淋浴软管长度应≥1.50m。

（5）无障碍盆浴间（图 2-3-15）

① 浴盆侧面应设≥1500mm×800mm 的净空间，和浴盆平行的一边长度应≥1.50m；

② 浴盆距地面高度应≤450mm；在浴盆一端设置方便进入和使用的坐台；

③ 应沿浴盆长边和洗浴坐台旁设置安全抓杆。

3.3.4 考虑使用者的行为和动作

卫生间设计应充分考虑使用者的行为和动作，为这些行为动作留出相应的活动空间，并在适宜的位置配置必要的设施设备。考虑无障碍设计要求时，涉及的典型使用行为和动作如表 2-3-5 所示。

考虑无障碍设计要求时，卫生间涉及的典型使用行为和动作   表 2-3-5

拐杖使用者自主使用无障碍坐便器

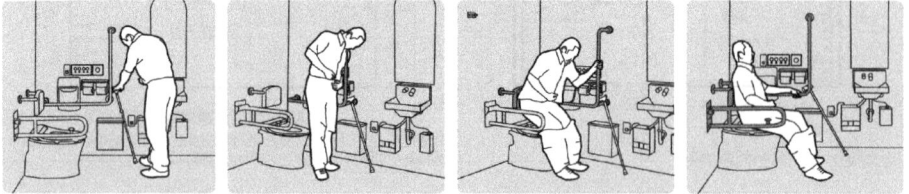

轮椅使用者自主使用无障碍坐便器

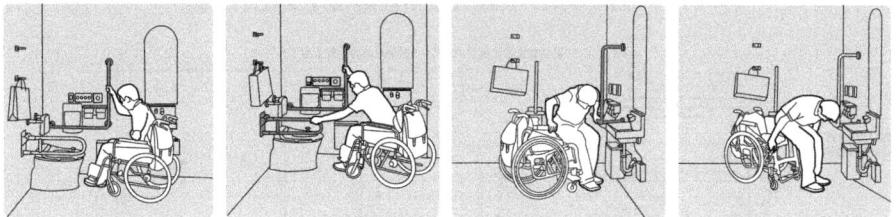

轮椅使用者在他人协助下使用无障碍坐便器

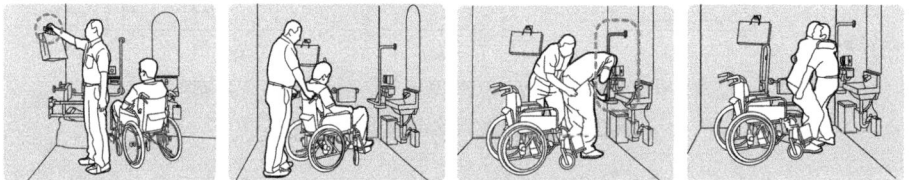

家长使用儿童座椅安置小孩后如厕

使用多功能护理台为婴儿换尿布	使用儿童更衣踏板为儿童更衣

使用多功能护理台为行动不便者更衣	造瘘者进行清洁
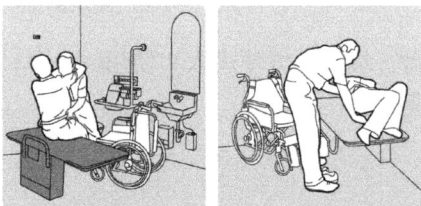	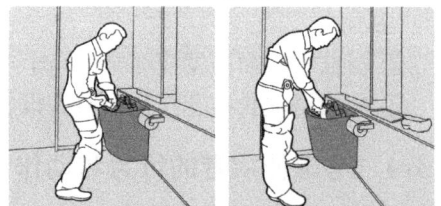

注：表中图片来自日本 TOTO 公司产品册。

3.3.5 兼顾多样化的使用人群和应用场景

卫生间的无障碍设计应兼顾包括老年人、残疾人、病人、儿童、孕妇等在内的多样化的使用人群需求。各类人群对于卫生间空间尺寸和设施设备的要求，以及满足不同人群使用需求的多功能卫生间如表 2-3-6 所示。

无障碍卫生间的使用人群分类及设计要求　　　　　　　　表 2-3-6

人群分类		空间尺寸设计要求	设施设备配置要求
	轮椅使用者	轮椅可进入和回转不限制移动的方向	无障碍坐便器、安全抓杆
	护理台使用者	——	多功能护理台
	高龄使用者和拐杖使用者	助行器具可进入	无障碍坐便器、安全抓杆
	孕妇	——	无障碍坐便器、安全抓杆
	造瘘者	——	人工膀胱及人工肛门清洗器
	携幼子同行者	婴儿车可进入	婴儿护理台、婴儿座椅、儿童更衣踏板
	儿童	——	适合儿童人体尺度的卫生器具

适用人群						
无障碍厕所平面样式	≥2000×2000	≥2000×2000	≥2000×2000	≥2050×2050	≥2300×2300	≥2300×2450

适用人群					
无障碍厕位平面样式	≥1500×1000	≥1500×1600	≥1800×1500	≥2600×1350	无障碍小便器平面样式	无障碍洗手池平面样式

3.4 卫生间无障碍设计的案例分析

卫生间的类型较为多样，各类卫生间在无障碍设计方面的侧重点存在一定差异，为进一步说明其设计思路和要点，本节将按类别对卫生间无障碍设计的若干案例进行介绍和分析，以供参考。

3.4.1 居住用房中的卫生间

案例1（图2-3-16）和案例2（图2-3-17）分别展示的是满足无障碍设计要求的四件套卫生间和三件套卫生间，这类卫生间主要出现在居住用房当中，满足使用者盥洗、如厕和洗浴等需求，由于其使用者大多较为固定，或具有明显的共性特征，因此卫生间设计通常会予以针对性的考虑。相对而言，两个案例中，案例1更适合相对健康的人群使用，更多出现在住宅、公寓、酒店客房当中；案例2更加适合半失能或失能人群使用，更多出现在老年人照料设施的老人居室或医院病房当中。

两个案例中，卫生间门均采用了推拉门的形式，内部预留有轮椅回转空间，方便轮椅人士进出和移动；条件允许时，可在两侧开门（如案例1所示），形成回游动线，使卫生间流线更加近便和顺畅；洗手池底部预留有充足的容膝空间，方便轮椅使用者接近和使用；淋浴区采用灵活的浴帘进行分隔，便于轮椅出入和进行助浴操作；设有浴凳，可供有需要的人士坐姿洗浴；淋浴区和浴缸附近设置坐台或置物凳，方便使用者更衣、置物和进出浴缸；淋浴、浴缸和坐便器附近设有安全抓杆和扶手，方便使用者保持身体平衡。

3.4.2 小型公共配套服务设施中的无障碍公共卫生间

案例3展示的是一个小型的无障碍公共卫生间（图2-3-18），这类卫生间主要适用于规模不大但具有公共属性的设施当中，需要满足各类人群的使用需求。

在功能构成方面，案例3包含一个多功能卫生间、一个普通厕位和一处开敞的盥洗区，其中，多功能卫生间满足轮椅通行和回转的空间需求，设置安全抓杆和扶手、婴儿座椅、儿童更衣踏板、婴儿护理台等无障碍设施，方便各类人群使用；在此基础上，利用有限空间增设一个普通厕位，能够在一定程度上避免卫生间排队的现象；盥洗区采用开敞、外置的形式，设置洗手盆和污物池，既方便各类人员洗手，又兼顾了保洁人员打扫卫生的需求。

案例4展示的是一个位于地铁车站站台层的公共卫生间（图2-3-19），这类卫生间具有使用人群多样且人流量较大的特点。因此，在厕位设置方面，一方面增加了厕位总数，另一方面也提高了无障碍设施的配置比例，除了在男、女卫生间内设置无障碍厕位之外，还设置了一个独立的无障碍卫生间。地铁中人流量较大，为避免人员拥挤，卫生间的出入口没有直接开向乘客上下车的站台，而是开向一条垂直于站台方向的专用通道，利用这条通道作为缓冲区，可以将上下车人

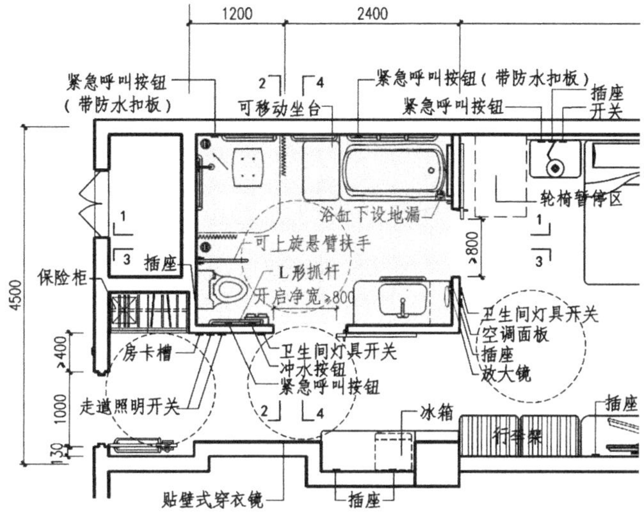

平面图

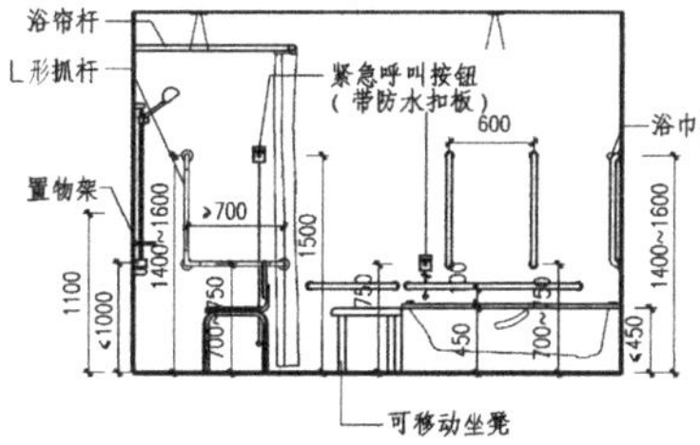

1-1剖面图

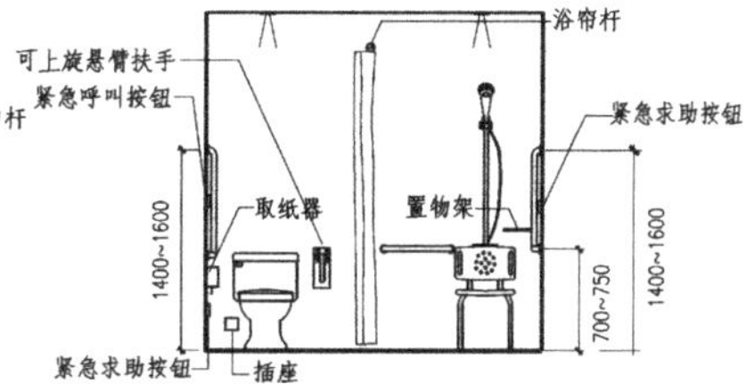

2-2剖面图

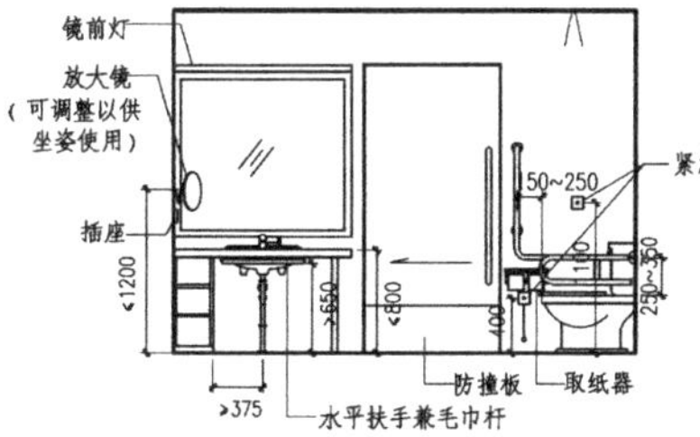

3-3剖面图

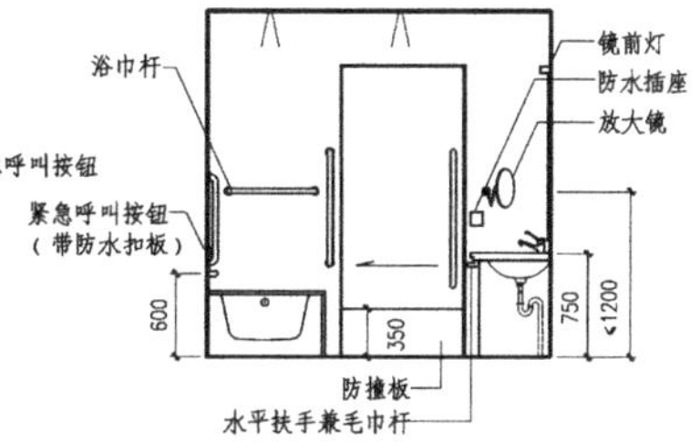

4-4剖面图

图 2-3-16　适用于住宅、公寓、酒店客房等居住单元中的卫生间

員與衛生間使用者的流線分開，同時方便上行和下行兩個方向的乘客到達衛生間。地鐵中的公共衛生間具有廁位數量多、使用頻率高的特點，這一定程度上增加了衛生間保潔的工作量，因此在臨近衛生間的位置為保潔人員設置了專用的工具間，內設有水池、污物池和清潔車，可供保潔人員存放和清洗清潔工具。考慮到乘坐地鐵出行的人群當中存在一定比例多人同行的情況，在臨近衛生間的位置設置了休息等候區，有同行人員去衛生間時，其他人可在這裡停留等候。

3.4.3　大中型公共建築中的公共衛生間

案例 5（圖 2-3-20）和案例 6（圖 2-3-21）展示的是大中型公共建築中公共衛生間的設計案例，這類設施服務的人群較為多樣，並且人流量較大，設計時應根據使用人群需求特徵合理安排廁位數量和無障礙設施配比。圖中所示的兩個案例

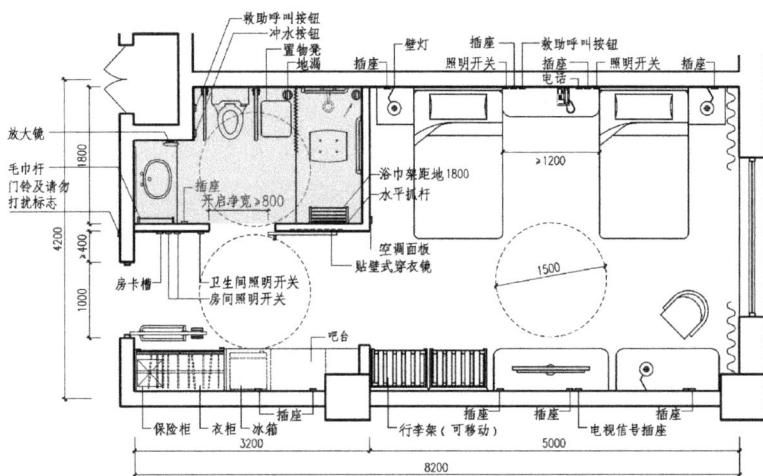

圖 2-3-17　適用於老年人照料設施居室、醫院病房等居住單元中的衛生間

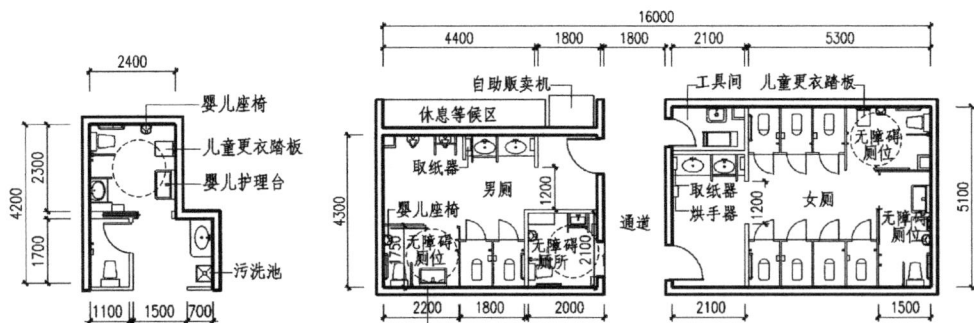

圖 2-3-18　適用於商店、餐廳、診所等區域的無障礙公共衛生間設計案例

圖 2-3-19　適用於地鐵站台內的中小型無障礙公共衛生間設計案例

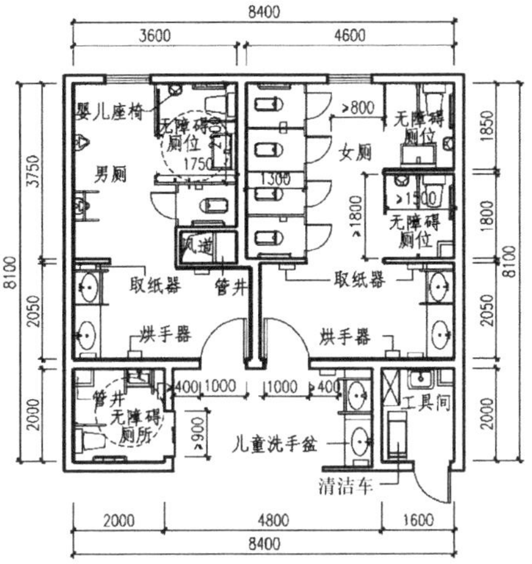

图 2-3-20　适用于中型商业设施、酒店公共空间等区域的无障碍公共卫生间设计案例

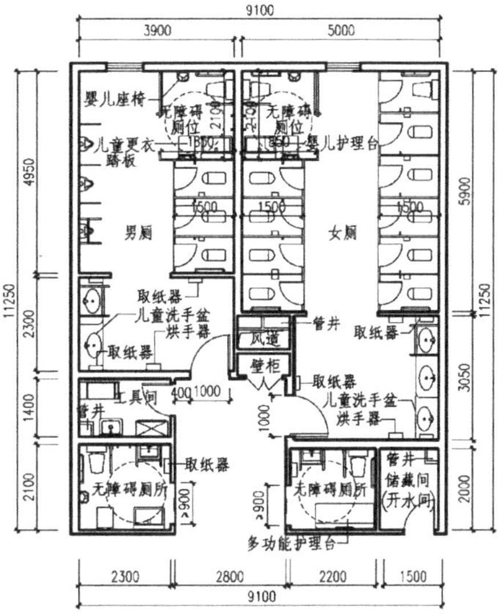

图 2-3-21　适用于大型商业设施、娱乐设施、车站等区域内的无障碍公共卫生间

主要由男卫生间、女卫生间、无障碍卫生间和工具间四部分组成，有条件时还可增设储藏间、开水间等设施。

当同一个公共卫生间设有多个无障碍卫生间或无障碍厕位时，不同的无障碍卫生间或无障碍厕位之间可进行差异化设计。例如，当设有两个无障碍卫生间时，其中一个可重点满足残障人士的使用需求，另一个可重点满足携幼儿者的使用需求。这样可以利用有限的面积和设施，更好地应对不同人群的差异化需求。

案例 7（图 2-3-22）和案例 8（图 2-3-23）展示的是位于机场、车站、服务区等大型交通枢纽当中的公共卫生间设计案例。这类公共卫生间的瞬时人流量较大，因此需要设置大量的厕位，考虑到女性的平均如厕时间长于男性，女卫生间的厕位数量配比往往要高于男卫生间。对于厕位较多的公共卫生间，可通过在卫生间入口处设置显示屏和在卫生间隔间外设置指示灯等方式，为进入卫生间的使用者提供提示信息，使他们能够对卫生间厕位的类型分布和占用情况一目了然，从而快速找到能够满足自身需求且未被占用的厕位。

至于卫生间内部的设计，由于大型交通枢纽中的人群大多带有行李，厕位隔间门的开启方式应方便使用者携带行李出入，且隔间内应留有行李的摆放空间；一些人群可能会因为受伤、生病等原因导致半侧身体机能的衰退，或因个人习惯不同导致常用手存在差异，因此在扶手等无障碍设施的设置当中，应充分考虑左利手和右利手人群的差异，使他们都能够找到方便使用的设施；除普通厕位和无障碍厕位之外，有条件时，卫生间内还应考虑设置儿童洁具、更衣间、女性用化妆台和穿衣镜等设施。

设有多个无障碍卫生间时，可将其使用功能进一步细分，例如可细分为家庭卫生间、母婴卫生间、多功能卫生间等，并在其中分别提供针对性的设施。有条件时，还应在公共卫生间附近设母婴室、工具间和管理室。

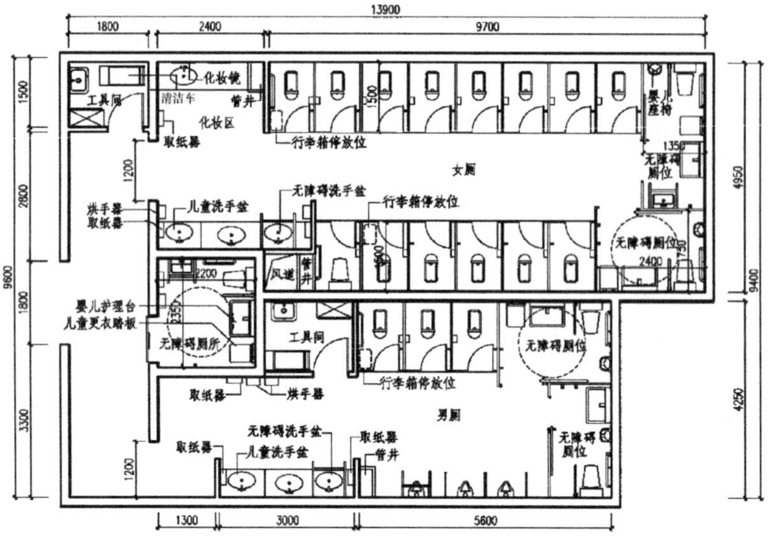

图 2-3-22 适用于机场、火车站等大型交通建筑设施内的集中式公共卫生间

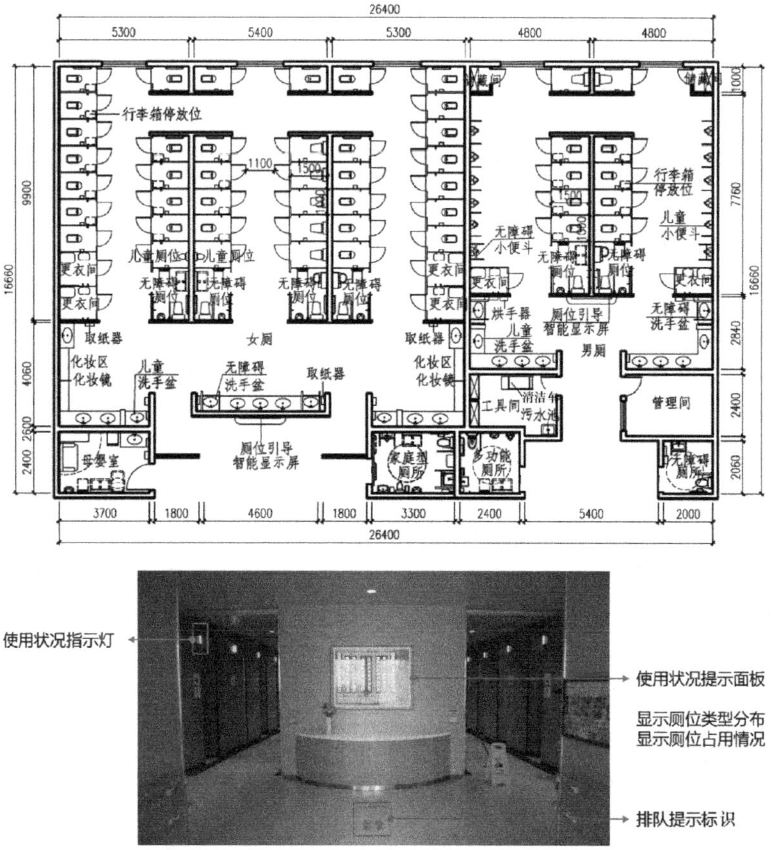

图 2-3-23 适用于高速公路服务区、大型车站等场所的集中式公共卫生间

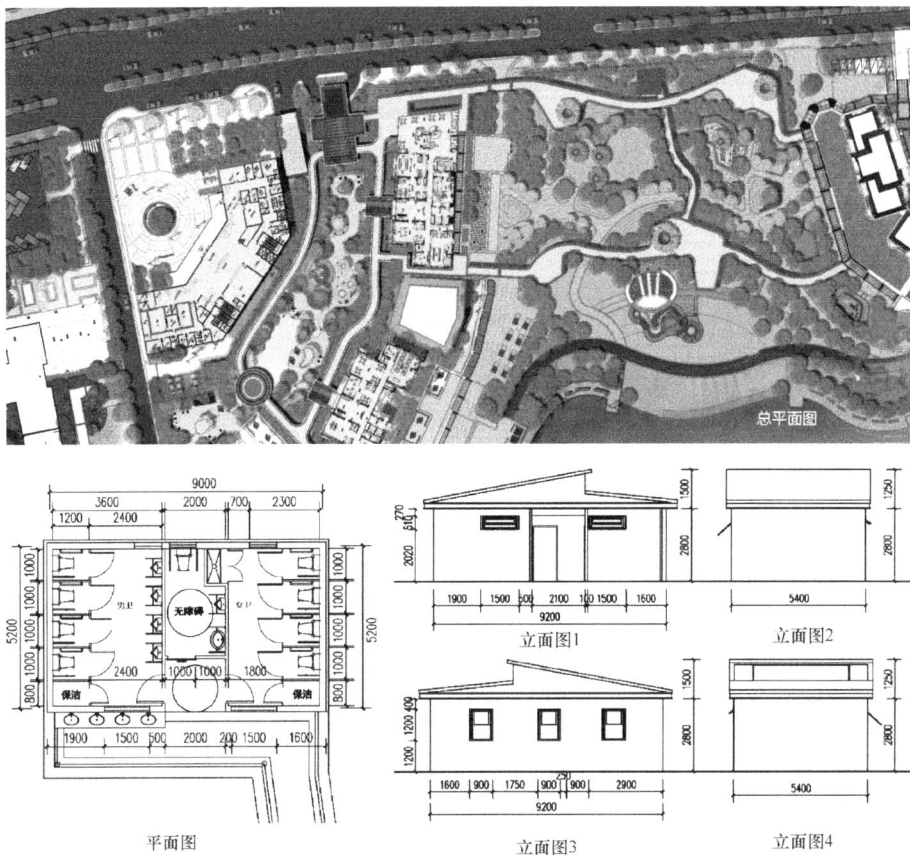

图 2-3-24　适用于公园、广场、城市道路等场所的独立成栋的公共卫生间设计案例

3.4.4　作为单体建筑的公共卫生间

案例 9 展示的是一个公共卫生间建筑单体，这类卫生间通常出现在公园、景区、广场、道路等人流量较大的室外公共空间（图 2-3-24）。该案例位于我国南方某城市，这个公共卫生间位于城市绿地与城市道路间的缓冲地带，通过无障碍通道实现与活动场地和人行步道之间的接驳，方便使用者到达。在气候条件的允许的情况下，将洗手池集中设置在半室外空间，提高了空间的利用效率。室内空间划分为男卫生间、女卫生间和无障碍卫生间，设有普通厕位和无障碍厕位。男、女卫生间内均设有清洁隔间，方便保洁人员存放清洁工具。

3.4.5　多功能卫生间的设计案例

案例 10 展示的是一个综合考虑各类人群使用需求的多功能卫生间，这类卫生间主要出现在使用人群较为复杂多样的设施当中（图 2-3-25）。

卫生间内的空间较为宽敞，不仅能够满足普通轮椅的通行和回转需求，还考虑了电动轮椅等更大型设备的移动需要。出入口设有通过按键控制的电动推拉门，方便人员出入。

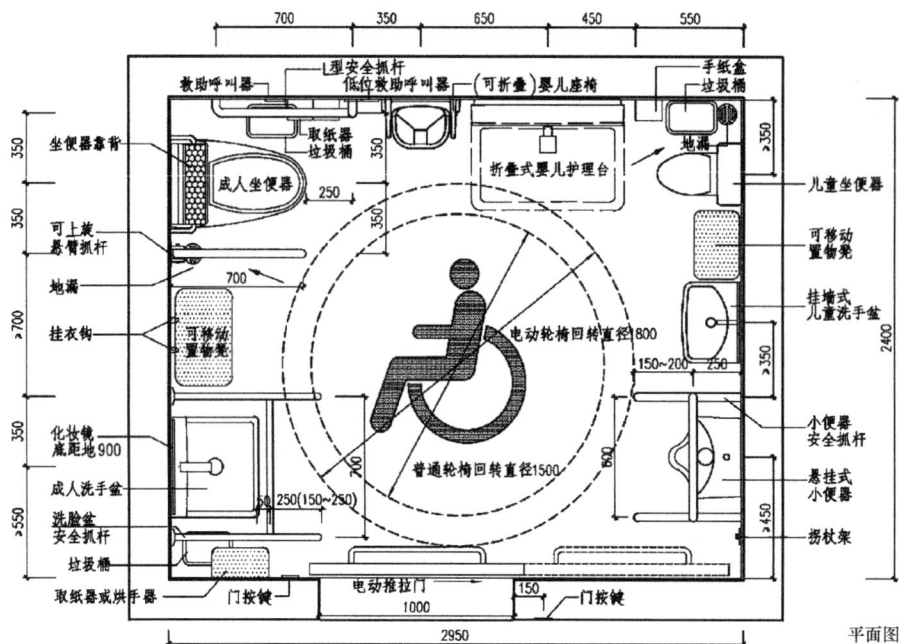

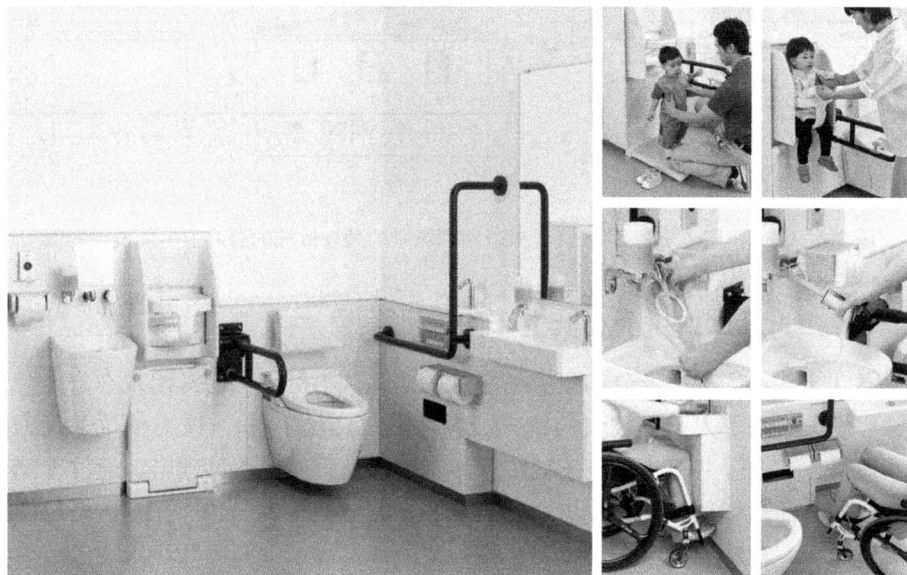

图 2-3-25 适用于多种人群（老幼病残孕）使用的综合多功能卫生间设计案例
（来源：日本 TOTO 公司产品册）

卫生间内的设施按照分区进行布置，包括成人区、婴儿区和儿童区。其中，成人区设有洗手盆、坐便器、小便器、置物凳、扶手和安全抓杆，能够满足一般成年人、老年人或残障人士的盥洗、如厕和更衣等需求；婴儿区设有折叠式的婴儿座椅和婴儿护理台，方便照护者在如厕时妥善安置婴幼儿，以及为婴幼儿更换尿布；儿童区则设有儿童专用的坐便器、洗手盆等设施，方便儿童自主或在照护者的陪同下进行盥洗、如厕等操作。

案例 11 中的多功能卫生间侧重考虑了携幼儿者的使用需求（图 2-3-26）。在满足基本设计要求的基础上，还设有可折叠的婴儿护理台和更衣踏板，方便照护者为婴幼儿进行换尿布和更衣等操作；坐便器旁边设有婴儿座椅，方便照护者在如厕时安置好婴儿。

案例 12 中的多功能卫生间侧重考虑了身体残障人士的使用需求（图 2-3-27）。在满足基本设计要求的基础上，还设置有人工膀胱和人工肛门清洗器，供有需要的人群使用；设有可折叠的多功能护理台，方便照护者为行动不便的人士进行更衣等操作。

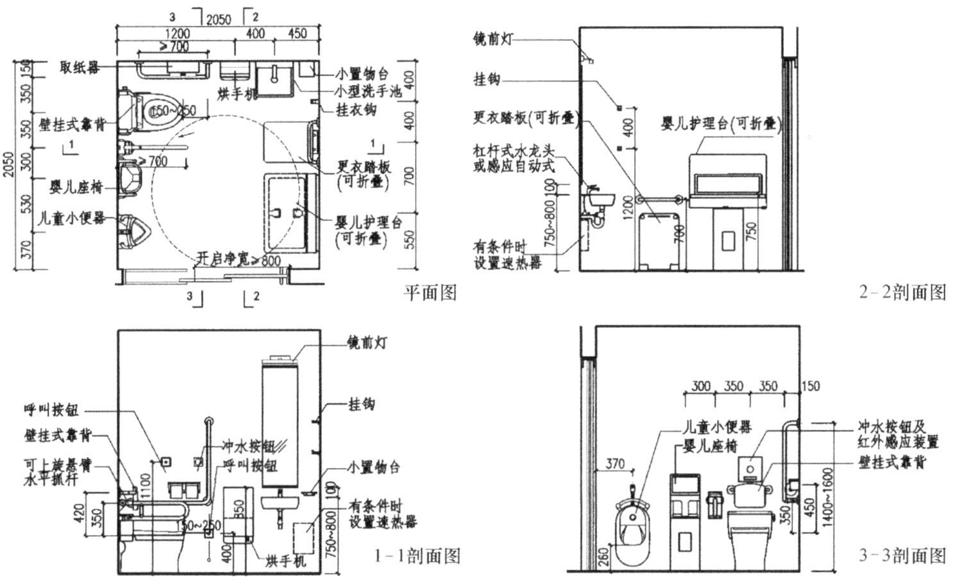

图 2-3-26 针对母婴的多功能卫生间设计案例

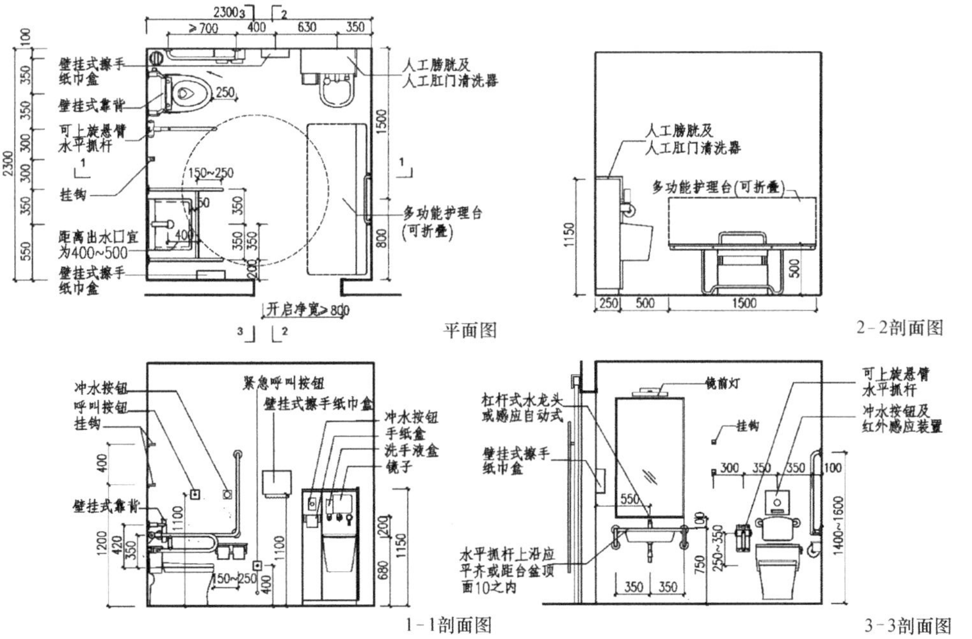

图 2-3-27 针对身体残障人士的多功能卫生间设计案例

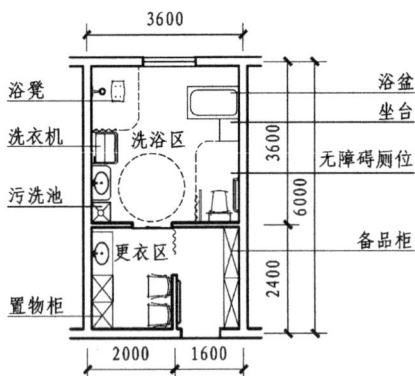

图 2-3-28 适用于老年人照料设施照料
单元、医院住院部病区内的公共浴室

3.4.6 无障碍公共浴室

案例 13 展示的是一个小型的公共浴室（图 2-3-28），这类用房主要出现在老年人照料设施、医院等带有照料和护理性质的设施当中，供护理人员为失能人士提供助浴服务。调研发现，这类设施当中的护理人员数量通常较为有限，1 名失能人士的助浴工作往往需要 2 名甚至更多的护理人员才能完成，因此很难同时为多人提供助浴服务；失能人士比较关注浴室的私密性，小规模的公共浴室更加受到欢迎；失能人士对于空气温度的变化较为敏感，因此对公共浴室内的温度控制提出了更高的要求。综合以上几方面的原因，此类公共浴室面积不宜过大，能够同时容纳 1~2 人接受助浴服务即可。该案例划分为更衣区和洗浴区两部分。其中，更衣区位于外侧，设有备品柜、置物柜、盥洗台和更衣坐凳，方便使用者自主或在他人的协助下更衣。洗浴区位于内侧，设有淋浴、浴凳、浴盆和坐台，满足不同使用者多样化的洗浴需求；设置无障碍厕位，满足使用者在洗浴过程当中的如厕需求；此外，洗浴区内还设有洗衣机、洗手盆和污物池等设施，方便工作人员就近打扫卫生、处理污物。

案例 14 展示的是可同时供多位残障人士洗浴的无障碍公共浴室（图 2-3-29），这类设施通常出现在主要供残障人士使用的运动场馆和康乐设施当中。这类设施的主要使用者就是残障人士，因此浴室内的所有设施都应满足无障碍设计标准，特别是淋浴间的尺寸及细节设计也需要考虑轮椅人士使用的便利性。浴室空间除了需要满足轮椅通行和回转的需求外，还需要便于担架进出，这样一旦浴室内有人发生受伤、晕倒等事故，医护人员能够第一时间将病人转运出去，争取宝贵的救治时间。

本章主要从常见误区、国际经验、设计原则、技术要点和案例分析 5 个方面对卫生间的无障碍设计进行了阐述。

卫生间无障碍设计的关键在于充分理解各类人群的特征和需求，并提供针对性的解决方案，让各类使用人群都得到充分的照顾。我国有数量庞大的残疾人群体，同时随着人口老龄化进程的加快和全面三孩政策的实施，未来我国需要照顾的老年人、儿童和孕妇等人群数量也将越来越多，这就要求建筑师在从事设计工作时对他们的需求给予更加充分细致的考虑。

卫生间的无障碍设计需要建筑师具有统筹兼顾的思维，在特定的制约条件之下，协调好功能、形式和尺寸之间的关系，在照顾到各类人群使用需求的同时，平衡好建筑空间的利用效率。特别是在我国城市建设进入存量时代的背景下，如何在既有建筑改造当中更好地满足各类人群对于卫生间的多样化使用需求，需要建筑师充分运用智慧和才干，给出合理、巧妙的解决方案。

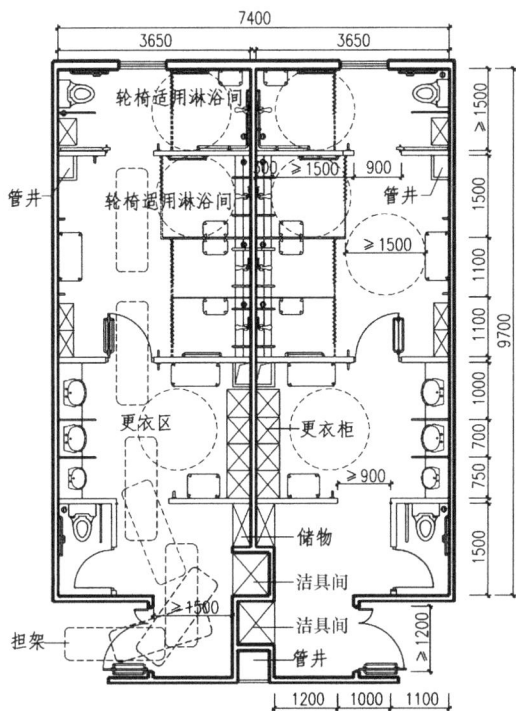

图 2-3-29　适用于服务残障人士的体育中心、康乐设施等
大中型公共建筑内的无障碍公共浴室

希望每位建筑师都能掌握卫生间无障碍设计的知识技能，用贴心的设计传递关爱。

参考文献

［1］ 北京市规划和自然资源委员会. 无障碍设施 建筑构造通用图集：21BJ12-1［S］. 北京，2021：3.

［2］ 中华人民共和国住房和城乡建设部，中华人民共和国国家质量监督检验检疫总局. 建筑与市政工程无障碍通用规范：GB 55019—2021［S］. 北京：中国建筑工业出版社，2021.

［3］ TOTO 株式会社. トイレパック［EB/OL］.（2021-06）［2021-12-17］. https：//www. catalabo. org/iportal/CatalogViewInterfaceStartUpAction. do？method＝startUp&.mode＝PAGE&.volumeID＝CATALABO&. catalogId＝67031440000&.pageGroupId＝&.designID＝link&.catalogCategoryId＝&. designConfirmFlg＝.

［4］ TOTO 株式会社. バリアフリーブック（パブリックトイレ編）［EB/OL］.（2021-08）［2021-12-17］. https：//www. catalabo. org/iportal/CatalogViewInterfaceStartUpAction. do？method＝startUp&.mode＝PAGE&.volumeID＝CATALABO&.catalogId＝68264350000&.pageGroupId＝&.designID＝link&.catalogCategoryId＝&.designConfirmFlg＝.

［5］ Panasonic Corporation. 介護用品カタログ［EB/OL］.（2021-08）［2021-12-17］. https：//esctlg. panasonic. biz/iportal/CatalogViewInterfaceStartUpAction. do？method＝startUp&.mode＝PAGE &.catalogCategoryId＝&.catalogId＝5642590000&.pageGroupId＝&.volumeID＝PEWJ0001 &. designID＝

4 其他无障碍服务设施设计技术要点与案例 *

其他无障碍服务设施主要包括：公共浴室和更衣室，无障碍客房和无障碍住房、居室，轮椅席位以及低位服务设施。美国、英国、新加坡和日本等国家在相关法律法规中（表 2-4-1），对上述无障碍设施设计的技术要点均有详细的规定。

部分国家无障碍设施相关法律法规　　　　　　表 2-4-1

国家	相关法律法规	颁布部门	颁布时间
美国	《美国残疾人法案》(*Americans with Disabilities Act*)（简称 ADA）	——	1990 年
英国	《无障碍和包容性建筑环境设计》(*Design of an accessible and inclusive built environment*)（BS 8300：2018）	英国标准协会（British Standards Institution，BSI）	2018 年
新加坡	《无障碍建筑环境规范》(*Code on Accessibility in the Built Environment*)	新加坡建设局（Building and Construction Authority，BCA）	
日本	《关于促进老年人、残疾人顺利出行的法律及建筑设计标准》(高齢者、障害者等の円滑な移動等に配慮した建築設計標準)	国土交通省	平成 24 年（2012 年）

4.1 公共浴室和更衣室

4.1.1 国际经验借鉴

（1）美国

ADA 将无障碍淋浴间细分为两种：移位式淋浴间（Transfer Type Shower Compartment）和轮椅进入式淋浴间（Roll-in Type Shower Compartments），并对不同情况下的淋浴间内设计尺寸作了详细规定（图 2-4-1）。无障碍盆浴间也分为有固定坐台（Permanent Seat）和无固定坐台（Removable In-tub Seat）两种（图 2-4-2）。国内图集的安全抓杆定位以浴室地面为基准，ADA 的定位则分别以浴盆上缘和盆底为基准：下层抓杆距浴盆上缘 205～255mm，上层抓杆距浴盆底 840～915mm。ADA 的规定相对更加精细，但对采购和安装的衔接提出了更高要求。控制开关应位于上层安全抓杆和浴缸上缘之间，水温同样不能高于 49℃。更衣室隔断和门的设计应确保使用者的隐私。内部应留有直径不小于 1.53m 的圆形或如图 2-4-3 所示的 T 形轮椅回转空间。

（2）英国

BSI 的标准中规定，无障碍淋浴间的宽度约为 2.02m，坐台前端应留有不小于 1.55m 的净空间（图 2-4-4）。无障碍盆浴间应有轮椅回转空间、两层挂衣钩、

---

* 本章作者：陆激、周欣、冯余萍。

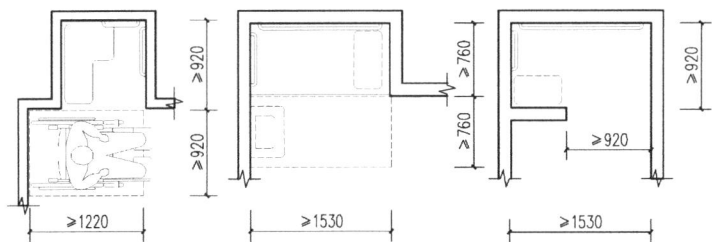

图 2-4-1　淋浴间无障碍设计示意（来源：ADA）

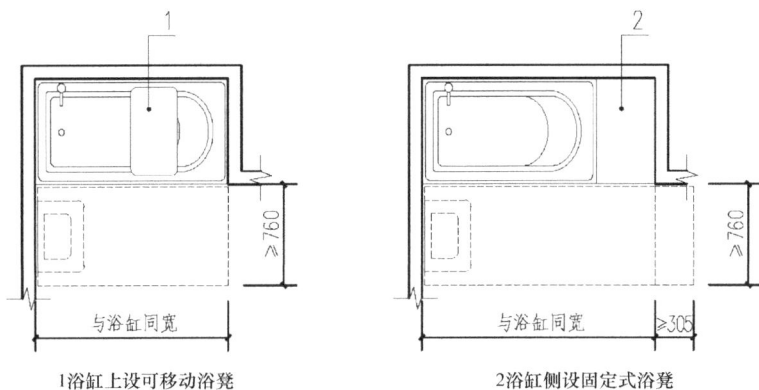

1浴缸上设可移动浴凳　　　　　2浴缸侧设固定式浴凳

图 2-4-2　盆浴间无障碍设计示意（来源：ADA）

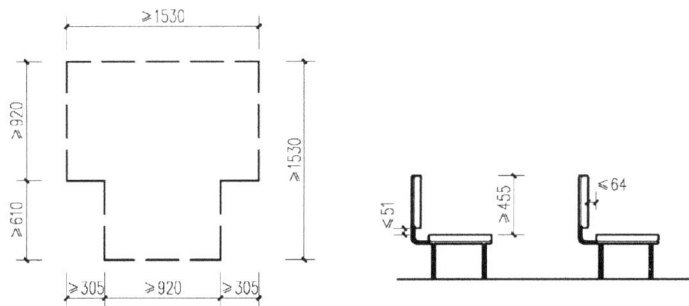

图 2-4-3　T形回转空间及更衣凳无障碍设计示意（来源：ADA）

坐台、毛巾架、报警器和安全抓杆（图 2-4-5）。在该标准中，对盆浴间的安全抓杆设置要求略有不同，只需要在浴盆长边设置，对短边没有要求；且安全抓杆不是两根水平的，而是一根水平、一根垂直，并规定安全抓杆距离墙面的净距离为 50～60mm。在 BSI 的标准中，更推荐设置无性别的独立式无障碍更衣室（图 2-4-6），将男女更衣室中附设满足无障碍要求的更衣间作为辅助手段❶。

（3）新加坡

BCA 的标准中对无障碍淋浴间的设计要点如图 2-4-7 所示。淋浴间的门槛高度不应大于 10mm，并应以≤1∶2 的斜坡过渡，门槛颜色应与铺地颜色有明显区

---

❶　《无障碍和包容性建筑环境设计》（*Design of an accessible and inclusive built environment*）（BS 8300：2018）。

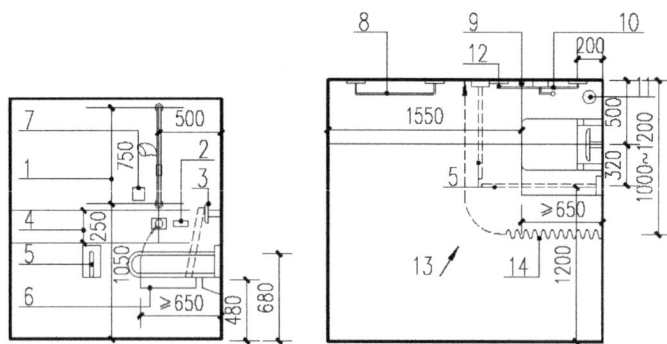

1　垂直杆，带淋浴头，离地1050~1850mm　　8　毛巾架
2　肥皂盒　　　　　　　　　　　　　　　　9　报警拉线
3　靠背　　　　　　　　　　　　　　　　10　水平扶手
4　沐浴控制器离地750~1000mm　　　　　11　地漏
5　侧壁和后壁上的下拉式支撑轨　　　　　12　垂直扶手
6　自动上翻式沐浴椅　　　　　　　　　　13　>1：50坡度排水
7　报警复位按钮　　　　　　　　　　　　14　浴帘

图 2-4-4　T形回转空间及更衣凳无障碍设计示意（来源：BSI）

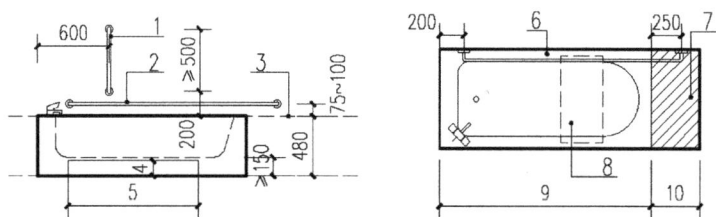

1　垂直扶手　　　　　　　　　　　　　6　间隙50~60mm
2　水平扶手　　　　　　　　　　　　　7　坐下穿衣或置物处
3　如果仅用于辅助使用，浴缸边缘可能会更高　8　单人休息处/置物架
4　起重脚的间隙　　　　　　　　　　　9　浴缸长度
5　排除浴缸支架的间隙　　　　　　　　10　转运座深度≥400mm

图 2-4-5　浴室中靠墙扶手和辅助移动设施（来源：BSI）

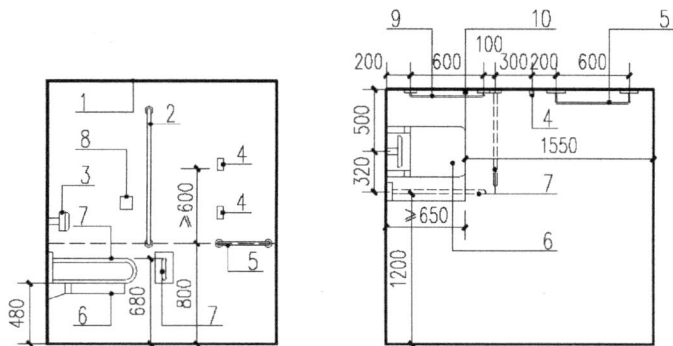

1　最小无障碍房间高度2.1m　　　　　6　自动上翻座椅
2　垂直扶手　　　　　　　　　　　　7　侧壁和远壁上的下拉式支撑轨
3　靠背　　　　　　　　　　　　　　8　报警复位按钮
4　衣钩，离地1400mm和1050mm　　　9　水平扶手
5　毛巾架　　　　　　　　　　　　　10　报警拉线

图 2-4-6　无性别无障碍更衣室内部配置示意（来源：BSI）

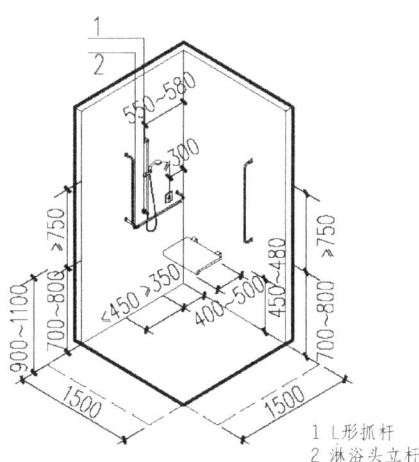

图 2-4-7　无障碍淋浴间
内部示意（来源：BCA）

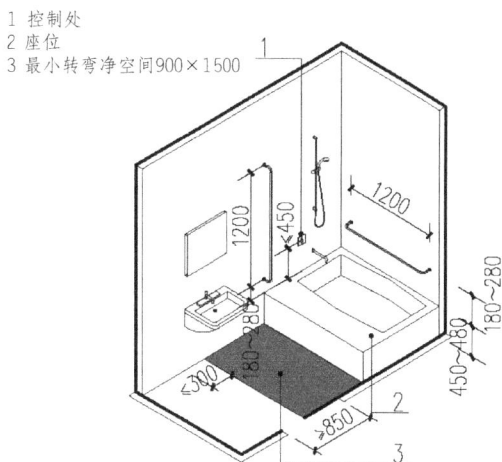

图 2-4-8　无障碍盆浴间内部示意（来源：BCA）

别。无障碍盆浴间内应提供浴盆和洗手盆。浴盆、坐台、安全抓杆、洗手盆的设置如图 2-4-8 所示；应提供防水且带有拉绳的报警器，且应设于靠近浴盆且距地高度在 400～600mm 之间的墙面上。在 BCA 的标准中，对于无障碍更衣室内部设施的规定不多，只要求提供尺寸不小于 1800mm×750mm 的高度可调节的座椅或床，并建议设置一个升降装置，用于照护者来帮助残障人士移动；但对于配置要求有比较详尽的规定。医院、主要交通站点（机场、公交和地铁换乘站、火车站、客运码头）、体育建筑、主题公园、为特定目的建造的家庭娱乐中心（Purpose-built Family Amusement Centres）、社区和乡村俱乐部（Community Clubs and Country Clubs）以及建筑面积超过 2 万 m² 的商业综合体内，均应设置至少一处无障碍更衣室。还规定，在同一层若设有不少于 2 个无障碍卫生间时，其中一个宜有无障碍更衣功能。

（4）日本

在日本 2012 年的标准中，无障碍淋浴间、盆浴间和更衣室被作为一个整体来提出设计要求（图 2-4-9）。要求从外部空间先进入公共更衣室，再进入淋浴间或盆浴间，并形成完整的无障碍通行流线，地面不应有台阶，且宜设置连续的扶手；公共浴室内应有轮椅回转空间。乘轮椅者使用的浴间，应考虑在使用轮椅的情况下接近浴池。在体育设施内设置淋浴用房时，还应配置淋浴用轮椅；并对坐台、浴盆、报警器、更衣柜或收纳架、更衣凳、安全抓杆或吊环的细节作出了相应规定。

4.1.2　设计技术要点

借鉴国际经验，本节说明公共浴室和更衣室的无障碍设计要点：公共浴室的浴间分为淋浴和盆浴两种，应设置至少 1 个无障碍淋浴间或盆浴间，并应配置至少 1 个无障碍洗手盆。对于更衣室，虽然现行规范未对其配置数量作出规定，但

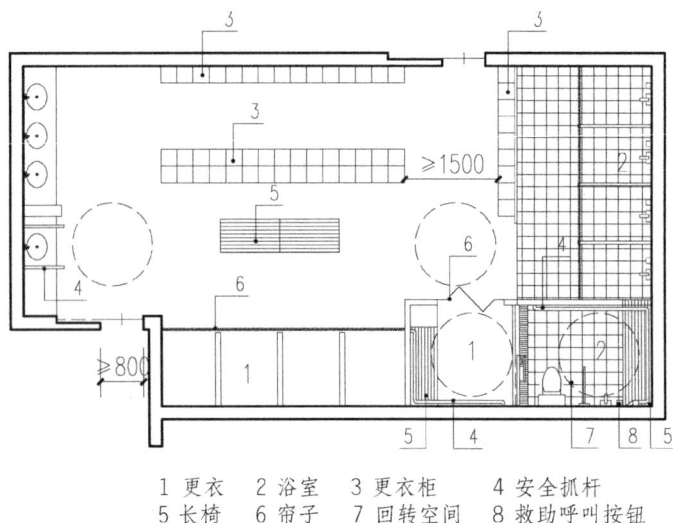

1 更衣　2 浴室　3 更衣柜　4 安全抓杆
5 长椅　6 帘子　7 回转空间　8 救助呼叫按钮

图 2-4-9　无障碍盆浴间内部配置示意

公共浴室以及其他需要更衣的场所，也应满足无障碍使用的需要。

（1）无障碍淋浴间

布局上，无障碍淋浴间应与无障碍通道相连。为方便乘轮椅者通行、转动和进入，淋浴间前应设一块不小于 1500mm×800mm 的净空间，且与淋浴间入口平行一侧的边长不应小于 1.50m。尺寸上，考虑内部淋浴设施的布置，轮椅者的回转，同时也为给照护人员提供助浴的方便，无障碍淋浴间短边宽度不应小于 1.50m。《无障碍设计规范》GB 50763—2012 规定，淋浴间入口可采用门或者门帘。近年实践和研究发现活动的门帘既可以节省浴间面积，而且在紧急情况时便于进行救援，所以，《建筑与市政工程无障碍通用规范》GB 55019—2021 规定，"淋浴间入口应采用活动门帘"。

淋浴间内部的坐台和安全抓杆的设置，都是为了在保障安全的基础上，尽可能让残障人士能够独立洗浴。淋浴坐台必须安装牢固，其高度应为 400～450mm，深度应为 400～500mm，宽度应为 500～550mm。为了节约空间和通用性的要求，坐台可采用折叠式。可移动的座椅在位置摆放上比较灵活，但采购时应考虑地面湿滑等因素，确保安全；并尽量采用带有靠背和双侧扶手的座椅形式。《建筑与市政工程无障碍通用规范》GB 55019—2021 对淋浴间内安全抓杆的尺寸和位置也有更加明确的要求：应设置 L 形安全抓杆，其水平部分距地面高度应为 700～750mm，长度应≥700mm，其垂直部分应设置在淋浴间坐台前端，顶部距地面高度应为 1.40～1.60m。L 形安全抓杆的竖向部分在使用者完成借力起身、转移位置等动态行为中有重要支撑作用，应与地面垂直，确保在湿滑环境中的使用安全（图 2-4-10）。

淋浴器的控制开关距地面高度不应大于 1.00m。为满足不同洗浴需求，淋浴间内的喷头应既可以固定于墙上，也可以手持，喷头支架高度距地面高度应≤1.20m。考虑到助浴需要或接近喷头支架困难等情况，淋浴软管长度应≥1.50m。

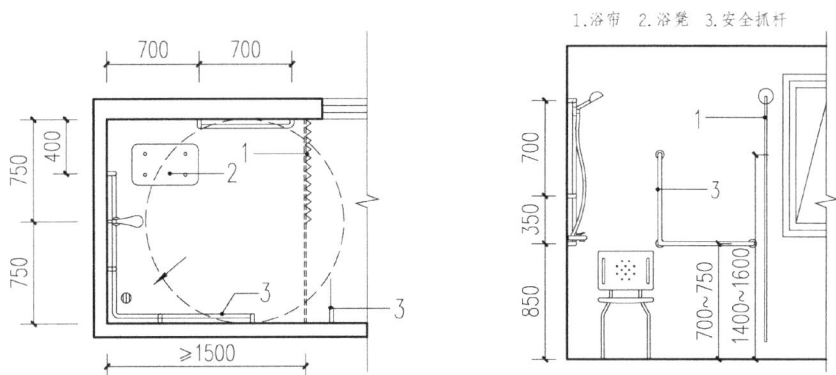

图 2-4-10　淋浴间内安全抓杆的尺寸和位置示意（来源：《建筑与市政无障碍通用规范》
GB 55019—2021）

上述要求主要针对的是公共浴室内的无障碍淋浴间，要求相对较高。对于居住建筑的户内或套内卫生间的淋浴间，使用人数少，使用者也比较固定，可根据使用者自身行为习惯进行灵活、定制设计，并不一定要照搬上述做法。

（2）无障碍盆浴间

为了满足乘轮椅者在浴盆侧边停留、回转的需要，以及方便照护人员更衣助浴，浴盆侧面应设有不小于 1500mm×800mm 的净空间，与浴盆平行一侧的边长应≥1.50m。跨过边缘进入浴盆时容易产生危险，所以浴盆距地面高度应≤450mm，以尽量减少乘轮椅者或其他体弱者进入浴盆的难度。同时，在浴盆一端应设置方便进入和使用的坐台。浴盆内往往比较湿滑，为尽量降低滑倒的危险，应沿浴盆长边和洗浴坐台旁设置安全抓杆（图 2-4-11）。《建筑与市政工程无障碍通用规范》GB 55019—2021 是全文强条的底线规范，所以《无障碍设计规范》GB 50763—2012 中对安全抓杆的具体位置和尺寸的规定未被列入，为根据具体情况选择适合实际使用的安装方式提供了一定的灵活性。

与无障碍淋浴间相似，居住建筑套内卫生间的浴盆设置可以更加灵活多样，满足特定使用者的身体特点和使用习惯即可。此外，随着技术进步，已经出现了侧边可以开门的浴缸，使用者可以平移进入浴缸，大大提高了安全性。

（3）无障碍更衣室

《无障碍设计规范》GB 50763—2012 对医疗康复建筑中的医技部病人更衣室有要求，除了要求留有轮椅回转空间外，还要求部分更衣箱高度应＜1.40m，这是乘轮椅者在没有阻碍时肢体侧向上的最大可及高度❶。《建筑与市政工程无障碍通用规范》GB 55019—2021 进一步提炼，作为通用设施提出统一标准，要求乘轮椅者使用的储物柜前应设直径≥1.50m 的轮椅回转空间，乘轮椅者使用的座

---

❶　12J926，无障碍设计［S］.

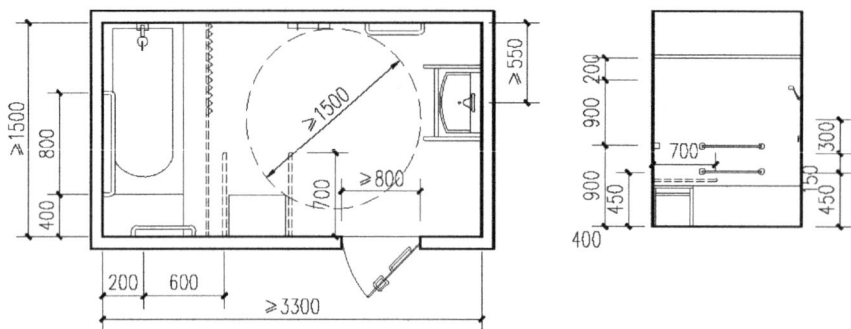

图 2-4-11　无障碍盆浴间示意

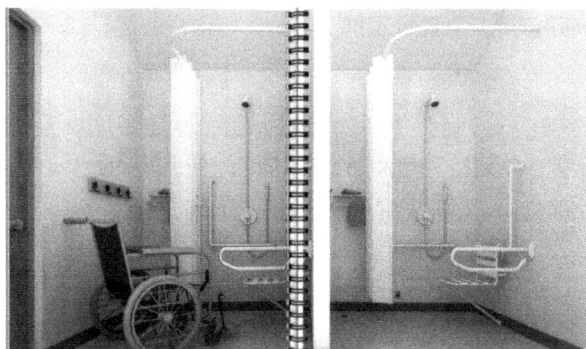

图 2-4-12　无障碍淋浴间内部配置示意

椅高度应为 400~450mm。

4.1.3　设计案例

国家残疾人冰上运动比赛训练馆高标准地完成了无障碍淋浴间的设计（图 2-4-12）。其淋浴间尺寸为 1.65m×1.65m，内外地面完全消除高差；隔间内设有浴帘，以保证隐私以及衣物与轮椅的干燥；淋浴间内设有 500mm×450mm 的淋浴凳，距地高度 450mm。座椅一侧设有 L 形安全抓杆，水平段距地 700mm，长度为 700mm，垂直部分在淋浴坐台前端，顶部距地 1.40m。淋浴开关为杠杆式，距地高度 1.00m。手持喷头安装高度 1.20m，软管长度＞1.50m。淋浴凳旁距地 180mm 高度设救助呼叫按钮。浴帘外 1.00m 高度设置毛巾架（图 2-4-12）。

4.2　无障碍客房和无障碍住房、居室

4.2.1　国际经验借鉴

（1）美国

在无障碍信息交流方面 ADA 的一些做法值得借鉴：在需要具备无障碍通信功能的客房，应确保房间内提供的设备能够与听障者使用的设备兼容；电话接口

插孔应能同时传送数字和模拟信号；如果电话的扬声器上有音频耳机插孔，该插孔上应包含一个切断开关，确保耳机接入时同步关闭扬声器；若使用类似电话的听筒，当听筒从支架上取下时，外部扬声器应同时关闭。ADA 还规定应为电话和门铃提供可视提醒装置，并不可与消防声光报警系统使用同一线路；电话与电源插座距离应＜1.22m；电源插座应便于单手使用，插头的插拔力应≤22.2N。在无障碍住房中，应至少确保有一条畅通的无障碍通行流线，连接套内各空间；若只有一条无障碍通行流线能贯通，流线不应经过浴室、橱柜或类似空间。同样，ADA 也非常关注无障碍信息交流，规定门铃应能发出视觉和听觉提示信息；猫眼应提供在不打开户门的情况下识别访客的方法，并为站姿和坐姿使用者提供走廊等外部空间的 180°视野。

针对不同布局的无障碍厨房，ADA 有不同的尺寸要求。穿过型厨房（Pass through Kitchens）有两个出入口，橱柜与橱柜或橱柜与墙面的距离应≥1015mm。U 形厨房（U-shaped Kitchens）三面封闭，橱柜与橱柜或橱柜与墙面的距离应≥1525mm。橱柜高度应≤865mm，但允许使用可调节的台面，其台面高度可设定在 735～915mm 之间。台面下的柜体不可有锋利或粗糙的表面；至少有 50% 的储物空间应在距地 380～1220mm 的范围内；洗碗机门前应有轮椅停留净空间，洗碗机门打开时不应影响此空间；炉灶底部应有防止烧伤、擦伤或电击的隔绝措施；组合冰箱和冰柜至少有 50% 的冷冻空间距地高度小于 1.37m，轮椅停留净空间应与冰箱平行。

（2）英国

英国 BSI 的标准中规定，酒店中应至少提供 5% 且不少于 1 个可供乘轮椅者独立使用的无障碍客房；宜额外提供 1% 或不少于 1 个配有升降系统和照护者卧室的照护型无障碍客房；宜提供 5% 且不少于 1 个可满足轻度行动障碍者使用的无障碍客房。此外，还应有 15% 的客房，其空间可满足后期改造为无障碍客房的要求。

客房内的设计要求如下（图 2-4-13）：

① 有抽屉和容膝容足空间的桌子；

② 更衣柜下应提供宽度≥800mm 的容膝容足空间，且不应有基座；

③ 垂直进入客房时，门最小通行宽度为 800mm；斜向进入客房时，若外通道宽度大于 1.50m，门最小通行宽度为 800mm，若外通道宽度在 1.20～1.50m 之间，门最小通行宽度为 825mm；

④ 卫生间应满足无障碍使用要求；

⑤ 登床空间：1.50m×1.50m 的空间，可以满足乘轮椅者以 45°的角度上床；2.25m×2.10m 的空间，除了独立上床以外，还可以设置辅助上床的升降装置；700mm 的间距，可以满足在他人帮助下上床的要求。

床垫的顶面距地面高度应在 480～540mm 之间，且应足够坚固以支持残障人士从轮椅上转移。床下至少应有 200mm 的间隙，用于支撑移动式的升降装置。此外，除了四角的床腿外，不应该有多余的床腿，以避免影响升降装置。散热器的位置不应影响房间内的轮椅回转空间；为避免对没有知觉的人产生危险，散热

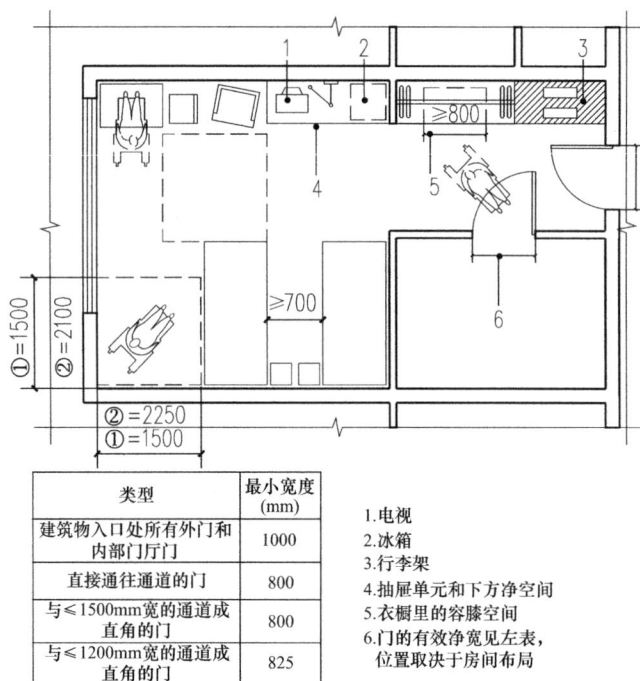

类型	最小宽度 (mm)
建筑物入口处所有外门和内部门厅门	1000
直接通往通道的门	800
与≤1500mm宽的通道成直角的门	800
与≤1200mm宽的通道成直角的门	825

1.电视
2.冰箱
3.行李架
4.抽屉单元和下方净空间
5.衣橱里的容膝空间
6.门的有效净宽见左表，位置取决于房间布局

图 2-4-13　无障碍客房设计尺寸示意（来源：BSI）

器裸露部位应有包裹，或确保其温度不高于 43℃。

（3）新加坡

新加坡 BCA 的标准中，酒店至少有 1% 的客房应能满足无障碍使用要求，至少 2% 的客房应设置扶手等老年友好型设施。服务型公寓中，至少应有 1% 的公寓能满足无障碍使用要求。无障碍客房门，单开门或双开门仅打开一扇时，都应有不小于 850mm 的通行净宽。地面不应有高差，若因功能原因必须有高差时，高差应≤50mm。无障碍客房的内部布置要求如图 2-4-14 所示。

对于无障碍住房，BCA 的标准要求内部应有无障碍通行流线通向各个房间；住房出入口、厨房、卫生间和卧室等应满足相应的无障碍设计要求。此外，还基于不同的通道宽度，给出了门的不同通行净宽要求。如表 2-4-2 所示。

（4）日本

日本 2012 年标准中，要求应提供不少于总数的 2% 且不少于 1 个的无障碍客房。无障碍客房的门应以便于老年人、残障人士等容易理解的方式标明房间号、房间名等。同时，应为视觉障碍者加设盲文标识；内部地面材料应防滑；室内有阳角墙面时，宜做圆角处理。各类设施的配置应满足老年人、肢体障碍、视觉障碍和听觉障碍等不同人群的需求。门的通行净宽宜≥800mm，客房内应至少有 1 处直径≥1.50m 的轮椅回转空间。床头板应高出床垫，且≤300mm，其形状应便于倚靠。门铃应有闪光或振动提示功能，也可在有听力障碍者入住时，由酒店服务台临时提供有相应功能的门铃（图 2-4-15）。

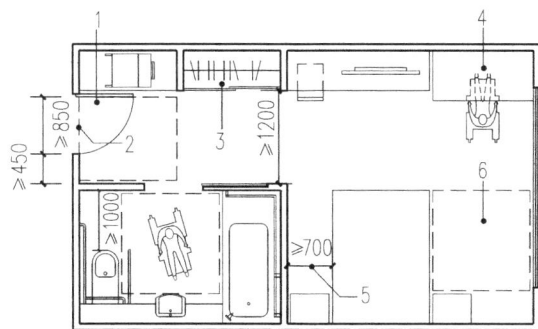

1.入口处最小转弯净空间1250×1500
2.无高差入口
3.带容膝空间的衣柜，无底座
4.活动家具
5.供助手帮助从床的另一侧转移
6.最小轮椅转弯净空间1500×1500

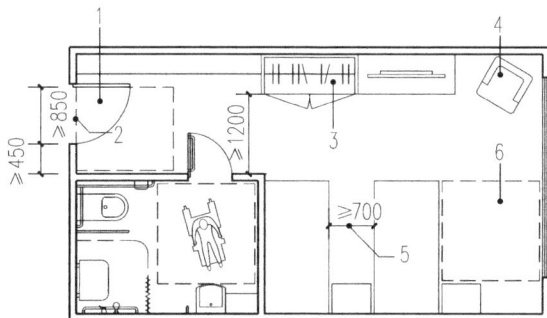

图2-4-14　中无障碍客房内部布置示意（来源：BCA）

BCA标准中无障碍住房门的通行净宽要求　　　　　表2-4-2

门的通行净宽（mm）	垂直于门的通道的最小宽度（m）	门的通行净宽（mm）	垂直于门的通道的最小宽度（m）
900	1.00	800	1.20
850	1.10		

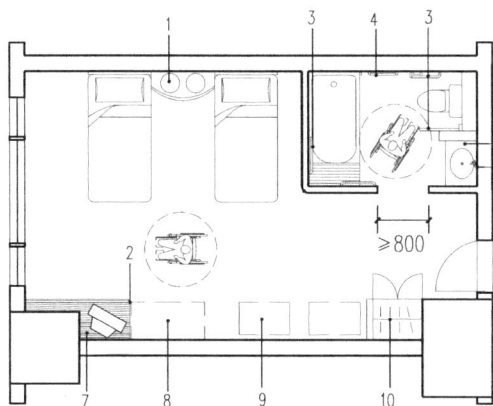

1.设置或临时提供带闪光和音量放大功能的电话
2.圆角处理
3.安全抓杆
4.低位挂衣钩
5.下部有容膝、容足空间的洗手盆
6.大镜子
7.桌子的高度为700mm左右，方便利用抽拉式抽屉
8.可活动桌子
9.多功能台
10.带有低位挂衣钩的衣柜

图2-4-15　无障碍客房设计示意

121

床垫上表面高度宜为 400~450mm，下方宜留有一定的容足空间。床头柜宜高出床垫上表面 100mm。房间内的灯宜能够在床上控制。插座、开关的高度宜在 400~1100mm 之间。置物柜储物空间的高度宜在 300~1500mm 之间，深度宜为 600mm。宜设置或临时提供适合于听力障碍者使用的带闪烁灯光且有音量放大装置的电话，以及可供上肢障碍者用的电话。此外，建议提供传真机，以便于听力障碍者使用；宜提供辅助犬（导盲犬、听力犬、服务犬）用品，如犬套、牵绳、水和喂食碗等；宜在室外设置辅助犬的排泄场所。

4.2.2 技术要点

有关无障碍客房和无障碍住房、居室的无障碍设计要求，《建筑与市政工程无障碍通用规范》GB 55019—2021 规定了实施做法，《无障碍设计规范》GB 50763—2012 规定了配建标准。借鉴国际经验，部分实施做法前者没有涉及而后者有提及的，比如旅馆建筑要求给导盲犬提供方便等内容，也应该引起足够的重视。需要注意的是，《建筑与市政工程无障碍通用规范》GB 55019—2021 实施之后，其他相关规范的强制性条文废止，如《无障碍设计规范》GB 50763—2012 第 3.7.3（3、5）、4.4.5、6.2.4（5）、6.2.7（4）、8.1.4 条（款），《无障碍设施施工验收及维护规范》GB 50642—2011 第 3.1.12、3.1.14、3.14.8、3.15.8 条，《住宅设计规范》GB 50096—2011 第 6.6.2、6.6.4 条。

（1）《建筑与市政工程无障碍通用规范》GB 55019—2021 对无障碍客房和住房、居室的有关规定

《建筑与市政工程无障碍通用规范》GB 55019—2021 规定，无障碍客房和无障碍住房、居室应设于底层或无障碍电梯可达的楼层，应设在便于到达、疏散和进出的位置，并应与无障碍通道连接。规范规定人员活动的空间应保证轮椅进出，内部应设轮椅回转空间。规范中的人员活动空间指的是人需要进入的厅、通道、房间，包括起居室（厅）、卧室、卫生间、厨房、阳台、走廊等。考虑到客房和住房空间往往比较紧凑，要求每个房间内都有直径≥1.50m 的轮椅回转空间比较困难，且在实际使用中还可利用家具下部空间进行回转，所以《建筑与市政工程无障碍通用规范》GB 55019—2021 对客房和住房内的轮椅回转空间未作具体数据规定，只要求"应设轮椅回转空间"。这一做法与 ADA 中规定的无障碍厕位可借用隔断下方空隙回转的处理方法相似❶。规范将起居室（厅）、卧室、卫生间、厨房等定义为"主要人员活动空间"，在这一类空间内，使用者可能会长时间停留，一旦发生紧急情况，需要能够及时发出警报从而得到救助，因此规范规定，应设置救助呼叫装置；规范对救助呼叫装置的具体安装位置未作明确规定，后文将结合使用给出一些建议。为使乘轮椅者能够在床与轮椅之间顺畅移动，规定上下床侧的通道宽度不应小于 1.20m，相比《无障碍设计规范》GB 50763—2012 规定床间距为 1.20m，在执行上更加灵活。《建筑与市政工程无障碍通用规范》GB 55019—2021 规定，供使用者操控的照明、设备、设施的开关和

---

❶ 《美国残疾人法案》（*Americans with Disabilities Act*）。

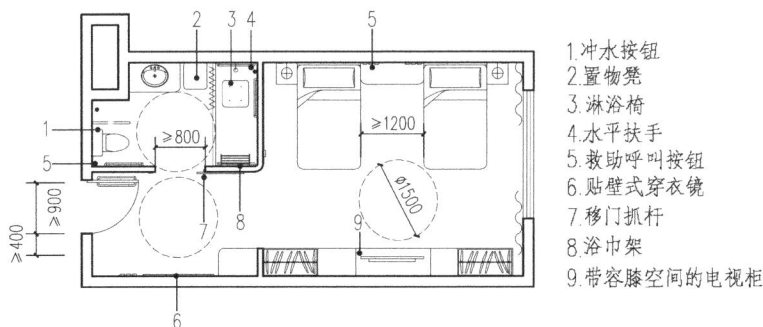

图 2-4-16　主要人员活动空间无障碍设施示意

1. 冲水按钮
2. 置物凳
3. 淋浴椅
4. 水平扶手
5. 救助呼叫按钮
6. 贴壁式穿衣镜
7. 移门抓杆
8. 浴巾架
9. 带容膝空间的电视柜

调控面板应易于识别，距地面高度应为 0.85～1.10m。为方便坐姿或者身材矮小者，窗户可开启扇的执手或启闭开关距地面高度应为 0.85～1.00m；为方便手部力量较小者，手动开关窗户操作所需的力度应≤25N。此外，为照顾不同类型的残障人士，无障碍住房的门禁和无障碍客房的门铃应同时满足听觉障碍者、视觉障碍者和言语障碍者使用（图 2-4-16）。具体做法可考虑设置闪光门铃、可视门铃等设施。

　　规范规定，无障碍客房和无障碍住房、居室内应设置无障碍卫生间。卫生间应保证轮椅进出，内部应设轮椅回转空间。此处未对轮椅回转空间作具体尺寸规定，同样是考虑在强制性条文设置时留有一定的灵活性。实际使用中，轮椅可利用淋浴区、洗手盆下方等位置进行回转，在空间有限时，以集约利用的方式满足无障碍使用的要求。规范规定无障碍卫生间内应设置无障碍坐便器、无障碍洗手盆、无障碍淋浴间或盆浴间、低位挂衣钩、低位毛巾架、低位搁物架和救助呼叫装置；但对"低位"没有明确定义，从人体工学角度考虑，一般要求距地面高度≤1.20m。同时，对救助呼叫装置的具体安装位置未作明确规定，参考北京市工程建设标准设计文件 BJ 系列建筑构造通用图集《无障碍设施》21BJ12-1，救助呼叫装置一般设在坐便器侧边约 1.10m 高度处和侧前方 400mm 高度处，前者方便坐姿状态时使用，后者则方便跌倒状态时使用，样式宜采用颜色醒目的大面板；侧前方的救助呼叫装置宜增设拉绳，垂至距离地面高度≤150mm 处。❶ 规范规定卫生间应设置水平滑动式门或向外开启的平开门。之所以不推荐向内开启的平开门，是因为容易被摔倒在地的人挡住而影响施救。

　　规范规定，无障碍客房和无障碍住房设置厨房时应为无障碍厨房。在布置无障碍厨房的橱柜和各类设施时，同样要考虑乘轮椅者的通行和回转空间，并满足其使用高度的要求。因此在无障碍厨房中，上柜的利用率较低，一般只宜放置一些不常用的物品，有条件时可考虑采用下拉式设计。厨房操作台面距地面高度应为 700～850mm，其下部应留出不小于宽 750mm、高 650mm、距地面高度 250mm 范围内进深≥450mm、其他部分进深≥250mm 的容膝容足空间，以满足低位操作的要求，并确保乘轮椅者可以正面靠近橱柜。当前，家庭厨房中的水槽多采用不锈钢材料制造，如果水槽中有热水，容易造成一些下肢没有知觉的乘轮

❶ 《无障碍设施》21BJ12-1.

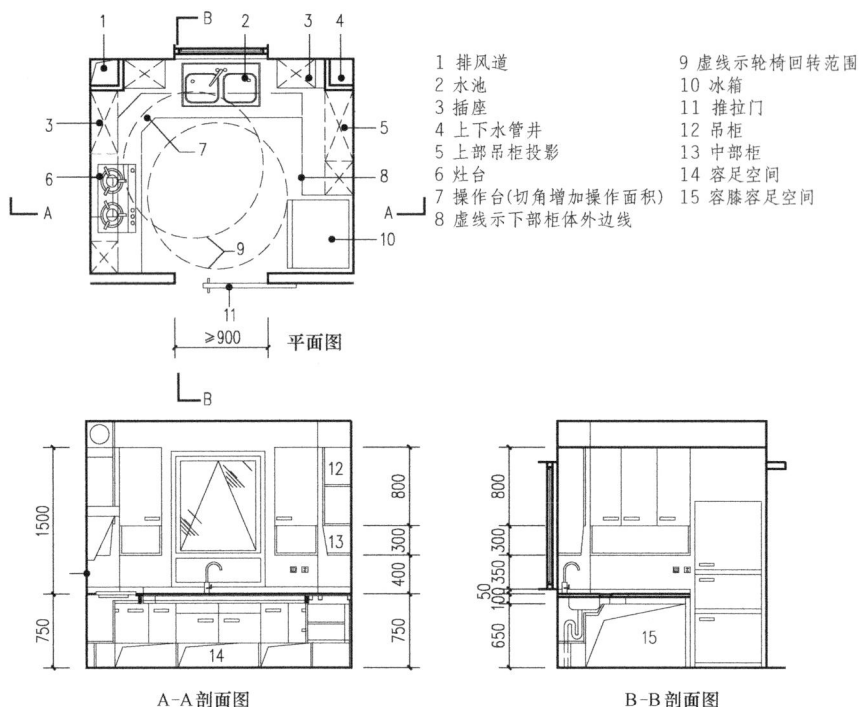

1 排风道
2 水池
3 插座
4 上下水管井
5 上部吊柜投影
6 灶台
7 操作台(切角增加操作面积)
8 虚线示下部柜体外边线
9 虚线示轮椅回转范围
10 冰箱
11 推拉门
12 吊柜
13 中部柜
14 容足空间
15 容膝容足空间

平面图

A-A剖面图　　　　　B-B剖面图

图 2-4-17　无障碍厨房布置示意

椅者被烫伤,因此规范规定,水槽应与工作台底部的操作空间隔开(图 2-4-17)。

(2)《无障碍设计规范》GB 50763—2012 对无障碍客房和住房、居室的有关规定

《无障碍设计规范》GB 50763—2012 对各类建筑中无障碍客房和无障碍住房、居室的配置提出了要求。居住建筑每 100 套住房应设置不少于 2 套的无障碍住房。具体实践中,这些住房可以根据规划方案和居住需要集中设置,也可以分别设置在不同的建筑中;也有地方标准规定,无障碍住房在一次建成有困难时,应采取措施,预留可改造的条件。❶《建筑与市政工程无障碍通用规范》GB 55019—2021 对无障碍客房和无障碍住房、居室的门未作专门规定。

规范要求通往卧室、起居室(厅)、厨房、卫生间、储藏室及阳台的通道应为无障碍通道,并要求在一侧或两侧设置扶手;在面积方面,规定单人卧室面积不应小于 7.00m²,双人卧室面积不应小于 10.50m²,兼起居室的卧室面积不应小于 16.00m²;起居室面积不应小于 14.00m²;厨房面积不应小于 6.00m²;设坐便器、洗浴器(浴盆或淋浴)、洗面盆 3 件卫生洁具的卫生间面积不应小于 4.00m²;设坐便器、洗浴器的卫生间面积不应小于 3.00m²;设坐便器、洗面盆的卫生间面积不应小于 2.50m²;单设坐便器的卫生间面积不应小于 2.00m²。设置电梯的居住建筑至少设置 1 处无障碍出入口,通过无障碍通道直达电梯厅;未设置电梯的低层和多层居住建筑,当设置无障碍住房和宿舍时,应设置无障碍出入口。设置电梯的居住建筑,每居住单元至少应设置 1 部能直达户门层的无障碍电梯。

❶ DB33/1006—2017,住宅设计标准 [S].

在楼层方面，规定无障碍住房及宿舍宜建于底层。当无障碍住房设在二层及以上且未设置电梯时，其公共楼梯应满足无障碍使用要求。在实践中，对于新建建筑，无障碍住房和宿舍应设置于可以无障碍到达的楼层。这在设电梯的建筑中比较容易实现。对于未设置电梯的低层（多层）住宅及公寓，即使是便于视觉障碍和拄拐杖者使用的楼梯，也是有一定"障碍"的，因此宜将无障碍住房设置于底层。对于既有建筑改造，如住宅适老化改造、无障碍改造等，应同步解决套内空间和共用空间的无障碍问题。针对竖向交通，比较有效的办法是加设电梯，但随之而来的产权、日照、物业费用等问题并不容易解决。

同时规定，旅馆等商业服务建筑应设置无障碍客房，其数量应符合下列规定：100间客房以下，应设1～2间无障碍客房；100～400间客房，应设2～4间无障碍客房；400间客房以上，应至少设4间无障碍客房。设有无障碍客房的旅馆建筑，宜配备方便导盲犬休息的设施。此外，随着国外一些理念的影响和人们无障碍意识的提高，导盲犬因其明显的导盲作用和良好的服从性被大众逐渐接受，公众场合亦应为其提供必要的空间和设施。

4.2.3 案例：杭州亚运会媒体村无障碍改造

2022年杭州亚残运会的代表团和工作人员共约5300名，其中约有1200名重度肢体残障人士和300名重度视力残障人士，拟将亚运会的媒体村用于残运会的运动员村。媒体村是在建设过程中得知要承接亚残运会的住宿功能，因此须进行无障碍改造。本次改造是在建筑布局已经无法调整，只能在有限空间中实现无障碍功能的前提下进行的。设计和指导团队通过各种手段，从使用出发，适度创新，使各类空间和设施合规合用（图2-4-18、图2-4-19）。

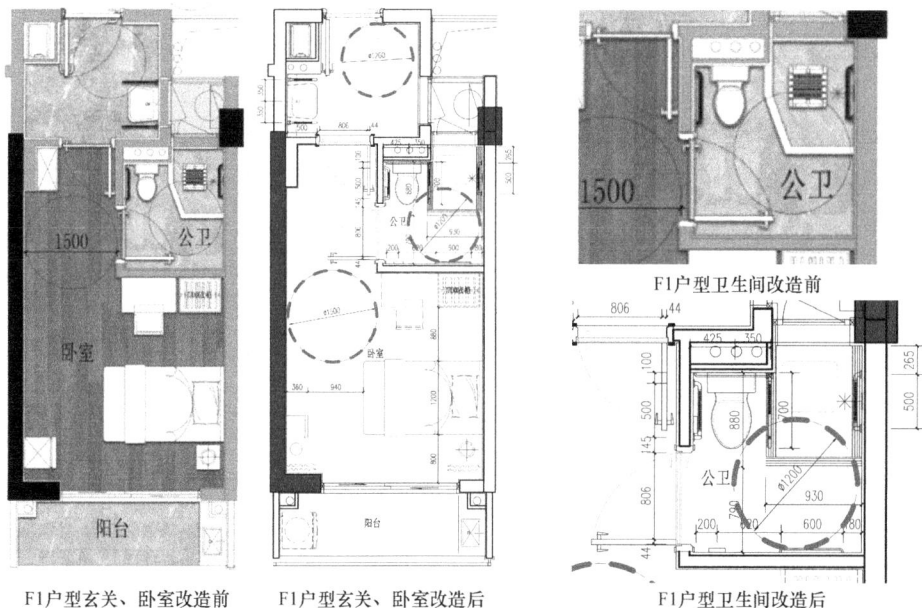

F1户型玄关、卧室改造前　　F1户型玄关、卧室改造后

F1户型卫生间改造前

F1户型卫生间改造后

图2-4-18　杭州亚运会媒体村无障碍改造前后

图 2-4-19　杭州亚运会媒体村无障碍改造实景

4.3　轮椅席位

4.3.1　国际经验借鉴

（1）美国

ADA 要求，单一轮椅席位的宽度不应小于 915mm，当有多个轮椅席位并排时，其宽度不应小于 840mm。当轮椅席位可由前方或后方进入时，深度不应小于 1.22m；当只能从侧面进入时，深度不应小于 1.53m。轮椅席位的地面坡度不应超过 1∶48。轮椅席位应与无障碍通道连接但不重叠，因此任何轮椅席位都不能通过另一个轮椅席位进入，轮椅席位也不应阻挡疏散通道或出入口。轮椅席位的配置比例按表 2-4-3 执行。

轮椅席位配置比例要求（来源：ADA）　　　　　　　　　　　　　　表 2-4-3

席位总数量（个）	轮椅席位最少配置数量（个）
4～25	1
26～50	2
51～150	4
151～300	5
301～500	6
501～5000	每增加 150 个座位应至少增设 1 个轮椅席位
≥5001	每增加 200 个座位应至少增设 1 个轮椅席位

（2）英国

BSI 的标准要求应为残障人士提供与另一位残障人士同坐或是与健全人同坐的选择。考虑到有些障碍程度较轻的人喜欢离开轮椅而坐在普通的席位上，因此应在合理的距离内提供安全的轮椅存放空间。轮椅席位的最小尺寸为 1400mm×900mm，这个标准是最高的，但其对通道的宽度要求却相对灵活：轮椅席位加上后面的通道的深度不应小于 2.00m。此外，轮椅席位边上的坐席宜为活动式的，有需要时可以改造为轮椅席位。

BSI 的标准中，还考虑了其他类型残障人士对观众席的要求：考虑到听力障碍者需要读唇语，规定针对他们的席位宜尽量靠近舞台；针对视力障碍者的需要，在接受视力障碍者的同一席位片区应设置供辅助犬休息的地方。

（3）新加坡

BCA 的标准要求，电影院、剧院、音乐厅、体育场或其他公共度假场所的座位区必须设置标识明确的轮椅席位。每个轮椅席位宽度不应小于 900mm，深度不应小于 1.20m。轮椅席位应与宽度不小于 1.20m 的无障碍通道连接，且应有良好的视线。轮椅席位前应有防护设施。当有两个或两个以上轮椅席位时，至少应有两个轮椅席位并排放置，以允许两位乘轮椅者可以坐在一起；宜提供部分活动座椅，以便在有需要的时候改造为轮椅席位。

（4）日本

为了确保观众席的可达性，日本 2012 年的标准要求从出入口到轮椅席位的路线尽可能不设台阶。当路线上有台阶时，应设置斜坡或为轮椅使用者安装升降机。残障人士的座位的布置不应固定，而是应考虑允许多种选择，但轮椅席位应设置在易于疏散且便于看到舞台和屏幕的区域。每个轮椅席位宽度不应小于 900mm，深度不应小于 1.20m，轮椅席位应与宽度不小于 1.20m 的无障碍通道连接。

同英国 BSI 的要求相似，除了针对肢体障碍人士的轮椅席位，日本的标准在席位设置上考虑到了其他残障类型的特殊需求。如听力障碍者的席位应设置在便于看到手语翻译、字幕和文字信息等的位置；通向视力障碍者席位路线上的标识应充分考虑大小、对比度、安装位置等的要求，使其易于理解和阅读，并宜在席位号附近设置盲文标识，在席位上提供语音设备。

4.3.2 技术要点

参考上述国家的相关规定，《建筑与市政工程无障碍通用规范》GB 55019—2021 和《无障碍设计规范》GB 50763—2012 从轮椅席位的视线、安全、流线和布局等方面也作了相关技术要点规定。前者要求，轮椅坐席的席位设置应考虑视线要求，使乘坐轮椅者的视线不会被遮挡，同时也不应遮挡其他观众的视线。出于安全考虑，设置轮椅席位时，应保证不影响乘轮椅者和其他观众的及时疏散，所以轮椅席位应设置在便于疏散的位置，且不应设置在公共通道范围内。考虑到乘轮椅者大多有人陪伴出行，所以应按照 1∶1 的比例，为其陪护者在旁设置陪护席位。若陪护席位无法设置在轮椅席位旁，也要尽可能在邻近处设置。然而在日常使用中，固定坐席的使用效率往往更高，为了更经济有效地利用空间，管理者往往希望对空闲的轮椅席位进行利用；利用时，应保证临时占用的固定坐席不影响轮椅使用的需要，可允许在轮椅坐席处安装易于拆卸的固定座椅，但也应该满足安全规范，不妨碍其他坐席的使用，且拆卸后不可影响轮椅的使用。

相比《无障碍设计规范》GB 50763—2012，《建筑与市政工程无障碍通用规范》GB 55019—2021 新增了无障碍通行流线的相关内容。乘轮椅者除了作为观众在观众厅的坐席停留，也要使用售票处、餐厅、休息厅等公共服务空间和设置了无障碍设施的公共卫生间（厕所）或无障碍厕所，也有可能登台演讲或表演，因此，应确保轮椅席位区与其他有必要到达的空间之间的无障碍通行流线的贯通。

尺寸上，考虑到乘轮椅者的出入和回转，《建筑与市政工程无障碍通用规范》GB 55019—2021 的标准有所提高，从原来的 1100mm × 800mm 提高到了 1300mm×800mm，且明确说明 800mm 指的是一个轮椅席位的宽度，即面向舞台或银幕方向的尺寸。这是乘轮椅者的手臂推动轮椅时所需的最小宽度；一个轮椅席位的最小深度为 1.30m，且前后通道不可挤占轮椅席位的尺寸范围，这是为了轮椅从前方或后部进出轮椅席位时留出的移动空间。轮椅席位的地面坡度不应大于 1：50，这是为了保证轮椅的安全停放，避免打滑（图 2-4-20）。

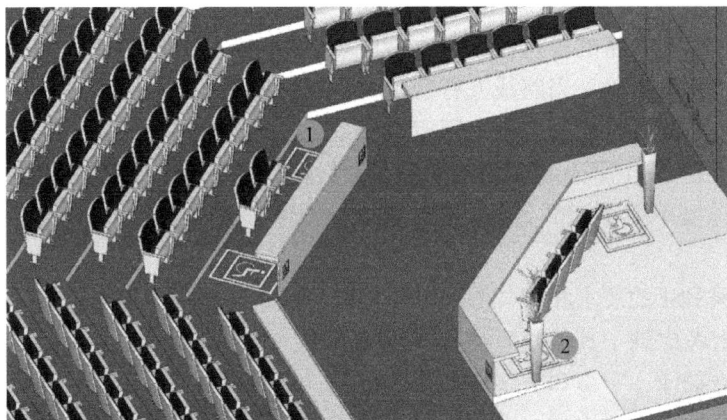

1.观众席轮椅席位 2.讲台轮椅席位

图 2-4-20 轮椅坐席的设置示意

配置要求上，《无障碍设计规范》GB 50763—2012 中曾就法庭/审判庭、体育建筑、观演建筑对轮椅席位的配置数量分别作了规定；《建筑与市政工程无障碍通用规范》GB 55019—2021 则就此提出了统一的标准：观众席为 100 座及以下时应至少设置 1 个轮椅席位；101～400 座时应至少设置 2 个轮椅席位；400 座以上时，每增加 200 个座位应至少增设 1 个轮椅席位，当观众席位数不能被 200 整除时，不足 200 的部分也应设置 1 个轮椅坐席。例如当观众席位数为 750 座时，应设置 4 个轮椅坐席。

《建筑与市政工程无障碍通用规范》GB 55019—2021 的上述配置明确了对观众席的要求，其他有轮椅席位要求的场所，如教室、阅览室、餐厅等，没有明确规定，其轮椅席位的配置则应执行《无障碍设计规范》GB 50763—2012 的规定。对于接收残疾生源的教育建筑，应在合班教室、报告厅等场所应至少设置 2 个轮椅坐席；轮椅坐席宜靠近无障碍通道和出入口；有固定座位的教室、阅览室、实验教室等教学用房，也应考虑乘轮椅者的出入与使用；这类教学用房出入口的门宽均应满足轮椅通行的要求，且应在室内留有轮椅回转空间，日常使用中，也可将其用以临时停放轮椅。

《无障碍设计规范》GB 50763—2012 规定，在公园绿地中设置的茶座、咖啡厅、餐厅、摄影部等，其出入口应为无障碍出入口，并应提供一定数量的轮椅席位；对于设有演播电视等服务设施的历史文物保护建筑，其观众区应至少设置 1 个轮椅席位；院落等休憩停留地点的休息座椅旁宜设轮椅停留空间。

4.3.3 案例：西湖大学阶梯教室

西湖大学在阶梯教室的前后各设置一条宽度不小于 1.20m 的无障碍通道，在通道旁至少设置 2 个轮椅坐席，可选择的听课位置，轮椅坐席的宽度一般为 900mm、进深 1.50m。此外，轮椅席位并不是独立设置的，而是融合于整体的座椅布局之中，体现了空间融合和人群融合的包容理念（图 2-4-21）。

图 2-4-21　杭州大学阶梯教室轮椅席位无障碍设计

4.4 低位服务设施

4.4.1 国际经验借鉴

（1）美国

ADA 将有低位服务要求的台面分为用餐台面和工作台面。前者包括酒吧柜台、餐桌、午餐柜台和售餐台等；后者包括书桌、实验台、尿布台、梳妆台等。台面高度应在 710～865mm 之间；容足空间为 760mm 宽、230mm 高、430（最小）～635mm（最大）深；上部的容膝空间则为一个 760mm 宽、455mm 高、205（上端）～280mm（下端）深的梯形空间（图 2-4-22）。

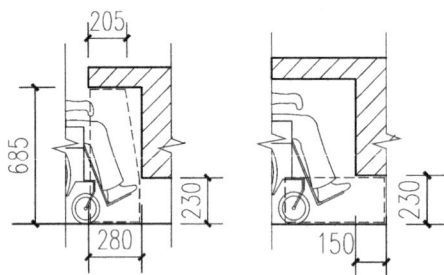

图 2-4-22　容膝容足空间要求示意

ADA 还考虑了儿童使用的低位服务设施，要求台面高度为 660～760mm，容膝容足空间的高度为 610mm，宽度为 750mm，在距地面高度 250mm 范围内进深≥450mm、其他部分进深≥250mm。此外，低位服务设施前，还应留有不小于 760mm×1220mm 的净空间。

（2）英国

BSI 的标准规定，所有对外使用的服务台应包括两个工作面高度，以适应站姿和坐姿使用者的要求。这种柜台/接待台的设计要求如下（图 2-4-23）：

① 对于站立的来访者，台面距地高度应为 950～1100mm；

② 对于乘轮椅者，台面高度应为 760～860mm，容膝空间的高度不应小于 700mm；

③ 对于短暂的办事过程，容膝空间深度不应小于 300mm；时间较长的办事过程，容膝空间深度不应小于 500mm；

④ 若空间允许，服务台的宽度应有 1.80m，以便两个轮椅使用者可以并排或斜对角靠近。

（3）新加坡

新加坡 BCA 标准中，低位服务台上表面距地面高度应为 700～800mm；台面的下部应留出不小于宽 900mm、高 680mm、距地面高度 230mm 范围内进深≥480mm、其他部分进深≥200mm 的容膝容足空间。包括低位服务台在内的各类低位服务设施前应留有不小于 900mm（轮椅正面）×1200mm（轮椅侧面）的净空间，当轮椅正面向低位服务设施接近时，这一净空间可以借用设施下的空间（图 2-4-24）。低位电话的可操作部件的高度应在 800～1200mm 之间，电话线的最小长度应为 900mm。

（4）日本

日本 2012 年的标准中，乘轮椅者使用的柜台的容膝空间的深度应为 450mm，高度应为 600～700mm。为了轮椅使用者可以容易地接近，在柜台等的前方应设有轮椅转动的空间，且保证此地面是水平的。考虑到残障人士有时会使用手杖，在柜台上应设置用于支撑手杖的位置和用于悬挂手杖的凹部等。同样的，饮水器、自动售货机等也要确保轮椅使用者可以容易地接近，服务设施前方提供不小于 1.50m×1.50m 的空间。饮用口的高度宜在 700～800mm 之间，底部留出 450mm 深的容膝空间。饮水机的按钮等宜选择具有视觉障碍者容易理解的颜色和形状。自动售货机投币口高度为 400～1100mm。此外，建议提供一种具有倾斜操作表面的自动售货机，当轮椅使用者等从较低位置使用该自动售货机时，该自动售货机不会由于光线的反射看不清楚。低位售货机的操作面板应采用大且易于阅读的字符和颜色，使之更加便于使用。

插座开关等接口也应满足低位操作的要求。插座安装高度宜为 400mm 左右，

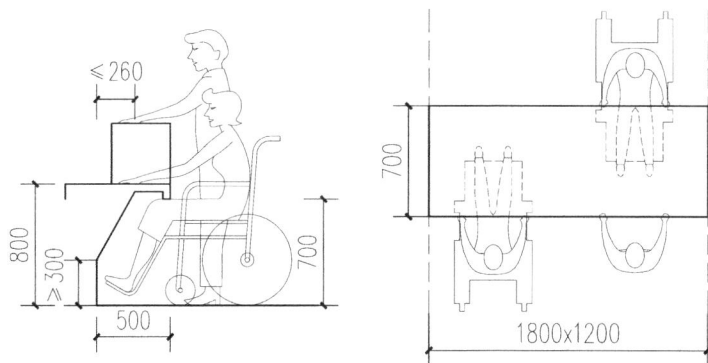

1. 为站立顾客提供的接待台,离地高950~1100mm;
2. 容膝空间,离地高度700mm;
3. 柜台/接待台顶部高度,离地760~860mm;
4. 需要升起安全屏幕或进行短时间业务的情况下,容膝空间深度≥300mm;
　进行长时间业务的情况下,容膝空间深度≥500mm

图 2-4-23　对外使用服务台无障碍设置要求

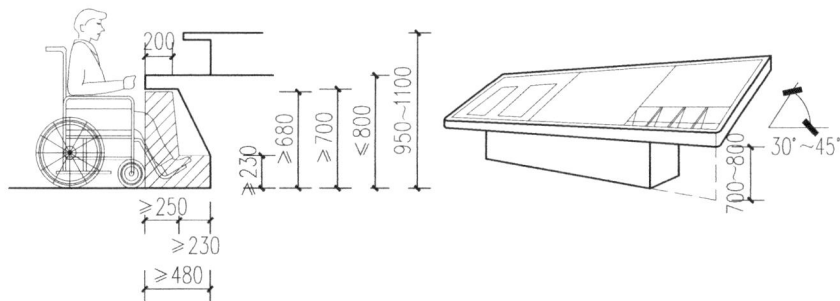

图 2-4-24　低位服务台的无障碍设计示意

开关（特殊开关除外）的安装高度宜为 1100mm 左右（床周围的开关安装高度应为 800~900mm）。在同一建筑物内，相同用途的开关类宜有统一的安装高度、安装位置和设计。

4.4.2　技术要点

　　参考国际相关经验，低位服务设施的上表面距地面高度应为 700~850mm。考虑到乘轮椅者的舒适，台面的下部应留出不小于宽 750mm、高 650mm、距地面高度 250mm 范围内进深≥450mm、其他部分进深≥250mm 的容膝容足空间（图 2-4-25）。针对低位服务设施前的回转空间，《建筑与市政工程无障碍通用规范》GB 55019—2021 未作具体的尺寸规定。日常使用中，可利用其服务设施下部的空间进行轮椅回转。

　　布局上，《建筑与市政工程无障碍通用规范》GB 55019—2021 一如既往强调了无障碍通行的连续性，规定应保证低位服务设施与无障碍通行流线的连接。在《无障碍设计规范》GB 50763—2012 中，规定当公园绿地中的低位售票窗口前地面有高差时，应设轮椅坡道以及不小于 1.50m×1.50m 的平台，以方便乘轮椅者

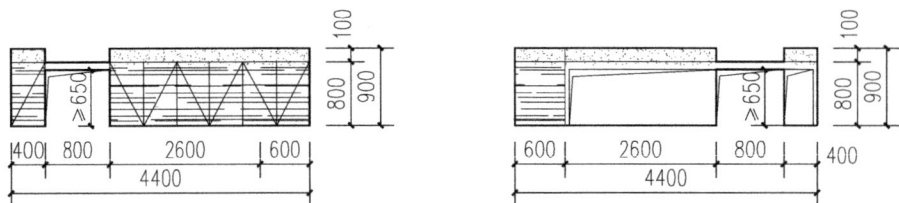

图 2-4-25 低位服务设施剖面示意

的到达与停留；为了帮助视觉障碍者确定窗口位置，售票窗口前应设提示盲道，距售票处外墙应为 250~500mm。

《无障碍设计规范》GB 50763—2012 还规定在汽车客运站的行包托运处（含小件寄存处）应设置低位窗口；在历史文物保护建筑的纪念品商店，如有开放式柜台、收银台时，应配备低位柜台；在公园绿地的小卖店、咖啡厅、餐厅外带处等的售货窗口应设置低位窗口。而《建筑与市政工程无障碍通用规范》GB 55019—2021 则规定，为公众提供服务的各类服务台，包括问询台、接待处、业务台、收银台、借阅台、行李托运台、售货柜台等，均应设置低位服务设施；当设置饮水机、自动取款机、自动售票机、自动贩卖机等时，每个区域的不同类型设施应至少有 1 台为低位服务设施。

显然，《建筑与市政工程无障碍通用规范》GB 55019—2021 的规定更具普遍性，扩大了适用范围。

4.4.3 案例：浙江省残疾人之家

浙江省残疾人之家的低位服务台融合了健全人士与残障人士的需求，将无障碍使用要求与整体室内环境融合，设计了"看不见"的低位服务台（图 2-4-26）。先使用和墙面相同的银白色铝板设置了一个类"Z"字的造型，整体有较强的流线性，往上的部分可以遮挡服务台后的电脑，往下的部分作为部分的结构支撑。同时，延续室内使用较多的木纹铝板，作为另一端的支撑。白色线条有粗有细，有起有伏，同时满足两种高度的需求；两种材料既叠加，又分离，形成一定节奏感，同时也留出了容膝空间。

图 2-4-26 浙江省残疾人之家低位服务台无障碍设计

5 无障碍标识与环境信息交流技术标识与案例 [*]

5.1 标识与标准化

5.1.1 标识与无障碍标识的概念

在公共环境中，导向标识在人与环境的信息交互过程中具有极为重要的角色。导向标识可以指引方向、说明环境信息，还可以提升整体环境形象。在当代设计和学术领域，"导向标识"和"Wayfinding"是较为认可的称谓。"标识"（Signage）通常指标识的图形符号本身，而"导向标识"（Wayfinding）是指以导向为目标、设置于环境中的标识，以便于提升识别环境信息的效率，准确判断方位信息的依据，作为系统性的环境信息设计，通常称为"导向标识系统"（Wayfinding Signage System）。

无障碍标识最常见的是一个乘轮椅人的形象（图 2-5-1，即国际通用的无障碍标识，International Symbol of Access）。国际通用无障碍标识是用于帮助残疾人在视觉上确认与其有关的环境特性和引导其行动的符号，标识牌为白底深色轮椅图形或深底白色轮椅图形。

（1）无障碍标识牌的规格

无障碍标识牌和图形的大小与其观看的视距相匹配。常用标准尺寸以 100mm×100mm 为模数，轮椅人标准图形的每一部分也都有其固定的尺寸与角度（图 2-5-2）。颜色规格亦有两种，一种画有白色轮椅图案而衬以深色衬底，另一种使用相反颜色（图 2-5-3）。所示方向为右行时，轮椅面向右侧；所示方向为左行时，轮椅面向左侧。根据需要，标识牌可同时在其一侧或下方加以文字说明和方向箭头，其意义则更加明确。包含文字符号或方向箭头时，其色彩也应同标识底色形成较高对比度。还可以采用人工照明增强可识别性。

图 2-5-1 国际通用无障碍标识

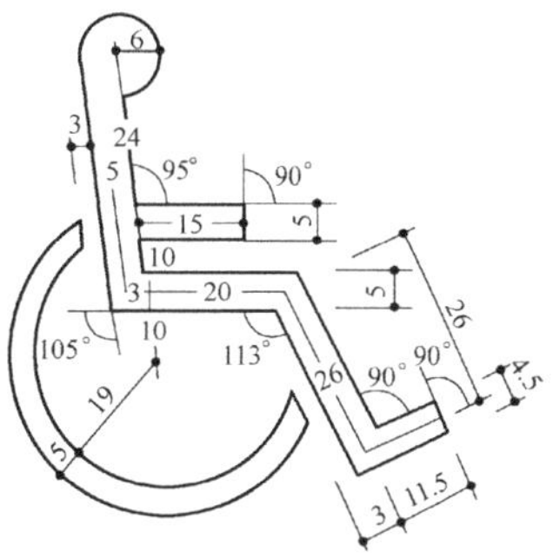

图 2-5-2 国际通用无障碍标识图形细部尺寸

---

* 本章作者：王小荣、贾巍杨、赵伟、张翚。

图 2-5-3　国际通用无障碍
标识牌的两种颜色规格

图 2-5-5　国际通用无障碍标识 VS
我国国标无障碍设施标识

图 2-5-4　指示建筑无障碍入口的标识

（2）国际通用无障碍标识牌的使用范围

标识牌用于指示无障碍设施所在的方向及专用设备的位置，可提供以下信息：指示建筑物的无障碍出入口（图 2-5-4）；指示建筑物中乘轮椅者的内外通道；指示建筑物内专用设施的位置，如残障人士专用席位等；指示残障人士专用空间位置，如停车场等；指示城市中无障碍设施的通道、桥梁和地下通道等所在的位置。特别值得注意的是：轮椅人的方向是可以镜像或者说左右翻转的，而且轮椅前进的方向应当指向无障碍设施所在位置，这点在实际的标识设计或安装设置工作中常常被忽视。

（3）国际通用无障碍标识与我国国家标准无障碍设施标识

国际通用无障碍标识与我国国家标准的通用无障碍设施标识，在图形设计上是略有不同的（图 2-5-5）。国际通用标识中人的图形形象更为精炼、抽象和硬朗，而我国标准的人物形象则相对柔和、写实一些，实则二者并无高下之分。部分专家认为前者主要用于无障碍设施，而后者主要用于无障碍辅具，目前在国内的实际设计工作中可优先选用我国标准。无论选取"国际标"还是"国标"，在标识系统中应始终保持一致，避免出现两种标识同时使用的情况。

5.1.2　标识的标准化

（1）ISO 无障碍标识标准体系

国际标准化组织的无障碍标识标准体系中最主要的是《建筑施工——建筑环

境的无障碍和易用性》ISO 21542：2011 的无障碍标识相关章节，以及 ISO/TC 145 研发出的 ISO7000、ISO7001、ISO7010 标准。ISO 21542：2011 是无障碍设计的一部重要综合性标准，主要思想融入了"广义无障碍"理念，从名称看已经涵盖了"易用性"要求，内容十分全面，其中有专门的"标识牌"专篇。ISO 对于图形标识的规定集中了全球专家的智慧，很多标准得到了全世界各国的支持和效仿。

（2）发达国家的无障碍标识标准

美国无障碍标识标准体系包括了国家层面的法规及其配套标准、各州或城市的地方标准以及部分机构标准。国家层面的核心法规是 2010 年《美国残疾人法案无障碍设计标准》（*ADA Standards for Accessible Design*），前身为《美国残疾人法案无障碍纲要》（*ADA Accessibility Guidelines for Buildings and Facilities*，ADAAG）。《美国残疾人法案无障碍设计标准》文本极其翔实，对标识的规定已经非常详细，故美国并没有出台专门的无障碍标识设计标准。

英国无障碍标识标准体系主要有两个标准，BS 8300：2009 是英国目前核心和全面的无障碍设计法规，其中无障碍标识的设计要求有着丰富的内容；而 BS 5499 基本是移植了 ISO7010 的内容。

日本的标准体系与别国有所不同，日本工业标准（Japanese Industrial Standards，JIS）体系中查询不到重要的建筑无障碍设计与标识设计的标准，反而多见于国家和地方政府的法规文件中。如日本 2005 年颁布了《无障碍新法》，是国家层面的核心无障碍法规，它由原《交通无障碍法》和《爱心建筑法》合并修订而来，其中原《交通无障碍法》是主要的有关无障碍标识的法规标准。在地方无障碍法规如《东京都福祉条例》中也有部分关于公共建筑标识和交通标识无障碍设计的要求。

（3）我国无障碍标识标准体系

在全国图形符号标准化技术委员会等组织机构的努力下，多年来我国已经编制发布了比较系统的图形标识标准体系，见表 2-5-1。

<table>
<tr><td colspan="2">我国无障碍标识标准体系</td><td>表 2-5-1</td></tr>
<tr><th>标准名称、编号</th><th colspan="2">涉及无障碍标识的主要内容</th></tr>
<tr><td>《无障碍设计规范》GB 50763—2012</td><td colspan="2">"无障碍标识系统、信息无障碍"一节有少数的规定</td></tr>
<tr><td>《公共信息图形符号》GB/T 10001 系列标准</td><td colspan="2">规定了各类通用图形符号</td></tr>
<tr><td>《公共信息图形符号第 9 部分：无障碍设施符号》GB/T 10001.9—2021</td><td colspan="2">规定了 24 个标准的无障碍设施标识图形符号</td></tr>
<tr><td>《公共信息导向系统》GB/T 15566 系列标准</td><td colspan="2">规定了公共信息导向系统也即普通标识系统的设计原则与具体要求</td></tr>
<tr><td>《公共建筑标识系统技术规范》GB/T 51223—2017</td><td colspan="2">有大量公共建筑标识系统的具体设计要求，也涉及不少无障碍标识的内容</td></tr>
<tr><td>《城市公用交通设施无障碍设计指南》GB/T 33660—2017</td><td colspan="2">有交通标识的简单设计原则</td></tr>
</table>

标准名称、编号	涉及无障碍标识的主要内容
《无障碍设施施工验收及维护规范》GB 50642—2011	有"过街音响信号装置""无障碍标识和盲文标识"具体验收项目的规定
《信息无障碍 第2部分:通信终端设备无障碍设计原则》GB/T 32632.2—2016	涉及信息设备无障碍设计

来源:贾魏杨根据标准文献整理。

无障碍设施	无障碍通道	无障碍坡道	无障碍客房
无障碍电梯	无障碍升降台	无障碍柜台	无障碍停车位
无障碍卫生间	无障碍淋浴间	无障碍电话	文字电话
视力障碍	听力障碍	听力障碍者电话	助听回路
辅助犬	盲人	行走障碍	老年人优先
伤残者优先	孕妇优先	带婴幼儿者优先	体内带有医疗装置者优先

图 2-5-6 国家标准无障碍设施符号

2008 年借助北京举办残疾人奥运会的契机,《公共信息图形符号》发布了《第 9 部分:无障碍设施符号》GB/T 10001.9—2008,共包含了 15 个标准的无障碍设施标识,从此我国有了无障碍标识的第一部专门的国家标准,成为推动无障碍标识环境建设的第一个里程碑,也为建立我国的城市公共信息导向系统打下了良好的基础。2021 年面向冬奥、冬残奥的举办,又进行了新一轮的修订,即 GB/T 10001.9—2021,将无障碍设施标识数量增加到 24 个(图 2-5-6)。在《无障碍设计规范》GB 50763—2012 中也有 "3.16 无障碍标识系统、信息无障碍" 的章节条文。然而这两个无障碍标识的标准或条文都是推荐标准,而不是强制标准。

除了标识单体,国家还出台了标识系统的设计标准,目前有《公共信息导向系统》GB/T 15566 系列标准以及《公共建筑标识系统技术规范》GB/T 51223—2017。

5.2 标识系统与标识环境

5.2.1 标识系统与无障碍标识环境

导向标识系统,是指以标识系统化设计为导向,综合解决信息传递、识别、辨别和形象传递等功能的整体解决方案。对标识进行系统性的规划和设置被称为导向标识规划。

狭义无障碍标识的含义一般是指示无障碍设施的标识符号,而 "广义无障碍标识" 则是指城市环境中的所有标识,广义无障碍标识不仅能为残疾人服务,更是为所有市民服务。

无障碍标识环境事实上包含了 3 个部分的融合重组,一是无障碍标识,二是建筑环境标识的通用性设计,并合理地整合信息无障碍的部分技术(图 2-5-7)。《公共建筑标识系统技术规范》GB/T 51223—2017 的 "无障碍标识" 条目也建议应将无障碍标识与公共建筑环境导向标识系统的规划设计整体考虑。但统一考虑并非只是简单地插入无障碍标识图形符号,更重要的是无障碍标识系统以包容性设计为理论依据,需要揭示环境空间(环境设施)隐藏的逻辑,需要考虑不同使用者的信息获取方式,尽可能多地满足不同人群的差异性需求。同时,无障碍标识环境更是一种设计理念的倡导,其最终建设目标是走向通用设计,不仅要满足无障碍标识的基本功能,同时还要与环境有机地融合,既体现功能性,又要保证艺术性。

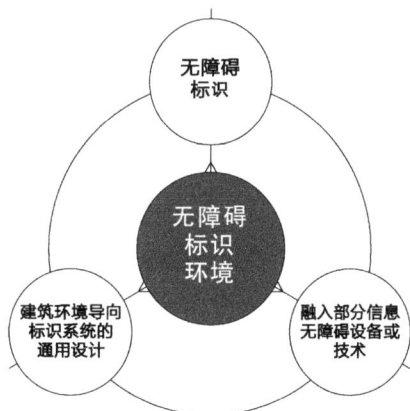

图 2-5-7 无障碍标识环境

5.2.2 标识环境设计与残障人群

无障碍标识的设计,应以用户需求为导向,并着眼于标识环境中最需关爱的

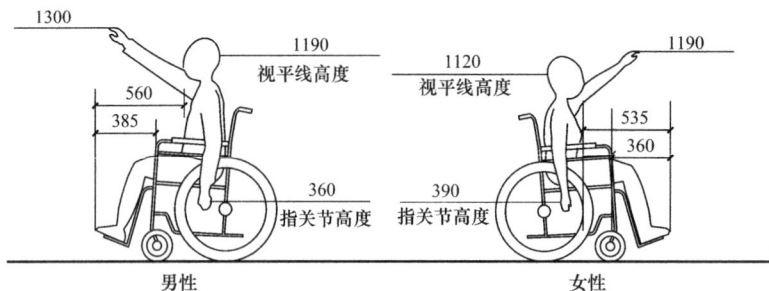

图 2-5-8　轮椅使用者下垂与抬高的手臂

残障人士等弱势群体，从其生理特点考虑标识环境的基本条件，综合分析标识环境设计应注意的基本事项。

（1）乘轮椅者

乘轮椅者与标识环境设计相关的两个特点：一是因长期坐姿造成视线较低；二是乘轮椅者需要更大的空间进行移动，而由于轮椅本身的踏板、扶手及车轮等装置的阻碍，不能充分接近观察对象。

通常情况，成年男子轮椅利用者的视线高度为自地面起 1100～1300mm 左右，成年女子大约低 70mm（图 2-5-8）。标识安装高度应参考此数据，并选择利于观察辨识的位置，避免障碍物阻挡乘轮椅者的观察视线。需要仔细阅读的标识，应尽可能使乘轮椅者最大限度接近标识牌，不宜将标识设置在乘轮椅者难于通行、靠近的位置。

（2）视力障碍者

视力障碍者往往具有很好的记忆力，但容易发生定位困难。因而对于弱视者最主要的对策就是采用大字体、高对比色、合理照度等。而步行时视野不足会导致很难从复杂环境中迅速找到标识，因而对于视力障碍者，导向标识最好采用连续线，如果引导线中断，找到前方的连接线会比较困难。此外，还可以使用闪烁的灯光和声音指示。

（3）听觉障碍者

听觉障碍者是很难通过声音获得信息的人群，因而用图形或文字等手段是可以进行信息传递的有效方式。但是突发灾害时使用警报器无效，只能采用点灭式的视觉信号，而睡眠时须采用枕头振动装置。此外，护理人员的引导也是必要的。门铃或电话在设置听觉信号的同时也需要有视觉性的信号。

（4）老年人

老年人身心机能衰退，眼睛看细部困难，光感适应缓慢，患老年性耳背或声音嘈杂难辨。须保证标识易于辨认，环境光线充足，并避免产生眩光刺激。减少对象音以外的杂音，通过吸声材料吸收冗余回声等。标识的安装高度应充分考虑老年人的身体变化，尽量避免长时间仰视或长时间弯腰低头，造成身体不适。

（5）外国人与儿童

初来此地的外国人阅读纯中文信息困难，因而标识宜同时使用英语翻译，或易于理解的国际标准化图形符号。

儿童因文字及知识欠缺、身高较低，最好使用图形符号来传递信息，儿童使用者较多的环境需要考虑标识的安装高度。

5.2.3　常见无障碍标识类型

标识的分类主要依据感官的获取方式、位置构造与形态、传达的功能等进行划分。

（1）按信息的感官获取方式分类

① 以人为标本，通过人们的五官感受从外界获取各种信息；

② 基于视觉的标识通常是用文字和图形来表现，依赖视觉提供信息；

③ 基于听觉的标识要用声音来告知视觉障碍者需要的信息；

④ 基于触觉的标识，如盲道、盲文等，是基于触觉制作的代表性标识；

⑤ 基于嗅觉的标识是以独有的味道作为手段，以确定方向、位置，传达信息等。

（2）根据位置、构造与形态类型分类

标识的空间形式与其设计密切相关，以人为标本，依据其位置、构造、形态等传递各类人们需要的信息（图2-5-9）。

① 贴壁式标识：附着在建筑物外部或内部的墙面上，可以做成板式附带文字，也可做成独立字体直接镶嵌，单面信息；

② 悬挑式标识和横越式标识：固定于建筑物表面并与建筑物立面垂直，双面信息。悬挑式标识一侧固定于墙上，横越式标识两端固定于墙上，均应限制其净高尺寸，以保证其下不影响通行；

③ 悬挂式标识：悬挂于建筑室内顶棚下面，双面标识。通常安装位置较高，适于室内远距离观看；

④ 地牌（柱）式标识：室内外空间的地面上独立式设置，附有图文符号信息，易于近距离阅读；

⑤ 地面标识：裱贴在室内外地面上，以指示方向的标识最为多见；

⑥ 电子信息标识：通常是电子或电器控制设备，用来显示时间、温度或其他信息，内容可以快速更换。

以上几类标识是狭义的无障碍标识常用的形式。此外，城市环境中的标识还有其他常见类型：融合式标识、橱窗标识、高耸标识、屋顶标识、屋檐式标识、旗帜标识、独立雕塑式标识等。

（3）根据传达功能分类

以标识的作用为蓝本，分为名称、引导、导游、说明及限制等。进一步归纳、整理后，可分为以下几种：

① 引导标识：指通过箭头等指示通往特定场所及设施等的路线标识；

② 位置标识：表示这是哪里或者这是什么的标识；

③ 导游标识：为利用者选择行动路线提供必要信息的标识。

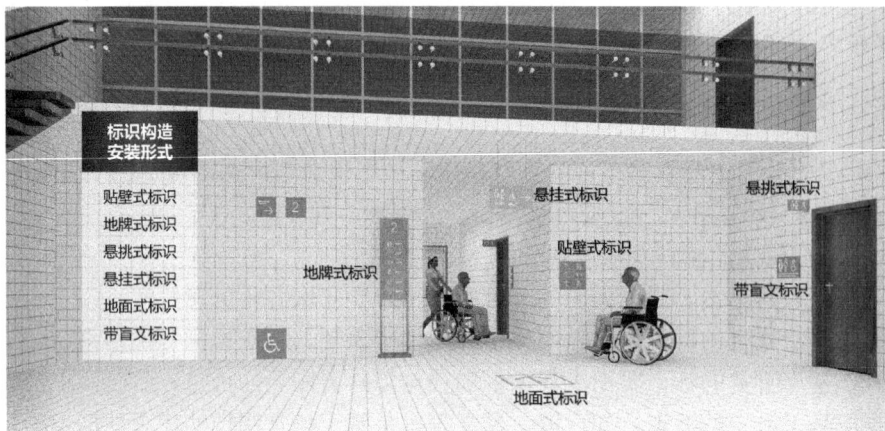

图 2-5-9 常见无障碍标识构造类型

5.2.4 无障碍标识环境的主要环境载体

标识系统的造型通常有悬挂式、地牌式、贴壁式等不同类型，各种类型的点位规划与个体设计需要结合具体的环境载体。理想的环境标识应该能够便捷、高效地将位置、方向、线路等环境信息传递给各类人群，融入环境的标识载体不但易于识别，并且保证了整体环境的美感。本节基于现有规范与指南中的相关设计原则，将公共空间的无障碍标识环境的空间类型划分为交通空间模块、服务设施模块、建筑外环境模块三部分（图 2-5-10）。

（1）交通空间模块

交通空间是不同空间向度交织起来的立体网络，对于任何建筑和任何人，"可达性"都是无障碍设计需要解决的首要问题，交通空间作为公共建筑中引导人群疏散的重要空间单元，是无障碍标识设计的主要载体，具体包括建筑出入口空间、垂直交通空间、水平交通空间三部分。

① 建筑出入口空间：公共建筑的出入口是内部空间与外部道路衔接的交汇点和疏散地，对于各类障碍者而言，不同空间的交通接驳是十分重要的设计节点。公共空间出入口的无障碍标识设计应该包括无障碍坡道标识、建筑出入口楼名（楼号）标识、建筑楼层功能导引总图、楼层标识等。

② 垂直交通空间：垂直交通作为联系建筑不同高程的竖向交通枢纽，主要解决不同建筑层高之间的可达性。垂直交通的无障碍设计包含楼梯、扶梯和无障碍电梯。

③ 水平交通空间：水平交通空间主要指各楼层的公共走道，主要解决开放公共空间与独立房间的

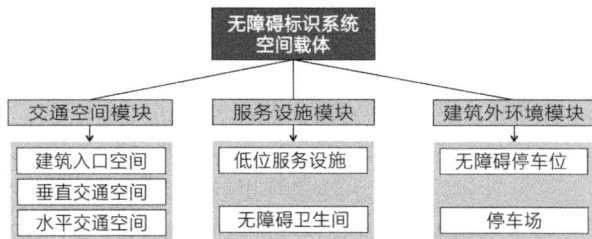

图 2-5-10 无障碍标识系统的空间

联系，其无障碍标识设计主要包括：室内门牌、公共走道中的导向标识、楼层信息标识等。

（2）服务设施模块

服务设施模块是交通空间立体网络中的重要节点，应在设施明显位置设置无障碍专用标识，以提示和引导特殊人群的使用。作为特殊人群的"目的地"，这些空间使用频率极高，具体包括各类低位服务设施和无障碍卫生间等。

① 低位服务设施：低位服务设施的设置应充分考虑到行动障碍者、儿童的人体尺度特征，与轮椅容膝空间的结合等，具体涵盖了售票处、取款机（取票机）、饮水器、结算通道、自动售货机等。

② 无障碍卫生间：无障碍卫生间作为影响残障人士是否意愿出行的主要设施，配备了较多的无障碍设施，具体包含方便乘坐轮椅人士开启的门、专用的洁具、与洁具配套的安全扶手等。

（3）建筑外环境模块

建筑外环境无障碍标识系统主要包括无障碍车位标识、停车场标识等。

① 无障碍车位：无障碍车位标识设计应该包括停车线、轮椅通道线、无障碍车位地面标识、无障碍车位立地标识等。

② 停车场：停车场无障碍标识应布置在通行方便、距离出入口路线最短的无障碍机动车停车位，并设有专门的无障碍引导标识。

5.2.5 信息传播的包容性设计

包容性设计（Inclusive Design）的核心理念是尽可能多地满足不同年龄、不同能力状况的人都可以使用无障碍环境（设施）的一种设计方法。作为一种"为大众而设计"的态度与途径，这一理念应贯穿整个建筑环境设计构思到无障碍环境落成的全生命周期，而无障碍标识设计应参与到全部设计流程，才能保证更好的融合。

图 2-5-11 无障碍标识的包容性设计

从包容性的设计理念出发，需要充分考虑不同人群获取信息的途径和特点，包括残疾人、老年人、儿童、外国人、外地人等。而影响信息传播的媒介主要为：标识尺度、信息媒介、信息设计和照明设计等（图 2-5-11）。

① 标识尺度的包容性：从视线分析的角度，轮椅使用者的视线高度低于正常人的视线高度，应充分考虑标识的安装高度能够包容两者的有效视

线范围和肢体触碰范围。

② 信息媒介的包容性：除了为不同障碍者赋能，以各类信息媒体设备传递环境导向信息之外，应提供不同的信息媒介类型供使用者选择，既保证传统标识、语音、盲文等媒介，又适当引入信息化、智能化设备。

③ 信息设计的包容性：无障碍标识中的图形设计、色彩设计除了易于识别之外，应考虑在无障碍设施的密度较高时，尽量归纳信息，减少标识牌数量，减少使用者的认知负担，注重友好的交互体验。

④ 照明设计的包容性：在照明方式、灯具选择及布点上，无障碍标识照明设计应避免灯具对轮椅低位视点造成眩光，并通过照明强化标识的识别性。

5.2.6 无障碍标识系统的规划设计原则

标识环境的系统性设计主要参考我国《公共信息导向系统》GB/T 15566 和《公共建筑标识系统技术规范》GB/T 51223—2017 两个标准。归纳起来，主要设计原则如下：

（1）合理架构标识系统

充分考虑使用者信息需求，结合空间环境的功能、流线，合理规划标识的点位与密度，将标识环境整体化、网络化、立体化。

（2）选择恰当标识类型

考虑使用者在空间环境中的主要观察方式，合理选择、综合运用标识类型，以有效传达信息。

（3）图示标明位置

示意图设计简介明确，宜有凹凸，方便使用者把握自己与周围环境的位置关系，详细了解周围状况，确定行进目标。

（4）文字明显准确

地名、车站名、房间号等，可采用较大文字或标记性字体，使用盲文时应配置在便于接近、可以触摸到的范围。

（5）导向连续化、系统化

在人行流线的起点、终点、转折点、分叉点、交汇点等易引起路线疑惑的位置设置导向标识点位；对于残障者等弱势人群，应提示一条便捷的无障碍通行路径。

（6）导向标识节点显著

如询问处、卫生间、电话亭、餐馆、避难出入口、火灾报警器等，需要将其设置在很容易看到的地方。

（7）预先警告危险

对残障者不宜通过的道路应有预先告知标识，引导标识应设置在道路的分叉点、交汇点之前一定距离。

5.3 视觉标识的无障碍设计

5.3.1 造型

标识牌的造型肯定需要考虑其艺术性，但无障碍标识也需要重点考虑其功能性，综合来看应遵循以下原则：

① 标识本体的设计应考虑材料特性，宜选用环保、经济、安全、耐久的材料；

② 标识类型的选择应考虑使用者在空间环境中的主要观察方式，如在线性空间（如走廊）中，宜选择悬挑式、悬挂式为主，而空旷环境则宜选择贴壁式、立牌式为主；

③ 标识系统的形态、尺度应与环境空间的风格相一致；

④ 应避免尖角、硬角等危险的形状，防止造成安全隐患（图 2-5-12）；

⑤ 无障碍标识环境系统设计在选用标识造型时应注意：与建筑空间的整合性、作为标识的醒目性、安全性、易于维修和经济性（图 2-5-13）。

图 2-5-12　标识采用圆角、容膝
空间等做法避免安全隐患
（来源：赵伟拍摄）

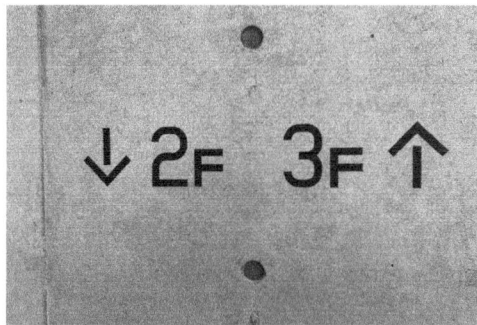

图 2-5-13　标识具有空间整合性、
醒目性、安全性、易于维修和
经济性（来源：赵伟拍摄）

（1）版面

版面设计是为使标识版面布局清晰、合理，对标识的文字、图形、符号等可视化信息元素在版面上的位置、大小进行布局及调整工作的总称。版面设计应注意以下设计原则：

① 版面设计应在确定设计方针与观看距离后再设计标识文字的文字、大小、底色与文字颜色之间的关系等。悬挑式、悬挂式标识应双面或多面可视；

② 人行导向标识版面设计应遵守的要求如表 2-5-2 所示；

③ 版面设计应按照上一节标识信息传达设计的原则，对文字、图形、颜色等要素进行合理安排（图 2-5-14、图 2-5-15），并相应采用恰当的标识类型安装。悬挂式、悬挑式标识通常都有两个方向观察的需求，因此应双面可读；

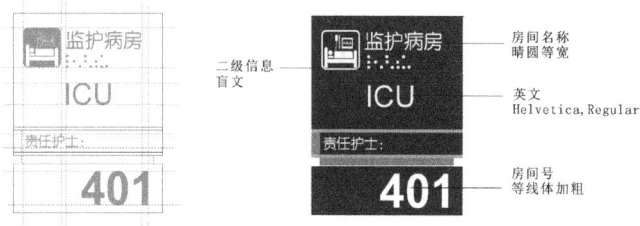

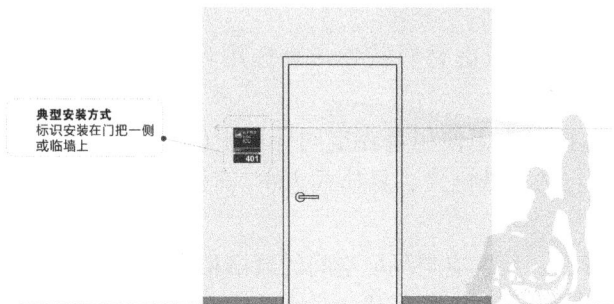

图 2-5-14 某医院贴壁式标识版面设计（来源：天津大学无障碍通用设计研究中心绘制）

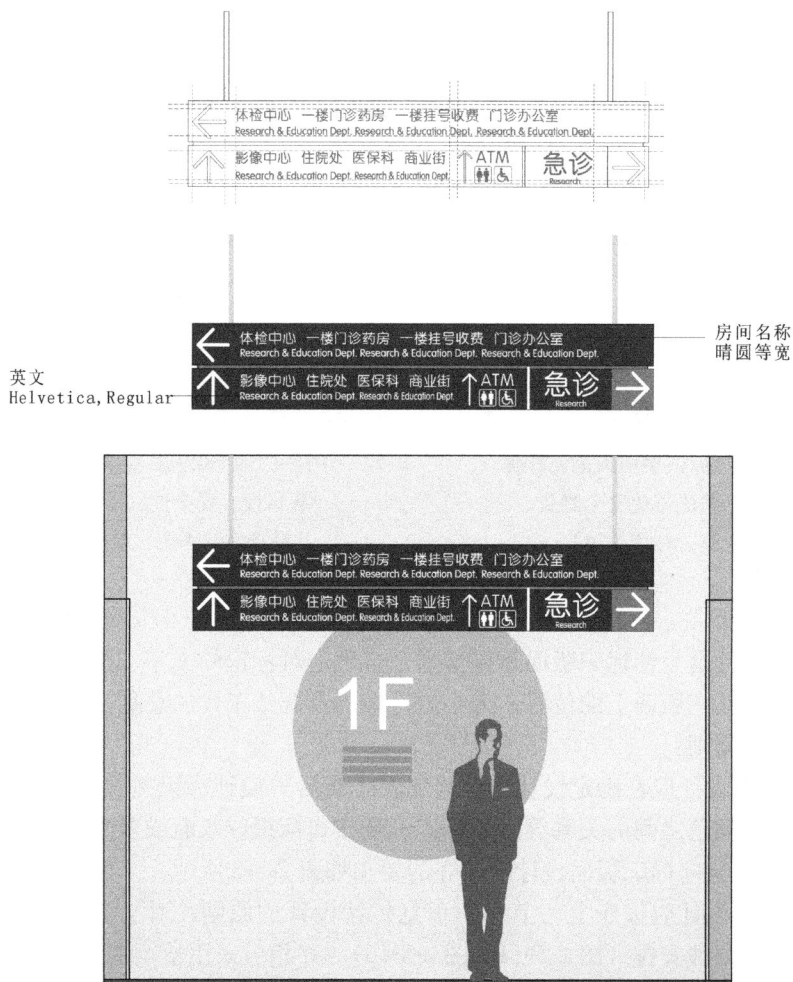

图 2-5-15 某医院悬挂式标识版面设计（来源：天津大学无障碍通用设计研究中心绘制）

版面元素关系	间距	
	列距	行距
汉字与汉字	—	$0.6h$
箭头符号与图形	$0.5\sim0.9h$	—
汉字与图形	$0.25\sim0.5h$	$0.5h$
汉字与其他文字	$0.25\sim0.5h$	$0.25h$
英文字体	$0.75X$	$0.5X$（词组）或 X（两不相关单词）

文字、符号、图形等版面元素的间距　　　　　　表 2-5-2

注：h—汉字高度，x—英文字母高度。

④ 版面元素设计间距要求参考《公共建筑标识系统技术规范》GB/T 51223—2017 表 5.3.3。

（2）图形符号

图形符号是信息传达的重要视觉要素，具有以"图"达"意""一图胜千言"的作用，能够起到辅助文字信息传达环境信息的作用，作为较为形象的视觉符号，能够跨越语言的障碍直接被人理解，具体设计要点如下：

1）视觉标识应优先使用图形表达，尽量少用说明文字。

2）图形应准确表达预想传递的信息和意图，宜优先参考国家和国际标准图形，避免产生歧义。

3）图形元素允许艺术设计，并应符合下列要求：

① 设计时应首先使用实心图形，必要时可使用轮廓线（图 2-5-16）；

② 尽可能将图形符号设计成对称的形式（图 2-5-17）；

③ 图形符号整体最小尺寸可依据公式 $A=25D/1000$，由标识最大观察距离（也称最大视距）确定（图 2-5-18）。其中，A—标识图形符号外轮廓方框的最小尺度，D—最大视距（图 2-5-19）；

图 2-5-16　标识优先使用实心图形
（来源：天津大学无障碍通用设计研究
中心根据国标绘制）

图 2-5-17　标识尽可能对称设计
（来源：天津大学无障碍通用设计研究
中心根据国标绘制）

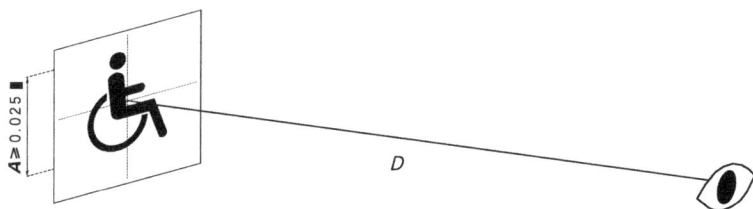

图 2-5-18　图形最小尺寸与视距的关系（来源：天津大学无障碍通用设计研究中心绘制）

④ 图形符号的线宽不得小于标识牌短边长度的 2%，线条间距不得小于标识牌短边长度的 1.5%，图形符号要素的最小边长或直径不得小于标识牌短边长度的 2.5%；

⑤ 图形符号要素到标识牌边框的距离至少应不小于对应边长的 5%，也即图形符号要素不应超出标识牌边框以内正中心 90% 的区域范围（图 2-5-20）。

（3）文字

文字能够相对准确地传达复杂的信息和系统，通常用于环境名称的定义和相关信息的解释说明。通常标识设计中会综合运用数字、中文和其他语言，以适应不同的受众群体。

1）字体

中文或西文字体选择应符合表 2-5-3、图 2-5-21 的要求。

2）字号选择

① 字号的选择以最小字号来控制，应在满足规范要求的照明条件下进行，即标识标明的照度应在 150～500lx。在照度较低条件下，应适当增大字号；

② 对于英文数字字体，最小字号使用以下公式计算（图 2-5-22）：

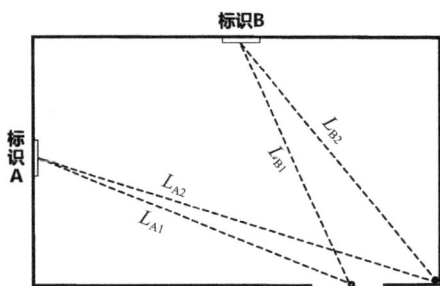

注：A、B 两个标识，如要求房间门口能看清，则最大视距为 L_{A1} 和 L_{B1}；如要求室内任何一点都能看清，则最大视距为 L_{A2} 和 L_{B2}。

图 2-5-19　标识最大观察视距的确定
（来源：天津大学无障碍通用设计研究中心绘制）

图 2-5-20　图形符号到边框的距离（来源：天津大学无障碍通用设计研究中心绘制）

无障碍标识选用的字体类型　　　　　　　　　　　表 2-5-3

使用情境	中文	英文、数字
一般标识（少量文字）或标题宜采用的字体	无衬线字体（笔画无装饰、等宽）：黑体、等线体	无衬线字体
大段文字（如说明标识）宜采用的字体	细黑、细等线体	有衬线或无衬线、字型较为简洁规矩的字体
不宜采用的字体	笔画过细或装饰过多、较难辨认的字体；仿宋、草体、篆体、空心体等	笔画过细或装饰过多、较难辨认的字体：花体、哥特
视力障碍者使用的可触摸凸起式立体字	应设计为笔画圆滑、倒角的字体，不得使用硬角、尖锐倒角字体	

$$P = 20D$$

其中，P—字号（pt，即平面设计字体常用单位"磅"，1 磅＝1/72 英寸＝0.3527 mm）；D—观察视距（m），一般取标识所处环境使用的最大视距。

视力残障人士使用较多的场所，英文数字的最小尺寸宜根据以下公式计算：

$$P = 42.53D$$

③ 对于中文字体，最小字号使用如下公式计算（图 2-5-23）：

$$P = 43.92D + 2.87$$

④ 为视力障碍者设计的可触摸凸起式立体字，最小字号不小于 48pt，即 15mm。最小字间距字母数字不小于 2mm，汉字不小于 4mm（图 2-5-24）。

5.3.2　色彩

老年人、弱视者使用的视觉标识需要大字体、高对比度、标识适度照明。色盲、色弱这类障碍者难以辨认色彩标识，应提高对比度。

色彩的三要素是色相、彩度（饱和度）、明度（亮度），而标识本体包括前景色（图文符号）、背景色，还应考虑环境色，因此标识色彩的无障碍设计除了色相、彩度、明度三要素，还应主要考虑色彩组合方案的色相对比，以及对比度

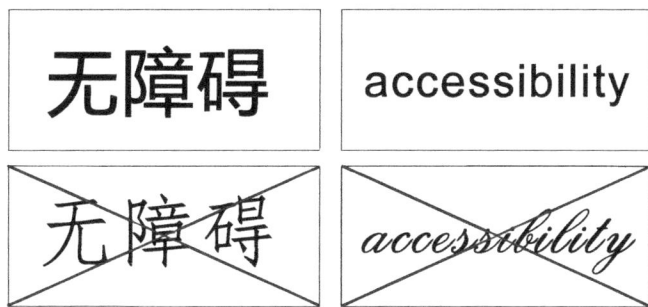

图 2-5-21　无衬线字体与衬线字体示意（来源：天津大学无障碍通用设计研究中心绘制）

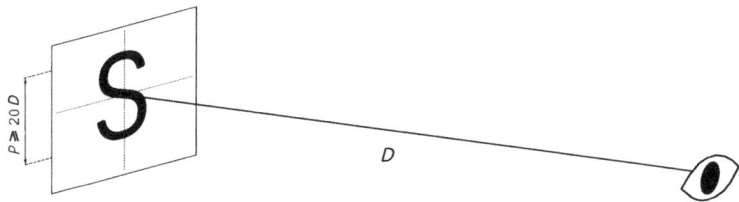

图 2-5-22　标识字母数字最小字体（来源：天津大学无障碍通用设计研究中心绘制）

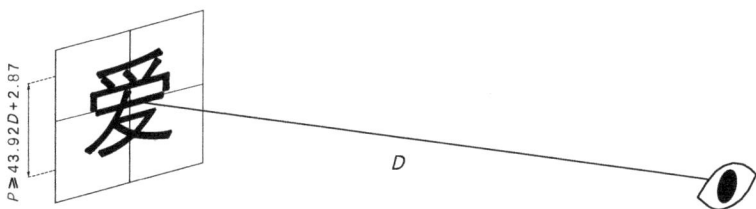

图 2-5-23　标识最小中文字体（来源：天津大学无障碍通用设计研究中心绘制）

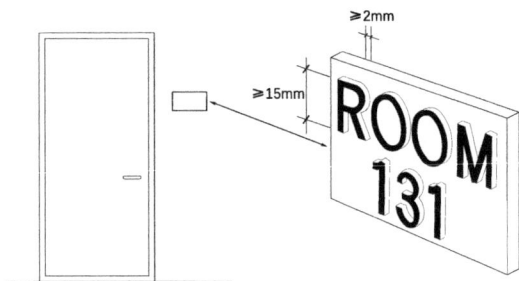

图 2-5-24　可触摸凸起式立体字的最小尺寸和间距（来源：天津
大学无障碍通用设计研究中心绘制）

图 2-5-25　浅色图文、深色背景标识
（来源：天津大学无障碍通用设计研究中心绘制）

图 2-5-26　深色图文、浅色背景标识
（来源：天津大学无障碍通用设计研究中心绘制）

（即明度或亮度对比）。

图文标识的辨认，还应考虑到色觉障碍群体的认知，因而在色彩设计方面最主要的手段是依靠标识图底对比度以及标识牌与背景的对比度。通常建议标识宜采用亮图形色、深背景色的色彩方案（图 2-5-25），并宜放置在浅色背景界面上；或者采用相反方案（图 2-5-26）；或者标识背景色与环境色融为一体，如采用融合式标识。

编者实验研究的成果（表 2-5-4）表明：室内使用的标识在视距≤2m 时，建议对比度宜达到 50％（即亮度比宜达到 2.0）；视距 2.1～5m 时，建议对比度宜达到 80％（即最小亮度比宜达到 5.0）。

通常还需要给予标识牌适当的照度，标识本体的照度宜为 200～500lx，并避免眩光。

5.3.3　尺度

标识的无障碍设计尺度要素主要指的是标识牌的尺寸和规格。

普通标识牌的最小尺寸宜根据以下公式计算（图 2-5-27）：

$$L = 27.8D/1000$$

其中，L—标识牌短边长（m）；D—最大观察视距（m）。

无障碍标识本体的色彩亮度比或对比度设计要求　　表 2-5-4

视距	建议标识色彩亮度比	相应色彩对比度
≤2m	≥2.0	≥50％
2.1～5m	≥5.0	≥80％

注：① 亮度比的计算可将色彩空间转换成 Lab 模式，查看颜色的 L 值用于近似计算。标识为浅色图文、深色背景时，亮度比＝$L_{前景色}/L_{背景色}$；标识为浅色背景、深色图文时，亮度比＝$L_{背景色}/L_{前景色}$；
② 对比度＝（1－1/亮度比）×100％。

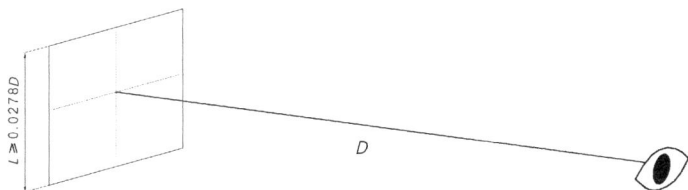

图 2-5-27　普通标识牌最小尺寸（来源：天津大学通用无障碍设计研究中心绘制）

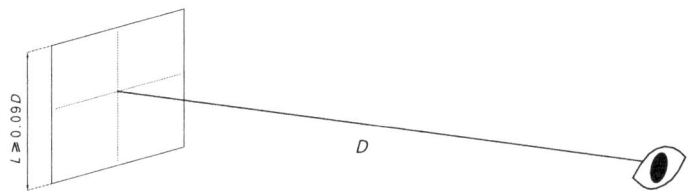

图 2-5-28　视力障碍者标识牌最小尺寸（来源：天津大学无障碍通用设计研究中心绘制）

视力障碍者使用较多的场所，如残疾人设施、老年人设施等公共建筑的标识牌或符号的最小尺寸宜根据以下公式计算（图 2-5-28）：

$$L = 0.09D$$

其中，L—标识牌短边长（m）；D—最大观察视距（m），最大 10m。

标识牌的边长，应成规格化，宜采用 50mm 为模数；无障碍设施标识最小边框尺寸不应小于 150mm。

5.3.4　空间位置

标识环境是建筑空间环境的重要组成部分，标识在空间中的位置对其信息呈现有重要影响，其中最重要的设计要素包括标识安装高度和标识凸起尺寸。

（1）标识安装高度

标识安装高度应遵循以下设计要求：

① 悬挑式和悬挂式标识牌以及视距 6m 以上的远距贴壁式、地牌式及融合式标识牌，底边最低高度应大于 2.2m；标识牌所处空间宜在乘轮椅观察者视线向上 10°以内，且视线不被他人遮挡（图 2-5-29）；

② 最大视距 6m 及以下的近距贴壁式、地牌式及融合式标识，标识牌中心安装高度宜为 1200~1400mm。以儿童为主要使用者的环境，如小学、儿童医院、游乐场所等，标识牌中心安装高度宜为 900~1200mm；

③ 如果观察者与标识所处地面不在同一水平面，应对高差予以修正，并且需要考虑视线遮挡的标识类型，仍需保证底边最低高度应大于 2.2m；

④ 为视力障碍者设计的贴壁盲文标识或立体凹凸标识的可触摸部分，高度应处于 1200~1600mm 范围内，标识牌边缘宜距离门框外缘 50~100mm（图 2-5-30）。

（2）标识凸起尺寸

无障碍通道两侧高度 600~2000mm 范围的标识伸入通行空间的凸起厚度

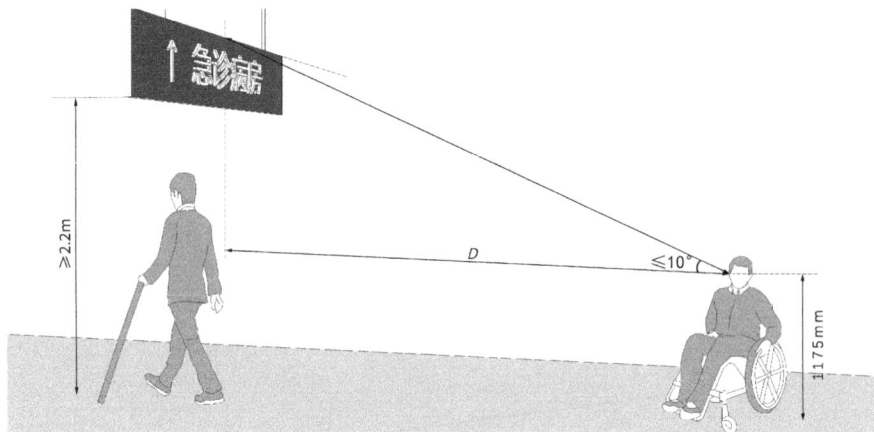

图 2-5-29　悬挂式标识安装高度（来源：天津大学无障碍通用设计研究中心绘制）

图 2-5-30　带盲文无障碍标识的安装高度示意（来源：天津大学无障碍通用设计研究中心绘制）

（即水平尺寸）不得大于 100mm，并且凸起后的过道净宽仍须满足无障碍通道的宽度规定。

5.3.5　材料和照明

（1）材料

标识的设计应考虑材料特性，应选用环保、经济、热惰性高、无眩光、安全、耐久的材料。如视觉标识一般不宜使用镜面或反光材料，有夜间使用要求而采用反光材料时要避免产生眩光。

有夜间使用需求的标识应采用电光源型、荧光膜或反光膜。通常有两种材料做法，即自发光或反光材料。

（2）照明

室内标识的照度不宜低于 100lx，室内触觉标识的照度不应低于 350lx，且均应避免眩光。

室内标识照明和周边环境背景的亮度比应为 1.5～10.0；室外标识照明和周边环境背景的亮度比不应超过 22。

室内外标识照明亮度均匀度 $U1$（lmin/lmax）应高于 0.5。

5.4　典型应用场景案例：某医院无障碍标识系统

医院是无障碍标识系统应用最为典型的公共场所之一。本节以某医院无障碍标识系统设计为例，介绍几种主要无障碍标识的设计方法。需要设置无障碍设施标识的重要节点有基地出入口、建筑出入口、门厅服务台、电梯厅、走廊卫生间。本章以部分节点为例说明无障碍标识系统设计。

5.4.1　医院基地入口导览图无障碍标识

要求：在医院基地入口设置无障碍导览图标识，为残障群体指示无障碍停车位和建筑无障碍出入口，也指示普通停车场、出入口，要求是标识 1.00m 前能看到导览图。

平面位置：标识布置位置见图 2-5-31，在医院基地主入口右侧布置，方便来访人员查看。

造型、版面、材质：结合医院入口 LOGO 设计（图 2-5-32），在石材上贴亚克力材质标识图形。

安装高度：作为地牌式标识，图形中心距地面应为 1200～1400mm。

文字：该标识的英文数字字体，最小字号 $P=23D=23×1=23$ 磅；中文字体，最小字号 $P=43.92D+2.87=47$ 磅。

色彩：依据医院整体形象设计，该标识牌主题色彩设计为灰底色、橙白色图文方案。根据上文 5.3.2 节，色彩亮度比应≥2.0，白色 Lab 色彩 L 值设计为100，橙色 Lab 色彩 L 值设计为 32，灰色 Lab 色彩 L 值设计为 65（图 2-5-33），其亮度比分别为白色/橙色=100/32=2.04>2.00，白色/蓝黑色=100/24=3.13>2.00，灰色/橙色=65/32=2.03>2.00，均满足上文要求。

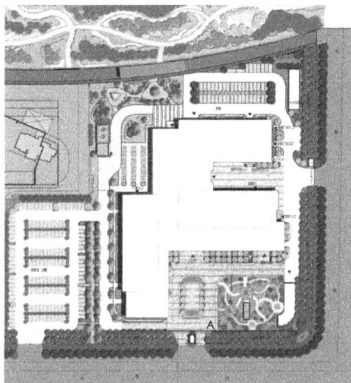

图 2-5-31　基地入口导览图位置
（来源：天津大学无障碍通用设计
　　　研究中心绘制）

图 2-5-32　基地入口导览图效果
（来源：天津大学无障碍通用设计研究中心绘制）

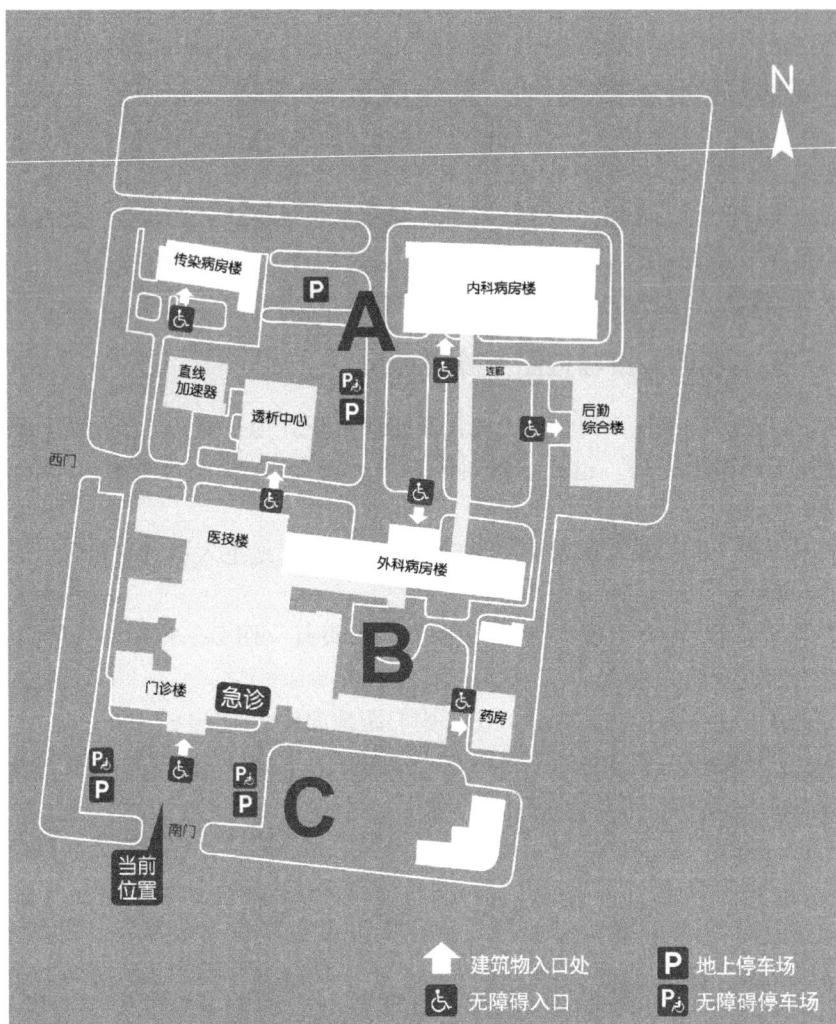

图 2-5-33　基地入口导览图标识（来源：天津大学无障碍通用设计研究中心绘制）

图形尺寸：医院是残障群体较多的场所，根据 5.3.3 节，无障碍标识图形最小尺寸为：$L=0.09D=0.09\times1000\text{mm}=90\text{mm}$，方案中每个小标识，如无障碍出入口、无障碍停车位等处的标识尺寸≥90mm。

5.4.2　医院走廊卫生间无障碍标识

要求：走廊设导向标识，以提示能够去往的目的地以及无障碍电梯；设置卫生间标识，以使人方便找到卫生间的位置。

平面位置、标识形式：在走廊转弯处预先提示能够去往的位置，使用悬挂式标识，要使人在走廊对面尽端看到，视距为 8.00m（图 2-5-34）。卫生间设悬挑式标识，以使人在走廊上即可看到卫生间的位置，设计为人行走过程中 3.00m 之内能看到；卫生间设置贴壁式（附着式）标识，在走廊能够垂直看清，视距为 3.00m。

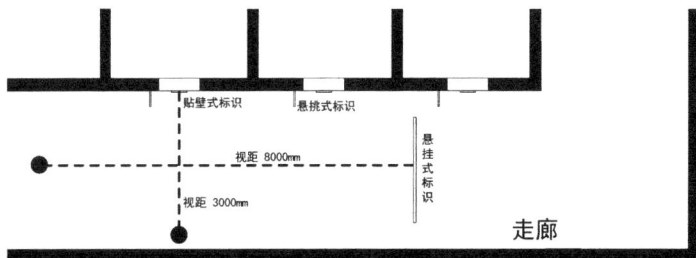

图 2-5-34　走廊平面（来源：天津大学无障碍通用设计研究中心绘制）

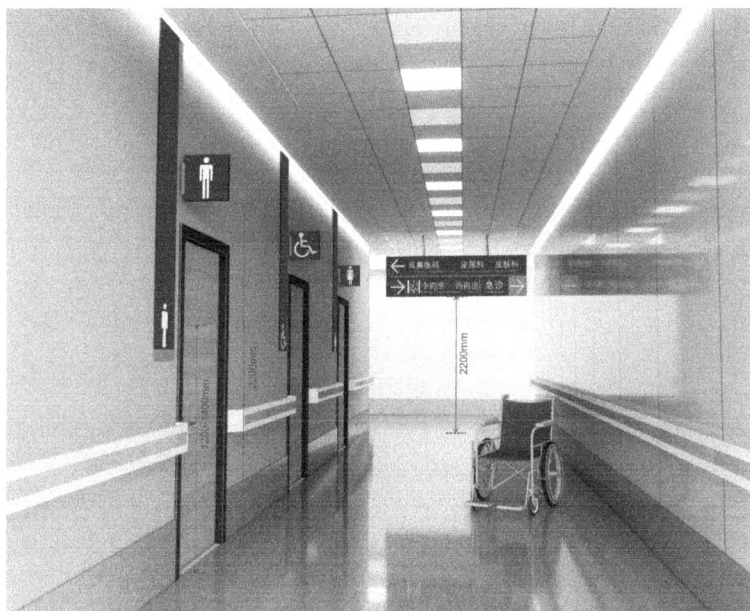

图 2-5-35　走廊和卫生间无障碍标识效果图（来源：天津大学无障碍通用设计研究中心绘制）

材质：均采用亚克力材质，悬挂式标识采用内发光亚克力灯箱、铝合金吊筋。

安装高度：贴壁式标识图形中心距地面均应为 1200～1400mm；悬挑式标识底边距地面最少应为 2200mm。

悬挂式标识无障碍标识顶边最高为：$L=1.175+D\times\tan10°=2590$mm，底边最低为 2200mm。但这样算来其高度仅有 390mm，还需要考虑满足标识牌本身尺寸大小，并优先满足底边最低为 2200mm，保证不影响正常通行（图 2-5-35）。

尺寸：贴壁式、悬挑式标识的最大视距均为 3m（图 2-5-36）。根据上文 5.3.3 节，其图形最小尺寸为：$L=0.09D=0.09\times3000$mm$=270$mm（图 2-5-36）。根据上文 5.3.1 节，标识牌尺寸最小应为 300mm。

悬挂式标识由于最佳可视安装高度计算所得的空间有限（2590－2200＝390mm），较难满足视障人士所需尺寸：$L=0.09D=0.09\times8000$mm$=720$mm，因此，设计为标识牌上各种图形符号最小尺寸使其满足看清普通标识的要求：

图 2-5-36　悬挑式标识与贴壁式标识
（来源：天津大学无障碍通用设计研究中心绘制）

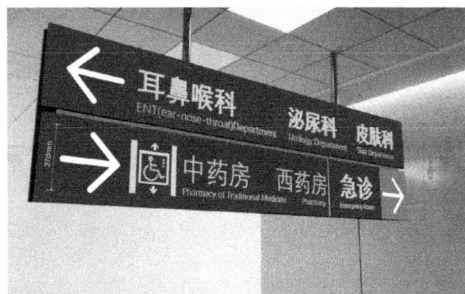

图 2-5-37　悬挂式标识（来源：天津大学
无障碍通用设计研究中心绘制）

$L = 0.025D = 0.025 \times 8000mm = 200mm$。本方案设计为标识牌高 620mm，符号高 270mm（图 2-5-37）。

文字：该标识的英文数字字体，最小字号 $P = 23D = 23 \times 8 = 184$ 磅 $= 64.6mm$；中文字体，最小字号 $P = 43.92D + 2.87 = 354$ 磅 $= 124mm$，均小于上述图形最小尺寸 200mm。

色彩：悬挑式、贴壁式标识相对独立，但位于走廊上，因此采用医院整体形象设计中的深蓝灰底色＋白色图形方案。根据 5.3.2 节，视距为 3.00m，色彩亮度比应 $\geqslant 5.0$，故前景色白色 Lab 色彩 L 值设计为 100，背景色蓝灰色 Lab 色彩 L 值设计为 20，其亮度比为 $100/20 = 5.0$，满足本标准要求。

悬挂式标识牌呼应医院整体形象设计，主体色彩设计为蓝灰底色、白色图文、橙白色导向箭头方案。根据 5.3.2 节，视距为 8.00m，色彩亮度比应 $\geqslant 5.0$，白色 Lab 色彩 L 值设计为 100，背景色蓝灰色 Lab 色彩 L 值设计为 20，其亮度比为 $100/20 = 5$，满足设计要求。

5.5　智能标识

5.5.1　概念

智能标识指涵盖了信息导引、空间导航等标识系统的基本功能，同时又增添了人机交互服务特征的标识。

相较于传统的静态标识，智能标识具有显示动态化、形式产品化和服务性强等特点。随着人机工程技术的发展，智能标识将拥有更高的信息呈现品质。

5.5.2　与信息无障碍设计的区别与联系

信息无障碍设计面向的主要问题在于人机界面的无障碍访问以及沟通技术，目的是实现人与终端、人与数字环境的联通；智能标识设计多以物理空间下的人居设施为响应或感知对象，目的是实现人与环境、人与空间的联通，通过与空间、设施相融合的设计方法，结合智能技术得以实现，包含更多维度的服务设计意识及执行方向。前者填补了人与数字之间的鸿沟，后者优化了空间中人的出行

人与数字环境的信息无障碍问题　　人与空间、设施的信息无障碍问题

图 2-5-38　信息无障碍与智能标识

与使用（图 2-5-38）。两者都以通用设计为原则，以信息的无障碍交流为目标，都是无障碍环境建设信息化、智慧化的有效组成部分。

5.5.3　设计原则与形式特征

智能标识的设计应普遍遵循无障碍标识系统的信息化创新基本原则：便捷性、可选择性与包容性。

通过反馈功能，智能标识实现了信息的精准传达，从而提供给使用者空间的识别与判断依据，最终通过交互功能提供多维度的可选择性。感应标识应与视觉、触觉、听觉标识相整合。感应标识系统应能够完整、持续地提供空间信息，并起到提醒、警示、识别的作用。交互式标识应避免对主要空间流线和其他标识的干扰；交互式标识宜为在场的需求者提供实时和突发的紧急信息。

随着智能设计的发展，智能化标识为静态的标识系统增添了人机交互的体验维度，使空间与人之间的信息无障碍成为可能。动态化的呈现、设计形式产品化以及强服务性是智能标识的特征。首先，其信息的流动、传递与交互是动态化的，如触屏信息岛；其次，一些智能标识的功能形式往往是通过产品形式实现的，如支持盲杖的感应标识，其密不可分的商业属性决定了智能标识的产品化特征；最后，以用户为中心的设计通常都表现出较强服务性，如残障人士智能步行街，是集成了智能标识功能的空间服务设施。

5.5.4　设计方法

设计师是这一标识类别的组织主体，设计方法学则是完成智能设计模拟人工设计的依据。借助数据响应、交互界面、服务设计等不同层面的技术方法，设计师对用户体验进行设计方法上的干预，并选择合适的智能技术与之相匹配，从而实现人工智能融入传统的环境行为设计，最终通过人机交互的体验达成以人为本的设计目标。

通过对不同空间环境类别中需求的调查与评估，结合不同的终端界面，智能标识可设计为固定与可移动形式，如建筑面积 2 万 m^2 以上的商业、科教文卫、旅游、交通运输建筑和人群易于聚集的大型临时活动场所宜设置固定的交互式标识系统，展馆、博物馆则可配备解说器与导航耳机等设备。

5.5.5 种类与发展趋势

智能标识的种类与技术的变革及社会需求的发展紧密相关。

随着智能制造水平的不断提高以及通用无障碍发展的社会需要，依据无障碍功能的实现效率，可将当下的智能标识划分为 3 种类型。第一种是传统标识体系中的感应类标识。其设计主要实现信息的提醒、警示等及时响应与识别功能，如视障、听障人群的出行提示设备与过街音响、老年人的室内摔跤报警设

图 2-5-39　智慧城市公交站亭系统
（来源：上海师范大学钟辉博士团队设计）

备等，为使用者直接传达空间信息，供其作出行动决策；第二种是交互类标识，通过感知与接收使用者的反馈，为其提供信息及功能响应，如大型商业空间设置的交互信息导航台、城市智慧公交站等固定的智能标识设施（图 2-5-39）；伴随与人居环境、社会服务的进一步融合，第三种是公共服务类智能标识（简称公服类智能标识）将社会公共服务融入了进来，它不仅包含了感应功能与交互功能，且涵盖了公益服务与商业服务。2020 年，宁波推出的"车路协同"新一代智能交通体系，为老年人过街专门设置了可延时交通信号灯，通过老年人自助刷卡或按钮将过街时间增加到了 97 秒，实现了为老龄人群及有特殊关照需要的人群提供交通无障碍服务。由此可见，多功能标识与服务设计的结合证明智能标识在向通用无障碍服务的社会供给这一角色不断进化与演变。

5.5.6 案例

感应与交互类智能标识在生活场景中较为常见，如触摸式交互地图、多媒体交互墙、室内环境安装的可对话视频摄像头等，能够与空间、设施实现物理结合且通过数字联通发生信息传递与往来的标识设计都包含于此列。包含感应与交互功能并融入社会公共服务设计的智能标识为公服类智能标识。

（1）智能影像信号灯

通过光源信号打造虚拟的红绿灯屏障，既可提醒往来车辆更为清晰地按照信号灯行驶，光源形成的屏障也能够为通行道覆盖范围内的不同类型的行人带来通行的安全感，是颇具形式设计感的感应类智能标识（图 2-5-40）。

（2）响应式街道

响应式街道是一座深度融入街道环境并集成了多种智能标识功能的无障碍响应系统，专门为满足残障人士的出行需求而设计，也覆盖支持老年人等其他有辅助需求的行人穿过该街区。

用户在进行网络注册登记后，可以获得一个特制的电子钥匙。当用户行至响应街道时，系统会检测到他们的手机或智能钥匙，并通过提供该使用者需要的无障碍响应来启动支持。该系统可以为视障人士创建音频信号，为视力受损的人增

图 2-5-40   智能影像信号灯

图 2-5-41   响应式街道功能示意（来源：
https：//torontoist.com/2015/05/public-
works-tailoring-the-city-for-a-
pedestrians-special-needs/）

加照明，或为行动不便的人延长过街时间，同时能够提供地图导航及用户定位信息，是集成了感应与交互功能的智能类标识设施（图 2-5-41）。

（3）智能公交提示铃

因公交车司机泊车时突然启动或突然停车而引发的事故频频发生，造成跌倒或致伤害的情况较为常见。为了防止上下车时的意外，一种专门为残疾人、老人和孕妇等坐乘不便人群准备的公交车铃，可以提前将需求类型显示并预告给司机，通过通用提示铃，司机在下车前可以缓慢行驶，充分顾及不同乘客群体的行动需要（图 2-5-42）。

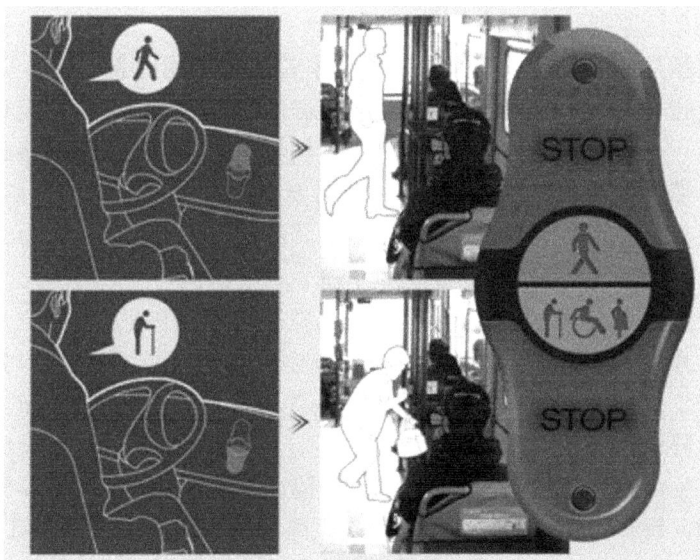

图 2-5-42   智能公交提示铃

6 城市公共空间的无障碍设计技术要点与案例 *

城市公共空间是指城市中对公众开放的空间，是承载着公共活动的场所，具有开放性、公共性和功能性特征。城市公共空间不仅是为市民提供交往活动的物质空间，还具有民主平等的政治文化内涵。城市中的各类人群，尤其是易被忽视的残障人士、老年人、儿童、孕妇等，均是城市公共空间的行为主体，在公共空间中都具有休憩、交往、游赏等多样化需求。因此，需要对城市公共空间展开系统化、全方位的无障碍设计，并且与规划设计、景观设计同步进行。城市公共空间的无障碍环境建设既能保障残障人士及其他有需要的人平等参与公共生活，又能体现出一个城市的文明程度。

在本章以下的各节中，将讨论城市公共空间中各类场所无障碍设计要点，包括城市街道、城市广场、城市公园绿地、城市建筑等的无障碍设计技术要点，并配有先进案例加以说明。

6.1 目标与原则

6.1.1 无障碍设计的目标

城市公共空间的无障碍设计目标在于，尊重所有人的活动需求，建设能够全民共享的公共空间，实现各类场所和设施的无障碍，推动城市公共空间无障碍环境的优化，营造包容、便利、便捷、安全、舒适的城市公共空间。

6.1.2 无障碍设计的基本原则

（1）安全性原则

安全问题是城市公共空间无障碍设计中首要考虑的因素，各类交通流线混乱、公共设施非人性化等情况容易导致弱势群体的安全感缺失，造成其出行和生活的不便捷，严重时会带来不必要的伤害，例如不平整或不光滑的路面、空间视线的遮挡、带刺带毒的路边植物等，为此需要设置相应的保护性和辅助性设施，提升残障人士在公共空间中的体验感，引导其更积极地融入公共社会。

（2）公平性原则

城市公共空间作为人们共享的区域，在规划和设计中通常以健全人为主要使用对象，导致很多方面并不适用于残疾人、老年人、儿童、孕妇等弱势群体，长此以往剥夺了他们在社会生活与交往中的平等参与权，不利于全民的平衡发展。初期的无障碍设计将残疾人与健全者分割开来，分别进行针对性的设计，容易导致残疾人在生活中受到环境的压力而感到被隔离。而现代的无障碍设计逐步向通用设计靠拢，旨在做到全民普适，让残疾人能够像普通人一样融入社会生活中，

---

* 本章作者：倪震宇、朱燕梅、王若瑾希。

以达到社会整合，这一转变在人口老龄化的现代尤为重要。

因此城市公共空间中的无障碍设计应以全民为受众对象，要做到不仅能满足残障人士的基本需求，同时也能满足健全者在特殊状况下的需求，拒绝过分追求"专用"，增加考虑个体在特定环境下可能出现的障碍和各种临时性障碍，尽量做到任何人都能公平地使用。

（3）可识别性原则

部分残障人士由于自身机体的不健全，对外界环境的辨识有一定的困难性，缺乏相应的标识会影响其对方位的判断和对危险的感知，因此城市公共空间在无障碍设计中可综合运用视觉、听觉、触觉等方式，结合图案、声音、形状等多种途径传递信息，以增强空间环境的导向性和可识别性。

（4）舒适性原则

从人体工学的角度出发，深入了解大多数残障人士和临时障碍者的行为习惯，分析影响其在城市公共空间中活动的因素，充分考虑各类状况，使其能够自由地到达和进入各个场地，同时减少非必要的复杂行为，为残障人士减轻体力负担。打造良好舒适的无障碍环境，方便残障人士在没有额外助力的情况下自由进出和使用各设施。

6.2　城市街道

城市街道的关注点在于市民的日常生活和步行活动，具体是指在城市空间内设有人行道的道路与其两侧构筑物之间（含沿街界面）共同构成的具有复合功能的城市开放性公共空间。按照沿线用地特征，城市街道分为商业性街道、生活性街道、景观性街道、交通性街道、混合街道等类型。

6.2.1　一般设计技术要点

城市街道的无障碍设计需要考虑通行路径的安全性和舒适度，以及相应街道附属设施是否配置齐全。尽量避免人车流线的交叉，同时处理好通行道路和绿化带、停车点、各类接驳设施以及街道家具之间的关系，具体无障碍设施内容见表 2-6-1。

城市街道各区域无障碍设施内容　　　　　　　　　　　表 2-6-1

实施范围	设施区域	设施内容
通行路径	人行道	缘石坡道,盲道,轮椅坡道
接驳设施	人行横道	过街音响提示
	人行天桥及地道	提示盲道,无障碍电梯,扶手,安全阻挡(防护设施),盲文铭牌
	公交车站	提示盲道,盲文铭牌,语音提示
服务设施	人行道服务设施	触摸音响一体化,屏幕手语,低位服务,轮椅停留空间

（1）通行路径无障碍

为方便行人及轮椅使用者、婴幼儿等通行，城市街道常在人行道口和各种出入口位置设置缘石坡道。城市街道中行进规律发生变化处、道路周边场所或建筑的出入口需要设置提示盲道，并与道路盲道相衔接。盲道的设置要连续、平顺，不能有所缺失、阻断或者破损，并且与街道绿化、铺装、地面杆线、市政井盖等设施相互协调。非交通性街道设置盲道位置要兼顾轮椅、婴儿车、行李箱等通行需求，详细的通行路径无障碍设计要点见表 2-6-2。

通行路径无障碍设计要点　　　　　　　　　　表 2-6-2

设施区域	无障碍设计要点
人行道	人行道在各种路口、出入口位置必须设置缘石坡道，其坡面应平整、防滑，坡口与车行道之间避免高差，且不应设置雨水箅、井盖； 城市主要商业街、步行街的人行道以及视障者集中区域的周边道路应设置盲道，且不被其他街道设施占用； 坡道的上下坡边缘处应设置提示盲道； 道路周边场所、建筑等出入口设置的盲道应与道路盲道相衔接； 人行道设置台阶处，应同时设置轮椅坡道，且避免干扰行人通行及其他设施的使用
人行道服务设施	宜为视障者提供触摸及音响一体化信息服务设施； 宜为听觉障碍者提供屏幕手语及其他设施的使用； 低位服务设施前应有轮椅回转空间，回转直径应≥1.50m； 设置休息座椅时，应设置轮椅停留空间

（2）接驳设施无障碍

城市街道中的接驳设施主要有行人过街设施和公交接驳设施，即人行横道、人行天桥及地道和公交车站。人行横道两端需设置缘石坡道以方便轮椅使用者的出行，人行天桥、地道、轨道站出入口为满足残障人士的通行需求，应设置无障碍坡道和提示盲道，并与盲道系统相连通，必要时可设置无障碍电梯，各接驳设施的具体设计要点见表 2-6-3。

接驳设施无障碍设计要点　　　　　　　　　　表 2-6-3

设施区域	无障碍设计要点
人行横道	人行横道宽度应满足轮椅通行需求； 两端必须设置缘石坡道； 安全岛的形式应方便轮椅使用； 城市中心区及视障者集中区域的人行横道，应配置过街音响提示装置
人行天桥及地道	距每段台阶的起始点 250～500mm 处应设置等长的提示盲道； 有条件时，应设无障碍电梯； 天桥或地道出入口处如设置坡道，坡面应平整、防滑，其净宽不应小于 2.0m，坡度不应大于 1：12； 桥下三角区净空高度小于 2.0m 时，应安装防护设施，并在防护设施外设置提示盲道
公交车站	公交站台有效通行宽度应≥1.50m； 公交车站设置在车道之间的分隔带时，应方便轮椅使用者到达和使用； 公交站台距路缘石 250～500mm 处应设置提示盲道，其长度应与公交站台的长度一致，并与人行道的盲道系统连通； 宜设置方便视障者使用的盲文站牌或语音提示服务设施； 轨道站出入口与邻近公交站台、人行天桥、地道等接驳应采用风雨连廊连通，连廊应采取防晒顶棚

（3）街道附属设施无障碍

街道中的附属设施是指设置于街道内为车行、步行、街道活动以及市政配套服务的各类设施，包含交通附属设施、街道家具、市政环卫附属设施、其他公共服务设施等。常见的街道附属无障碍设施有过街音响、信号灯、公共座椅、无障碍标识等（表 2-6-4）。街道中本就存在大量标识设施，无障碍标识可以更好地帮助残障人士在街道中活动，音响导向信息更易被视障者接受，且更具有可靠性，因而有必要设置与交通信号灯联动的音响导向装置。

街道附属设施无障碍设计要点   表 2-6-4

设施区域	无障碍设计要点
过街音响	过街音响提示装置应有利于视障者安全通行及辨别方向，应结合人行横道信号灯统一设置，设置间距宜考虑各声源的发声方向、大小以及时间，避免相互干扰，同时应设置开关功能，避免深夜对周边城区产生噪声污染
信号灯	在非交通性次干路及以下等级的街道内的医院、学校、敬老院等人行出入口的高峰时段，信号配时应增加行人绿灯时间，保障幼、老、病、残等弱势人群的过街安全
街道家具	城市道路宜设置公共座椅等休息场所，以供残疾人、老年人等群体临时休憩； 沿街休憩节点设置间距宜在 300m 以内，商业性街道和生活性街道宜按 50～100m 间隔设置休憩节点，同时应设置轮椅停留空间； 紧邻街道步行道设置座椅等休息设施时，步行道有效通行宽度宜＞3.0m； 固定在无障碍通道、轮椅坡道、无障碍楼梯的墙或柱面上的物体，其底面距地面的高度应≥2.00m；如介于 0.60～2.00m 之间时，其突出部分的尺寸不应大于 100mm
无障碍标识	交通枢纽、轨道交通站、重要公共建筑物等处应设置明显的无障碍标识； 标识立杆不应妨碍行动障碍者的独立通行； 进入步行空间的交通标注牌等设施净空应≥2.5m，避免妨碍行人的正常通行； 设施设置的斜拉索应通过色彩鲜艳的索套等方式进行警示

6.2.2 交通性街道

交通性街道不仅要保障残障人群出行的安全和顺畅，同时也要满足大众对于通行附属设施的无障碍需求。例如当人行道与非机动车道同标高设置时，盲道与非机动车道边界之间设置绿化分隔带以保障视障者的行进安全。学校、幼儿园、医院、养老院以及其他重点区域原则上以平面过街为主，布置立体过街设施时考虑加设电梯以满足无障碍通行的要求，同时过街信号灯的按钮设施在设计中也要考虑残障人士、老年人和低龄儿童的无障碍需求。视障者和部分老年人由于视力的问题，在通行时原有的可视信号能起到的作用大大降低，因此需要辅以音响提示装置来完成通行。

常见的交通性街道无障碍设计要点见表 2-6-5。

交通性街道无障碍设计要点   表 2-6-5

设施区域	无障碍设计要点
附属设施	城市主要道路的公交车站，应设提示盲道和盲文站牌； 人行道与非机动车道同标高设置时，盲道与非机动车道边界之间宜设置绿化分隔带，盲道距离绿化带不应小于 250mm；当无法设置绿化分隔带时，盲道与非机动车道边界距离不应小于 500mm； 布置立体过街时宜设置无障碍电梯； 无障碍行人过街信号灯按钮的设置位置应远离交叉路口中心，接近人行横道线和路缘坡道； 无障碍行人过街信号灯应设置低位按钮； 残疾人通过街道所需的绿灯时间，按残疾人步行速度 50mm/s 计算

6.2.3　商业性街道

商业性街道在保障通行性的基础上，增添了大量的商业设施。在无障碍设计中需要丰富街道的体验，满足人群的交往、驻足、购物、休憩等活动，街区与外部交通相连接的路口设置无障碍过街设施，保证残疾人群的顺畅同行。具体的商业性街道无障碍设计要点见表 2-6-6。

商业性街道无障碍设计要点　　　　　　　　　　　　　表 2-6-6

设施区域	无障碍设计要点
商业性街道	街区的无障碍通道与周边建筑的出入口相连接； 商业步行街做坡道化处理； 城区商业街、步行街宜设置盲文地图； 城区商业街、步行街等无障碍设施的位置应设无障碍标识牌； 人行道与建筑前区标高衔接应平缓； 街区内设置无障碍卫生间和标识设施

6.2.4　生活性街道

生活性街道涉及沿街商业、邻里交往、休闲娱乐等活动，因此需要营造安全、连续、舒适的街道环境。通行路径中，宅间小路作为进出住宅的最后一级道路，供居民出入，主要为自行车和人行通道，需考虑各种车辆能否顺利到达单元门前以及住宅入口坡道和宅间小路的衔接。同时通过设置相应的街道附属设施，营造便于交往的围合空间、休憩空间，以便于休闲、娱乐等活动，尽可能满足残疾人在生理和心理上对交往空间的特殊需求，见表 2-6-7。例如在街道中配置自动饮水机，为满足不同使用人群的需求设置成高低组合形式，同时配置触觉标识、凸点指示以及扶手等无障碍设施，并在范围 1.5m 内加强地面的防滑处理。

生活性街道无障碍设计要点　　　　　　　　　　　　　表 2-6-7

设施区域	无障碍设计要点
通行路径	居住区道路两侧主要人行步道设置盲道，宽度为 250～500mm，距行道树约 250～300mm； 居住区各级道路的人行道纵坡不宜大于 2.5%，人行道有台阶时，应设轮椅坡道； 小区路及组团路按需设置盲道，道路起始点设置缘石坡道，以方便轮椅使用者的出行； 宅间小路需满足轮椅、救护和搬家车辆等通行需求
服务设施	居住区道路中的公交车站处设置盲文站牌和提示盲道； 设红绿灯的路口，宜设置盲人过街音响装置； 低位饮水机台面高度宜在 700～800mm，台面下有 550m 宽、600mm 高的容膝空间； 垃圾桶不应采用开盖式，投物口高度不宜高于 1000mm

6.2.5　案例：深圳市前海片区街道

深圳市前海合作区的街道无论是商业性街道还是交通性街道，都融入了无障碍设计元素，不同于城市道路中车辆优先的情况，前海合作区的街道更注重以人为本，非机动车道和步行道共板，地面衔接平整，方便轮椅使用者的出行（图 2-6-1）。前海街道的路口指引牌设置为立体标识的形式，引导方向亦标注距离，同时对街道中的卫生间、公交站等公共设施进行指引（图 2-6-2）。公交站设置有提示盲道，并与步行道中的盲道系统相连接（图 2-6-3）。周边各建筑场地相连接，设有行进盲道，并在行进规律发生变化处设有提示盲道，方便视觉残疾者的安全出行和顺利到达（图 2-6-4～图 2-6-6）。

图 2-6-1 非机动车道和人行道平整衔接

图 2-6-2 立体引导指示牌

图 2-6-3 公交车站的提示盲道

图 2-6-4 商业性街道中的盲道

图 2-6-5 交叉路口的提示盲道

图 2-6-6 行进规律发生变化处设置提示盲道

6.3 城市广场

城市广场是能满足各类城市活动需求的户外开放性场地区域。按照城市广场的性质与用途可将其分为公共活动广场、交通集散广场、纪念性广场、商业性广场等，均应进行无障碍设计。

6.3.1 一般设计技术要点

城市广场无障碍设计首要考量的问题是通行路线是否顺畅、安全、卫生，休憩设施是否便捷、可用，以及标识信息是否可读，因此无障碍设计的主要部位包括广场人行出入口、高差处、地面、休息坐区、卫生间等，见表2-6-8。

城市广场无障碍设计部位 表2-6-8

无障碍体系	无障碍设计部位
通行体系	人行出入口、高差处、地面等
服务体系	休息坐区、卫生间等公共服务设施
标识体系	主要人行出入口处、无障碍设施处

（1）通行体系无障碍设计要点

通行无障碍是弱势群体能在城市广场上开展各项活动的前提条件。因此，要求城市广场要内外联系畅通、合理化解高差、地面平坦等，具体无障碍设计要点见表2-6-9。

为方便轮椅使用者等群体进出广场，人行出入口应设置为无障碍出入口，最好是平坡出入口。人行出入口应与周边道路及附近的公交车站、轨道交通车站出入口、出租车停靠点等设施无障碍连接，保证乘坐公共交通工具与出租车到达的群体可顺畅进入城市广场。

大多数下肢残障人士及高龄老年人等行动不便者使用轮椅代步，儿童照料者需要携带婴儿车出行，而城市广场中的高差设计会对他们造成较大影响。因此，为使轮椅使用者、携婴儿车者、老年人等弱势群体能够独立、便捷通行，广场高差处需要根据实际情况通过轮椅坡道或者无障碍电梯来解决此问题。

城市广场地面铺装的材料选用、排水设施等均有可能对活动群体造成障碍。为使行动不便者顺畅通行，城市广场的地面应做到平整、防滑，不采用光滑表面、凹凸不平的铺装材料，铺装上的滤水箅子应该与地面平齐。

通行体系无障碍设计要点 表2-6-9

设计部位	无障碍设计要点
人行出入口	1. 应为无障碍出入口，通过无障碍通道与周边道路相连； 2. 附近设有公交车站、轨道交通车站出入口、出租车停靠点时，应考虑轮椅使用者的通行及乘坐方便
有高差处	1. 必须设置台阶时，应同时设置轮椅坡道，台阶和坡道起、终点250～300mm处应设置与台阶、坡道等宽的提示盲道； 2. 高差较大无法设置轮椅坡道时，可设置无障碍电梯
广场地面	1. 应做到平整、防滑、不积水； 2. 铺装上的滤水箅子应该与地面平齐，滤水箅子的孔洞宽度不应大于13mm

（2）服务体系无障碍设计要点

城市广场必备的基础服务设施有休憩座椅与卫生间。这类设施无障碍设计时应考虑老年人、轮椅使用者、孕妇、儿童等群体的差异化需求，为其提供针对性设计，具体无障碍设计要点见表 2-6-10。

服务体系无障碍设计要点 表 2-6-10

类型	服务群体	无障碍设计要点
休息设施	拄拐者、老年人、孕妇等	布置距离不宜过大，且座椅应设置无障碍助力扶手和靠背
	儿童	可设置较为低矮的座椅
	携婴儿车者、轮椅使用者、携服务犬的视障者	邻近休息座椅处宜留有轮椅和婴儿车停留空间、服务犬休息空间
卫生设施	异性家庭成员协助行动不便者出行人群	宜设置第三卫生间
	轮椅使用者等	未设第三卫生间时，应设置无障碍卫生间或在公共卫生间内设无障碍厕位和无障碍洗手台
其他公共服务设施	轮椅使用者、拄拐者等	垃圾桶、饮水台等应方便轮椅使用者、拄拐者的使用

目前多数城市广场内设有休息座椅，但存在布置数量较少、座椅使用不方便等问题。因此，设置休息坐区时，应根据拄拐者、老年人等群体的单次行走距离、就座与起身的行为特点，坐区布置距离不宜过大，且座椅应设置无障碍助力扶手和靠背；按照儿童的身高特征设置一些较为低矮的座椅；考虑到轮椅使用者、携婴儿车者和携带服务犬的视障者同样具有休息需求，邻近休息座椅处宜留有轮椅和婴儿车的停留空间、服务犬的休息空间。此外，休息坐区可根据当地气候特征，结合浓荫植物，形成具有遮阳避雨等作用的绿化休憩一体化设施。

为解决异性家庭成员协助有需要的亲人如厕的需求，城市广场内宜设

图 2-6-7 第三卫生间

置第三卫生间（图 2-6-7）。当没有条件设置第三卫生间时，为解决轮椅使用者等人群的如厕问题，城市广场内应设无障碍卫生间，或在公共卫生间内设无障碍厕位和无障碍洗手台。

城市广场内的其他公共服务设施，比如垃圾桶、饮水台等均应方便轮椅使用者、拄拐者的使用。

（3）标识体系无障碍设计要点

无障碍标识体系是引导弱势群体到达目的地的方向系统，也是广场内部无障

碍设施位置的标识系统。标识体系无障碍设计要点见表 2-6-11。

视障者主要是通过触摸盲文读屏来获取信息，因此在城市广场主要人行出入口处，应结合广场平面示意图设置盲文地图，并明确标注出广场内无障碍设施的位置、无障碍路线等信息。城市广场内无障碍坡道、无障碍电梯等通行设施和第三卫生间、无障碍卫生间等服务设施处应设置无障碍设施标识牌，与指示方向的标识牌形成完整的引导系统，快速指引有需要者到达无障碍设施处。

标识体系无障碍设计要点 表 2-6-11

设计部位	无障碍设计要点
主要人行出入口处	可结合广场平面示意图设置盲文地图，并标注无障碍设施位置和无障碍游览路线
无障碍通行设施与无障碍服务设施处	应设置无障碍设施标识牌，与指示无障碍设施方向的标识牌形成连续有效的引导系统

6.3.2 公共活动广场

公共活动广场是平时供市民休息、游览、集会等活动的开敞性空间，广场四周一般布置有市政府等行政管理办公建筑或图书馆、文化馆、博物馆、展览馆等公共建筑。公共活动广场的无障碍设计除了要满足上述一般设计技术要点外，还应注重以下设计内容。

（1）与周边建筑的有效衔接

公共活动广场内的无障碍设施应与周边毗连的办公建筑、公共建筑的无障碍设施有效衔接，尤其保证从公共活动广场至周边主要建筑物的闭环通行路径和信息引导。

（2）活动场地的合理划分

公共活动广场使用人群较为广泛，不同人群的活动需求之间具有关联性和差异性特征，且人群在广场上活动停留时间较久。为满足不同的功能要求，公共活动广场应进行合理的场地规划设计。如广场内经常出现老人陪伴儿童出行活动的现象，设计时应对儿童游戏场地与老人看护场地进行合理布局，在满足儿童游戏需求的同时，顾及老人的交流、看顾、休憩等需求。

（3）无障碍设施的针对性设置

无障碍设施应根据广场特征进行差异化、针对性设置，见表 2-6-12。

无障碍设施的针对性设置要点 表 2-6-12

类别	无障碍设施内容	备注
人员聚集的公共活动广场	可设置智能显示屏	通过语音、文字等形式传递实时通行信息
母婴经常逗留的公共活动广场	宜设置使用面积不小于 $6m^2$ 的母婴室	满足母婴群体的特殊需求
下沉式公共活动广场	在出入口设置无障碍坡道或者无障碍电梯,无障碍出入口位置设置标识牌	标识牌起到提醒作用

6.3.3 商业性广场

商业性广场是指为购物娱乐活动设置的商业建筑户外公共空间，周边商店、餐饮、文化娱乐等设施集中，广场上人流量较大且以步行环境为主，餐饮功能空间的外渗性较强。因此，商业性广场应主要满足不同群体通行、休憩、交谈、就餐等需求。除了要满足上述一般设计技术要点外，商业性广场无障碍设计还应注意以下事项（表 2-6-13）。

在通行方面，各类群体从商业建筑应能顺畅到达周边的商业性广场，保证通行路径的完整性；商业性广场为多层时，应设置无障碍电梯，方便行动障碍者通行。在休憩设施方面，商业性广场可根据商场主题，结合广场上的特色景观小品设置适合各类群体休憩的座椅。在就餐方面，商业性广场内的就餐区可放置一些可移动的餐椅，便于轮椅使用者就餐，以及婴儿车的停放。

商业性广场无障碍设计技术要点　　　　　　　　表 2-6-13

需求类型	无障碍设计要点（除一般设计技术要点外）
通行需求	1. 商业性广场与周边商业设施的无障碍通行流线应顺畅衔接； 2. 多层商业性广场应设置无障碍电梯
休憩需求	可根据商场主题,结合特色景观小品设置休憩座椅
就餐需求	就餐区可放置临时可移动的餐桌椅,便于轮椅、婴儿车停放

6.3.4 交通集散广场

交通集散广场是交通枢纽站、影剧院、体育馆等大型公共建筑的前广场，作为城市交通系统与公共建筑交通系统的联系体，起集散、过渡、停车等作用。因此，交通集散广场无障碍设计时在满足一般设计技术要点外，还应考虑以下要素（表 2-6-14）。

交通集散广场无障碍设计技术要点　　　　　　　　表 2-6-14

设计要素	无障碍设计要点（除一般设计技术要点外）
人车分流	1. 应进行无障碍路径规划； 2. 人行与车行区域之间应设置实体隔离,人行无障碍路径应安全、连续、便捷、无高差； 3. 沿通行路径布置带指示方向的无障碍标识牌和语音提示设施
停车无障碍	1. 靠近停车场出入口处应设置不小于总停车数 2% 的无障碍机动车停车位；比例不足 1 个停车位的至少设置 1 个无障碍停车位； 2. 若设有多个停车场时,每处均应按照其停车总数设置无障碍机动车停车位； 3. 停车场出入口宜设置标注有无障碍机动车停车位的位置和行驶流线的示意图,停车场内应设置带指示方向的无障碍标识牌
无障碍助力服务	大型交通集散广场宜提供智能共享助力轮椅租赁服务点

（1）人车分流

交通集散广场内部流线众多且复杂，设计时应进行系统性的无障碍路径规划，合理组织交通设施布局和人行、社会车辆、公交车、出租车等流线。人行与车行区域之间应设置绿化带、栏杆等实体隔离，保证人行流线安全、连续、便捷、无高差。同时沿通行路径布置带指示方向的无障碍标识牌和语音提示设施，提供多维信息，增强路径引导，提高通行效率。

（2）停车无障碍

广场设有公共停车场时，为方便下肢不便者有足够的空间从车上转移到轮椅等辅具上，靠近停车场出入口处应设置一定数量的无障碍机动车停车位。为使驾驶者清楚了解到无障碍停车位的方向与位置，停车场出入口宜设置停车场示意图，标注出无障碍停车位的位置和行驶路线。停车场内应设置带指示方向的无障碍标识牌，指引车辆到达无障碍停车位。

（3）无障碍助力服务

大型交通集散广场宜提供智能共享助力轮椅租赁服务点，为需要者提供代步工具。

6.3.5 案例：深圳市前海深港青年梦工厂青年广场无障碍设计

深港青年梦工厂位于前海合作区前湾片区，内部规划设计有青年创业园区、会议及展览中心、创业学园、创新中心、人才公寓等多组建筑，以及运动场、青年广场、青年公园等多处休闲场所。其中青年广场为梦工厂主入口广场，与周边会议及展览中心、创业园区、多功能演讲厅、人才公寓等建筑相连通。青年广场内主要元素及节点设计，如出入口、步道、地面铺装等，都方便各类群体使用。

广场与南侧道路衔接处使用微地形坡的处理方式消解场地高差，便于行动不便者顺畅进入广场（图 2-6-8）。广场地面平整，与周边建筑通过无障碍通道连接，不同材质铺装无缝、无高差交接（图 2-6-9）。广场一侧结合植被、树池设置休闲木栈道，采用木质坡道与橡胶封条解决栈道与广场地面的高差，并实现与园区其他道路的无障碍衔接，如图 2-6-10 所示。

图 2-6-8　青年广场入口处

6.4 城市公园绿地

城市公园绿地是供市民休闲活动的场所，承载着游憩、健身、生态、景观等功能。作为面向全方位人群使用的公共空间，城市公园绿地应在规划设计、景观设计过程中融入系统性的无障碍设计，以满足各类群体的基本游憩需求，并提升残障人士对环境的感知体验。城市公园绿地无障碍设计范围主要涵盖城市中的综合公园、社区公园、专类公园、带状公园、街旁绿地等，重点设计区域包括公园出入口及周边场地、游览园路、游憩区及游憩设施、配套服务设施等。

6.4.1 出入口及周边场地

出入口及其周边场地是游客到达、进入公园绿地的关键节点空间，是人群最为聚集的场所，无障碍设计至关重要。但目前公园绿地出入口及周边场地常存在着无障碍路径衔接不顺畅、出入口通道过窄轮椅无法通过、高差等问题。通过对上述问题进行分析，针对出入口及周边场地的接驳设施、售票处、出入口三类设施空间提出无障碍设计要点（表2-6-15）。

（1）接驳设施

市民可能乘坐公共交通工具、出租车或自行开车到达公园，因此无障碍设计时着重关注以下几点：①从出入口至公交车站、轨道交通车站出入口、出租车停靠点、公共停车场等接驳设施处的道路应该是顺畅、连续的无障碍通道；②公交车站、轨道交通车站出入口、出租车停靠点应方便轮椅通行和使用；③在公共停车场内设置一定数量的无障碍机动车停车位，满足轮椅使用者的上下车需求。

（2）售票处

对于需要检票入园的公园绿地，考虑到轮椅使用者、视障者的购票与咨询需求，主要出入口的售票处应设置具有容膝容足空间的低位售票窗口，并在窗口外设置提示盲道，帮助视障者确定窗口位置。若低位售票窗口前地面存在高差，应设轮椅坡道，并且窗口前需要留有足够宽的平台，便于轮椅使用者到达、停留。

（3）出入口

公园绿地的主要出入口应方便行动不便者进出，检票口、阻车桩等设施的宽度应保证轮椅能够顺利通过，同时在检票口等行进规律发生变化的位置处设提示盲道。

在主要出入口附近为行动不便者和携婴儿出行的游客提供轮椅和婴儿车租赁服务。为便于有需要的游客提前得知设施位置和最佳游览路线，入园处应该设有园区无障碍设施一览图和无障碍游览路线图，可结合园区平面示意图设置盲文地图（图2-6-11）。

与青年创业园区的衔接　　与会议及展览中心的衔接　　与青年创业学园的衔接

图 2-6-9　青年广场与周边建筑通过无障碍通道连接

图 2-6-10　木质坡道解决高差　　　　图 2-6-11　公园绿地
　　　　　　　　　　　　　　　　　　出入口处盲文地图

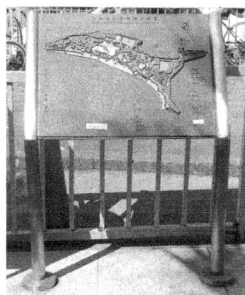

城市公园绿地出入口及周边场地无障碍设计要点　　　　表 2-6-15

类型	无障碍设计要点	数量/尺寸要求
接驳设施	1. 出入口附近设有公交车站、轨道交通车站出入口、出租车停靠点时,应考虑轮椅使用者的通行及乘坐方便	—
	2. 设有公共停车场时,应设置无障碍机动车停车位	数量不小于总停车数的 2%,比例不足 1 个时至少设置 1 个无障碍停车位
售票处	1. 主要出入口的售票处应设置低位售票窗口	—
	2. 售票窗口前应设提示盲道	盲道距售票处外墙应为 250～500mm
	3. 低位售票窗口前地面存在高差时,应设轮椅坡道与平台	平台不小于 1.50m×1.50m
出入口	1. 主要出入口应设置为无障碍出入口;设有自动检票设备的出入口,应设置专供轮椅使用者使用的检票口	通道宽度≥1.20m
	2. 出入口、检票口处应设置提示盲道	—
	3. 设置阻车桩时,阻车桩的最小间距可保证轮椅使用者通过,阻车桩前后需设置轮椅回转空间	净间距≥900mm,宜为 1.20～1.50m
	4. 附近可设置轮椅和婴儿车租赁点	—
	5. 入园处可结合园区平面示意图设置盲文地图,并标注无障碍设施位置和无障碍游览路线	—

6.4.2　游览园路

（1）通行

由于公园绿地内自然景观、人工造景形成地势高差，无障碍设计时必须进行合理的游览路线规划，通过无障碍游览主园路、支园路和小路连接主要游憩场所和公共服务设施，具体设计要点见表 2-6-16。

　　为保证游客便捷、安全通行，无障碍游览园路应尽量不设置台阶、梯道，地形高差较大必须设置台阶时，应同时设置带扶手的轮椅坡道。无障碍游览园路的路面应做到平整、防滑、坚固，尽量减少使用不规整的铺装材料，避免出现缝隙与凸起。此外，无障碍游览园路上的井盖、滤水箅子等均应与路面平齐，并且滤水箅子的孔洞宽度不宜过大，防止卡住盲杖、轮椅小轮、高跟鞋，或盲杖滑出带来的危险。

游览园路通行无障碍设计要点　　　　　　　　表 2-6-16

类别	规划要求	纵坡坡度要求		路面要求
无障碍游览主园路	应结合公园绿地主路设置，可到达主要景区和景点，并宜形成环路	纵坡宜<5%	园路坡度>8%时，宜每隔10.00~20.00m在路旁设置休息平台	1. 应平整、防滑、不松动，避免或减少使用不规整铺装；2. 园路上的井盖应与路面平齐，排水沟的滤水箅子孔洞宽度宜≤13mm
		山地公园绿地的主园路纵坡应<8%		
无障碍游览支园路	应能连接主要景点，并和无障碍游览主园路相连，形成环路	纵坡应<8%		
无障碍游览小路	可到达景点局部，不能形成环路时，应便于折返	纵坡应<8%		

　　（2）标识

　　游览园路标识无障碍设计应准确为游客提供方向和位置信息，及提示游人尤其是视障者、儿童危险地段的位置。具体设计要点见表 2-6-17。无障碍游览路线沿途应设有连贯的无障碍引导标识，危险地段必须设置警示标识、提示标识、安全警示线，同时设置安全防护措施，可以防止发生跌落、倾覆、侧翻事故。

游览园路标识无障碍设计要点　　　　　　　　表 2-6-17

设置部位	无障碍设计要点
无障碍游览路线沿途	应设有连贯的无障碍引导标识
危险地段	必须设置警示标识、提示标识、安全警示线和安全防护措施

　　（3）植物配置要点

　　公园绿地的景观植物配置应考虑到视障者、听障者、老年人、儿童等群体的特殊体验感受，可选用色彩鲜艳、具有芳香气味的、可触摸的植物，通过刺激不同感官，丰富游览体验。同时，植物配置时应注重安全性，不选用对游客有危害的植物和根系容易露出地面的植物，以免绊倒游客。具体设计要点见表 2-6-18。

游览园路两侧植物配置要点　　　　　　　　表 2-6-18

植物配置要点	备注
宜选用较强适应性和观赏性，且具有芳香气味、花叶色彩鲜艳的植物	可基于视觉、听觉、嗅觉、触觉、味觉感官配置
不应选用对游客有危害的植物	有毒、有刺、飘絮、有刺激性气味的植物
不应选用根系容易露出地面的植物	非游览线路和休憩区的公园范围可以种植

　　（4）滨水公园游览园路

　　滨水公园一般紧邻城市水系景观，无障碍游览路线规划时应注意园路在连接主要游览场所的同时，尽量沿滨水岸线设置，紧邻水岸的园路应设置护栏，防止轮椅使用者观景时跌落水中，具体设计要点见表 2-6-19。

滨水公园无障碍游览园路设计要点　　　　　　　　表 2-6-19

设计要点	尺寸要求
无障碍游览路线应尽量沿滨水岸线设置,并连接主要游览场所	—
无障碍游览园路应满足一辆轮椅和一位行人正面相对通过	净宽宜≥1.50m
紧邻水岸的无障碍游览园路应设置护栏	高度≥900mm

6.4.3　游憩区及游憩设施

（1）游憩区

无障碍游憩区是指在主要出入口、无障碍游览园路沿线为行动不便的游客提供活动或休憩的区域。游憩区应方便轮椅使用者通行和休憩,具体设计要点见表2-6-20。为保障通行顺畅与安全,游憩区应做到以下几点:①存在高差处设置轮椅坡道;②地面做到平整、防滑、不松动;③树池尽量高于地面,与地面相平时设置树箅防止轮椅掉进树坑,保障通行安全。为便于轮椅使用者休憩、停留,邻近休息座椅处应留有专门的轮椅停留空间。

游憩区无障碍设计要点　　　　　　　　表 2-6-20

设计部位	无障碍设计要点
主要出入口、无障碍游览园路沿线	应设置一定面积的无障碍游憩区
邻近休息座椅处	宜留有轮椅停留空间
高差处	设置轮椅坡道
地面	应平整、防滑、不松动
无障碍游憩区的广场树池	宜高出广场地面,与广场地面相平的树池应设树箅

（2）游憩设施

公园绿地内的单体建筑、组合建筑、建筑院落、码头、桥、活动场等游憩设施,在没有特殊要求的前提下,应满足各类群体的通行和使用需求,具体设计要点见表2-6-21。主要建筑物、构筑物、艺术小品等处如设有介绍说明时,根据轮椅使用者的视线高度,应设置低位介绍标牌,主要信息宜配备盲文说明。

游憩设施无障碍设计要点　　　　　　　　表 2-6-21

类别	无障碍设计要点
单体建筑与组合建筑 (亭、廊、榭、花架等)	有台阶和台明时,台明不宜过高,入口应设置坡道,建筑室内应满足无障碍通行
建筑院落	出入口、院内广场和通道有高差时,应设置轮椅坡道;有3个以上出入口时,应至少设置2个无障碍出入口,建筑院落的内廊或通道宽度应≥1.20m
码头	与无障碍园路和广场衔接处有高差时应设置轮椅坡道
桥	应为平桥或坡度<8%,宽度应≥1.20m,桥面应防滑,两侧应设栏杆。桥面与园路、广场衔接存在高差时应设轮椅坡道

（3）专类公园

专类公园包括植物园、动物园、历史名园等,无障碍设计时应充分考虑园区建设特征、游憩主题等因素,尽量达到游憩无障碍。特殊无障碍设计要点见表2-6-22。

大型植物园可为视障者设置盲人植物区域或者植物角,提供盲文铭牌、语音解说等,便于视障者通过触摸、嗅闻植物和倾听解说而感知周围环境。

动物园的动物展示区应考虑到轮椅使用者的视线高度较低,设置便于轮椅使用者参观的窗口或在展示区前设轮椅位。

历史名园极具特殊性，无障碍设计时应根据园区原有游览路线和游憩场所布局，合理规划连接主要休憩场所和服务设施的无障碍游览路线。无障碍改造时以保护文物为前提，加载的无障碍设施位置、形式、色彩、材质等均应与周边环境相匹配。对于建筑入口处无法改造的门槛、台阶等，可采用临时可拆卸坡道等无障碍可替代设施进行处理。

专类公园特殊无障碍设计要点 表 2-6-22

类别	特殊无障碍设计要点
植物园	大型植物园宜设置盲人植物区域或者植物角，并宜提供盲文铭牌、音响等
动物园	动物展示区应设置便于轮椅使用者参观的窗口或位置
历史名园	1. 应能到达主要游览场所和公共服务设施处； 2. 建筑入口处门槛台阶无法改造时应采用无障碍可替代设施； 3. 无障碍改造时无障碍设施的位置、形式、色彩、材质均应与周边环境相匹配

6.4.4 配套公共服务设施

配套公共服务设施的无障碍设计应遵循以人为本的原则，考虑有需要者的实际使用需求，设计范围包括咖啡厅、餐厅、小卖店、服务台、售货柜台、游览车等服务设施，和母婴室、卫生间、饮水器、洗手台、垃圾箱等公共设施，具体设计要点见表 2-6-23。

（1）服务设施无障碍设计要点

公园绿地内咖啡厅、餐厅等服务建筑主要出入口应设置为无障碍出入口，且内部应提供轮椅席位，便于轮椅使用者就餐。小卖店、服务台、售货柜台等应设低位窗口或低位柜台。提供游览车服务的景点公园，应配备无障碍游览车，并应在上车区设置无障碍优先候车区。

（2）公共设施无障碍设计要点

公共设施无障碍设计主要目标是满足轮椅使用者、老年人、携婴儿者等群体的如厕、护理等需求。在公园绿地内宜设置第三卫生间，无法设置时，应设无障碍卫生间，或在公共卫生间内设无障碍厕位和无障碍洗手台。大型公园绿地在邻近卫生间处应设独立母婴室。另外，公园内饮水器、洗手台、垃圾箱等设施的设置，同样应方便轮椅使用者、拄拐者等群体的使用。

配套公共服务设施无障碍设计要点 表 2-6-23

类别	无障碍设计要点	数量/尺寸要求
服务设施	1. 主要出入口应为无障碍出入口	—
	2. 提供座椅的建筑内应设置轮椅席位	轮椅席位不少于总数量10%，且不少于1个
	3. 小卖店、服务台、业务台、咨询台、售货柜台等应设置低位服务设施	—
	4. 设有游览车的公园，应配备无障碍游览车，并应设置无障碍优先候车区	—

类别	无障碍设计要点	数量/尺寸要求
公共设施	1. 大型公园绿地应设置独立母婴室	至少1处
	2. 宜设置第三卫生间；没有条件设置的，可设置无障碍卫生间或在公共卫生间内设无障碍厕位和无障碍洗手台	—
	3. 饮水器、洗手台、垃圾箱等设施的设置，应方便轮椅使用者、拄拐者等群体的使用	—

6.4.5　城市公园绿地案例：深圳市前海石公园无障碍设计

前海石公园是深圳市前海片区环前海湾的滨水公园，由多个公园相连而成，分期开发建设，总面积约为 $4.3km^2$。目前已建设完成的区域，无障碍落实程度较高，可基本实现通行无障碍与使用无障碍。

（1）通行园路顺畅且安全

公园出入口处设阻车桩防止机动车辆进入，达到人车分流的效果，且阻车桩间距符合轮椅通过宽度要求。游览主园路与支园路采用微地形坡的形式消化场地高差，且不同等级园路顺畅衔接。沿滨水岸线的游览园路在临水侧设有栏杆，保证游客安全。公园内的无障碍游览园路两侧提供夜间连续照明，并在台阶起止处设补充照明灯带，提高台阶通行的安全系数（图 2-6-12～图 2-6-15）。

图 2-6-12　主要出入口通行无阻

图 2-6-13　主园路与支园路顺畅衔接

图 2-6-14　沿滨水岸线的园路设有栏杆

图 2-6-15　台阶处设夜间照明

图 2-6-16 卫生间平坡出入口

图 2-6-18 低位洗手盆

图 2-6-17 邻近公共卫生间设
母婴室和无障碍卫生间

图 2-6-19 可遮阳的绿化休憩一体化设施

（2）卫生设施可用且完备

公园卫生间的人性化设计考虑到不同使用者的需求，主要出入口采用平坡出入口的形式，方便所有人进出（图2-6-16）。邻近公共卫生间设有母婴室和无障碍卫生间便于母婴护理及残障者如厕，洗手池处设低位洗手盆供儿童使用（图2-6-17、图2-6-18）。

（3）休憩设施舒适且美观

前海石公园内休憩设施的设计是一大亮点。休憩区选用有靠背与扶手的座椅，设置造型独特的构筑物进行遮阳，结合植被形成绿化、休憩一体化设施，为游客提供舒适环境（图2-6-19）。

6.5 城市建筑

城市中的无障碍设计从最初的仅满足残障人士的出行需求，发展到现在的全龄友好无障碍设计，关注了行动不便的老年人和成长中的儿童，以及部分人群在特定活动中的无障碍需求。从一个建筑单体到一片建筑群再到整个城市，无障碍设计的贯通不仅仅代表着城市建设的发展，同时更能体现社会文明的进步。

6.5.1 建筑基地

建筑基地的无障碍设计是为了满足人群从城市道路到建筑周边再到建筑内部的整体流线通畅（表2-6-24），例如出入口的无障碍坡道，不仅能满足残障人士的使用，普通人群在推婴儿车、搬运行李时也得以便利通行。

建筑基地内的人行道应保证无障碍通道形成环线，并到达每个无障碍出入口。建筑基地内配建停车场时，应配置无障碍停车位，具体数量要求见表2-6-25，并设置在离建筑出入口最近的位置，以减少残障者的交通距离，方便其进入建筑物内（图2-6-20）。

图2-6 20 前海嘉里中心无障碍停车位

建筑基地无障碍设计要点 表 2-6-24

设施区域	无障碍设计要点
通行路径	建筑基地对外通行设施应与周边紧邻的无障碍设施衔接； 连接不同建筑基地的空中连廊和基地内的人行通道均应满足无障碍通行要求，并宜设置绿化或雨棚等遮阳、避雨设施； 相邻建筑基地的无障碍出入口宜相互靠近设置； 基地内车行道与人行通道地面存在高差时，在人行通道的路口及人行横道两端设置缘石坡道； 建筑基底的广场和人行通道的地面应平整、防滑、不积水； 主要人行通道存在高差或台阶时，应设置轮椅坡道或无障碍电梯； 在路口处及人行横道处均应设置缘石坡道； 建筑基地的出入口应与周边城市道路和公交站点无障碍接驳
服务设施	基地内的公共绿地、公共活动场所都应设置相应的配套服务设施和无障碍人行通道，并配有对应的标识设施； 建筑基地内停车场地面应平整、防滑、不积水，坡度不大于1:50，当居住建筑基地内设有多个停车场和车库时，宜每处至少设置1个无障碍机动停车位

176

无障碍停车位数量要求　　　　　　　　表 2-6-25

数量 建筑类型	无障碍停车位数量（处）	
	总停车数＜100	总停车数≥100
公共建筑	≥1	＞总停车数 1%
居住建筑	＞总停车数 0.5%	

6.5.2　建筑单体

　　建筑单体的无障碍设计是通过对建筑及其构造、构件的设计，使残障人士能够安全、方便地到达和使用建筑中的空间。在各类建筑单体的无障碍设计中，出入口、卫生间、内部的垂直交通以及内部服务设施都应考虑无障碍设计（表 2-6-26）。

建筑单体无障碍设计要点　　　　　　　　表 2-6-26

设施区域	无障碍设计要点
通行路径	建筑出入口及室内道路地面平整、防滑，出入口宜设置成不小于 1∶30 的平坡形式； 室内外存在高差和台阶时必须设置轮椅坡道； 入口平台、公共走道和设置无障碍电梯的候梯厅深度都应满足轮椅使用者的通行需求； 建筑内的垂直交通应满足残疾人顺畅通行
服务设施	卫生间设无障碍厕位，厕所的入口和通道需符合轮椅乘坐者进入和回转等使用需求； 建筑出入口和楼梯前室宜设楼面示意图，重要信息提示处宜设置智能显示屏等人机交互设备； 设有电梯时，必须至少设置 1 部无障碍电梯，无障碍电梯不宜与货梯、后勤电梯结合设置； 当设有各种服务窗口、售票窗口、公共电话台、饮水器等时，应设置低位服务设施； 建筑面积每超过 5000m² ，或日客流量每超过 1 万人次的公共建筑，应至少设置 1 处使用面积不小于 10m² 的独立母婴室

　　建筑单体根据其功能性质不同，所产生的无障碍设计需求也不同。例如，文化建筑中的阅览室、演播厅、报告厅和观演厅以及体育建筑中的观众厅，应设有轮椅席位且视线通畅；交通建筑中应设置无障碍电梯或缓坡楼梯，月台、站台等四周边缘应设置提示标识及提示盲道；医疗建筑中病房卫生间应方便轮椅进入，卫浴两侧设置安全抓杆，并设置观察窗口和紧急呼叫按钮；教育建筑中的室内外通道都应满足轮椅通行的需求。

　　不同性质的公共建筑应根据其功能、流线等进行针对性设计，常见的无障碍设计要点见表 2-6-27。

不同类型建筑的无障碍设计要点 表 2-6-27

建筑类型	无障碍设计要点
办公与科研建筑(政府办公建筑、司法办公建筑、企事业办公建筑、各类科研建筑、社区及其他办公建筑等)的接待部门及公共活动区	接待区、集会场所应设无障碍席位
文娱与体育建筑(图书馆、美术馆、博物馆、文化馆、礼堂、影剧院、游乐场、体育场馆等)的公共活动区	1. 接待区、目录及出纳厅等应设置低位服务设施; 2. 主要阅览室、报告厅、演播厅等应设无障碍席位; 3. 图书馆应备有盲文图书、录音室; 4. 观众厅等应设无障碍席位,根据需要,为残障者参加演出或比赛设相应的设施; 5. 后台区房间如化妆室、休息室、盥洗室等应符合乘轮椅使用者的通行和使用需求
商业与服务建筑(大型商场、百货公司、零售网点、餐饮、邮电、银行等)的营业区、公共活动区及部分客房层	1. 大型商业服务楼应设无障碍电梯; 2. 中小型商业服务楼出入口应设有坡道; 3. 宿舍及旅馆根据需要设无障碍床位
交通建筑(航站楼、火车站、汽车站、地铁站、轮船客运站等)中旅客使用的范围	提供方便残障者通行的路线
医疗建筑(综合医院、专科医院、门诊所、卫生所、急救中心等)中病患使用的范围	1. 患者使用范围内进行相应的无障碍设计; 2. 住院病房和疗养室设附属卫生间,应方便轮椅进入,并设有观察窗口和应急呼叫按钮; 3. 门锁应设置成门内外均可使用的门闩
教育建筑(高等院校建筑、职业教育建筑、特殊教育建筑、中小学建筑、托幼儿所建筑等)	1. 出入口应为无障碍出入口; 2. 主要教学用房至少有1部无障碍设置的楼梯; 3. 公共厕所至少有1处应满足规范规定; 4. 残障者可使用相应设施; 5. 视力、听力、语言、智力残障学校设计应符合现行无障碍标标准
福利及特殊服务建筑(福利院、敬老院、老年护理院、老年住宅、残疾人综合服务设施、残疾人托养中心、残疾人体训中心及其他残疾人集中或使用频率较高的建筑等)	1. 居室无障碍设计; 2. 卫生间、公共浴室等均满足无障碍使用需求
旅馆建筑(公寓旅馆、度假酒店、商务酒店、综合体酒店)	卫生间设应急呼叫按钮
特殊类型建筑(汽车加油加气站、高速公路服务区建筑等)	1. 建筑物至少应有1处为无障碍出入口,且位于主要出入口; 2. 男、女公共厕所应满足无障碍需求
居住建筑(住宅、公寓、宿舍等)	1. 入口设符合轮椅通行的坡道,坡道两侧及超过两级台阶的两侧设置扶手; 2. 候梯厅、电梯轿厢、无障碍住房内都应满足轮椅的通行并留有轮椅回转空间; 3. 入口、楼梯、电梯等位置应设置标识指引牌

178

6.5.3 案例：前海世茂大厦公共空间无障碍设计

前海世茂大厦在其建筑基地内和建筑内部都设置了较多的无障碍设施，保证了残障者进入建筑的便利性，基地主入口设有缘石坡道（图 2-6-21），方便了轮椅乘坐者的通行，提示盲道可以清晰地引导视障者在道路中的行进方向。

建筑内部设有母婴室和无障碍卫生间，并设置了清晰明显的标识指引（图 2-6-22），卫生间内的扶手、抓杆、洗漱台等设施均满足无障碍的需求（图 2-6-23）。建筑内电梯按钮为方便轮椅乘坐者在高度上的需求，设置成低位按钮的形式（图 2-6-24），方便其到达任意楼层。

图 2-6-21　前海世茂缘石坡道和提示盲道

图 2-6-22　前海世茂无障碍标识

图 2-6-23　前海世茂无障碍卫生间

图 2-6-24　前海世茂电梯低位设施

7 城市道路空间无障碍设计技术要点与常见问题 *

城市道路空间是指城市道路红线范围以内的空间。城市道路空间除了承担交通功能外，还承担着市政及服务设施、绿化、生态、环境、城市景观、防灾减灾、地块出入等多种功能。此外，城市道路空间还是展现城市风貌、社会文明程度、城市管理水平的重要窗口，也是衡量城市是否宜居、是否以人为本的重要尺度。

道路红线范围内交通通行区域及各类设施布置区域，统一构成道路空间，从立体构成的角度，道路空间又可分为地上空间和地下空间。地上空间包括慢行和公共服务设施空间、公共交通空间和机动车空间，以及其他空间等；地下空间包括各种管线设施、地下道路和地铁等。道路空间的综合布置强调道路空间的综合、高效、合理利用，重视道路与周边用地的衔接及道路空间内各组成系统之间的衔接。

城市道路空间的规划和建设，应当坚持以人为本和可持续发展的精神，服从城市总体规划和交通发展纲要所规定的发展战略、发展方向和发展原则，合理、公正地安排城市道路空间，保护包括步行和自行车使用者、交通弱势群体在内的所有交通参与者的交通安全和交通权益。

随着经济水平的发展，城市道路空间无障碍环境的建设引起了越来越多的重视，面临着从数量增长到质量、数量并重的转型时期。在设计观念上，从仅考虑通行群体的物质层面需求，到更强调通行群体物质层面和精神层面的双重需求；在对无障碍环境建设服务人群的界定和设计理念上，从单一服务于残障人、老年人等特殊群体的无障碍设计，到服务于所有需求人群的通用设计，不仅是为了解决残疾人、老年人等特殊群体在城市道路空间中通行不便的问题，而且也是为所有城市道路空间使用群体提供便利的通用设计，设计的最终目的是实现城市道路空间的全面"无障碍"环境，致力于优化一切为人所用的物质与环境设计，消除让使用者感到困惑、困难的"障碍"，为使用者提供最大可能的便利。

城市道路空间无障碍设施环境的建设主要涉及人行道（含人行横道）、人行天桥及人行地下通道、公交车站，以及道路接驳等内容。

7.1 人行道（含人行横道）

7.1.1 技术要点

人行道是路侧带上专供行人通行的道路，城市各级道路均需要设置人行道。人行道处无障碍环境建设的主要技术要点包括通行宽度、缘石坡道、盲道、服务设施、无障碍标识及信息无障碍等（图2-7-1）。

---

* 本章作者：赵林、李奕諹、王健彤。

人行横道是在车行道上用斑马线等标线或其他方法标示的规定行人横穿车道的步行范围，是防止车辆快速行驶时伤及行人而在车行道上标线指定需减速让行人过街的地方。人行横道处无障碍环境建设的主要技术要点包括通行区域、行人过街安全岛、过街音响提示装置等。

（1）通行宽度

人行道的设置要满足行人通行的安全和顺畅，城市道路空间内设置的人行道不得出现中断的现象，人行道范围内不得设置妨碍行人通行的设施，其宽度必须满足行人安全顺畅通过的要求，并设置相应的无障碍设施。

人行道的宽度可按下式计算：

$$W_p = N_w / N_{w1}$$

式中：

W_p——人行道宽度（m）；

N_w——人行道高峰小时行人流量（P/h）；

N_{w1}——1m 宽人行道的设计通行能力（P/h·m）。

根据调查资料，我国城市道路中人行道宽度一般为 2.00～10.00m，商业街、火车站、长途汽车站附近路段因人流密度大、携带的东西多，因此应比一般路段人行道宽。依据《城市道路工程设计规范（2016 年版）》CJJ 37—2012，各级道路人行道最小宽度一般值为 3.00m，最小值为 2.00m；商业或公共场所集中路段人行道最小宽度一般值为 5.00m，最小值为 4.00m；火车站、码头附近路段人行道最小宽度一般值为 5.00m，最小值为 4.00m；长途汽车站路段人行道最小宽度一般值为 4.00m，最小值为 3.00m。人行道最小宽度如表 2-7-1 所示。

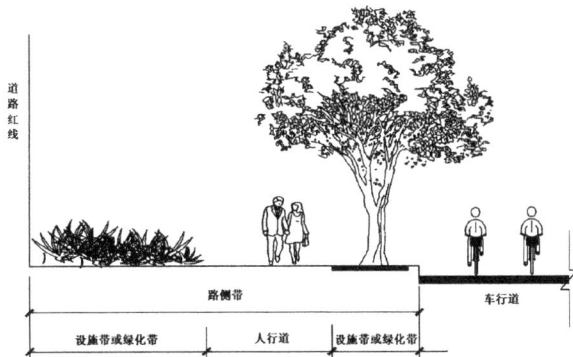

图 2-7-1 人行道示意

人行道最小宽度 表 2-7-1

项目	人行道最小宽度（m）	
	一般值	最小值
各级道路	3.00	2.00
商业或公共场所集中路段	5.00	4.00
火车站、码头附近路段	5.00	4.00
长途汽车站	4.00	3.00

人行道宽度除了满足通行需求外，还应结合道路景观功能，力求与横断面中各部分的宽度协调。各类道路的单侧人行道宽度宜与道路总宽度之间有适当的比例，其合适的比值可参考表 2-7-2 选用，对行人流量大的道路应采用大值。

单侧人行道宽度与道路总宽度之比参考表　　　　表 2-7-2

道路类别	横断面形式			道路类别	横断面形式		
	单幅路	双幅路	三幅路		单幅路	双幅路	三幅路
快速路	—	1:6～1:8	—	次干路	1:4～1:6	—	1:4～1:7
主干路	1:5～1:7	—	1:5～1:8	支路	1:3～1:5	—	—

（2）人行横道通行区域

人行横道需设在车辆驾驶员容易看清楚的位置，且与车行道垂直，平行于路段路缘石的延长线。人行横道的宽度根据过街行人数量、行人信号时间等确定，顺延干路的人行横道宽度不宜小于 5.00m，顺延支路的人行横道宽度不宜小于 3.00m，并宜以 1.00m 为单位增减。

（3）缘石坡道

人行道在交叉路口、街坊路口、单位出入口、广场出入口等位置需设置缘石坡道。人行横道两端由于设置路缘石而产生高差时，也应设置缘石坡道，且人行横道与人行道之间的缘石坡道需平顺过渡。

缘石坡道的坡面要做到平整、防滑，坡口与车行道之间应没有高差。条件允许情况下优先选择设置全宽式缘石坡道，其坡度不能大于 1:20，宽度要与人行道宽度相同。当采用三面坡缘石坡道时，正面及侧面坡度不能大于 1:12，正面坡道宽度不能小于 1.20m；采用其他形式的缘石坡道时，正面及侧面坡度不能大于 1:12，正面坡道宽度不能小于 1.50m。

缘石坡道的设置需考虑与阻车杆等其他设施的组配问题，避免其他设施影响坡道的使用，也要加大缘石坡道的管理，避免缘石坡道被机动车或非机动车停车占用等问题的发生。缘石坡道处还需设置提示盲道，起到提醒视觉障碍者前方行进规律变化的目的。

（4）盲道

视觉障碍者集中区域周边道路以及城市主要商业街、步行街的人行道应设置行进盲道。未设置行进盲道的人行道，需在行进规律变化处设置提示盲道，以提示视觉障碍者行进规律的变化。

盲道按其使用功能可分为两种类型：一种是行进盲道，呈条状，指引视觉障碍者安全行走和顺利到达无障碍设施的位置；另一种是提示盲道，呈圆点形，告知视觉障碍者前方路线的空间环境将发生变化。盲道型材表面需防滑，纹路凸出路面 4mm 高，颜色应与相邻的人行道铺面的颜色形成对比，并与周围景观相协调，推荐采用中黄色。盲道铺设要连续，避开树木（穴）、电线杆、拉线等障碍物，其他设施不得占用盲道。盲道设施要注意后期的管理及养护，避免由于管理问题及盲道破损影响盲道系统的使用效率。

行进盲道的设置要与人行道的走向一致，宽度为 250～500mm，设置于距围墙、花台、绿化带 250～500mm 处，或设置于距树池边缘 250～500mm 处。如无树池，行进盲道与路缘石距离上沿在同一水平面时，距路缘石距离不能小于500mm，行进盲道比路缘石上沿低时，距路缘石距离不能小于250mm。行进盲道在起点、终点、转弯处及其他有需要处要设置提示盲道，当盲道宽度不大于300mm时，提示盲道的宽度需大于行进盲道的宽度。

（5）服务设施

沿人行系统布置的公共服务设施及市政附属设施不能影响行人及特殊群体的正常通行，服务设施的设置要为残障人、老年人等特殊群体提供方便。城市道路空间范围内设置休息座椅时，需留有轮椅停留及回转空间。

当设置服务设施时应考虑同步设置低位服务设施，满足乘轮椅人士及身材较矮人士的方便接触和使用。低位服务设施上表面应距地面有一定的高度，并在前方留有轮椅回转空间，下方留有足够的容膝容足空间。其中，轮椅回转空间的回转直径不能小于1.50m，下方容膝容足空间至少满足宽750mm、高650mm、深450mm的要求。

（6）无障碍标识及信息无障碍

城市道路空间范围内设置无障碍设施位置不明显时，要设置相应的无障碍标识。我国的无障碍标识主要包括三种：通用的无障碍标识、无障碍设施标识牌、带指示方向的无障碍设施标识牌。无障碍标识的设置要沿行人通行路径布置，需醒目，避免被遮挡，同时要将其纳入到城市环境的引导标识系统中，做到与其他标识牌的协调布设，形成无障碍标识引导系统，清楚地指明无障碍设施的走向及位置。

在信息无障碍方面，需进一步加强道路信息无障碍的建设，鼓励为视觉障碍者提供触摸及音响一体化的信息服务设施，当设置屏幕信息服务时，需考虑为听觉障碍者提供屏幕手语及字幕等信息服务。

（7）行人过街安全岛

人行过街横道长度超过16.00m时（不包括非机动车道），要在人行横道中央设置行人过街安全岛，行人过街安全岛的宽度不能小于2.00m，空间受限情况下不能小于1.50m；行人过街安全岛的形式要符合乘轮椅者通行及停留的需求，安全岛上下口处应无高差或设置缘石坡道。

（8）过街提示音响装置

城市中心区及视觉障碍者集中区域的人行横道处，要配置过街提示音响装置，便于视觉障碍者的安全通行。

7.1.2 常见问题

（1）缘石坡道

缘石坡道常见问题包括：未严格按照规范设计，坡面不平整、不防滑，坡口与车行道之间有高差，对坡道坡度及宽度等设计要求细节关注不够，单体设施不规范等带来的使用不便（图2-7-2～图2-7-7）。

（2）行进盲道

行进盲道设置中常见问题包括：未在城市主要商业街、步行街的人行道等区域配置行进盲道；行进盲道与人行道的走向不一致；连续性不足；盲道色彩使用不规范；盲道位置与周边围墙、花台、绿化带、树池等的空间不足；后期管理及维护不够，使得行进盲道破损老化或乱占、乱用等（图2-7-8～图2-7-14）。

图 2-7-2　未设置缘石坡道造成通行困难

图 2-7-3　坡口与车行道存在高差造成通行困难

图 2-7-4　坡道坡度过陡
造成通行困难

图 2-7-5　人行横道处未设置缘
石坡道造成通行困难

图 2-7-6　坡口与车行道存在高差造成通行困难

图 2-7-7　坡道宽度不足造成通行困难

图 2-7-8　行进盲道拐点过多造成通行困难

图 2-7-9　行进盲道存在断点

图 2-7-10　行进盲道颜色
未与人行道铺面形成对比

图 2-7-11　行进盲道位置设置不当

图 2-7-12　障碍物干扰行进盲道

图 2-7-13　行进盲道老旧破损

图 2-7-14　行进盲道乱占、乱用

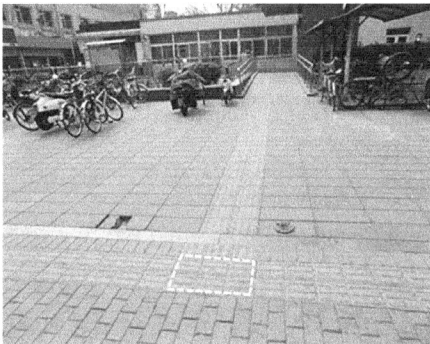

图 2-7-15　行进盲道转弯处未设置提示盲道

（3）提示盲道

提示盲道的常见问题包括：未根据要求在行进盲道的起点、终点、转弯处、行进规律发生变化处设置提示盲道；提示盲道宽度不足（当盲道宽度≤300mm时，提示盲道的宽度需大于行进盲道的宽度）（图 2-7-15～图 2-7-17）。

（4）轮椅休息空间

城市道路空间范围内设置休息座椅时，未按规定预留轮椅回转空间（图 2-7-18），或是回转直径不足。

图 2-7-16　行进盲道与提示盲道设置混淆

图 2-7-17　缘石坡道处未设置提示盲道

图 2-7-18　休息座椅处未留有轮椅
停留及回转空间

图 2-7-19　安全岛处未设置缘
石坡道造成通行困难

（5）行人过街安全岛

行人过街安全岛常见问题有：未确保安全岛上下口处无高差；未设置缘石坡道（图 2-7-19）。

（6）过街音响提示装置

常见问题为未按要求设置相关提示装置。

7.2　人行天桥及人行地下通道

人行天桥与人行地下通道是行人过街的重要设施，人行天桥及人行地下通道处无障碍环境建设的主要技术要点包括坡道及无障碍电梯、梯道、扶手、防护设施、无障碍标识等。

7.2.1　设计要点

（1）坡道及无障碍电梯

乘轮椅者或携带重物通行者流量较大的区域，人行天桥及人行地下通道需设置坡道或无障碍电梯。设置坡道时，坡道的坡面要做到平整、防滑；坡道的净宽度需大于 2m，坡度不能大于 1：12，高度每升高 1.5m 时，要设置相应的中间平台，中间平台的深度不小于2m。坡道应尽量沿直线布置。当出入口平台与人行道地面有高差时，需采用坡道连接。

（2）梯道

梯道的最小净宽不小于1.80m，梯道相邻两平台之间不超过16级阶梯，有特殊困难时不超过18级；梯道踏面的宽度不小于300mm，踏面不可有向外伸出的突缘；踏面之间需设置踢面，踢面高度不大于150mm；梯道踏步应设置色差明显的防滑条或采用有效的防滑措施。

（3）扶手

人行天桥及人行地下通道的坡道、梯道两侧需设置扶手，扶手建议设置为无障碍双层两层。单层扶手的高度为850~900mm，无障碍双层扶手的上层扶手高度为850~900mm，下层扶手高度为650~700mm；扶手安装要坚固，形状易于抓握，圆形扶手直径为35~50mm，矩形扶手截面尺寸为35~50mm。扶手的下方为透空栏杆时，要在栏杆下端设置安全阻挡设施；扶手起始点水平段可通过盲文铭牌的设置，为视觉障碍者的使用提供便利。

（4）盲道

人行天桥及人行地下通道距每段坡道、梯道的起点与终点250~500mm处应设置提示盲道，提示盲道的长度与坡道、梯道宽度相对应；人行天桥及人行地下通道周边道路设有行进盲道时，需将行进盲道引至人行天桥及人行地下通道出入口提示盲道处。

（5）防护设施

人行天桥的桥下三角区，在2.00m高度以下范围周边安装防护栅栏等安全措施；人行地下通道出入口处的三面防护墙的高度不可低于0.90m，并在墙顶设置护栏，护栏顶面距离人行地面的高度不小于1.10m。

（6）无障碍标识

进行无障碍设计的人行天桥与人行地下通道，需要设置明显的无障碍标识，便于需求群体的发现及使用。

7.2.2 常见问题

（1）坡道

坡道常见问题有：坡道的坡面、净宽度、坡度、中间平台等的设置不满足设计要点的相关要求（图2-7-20~图2-7-22）。

（2）扶手

扶手常见问题有：扶手形状、尺寸不满足规范要求，材质偏冷、不舒适等（图2-7-23）。

（3）盲道

盲道常见问题有：未按要求在人行天桥及人行地下通道范围内，出入口处及每段坡道、梯道的顶部与底部设置提示盲道；人行天桥、人行地下通道周边行进盲道未引至人行天桥、人行地下通道出入口梯道及坡道提示盲道处，无法形成盲道系统（图2-7-24、图2-7-25）。

（4）防护设施

防护设施常见问题有：未按要求在人行天桥的桥下三角区 2.00m 高度以下范围周边安装防护栅栏等安全措施；未在防护设施外设置提示盲道（图 2-7-26）；人行地下通道出入口处的三面防护墙的高度低于 0.90m，并未在墙顶设置护栏，或护栏顶面距离人行地面的高度大于 1.10m。

图 2-7-20　人行天桥坡道净宽度不足

图 2-7-21　人行天桥坡道坡度及中间平台设置不当

图 2-7-22　人行地下通道坡度及中间平台设置不当

图 2-7-23　圆形扶手直径不满足设计要求

图 2-7-24　人行地下通道处未设置提示盲道

图 2-7-25　人行道行进盲道未引至人行天桥出入口提示盲道处

图 2-7-26 桥下三角区未设置防护设施

7.3 公交车站

公交车站是公共交通线路上供乘客上下车的处所，常设置于路侧带或外侧分隔带上。公交车站处无障碍环境建设的主要技术要点包括站台、缘石坡道、盲道、无障碍标识及信息无障碍等。

7.3.1 设计要点

（1）站台

利用路侧带设置公交站台时，站台有效通行宽度不小于 1.50m；利用外侧分隔带设置公交站台时，需设置相应的缘石坡道及人行横道等设施，并保证站台有效通行宽度不小于 1.50m，便于乘轮椅者等特殊群体的使用。

垃圾桶、座椅、照明装置、运行时刻牌和其他设施的设置位置要远离通道，防止阻碍行人通行。

（2）缘石坡道

利用外侧分隔带设置公交站台时，为避免立缘石高差造成的通行困难，需设置相应的缘石坡道，便于乘轮椅者等特殊群体的通行。

缘石坡道的坡面需做到平整、防滑，坡口与车行道之间要没有高差。条件允许情况下优先选择设置全宽式缘石坡道，其坡度不能大于 1∶20，宽度要与人行道宽度相同。当采用三面坡缘石坡道时，正面及侧面坡度不能大于 1∶12，正面坡道宽度不能小于 1.20m；采用其他形式的缘石坡道时，正面及侧面坡度不能大于 1∶12，正面坡道宽度不能小于 1.50m。

（3）盲道

利用路侧带设置公交站台时，公交车站候车处需设置提示盲道，为视觉障碍者乘车提供便利；当公交站台周边道路人行道设置行进盲道时，行进盲道应引至公交车站候车提示盲道处。

利用外侧分隔带设置公交站台时，公交车站候车处需设置提示盲道，为视觉障碍者乘车提供便利；当公交站台周边道路人行道设置行进盲道时，行进盲道应引至缘石坡道提示盲道处、公交车站候车提示盲道处，形成盲道系统，便于视觉障碍者使用。

（4）无障碍标识及信息无障碍

公交站台附近可设置街区导向标识。街区导向标识应包括周边街区导向图、换乘等信息。鼓励公交站台处设置电子站牌，电子站牌要向乘客显示下一班车辆到达本站的时间等信息。视觉障碍者集中区域的公交站台处可设置语音提示服务装置，便于各类需求群体的使用。

7.3.2 常见问题

（1）站台

公交站台常见问题有：有效通行宽度不足 1.50m；相关设施的设置影响了站台的有效通行宽度（图 2-7-27）；候车亭前后通透性不足，无法满足乘轮椅者等群体的使用需求等。

（2）缘石坡道

缘石坡道常见问题有：利用外侧分隔带设置的公交站台，未设置缘石坡道，造成通行困难；缘石坡道坡面不够平整、防滑，坡口与车行道之间高差未作处理等单体设施不规范等。

（3）盲道

盲道常见问题有：对利用外侧分隔带设置的公交站台候车处，未设置提示盲道；当公交车站周边人行道设置行进盲道时，未将行进盲道引至公交站台提示盲道处（图 2-7-28）。

图 2-7-27 路侧带处公交
站台有效空间不足

图 2-7-28 外侧分隔带处公交站台
未设置提示盲道

7.4 道路接驳

7.4.1 设计要点

城市道路空间无障碍设施要与道路周边的城市广场、城市绿地、居住区、居住建筑、公共建筑等区域合理接驳，形成无障碍系统。道路接驳处无障碍环境建设的主要技术要点包括出入口、盲道等。

（1）出入口

城市道路空间无障碍设施要与道路周边的城市广场、城市绿地、居住区、居住建筑、公共建筑等区域的出入口合理衔接，满足无障碍出入口要求，加大平坡出入口或轮椅坡道的建设，并考虑无障碍标识的设置。

无障碍出入口主要包括三种类型：平坡出入口、同时设置台阶和轮椅坡道的出入口、同时设置台阶和升降平台的出入口。其中平坡出入口以及同时设置台阶和轮椅坡道的出入口较为常见，同时设置台阶和升降平台的出入口常用于受场地限制无法改造坡道的工程。

设置平坡出入口时，平坡出入口的地面坡度不得大于1∶20，当场地条件比较好时，不得大于1∶30；当同时设置台阶和轮椅坡道的出入口时，要注意轮椅坡道的坡度、净宽度、休息平台、安全阻挡措施等技术要点，并设置相应的无障碍标识。

（2）盲道

城市广场、城市绿地、居住区、居住建筑、公共建筑等区域出入口要结合需求考虑提示盲道的设置。当上述区域周边道路人行道设有行进盲道时，行进盲道应引至城市广场、城市绿地、居住区、居住建筑、公共建筑等区域出入口提示盲道处，形成盲道系统。

7.4.2 常见问题

（1）出入口

无障碍出入口常见问题有：在道路周边城市广场、城市绿地、居住区、居住建筑、公共建筑等区域的出入口，未设置合适的无障碍出入口或衔接设置不合理（图 2-7-29）。

（2）盲道

盲道常见问题有：未在城市广场、城市绿地、居住区、居住建筑、公共建筑等区域出入口处按要求设置提示盲道；提示盲道未与周边城市道路人行道设有的行进盲道有效连接。

图 2-7-29　城市广场出入口处未设置无障碍出入口

8　机场无障碍设计技术要点与案例 [*]

为深入贯彻落实新发展理念，全面推进民航强国建设，加快民航高质量发展，民航局于 2020 年 11 月发布《四型机场建设导则》，明确四型机场的建设目标、基本原则、建设要点和实施步骤，指导国内各机场开展四型机场建设。

所谓的"四型机场"是"平安机场、绿色机场、智慧机场、人文机场"的高度概括，是指导我国"十四五"乃至今后一个时期民航建设的重要行动纲领。航站楼无障碍人文环境建设是"四型机场"理念的具体体现，是全面推进四型机场建设必不可少的环节。

《四型机场建设导则》多个建设要点都与无障碍环境建设息息相关。"平安机场"建设中的运行安全；"绿色机场"建设中的环境友好；"智慧机场"建设中的可视化、智能化、个性化、精细化；"人文机场"建设中的人文关怀都提出了对无障碍环境建设的宏观目标和总体要求。

我国现有残疾人 8500 多万，加之老年人、孕妇、婴幼儿这些需要人性化关怀的群体，占据了我国总人口的近 35%。如此庞大的人口比例，需要我们从观念上重新认识无障碍环境建设的重要性，切实改善日常的出行环境。机场作为重要的公共交通建筑，是社会文明程度的重要载体，机场无障碍环境建设的优劣直接反映了一个城市的文明程度和城市建设水平。本文拟对标"四型机场"的总体要求，从机场航站楼无障碍环境建设要点出发，提出机场航站楼无障碍设计的技术要点，为建设满足人民群众美好出行需求的现代化机场提供智力支持和保障措施。

目前我国在机场航站楼及其他配套设施的无障碍设计中，主要参照两套标准，一为《无障碍设计规范》GB 50763—2012，另一为《民用机场旅客航站区无障碍设施设备配置技术标准》MH/T 5047—2020。

《民用机场旅客航站区无障碍设施设备配置技术标准》MH/T 5047—2020 于 2020 年 12 月 1 日正式实施，主要内容为指导机场无障碍设计的技术要点，共分为 6 章，包括总则、术语、无障碍设施设备设计要求、旅客航站区站前广场、旅客航站楼、登机桥和站坪设备。主要的技术要点集中于后 4 章。

8.1　无障碍设施设备设计技术要点

8.1.1　无障碍机动车停车位

（1）轮椅通道

无障碍机动车停车位靠近车道边的一侧应留有宽度不小于 1.20m 的轮椅通道，宜在车位后部留有宽度不小于 1.20m 的轮椅通道（图 2-8-1）。

---

[*] 本章作者：刘琼。

（2）地面

无障碍机动车停车位的地面应平整、防滑和不积水，地面坡度不应大于1∶50。

无障碍机动车停车位的地面应涂有停车线、轮椅通道线和无障碍标识，并在无障碍机动车停车位相应位置设指示标识。

（3）盲道

行进盲道应采用耐用、防滑材料，宽度应为250～500mm。

行进盲道铺设应连续，且应与人行道的走向一致，中途不应有障碍物。

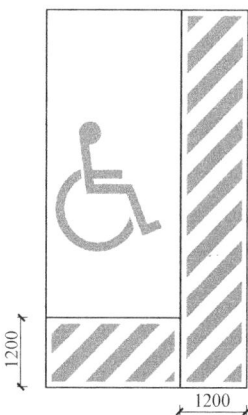

图 2-8-1　无障碍机动车停车位轮椅通道示意

设置行进盲道时，行进盲道在起点、终点、转弯处应设提示盲道，当盲道宽度不大于300mm时，提示盲道的宽度应大于行进盲道的宽度。

出入口、门、召援电话、电梯、楼梯、台阶、坡道等设施前应设提示盲道，提示盲道与对象之间的距离应为250～300mm。除电梯前提示盲道长度另行规定外，其余对象前提示盲道长度应与对象宽度等长。

8.1.2　出入口、门

供旅客使用的出入口处地面应平整、防滑、不积水，若有高差应以平坡过渡。平坡的纵向坡度不应大于1∶20。

出入口宜优先选用自动门系统，自动关闭装置在最大开启位置应至少能保持5s，自动门开启后通行宽度不应小于1.00m，如设置手动启闭装置，装置距地面高度应为850～1000mm。

室内门净宽应大于1.00m，如为自动门，自动关闭装置在最大开启位置应至少能保持5s，并设有自动防撞安全装置。

出入口应设置召援电话，召援电话呼叫按钮距地面高度应为850～1000mm，按钮应设置盲文。

8.1.3　楼梯、台阶与坡道

楼梯、台阶与坡道表面应平整、防滑、无反光。踏步表面不应采用无踢面和突缘直角型踏步，踏步表面前缘如有突出部分，应设计为圆角。弧形梯段净宽不应小于1.50m。

坡道（不含登机桥）的最大高度和水平长度应符合表2-8-1规定。

坡道（不含登机桥）的最大高度和水平长度要求　　　　表 2-8-1

坡度	最大高度（m）	水平长度（m）
1∶20	1.20	24.00
1∶16	0.90	14.40
1∶12	0.75	9.00

楼梯、台阶及坡道两侧扶手的高度应为 850～900mm，坡道应设置上、下两层扶手，下层扶手的高度应为 650～700mm，如图 2-8-2 所示。扶手应保持连贯，在起点和终点处应水平延伸不小于 300mm 的长度，并应设盲文提示。扶手末端应为圆弧形倒角，向内延伸到墙面或向下延伸不小于 100mm。

坡道的宽度应根据流量和坡道长度而定，一般室内坡道净宽不应小于 1.20m。弧线形坡道的坡度及水平长度应以弧线内缘为准。坡道起点、终点和中间休息平台的长度不应小于 1.50m。坡道凌空时，应在临空面采取防护设施。

楼梯、台阶上行及下行的第一阶应设置警示色提示条。

8.1.4 无障碍电梯

旅客无障碍电梯入口应采用放大入口，如图 2-8-3 所示。

电梯等候区应清晰显示轿厢上、下运行方向和层数位置，并设有电梯抵达语音提示；入口处控制面板按钮应设盲文，按钮高度为 850～1000mm；电梯门开启通行净宽度不应小于 900mm。

电梯入口处提示盲道长度为电梯入口处控制面板一侧至轿厢中心线处的距离，如为并置电梯，应通长设置。提示盲道长度为两端外呼面板之间的距离，两组提示盲道间设置行进盲道。如图 2-8-4 所示。

无障碍电梯轿厢的深度不应小于 1.60m，宽度不应小于 1.40m。轿厢内应设横向控制板按钮，控制板高度为 850～1100mm，其上应设盲文按键，在控制面板旁宜设置楼层功能盲文提示。

图 2-8-2 扶手尺寸示意

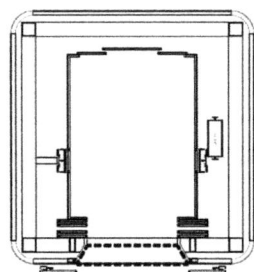

图 2-8-3 八字形入口示意

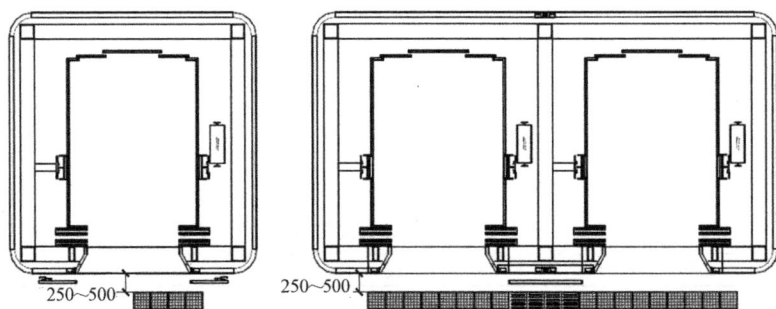

图 2-8-4 独立电梯前与并置电梯前提示盲道示意

轿厢内除开门一侧以外应设扶手，扶手高度为 850～900mm；轿厢内在上、下运行及到达楼层时应能清晰显示楼层信息并有报层语音提示。

单向开门电梯的轿厢两侧的前壁和双向开门电梯的轿厢两侧的前壁、后壁，应从距地面 900mm 处至轿厢顶部安装镜子或采用镜面金属材料装饰镜面，并应有适当倾斜角度（不宜大于 5°）。

8.1.5　扶梯、自动步道

扶梯及自动步道出入口应设置语音提示设施。自动步道的宽度和坡度应便于轮椅使用者的使用，步道速度不宜大于 0.5m/s。斜向自动步道坡度不应大于 1∶16，并应考虑安装防滑装置。

8.1.6　公共卫生间

公共卫生间入口处应方便轮椅使用者出入，如有门应易于开启，门扇开启净宽度不应小于 1.00m。公共卫生间内通道宽度不应低于 1.20m，并应设置直径不小于 1.50m 的轮椅回转空间。同时，应在靠近入口处设置 1 个高度为 500～550mm 低位洗手盆（图 2-8-5）。

公共卫生间厕位内一侧宜安装高 650～700mm 的水平安全抓杆和高 1400mm 的垂直抓杆，后者应距离坐便器前沿 150～250mm（图 2-8-6）。

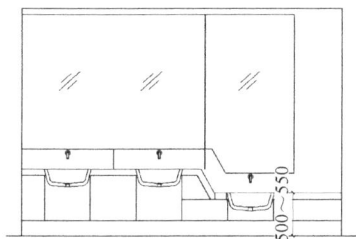

图 2-8-5　低位洗手盆示意　　　　　图 2-8-6　厕位抓杆示意

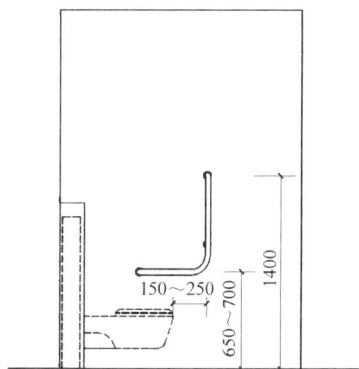

男卫生间内小便器区域应就近通道处设置 1 个低位小便器，小便器下沿距地面不应大于 400mm（图 2-8-7）。

公共卫生间外若无独立的无障碍卫生间，还应符合以下规定：①男卫生间设置 1 个无障碍小便器，小便器下沿距地面不宜大于 400mm，上方设置距地面 1.20m 的横向抓杆，两侧分别设置距地面 850～900mm、长度 550～600mm、间距 600～700mm 竖向抓杆，若小便器总数量小于 4 个，可与儿童低位小便器合并设置（图 2-8-8）。

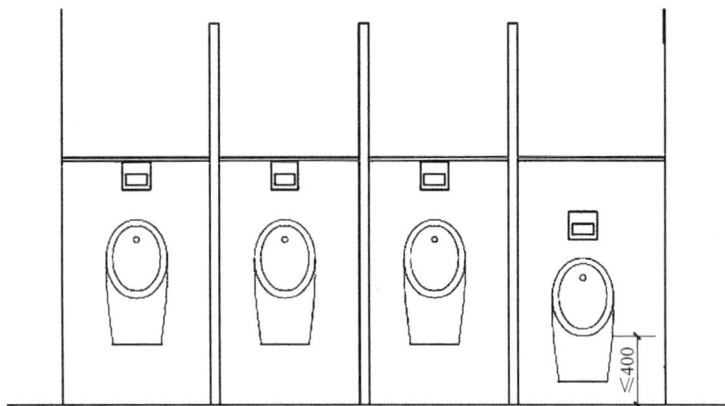

图 2-8-7　低位小便器示意

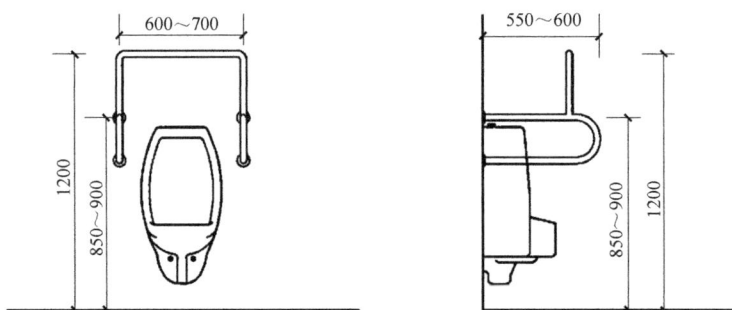

图 2-8-8　无障碍小便器示意

　　男、女卫生间应设置 1 个无障碍洗手盆，上沿距地面高度不应大于 850mm，其下部应留出深 450～500mm、高 650～700mm 的容膝容足空间。洗手盆两侧及前端应有安全抓杆，距离手盆边沿不宜小于 50mm，横向抓杆内侧应距离手盆前沿 20mm，高出手盆上沿 10mm（图 2-8-9）。男、女卫生间内应分别设置无障碍厕位，尺寸宜为 2.00m×1.50m，不应小于 1.80m×1.50m。

　　无障碍厕位的门应向外开启或为平移门，门扇开启后净宽度不应小于 1.00m，门扇内侧应设高 900mm 的关门拉手。

　　无障碍厕位内坐便器宜设置靠背支撑，坐便器应采用自动感应冲水或侧式冲水阀并在两侧设置安全抓杆，一侧应设置可翻折水平抓杆，另一侧应设置 L 形或 C 形抓杆。水平抓杆长度应≥700mm，距坐便器的上沿高度应为 250～350mm。L 形抓杆的水平部分长度应≥700mm，应距离坐便器的上沿高度 250～350mm，垂直部分长度不应小于 700mm，应距离坐便器前沿 150～250mm；C 形抓杆在 L 形抓杆上增加 1 个水平抓杆，长度应≥700mm，高度应≥1400mm（图 2-8-10）。

8.1.7　无障碍卫生间

　　无障碍卫生间外侧应设置无障碍标识、声光报警装置，宜设置盲文地图。入口应为自动平移门，净宽度不应小于 1.00m，内外侧均应设置开启关闭按钮，并

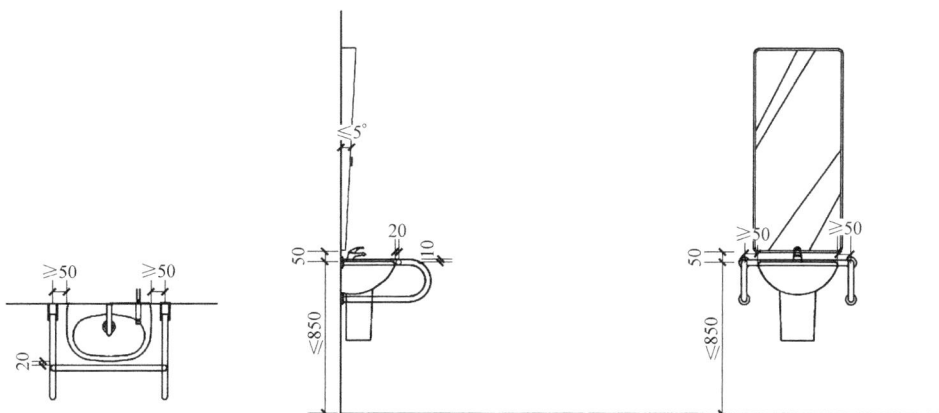

图 2-8-9 无障碍洗手盆示意

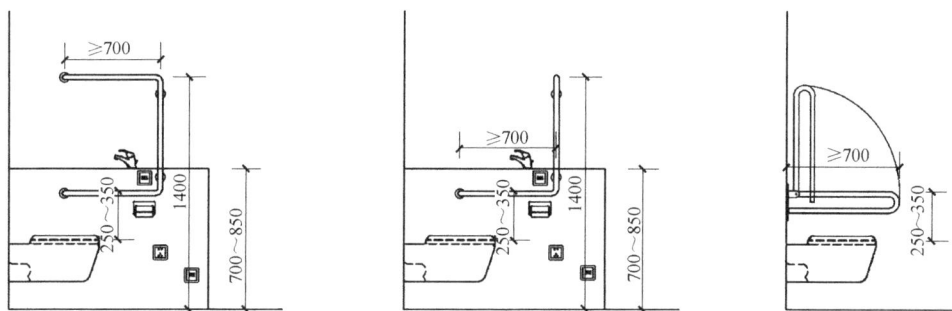

图 2-8-10 无障碍坐便器示意

应提示使用状态。自动平移门应设置底部距地面高度大于 1.80m 的紧急通视窗及传声百叶（图 2-8-11）。

无障碍卫生间面积不应小于 6.5m²，内部应有直径不小于 1.5m 的轮椅回转空间，内部设施应符合下列规定：

① 设置 1 个无障碍洗手盆，应符合前述规定；

② 无障碍洗手盆后部应设梳妆镜，梳妆镜底部与手盆距离应≤50mm，梳妆镜应有适当倾斜，角度宜≤5°；

③ 在靠近出入口处设置高度≤1.20m 的挂衣钩；

④ 设置 1 个无障碍小便器，应符合前述规定；

⑤ 设置 1 个坐便器，应符合前述规定；

⑥ 坐便器一侧宜设置边手盆，边手盆高度应为 700～850mm；

⑦ 宜设置人造肛马桶并配套设置垃圾桶，可根据航站楼功能区域分区设置；

⑧ 宜设置母婴及儿童洁具设施，如儿童坐便器、儿童小便器、婴儿安全座椅、可折叠式婴儿护理台等；

⑨ 无障碍卫生间应结合洁具布置设置紧急呼叫按钮，按钮应采用大面板式，坐便器处应设置高位和低位 2 个按钮，高位按钮高度为 700～750mm，低位按钮高度为 180～300mm，并距离抓杆前沿 100～200mm，宜结合无障碍小便器、无

197

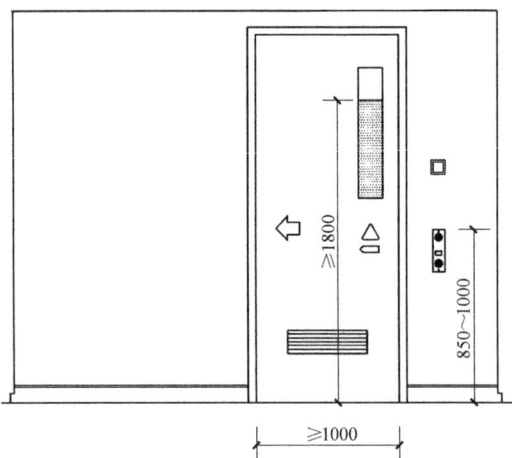

图 2-8-11　自动平移门示意

障碍洗手盆等设施均匀设置高位及低位呼叫按钮（图 2-8-12）；

⑩ 无障碍卫生间内地面应平整、防滑、不积水，墙面、地面色彩应有较强对比；

⑪ 无障碍卫生间室内光线应柔和，避免直射或产生眩光。

8.1.8　母婴室及母婴候机室

母婴室应为独立房间且面积应≥6m²，在有条件的前提下宜≥10m²，宜设置自动平移门或自动平开门。室内应设置换洗台、消毒设备、热水器、婴儿安全座椅、可折叠式婴儿护理台等设施及功能，并应结合家具、设备设置紧急呼叫按钮。

结合候机区设置母婴候机室，其服务半径不应大于 300m。母婴候机室应设置哺乳区、换洗台、消毒设备、热水器、婴儿安全座椅、可折叠式婴儿护理台，宜设置儿童活动、儿童睡眠等设施及功能。

8.1.9　私密检查室

私密检查室应为独立房间且面积宜≥6m²，应有直径≥1.50m 的轮椅回转空间，室内应设置座椅、置物台（柜）等设施（图 2-8-13），并应有通风、照明、消防及紧急呼叫设施。

8.1.10　低位服务设施

低位柜台上表面距地面高度应为 700～850mm，其下部应至少留出宽750mm、高650mm、深450mm 的容膝空间；低位饮水处接水口距地面高度应≤1.10m；公用电话处应设有低位公用电话，电话应设盲文按键，电话安装高度为850～1100mm。低位柜台、饮水处、公用电话前应有直径≥1.50m 的轮椅回转空间。

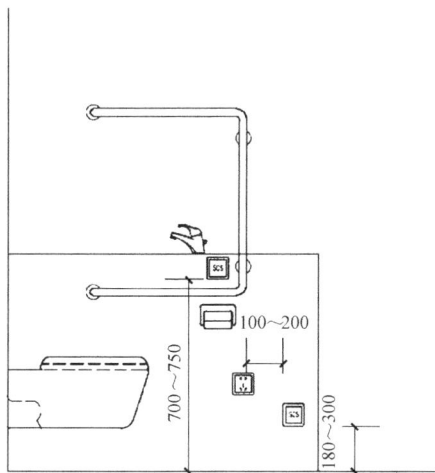

图 2-8-12　坐便器旁呼叫按钮示意

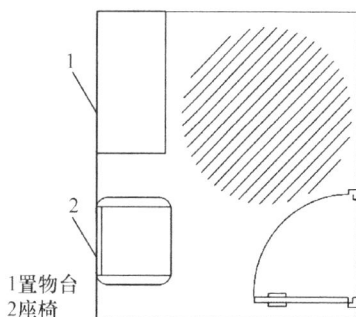

1 置物台
2 座椅

图 2-8-13　私密检查室示意

8.1.11　无障碍检查通道

每个检查区域应至少设置 1 个无障碍检查通道，其宽度应≥1.20m。无障碍自助通道设置的低位身份证扫描、登机牌验证、指纹识别、面部识别等服务设施高度应为 850～1100mm。

8.1.12　通道、走廊

通道、走廊的地面应防滑且不应有高差；两侧墙面应设置高度为 150mm 的护墙板或防护栏杆，在距地面 2.50m 高度范围内应尽量避免有凸出物体，若由于客观条件限制，物体凸出大于 100mm 时，应采取有效防护措施。

通道、走廊的最小宽度宜≥2.00m，光照度应≥120lx。

8.1.13　无障碍标识

机场应设置无障碍设施位置标识及导向标识。无障碍设施标识应采用《公共信息图形符号　第 9 部分：无障碍设施符号》GB/T 10001.9 规定的无障碍设施图形符号，设计应符合《公共信息导向系统 导向要素的设计原则与要求》GB/T 20501 的规定，设置应符合《公共信息导向系统设置原则与要求》GB/T 15566 的规定。

8.2　旅客航站区站前广场无障碍设计要点

8.2.1　停车场（停车楼）

停车场（停车楼）应设置不少于停车位数量 2% 且不少于 2 个的无障碍机动车停车位。无障碍机动车停车位应靠近停车场（停车楼）主要出入口、行人出入口、无障碍电梯、坡道、无障碍卫生间、电话等。

停车场（停车楼）应设置提示性的无障碍标识，并符合前述规定。

8.2.2 航站楼车道边

航站楼车道边与车行道之间如有高差应设三面坡缘石坡道，正面及侧面的坡度不应大于1：12。靠近航站楼主要出入口的车道边应设置至少1个无障碍停车位。车道边地面应平整、防滑、不易松动、不积水，并应结合行人方向设置行进盲道，与航站楼各出入口、室外召援电话等处的提示盲道相衔接。

室外墙面不应有低于25m的凸出物体伸入人行步道盲道范围内；航站楼前设有红绿灯的路口，应设过街音响提示装置。

8.2.3 旅客航站楼

（1）旅客出发厅

旅客出发厅应设置为残障者服务的低位问讯柜台，柜台应符合前述规定。柜台应配置为听觉残障者服务的写字板、笔、纸等书写工具，宜配置听力辅助设备；应从航站楼出入口起设置连续盲道引导至就近服务柜台，柜台前应设置提示盲道。

旅客出发厅应设置至少1个无障碍卫生间。

旅客出发厅供旅客休息、等待的座位中应设置爱心座位和轮椅停放区，在相应位置应设置无障碍标识；如有楼层转换，应设置无障碍电梯；如有饮水处、公用电话等服务设施，应符合前述规定。

值机区在就近通道处应设置低位值机柜台，柜台应符合前述规定；行李托运设备与地面宜无高差衔接。无高差行李托运设备如图2-8-14所示。自助值机设备操控区域高度应为850～1100mm。

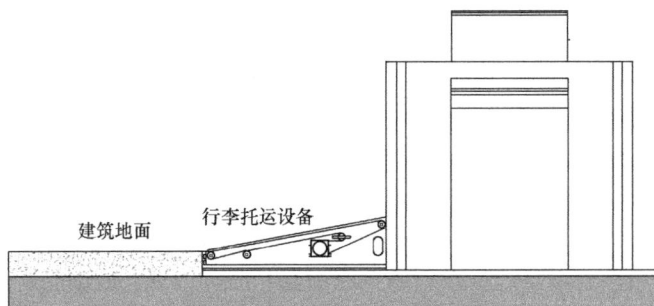

建筑地面　　行李托运设备

图2-8-14　无高差行李托运设备示意

（2）旅客检查区

各类检查区应设置低位验证柜台、低位服务柜台；人工、自助检查通道在就近旅客通道处应设置无障碍通道，在安检区应设置至少1个私密检查室。

如有公共卫生间，应设置至少1个无障碍卫生间。如有楼层转换，应设置至少1部无障碍电梯。如有饮水处、公用电话等服务设施，也应符合无障碍设施规定。

（3）旅客候机区

旅客候机区靠近登机口处应设置爱心座椅和轮椅停放区，在相应位置应设置无障碍标识；应设置至少 1 个无障碍卫生间。登机口处应设置闪烁提示设施；如有楼层转换，应设置无障碍电梯；应设置至少 1 个母婴室候机室，并应符合无障碍设计要求。如有饮水处、公用电话等服务设施，也应符合无障碍设施规定。

（4）旅客行李提取区

航站楼行李提取区应设置至少 1 个无障碍卫生间；应设置爱心座椅和轮椅停放区，在相应位置应设置无障碍标识；如有楼层转换，应设置无障碍电梯。如有饮水处、公用电话等服务设施，也应符合无障碍设施规定。

（5）旅客到达厅

旅客到达厅应设置爱心座椅和轮椅停放区，在相应位置应设置无障碍标识；应设置至少 1 个无障碍卫生间。旅客到达厅内问讯、班车售票处等服务设施应设置符合无障碍规定的低位柜台；如有楼层转换，应设置无障碍电梯。如有饮水处、公用电话等服务设施，也应符合前述规定。

（6）商店、银行、邮政和餐厅等区域

旅客航站楼内商店、银行、邮政和餐厅等区域应设置符合无障碍设计规定的低位柜台。

8.2.4　登机桥与站坪设备

（1）旅客登机桥

旅客登机桥固定端坡度不应大于 1：10，在有条件的前提下不宜大于 1：12；地面应防滑；在入口、中部转折处、坡度转换处应铺设提示盲道，提示盲道宽度应与登机桥同宽。

旅客登机桥固定端、活动端通道两侧应设置扶手，扶手高度应为 850～900mm，宜设上、下层扶手，下层扶手高度应为 650～700mm。

（2）旅客摆渡车及登机设备

旅客摆渡车及捷运设施内在靠近车门处应设置供轮椅使用者使用的轮椅车位，轮椅车位应设置固定轮椅设施。摆渡车辆应具备无障碍功能，或在摆渡车车门处应设置供轮椅使用者上、下车且坡度不应大于 1：12 的活动斜板。

机场应至少配置 1 台供残障者旅客和老、弱、伤、病者上、下飞机的升降车或升降设备。

当前，无障碍设计评审已作为一个独立专项评审正式纳入民航类项目的初设评审环节。希望我们的行业标准和各个环节的审查能够尽快成为督促和监督每位建筑师、设计师和施工人员的一把尺子，在今后的机场航站楼设计、施工中得到广泛推广，更好地服务广大的残障朋友，让每一位旅客都能够感受到机场航站楼设计中的关爱与温暖！

9 教育建筑无障碍设计要点与案例 *

美国、英国、新加坡和日本的相关无障碍规范中，对建筑教育的无障碍设计要求不尽相同。本章将通过对部分发达国家在教育建筑无障碍方面相关规定与设计要点的分析，说明我国教育建筑在室外场地、教育科研用房、生活服务用房以及体育运动用房方面的无障碍设计要求，并以韩国首尔瑞金特殊学校、美国华盛顿加劳德特大学和我国康复大学为例，以期为教育建筑无障碍设计提供参考。

9.1 国际经验借鉴

9.1.1 美国

ADA 没有关于教育建筑的专项要求，而是将教育建筑的无障碍理念体现在包括无障碍通行流线、出入口、楼电梯、卫生间等各类设施的要求中。不过，ADA 提出了对儿童尺度的具体技术要求。针对饮水器，儿童使用的饮水器，其出水口距地高度不应大于 760mm（成人 915mm），出水口与饮水器前缘的距离不应大于 90mm（成人 125mm）。关于坐便器，儿童使用的坐便器应符合表 2-9-1 的规定。无障碍厕位的尺寸则比较有意思，儿童需要的尺寸反而更大：当采用壁挂式坐便器时，成人的最小厕位尺寸为 1.53m×1.42m（与坐便器平行的方向）；当采用落地式坐便器时，成人的最小厕位尺寸为 1.53m×1.50m（与坐便器平行的方向）；而对于儿童来说，无论坐便器形式，厕位最小尺寸都为 1.53m×1.50m（与坐便器平行的方向）。主要供 6～12 岁儿童使用的洗手池，其台面距地面的高度不应大于 785mm，容膝容足空间的高度不应小于 610mm。对于 5 岁及以下儿童，ADA 没有给出明确的数据规定，但提出了在洗手池前应有可供轮椅停留的净空间。该净空间的尺寸不应小于 1220mm×760mm，地面坡度不应大于 1:48。对于儿童使用的餐台和工作台，ADA 要求台面高度应在 660～760mm之间。容膝容足空间及台面前净空间的尺寸要求和洗手池相同。

供 3～12 岁儿童使用的坐便器技术建议 表 2-9-1

年龄（岁）	3～4	5～8	9～12
坐便器中心线与墙面距离（mm）	305	305～380	380～450
坐便器上缘高度（mm）	280～305	305～380	380～430
安全抓杆高度（mm）	455～510	510～635	635～685
取纸器高度（mm）	355	355～430	430～485

9.1.2 英国

BSI 的标准中规定，教育建筑进行无障碍设计的范围应包括中小学建筑、专

---

* 本章作者：陆激、周欣、王宁、付俊伟。

科学院和综合大学，也包括其中配套的研究机构。教育建筑的无障碍设计从以下几个方面展开。

（1）无障碍通行流线和无障碍空间

教育和科学建筑应该是无障碍的。校内的档案资料应该便于残障的学生、老师和市民（必要的时候）访问，应提供便捷的电子档案检索功能。

（2）展示空间

对于视力障碍者，有眩光和反射的画面是不友好的，应通过哑光的表面减小其影响。带有反射表面的玻璃不应用于陈放展品。触觉和交互式显示器应该放置在同时便于坐姿和站姿操作的范围内。对于坐姿观众，水平放置在陈列柜内的标签很难看到。标签宜呈 45°角放置，而且宜放置于坐姿者的视线水平处，并位于陈列柜的前部。针对有视力障碍的人，宜额外使用高对比和大字体的附加标签。

（3）图书馆中的阅读和学习空间

如图书馆内设有阅读室，应至少有一处可供乘轮椅者使用的阅读区域。这一区域内的桌子应满足低位服务的要求，或者高度可以调节。

（4）座位

在展览空间应设有固定座位，供休憩和观赏展品。座位应易于找到并位于显眼的位置，但不应位于主要通道或疏散通道内。有条件时，座椅应有三种高度：380mm、480mm 和 580mm。当只能提供一种高度时，座椅距地高度应为 450～480mm。至少有一部分座椅应有靠背和扶手。提供给乘轮椅者使用的座椅，侧边应有不小于 1.20m 宽的转移空间，在距离转移空间 500～750mm 的处应设置扶手。当座椅数量大于 1 的时候，应提供左侧或右侧转移的选择。室外庭院或花园中也应提供座椅和轮椅休息区。

（5）听觉交流

宜根据不同的空间尺度，如报告厅、大教室、普通教室等，提供合适的助听系统。

9.1.3　新加坡

在 BCA 的标准中，专门设置了一个附录，用于指导儿童作为主要使用者的空间，包括幼儿园、学前班和小学。这一部分所指的残障儿童为 3～12 岁的轮椅使用者或行动障碍者，所以面向的是肢体障碍这一类型。

（1）扶手和安全抓杆

坡道和楼梯应在合适高度安装第二道扶手，用于帮助残障学生通行并减少事故。扶手的高度应从坡道表面或楼梯的踏步前缘起算，高度应≤700mm。安全抓杆的高度应根据不同年龄段设置。对于 3～6 岁儿童，安全抓杆高度应为 450～580mm；对于 7～12 岁儿童，安全抓杆高度应为 580～700mm。安全抓杆应为截面直径在 30～35mm 之间的圆形抓杆，或其他有相似抓握效果的形状。

（2）座椅

柜台、餐桌、课桌处应为乘轮椅学生提供不小于 900mm×1200mm 的净空间，用于轮椅的停留。当以正面方向靠近台面或桌子时，应提供至少宽 700mm、深 400mm 和高 680mm 的容膝容足空间。书写的台面或服务台的距地高度应在 700～780mm 之间。

（3）饮水器

饮水器的出水口应在前端，距地高度应在 740～780mm 之间。

（4）卫生设施

儿童使用的坐便器的高度和距离侧墙的距离应符合表 2-9-2 的要求。

安全抓杆应符合下列要求：在侧墙上应距离坐便器上表面 260～280mm 或距地 680～740mm 处安装水平安全抓杆，此抓杆应从后墙延伸到距离坐便器前端 450mm。坐便器另一侧，距离坐便器中心线 360～400mm 处安装可上翻的安全抓杆，距地高度应在 680～740mm 之间。在侧墙上应安装长度 400～500mm 的垂直或斜向安全抓杆，其下端应距地 650mm，距离坐便器前端 450mm。坐便器后侧应在距地 680～740mm 高度安装水平安全抓杆，长度≥750mm（图 2-9-1）。

儿童（3～12 岁）使用坐便器的高度和距离侧墙距离   表 2-9-2

年龄（岁）	3～6	7～12
坐便器上缘高度(mm)	290～400	400～450
坐便器中心线与墙面距离(mm)	300～350	350～450

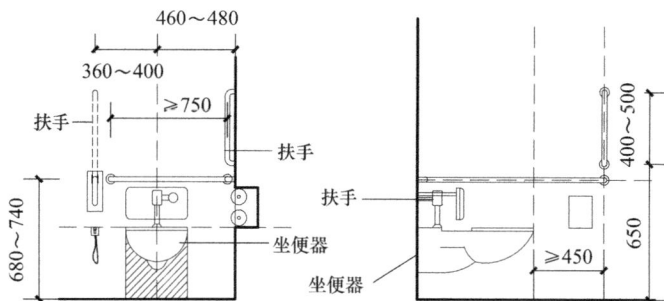

图 2-9-1 儿童使用的坐便器无障碍设计示意

至少应设置一个无障碍小便器，其下口距地高度应≤400mm。

轮椅使用者的洗脸盆台面距地高度应≤780mm，并留有至少 700mm 宽、400mm 深和 680mm 高的容膝容足空间。对于其他行动障碍者，洗脸盆高度应≤550mm，宜设置可调节高度的洗脸盆，宜适应不同年龄段儿童的需求。

如果安装镜子，其下端距地高度应≤800mm，上端距地高度应≥1900mm。镜子前方应有不小于 900m×1200mm 的净空间，门扇开启不应影响到这一空间。

（5）儿童的可触及范围

当建筑内有残障儿童使用的挂衣钩、更衣柜、电气开关和其他操作设施时，其尺度应满足下表的可触及范围要求（表 2-9-3）。

（6）电梯

残障儿童使用的电梯的控制面板高度应距地 800～1000mm。

（7）公共电话

公共电话操作部分的高度应距地 800～1000mm。

儿童可触及范围尺寸要求			表 2-9-3
	年龄(岁)	最低点(mm)	最高点(mm)
前方可触及范围	3～6	500	900～1000
	7～12	400	1000～1100
侧方可触及范围	3～6	500	960～1070
	7～12	400	1070～1170

（8）餐厅

无障碍的餐桌和柜台的台面高度应在距地 700～780mm 之间。如果在固定的餐桌边上提供轮椅停留区,其尺寸不应小于 900mm×1200mm。桌子下方应留有至少 700mm 宽、400mm 深和 680mm 高的容膝容足空间。

（9）电脑房

电脑桌的下方应留有容膝空间。建议使用高度可调节的电脑桌。电脑的主机、显示器和打印机等设备应位于残障儿童的可触及范围之内。

（10）图书馆

当设置旋转门或旋转闸机时,应在其边上另外设置便于无障碍通行的门。门开启后通行净宽应≥850mm。当设置自动门时,其打开时间应足够轮椅的通过,且应有手动操作设备以防备停电等意外情况的发生。

9.1.4 日本

平成 24 年（2012 年）的标准没有专门的教育建筑无障碍设计规范条文,但下文两个案例分别介绍了小学和幼儿园在无障碍设计时应关注的一些要点。这两个建筑建成年代早,分别为 2000 年和 1998 年,但仍然有非常充分的无障碍设计考虑,且融合了许多人性化的细节（图 2-9-2）。

小学案例建于 2000 年。在主要建筑出入口附近设置了无障碍车位,乘轮椅者下车后可直接通过坡道进入建筑。主入口前方设置行进盲道,可以将视障人士引导至入口前的对讲机处以呼叫工作人员。建筑内部可以通过墙体作为引导,因此走廊上并没有设置行进盲道。室内设置电梯,不仅方便残障儿童,还可以方便儿童的照护者,以及社区里使用这一学校设施的老年人和其他残障人士。在室外儿童活动场地,也设置了带有坡道的出入口。各教室内的黑板可以很容易地上下移动,方便身材矮小者的书写;也可以避免儿童站在椅子上书写,防止危险状况的发生。另外,黑板稍微向前突出,形成了一定的容膝容足空间,便于乘轮椅的老师靠近黑板。不同功能教室的标识,不仅使用文字,还利用了图片,让低年级的儿童也容易理解。走廊被特意放大,融入休息、活动空间,让活动不便的残障儿童在课间就近放松身心。两幢教学楼有高差时,通过平坡连接,使空间过渡更加自然,通行也更加安全。不同的卫生间内设置了不同尺度的洁具:一层卫生间内的洁具为普通尺寸,二层卫生间的洁具尺寸稍小,更加适合儿童（图 2-9-2）。

幼儿园案例建于 1998 年,规模虽小,但是从室外到室内,一体化地考虑了无障碍使用需求。在幼儿园正门,结合建筑之间的空隙,自然形成一条 1∶20 的坡道,并铺设盲道。在幼儿园侧边,也以平坡化的小巷连接市政道路和幼儿园主要庭院,形成自然的无障碍过渡（图 2-9-3）。

图 2-9-2　日本建于 2000 年的小学室内外无障碍设计细节

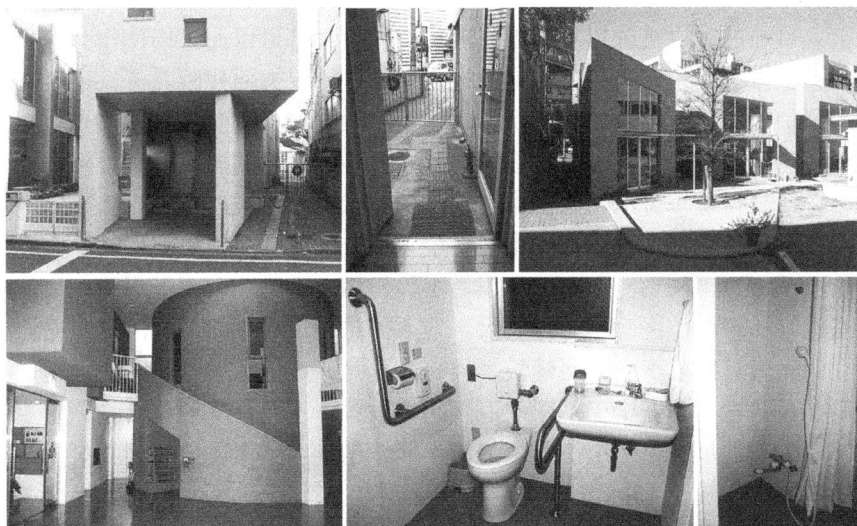

图 2-9-3　日本建于 1998 年的幼儿园室内无障碍设计

门厅侧边设置无障碍卫生间，通行方便，但又通过合理布局保证其私密性。无障碍卫生间兼有如厕和洗浴功能。内部设置安全抓杆、救助呼叫按钮等设施，坐便器可自动冲水。

9.2 无障碍设计要求

教育建筑的无障碍设计非常重要，《无障碍设计规范》GB 50763—2012 规定，教育建筑进行无障碍设计的范围应包括托儿所、幼儿园建筑、中小学建筑、高等院校建筑、职业教育建筑、特殊教育建筑等。考虑到实际使用的需要，设有老年大学的建筑也应进行无障碍设计。教育类建筑按功能，一般可分为教学科研用房、生活用房、体育运动用房和后勤服务用房，在高等院校中，还会有科技产业用房等。其中，后勤服务用房和科技产业用房的无障碍设计要求与其他类型的公共建筑相似，而教育科研用房、生活用房和体育运动用房的无障碍设计有其自身特点。另外，校园室外场地的无障碍设计也非常重要，故后文分节详述。特殊教育建筑在无障碍使用需求上有其自身特点，且覆盖面较广，对无障碍环境也有一些特殊要求，后文也会分类详述。

9.2.1 室外场地

对于普通教育建筑，《无障碍设计规范》GB 50763—2012 要求凡教师、学生和婴幼儿使用的建筑物主要出入口应为无障碍出入口，宜设置为平坡出入口；设有电梯时，至少应设置 1 部无障碍电梯。

对于特殊教育建筑，在整体布局和设计上有特殊的无障碍要求。《特殊教育学校建筑设计标准》JGJ 76—2019 校园内各建筑之间宜采用廊道相互连接，盲校、培智学校的主要建筑物之间应采用廊道或建筑体部连接。这些有盖顶或围护结构的连接通道可以保证残障学生在雨雪等天气情况下的通行便利，通道的设置不应影响消防车辆的通行。而对于视力障碍学生和智力障碍学生，他们雨天在外部行走不易辨别方向，所以用"应"来要求在主要建筑之间设廊道或体部连接。考虑到各类特殊教育学校教学活动对单一空间多功能性及空间组合灵活性有要求，宜为各用房功能变更、空间分割、合并预留可能性。为了辅助视力障碍学生进行自我定位和应急避难，盲校应采用直角空间，并保持各功能用房空间的连续性。在开放式的空间里，听障学生便于获得更多的视觉信息，因此聋校宜采用视野开阔的空间组合。智力障碍学生自理行为训练环节应融入日常生活的各个方面，且与教师的互动在这个过程中非常重要，因此智学校宜根据教学活动的整体性，将教学、生活、活动、教师休息、陪护等用房组合为教学单元。

9.2.2 教学科研用房

（1）普通教育建筑类

教学用房，包括教室、实验室、报告厅及图书馆等，在教育建筑中的使用频率很高，要确保其无障碍通行流线的顺畅。竖向和水平交通都需要有适当的无障碍措施，便于行为障碍者到达不同的使用空间。故《无障碍设计规范》

GB 50763—2012 要求主要教学用房应至少有 1 部进行无障碍配置的楼梯；目前，教育建筑中电梯的使用开始普及，设计中应该考虑在主要教学用房设置电梯。《建筑与市政工程无障碍通用规范》GB 55019—2021 规定，当设有电梯时，至少应设置 1 部无障碍电梯。在实际使用中，电梯加设无障碍设施的成本并不高，故新建建筑的电梯，可以考虑按能满足无障碍使用的要求定制。教学用房往往由很多走廊连接，难免会有高差，应按照规范对无障碍通行流线顺畅度的要求，采取坡化措施或设置轮椅坡道。此外，教室门的开启往往会影响通行，所以教学用房的主要通行线路上，可以考虑设置向教室内凹的门斗，且门斗可设计成向外开敞的"八"字形（图 2-9-4）。另外，有视力障碍学生使用的教室，应考虑在教室门前增设提示盲道，盲道也可为粘贴式。

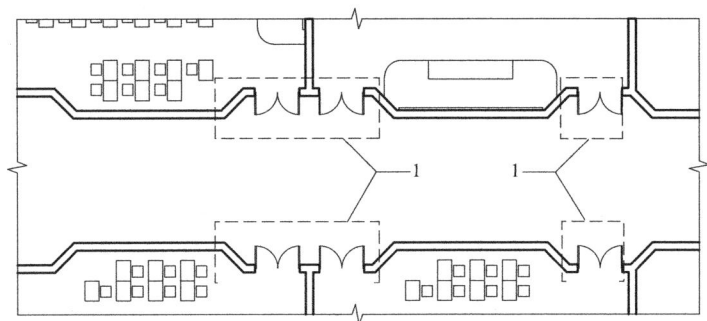

1."八"字形门斗

图 2-9-4 "八"字形门斗示意

接收残障生源的学校，其教学科研用房还应考虑更多的无障碍措施。《无障碍设计规范》GB 50763—2012 要求：主要教学用房每层至少有 1 处公共厕所应满足无障碍使用要求；合班教室、报告厅以及剧场等应至少设置 2 个轮椅席位；服务报告厅的公共厕所应设置无障碍厕位或设置无障碍厕所；有固定座位的教室、阅览室、实验教室等，应在靠近出入口处预留轮椅回转空间。

另外，各类教学用房是校园的主体，所以在无障碍设计中还应该有更多的考虑。教室的无障碍课位优选设在方便出入的位置，有条件时采用可调节高度的课桌椅，课桌下方留有容膝容足空间。此外，还应该在主要教学用房和主要通行线路上，预留轮椅回转空间，这些回转空间也可以临时停放轮椅，以便障碍程度较轻的学生在移位至普通座椅上课时，轮椅就近存放。报告厅的使用往往会持续一定的时间，设计中要考虑就近设置卫生间，并满足无障碍要求。为更好地服务行为障碍者，可尽量在每层均设置无障碍厕所或设有无障碍厕位的公共厕所。

图书馆的阅览区域在设计中，应避免有高差，设置无障碍阅览区（位）和相应的无障碍引导标识，并设置与借书问询台相连接的服务呼叫器；借书处、问询处等场所应考虑设置低位服务台，并设置无障碍引导标识；设有自助借还机和查询电脑时，可采用低位设备（图 2-9-5）；报告厅等设有观众席的空间，除应按规范要求设置轮椅席位外，还建议考虑设计乘轮椅者等残障人士登上主席台的措施（图 2-9-6）。

（2）特殊教育建筑类

从残障学生的需求出发，《特殊教育学校建筑设计标准》JGJ 76—2019 要求

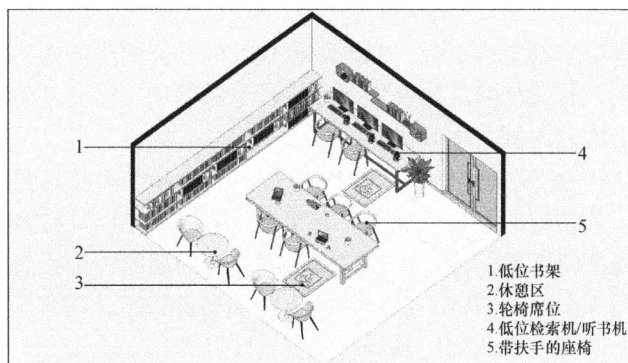

图 2-9-5　图书馆低位服务设施示意

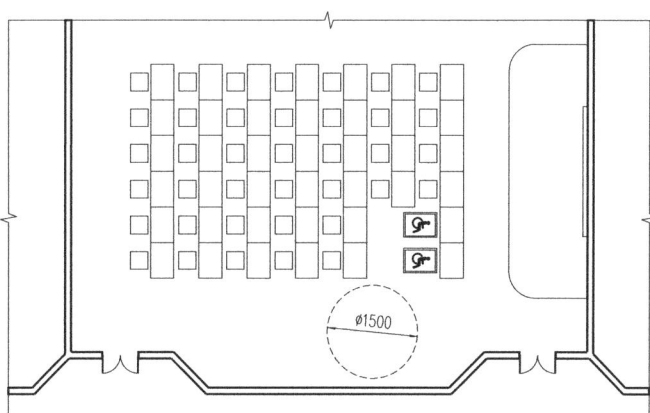

图 2-9-6　报告厅轮椅设计示意

特殊教育学校的主要用房建筑高度不宜超过 24m；教学用房及教学辅助用房不应设在五层及五层以上；低年级视力障碍和智力障碍学生的教学用房、教学辅助用房宜设置于首层，不应超过 3 层，这是考虑低年级视力障碍和智力障碍学生自主行动能力较差。此外，条文说明中补充，考虑到人流活动及学生特点，多功能活动室等用房宜采用单层设计。

考虑到不同类型的残障学生在知识掌握、信息获取、问题理解、人际交流等方面个体差异较大，不同类型残障学生之间"以强欺弱"的现象时有发生，加之不同的教学方式、生活习惯和工作特点对教学空间、生活空间及活动空间的要求有所不同，为提高综合学校的教学效果，改善各类型学生的学习环境，防止交叉影响，《特殊教育学校建筑设计标准》JGJ 76—2019 要求综合设置的特殊教育学校，应按学生残障类型划分相对独立的教学空间。

残障学生行动不便，大部分学生课间休息时，难以到达室外场地，而是多利用走道进行活动，因此，走道宽度在满足疏散要求基础上还应该适度放宽。《特殊教育学校建筑设计标准》JGJ 76—2019 要求盲校和培智学校单侧走道宽度应≥2.10m，盲校的内走道宽度应≥2.40m，培智学校的内走道宽度应≥3.00m；考虑到听力障碍学生进行手语交流时，需至少两人并行，故走道与通道的宽度应满足双向两人以上通行，要求走道净宽应≥2.80m。实际设计中，还应该避免房门完全开启的过程中影响走道疏散。此外，行政教师办公用房的走道，使用人数较少，以疏散为主，其宽度满足防火规范即可，不必增加。需要注意的是，上述走道的宽度是指沿内墙两侧扶手间的净距离。

《特殊教育学校建筑设计标准》JGJ 76—2019 要求教学及其辅助用房的门上宜设置观察窗。其相应的条文说明中，还要求盲校、培智学校的各种学生学习、生活、活动用房严禁设置门槛；盲校房间名称应在门扇的中部设置盲文标牌，其高度宜为距地面 1.20～1.40m；此外还应有中文名称标牌；门宜采用坚固、耐用的材料，并设置固定门扇的定门器。

同时，标准要求房间楼地面应与走道持平，并应采用防滑材料。实际操作中，可采用 3～5mm 的塑胶地坪，以降低噪声，减少对视力障碍和智力障碍学生的听力干扰，防止摔伤和磕碰。

视力障碍和智力障碍学生通常也会有一定的行动障碍，高出地面的讲台有一定的安全隐患。另外，由于学生不易保持注意力，老师在讲台上的一些举动可能会影响学生注意力的集中，因此，要求盲校和培智学校的教学用房不应设置高出地面的讲台。

为方便视力障碍、听力障碍和智力障碍学生适应学习环境，培养他们的生活自理能力，《特殊教育学校建筑设计标准》JGJ 76—2019 要求盲校、聋校低年级普通教室内宜附设卫生间，培智学校应附设满足无障碍使用要求的卫生间；考虑到残障学生双手保持清洁的必要性，还要求未设卫生间的普通教室宜设置洗手盆或水池等盥洗设备。

9.2.3 生活服务用房

（1）普通教育建筑类

无障碍宿舍是为了保障残障人士及其他有需求的人参与学习和社会工作，即使没有残障人士的学校，也应设置，普通学生受伤、生病等临时情况也要使用。因此，《无障碍设计规范》GB 50763—2012 规定男女宿舍应分别设置无障碍房间，每 100 套宿舍应各设置不少于 1 套。

针对交通空间，《无障碍设计规范》GB 50763—2012 规定，当无障碍宿舍设置在二层以上且宿舍建筑设置电梯时，应至少设置 1 部无障碍电梯，无障碍电梯应与无障碍宿舍以无障碍通道连接。地方性的导则和指南也有一些补充的要求。如《杭州市无障碍融合设计指南》提出，为了确保无障碍宿舍的可达性，宿舍门前应有无障碍出入口并宜设置提示盲道；门禁系统宜设置低位设施，以便乘轮椅者刷卡、刷脸通行；无障碍宿舍应设置于底层或有无障碍电梯到达的楼层，其走廊地面不应设置台阶。

《无障碍设计规范》GB 50763—2012 规定了无障碍宿舍的面积指标要求，详见"无障碍客房和无障碍住房、居室"一节。

《无障碍设计规范》GB 50763—2012 对救助呼叫按钮、开关等设施的要求较为简略。部分地方性的导则和指南对此有所细化，可以参见《北京市无障碍系统化设计导则》《杭州市无障碍融合设计指南》等。其细化的要求列举如下：有无障碍宿舍的区域，墙体两侧宜设置扶手或预留安装空间，空间尺度应满足轮椅通行和回转要求；为了乘轮椅者能安全且较为方便地使用自己的床铺，铺位高度应与轮椅平齐，并设置相应的可移动助力辅具；书桌下方应有容膝容足空间；盥洗间内应设置无障碍淋浴间和无障碍洗手盆，无障碍淋浴间内应设置坐台，需要刷卡的，应设置低位刷卡感应设施；视力障碍学生居住的宿舍、宿舍的公共卫生间等处，门前应设置提示盲道，靠近门口的扶手起止处应设置盲文标识。

《建筑与市政工程无障碍通用规范》GB 55019—2021 和《无障碍设计规范》GB 50763—2012 均未对食堂内的无障碍设计作详细规定。结合实际使用的需要，宜有如下设计：食堂内的通道宜满足轮椅通行和回转的要求；服务台、取餐窗口和结算台宜设置低位服务台，并设置无障碍引导标识；结算通道净宽应≥900mm；就餐区域宜设置具有容膝容足空间的无障碍餐桌，留有摆放轮椅的空间，并设可放置拐杖等辅具的装置和无障碍引导标识。食堂内部空间的无障碍设计多不用采用特殊设施，对新建学校，应该尽量多考虑，以免后续改造既困难又浪费。

（2）特殊教育建筑类

学生宿舍的设计应满足残障学生的基本起居要求，并以方便学校管理、保证学生安全为原则。对于低年级视力障碍和智力障碍学生，《特殊教育学校建筑设计标准》JGJ 76—2019 要求学生宿舍宜设置于首层，不应超过 3 层。

《特殊教育学校建筑设计标准》JGJ 76—2019 要求宿舍入口处应设值班室，并应面向入口门厅设观察窗，这是为了及时给有需要的学生提供帮助。因为培智学校的学生随时有可能情绪失控，对自己或同学造成伤害，晚上睡觉后也会有类似情况发生，故应紧邻学生居室设置教师值班室，并附设卫生间，便于随时照看，保证安全。在实际操作中，各宿舍楼应设管理员室，出入口附近应设有紧急避难引导示意图。

在面积指标上规定，盲校、培智学校宿舍的居室使用面积应按不小于 $6m^2$/床计算，且应采用单层床；聋校宿舍的居室使用面积应按不小于 $4m^2$/床计算。对于视力障碍和智力障碍学生，之所以将其宿舍的面积指标，从《宿舍建筑设计规范》JGJ 36—2016 中双层床房间的最低标准 $4m^2$/床提高到单层床房间的最低标准 $6m^2$/床[1]，是因为视力障碍和智力障碍学生往往要求较大的回旋空间。障碍学生使用上铺不安全，并需要帮助，所以单层床更方便其使用。在实际操作中，居室内除床位外，还应该为每位学生配置面盆架、衣柜和独立存储空间。宿舍应配有盥洗室及卫生间，地板应考虑防滑。卫生间和盥洗室可采用集中和分散两种形式，但智力障碍学生单独使用卫生间时容易发生意外，所以《特殊教育学校建筑设计标准》JGJ 76—2019 规定培智学校宿舍应在每层设置公共盥洗室。

考虑到学生的特殊性，其用餐方式要进行仔细划分。例如，盲校及培智学校低年级学生的自我管理能力较差，故规定，应采用送餐到桌的方式，桌间走道宽

---

[1] 中华人民共和国住房和城乡建设部. 宿舍建筑设计规范：JGJ 36—2016 [S]. 北京：中国建筑工业出版社，2017.

度应满足送餐车的通行。不同类型残障学生在取餐和就餐时因无法及时避让，经常发生碰撞，造成饭菜倒撒，引起混乱。因此，《特殊教育学校建筑设计标准》JGJ 76—2019 规定，综合设置的特殊教育学校，应按学生残障类型划分就餐区和购餐窗口，这一点对于视力障碍学生尤其重要；当采用窗口售饭方式时，窗口的设计还应考虑轮椅学生的使用。在实际操作中，可参照低位服务台的台面高度和容膝容足空间。多数情况下，就餐区应该采用固定餐桌座位，可避免餐桌滑动引起饭菜倾撒。同样，就餐区域也应设置具有容膝容足空间的无障碍餐桌，留有摆放轮椅的空间，并设可放置拐杖等辅具的装置和无障碍引导标识。另外，从物资运送、人流活动及学生特点等方面考虑，食堂宜采用单层设计。

特殊教育建筑的浴室和卫生间除了应符合《建筑与市政工程无障碍通用规范》GB 55019—2021 的相关要求外，建议对室内阳角进行圆角处理，以减少碰撞时产生的危害。

9.2.4　体育运动用房

《建筑与市政工程无障碍通用规范》GB 55019—2021、《无障碍设计规范》GB 50763—2012 和《特殊教育学校建筑设计标准》JGJ 76—2019 都未对教育建筑的体育运动用房提出专门的无障碍设计要求，可参照《无障碍设计规范》GB 50763—2012 中"体育建筑"一节的相关规定执行。为了方便有障碍学生的到达及使用，风雨操场和运动场馆应与校园无障碍路线接驳，场地内通行路线有高差处宜设置平坡地形；升旗仪式台和操场主席台可设置移动式轮椅坡道；观众台座应设置与无障碍路线相连接的无障碍席位；供有障碍学生进行健身活动的场所，应设置无障碍引导标识。

需要注意的是，风雨操场和抗震等级较高的教育建筑常常会作为社会紧急避难场所和应急抗灾指挥中心使用，配套的储备物资内应包括轮椅、拐杖和担架等辅具设施，以服务残障人士和其他有需求的人。

9.3　教育建筑无障碍设计案例

9.3.1　韩国首尔瑞金特殊学校

由 CoRe Architects 设计的韩国首尔瑞金特殊学校（Seoul Seojin School，图 2-9-7）在 2021 年获得首尔建筑头奖。该项目用地面积 11184.5m²，建筑面积 15188.61m²，是一所面向残障学生开设的特殊学校。学校原计划设置 22 个班级，但因特殊教育学校数量短缺，最终共设置了 28 个班。学校提供中小学课程，也提供职业教育课程。❶

---

❶ CoRe Architects. 서울서진학교 Seoul Seojin School［DB/OL］（2021-01-25）［2021-12-13］. https：//magazine. brique. co/project/%ec%84%9c%ec%9a%b8%ec%84%9c%ec%a7%84%ed%95%99%ea%b5%90-seoul-seojin-school/.

每个人都可能会随时面临身体不适的状况，包括受伤、生病、搬运重物或者老去。因此，虽然名为"特殊学校"，但建筑师希望摆脱对"特殊"的普遍偏见，将首尔瑞金特殊学校纳入众多满足社会需求的教育机构之中，使这所学校既是特殊的，又是普通的。

新校园紧挨空置的公瑾小学。为了能够更好地利用这一资源，新校园在建筑进入方式和层高设计上，都考虑了新旧两部分的无障碍连接。而在新建筑的部分，既有"美化"的无障碍设施，也有"看不见"的无障碍设计。

图 2-9-7　首尔瑞金特殊学校鸟瞰

（1）"美化"的无障碍设施

花园中，设计了抬高的花池。既让花池更加显眼，也在下部留出容膝容足空间，乘轮椅者也可以正面靠近。此外，结合花架造型，设计了螺旋状上升的座椅，可以让有不同发育状况的学生共享：空出的部分是轮椅休息位，一般高度的表面适合健全人就座，更高的表面则方便屈膝障碍者就座（图 2-9-8）。

（2）"看不见"的无障碍设计

大厅顶棚的一部分设计成螺栓状，并将中间掏空，引入采光，利用光线作为引导。教室一旁有着宽阔的走廊，其宽约为 4.50m，是普通学校的两倍，走廊地面上的彩色线条增加了空间的引导性。走廊上还有多处放大的名为"POD"（Extended Corridor Area）的弧形空间，以供行动不便的学生就近在此开展各种各样的活动，可以休息、与朋友聊天，也可以看看院子中的景色（图 2-9-9）。每个教室内设有一

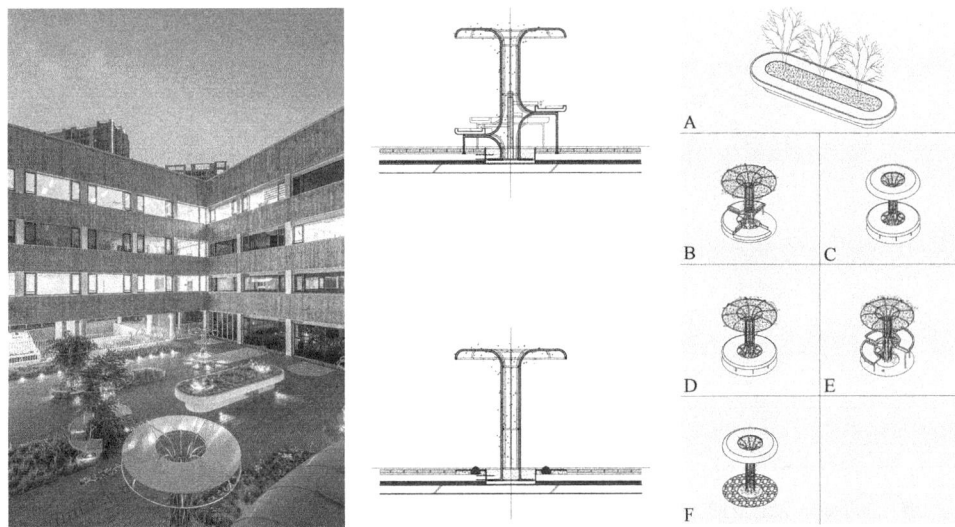

图 2-9-8　结合花池花架的无障碍设计

图 2-9-9　走廊弧形空间

个储藏室和心理稳定室，以帮助学生发生意外行为时，稳定他们的身体和意识。在庭院的中心，有一个书吧，这是一处让学生、家长和教师一同休息的地方。

9.3.2　美国加劳德特大学

美国加劳德特大学（Gallaudet University）的历史可以追溯到 1817 年，教育慈善家托马斯·霍普金斯·加洛代（Thomas Hopkins Gallaudet）和来自法国皇家聋哑机构（Institut Royal des Sourds-Muets）的路易斯·劳伦特·玛丽·克莱尔克（Louis Laurent Marie Clerc）一起创办了美国的第一所聋哑学校。❶ 该大学是一所私立综合性大学，校园占地约 $40hm^2$，设有艺术科学、管理及继续教育学院，提供 50 多个专业的大学本科和研究生课程，并可授予相应学位。面向全世界招收听力与语言障碍优秀学生，年均招生规模 1500 人。❷ 加劳德特大学一直注重为听力与语言障碍学生提供良好的学习生活环境，并持续在校园建设中进行探索和实践（图 2-9-10）。

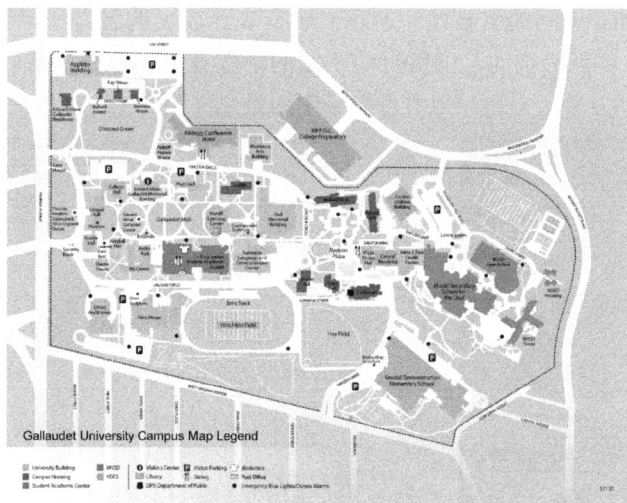

图 2-9-10　加劳德特大学校园总平面

---

❶　Gallaudet 大学官网［DB/OL］．［2021-12-13］https：//www. gallaudet. edu/about/history-and-traditions/thomas-hopkins-gallaudet.

❷　张钰墨，陈洋. 聋哑学校无障碍空间环境设计研究——以美国加劳德特大学为例［J］. 建筑学报，2016（3）：106-110.

214

（1）扩大感知范围的设计策略

加劳德特大学采用了扩大感知范围的设计策略，其中包括一系列增加视觉感知范围的措施。例如，多使用铝合金门，普通木门上也设置较大面积的玻璃，减少对视线的阻挡，避免听障者在出入时发生不必要的碰撞，同时也增加了自然采光（图2-9-11）；电梯井道和轿厢的正面采用玻璃材料（图2-9-12），让电梯内外的人可以相互看到，有效减轻心理压抑感，加强人的安全感和实际安全系数；室内公共活动区域采用通高空间、开敞式楼梯等（图2-9-13），促进听力障碍者积极参与公共活动，帮助他们及时修正空间定位。

在材料选择时，也用表面反射材料，以扩大视域范围（图2-9-14）；规划中还设置了风景走廊，帮助空间定位（图2-9-15）。

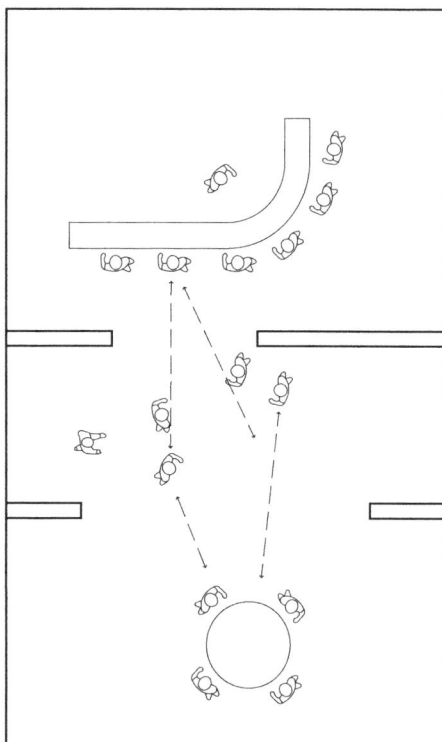

图 2-9-11　使用高透明材料的走廊空间

设计灯光时，利用信号灯代替声音指令。例如，运用"门灯"代替门铃（图2-9-16），利用强光闪烁作为紧急疏散指令，使用较为柔和的闪烁光源作为上课时的提醒装置等。针对听障者依赖视觉信息的习惯，避免眩光、阴影、背光等不良照明条件。增加漫射光，提高照度的均匀性和整体光环境的柔和度（图2-9-17）。

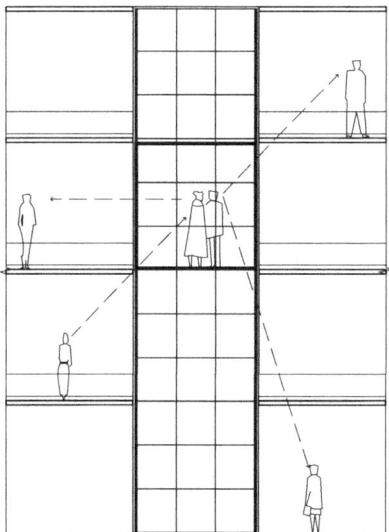

图 2-9-12　玻璃电梯

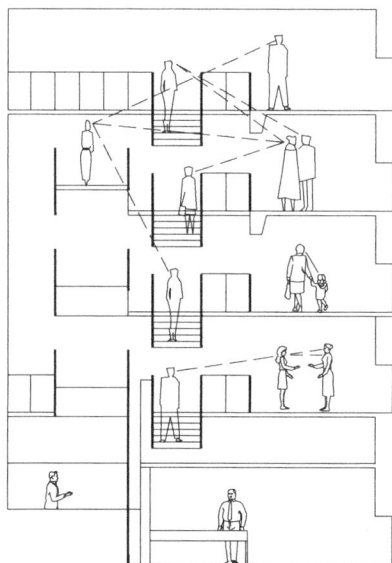

图 2-9-13　室内可视化设计

215

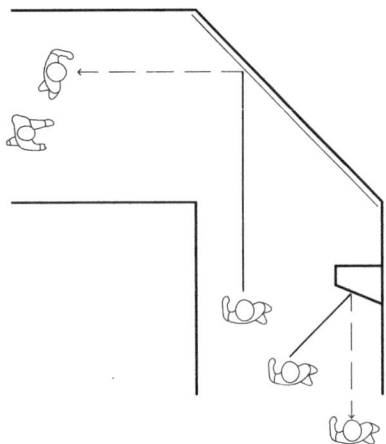

图 2-9-14 . 反射表面图示

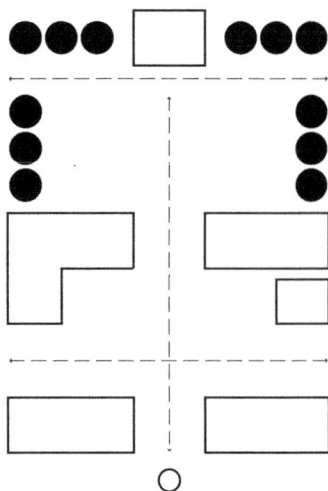

图 2-9-15　风景走廊的空间定位效果示意

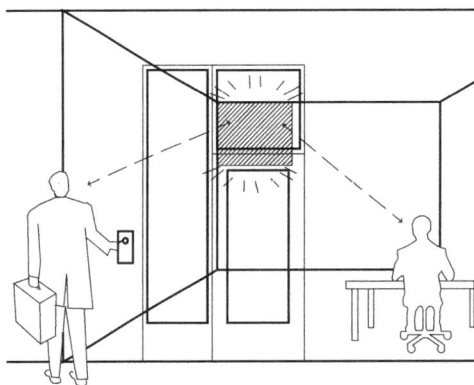

图 2-9-16　"门灯"的使用原理

图 2-9-17　光线设计示意

　　除采用视觉感知范围扩大的设计策略之外，还利用振动地面对感知进行补充。多处采用有易振动地板，可在有人经过时通过微小振动提示听力障碍者（图 2-9-18）。

　　采用粗糙材质标明转换空间：在出入口、转弯空间及踏步或高差边缘处采用粗糙材质，利用其带来的不同触感标明转换空间。

　　设置屏障，减弱背景噪声影响的措施：在临街处，利用宽阔的绿化带阻隔噪声源；在建筑中，采用隔声墙阻隔外界噪声（图 2-9-19），提供一个更加安静的环境。

　　(2) 适应特殊交流方式的设计策略

　　加劳德特大学还针对听力与语言障碍人群特殊的交流方式制定设计策略。例如，加宽人行道路便于手语对话，道路边缘材质变化保障安全（图 2-9-20），人行道路宽度一般在 10 英尺（约 3.05m）以上。道路边缘采用卵石或其他脚感有明显差异的材料（宽度 1 英尺 6 英寸，约 0.46m），提示路面边缘，保障安全。

布置家具时，桌子形状采用 U 形和圆形，人数较少时，采用方形桌（图 2-9-21），有利于保证听障者的视线联通和手语交流顺畅。

加劳德特大学还采用了一系列保障手语交流连续性的措施。例如，设计使用有纹理的材料，微妙地提示道路交叉口或楼梯等转换空间的存在（图 2-9-22）；在转角处还采用弧墙设计，使视线通透，增强安全性（图 2-9-23）。

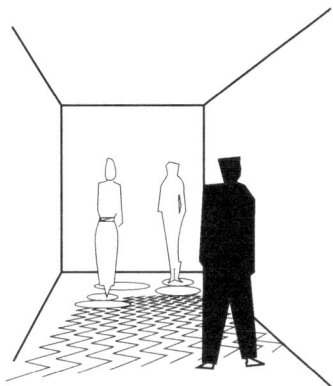

图 2-9-18　振动地面图示

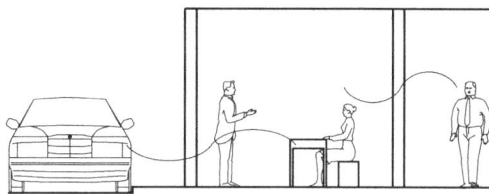

图 2-9-19　采用隔声墙阻隔外界噪声图示

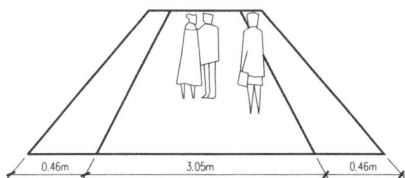

图 2-9-20　道路加宽及其边缘设计

0.46m　3.05m　0.46m

图 2-9-21　保障视线及交流顺畅的家具摆放形式

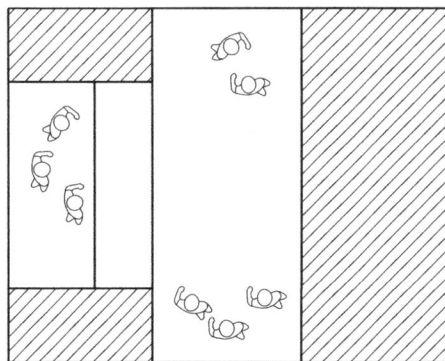

图 2-9-22　出入口与道路交叉口所用材料的差异

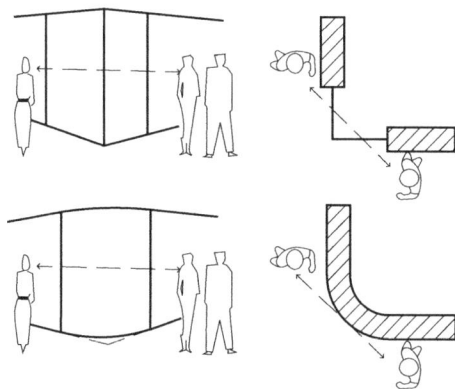

图 2-9-23　转角空间弧形处理图示

用坡道代替楼梯/台阶,保障交流空间的连续性。考虑到狭窄或"之"字形的坡道也会带来不便(图 2-9-24),采用宽敞的直线形坡道。

9.3.3 康复大学"创新核"无障碍专项设计

康复大学是一所以康复医学为主、多学科交叉融合的国家级大学,是我国康复事业人才培训、科学研究和技术创新的重要基地(图 2-9-25)。项目位于青岛市红岛经济区,用地面积约 91hm^2,总建筑面积近 55 万 m^2,容纳本科生 5000人、研究生 5000 人及教职工 2000 人。一期核心建筑"创新核"是主要的教学科研组团,建筑面积约 16 万 m^2,包括综合共享中心、公共教学实验和实训中心、创新驱动中心、学术会堂等建筑,以及柱廊、长廊等室外构筑物,功能复杂,使用人群复合,是校园建设的重点。

校园通用无障碍环境不仅为残障学生提供平等普惠的学习、科研场所,也为全体在校师生和社会大众提供通行自由、使用便捷、交流顺畅的安全共享的城市公共空间。同时,兼具可达性、包容性、通用性、开放性的无障碍校园,也是环境教育、人文教育的第一课堂,以可感知的人文价值观,诠释"以人为中心"的生态文明校园理念,展现城市发展水平和精神文明高度。

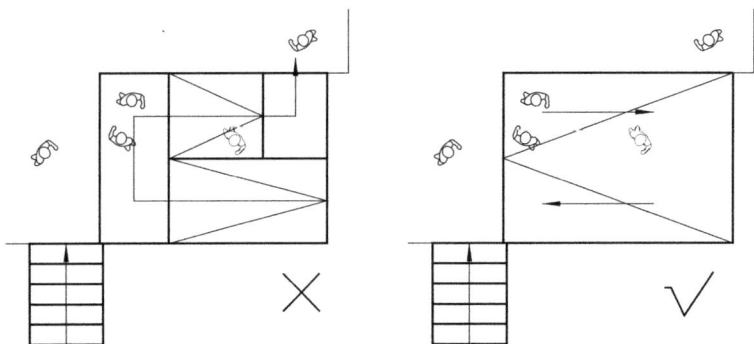

图 2-9-24 合理坡道设计图示

图 2-9-25 "创新核"建筑组团鸟瞰

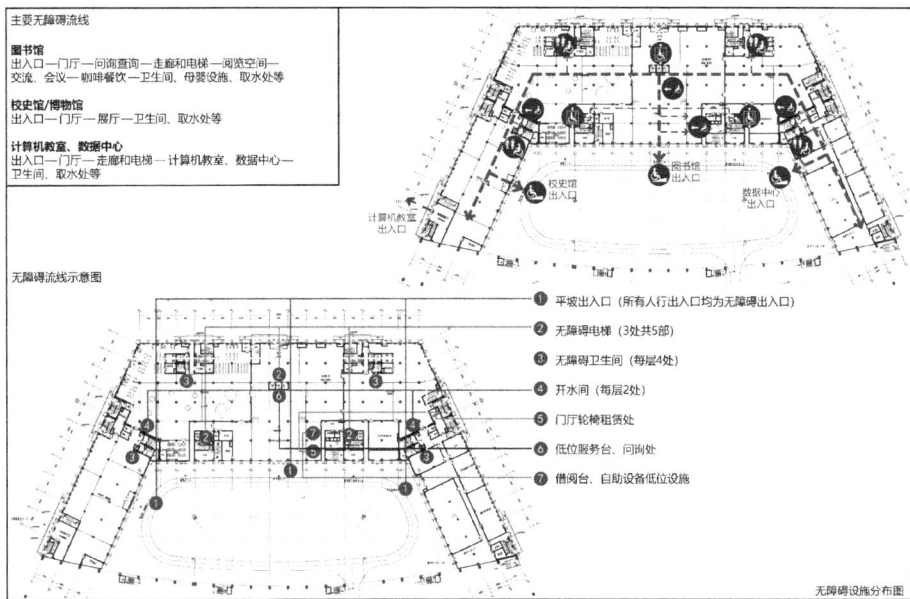

图 2-9-26　综合共享中心无障碍流线及设施配置

在上述理念指导下，编制"创新核"无障碍专项设计图示，对无障碍设施系统路径和空间配置进行规划，明确不同功能空间或设施的无障碍性能标准、技术要点和实施细则，形成体系完善、内容合理、表达清晰的统一技术措施。

（1）无障碍流线设计及设施配置

根据建筑使用功能和人员密集程度设计无障碍流线，合理配置流线上的无障碍通行设施和功能空间，保证通行的安全性、连续性和移动路径上空间设施的易达可用（图 2-9-26）。如教学、实验与实训建筑的无障碍流线主要是保证各类公共教室、专业教室、实验实训室、报告厅等教学空间及辅助设施的可达性；综合共享中心的主要无障碍流线包括图书馆的借阅流线、校史馆/博物馆的参观流线及计算机教室和数据中心的使用流线等。

学术会堂（报告厅）同时考虑观众流线和贵宾通道的无障碍流线，并提供两种方式供演讲嘉宾从后台进入或从观众厅上下主席台（图 2-9-27）。

（2）教学研空间

教学研空间是校园里使用强度最高的功能空间，教室布局和设施配置需充分考虑轮椅使用者和视力障碍者、听觉障碍者等人群的使用需求。如公共教室根据课程教学、操作演示、小组讨论等不同授课模式，采用活动桌椅灵活组合的布局方式，主要通道满足轮椅通行宽度，在适当位置设置轮椅席位，并在入口内侧设置轮椅回转空间（图 2-9-28）。

实验、实训室设置无障碍实验台、操作台，保证主要通道的宽度和入口处的轮椅回转空间（图 2-9-29、图 2-9-30）。

阶梯教室利用第一排中部设置活动桌椅，满足轮椅进出宽度，既可作为无障碍席位，也可供嘉宾或普通学生使用。桌子侧板设计为弧线型，方便轮椅进出（图 2-9-31）。

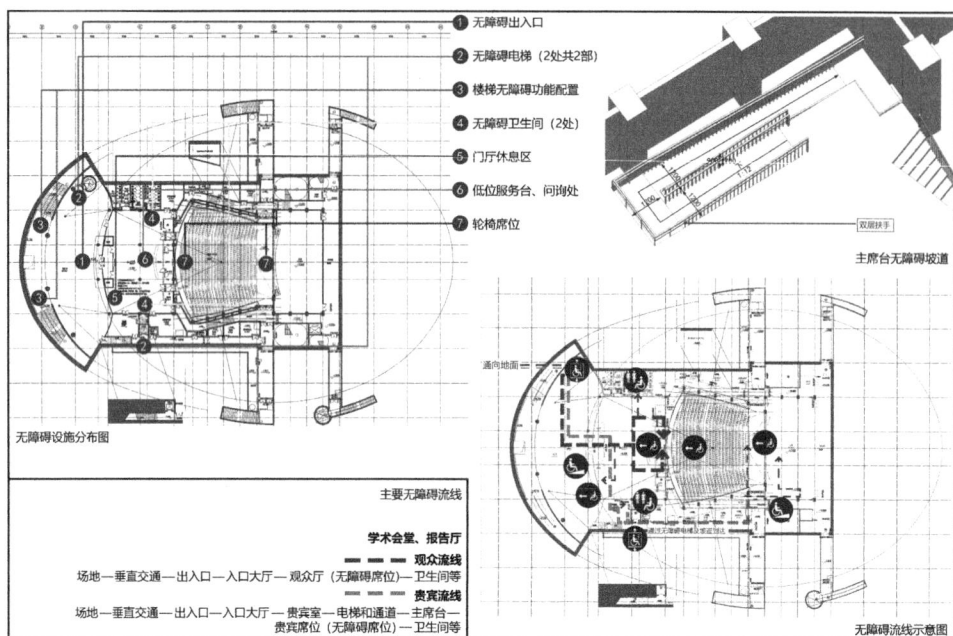

图 2-9-27 学术会堂无障碍流线及设施配置

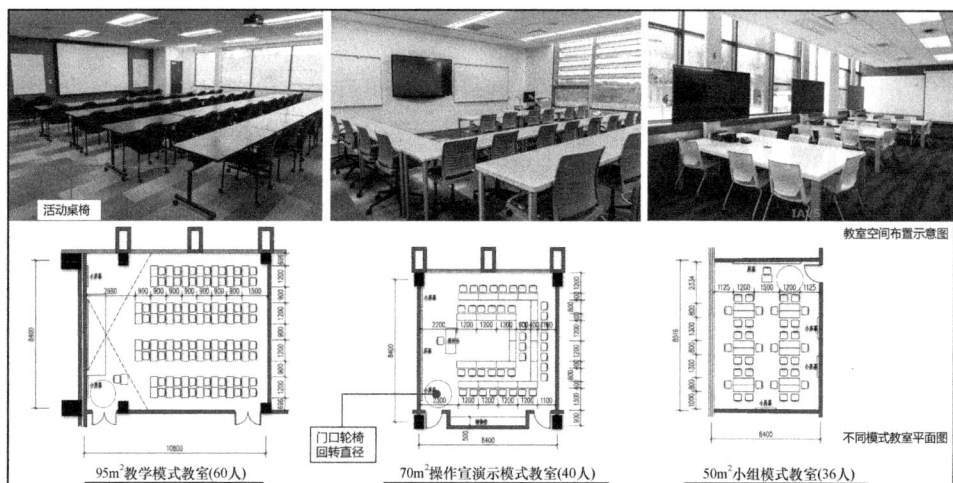

图 2-9-28 公共教室无障碍布局

800 座学术会堂,考虑无障碍席位既为有需要的观众使用,也为主席台演讲嘉宾台下就座提供方便,因此在观众厅第一排利用带弧形侧板的可移动桌椅设置 10 个通用型无障碍席位,最后一排设置 4 个轮椅专用席位,同时满足前后排的就座需要并利于疏散(图 2-9-32)。

阅览空间作为学习交流的重要场所,通道宽度及轮椅回转空间满足使用要求,室内空间采用明快的色彩和弧线造型的家具,墙角、柱子、书柜等均采用圆角增加安全性,并与整体风格协调(图 2-9-33)。

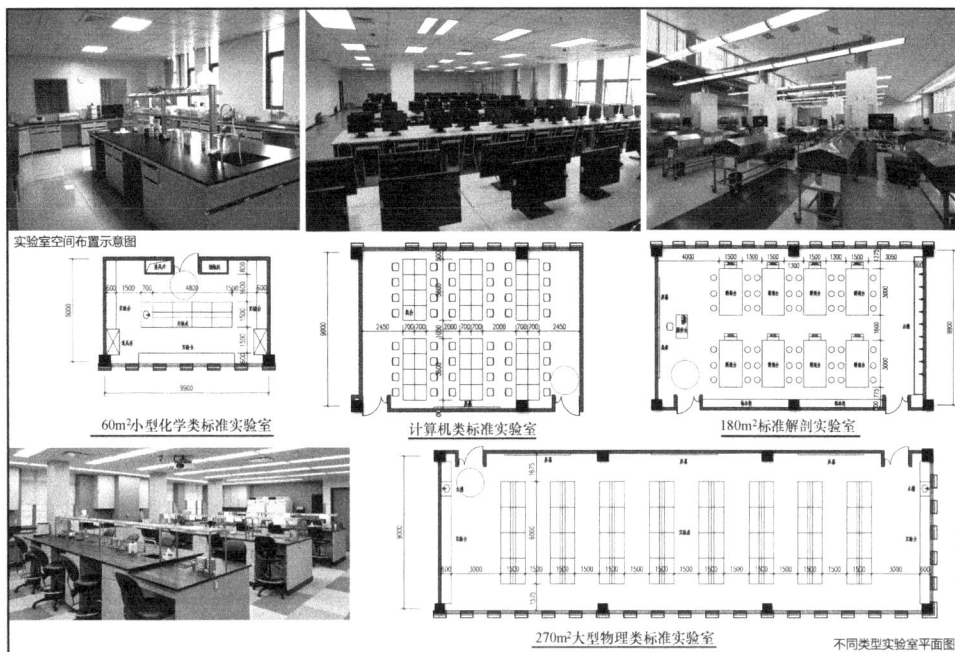

图 2-9-29　公共实验室无障碍布局

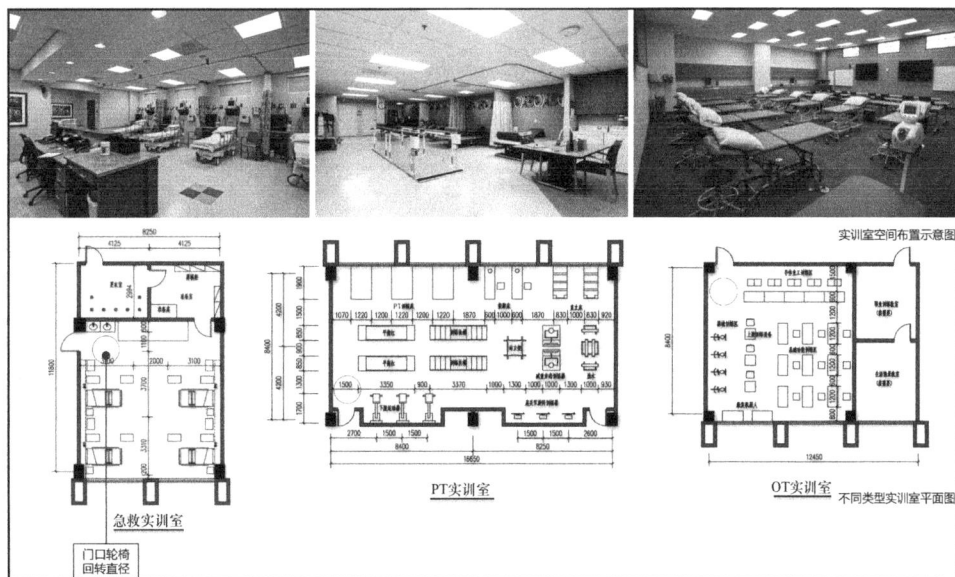

图 2-9-30　实训室无障碍布局

同时，为保证听觉障碍者和视力障碍者能够同步接收信息，各类教室、阅览室、报告厅等设计为隔声且无回声场所，对于听觉障碍者配备扬声器，以实现教室各角落即时、稳定、稳态的扩音性能，提供与个人助听设备耦合的调频信号、语音转文字等设备；对于视力障碍者采用大字显示屏、语音提示、读屏软件等设施。并配备方便站姿或坐姿授课的可升降讲桌、可放置拐杖的阅读桌、可翻折的充电板等便利设施（图 2-9-34）。

图 2-9-31　阶梯教室无障碍设计

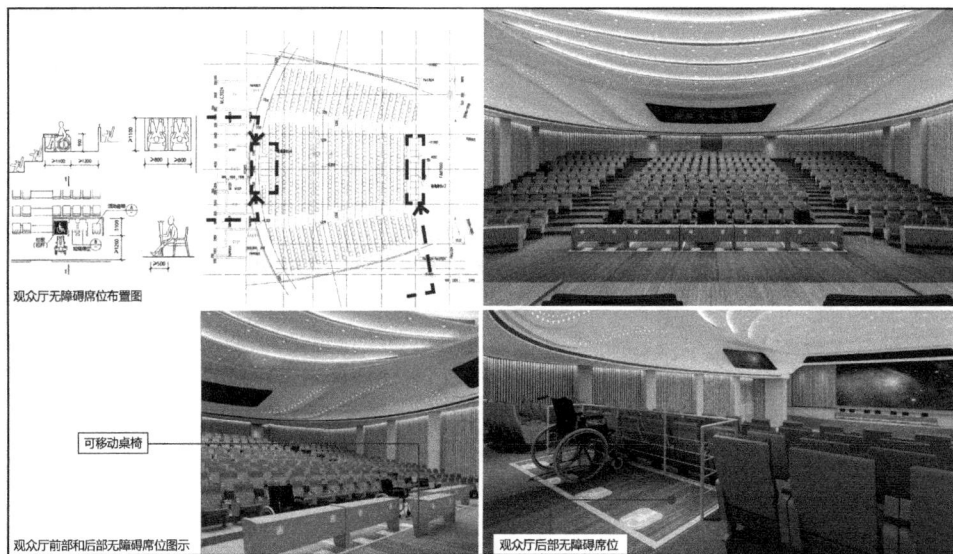

图 2-9-32　学术会堂无障碍席位

（3）柱廊与坡道

"创新核"组团的三栋建筑通过柱廊相互连接，并通过大坡道直达屋顶平台，形成极具特色的室外构筑物。设计中对柱廊、坡道、屋顶等空间的可达性和通行便利进行无障碍优化，坡道满足无障碍通行要求，柱廊主要标高层设置了无障碍电梯，柱廊下部空间地面进行坡化处理，墙角、家具均采用圆角设计（图 2-9-35）。

（4）辅助功能空间

教学研建筑每层均在靠近公共卫生间、方便到达并避免流线迂回的位置设独立的无障碍卫生间。采用推拉门，内部设施齐全、方便使用。同时在公共卫生间设置无障碍小便器、厕位内设置助力扶手等适老适弱设施（图 2-9-36）。

图 2-9-33　无障碍阅览空间

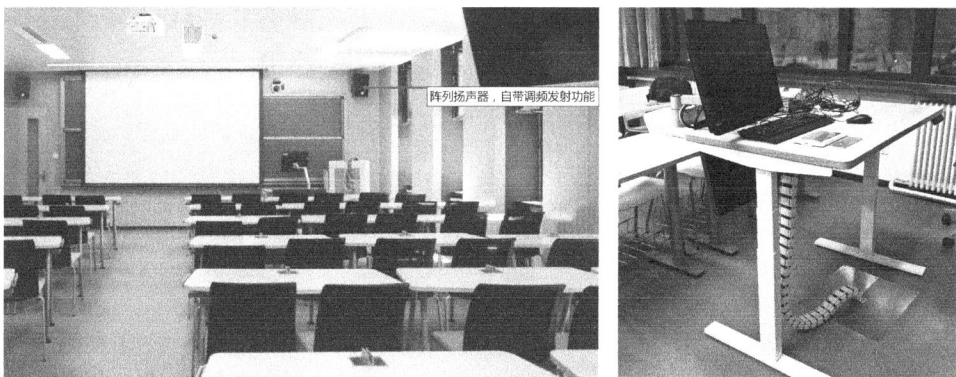

图 2-9-34　带调频发射功能扬声器的教室和可升降讲桌

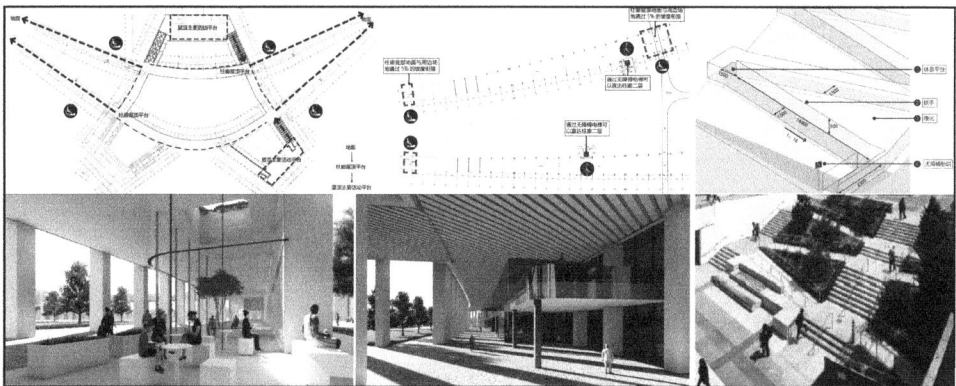

图 2-9-35　柱廊、大坡道的无障碍设计

在综合共享中心等功能复合、人员复杂的建筑内设置母婴室，配置清洁设施、哺乳设施和儿童设施。装修采用安心、安全的圆角设计，色彩和图案符合儿童心理特征（图 2-9-37）。

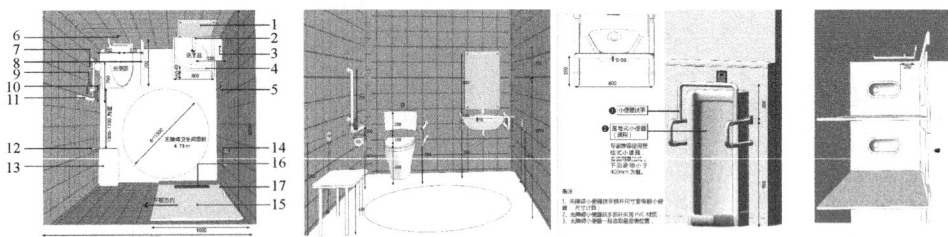

1.带镜前灯的镜子；2.大手柄杠杆式水龙头；3.置物台；4.手盆抓杆(洗手盆沿距离抓杆中间缝隙以手掌恰恰伸进为宜，不可外延)；5.紧急呼叫按钮(推荐拉绳式)；6.自动冲水感应器；7.前置手持花洒(推荐设置)；8.可上旋悬臂扶手；9.紧急呼叫按钮/手动冲水开关(紧急呼叫按钮推荐拉绳式)；10.取纸器；11.L形抓杆；12.紧急呼叫按钮(拉绳式)；13.凳子；14.挂钩(高低2个)；15.推拉门；16.百叶(百叶安装注意事项：要从外住里，从上往下透视、传声、观察、救生之用)；17.把手。

图 2-9-36　无障碍卫生间及公共卫生间适老设计

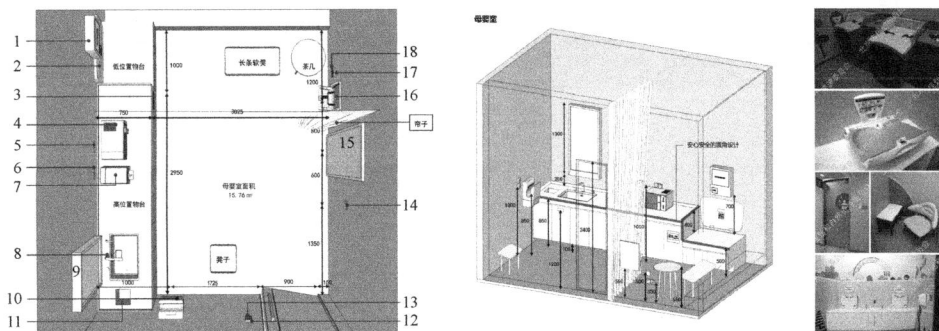

1.婴儿用品售卖机；2.婴儿护理台(可翻折)；3.柜体放置尿布垃圾桶；4.微波炉；5.电源插座；6.电源插座；7.电热水壶；8.感应水龙头；9.梳妆镜；10.烘手器(上吹风)；11.垃圾投放口；12.声光报警器；13.自动开关；14.挂衣钩；15.落地全身镜；16.儿童座椅(可翻折)；17.紧急呼叫按钮；18.电源插座。

图 2-9-37　母婴室配置

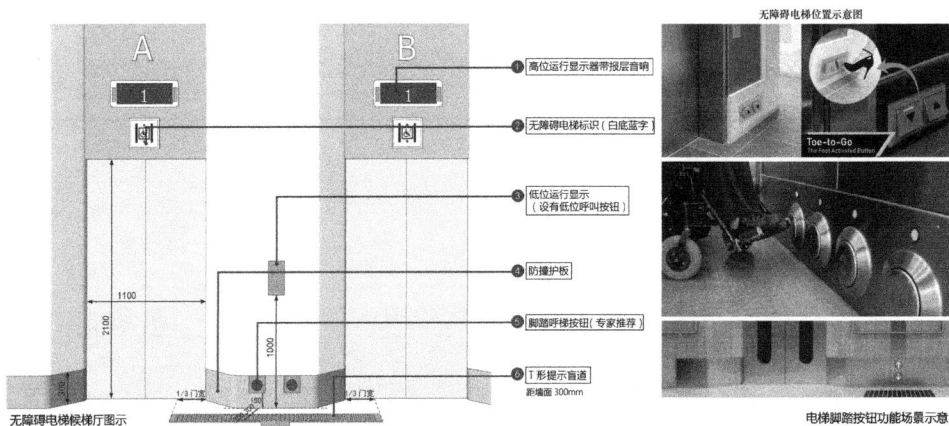

图 2-9-38　无障碍电梯候梯厅

（5）通行设施优化

教学研建筑全部客用电梯均设置为无障碍电梯。门洞净宽 1.10m，设置喇叭口，满足人流量较大时的通行需求。候梯厅内设提示盲道、防撞护板和低位呼梯按钮，以及无障碍标识、运行显示装置和抵达音响，同时增设了脚踏呼梯按钮，

224

方便有需要的人使用（图 2-9-38）。

（6）服务与信息

设置清晰完整的标识系统及盲文地图、语音提示、手语服务、文字提示等信息辅助设备，提供楼层功能导示和信息查询服务（图 2-9-39）。在门厅及休息区设置轮椅停放（租借）区、休息座椅、问询台、售票处、服务台、取水处、借阅台、自助设备、售货柜等设低位服务设施和容膝容足空间。

（7）通用设计与便利设施

对照明、质感与色彩、圆角设计、服务犬休息点以及便利设施等提出通用设计要求。如共享大厅等公共区域装修均采用安心、安全的圆角设计。

图 2-9-39　标识设计示意

10　旅游景区无障碍环境建设要点 *

10.1　旅游景区无障碍环境建设的目标和意义

旅游无障碍环境建设是旅游服务提供者为确保无障碍需求群体（以下简称特殊群体）平等参与旅游活动、充分共享旅游服务而创设的辅助支持性环境。旅游无障碍主要包括设施无障碍、信息无障碍、服务无障碍。包括支持所有不同需求的人自主、便捷地进出物质环境，使用交通工具，利用信息和通信，享有向公众开放的旅游设施、服务和产品。

2021年12月，国务院印发《"十四五"旅游业发展规划》。《"十四五"旅游业发展规划》明确将旅游无障碍环境建设和服务进一步加强作为发展目标，推动旅游服务的人文关怀；以及充分考虑特殊群体需求，健全无障碍旅游公共服务标准、规范，加强老年人、残疾人等便利化旅游设施建设和改造，推动将无障碍旅游内容纳入相关无障碍公共服务政策。该规划为旅游无障碍环境建设的理念和路径指明了方向。

2021年10月，中国残疾人联合会、住房和城乡建设部、中央网信办、教育部、工业和信息化部、公安部、民政部、交通运输部、文化和旅游部、国家卫生健康委、国家广播电视总局、中国民用航空局、中国国家铁路集团有限公司联合制定了《无障碍环境建设"十四五"实施方案》，明确提出到2025年，无障碍环境建设法律保障机制更加健全，无障碍基本公共服务体系更加完备，信息无障碍服务深度应用，无障碍人文环境不断优化，城乡无障碍设施的系统性、完整性和包容性水平明显提升，加快形成设施齐备、功能完善、信息通畅、体验舒适的无障碍环境，方便残疾人、老年人生产生活，增强人民群众的获得感、幸福感、安全感。《无障碍环境建设"十四五"实施方案》提出加快推进无障碍环境建设立法，为旅游无障碍环境建设保驾护航；提出完善无障碍环境建设政策和标准体系，让旅游无障碍环境建设有章可循；提出在城镇老旧小区改造、乡村振兴、农村人居环境整治、养老服务设施建设等工作中统筹开展城乡无障碍设施建设和改造，将为旅游无障碍环境建设营造良好的外部大环境。

作为旅游消费链中的核心环节，旅游景区在刺激旅游消费方面综合带动性很强，是旅游业发展的关键所在，在旅游产业体系中占据核心地位。旅游景区的投资和建设，历来受到各级政府的高度重视。随着旅游业的发展，旅游景区建设规模迅速扩大，依据《中华人民共和国文化和旅游部2020年文化和旅游发展统计公报》数据，2020年末，全国共有A级旅游景区13332个，其中，5A级旅游景区302个，4A级旅游景区4030个，3A级旅游景区6931个。旅游景区接待人次随之提升，依据中国旅游出版社出版的《中国旅游风云四十年》一书数据，2016

---

　　* 本章作者：黄宝辉。

年中国主题公园接待量约 2 亿人次，位居全球第二。依据《中华人民共和国文化和旅游部 2019 年文化和旅游发展统计公报》数据，2019 年全年国内旅游人数 60.06 亿人次，由于观光游览是旅游者外出旅游的基本需求，可以推算到访国内旅游景区的人流量巨大。旅游景区无障碍环境建设对特殊群体旅游体验具有重要影响，中国残联、老龄委、住建部、国家旅游局等 13 部门联合印发的《无障碍环境建设"十三五"实施方案》，方案共同推动景区的无障碍环境建设，提高无障碍服务水平。

根据《旅游业基础术语》GB/T 16766—2017 的定义，旅游景区是以满足旅游者出游目的为主要功能，并具备相应旅游服务设施，提供相应旅游服务的独立管理区。主要包括自然景区、文化景区、人造景区、游乐园、主题乐园、旅游度假区。

成为旅游景区须具备以下条件：具有吸引物和资源基础，旅游者可以根据各种不同的形式进行旅游。无论是以自然风光为主体，还是以人文景观为主体的景区，都必须具有对旅游者有较强吸引力的吸引物，并以这种吸引物的文化内涵和活动内容而区别于其他的景区，形成有特色的景区；具有完善的旅游交通服务设施，如停车（船）场所、供旅游者参观的步道或者航道等；具有明确划定的地域空间范围，有固定的经营服务场所。任何景区都必须在确定的地域范围内进行开发和经营管理；具有统一的管理机构。景区必须有一个管理主体，对景区内的资源开发和经营服务进行统一的管理；景区在旅游经营上应该是一个独立的单位，既包括空间场所的独立，也包括职能的独立。

"十四五"时期是旅游产业转型升级、提质增效的关键时期。但是，目前旅游景区无障碍建设的薄弱状态与目前推进无障碍旅游服务的质效水平、特殊群体日益增长的共享社会发展成果的品质需求极不适应。

如何保障残疾人、老年人、孕妇、儿童等特殊群体的旅游权益一直是社会痛点之一，随着全域旅游"人人参与、人人共享"的推进，为特殊需求的市民、游客提供标准、规范的"无障碍"景区，这对展示旅游景区具有温情的待客之道、人文关怀与生活美学提出了全新的挑战。

旅游景区无障碍环境建设的推进，是提高旅游景区服务质量、扩大旅游景区客户群体、接轨世界旅游市场的必要举措。旅游景区将有望吸引到更多对康养休闲产品有刚性需求的残疾人、老年人游客，从而提升旅游景区的经营绩效，突显无障碍环境建设的产业拉动价值。

不少旅游景区位于山区或者乡村，旅游景区无障碍环境建设将促进无障碍建设城乡发展、区域发展的平衡，宣传推广无障碍环境建设的先进经验，形成社会广泛参与、共同推进的良好氛围，推进旅游景区无障碍环境建设从内部"生产导向性"向外部"公众体验性"的纵深转变。

旅游景区无障碍环境建设将有利于提升所有游客的旅游体验，提高旅游活动的安全性和保障性。旅游景区无障碍旅游服务将为广大游客营造充满爱与关怀的包容性氛围，为游客提供安全、方便、舒适的旅游服务环境。

10.2 旅游景区无障碍环境建设现状

近些年，在社会各界推动下，旅游景区无障碍环境建设从标准化工作以及地面推进等方面均取得较大进展，北京冬奥会、冬残奥会，杭州亚运会、亚残运会筹办助推提升城市无障碍环境建设水平，加快了旅游景区无障碍环境建设的进度。

10.2.1 旅游景区无障碍标准化建设

与旅游景区服务相关的现行法律法规主要包括《中华人民共和国旅游法》《旅游安全管理办法》《旅游娱乐场所基础设施管理及服务规范》GB/T 26353—2010 和《游乐园（场）服务质量》GB/T 16767—2020 等；涉及旅游景区服务的国家标准有《旅游景区服务指南》GB/T 26355—2010、《老年旅游服务规范 景区》GB/T 35560—2017、《工业旅游景区服务指南》GB/T 36738—2018、《旅游景区游客中心设置与服务规范》GB/T 31383—2015、《旅游景区数字化应用规范》GB/T 30225—2013 五项；涉及旅游景区服务的行业标准有《旅游景区讲解服务规范》LB/T 014—2011、《旅游景区游客中心设置与服务规范》LB/T 011—2011 两项；此外，还有数十项地方标准涉及景区旅游服务规范。这些法律、法规和国家、行业标准立足于景区服务，保障景区旅游服务质量，对于旅游景区的健康发展起到根本性的规范作用。不过由于此类法律、法规和国家、行业标准面向景区全体旅游者，尚不能保障景区提供优质的、符合无障碍旅游市场需求的景区服务。总体而言，旅游景区无障碍环境建设标准化工作滞后，现有旅游景区标准普遍缺乏无障碍视角，旅游景区无障碍标准化建设工作薄弱，标准化对旅游景区无障碍行业建设的支撑与引领作用没有发挥出来，没有形成覆盖旅游景区无障碍环境建设全产业链和产品全生命周期的标准体系。

目前，关于旅游景区无障碍环境建设的标准化项目主要有以下几项：

2018 年，中国肢残人协会发布《旅游无障碍环境建设规范》T/CAPPD 1—2018 团体标准，该标准由中国肢残人协会提出并归口，起草单位为中国肢残人协会、清华大学无障碍发展研究院、中国旅游景区协会、中国公园协会、中国风景名胜区协会，由国家住建部、工信部等五部委，由无障碍环境建设专家委员会顾问吕小泉牵头起草，该标准规定了旅游无障碍环境建设与改造的要求。该标准适用于新建和改扩建的旅游景区、公园和风景名胜区等（以下统称为旅游景区）。其他如休闲度假区和大型游乐场所等可参照执行。

2019 年，北京市出台《北京市 4A 级及以上旅游景区无障碍设施服务指南》（试行），该指南由北京市文化和旅游局提出并归口，起草单位为北京联合大学旅游学院。该指南规定了旅游景区面向有无障碍服务需求的游客所提供的服务的内容、形式和原则，适用于冬奥会、冬残奥会接待服务的旅游景区，接待服务旅游景区原则上为综合保障能力、安全应急能力可以满足无障碍服务要求的 4A 级及以上的旅游景区。

2020 年，浙江丽水市发布丽水市地方标准规范《乡村景区无障碍环境建设指南》DB3311/T 158—2020，该标准由丽水市残疾人联合会提出并归口，起草单位为松阳县残疾人联合会、浙江旅游职业学院、浙江省旅游发展研究中心无障碍旅游研究所，由浙江旅游职业学院无障碍旅游研究所所长，即本章作者黄宝辉牵头起草。该标准给出了乡村景区无障碍环境建设规范的术语和定义、总则、无障碍设施、无障碍服务等方面的指导和建议。该标准适用于指导以乡村自然风光、民俗文化和农事活动等为主要内容的旅游景区的无障碍环境建设。

2021 年 5 月 21 日，中国国家标准化管理委员会公布 2021 年度国家级服务业标准化试点项目。由杭州西湖风景名胜区管委会牵头联合浙江旅游职业学院无障碍旅游研究所申报的《杭州西湖景区无障碍旅游服务标准化试点》项目成功获得立项。该项目是无障碍领域首个国家级服务业标准化试点项目，也是无障碍旅游标准化领域的又一全新突破。该项目旨在响应杭州"迎亚残运"无障碍环境建设行动，通过西湖景区无障碍旅游标准化试点的实施，提升无障碍旅游在国内的关注程度，并以"西湖无障碍旅游示范区"带动全国旅游景区无障碍环境的建设与改造，营造一个服务质量目标化、服务方法规范化、服务过程程序化的旅游景区无障碍环境。

10.2.2 旅游景区无障碍环境建设的实践

大多数景区，尤其是新建景区，均有盲道、坡道、无障碍洗手间等必须配备的无障碍设施，还有一些景区配有无障碍停车位、无障碍电梯，以及提供轮椅租借服务。以浙江省为例，2016 年，浙江省肢残人协会发布《浙江省无障碍环境建设调研报告》。报告指出，在浙江省残联和有关部门的推动下，近年来，浙江省旅游景区无障碍环境建设取得较大进展。杭州西湖景区的杭州花圃、灵隐寺等风景名胜区的无障碍设施改造，确保了西湖沿线无障碍畅通；完成西溪国家湿地公园（一期和二期）的无障碍设施改造。目前，杭州西湖周边的旅游景区无障碍环境日趋完善，基本满足残障人士出游的需求。地处金华市东阳的圆明新园景区在建设中同步完善无障碍设施，还在周边宾馆、饭店设置无障碍设施，无障碍环境设施齐全，得到了广大残障人士的好评。

2021 年，杭州市作为 2022 年亚运会和亚（残）运会的承办城市，为保障特殊游客群体能便捷游览杭州，彰显旅游助残、旅游惠民的理念，杭州市文化广电旅游局特启动无障碍旅游线路设计项目，在杭州主城区范围内结合世界遗产、5A 级旅游景区等高品级旅游景区，规划设计一批以旅游景区游览为主要内容的无障碍旅游线路。杭州无障碍旅游线路设计由浙江旅游职业学院无障碍旅游研究所负责规划设计，首批线路共有 10 条团队游线路和多条自由行旅游线路。在杭州市文化广电旅游局、杭州市城市管理局下设的杭州市无障碍环境建设领导小组办公室的联合推动下，杭州西湖景区、杭州西溪国家湿地公园、杭州宋城景区、杭州国际博览中心、湘湖旅游度假区、梦想小镇、良渚古城遗址公园等知名景区的重要游览节点均进行了无障碍改造，对相关旅游景区无障碍设施不达标、缺失和精细化程度有待提升等问题进行整改。各相关景区努力按照杭州市无障碍环境建设领导小组办公室下达的有关无障碍环境建设标准、要求和《无障碍设计规范》GB 50763—2012 以及《旅游区（点）质量等级的划分与评定》GB/T 17775—2003 等要求，加大旅游景区无障碍旅游设施建设改造提升力度，落实旅游景区出入口、主要道路、游览线路、无障碍停车位、无障碍厕位、无障碍标识、无障碍旅游服务设施等各类整改提升问题，为特殊群体提供良好的无障碍旅游服务设施保障。

但是，旅游景区无障碍设施建设总体情况不容乐观。旅游景区无障碍设施设计施工普遍存在不规范现象。部分老景区、老建筑在开发初期未考虑无障碍设计，而在后期改造中又因场地限制未能达标。另一方面，旅游景区无障碍旅游设施规划建设尚未形成体系。旅游景区停车场、出入口坡道、入口闸道、服务台、景区内通道及连廊、厕所及电梯等也难以合理衔接，移步受阻的情况比比皆是。此外，大多数旅游景区无障碍设施缺乏专人管理和维护，设施老化、破损，乃至闲置、被占用现象较为严重。

10.2.3 旅游景区无障碍服务面临的问题

系列无障碍信息科技工具未在旅游景区推广应用，如已经开发的远程手语翻译、精准导盲系统、无障碍环境治理信息平台等信息无障碍工具均未实施；旅游景区智慧旅游产品缺乏无障碍视角，特殊群体无法在旅游景区网站、公众号或者其他网络途径轻松实现咨询与预定，亦无法确认意向景区等是否拥有无障碍设施；景区平面图、旅游手册均未有明显的无障碍设施标注，各种旅游引导牌、标识牌也都无法清晰准确地引导特殊群体找到相应的无障碍车位、厕所、通道等设施。旅游景区无障碍交通标识等缺失。

10.2.4 旅游景区无障碍旅游服务体系缺失

旅游景区除轮椅和童车租借服务之外，缺少针对特殊游客群体的问询、引导、扶助、定制旅游等服务项目。旅游安全制度中特殊游客群体安全防护内容不完善，旅游保险产品中缺乏特殊游客群体专项保险。

旅游景区应当积极创造条件，将无障碍旅游服务常态化。杭州市文化广电旅游局在全国率先倡议在 4A（含）级以上旅游景区配备无障碍旅游服务专员，努力组建专业服务人才队伍，以实施无障碍旅游服务质量标杆引领计划为抓手和载体，培育具有示范引领作用的景区无障碍旅游服务专业人才队伍，为特殊群体提供必要的服务，提升无障碍旅游服务品质。

10.3 旅游景区无障碍环境建设要点

综合现有已发布的旅游景区无障碍环境建设标准规范，旅游景区无障碍环境建设要点如下。

10.3.1　基本要求

① 规划、设计、建设和运营考虑特殊群体的旅游需求。旅游景区竣工验收前，可邀请特殊群体代表试用、体验配套建设的无障碍设施，并听取其相关意见和建议。

② 无障碍环境设施配备应符合《无障碍设计规范》GB 50763—2012 的规定，并体现安全、实用、易行、广泛受益的原则。

③ 无障碍设施设置与景区公共空间环境和风貌相协调。具有突出价值的历史文化区域，在保留原有风貌的前提下设置无障碍设施。

④ 无障碍信息交流设备和设施因地制宜，合理设置。

⑤ 根据无障碍设施的位置设置无障碍标识。

⑥ 设置无障碍服务机构，负责制定和落实无障碍服务管理制度、更新和维护无障碍设施设备、对员工进行无障碍服务培训、为特殊群体提供便利和应急救助服务。

10.3.2　无障碍设施建设

（1）无障碍游览场馆

无障碍游览场馆进行无障碍设计，并符合《无障碍设计规范》GB 50763—2012 的规定。

① 景观环境营造，如土木、园艺、水环境等工程设置可触摸式互动展示设施，通过增加调动听觉、触觉、嗅觉等互动观览形式使残障人士享有良好的观览体验。

② 内部空间在保有原有景观风貌及布局的前提下，进行无障碍路线规划。

③ 新建、改建体验场馆的电梯宜为无障碍电梯。

④ 观众席设置轮椅席位，轮椅席位靠近无障碍出入口。

⑤ 场馆内的展陈使用无障碍信息交流技术。

（2）交通设施

① 旅游景区主要出入口应有城市无障碍公共交通线路通达，没有直达无障碍公共交通线路的，应设置无障碍摆渡车接驳至旅游景区主要出入口或游客中心。

② 旅游景区公共停车场应根据《无障碍设计规范》GB 50763—2012 相关规定的比例设定无障碍机动车停车位数量。公共停车场出入口应与景区售票处和无障碍出入口进行无障碍连通，如确不具备整体改造条件，至少应保障无障碍机动车停车位与景区无障碍出入口以无障碍通道相连接。上述对停车场的设置要求仅限旅游景区自管的公共停车场。

③ 设置符合《无障碍设计规范》GB 50763—2012 中 3.14 规定的无障碍机动车停车位。旅游景区应将通行方便、距离停车场出入口路线最短的停车位安排为无障碍机动车停车位，并做好特殊群体交通工具管理及服务。无障碍机动车停车位的一侧或与相邻停车位之间宽度应确保轮椅通行。

④ 合理规划旅游景区内部无障碍交通路线，包含盲道系统。交通路线衔接有高差处结合景观环境宜设置轮椅坡道、扶手及相应的引导标识。

⑤ 无障碍游览路线的规划宜形成闭合环路，起终点宜设置在旅游景区主要出入口，与无障碍停车位、出入口、游客中心、公共卫生间、游憩空间等相连接。

⑥ 旅游景区交通换乘接驳区域进行无障碍设计，无障碍通道和路线连接游憩空间。

（3）服务设施

1）出入口

① 应设置无障碍出入口、提示盲道、方便特殊群体使用的自动检票及安检设备。有安检闸机的出入口，应设置净宽度≥1m 的人工安检口，满足无障碍通行与无障碍应急疏散的需求。

② 旅游景区出入口、游客中心等位置宜设置无障碍游览图，无障碍游览图包括景区范围、出入口和游客中心位置、无障碍游览路线、景点向导、游客所在位置、无障碍卫生间、公用电话与医疗室等服务设施位置。

③ 出入口有台阶（或门槛）处应同时设置轮椅坡道；轮椅坡道可为可拆卸的活动装置。

④ 无障碍通道采用防滑材料，宽度符合《无障碍设计规范》GB 50763—2012 中 3.5.1 的规定。

2）游客中心

① 应进行无障碍设计，并符合《无障碍设计规范》GB 50763—2012 的规定。

② 应采用感应式自动门，重要部位应设置安全扶手。

③ 休息区域、游客室内外观赏区域等宜有无障碍设施，用无障碍通道连接。各区域应设置休息座椅及轮椅位置。应设置低位窗口和低位服务柜台。

④ 应设置无障碍卫生间和公共卫生间内的无障碍厕位。

⑤ 应提供无障碍旅游服务和应急服务。

⑥ 游客中心应提供轮椅、拐杖等辅助器具以及轮椅轮胎充气和简易维修工具，并提供相应的租借预约服务。

3）售票处

① 设置低位售票窗口。售票窗口前宜设置提示盲道。

② 配备字幕显示滚屏、语音播报、远程手语服务平台等设施设备，并提供盲文旅游指南。

4）餐厅

① 与旅游景区内无障碍游览路线相连接，出入口有高差处设置轮椅坡道。

② 就餐区设置可供特殊群体就餐的桌位。

③ 菜单有可供特殊群体选择的版本，如大号字体版、语音版、盲文版。

④ 提供方便存放无障碍设备以及寄存导盲犬的空间。

5）酒店

① 旅游景区内新建、改建的酒店建筑及设施符合《无障碍设计规范》

GB 50763—2012 的规定。

② 酒店与旅游景区内无障碍路线相衔接，设置无障碍出入口，内部公共区域设置无障碍通道，无障碍通道和无障碍出入口照明充足，保障特殊群体的通行安全。

③ 出入口、公共区域、服务台及道路节点等设置无障碍引导标识。

④ 内部设置低位服务台等设施。

⑤ 至少设置 1 间无障碍客房，无障碍客房设置在首层便于出入和疏散的位置。无障碍客房符合《无障碍设计规范》GB 50763—2012 中 3.11 的规定。

⑥ 酒店内设置方便导盲犬休息的设施。

6）购物场所

① 购物场所与无障碍游览路线相连接，出入口有高差处设置轮椅坡道。

② 售卖区方便轮椅通行，设置满足无障碍通行要求的结账通道。

7）公共卫生间

① 公共卫生间与旅游景区内无障碍游览路线相连接，并设置无障碍卫生间或无障碍厕位，无障碍卫生间或无障碍厕位符合《无障碍设计规范》GB 50763—2012 中 3.9 的规定。

② 设置家庭卫生间，内部设置可供残疾人、老年人、孕妇、儿童等使用的卫生器具、安全抓杆、婴儿护理台、儿童固定座椅等设施，卫生间内配备紧急求助呼叫设备。

8）无障碍标识

① 出入口、停车位、游客中心、无障碍游览路线沿途、道路转向、坡道起止点、台阶起止点、电梯门口等位置，按照《公共信息图形符号　第 9 部分：无障碍设施符号》GB/T 10001.9—2021 的规定设置无障碍标识。

② 标识符合《无障碍设计规范》GB 50763—2012 中 3.16.1 的规定。标识颜色和字体清晰、明确、易于辨识。

③ 旅游景区全景图和区域导览图中宜标明无障碍设施位置及无障碍路线走向。

④ 无障碍路线沿途导向标识应连贯、无断点。

⑤ 景区无障碍游览路线上各类公共服务场所、商业服务场所出入口处宜设助盲提示标识。

⑥ 应结合广播系统、屏幕显示系统、对讲系统和应急监控系统等完善无障碍标识系统的提示与警示作用，并结合应急疏散标识系统，完善紧急情况下的应急疏散引导作用。无障碍标识应统一安装，及时更新补设破损遗失的标识。

9）安全设施

① 在旅游景区的危险地段设置方便特殊群体辨识的安全防护设施和安全警示线。

② 设置符合《无障碍设计规范》GB 50763—2012 中 3.5 规定的安全通道。安全防护设施齐全、完好，并方便特殊群体使用。

③ 能利用声光报警器、逃生指示图、广播系统、音频播报、无障碍引导标

识等设施，为特殊群体指引行走及逃生路线。

10.3.3 无障碍服务提供

（1）基本要求

工作人员对特殊群体重点关注，主动协助，及时响应特殊群体的合理需求。

（2）咨询服务

咨询人员利用多种媒介为特殊群体提供无障碍旅游信息。

（3）游览服务

① 旅游景区游客中心设置讲解服务的，应提供具备无障碍语音提示功能的电子语音导览设备。有条件的旅游景区应配备手语服务人员，满足听力、语言等障碍游客的游览需要。

② 旅游景区游客中心应提供问询指南、衣物存取、气象咨询、手语、盲文等无障碍服务，并应根据特殊群体无障碍需求，提供有针对性的无障碍服务和应急服务。

③ 旅游景区应提供提前预约无障碍旅游的服务，及时告知景区开放时间、景区配套设施、景区适宜的游览项目等接待信息。

④ 主动对接特殊群体旅游团队，了解特殊群体的信息，定制旅游接待计划或方案。

⑤ 协助残障人士做好导盲犬的管理。

（4）售检票服务

售票员利用多种媒介向特殊群体介绍所售票务的种类和价格，协助特殊群体办理票务费用结算。检票员开启特殊游客通道，协助特殊群体安全进入。

（5）餐饮服务

餐饮服务人员为特殊群体提供导引入座，协助取餐、分餐、报菜、布置席面及费用结算等服务。

（6）住宿服务

服务人员在特殊群体抵达酒店时及时了解其需求，介绍可提供的服务项目、客房内无障碍设施的布局和使用方法，并提示安全和应急须知。

（7）购物服务

服务人员为特殊群体提供导引、协助拿取商品、介绍商品性能及费用结算等服务。

（8）特色活动和项目

① 具有康养、乡村养老、娱乐休闲等适合特殊群体的旅游业态。

② 设置适合特殊群体的休闲场所或游乐服务设施。

③ 提供适合残障人士参与和体验的乡土特色活动和项目。

（9）信息无障碍服务

① 建设适合特殊群体使用的查询、预定、导览、求助等多功能智慧旅游服务平台、网站或应用程序，数据资料宜体现及时性、实用性、服务性。

② 网站、应用程序按照《信息技术 互联网内容无障碍可访问性技术要求与

测试方法》GB/T 37668—2019 的规定建设，实现无障碍信息交流。

③ 运用无障碍智能化信息技术，依靠区域网络、自助访客机和移动客户端、APP、AI 导航、虚拟盲道、无障碍排队提示设备等，以实现景区内信息无障碍、服务无障碍。

（10）安保服务

① 安保人员对需要帮助的特殊群体主动提供客流疏导、道路指引、寻找走失人员等服务。

② 安保人员为特殊群体提供保护其人身财产安全方面的协助，确保特殊群体在遭受意外伤害事故后及时得到紧急医疗救助。

③ 安保人员能熟练使用消防和应急安全设备，具有帮助特殊群体安全疏散的技能，并在特殊群体使用、识别或感知救生设施装备、救生通道的指示标识和应急须知等方面提供协助。

10.3.4　运营与管理

（1）无障碍设施维护与管理

① 无障碍设施和无障碍设备应有详细的使用与安全说明，应有盲文说明、语音提示等。

② 旅游景区应定期检查各项无障碍设施、设备，确保设备、设施完好、正常运转。

③ 旅游景区应及时对无障碍设施进行清理、打扫，确保其干净、卫生。

④ 游览过程中无障碍设施出现故障无法正常使用时，景区应及时告知游客。

⑤ 应加强无障碍服务与无障碍设施的管理，及时检查维修更换受到损坏的无障碍设施、设备，避免安全隐患。

（2）无障碍旅游服务质量提升与改进

① 从特殊群体需求出发，按照无障碍服务质量要求，制订无障碍服务质量管理制度，明确职责、流程、内容和要求。

② 工作人员接受残障平等意识、无障碍环境建设法规、无障碍服务礼仪与服务技能的培训。

③ 采集特殊群体旅游数据，深入分析特殊群体旅游的服务需求，持续优化服务。

④ 定期开展无障碍旅游服务满意度调查。建立无障碍旅游服务意见的收集、反馈和持续改进机制。

11 无障碍认证制度 *

认证制度源于 19 世纪初期，随着西方工业革命和贸易的发展，一些国家开始规定某些产品必须通过检测，以确保该产品的质量与使用安全。随之相继出现开展检测业务的公司，例如瑞士通标检测机构（Societe Generale de Surveillance S. A.，SGS）、法国国际检验局（Bureau Veritas，BV）等认证机构的前身。经过逾一个世纪的发展，认证制度已成为国际通行的规范经济、促进发展的重要手段，在许多国家被广泛应用到社会生活的多个领域。

11.1 无障碍认证制度现实需求

近年来，随着经济发展和社会进步，我国的无障碍环境建设取得了很大的成就。但总体看，我国无障碍环境建设还存在一些不容忽视的问题，主要表现在以下几点：一是社会认知不够，社会公众对无障碍环境建设认识不够，无障碍设施不够普及；二是无障碍设施建设不够规范，未纳入强制性建设规划；三是管理维护难，占用、损坏现象时有发生；四是需求日益增长，随着老龄化进程的不断推进，一些既有住房的老旧小区老年人居多，出行不便的矛盾日益突出，与人民群众对美好生活的向往和要求还有很大差距。下面基于无障碍环境建设目前存在的问题，从无障碍环境建设各相关方分析其对认证制度的需求。

11.1.1 政府相关部门无障碍认证制度需求

从政府监管的角度看，相关政府部门要切实采取措施，确保新建公共服务设施在规划、设计、施工、监理及验收等各个环节严格执行《无障碍设计规范》GB 50763—2012，同时相关社会组织应积极向政府反映残疾人、老年人等群体的无障碍需求，对城市无障碍设施的建设、管理、使用提出建议。从 2002 年起，住建部、民政部、中国残联、全国老龄办开展了无障碍环境建设试点工作；"十一五"期间，开展了 100 个无障碍城市创建；"十二五"期间将创建工作推进到市、县层面，"十三五"期间继续推动无障碍市、县创建并开展了村级试点。通过开展创建工作，极大地提升了无障碍环境建设水平，提高了关爱残疾人、老年人的社会意识，也为其他城市开展无障碍环境建设创造了经验，起到了示范和带头作用，成果显著。然而，在整个创建全国无障碍环境建设验收过程中，由于时间紧、任务重，只能采取实地抽查的方式，无障碍设施建设质量监管体制仍存在着欠缺。因此，政府对标准的制定、宣传、培训、贯彻和监督检查等工作仍需要更加有力的技术支持，应调动全社会相关方参与，从政府监督向政府监督加市场监督方向转变。

---

* 本章作者：代丹丹、高鹏、陈伯如、张大伟。

11.1.2 使用者

从无障碍设施使用者角度看，无障碍环境是保障残疾人等社会成员平等参与社会生活的基本条件。无障碍设施不仅仅是老年人和残疾人使用的基础设施，同时也是社会每个成员都可能使用的基础设施。目前全社会共同参与、关注无障碍环境建设的意识不够，因此应建立与群众"共建、共评、共管"的工作机制。同时相关社会组织应加强对群众的培训与引导，关注、强化无障碍环境建设。

11.1.3 建设方

目前缺少明确的社会需求和监督机制，使用方的诉求无法准确传导，导致建设方对于无障碍环境建设的动力不足，无障碍设施投资被压缩。同时无障碍产品质量参差不齐，建设过程中缺乏判定无障碍产品优劣的依据，往往无法保障无障碍工程的建设质量。如选用的无障碍电梯缺少电梯抵达音响，带盲文的选层按钮等功能性配置，扶手产品质量无法满足国家标准要求等。

11.1.4 设计方

设计人员对无障碍环境建设的理解不够深入，设计图纸中缺乏对无障碍环境的系统性思考，影响了工程最终的实施结果。如忽略盲道的连续性布置问题，导致无障碍路径在一定程度上不能满足使用需求；在功能空间规划方面，缺少相关的无障碍设施配置等。

11.1.5 施工方

施工单位在无障碍设施的安装工艺上没有深入的研究，对于设施功能需求理解不足，导致工程中在某些部位的处理上采用的施工工艺不合理。如扶手的安装问题，针对混凝土实心墙体、石膏板轻钢龙骨墙体等不同墙体的安装工艺应有所区分；施工完成后没有针对性地抽检和验收，无法保证无障碍环境建设的合规性。

11.1.6 质量监督方

目前，无障碍设施的验收仅包含在分项工程中，就我国无障碍设施工程检测工作的技术人员来看，整体上人数不多、水平不高，不论是专业技能还是相应的从业素质参差不齐，影响了无障碍环境建设的最终效果。

综上所述，为加强无障碍环境建设监管工作，亟须找到科学、合理、有效的监督管理方法，改进行政管理方式，实现引导与监督相结合、服务与管理相结合、技术与行政手段相结合，探索认证手段。加强设计图纸中对无障碍完整度等的审查，确保无障碍环境的系统性；加强无障碍产品的认证，推动无障碍产品的开发与配套；在施工过程中对施工状况进行抽检，确保无障碍环境建设的规范性。建立一套适合我国国情和住建领域发展特点的、高效完备的无障碍环境建设质量认证制度，是保证无障碍环境建设安全和质量、提高管理水平、推动我国经济持续发展的迫切需要。

11.2 无障碍认证制度发展

11.2.1 我国无障碍认证制度发展历程

2020 年，全国人大代表、中国残联副主席吕世明在全国人大建议中曾提到："建议国家有关部门尽快建立无障碍设计和设施产品认证制度促进无障碍环境建设高质量发展"，首次提出将认证制度应用于无障碍环境建设中的理念。

为充分发挥质量认证作用，推进无障碍环境认证工作，2021 年 12 月 3 日，《市场监管总局 中国残联关于推进无障碍环境认证工作的指导意见》（国市监认证发〔2021〕29 号）发布，对无障碍环境认证工作的顶层设计、认证结果采信、人才培养、创新发展等方面提出总体要求。

总体来看，认证制度在无障碍环境建设领域的应用还处于磨合和摸索阶段。一方面，认证工作模式和技术方法都要与我国国情和住建领域的行业特点相融合；另一方面，各级行业行政主管部门、监管机构、认证机构、认证方、认证采信方之间须建立行之有效的配合，形成以政府为主导，认证机构、认证方和采信方三方互相信任、相互认同、共同促进的良性循环。

11.2.2 国外无障碍监管制度概况

为创建具有国际影响力的中国无障碍认证品牌，通过学习借鉴国际无障碍环境建设有益经验，为国家无障碍事业发展提供质量认证的"中国方案"。

美国、日本、新加坡是无障碍环境建设体系较完善的国家，其无障碍法规发展的历史较长，无障碍法律法规和标准体系构成更为完善，无障碍评估监察机制较为成熟，无障碍环境建设的有关研究起步较早，公众参与相对较多，并各具特色。

（1）美国

美国的无障碍建设起步较早，不管是法律法规体系，还是监管体系都比较完善（图 2-11-1）。《美国残疾人法案》（ADA）是最为重要的无障碍法律，与之配套的技术法规《残疾人法案无障碍纲要》（*ADA Accessibility Guidelines*，ADAAG）历经多次修改与制定，于 2010 年修订为《残疾人法案无障碍设计标准》，作为无障碍环境建设的重要依据。

针对无障碍环境建设的监管，美国联邦政府、各地方政府建立了系统严格的监察管理机制。华盛顿州由城市规划管理部门负责无障碍设计法规的强制审查，没有无障碍相关许可证而投入使用的，会被起诉并受到惩罚。同时鼓励公众监督各政府机构，残疾人在行动与使用公共配套设施的过程中若遇到出行障碍或使用不便等问题，可以向有关部门投诉，被投诉的部门将受到罚款等惩罚，并会被要求及时调改。

此外，美国对建筑设施推行"无障碍专家认证计划"（Certified Access Specialist program，CASp）。其能够为建筑设施出具《美国残疾人法案》评估报告。这份评估报告是应对无障碍诉讼的最佳辩护证据，可证明该项设施完全符合无障碍建设或整改要求。证书一般分为两种类型：一种是"符合所有适用标准"（Meet all Applicable Standard），即代表该建筑无障碍设施符合标准的合格证书；另一种是"有待进一步检查"（CASp Inspected），即代表该建筑无障碍设施不达标，并要求所有者在规定时间内进行无障碍改造。

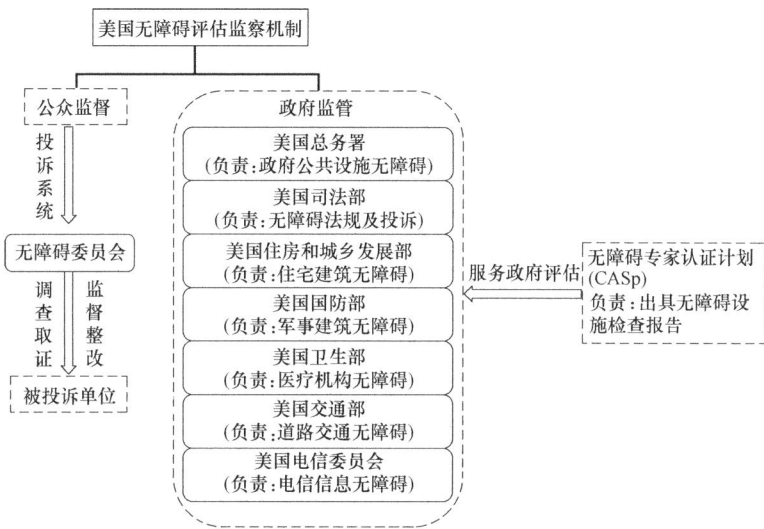

图 2-11-1　美国无障碍环境建设监管体系

（2）日本

日本的无障碍法规发展是自下而上的，从最初的收容中心到福利城镇建设，各地方、民间组织设立了无障碍标准和法规，随后无障碍法律法规逐渐扩展到全国（图 2-11-2）。日本政府于 2005 年将《爱心建筑法》和《交通无障碍法》进行合并，修订成《关于促进高龄者、残疾者等的移动无障碍化的法律》（简称《无

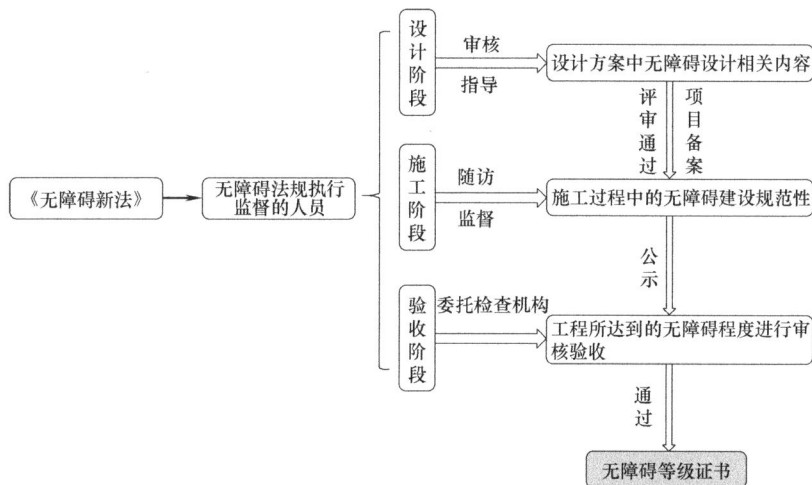

图 2-11-2　日本无障碍环境建设监管体系

障碍新法》），以此作为无障碍环境建设的重要依据。

国家级法规中对建设过程中的责任分工、监督、审查流程等作出明确规定。例如，法规规定各都、道、府、县的区、市、町、村都须配备有负责无障碍法规执行监督的人员。这些人员负责在项目开工前审核、指导设计方案中无障碍设计相关内容，方案经过评审后要在相关部门备案。工程开工到完成施工期间，这些人员要对施工状况进行随访、监督，保证施工过程中的无障碍建设符合规范，并对不遵守规范的现象进行劝告，严重者进行公示。工程结束后，地方建筑行政厅会委托检查机构对工程所达到的无障碍程度进行审核验收，通过验收的建筑所有者可以申请无障碍等级证书。

（3）新加坡

为了鼓励采用通用设计（Universal Design，UD），新加坡建设局（The Building and Construction Authority，BCA）于 2007 年发起了年度"BCA UD 奖"，以表彰利益相关者将用户友好功能纳入其开发中。2012 年 10 月，"BCA UD 奖"被"BCA UD 标志认证计划"取代。BCA UD 标志认证旨在提高公众对人性化建筑的认识，促进开发人员在设计、建造和维护过程中形成以用户为中心的理念。该计划允许在设计阶段对项目进行评估，从而有助于从项目开发开始就引入通用设计原则。对于已建成的开发项目认证分为四个等级：达标、黄金、黄金＋、白金。对于正在进行的项目，可申请设计认证，分为三个等级：达标（设计）、金牌（设计）、黄金＋（设计）。整个评估过程如下：

① 申请：在开发设计完成后提交申请表及相关证明文件以供认证，认证机构在接受申请和应付费用后，在项目期间指派一名通用设计评分评估员；

② 预评估：预评估可使项目团队更好地了解所需认证评标准；

③ 评估：设计和文件证据准备就绪后进行实际评估，评估过程包括设计文件审查，以验证项目是否符合标准和认证水平。本阶段将发布 BCA UD 设计评分（最高为黄金＋）的结果；

④ 现场验证：新加坡建设局评估员在项目完成后进行现场验证，只有前期设计评估中获得了黄金＋，才可以获得白金级，本阶段将颁发证书和展示牌。

11.2.3 借鉴与启示

与美国、日本、新加坡相比，我国无障碍监察机制还不够系统和完善，存在较大的执行、监察不到位的问题。在设计审查和工程验收中，由于缺乏明确的分工，责任分配不到位，导致无障碍法规实施不到位，不符合无障碍设施的设计照常施工，且并未得到相应的处罚。而美国、日本、新加坡都是政府部门与民间团体相结合，监察力度更大，可确保施工质量。

综上所述，在无障碍评估监察机制方面，我国应在无障碍法律的实施方面，加强管理、严格执法，切实落实无障碍法规处罚措施；借鉴国外的经验，采取相应的鼓励措施，如设立补助金、减免相应的税收、低利融资等，促使建设投资方积极响应无障碍环境建设要求；建立和完善无障碍监察评估机制，设立专门的部门，明确分工，确立相应的权利、责任与义务，确保无障碍法规的有效实施；鼓励公众参与，促进残联、老龄协会等组织尽可能参与无障碍法规建设，在更多层面保障无障碍法律法规的实施，如建设项目设计审查、竣工验收与使用评价。

11.3 我国无障碍认证制度体系研究

11.3.1 无障碍认证标准体系

开展无障碍认证首先需要确定与之相适应的标准规范，以此明确认证对象应满足的要求。健全标准规范体系是无障碍环境建设发展的首要任务，近年来我国围绕无障碍环境建设开展了大量的标准研究和制定工作，初步建立起以《无障碍设计规范》GB 50763—2012、《无障碍设施施工验收及维护规范》GB 50642—2011 两大标准为核心的无障碍环境建设技术标准体系框架，基本解决了我国无障碍环境建设初级发展阶段的技术标准需求。2021 年发布的全文强制标准《建筑与市政无障碍通用规范》GB 55019—2021 进一步细化明确了的无障碍设施强制技术要求，为实施无障碍认证提供了技术依据。

开展无障碍相关认证活动需要编制配套的认证实施规则，认证实施规则是认证实施的具体工作方案，是开展认证必不可少的重要技术文件。实施认证项目前须编制认证规则并报送国家认证认可监督管理委员会备案，认证机构从事认证活动应当符合认证规则规定的程序要求，确保认证过程完整、客观、真实，不得增加、减少或者遗漏程序要求。

11.3.2 无障碍认证技术体系

无障碍环境建设涉及方方面面，既包括硬件设施的无障碍，也包括信息交流和服务的无障碍。根据各个对象的属性，无障碍认证对象可初步划分为无障碍环境认证、无障碍产品认证、无障碍专业技术人员评价三大部分。

无障碍环境认证的认证对象为城市道路、不同功能建筑物、城市绿地和城市广场的无障碍环境，认证过程从设计阶段介入，到施工验收阶段，主要针对认证对象的无障碍系统性、功能性、规范性进行等级评定，重点在于障碍群体对建筑物中无障碍设施的体验感知式。

无障碍产品认证的认证对象包括无障碍环境建设中所涉及建筑产品，产品类别主要包括室内外地面铺装材料、扶手、推拉门、自动门、无障碍电梯、升降平台、紧急呼叫装置、无障碍标识牌等相关产品，确认无障碍产品具备持续稳定地生产符合标准要求的能力，并给予书面证明，无障碍产品认证结果可作为无障碍环境认证的等级评定的依据（图 2-11-3）。产品认证既符合建设方利益，又符合产品生产商利益，还可以大大节省检验资源。

11.3.3 无障碍认证人员体系

认证人员是认证实施的载体，是认证方案的执行者。无障碍认证人员应在熟悉和掌握认证专业知识与技能的基础上，对无障碍相关专业知识和发展情况有较

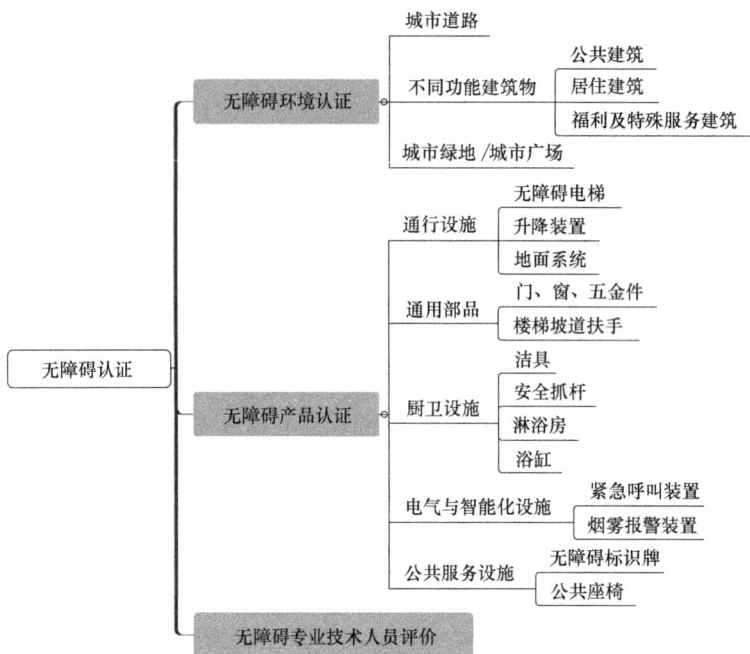

图 2-11-3　无障碍认证对象

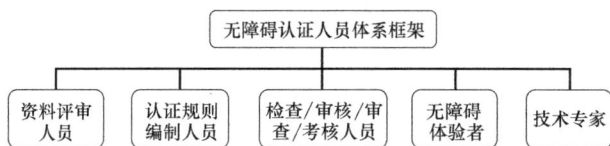

图 2-11-4　无障碍认证人员体系

深入的了解，确保作出客观公正的认证结果判定。开展无障碍认证活动的认证机构，应具有一支满足相应能力要求的人员队伍。然而，目前一些认证机构缺乏具有无障碍专业背景的认证人员，人才短缺是开展无障碍认证面临的重要困难。为更好地发挥障碍群体在无障碍环境建设方面的配合、促进和监督作用，目前中国残联组建了一支来自无障碍领域权威科研机构、高校的专家队伍，培养了一批掌握无障碍环境建设基础知识、懂得社会管理和公关协调关系的无障碍建设督导员，对无障碍人才进行了有效补充。认证机构可以根据认证项目需要，聘请外部技术专家对认证活动提供技术支持（图 2-11-4）。

11.3.4　无障碍认证监管体系

结合国内质量认证体系的监管模式和监管机制，无障碍认证监管体系由政府行政监管、认可监督、行业自律和社会监督四部分构成。各部分监管主体通过依法履责与机制协同，共同保障无障碍认证、检测、咨询、培训等相关机构的合规化运营，以及认证活动的规范化实施（图 2-11-5）。

政府行政监督是国家市场监督管理总局认证监督管理司对无障碍认证活动的统一监管，重点监督认证相关机构是否合规开展认证活动，以及对认证法规、制

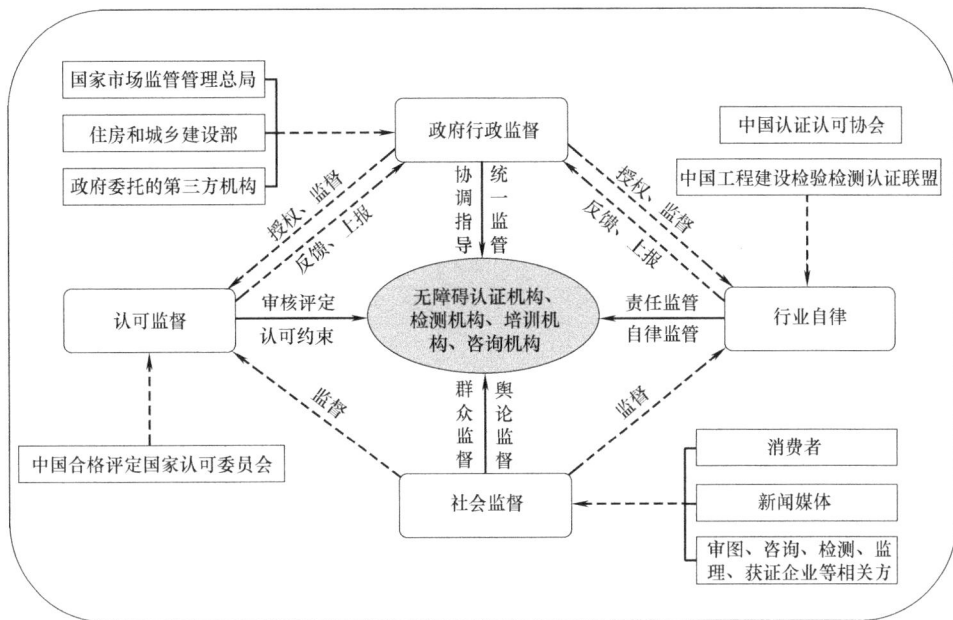

图 2-11-5　无障碍认证监管体系

度、政策的贯彻执行情况，并委托中国合格评定国家认可委员会和中国认证认可协会等机构实施认可监管和人员监管等工作，通过部际协调机制与国务院有关主管部门进行配合，共同实施对特定行业和领域的认证管理工作。

认可监督是认可机构对无障碍认证机构、检验机构、实验室的能力和执业资格予以承认的合格评定活动，确保无障碍质量合格评定机构符合持续满足开展相应活动的能力要求。

行业自律组织是实现行业有序发展的重要载体，是实现政府行政监管有益补充的重要途径。我国住房和城乡建设领域最大的专业性认证组织"中国工程建设检验检测认证联盟"（China Construction Testing and Certification Union，CCT-CU），是在国务院要求整合各行业检验检测认证机构的背景下，由住建部报中央编制办公室备案后成立的全国性联盟组织，由住建领域的认证机构、检测机构、咨询机构、培训机构、获证企业等单位组成。中国工程建设检验检测认证联盟在住建部的指导下，负责建立住建行业统一认证管理制度，并对联盟成员实行自律监管。目前国内具备开展无障碍认证条件和能力的机构大多为联盟成员单位，开展相关活动必将遵守联盟内部章程和有关规定。

社会监督的重要方式是发挥媒体作用和建立申诉、投诉渠道。发挥媒体作用主要是通过报纸、电视、电台以及各种新媒体进行宣传和报道，将大众的视线集中到无障碍认证领域。一方面，对无障碍认证过程中的违法违规机构和人员进行曝光；另一方面，宣传和表彰行为操作规范的认证机构和人员，借助舆论的力量，促进无障碍认证活动的健康规范发展。建立申诉投诉渠道主要是指群众采用信访材料、电话申诉、网络平台等手段，向各级认证监管部门反映问题，在群众和监管部门之间形成投诉反馈机制，对无障碍认证活动进行有效监督。

11.3.5　无障碍认证组织体系

无障碍认证组织机构体系由管理机构和从业机构组成。通过各自依法履责，保证认证活动的有序开展（图 2-11-6）。

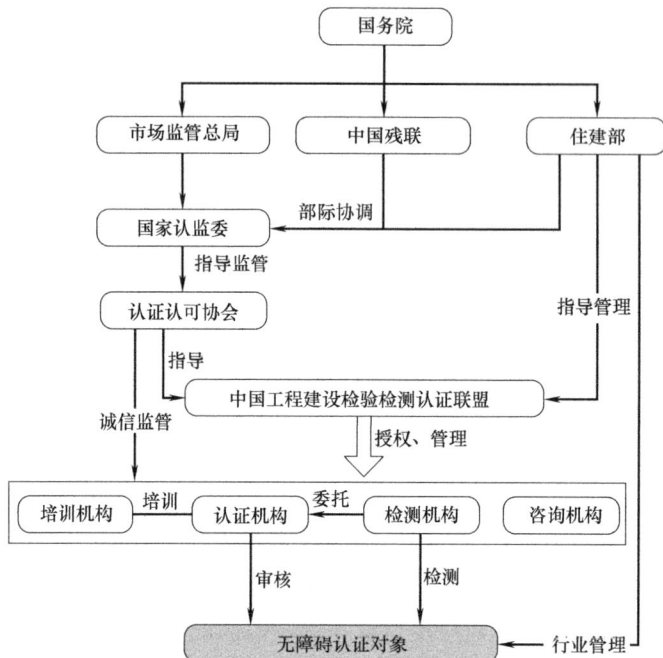

图 2-11-6　无障碍认证组织体系

无障碍认证活动管理部门主要分为两个层级：一是国务院主管部门，包括国家市场监督管理总局、中国残联以及住建部；二是由国务院主管部门授权的行业管理机构，包括中国合格评定国家认可委员会（China National Accreditation Service for Conformity Assessment，CNAS）、中国认证认可协会（Chinese certification and Accreditation Association，CCAA）以及中国工程建设检验检测认证联盟（CCTCU）。开展无障碍认证活动相关的从业机构主要包括认证机构、检测机构、咨询机构和培训机构，设立和开展活动均须接受认监委的许可和监管。

11.4　无障碍认证制度的意义

无障碍认证制度的建立，将开创我国采用合格评定方式加强无障碍环境建设监管的先河，为后续提高无障碍环境建设监管力度、提高标准的制、修订质量起到了很好的影响作用，总体来说有以下几个方面。

11.4.1　为政府履行监督职能提供有效的保障

根据我国《建筑法》和《建设工程质量管理条例》等法律法规的要求，政府对工程质量负监管责任，企业是建设工程质量和安全的责任主体。为了使企业自觉提高质量管理的能力和企业竞争力，建立无障碍认证制度，为政府监管市场、利用市场机制实现产业结构调整提供了科学机制，还可以推动先进标准的贯彻，引导产品质量整体水平的提高，继而推动整个行业的发展。

11.4.2　无障碍环境建设效率提升的重要手段

提升无障碍环境建设效率就是在建设过程中提高产出和投入比。通过建立专家队伍，统一无障碍设施在设计、施工、维护各阶段的技术要求，可以有效改变目前以末端管理为主的状况，变末端管理为主动管理，减少建设工程质量事故和隐患，提高无障碍环境建设工作效率。

11.4.3　无障碍环境建设节省成本的有效举措

节省成本是指在施工过程中每个环节的资源控制，主要包括人力资源、物资资源和经费资源，通过对这些成本的合理指导、调节、监督，将各项费用控制在计划范围内，以确保实现成本目标。通过开展无障碍产品认证，从源头上控制无障碍环境建设质量，确保无障碍相关产品的安全，从而使产品更好地适应无障碍环境建设的需要，规避潜在的安全隐患，确保实现无障碍设施建设的成本目标。

11.4.4　提高标准制、修订质量，创新标准贯彻实施

无障碍环境的建设离不开标准，标准是引领质量提升的依据，也是认证的依据，认证是推动标准实施的重要手段。因此，无障碍环境建设认证工作的开展，将开创一种新的标准贯彻实施的方式，为后续推动政府职能转变，推进供给侧结构性改革和"放管服"改革提供重要抓手。认证要依据标准进行，认证活动不仅是推动标准贯彻实施的有效手段，也是直接检验标准有效性的重要措施，为标准制定人员不断制定出更有针对性、更适用于产品的标准带来积极影响。在没有开展认证以前，制定标准和实施标准的人员联系并不紧密，标准的可操作性和实施中的问题往往难以交流。通过开展认证，不仅使实施标准的人员能够更好地理解标准的技术要求，也能将实施中发现的问题和建议及时反馈，有助于标准制定人员增加对标准可操作性的考虑，进而提高标准的制、修订质量。

11.4.5　无障碍环境建设质量的信任传递

在使用者、建设方、生产方、监管者之间建立互惠互信的关系，确保无障碍环境建设和服务水平符合承诺和期望、服务于行业的健康发展，对满足新时代人民日益增长的美好生活需要具有积极的促进作用。

11.4.6　促进无障碍环境建设社会氛围的营造

无障碍设施质量不仅关系到建设工程的质量，还涉及社会特殊群体的生命安全。无障碍环境认证人员主要由科研单位、设计企业和高校的专家以及残障人士和老年人组成的一支专家队伍，实现"共建共享、共同管理"的工作局面，为营造人人了解无障碍、人人关心无障碍的良好氛围提供重要的支撑（图2-11-7）。

标准化　　　　认证活动　　　　　　　　　主要作用　　　　　　　　　　受益方

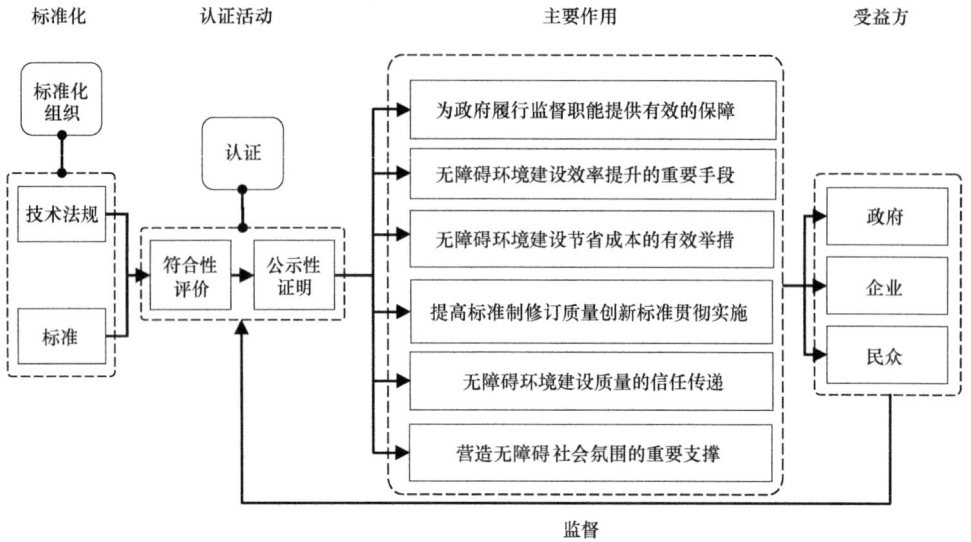

图 2-11-7　无障碍认证制度的意义

11.5　结语

无障碍环境建设不仅关系到人民群众的切身利益，体现文化的积淀和社会进步的程度，同时也是向全世界展示我国精神文明建设成果的重要体现。无障碍环境建设应强化顶层设计，政府制定政策法规并监督落实，引导民众积极参与和关注；完善标准体系，定好规则，按章办事；建立市场化机制，充分利用社会资源进行管理和建设。

在实施监督方面，从规划、设计、建造、维护、无障碍产品等多方面建立认证机制，充分发挥认证的实施督导优势，从无障碍设计认证、无障碍产品认证和无障碍运维认证方面协同推进认证工作，为推动高品质无障碍环境建设保驾护航。

第3篇 无障碍工程建设

本篇统稿人：薛峰　靳喆

　　本篇针对在建设工程中涉及的无障碍主要工程问题进行了系统的阐述。本篇内容强调了无障碍作为一个系统环节，贯穿于设计、施工、运行的全过程，"一体化"实施对把控无障碍的完整性、体系性有着重要意义，合规的设计是基础，优秀的施工精度和质量是保障，这也是建设工程中容易出现隐患的环节。无障碍作为一个通用设计过程，既要考虑不同类型的残障带来的需求，又要考虑老龄化的需求，两者有一定区别，但体现在建成环境上有很多通用的内容，因此本篇第2章在无障碍设施、设备和产品集成中纳入了适老化相关内容。在相关施工图的设计过程中，涉及构造通用做法，本篇以北京市最新发布的《无障碍设施建筑构造通用图集》为蓝本，提供了大量无障碍设计的建筑构造图示供专业人员参考。由于施工图设计和第二篇内容是一个完整的工作链条，因此在内容上存在一些重复之处，出于完整性的考虑，本篇均加以保留，这样更方便设计查阅。本篇还强调，当前存量环境中有大量无障碍改造的需求，存在很多特殊情况，公众参与，尤其是残障人士的参与，对解决各类复杂难题有着不可或缺的意义——包容性的环境离不开包容性参与。

1 无障碍城市设计建造的一体化实施[*]

无障碍城市设计建造一体化实施是人文设计价值观的转变，是创意、设计、人文、绿色、数字、建造一体化整合和协同，是以全龄、全人群的人性化要素为核心，为所有人提供的人性化服务，是到群众身边介入式、陪伴式的细活（图 3-1-1）。

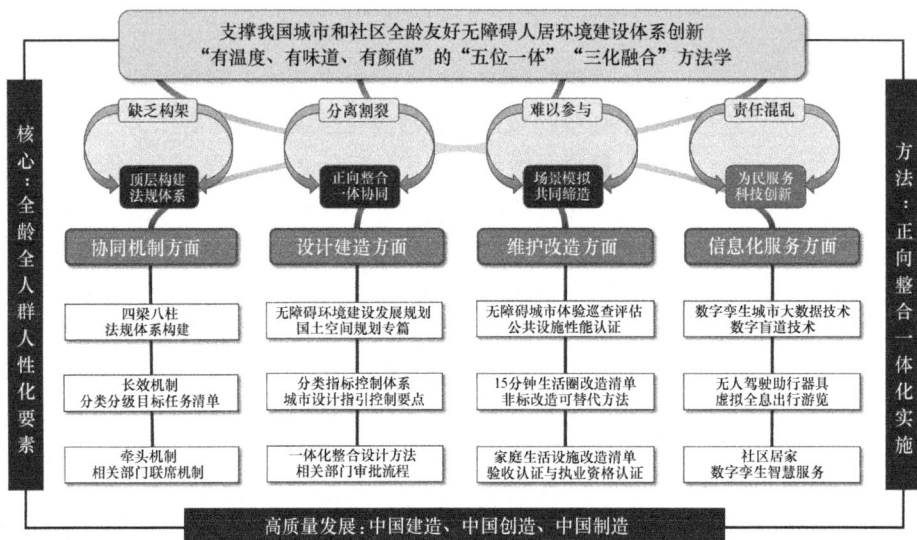

图 3-1-1　无障碍城市设计建造的一体化

1.1　存在问题

1.1.1　顶层设计贯彻不到位，建设内容不明确

我国从 2012 年开始实施《无障碍环境建设条例》，该条例是指导我国开展无障碍建设工作的重要法律依据，但在执行过程中仍存在一些问题。

一是条例本身及配套的行业法规、政策规定中倡导性条款、原则性要求多，操作性差；部分行业或缺少对应的无障碍相关法规，或制定的法规条文比较笼统、概括，操作性不强。

二是无障碍环境建设的标准内容属于推荐性标准，强制性条文少，强制力弱；无障碍方面的标准多是技术规范，只对技术环节有所制约，缺乏对于建设全程的规划和管理，实际建设中一些无障碍设施建成时就已经不符合现行规范，还存在后期维护不到位等问题。

---

* 本章作者：薛峰。

1.1.2　法治环境保障不足

我国的《教育法》《职业教育法》《义务教育法》虽然规定了国家扶持和发展残障人士教育事业，但与《残疾人保障法》第三章（教育）的规定还是有所差距。《残疾人保障法》第 26 条第 4 款规定特殊教育机构应当有适合残疾人学习、康复和生活的场所和设施，但无论是《教育法》还是《职业教育法》中都没有关于该条的规定，没有依照《残疾人保障法》的规定及时作出修改。

1.1.3　建设过程割裂，缺少跨部门协作机制和整合措施

一是项目建设全过程中缺少无障碍相关要求和规定，难以保障无障碍环境建设的品质。目前只有在工程准备阶段对施工图对照无障碍相关规范的强制性条文进行审查，忽视了推荐性条文和设计合理性，且在工程验收阶段缺少无障碍专项验收。

二是缺少跨部门协作机制，影响协同工作的效果。无障碍环境建设涉及部门较多，各行政主管部门对相关政策和标准的理解和执行力度不同，落实程度并不一致，在业务协调上存在一定难度。同时，部分法规及规范性文件缺少可细化、可落实的规章，缺少具体的建设管理要求和相应的处罚措施，建设主管部门的责任难以明确。

三是缺少系统化、精细化的设计与技术措施。无障碍设计是一项系统性很强的"细活"，但现在无障碍设计仅仅针对几个具体点位，其内涵和外延所涉及的内容非常狭隘，还没有从环境宜居和高品质生活的角度进行系统性思考，其全龄友好的全要素系统没有建立起来，即缺乏系统化、精细化、一体化、同步化、同质化的无障碍环境建设的全要素、全系统的构建，还未能系统地"干细活"。

1.2　实施方案

为使无障碍城市设计"有温度、有味道、有颜值"，应研究制定无障碍城市设计建造一体化实施方案。

1.2.1　协同机制方面

一是研究建立与残疾人联合会、老龄工作委员会、妇女联合会等有关组织的共商联动的长效机制，研究编制以行为需求为导向的分类、分级、分期目标任务清单。

二是研究城市公共空间设施一体化整合设计，构建协同机制下相关部门协作模式和审批流程。

1.2.2　设计建造方面

一是要转变以往城市无障碍设施与其他公共设施分离建设的现象，将无障碍设施与城市功能、环境景观、城市文化、公共艺术品、信息化设施等进行正向整合设计和建设全过程高精益度一体化协同管理。

二是要转变靠经验式设计的方法，将残疾人、老年人和儿童等人群的个性化需求与全龄、全人群人性化通用需求转化为数千项工程设计数字模型要素，运用多因子交互算法确定不同场景的最优要素选择。

三是要转变以往使用者无法直观参与到城市、社区和居家无障碍改造工程之中的现象，开发以数字场景模拟、居民可动态观览和互动的数字化工具和数字化协同平台。

四是要实现小设施，大师干，形成为人服务的设计价值观，将无障碍设计作为人性化设计创意的一部分。

五是研究对建设工程设计方案和无障碍设施施工图审查的相关内容、方法和要点，研究建设全过程高精益度控制管理的具体流程和方法。

1.2.3 维护改造方面

一是研究无障碍城市体检的巡查评估方法，以及公共设施建成后的性能认证方法。

二是研究社区 15 分钟生活圈公共空间和服务设施的无障碍设施改造清单，以及无法按标准进行改造的可替代方式。

三是研究残疾人、老年人家庭生活设施无障碍改造的分类改造内容、验收认证方法以及执业资格认证方法。

1.2.4 信息服务方面

结合我国数字孪生城市和大数据技术，研发"数字盲道"（数字感知导航）技术、"无人驾驶"的助行器具、虚拟全息出行游览、社区居家数字孪生智慧等信息服务。

1.3 建设机制

1.3.1 扩大我国广义无障碍受惠人群范围

第七次全国人口普查统计数据显示，我国 60 周岁以上老年人口已近 2.6 亿人，65 岁及以上人口数为 1.9 亿人，占全国总人口数的 13.5%，约有 4500 万失能和半失能老年人。预计到 2030 年，我国 65 岁以上人口将超过 4 亿，届时我国 65 岁的人口占比将超过 20%，成为全球最高的国家。而目前如此大量的受益人群仍未被列入法定受惠人群范围。据测算，仅我国居家养老设施适老化改造所需资金总规模就达约 1 万亿元，可拉动相关产业约为 2 万亿元的产出。据相关报道，我国无障碍辅具的年产值只有约 220 亿元（人民币），而日本约为 2000 亿元（人民币），欧美发达国家则高达 2300 亿元（人民币），可以看出受益人群界定的扩大对我国社会经济发展将会产生相当大的带动作用。

1.3.2　强化我国无障碍相关技术标准的法律效力

建议赋予技术标准法律效能，健全"由面到点"的标准体系，开展"一案一标"专项技术导则（措施）的编制。我国虽然制定了一系列无障碍技术标准，如按数量计算并不比发达国家少，而且技术标准编制水平很高，但技术标准法律效力不强，与法律文件之间毫无关联，更较少被法律引用，因此实施力度偏软。同时我国法律文件中原则性的条文不包括技术标准规定，非专业的政府管理人员又不知道该如何落地，这就需要赋予技术标准法律效能，才能使管理者有法可依。

另外，我们也应认识到，即使标准规定得再详细，也不可能做到穷尽所有事项，只有根据不同项目的具体情况，在满足技术法规的前提下，制定详细的项目级"技术标准"（技术规范书，Technical Specification），形成"一案一标"的专项技术导则（措施），才能使标准真正做到深化、细化地落地，从而使标准有了精细化落地的"抓手"。

1.3.3　推进无障碍设施专项排查

建立由社区社团组织对无障碍设施进行排查、由专业机构进行审核的机制。我国无障碍环境建设经常会出现主要领导重视就做得好的现象，这充分说明了政府主导的重要作用，但这种情况多数只能在"面"上的推进，要想把"线和点"做好就要向发达国家学习，借助基层和专业人员的力量。一是可结合我国社区特有的社会结构，建立以社区老年人和残疾人为主、由社区组织的无障碍设施建设排查和监督社团组织。其可作为第三方机构（而不是义务监督员队伍），按照网格化管理要求对社区现有的无障碍设施进行摸排，摸清底数。二是由专业的咨询机构来审核排查出的问题，并因地制宜地提出具体整改方案和专项预算，街巷、道路等公共空间问题提交街道办事处安排年度整改计划，建筑设施由区残联依法责成相关使用单位进行整改。整改计划公示，由社区社团组织进行计划监督，由提出整改方案的专业咨询机构负责施工验收。

1.3.4　构建无障碍环境体检评估机制

建议建立我国城市无障碍环境建设体检评估机制，摸清底数，提高资金使用的精准有效性。一是建立我国主要城市全域城市公共空间无障碍环境建设的城市体检评估方法。解决设施是否"有"、是否"达标"的问题，建立设施达标率、设施覆盖率两项体检评估指标。建立执行部门自评估和第三方综合评估相结合的评估机制。二是建立实时监测机制，搭建我国城市公共空间、公共建筑、社区等无障碍设施建设情况基础信息平台，分区、分类、分项对标准指标执行情况进行监测。定期对社会公布评估情况，将体检评估结果作为各城市体检评估的一部分和制定行动方案的基础。

1.3.5　开展无障碍专业职业资格和机构认证

建议开展专业职业资格和机构认证，把"活"干细、干专。发达国家保障无障碍设施的合规认证主要是通过专业咨询机构和通过专业认证的专业人士来完成，通过事前、事中和事后的合规专业咨询服务得以保证。除城市公共空间的无障碍设施建设由政府专设部门委托第三方机构负责审查认证管理外，每位公民会依据法律，维护自己所应拥有的权利，这也促使用人单位就业场所的无障碍设施日渐完善。

我国已建立了严格的注册建筑师考试和"设计强条"审图制度，应加大对注册建筑师和审图机构广义无障碍理念的培训，并在审图单位设立无障碍设计专项审查岗位。但针对城市旧区的改造提升，则需要建立职业资格和机构的认证制度，才能把活干细。一是目前我国从事无障碍设施建设的专业企业和专业人才无论在规模上还是专业性上都远远不能满足巨大的需求，须尽快建立、完善职业资格认证制度，以培养更多的具备专业知识技能的服务团队。这样既可使专业人员把活干细，也可通过对残障人士的职业培训使其能够在社区就业。二是建立第三方专业服务咨询机制，第三方非营利机构开展分区、分块和分项的专项设计，提供系统化、精细化的专业咨询服务。美国、日本的建筑师具有建筑生产关系中委托人与承包商之间的公正的、专业的第三方的角色定位，其无障碍设计也是由获得执业资格认证的建筑师主持，是注重因地制宜的专项设计。例如，日本发明了盲道，但我们并没有看到日本满大街都建有行进盲道，而是在人流密集场所，如交通枢纽等主要区域做了非常周密的行进盲道和提示盲道系统设计。美国也是一样，例如提示盲道的设置就是建筑师根据场地有可能存在的危险而规划的，各类城市公共空间的无障碍标识、设施器具的性能配置等非常细致，感觉处处都进行了设计。但在我国却存在这样的现象——不到半米宽的胡同人行道或偏远的郊区人行道上布满了行进盲道。

1.3.6　加强数字化信息技术的创新突破与应用

建议结合我国数字孪生城市和新型城市基础设施建设技术发展，突破无障碍环境建设的"卡脖子"技术，形成我国自主研发的科技创新。我国当前数字孪生城市关键技术的发展具备了以下几个特点：数字城市地理信息系统基础较好，单体建筑的精细化数字建模达到较高水平，数字化实时监控技术趋于成熟，数字城市产品结合城乡规划、城市设施、建筑管理的需要已有了较为深入的研究和应用。所以，建议攻关以下"卡脖子"核心关键技术。

研究构建城市无障碍设施城市体检评估数字监管地图模型，用信息化手段摸清底数，提升建设管理执行能力，填补空白。一是探索构建城市无障碍设施建成情况网格化数字体检评估模型和平台建设。结合我国三维地籍数字地图建设，添加设施点位，构建我国主要城市无障碍设施数字体检评估地图，摸清我国主要城市无障碍环境设施建设的情况底数。当前在国际上这方面的研究尚属空白。二是建立无障碍设施摸底信息化考量评估工具技术集成方案。利用人工智能"图像比对"技术，辅助排查无障碍设施，进行大数据统计评估。

结合现有导航技术，研究构建我国城市主要公共空间老残友好型无障碍接驳路线导航技术标准构架，填补空白。一是研究构建我国主要出行无障碍接驳路线数字地图构架，应用 5G、数字中心等新型基础设施技术构建我国无障碍出行接驳数字地图标准，补齐无障碍信息化建设标准短板。二是研究构建"数字盲道"（数字感知导航）核心技术，突破瓶颈，实现领跑的历史性跨越。我国目前只强调物化的盲道系统建设，非但永远都不可能超过日本等发达国家，还一直会让难点问题无法真正得以解决，形成瓶颈。而研究基于数字孪生技术的城乡无障碍环境基础设施的"数字感知城市导航（数字盲道）关键技术和建立设施监测和服务跟踪大数据平台"，既可突破性地解决瓶颈问题，也可为我国信息数字产业提供更加宽广的市场需求。该领域在国际上还处于研究空白，属于重大突破，将会改变未来城市面貌，并改变城市信息服务模式。

2 无障碍设施设备与产品集成[*]

党中央、国务院高度重视无障碍设施建设。无障碍设施设备与相关建筑产品作为无障碍环境建设的基础硬件，直接影响着无障碍环境建设质量，因此有必要对无障碍设施设备与相关建筑产品开展深入研究，进而规范产品功能质量，从而保障社会群体的人身安全。

无障碍设施和适老化设施建设中，产品的选用应遵循以下原则：以尊重和关爱有无障碍需求的社会成员为理念，遵循安全、适用、耐久、绿色、便利、经济、美观、可持续的原则；应选用经过产品认证的部品；宜选用可循环使用的部品；部品选用应与建筑设计相结合，满足建筑无障碍要求；老年人照料设施和适老居住建筑部品体系应综合建筑室内外空间条件及老年人生理状态和心理特点进行系统性构建。

2.1 无障碍和适老化产品体系

无障碍设施设备与相关建筑产品可分为无障碍和适老化专用产品以及通用产品。按使用部位与功能特点分为通行部品、墙顶地部品、门窗部品、厨卫部品、设备部品、收纳部品、智能管理部品、辅具家具部品、标识部品、户外部品，共10类。

2.1.1 通行部品

通行部品是指辅助使用者在垂直交通与水平交通系统中安全便利通行的产品。通行部品主要按照使用部位进行分类，可分为栏杆/扶手、移动坡道、升降设备。

由于地面结构做法的差异、地面铺装材料的不同，或由于清洁和防水等原因，可能形成较小高差。地面存在高差不仅影响轮椅使用者顺畅通行，同时也存在较大的安全隐患，因此应尽量消除地面交接处的高差，对于解决门槛处 5cm 以下的高差，可采用门槛坡道部品（表3-2-1）。

栏杆/扶手应具有支撑使用者身体平衡、防止倾覆、承受软重物撞击等功能，并应具备以下性能功能：

① 长距离的通行空间、存在高差变化、通行方向转变的位置应设置栏杆/扶手；

② 扶手应具有抗菌性、防滑性和耐污性；

③ 扶手表面材质宜选用树脂、尼龙等热惰性指标良好的材料。

升降设备应具有紧急情况下报警、就近归位等功能，并应符合下列规定：

① 宜选用速度较慢、稳定性高的电梯；

② 电梯内宜配置灯光及语音提示、监控系统等；

———————————

* 本章作者：高鹏、张欣、代丹丹。

通行部品　　　　　　　　　　　　　　　　　　　　表 3-2-1

部品类别	部品名称	
通行部品	栏杆/扶手	楼梯栏杆
		坡道栏杆
		阳台栏杆
		走廊扶手
		门厅扶手
	移动坡道	门槛坡道
		台阶坡道
	升降设备	无障碍电梯
		医用电梯
		升降座椅
		斜向式升降平台
		垂直式升降平台

墙顶地部品　　　　　　　　　　　　　　　　　　　表 3-2-2

部品类别	部品名称	
墙顶地部品	墙面部品	健康环保涂料
		抗菌壁纸/壁布
		陶瓷墙砖
		金属装饰板
		木塑装饰板
		成品护角
		护墙板
	顶面部品	铝蜂窝板
		石膏板
		矿物棉板
		集成吊顶
	楼地面部品	PVC 地板
		橡胶地板
		实木复合地板
		防滑条
		陶瓷地砖

③ 升降座椅、升降平台应为使用人员提供安全支撑装置。

2.1.2　墙顶地部品

墙顶地部品主要是指应用于建筑内装修用的材料（表 3-2-2）。

墙面部品特指内隔墙部品，隔墙面层材料的选用应考虑环保性和抗菌性。墙面部品应具有正常使用时稳定可靠、破坏状态下不造成人身伤害等功能，并应符合下列规定：

① 墙面面层材料宜无眩光、无冷硬感，宜选用健康环保涂料、抗菌壁纸/壁布、陶瓷墙砖、金属装饰板、木塑装饰板；

② 厨卫墙面应具有防水或防潮、耐污易清洁等要求；

③ 室内空间有灵活可变性要求时，可采用可拆装式隔断墙；

④ 墙面、门及易发生轮椅碰撞位置宜设置护板部品；

⑤ 室内公共通道的墙柱面阳角应设置具有防撞保护作用的成品护角。

顶面部品应具有方便检修与更换、非正常受力状态下不脱落等功能，并应符合下列规定：

① 顶面面层材料宜具有吸声、耐污、防潮性能；

② 集成吊顶应按照功能模块进行配置，功能模块宜包含供暖模块、通风模块、照明模块。

集成吊顶属于板块吊顶的一种形式，既有板块吊顶的装饰功能，又有特殊的功能模块。集成吊顶的功能模块分为供暖模块、通风模块、照明模块、其他模块。供暖模块通常包括室内加热器、浴霸、暖风机、供暖器等；通风模块包括风扇、通风器等；照明模块包括固定式灯具、嵌入式灯具、外凸式灯具等。

楼地面部品应具有承载集中荷载、承受跌倒冲击等功能，并应符合下列规定：

① 经常用水冲洗或潮湿、结露的楼地面面层材料应保证湿态下的防滑性能；

② 楼地面面层应采用防滑、耐磨、冲击力吸收性能好、防火、防污、抗菌、不易起尘的面层材料；

③ 楼地面面层材料的颜色应与墙面颜色有一定的对比度；

④ 楼梯踏步应设置防滑条，楼梯起、终点处应采用不同颜色或材料区别楼梯踏步和走廊地面。

地面材料的选用应尤其注意防滑性能。地面面层如不注意防滑要求，极易发生人员滑倒事故，因此应选择适宜的防滑地面材料或采取有效措施，减少人员滑倒事件的发生。地面宜选用暖性地面材料，老年人受到身体状况的限制，腿脚血液循环缓慢，尤其冬季地面过冷，会使下肢体温下降，导致腿关节酸痛，因此应选用木地板、塑胶地板等暖性地板。设计师在地面材料选用时，防滑性能等级可参考表 3-2-3。

常用的地面面层材料的防滑性能等级　　　　　　　　表 3-2-3

材料	防滑性		备注
	干态	湿态	
黏土砖（石英砂覆面）	A	A	适用于室外楼梯
地毯	A	B	—
黏土砖（表面带纹理）	A	B	适用于室外楼梯
木地板	A	—	—
PVC（防滑颗粒面）	A	B	—
PVC	A	C	如果 PVC 表面有纹理，湿态防滑性能可能会提高。如果不牢固地固定在底座上，板材边缘容易引起绊倒
橡胶	A	D	不适合用于出入口处
塑胶	B	C	—
混凝土砖	B	B	—
人造石	B	C	—
钢板	B	C	—
水磨石	B	C	楼梯上需要防滑前缘
大理石/花岗石	B	D	—

注：A 等级代表防滑系数：$COF \geqslant 0.75$；
　　B 等级代表防滑系数：$0.4 \leqslant COF < 0.75$；
　　C 等级代表防滑系数：$0.2 \leqslant COF < 0.4$；
　　D 等级代表防滑系数：$COF < 0.2$。

2.1.3 门窗部品

门窗部品按照开启方式分类见表 3-2-4。

<table>
<tr><th colspan="2">门窗部品</th><th style="text-align:right">表 3-2-4</th></tr>
<tr><td colspan="2">部品类别</td><td>部品名称</td></tr>
<tr><td rowspan="14">门窗部品</td><td rowspan="5">门</td><td>手动平开门</td></tr>
<tr><td>手动推拉门</td></tr>
<tr><td>手动折叠门</td></tr>
<tr><td>自动平开门</td></tr>
<tr><td>自动平移门</td></tr>
<tr><td rowspan="4">窗</td><td>平开窗</td></tr>
<tr><td>推拉窗</td></tr>
<tr><td>复合开启窗</td></tr>
<tr><td>纱窗网</td></tr>
<tr><td rowspan="5">门窗配件</td><td>锁具</td></tr>
<tr><td>执手</td></tr>
<tr><td>观察窗</td></tr>
<tr><td>门控装置</td></tr>
<tr><td>闪光振动门铃</td></tr>
</table>

门应保证轮椅顺畅通过，应具备以下性能功能：

① 楼栋单元门、防烟楼梯间的疏散门宜选用平开门；

② 室内厨房门、阳台门、卫生间门、卧室门宜选用推拉门或折叠门，紧急情况下两侧均可开启；

③ 入户门净宽应满足照护要求，主要为保障使用者在护理人员搀扶下同进同出或推行护理床时通行顺畅；

④ 公共空间出入口宜选用自动平开门或自动平移门，不应选用旋转门或弹簧门；

⑤ 门应在启闭力、开启净宽、启闭速度、执手安装位置、防夹、防撞、防误操作等方面满足无障碍和适老化要求；

⑥ 门颜色宜与周围墙面有一定的色彩反差，方便识别；

⑦ 公共区域的门应便于轮椅或担架进出，宜采用向外开启平开门或电动感应平移门，公共疏散通道的防护火门扇和公共通道的分区门扇应安装透明的防火玻璃；

⑧ 防火门的闭门器应带有阻尼缓冲装置；

⑨ 防夹、防撞、防误操作等功能可通过门控装置实现。

窗应具有方便自主开启的功能，并应符合下列规定：

① 窗扇可采用自重较轻的材料；

② 外开窗宜设关窗辅助装置；

③ 外开窗应具有限位功能；

④ 失智老年人专用窗宜配置防止坠落的纱窗网，宜采用内开下悬、内平开复合的开启方式，并限制开启角度。

门窗配件应符合下列规定：

① 居室门、卫生间门应选用内外均可开启的锁具；

② 门窗执手应易于单手持握或操作，且易于开启；

③ 双向开启的门宜在可视高度部分安装观察窗；

④ 居室门宜配置门控装置和人员监测装置。

2.1.4 厨卫部品

厨卫部品主要按照使用部分分类。卫生间部品按照功能区分为便溺区部品、盥洗区部品、洗浴区部品（表 3-2-5）。坐便器侧方靠近墙体时，可设置 L 形抓杆、I 形抓杆、斜向抓杆、支撑抓杆，坐便器临空侧或侧墙不承重时，可设置 U 形抓杆、上翻抓杆。

洗面器的抓杆应易于轮椅使用者抓握支撑，镜柜角度宜可调节，主要考虑满足轮椅使用者需求。

为便于轮椅使用者通行，淋浴间的条形地漏通常采用无高差嵌入式。

厨卫部品 表 3-2-5

部品类别		部品名称
厨卫部品	厨房部品	操作台
		下拉式吊柜
		电磁炉
		水槽
		吸油烟机
	便溺部品	坐便器
		智能坐便器
		小便器
		蹲便器
		纸巾架一体化抓杆
		上翻折叠抓杆
		升降坐便辅助器
		马桶垫脚椅
	盥洗部品	恒温龙头
		抽拉式龙头
		分离式龙头
		洗面器
		斜面镜柜
		洗面器抓杆
	洗浴部品	恒温花洒
		截水箅子
		淋浴座椅
		浴帘
		坐式淋浴器
		淋浴抓杆
		吊轨
		洗澡机

厨房部品应符合下列规定：

① 操作台的高度、深度应符合使用者身高和使用习惯，应满足轮椅使用者操作需求，可设置可调节台面高度的操作台；

② 操作台宜设置洗涤池、案台、储物柜等设施或为其预留位置；

③ 橱柜的安装高度和深度应便于使用者拿取物品；

④ 厨房吊柜宜采用升降式拉篮柜；

⑤ 灶具宜选用电磁炉灶，当采用燃气灶具时，应采用带有自动熄火保护报警装置的灶具。

便溺部品应符合下列规定：

① 纸巾架一体化抓杆的安装高度应适中，且位于使用者伸手可触及的位置，宜具有置物与收纳功能；

② 宜在坐便器两侧设置辅助起坐的支撑部品，或在坐便器前方设置可供手肘趴扶的折叠部品；

③ 坐便器可配置电动升降式坐便辅助器、马桶助力架。

盥洗部品应符合下列规定：

① 水龙头应便于开闭操作及调节水温，宜选用恒温龙头；

② 洗面器应具有容膝空间，宜具有易清洁、抗菌等性能；

③ 宜在洗面器侧边、前边设置抓杆；

④ 镜柜角度宜可调节。

洗浴部品应符合下列规定：

① 洗浴空间应设置淋浴座椅，可选用移动式淋浴座椅或壁挂式淋浴座椅，淋浴座椅应防水、防锈、防滑，当采用壁挂式淋浴座椅时，承载力应满足使用需求；

② 淋浴间地面宜设置条形地漏；

③ 洗浴空间内应设置淋浴抓杆，辅助进出、起坐、转身。

2.1.5 设备部品

无障碍和适老化设备部品主要按照专业类型分类（表 3-2-6）。供暖设备是指采用主动式设备系统提高室内温度，目前常用的供暖方式有空调制热、散热器散热和地暖辐热三种，不同地区应根据气候特征选择不同的供暖方式。制冷设备是指采用主动式设备降低室内温度。通常采用分体式空调和中央空调，可根据照料设施或适老居住建筑的需要选用。供暖部品包括灯暖型浴霸、风暖型浴霸、远红外热波（碳纤维）浴霸。通风的目的是促进空气流通、补充氧气、排除室内污浊气体，常用的主动式机械通风设备包括新风系统、换气扇和动力通风器。有效避免有害气体、污浊气体对健康带来的威胁。空调室外机采用降噪处理，主要是避免运行时的噪声对产生影响。

灯具的选择应注重安全、高效、方便，应有足够的照度和自然的光色，其次才是装饰性。行动不便者手指精细动作难度较大，因此宜选用大面板开关。应选用带有指示灯的开关，便于使用者在光线较弱的环境下准确找到其位置。

供暖通风与空调设备应符合下列规定：

| 设备部品 | | 表 3-2-6 |

部品类别	部品名称	
设备部品	供暖通风与空调设备	散热器供暖
		地面辐射供暖
		中央冷暖空调系统
		新风系统
		暖风机
		排气系统
	电气设备	感应脚灯
		医疗设备带
		紧急呼叫按钮
		安全防水插座
		大面板开关
	杀菌除臭设备	活氧除臭装置
		紫外线灯

① 地面辐射供暖宜选用低温辐射热水供暖设备或电热膜供暖设备；

② 卫生间供暖设备宜选用风暖型浴霸、远红外热波（碳纤维）浴霸；

③ 空调室内机出风方向应可调，且不应正对使用者长久坐卧处；

④ 室内宜设置主动式机械通风设备，可选用新风系统、换气扇和动力通风器；

⑤ 空调室外机应有降噪处理。

电气设备应符合下列规定：

① 照明灯具应在显色指数、色温、照度、无频闪、可调节亮度等方面满足适老化要求，不应选用直射光源、强刺激性光源；

② 居室至居室卫生间走道墙面、鞋柜下方应设置低位照明；

③ 卧室应保证足够且均匀的照度，灯罩宜作柔化处理；

④ 卫生间盥洗区宜设置镜前灯，坐便器上方宜设置照明灯具；

⑤ 开关宜选用带夜间指示灯的宽板开关；

⑥ 起居室、长过道及卧室床头宜安装多点控制的照明开关；

⑦ 插座和开关要结合使用者的身高、轮椅高度、辅助器具高度进行安装；

⑧ 报警求助按钮面板应简洁易识别，并应便于使用者操作。

2.1.6 收纳部品

无障碍和适老化收纳部品主要按照整体收纳所属空间分类（表 3-2-7）。

收纳部品应方便辨识和使用，满足使用者行为能力要求，并应符合下列规定：

| 收纳部品 | | 表 3-2-7 |

部品类别	部品名称
收纳部品	门厅整体收纳
	起居室整体收纳
	卧室整体收纳

① 面板材料的总挥发性有机化合物（TVOC）释放率、甲醛释放量应满足要求，宜选用实木、实木集成材、复合板材、人造板材等；

② 整体收纳的转角应进行圆角设计，设计尺寸应满足使用者需求特征。

2.1.7 智能管理部品

智能管理部品主要分为安全防卫设备系统、基本业务办公或信息管理系统、健康管理系统、养护服务系统、环境监测系统、人身安全监护系统、报警求助系统、娱乐培训系统（表 3-2-8）。

照护健康管理系统的功能应包括健康体征监测、健康档案管理、健康状况评价分析、远程健康咨询和指导、健康助手等功能，以及医疗机构远程健康指导，为养老机构及社区环境信息化服务系统提供环境基础数据，为使用者的生活起居、户外活动等进行必要的指导。

智能管理部品类别 表 3-2-8

部品类别	部品名称	
智能管理部品	安全防卫系统	视频安防监控
		入侵报警装置
		门禁系统
		燃气报警装置
		烟雾报警装置
		溢水报警装置
	照护健康管理系统	健康管理平台
		活动监护装置
		无线定位报警装置
		呼叫对讲装置
		防走失装置
	环境监测系统	空气质量监测装置
		温湿度监测装置

安全防卫系统应符合下列规定：

① 可视对讲系统宜具有视频监控和访客对讲功能；

② 门禁控制系统宜具有出入口控制和入侵报警功能；

③ 应在有燃气设备的空间设置燃气泄漏传感设备；

④ 宜在使用者生活用房设置水源泄漏传感设备。

照护健康管理系统应符合下列规定：

① 应满足对使用者健康信息采集、管理、综合评估分析和长期保存的需求；

② 宜提供与社会医疗服务机构相关应用系统的对接接口；

③ 应支持护理人员通过终端查阅医嘱、健康等信息；

④ 应满足人身安全防护需求；

⑤ 宜建立生活健康信息与亲属间的传递通道；

⑥ 宜设置人员定位、人员跌倒监测装置。

环境监测系统宜对使用者生活空间的温度、相对湿度、可吸入颗粒物、二氧化碳、甲醛、总挥发性有机化合物等环境数据进行监测。

2.1.8 辅具家具部品

根据国家标准《残疾人辅助器具 分类和术语》GB/T 16432—2016 对辅助器具的分类定义，辅具主要分为个人医疗辅助器具、技能训练辅助器具（表 3-2-9）。

家具的选用需符合使用者的需求特征。例如家具的圆角设计，满足轮椅使用的设计尺寸，防滑、透气、易清洁的座面选择，软硬度适宜的沙发坐垫，恰当的隐性功能扶手等。沙发床使用灵活，便于特殊情况下的功能使用。阅览桌应选用无尖角式的，同时其高度应方便轮椅者使用。坐具应选用带靠背、扶手和软质坐垫部品。书架不宜过高，并设置在靠近坐具和阅览桌的位置。

辅具家具部品 表 3-2-9

部品类别	部品名称	
辅具家具部品	辅具部品	个人医疗辅助器具
		技能训练辅助器具
	家具部品	餐桌
		餐椅
		茶几
		沙发
		电视柜
		护理床
		床边护栏
		防压疮垫
		床头柜
		门厅凳
		阅览桌
		棋牌桌
		遮挡围帘

辅具应具有协助提升使用者生活质量等功能，并应符合下列规定：

① 辅具应具有防止、补偿、减轻失能、半失能老年人使用障碍的功能；

② 应根据使用者不同身体特征合理配置辅具。

家具应具有使用简单、经久耐用等功能，并应符合下列规定：

① 应根据空间和使用者、护理人员日常生活所需合理布置家具；

② 根据使用者使用需求部分家具宜兼具扶手功能；

③ 家具部品选用时，应在使用功能、形状设计、材质选择、色彩的搭配方面满足无障碍要求。

2.1.9 标识部品

国家标准《公共建筑标识系统技术规范》GB/T 51223—2017 中对建筑标识和标识系统分别作了分类，标识的形式类型是设计师在实践中需要重点考虑的，因其分类对设计标准的具体条文有巨大影响（表 3-2-10）。

适老化标识部品类别见表 3-2-11。标识应具有清晰简洁、易于辨识等特点，并应符合下列规定：

① 不同类别的标识宜具备视力障碍者、听力障碍者等使用的多种感知方式；

标识系统分类　　　　　　　　　表 3-2-10

序号	分类方式	标 识 类 别
1	传递信息的属性	引导标识、识别标识、定位标识、说明标识、限制标识
2	标识本体设置安装方式	附着式标识、吊挂式标识、悬挑式标识、落地式标识、移动式标识、嵌入式标识
3	显示方式	静态标识、动态标识
4	感知方式	视觉标识、听觉标识、触觉标识、感应标识、交互式标识
5	设置时效	长期性标识、临时性标识

标识部品　　　　　　　　　表 3-2-11

部品类别	部品名称	部品类别	部品名称
标识部品	引导标识	标识部品	说明标识
	识别标识		限制标识
	定位标识		

户外部品　　　　　　　　　表 3-2-12

部品类别	部品名称	部品类别	部品名称
户外部品	种植花坛/种植架	户外部品	健身器材
	室外休憩座椅		护栏/围栏
	展示宣传橱窗		室外扶手
	遮阳设施		轮椅坡道
	室外灯具		饮水器

② 引导标识宜用于通往特定场所及设施等的路线方向说明;

③ 识别标识宜用于增强地点识别性和引导行动路线;

④ 说明标识宜用于明确设施设备的使用说明或布告通知;

⑤ 限制标识宜用于提示周围环境的不安全因素;

⑥ 标识安装不应影响通行。

2.1.10　户外部品

无障碍和适老化户外部品类别见表 3-2-12。户外部品应具有经久耐用、维护方便等特点。

2.2　老年人照料设施部品体系

老年人照料设施部品体系应结合老年人生活用房、文娱与健身用房、康复与医疗用房、管理服务用房、交通空间及室外活动场地和绿化景观等室内外功能空间特点进行构建。

2.2.1　老年人生活用房

居室应具备保障老年人基本生活照料和护理服务的适老化部品,并应符合下列规定:

① 应按照老年人护理需求合理设置护理床,床两侧宜满足照护空间要求;

② 床与床之间应采取保护个人隐私的分隔措施;

③ 居室家具应安全稳固，适合老年人生理特点和使用需求；

④ 应在床头、卫生间设置紧急呼叫按钮；

⑤ 宜在老年人生活用房设置水源泄漏传感设备，并能将漏水信号传送至监控室；

⑥ 居室卫生间应具有良好的通风换气设施；

⑦ 居室门应便于护理床进出；

⑧ 居室阳台宜设衣物晾晒装置，开敞式阳台应采取防坠落措施。

单元起居厅应具备辅助就餐和休闲娱乐的适老化部品，并应符合下列规定：

① 餐桌应便于轮椅老年人使用；

② 单人座椅应可移动且牢固稳定。

公共洗浴间应具备辅助老年人洗浴的适老化部品，并应符合下列规定：

① 助浴部品应根据护理人员助浴操作和老年人洗浴需求合理设置；

② 公共洗浴间应设置供暖通风设备；

③ 公共洗浴间门应便于沐浴用床椅进出。

2.2.2 文娱与健身用房

文娱与健身用房应根据当地文化特点和老年人文娱需求合理设置适老化部品。

多功能活动厅宜根据老年人听力及视觉的特点，合理配置多媒体设备，包括视频、音响、灯光等设施。

康复与医疗用房宜根据所提供的医疗服务设置相应的适老化部品。康复与医疗用房的康复室、医疗室（理疗室、治疗观察室）等应配置各种符合专业要求的仪器设备，并保证室内流线畅通。

2.2.3 管理服务用房

管理服务用房应符合下列规定：

① 办公管理用房应为电子办公设备的安装、使用及维护预留条件；

② 为老年人服务的管理用房应设置醒目的标识；

③ 员工用房宜设置洗浴部品；

④ 洗衣房墙面、楼地面应选用易于清洁、不渗漏的部品。

2.2.4 交通空间

交通空间应具备清晰、明确、易于识别的标识。出入口应便于老年人通行，并应符合下列规定：

① 出入口不应采用旋转门；

② 出入口地面应采用防滑材料铺装，并应设置防止积水的设施。

老年人使用的楼梯不应采用弧形楼梯和螺旋楼梯。

电梯应作为老年人使用的垂直交通工具，并宜采用无障碍电梯，当现场条件受限无法安装电梯时，可选用升降座椅或升降平台。

2.2.5 室外活动场地和绿化景观

室外活动场地应设有满足老年人室外休闲、健身、娱乐等活动的适老化部品。

室外活动场地应设置室外休憩桌椅、饮水器、遮阳设施、展示宣传橱窗以及照明灯具，在有高差处应设置成品坡道和坡道扶手，并满足无障碍要求。

室外无障碍停车场、无障碍停车位应设有显著标识。

室外绿化景观宜设置种植花坛、种植架，可设置失智老人花园。

2.3 适老居住建筑部品体系

适老居住建筑部品体系应结合套内空间、公共空间、户外活动空间需求进行构建。

2.3.1 套内空间

适老居住建筑套内空间部品应涵盖起居室、卧室、厨房、卫生间、过道、储藏间、阳台等套内空间。

起居室宜具备轮椅暂放、更衣换鞋、通行、坐席等功能的适老化部品。

卧室宜具备睡眠、储藏、通行、休闲活动功能的适老化部品。

厨房宜具备洗涤、烹饪、储藏、通行等功能的适老化部品。

卫生间宜具备便溺、盥洗、洗浴、家务、更衣等功能的适老化部品。

阳台宜具备活动、洗涤、晾晒等功能的适老化部品。

2.3.2 公共空间

适老居住建筑公共空间部品应涵盖建筑物的出入口、公用走廊、楼梯间、候梯厅等公共空间。

公用走廊、楼梯间、候梯厅的适老化部品应满足安全疏散、无障碍等功能需求，安全疏散空间宜配置应急照明装置和辅助逃生装置。

出入口的地面、台阶、踏步和轮椅坡道应选用防滑平整的铺装材料，防止表面积水，出入口上方应设置雨篷。

2.3.3 户外活动空间

适老居住建筑户外活动空间部品应涵盖活动场地、步行道路、绿化景观、停车场等户外活动空间。

活动场地应设置供老年人健身和娱乐的适老化部品。

户外活动空间部品应符合表 3-2-13 的规定。

户外活动空间部品　　　　　　　　表 3-2-13

部品名称		功能空间			
		活动场地	步行道路	绿化景观	停车场
户外部品	种植花坛/种植架	—	—	●	—
	室外休憩桌椅	○	●	●	—
	展示宣传橱窗	●	—	—	—
	遮阳设施	⊙	⊙	—	—
	室外灯具	●	●	●	●
	健身器材	●	—	—	—
	护栏/围栏	●	⊙	⊙	⊙
	室外扶手	—	⊙	○	●
	轮椅坡道	—	●	—	●
	饮水器	⊙	○		

注：●表示应包括，⊙表示宜包括，○表示可包括，—表示不包括。

2.4　既有住宅适老化改造部品体系

既有住宅适老化改造是一项非常有针对性的工作，其最重要的针对点就是改造项目的实际使用者。了解使用者的使用习惯、针对特殊情况选用改造部品，是实现适老化改造效果最重要的环节。同时选用的改造部品也应关注其相关部品的配合关系，只有合理选择有配合要求的部品时，才能真正达到适老化改造目的。

既有住宅适老化改造主要是按照老年人使用行为需求将既有住宅改造划分为动作与移动辅助、如厕与沐浴辅助、起居与炊事辅助三类。既有住宅适老化改造中选用的部品和新建建筑选用的部品有一定的不同，主要是由于既有住宅改造过程中会对建筑主体结构产品损伤。同时适老化改造部品的安装空间相对较小，安装部位千差万别。这就要求适老化改造部品应具备容错率高、结构安装简便的特点，以便提升适老化改造部品的使用广度和安装效率。

既有住宅适老化改造应选用对结构损伤小、安装空间小、容错率高、接口安装简便的适老化部品。增设适老化部品时，应综合考虑增设部位相关部品和设备设施的原有使用情况，增设后不应影响原有设备设施的功能使用。既有住宅适老化改造部品体系应结合使用者的使用习惯、使用特点进行构建。

2.4.1　动作与移动辅助

既有建筑中不同的使用空间往往存在地面材料种类多样、构造措施有设计要求等情况。例如在住宅建筑中，卫生间的地面完成高度要低于起居室或卧室，起居室采用瓷砖地面与卧室采用木地板地面往往也存在一定的高差，采用适老化通行部品可实现减少高差的目的。

动作与移动辅助改造应便于老年人安全通行的需求，宜包括下列内容：

① 在卫生间、厨房、卧室等区域，应铺设防滑砖或者防滑地胶，避免老年人滑倒，提高安全性；

② 在地面高差变化处，应铺设固定坡道或者加设橡胶等防滑材质的移动坡道，并安装扶手，保证路面平滑、无高差障碍，方便轮椅进出，辅助老年人

通过；

③ 出入口地面应进行无障碍防滑改造；

④ 应移除门槛或安装门槛坡道，保证老年人进出门无障碍，方便轮椅进出；

⑤ 应对卫生间、厨房等空间较窄的门洞口进行拓宽，改善通过性，方便轮椅进出；

⑥ 门宜配置便于老年人开启的装置，门执手更换为用单手手掌或者手指可轻松操作的指门执手，方便老年人开门；

⑦ 听力或视力障碍老年人房间宜配置闪光振动门铃；

⑧ 应消除家具尖角或更换为适老化家具；

⑨ 宜在墙角安装防撞护角或者防撞条，避免老年人磕碰划伤；

⑩ 楼梯踏步宜粘贴防滑条、警示条及符合老年人认知特点的限制标识。

动作与移动辅助适老化部品类别见表 3-2-14。

动作与移动辅助适老化部品   表 3-2-14

改造类别	部品名称		配置需求
地面防滑处理	地面部品	PVC 地板	●
		橡胶地板	○
		实木复合地板	○
		防滑条	●
		陶瓷地砖	●
地面高差处理	通行部品	门槛坡道	●
		台阶坡道	○
墙面护角	墙面部品	成品护角	●
		护墙板	●
安装扶手	通行部品	楼梯栏杆	●
		坡道栏杆	●
		阳台栏杆	⊙
		走廊扶手	○
		门厅扶手	⊙
门改造	门窗部品	手动推拉门	⊙
		手动折叠门	⊙
		执手	⊙
		闪光振动门铃	⊙

注：●表示应包括，⊙表示宜包括，○表示可包括。

2.4.2 如厕与洗浴辅助

据统计，老年人在卫生间出现危险和事故的比例较其他空间更多，所以既有住宅在如厕和沐浴辅助类改造中，应着重考虑使用者的行为特征。既有住宅建筑卫生间适老化改造时，不能以完全改变所有使用设施为目的，而应在尽可能保留现有设备设施的基础上，增设合理的固定部品，以辅具家居部品协同使用为原则，尽可能不改变现有的设备设施。

如厕与洗浴辅助改造宜包括下列内容：

① 应在如厕区或洗浴区安装安全抓杆，可辅助老年人起身、站立、转身和坐下；

② 应将蹲便器改为坐便器，减轻蹲姿造成的腿部压力；

③ 宜采用杆式或感应龙头，方便老年人开关水阀；

④ 宜设置淋浴空间，可拆除浴缸，消除淋浴区地面高差，方便照护人员辅助老年人洗浴；

⑤ 应配置淋浴座椅，辅助老年人洗浴。

如厕与沐浴辅助改造应以辅助居住者在卫生间的行动需要为导向，方便使用的同时应保证安全。

如厕与沐浴辅助改造时应以固定部品和可移动的辅具家居部品协同使用为原则。如厕与沐浴辅助适老化部品类别见表 3-2-15。

如厕与沐浴辅助适老化部品　　　　　　　　　　表 3-2-15

改造类型	部品名称		配置需求
便溺区改造	便溺部品	坐便器	●
		智能坐便器	○
		纸巾架一体化扶手	⊙
		上翻折叠扶手	○
		升降坐便辅助器	○
		马桶垫脚椅	○
盥洗区改造	盥洗部品	恒温龙头	⊙
		抽拉式龙头	○
		分离式龙头	○
		斜面镜柜	○
淋浴区改造	洗浴部品	恒温花洒	⊙
		截水箅子	⊙
		淋浴座椅	●
		浴帘	●
		坐式淋浴器	○
		淋浴扶手	●
		洗澡机	○

注：●表示应包括，⊙表示宜包括，○表示可包括。

2.4.3 起居与炊事辅助

起居与炊事辅助改造包括卧室改造、厨房设备改造。

卧室改造宜包括下列内容：

① 当考虑老年人照护需求时，宜配置护理床、防压疮垫，床两侧宜满足照护空间要求。配置护理床是为了辅助失能老年人完成起身、侧翻、上下床、吃饭等动作，配置防压疮垫是为了避免长期乘坐轮椅或卧床的老年人发生严重压疮；

② 宜安装床边护栏，辅助老年人起身、上下床，防止翻身滚下床，保证老年人睡眠和活动安全；

③ 宜配置感应灯具，辅助老年人起夜使用。

厨房改造应满足安全使用需求，宜包括下列内容：

① 宜降低操作台高度并在下方留出容膝空间，方便乘轮椅老年人操作；

② 在吊柜下方设置开敞式中部柜或中部架，方便老年人取放物品；

③ 应设置烟雾、燃气泄漏或溢水报警装置，使老年人在发生险情时及时

报警；

④ 厨房炊具可选用电磁炉。

起居与炊事辅助部品类别见表 3-2-16。

起居与炊事辅助适老化部品   表 3-2-16

改造类型	部品名称		配置需求
居室改造	电气设备	感应脚灯	●
		大面板开关	○
	家具部品	护理床	⊙
		防压疮垫	⊙
		床边护栏	⊙
	照护健康管理系统	活动监护装置	○
厨房改造	安全防卫系统	烟雾报警装置	●
		燃气报警装置	●
		溢水报警装置	⊙
	厨房部品	操作台	●
		下拉式吊柜	⊙
		电磁炉	○

注：●代表应包括，⊙代表宜包括，○代表可包括。

3 无障碍设施建筑构造通用做法图示 *

北京市规划和自然资源委员会城乡规划标准化办公室于 2020 年立项、组织，北京市城市规划设计研究院所属北规弘都院标准化编制研究中心主编、清华大学建筑学院参编，完成了北京市建筑构造通用图集《无障碍设施》21BJ12—1（以下简称《图集》）的编制工作，于 2021 年 5 月正式发布实施。

《图集》编制期间，获得社会各界的广泛关注和支持。中国残疾人联合会、北京市残疾人联合会等相关部门在编制过程中协助调研参观、现场演示，并多次参与内容研讨和审查，从使用和体验者的角度，对《图集》内容提出很多宝贵的意见和建议。中国残疾人联合会吕世明副主席高度重视和支持《图集》的编制工作，百忙之中多次参加图集审核工作，甚至身体力行为编制组讲解演示，并为《图集》发表了题为《人文无障碍成就幸福生活梦》的感文。

《图集》包含无障碍标识、城市道路无障碍设施设计、轨道交通车站无障碍设计、建筑无障碍设计、无障碍厕所浴室、无障碍厨房、无障碍客房及母婴室设计八个部分内容。无障碍设施为活动受限者平等参与社会生活提供便利条件，应为系统工程，无障碍设施各部分需要相互密切配合，共同发挥作用。不同的场所或建筑根据使用功能、使用对象不同，所采用的无障碍设施需有所侧重，如公共场所要兼顾多种活动受限者的需要，而在居住建筑中则要满足具体使用者的需求。

3.1 无障碍设施建筑构造通用做法的相关说明

3.1.1 无障碍设施相关标准规范

①《中国成年人人体尺寸》GB 10000—1988；

②《中国盲文》GB/T 15720—2008；

③《用于技术设计的人体测量基础项目》GB/T 5703—2010；

④《无障碍设计规范》GB 50763—2012；

⑤《民用建筑设计统一标准》GB 50352—2019；

⑥《住宅设计规范》GB 50096—2011；

⑦《无障碍设施施工验收及维护规范》GB 50642—2011；

⑧《居住区无障碍设计规程》DB11/ 1222—2015；

⑨《城市轨道交通无障碍设施设计规程》DB11/ 690—2016；

⑩《社区养老服务设施设计标准》DB11/ 1309—2015；

⑪《人行天桥与人行地下通道无障碍设施设计规程》DB11/T 805—2011；

⑫《住宅设计规范》DB11/ 1740—2020；

⑬《托儿所、幼儿园建筑设计规范（2019 年版）》JGJ 39—2016；

---

* 本章作者：许槟、陈激。

⑭《老年人照料设施建筑设计标准》JGJ 450—2018。

由于编制时间原因，《图集》未能以 2021 年 9 月发布、2022 年 4 月 1 日实施的国家标准《建筑与市政工程无障碍通用规范》GB 55019—2021 作为编制依据。

3.1.2 无障碍设施设置要求

无障碍设施设计内容多，设计标准规范中不同建筑类型的设计要求也不相同。为方便设计人员参考对照，《图集》归纳了设置要求表（表 3-3-1）。

无障碍设施设置要求　　　　　　　　　　　　　表 3-3-1

建筑类型	无障碍设施	建筑周边无障碍道路	无障碍坡道	建筑（场所）内盲道	无障碍标识系统	建筑无障碍出入口	无障碍通道	无障碍楼梯	无障碍电梯	无障碍卫生间	无障碍厕位	无障碍浴室（空间）	轮椅席位	低位服务台结算通道	低位饮（取）水台	无障碍停车位	母婴室
居住建筑	住宅、普通公寓、宿舍	√	√		√	√	√	○	√	√	√	○				√	
公共建筑	办公、科研、司法建筑	√	√		√	√	√	√	√	√			○	○	○	√	○
	教育建筑	√	√		○	√	√	√	√	√					○	√	
	医疗康复建筑	√	√	√	√	√	√	√	√	√		○	√	√	√	√	○
	福利及特殊服务建筑	√	√		√	√	√	√	√	√		○		○		√	
	体育建筑	√	√		√	√	√	√	√	√						√	
	文化建筑	√	√	○	√	√	√	√	√	√						√	○
	商业、服务建筑	√	√	○	√	√	√	√	√	√						√	○
	汽车客运站	√	√	√	√	√	√	√	√	√						√	
	公共停车场(库)	√	√		√	√	√	√			○	○					
	高速公路服务区建筑	√	√		○	√	√	√	√						○	√	
	汽车加油站、加气站	√	√		○	√	√			√						√	
	城市公共厕所	√	√		√	√	√			√							○
	城市轨道交通建筑(枢纽)	√	√	√	√	√	√	√	√	√				√	√	√	
	历史文物保护建筑	√	√	√	√	√	√	√	√	√						√	○
其他场所	公园绿地、游乐场(所)、城市广场	√	√	√	√	√	√		√	√			○	√	√	√	
	地下通道(廊)、过街天桥	√	√	√	√	√	√	√	○								

注：1. 表中√为不同建筑类型需要设置的无障碍设施要求。表中○为根据具体建筑项目的使用功能，必要时设置的无障碍设施。设计时需根据具体工程及相关标准规范要求进行设计。

2. 特殊教育建筑应根据所招收学生的视力障碍、听力障碍、智力障碍的不同要求确定无障碍设施的设置内容，具体详见《特殊教育学校建筑设计标准》JGJ 76—2019。

3.1.3 无障碍设计基本参数

无障碍基本参数是无障碍设施设计最基本的数据依据。由于不同工程的设计条件和要求千差万别，需要设计师在符合标准规范的前提下进行具体设计。不仅在建筑空间尺度上需要满足无障碍设计要求，在无障碍精细化设计环节，细部尺寸更决定了无障碍设施是否真正满足残障人士的需求（图3-3-1、图3-3-2）。

四轮轮椅及拄杖者所需空间参数参考表

行动障碍者	乘轮椅者	手动四轮轮椅(室内)	空车尺寸	长≤1100，宽≤700	载人后尺寸	长约1200，宽约700
		电动、手动轮椅(室外)		长≤1200，宽≤700		长约1300，宽约750
	拄杖者			水平行进时宽度		上楼梯时宽度
		单手杖		约750		—
		双腋杖		950～1200		约1200
视觉障碍者	拄导盲杖者	导盲杖		水平行进时宽度		导盲杖探查范围
				900～950		900～1500

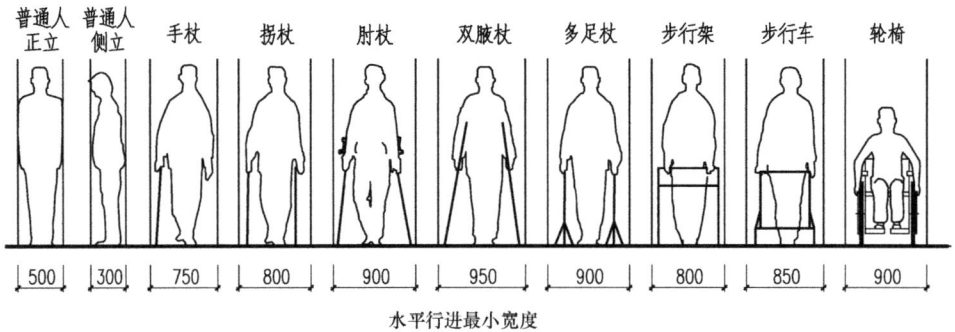

普通人正立　普通人侧立　手杖　拐杖　肘杖　双腋杖　多足杖　步行架　步行车　轮椅

| 500 | 300 | 750 | 800 | 900 | 950 | 900 | 800 | 850 | 900 |

水平行进最小宽度

图 3-3-1　基本参数

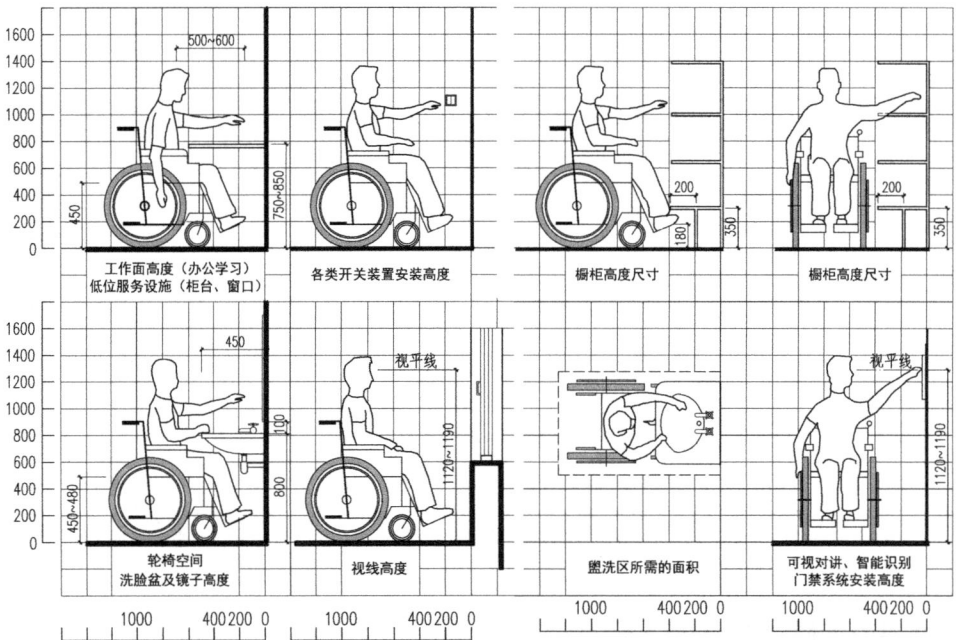

说明：不同用途和不同生产厂家轮椅各项相关尺寸存在差异，本图尺寸仅作为参考。

图 3-3-2　乘轮椅者对各种设施使用的尺寸参数

3.2 无障碍标识牌布置方式及选型

3.2.1 无障碍标识设置说明

无障碍标识应当纳入环境或建筑内部的导向标识系统统一设计，形成完整的系统，清楚地表达空间信息，并因地制宜设置无障碍信息的设备和设施。

标识的导视设计原则：图示标明位置，文字明显准确，导线连续化、系统化，导向标识节点显著，预先警告危险。

公共建筑出入口、通道、停车位、厕所、电梯等无障碍设施的位置，应设置无障碍设施标识，并应纳入建筑导向标识系统。

政府机关与主要公共建筑的无障碍通路、停车车位、建筑入口、服务台、电梯、厕所或无障碍卫生间、轮椅席、客房等无障碍设施的位置及走向，应设置符合国家规范要求的通用无障碍标识牌。

盲文标识包括：盲文地图、盲文铭牌、盲文站牌。标识中的盲文应采用符合国家规范要求的盲文表示方法。视力障碍者使用较多的公共建筑除设置盲文标识外，宜设置触觉或听觉导向标识系统。

无障碍标识设置应符合以下规定：

① 无障碍标识应安装在轮椅使用者和视障者的视觉角度都容易看到的位置，且不应被遮挡。轮椅使用者的视点较低，针对轮椅使用者的标识中心高度应为1100～1400mm；

② 老年人使用的标识除具有弱视者标识的特点外，还应加大音量或使文字更加醒目，且宜在每个路口和空间转折处设置；

③ 幼儿使用的标识宜采用有色彩的或容易辨认的图案；

④ 通用的无障碍标识和图形的大小与其观看的距离相匹配，规格为100mm×100mm～400mm×400mm或由设计人根据实际工程确定；

⑤ 新建公共建筑标识系统的设计、安装宜与公共建筑的室内外装修设计、施工同步进行。

标识的结构设计应符合以下规定：

① 标识的结构应按承载能力极限状态的基本组合和正常使用极限状态的标准组合进行设计，确保结构稳定；

② 标识的结构设计应充分考虑永久荷载、风荷载和地震作用，必要时还应考虑温度变化带来的影响。

3.2.2 无障碍标识设置要求

不同城市空间或建筑，无障碍标识系统设置的内容也有所不同。《图集》针对主要类型归纳总结了标识设置要求表，便于参照（表3-3-2、图3-3-3）。

类型	标识设置要求
城市道路、广场、绿地	路口过街信号灯合理设置低位按钮及语音提示； 城市绿地(带)、广场无障碍设施接驳处设置引导标识
公共交通	站前广场与各出入口与周边街区人行道路接驳处，节点处均应设置引导标识； 室内盲道系统应连贯，并设置相应的盲文导示； 应具有系统性的引导标识及智能导示设施； 应有从出入口至各功能空间的连贯的导示系统
城市轨道交通	车站出入口周边道路交叉口应设置标注有无障碍电梯位置和方向的标识牌； 车站公共区内应设置连续、带指示方向的无障碍标识牌； 在无障碍设施及无障碍通行路径的重要节点应设低位标识牌
公园绿地	保证无障碍路线的连贯、通行宽度、标识设置及高差坡化
商业服务建筑	主要出入口应为无障碍出入口，并设置电动感应门和相应的无障碍引导标识
体育场馆	接驳处、节点处均应设置引导标识
文化博览建筑	台阶高差起止处应设置提示盲道和提示夜灯，并设置无障碍引导标识
行政办公建筑	室外接驳处、节点处均应设置引导标识； 无障碍办公区应有从出入口至各功能空间的连贯的导视系统
医疗康复建筑	无障碍出入口应采用电动感应门，并设置相应的引导标识； 针对视力障碍者的病房门口应在助力扶手上设置盲文提示
中小学校建筑	低位、中位无障碍引导标识
旅馆酒店建筑	无障碍出入口应采用电动感应门并设置相应的引导标识
社区养老机构	室外场地无障碍路线，符合老年人心理特征的引导标识系统设计
适老社区	室外活动场所的台阶高差起止处应设置提示盲道、夜间照明和相应的引导标识

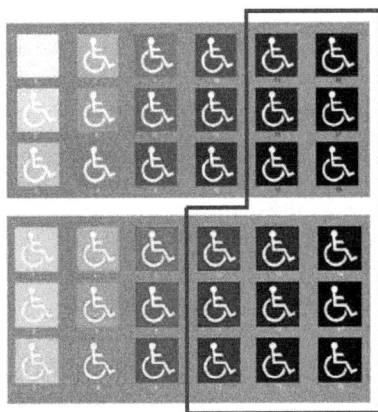

说明：
1. 文字和标识的颜色应考虑环境的阅读距离、照明亮度，主体颜色与背景的对比关系等进行设计，建议使用单色背景。
2. 标识的可识别性：深底白色符号大于浅底深色符号。色相宜采用对比色，慎用安全色；
3. 图文标识的可见度对弱视者的辨认影响很大，应多采用亮图文标识与暗背景的组合方式，亮度比宜 ≥2.5。同时利用好色彩对比，进一步提高可辨识性。

图、底对比明显，深底色、浅色图文更易识别

图 3-3-3 标识牌视距、色彩、亮度要求

3.3 城市道路无障碍设施设计

城市道路无障碍设计时应依据不同地区、场地的条件、道路的性质、人流的

状况、公交的运行以及居住区分布等因素，合理建设盲道、无障碍坡道或升降平台。

城市主要商业街、步行街的人行道、视觉障碍者集中区域周边道路应设置盲道。盲道应根据人流动线进行布置和优化。道路周边场所、建筑等出入口处的盲道应与道路盲道衔接。盲道铺设应连续，应避开树木、电线杆、拉线等障碍物，其他设施不得占用盲道。盲道的颜色宜与相邻人行道铺装颜色形成对比，宜采用中黄色（表 3-3-3）。

城市道路无障碍设施的主要设计内容　　　　　　表 3-3-3

道路设施类别		设计内容	基本要求
人行道		通行纵坡、宽度、缘石坡道、盲道、限制悬挂物、突出物	满足婴幼儿车、轮椅、挂拐杖者、视力障碍者等通行
人行天桥和人行地下通道	坡道式	纵断面、扶手、地面防滑、盲道	方便挂拐杖者、轮椅、视力障碍者通行
	梯道式		
公园、广场、景区		无障碍车位、无障碍坡道、盲道、无障碍标识及无障碍设施位置图	满足乘轮椅者、视力障碍者通行
主要商业区及人流极为稠密的道路交叉口		缘石坡道、盲道、交通音响提示装置	满足轮椅、婴幼儿车、视力障碍者通行

3.3.1　路缘坡道设计

无障碍路缘坡道主要形式见图 3-3-4。无障碍路缘坡道设计应符合以下规定：

① 城市道路的人行道与无障碍场所存在高差时，均应设置无障碍坡道或缘石坡道进行接驳，并设置相应的引导标识；

② 缘石坡道的坡口与车行道之间须衔接平顺，无高差；

③ 坡道形式宜优先选用全宽式单面坡缘石坡道；

④ 缘石坡道的坡面应平整、防滑；

⑤ 道路竖向最低处及雨水排水口设置宜避开坡道处，避免坡道处积水及雨水箅子阻碍轮椅通行；

⑥ 安全岛宽度应≥2.0m，既有道路空间不足时应≥1.50m。安全岛路面应平整，与机动车道不应有高差；

⑦ 阻车桩应避让盲道，距盲道边缘≥0.25m。阻车桩高度宜为 0.6～0.9m，间距宜为 1.2～1.5m。

⑧ 缘石坡道的坡口与车行道之间宜没有高差；

⑨ 全宽式单面坡缘石坡道的宽度应与人行道宽度相同，三面坡缘石坡道的正面坡道宽度应≥1.20m，其他形式的缘石坡道的坡口宽度均应≥1.50m；

⑩ 缘石坡道的坡面应平整、防滑；

⑪ 坡道的上下坡边缘处应设置提示盲道。

3.3.2　盲道设计

常用室外盲道设计方法见图 3-3-5。盲道设计应符合以下规定：

① 盲道宜设置在人行道靠道路红线一侧，与人行道边缘、围墙、花台、绿

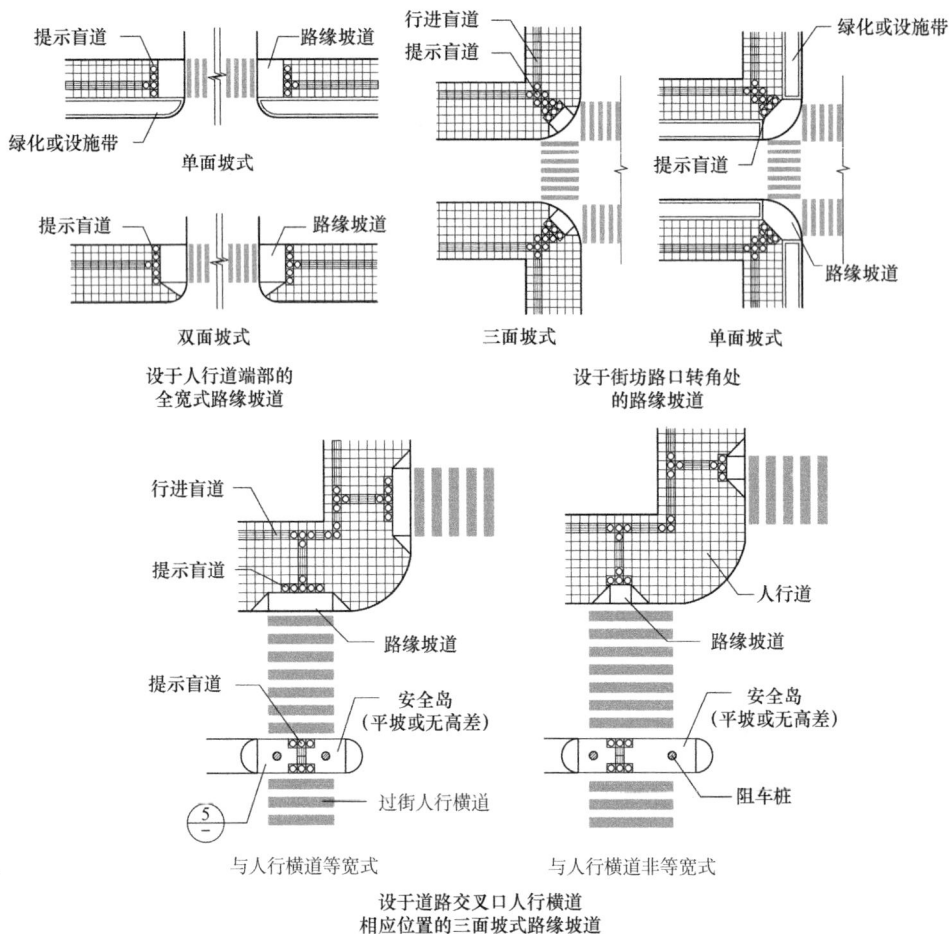

图 3-3-4　路缘坡道主要形式

化设施带、行道树树池的距离宜≥0.25m；

② 行进盲道宽度宜为 0.25～0.50m，建议采用单排盲道砖，盲道砖颜色宜采用中黄色；

③ 盲道铺设应连续，应避开树木（穴）、电线杆、拉线等障碍物；盲道遇到井盖时，建议采用双层井盖保证盲道的连续性；行进盲道断开距离不得超过 400mm；

④ 盲道砖的尺寸和材质均应符合《无障碍设计规范》GB 50763—2012 和《建筑与市政工程无障碍通用规范》GB 55019—2021 的规定；

⑤ 常见的无底板盲道材料包括橡胶、PVC 塑料、不锈钢等，背面涂刷氯丁胶或环氧树脂铺贴在平整清洁的地面上，橡胶锤由里至外锤紧，铺贴时应注意拼连的方向性。

3.3.3　无障碍停车位设计

常用无障碍停车位设计见图 3-3-6。无障碍停车位设计应符合以下规定：

① 应将通行方便、行走距离路线最短的停车位设为无障碍机动车停车位；

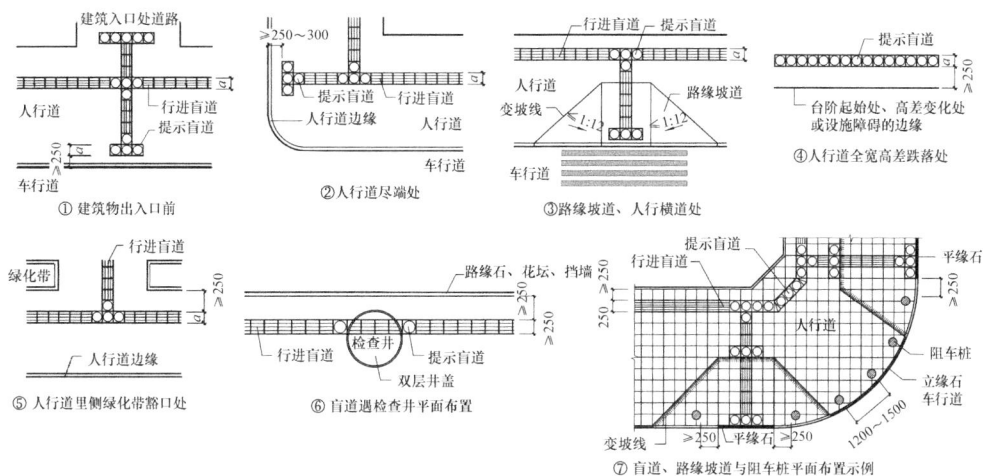

图 3-3-5　常用室外盲道设计

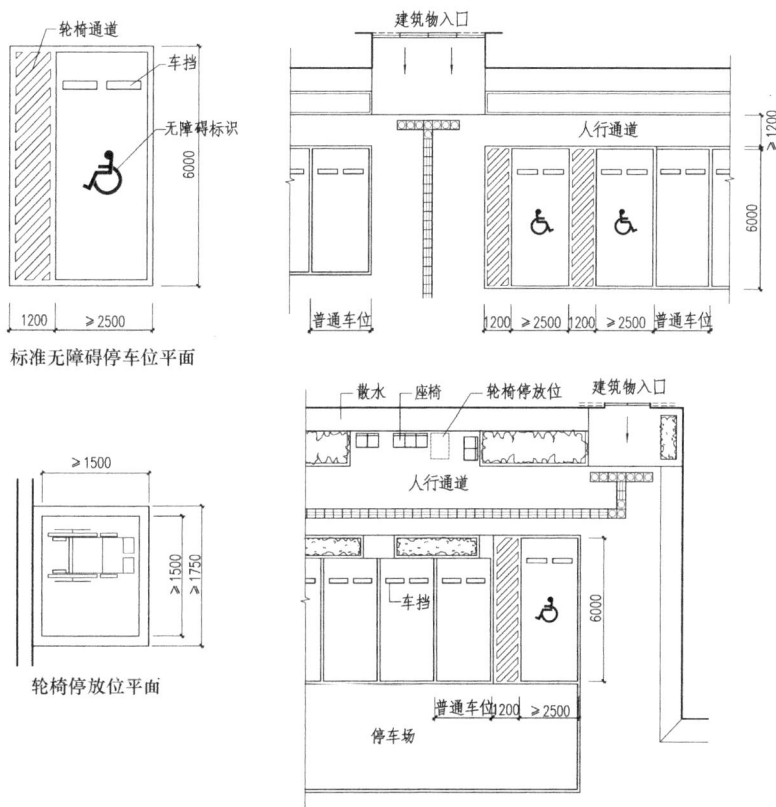

图 3-3-6　无障碍停车位设计

②　无障碍机动车停车位宜靠近建筑物或车库出入口设置，在车位一侧应设宽度≥1.20m的轮椅通道；

③　停车场或车库的出入口，应通过无障碍水平或垂直交通到达无障碍出入口；

④　建筑物与室外地面有高差时，必须设置坡道；

⑤ 无障碍车位应设无障碍标识，无障碍机动车停车位的地面应涂有停车线、轮椅通道线和无障碍标识。

3.3.4 轮椅坡道设计

轮椅坡道设计应符合以下规定：

① 轮椅坡道的通行净宽度应≥1.20m，横向坡度不应大于 1：50；

② 纵向坡度 1：10 的坡道只限用于受场地限制且起止点高差≤150mm 时。1：10 坡度的坡道在使用中比较费力，上行时上身要前屈，否则轮椅会向后翻倒；

③ 常用坡度所对应的每段坡道的高度、长度限值可对照表 3-3-4、表 3-3-5，其他坡度可用插值法进行计算。

轮椅坡道高度、长度限值表   表 3-3-4

纵向坡度 每段最大高度(mm)	坡度对应最大坡长(mm)			
	1：20	1：16	1：12	1：10
750	15000	12000	9000	
700	14000	11200	8400	
650	13000	10400	7800	
600	12000	9600	7200	
550	11000	8800	6600	
500	10000	8000	6000	
450	9000	7200	5400	
400	8000	6400	4800	
350	7000	5600	4200	
300	6000	4800	3600	
250	5000	4000	3000	
200	4000	3200	2400	
150	3000	2400	1800	1500

不同位置的轮椅坡道、通道要求   表 3-3-5

	坡道位置	最大坡度	最小净宽度(m)
出入口	有台阶的建筑出入口	1：12	≥1.20
	仅设置坡道的建筑出入口	1：20	≥1.50
	建筑平坡出入口	1：30～1：20	按工程设计
走道通道	大型公共建筑室内走道	平坡	≥1.80
	建筑公共走廊	平坡	≥1.20、宜≥1.50
	住宅户内过道	平坡	≥0.90、≥1.00
	室外无障碍通道	1：20	≥1.50
	困难地段	1：10	≥1.20
	人行天桥、地下通道	1：12	≥2.00

3.3.5　地下通道、人行天桥、公交站台无障碍设计

（1）地下通道无障碍设计

地下通道无障碍设计应符合以下规定：

① 地下通道出入口处应设置提示盲道，盲道宽度为 0.25m；距台阶或坡道的起点、终点 0.25～0.50m 处，应设提示盲道，其长度应与坡道、梯道相对应；

② 地下通道在坡道的两侧应设扶手，扶手宜设上、下两层；

③ 扶手水平段宜安装盲文提示标识。

（2）人行天桥无障碍设计

人行天桥无障碍设计应符合以下规定：

① 人行天桥出入口处应设置提示盲道，盲道宽度为 0.25m，距台阶或坡道的起点、终点 0.25～0.50m 处，应设提示盲道，其长度应与坡道、梯道相对应；

② 人行天桥在坡道的两侧应设扶手，扶手宜设上、下两层。扶手起点水平段宜安装盲文提示标识，梯道踏步两侧栏杆下端宜设高度≥0.10m 的安全挡台；

③ 在栏杆下方宜设置安全阻挡措施，杆件净间距应≤0.11m；

④ 坡道坡度不应大于 1：12，坡道的高度每升高 1.50m 时，应设深度 ≥2.00m 的中间平台；

⑤ 人行天桥桥下的三角区净空高度＜2.00m 时，应安装防护设施，并应在防护设施外设置提示盲道。

（3）公交站台无障碍设计

公交站台无障碍设计应符合以下规定：

① 盲道铺装宽度为 0.25～0.50m，宜为单排盲道砖铺设，盲道距立缘石、障碍物的距离为 0.25～0.50m；

② 常规公交站台高度宜为 0.15～0.20m，站台宽度不宜小于 2.0m，当条件受限时，站台宽度应≥1.50m；

③ 站台有效通行宽度≥1.50m。

公交站台无障碍布置见图 3-3-7。

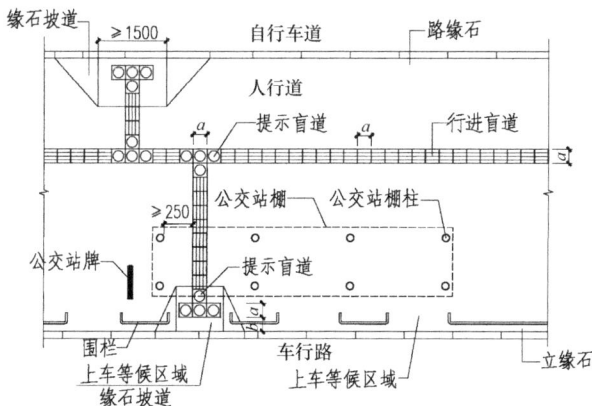

图 3-3-7　公交站台无障碍布置平面图（有围栏分队候车）

3.3.6　无障碍坡道设计

无障碍坡道设计应符合以下相关要求：

① 坡道高度超过 300mm 且坡度≥1：20 时，应在两侧设置扶手；

② 当采用垂直杆件做栏杆时，其杆件净间距应≤0.11m。托儿所、幼儿园及其他少年儿童专用活动场所的栏杆必须采取防止攀爬和穿过的构造；采用垂直杆件做栏杆时，其杆件净间距应≤0.09m；

③ 栏杆应以坚固、耐久的材料制作，栏杆顶部的水平荷载≥1.5kN/m，栏杆其他相关要求应符合《建筑结构荷载规范》GB 50009—2012 及其他国家及地方现行相关标准的规定（图 3-3-8、图 3-3-9）。

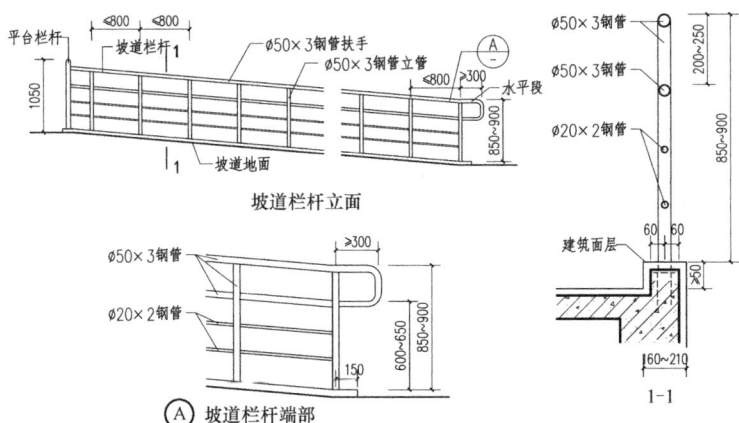

图 3-3-8　无障碍坡道栏杆详图

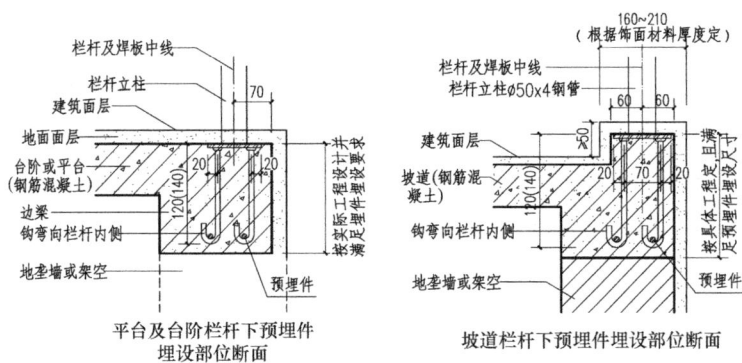

图 3-3-9　无障碍坡道栏杆下部构造

栏杆材料及焊接应符合以下规定：

① 栏杆钢材为非不锈钢时用 Q235 钢及 HPB300 钢筋，焊条采用 E43；栏杆立柱与预埋件采用手工电弧焊沿周圈满焊，焊缝高度为 4～6mm，栏杆采用普通钢管时，焊接完成后去除毛刺做防锈处理并涂刷防锈漆，面漆按设计；

② 栏杆所用钢管均应采用无缝钢管；

③ 栏杆立柱与预埋件连接端截面应铣平；

④ 扶手的材质宜选用防滑、热惰性指标好的材料；室外扶手还应注意材料的耐候性。扶手应安装牢固，形状易于抓握；常见扶手材料有木制、金属、树脂、尼龙等；

⑤ 轮椅坡道的侧面临空时，应设置遮挡措施，遮挡措施可以是高度≥50mm的安全挡台，也可以做与地面空隙≤100mm的斜向栏杆等（见《无障碍设计规范》GB 50763—2012 条文说明）。

无障碍坡道地面设计见图 3-3-10。

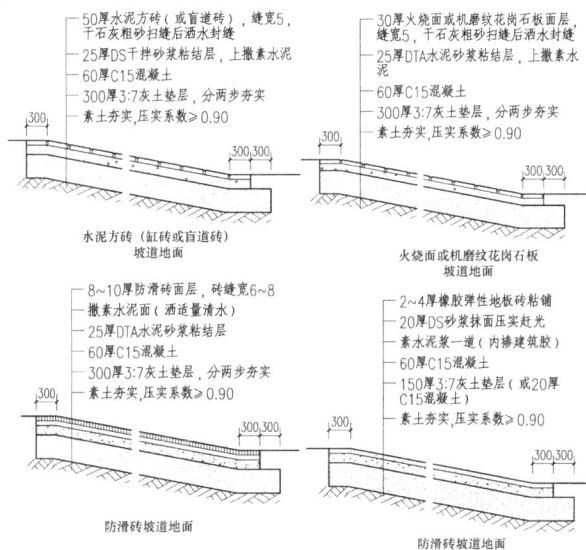

图 3-3-10 无障碍坡道地面详图

3.4 轨道交通车站无障碍设计

3.4.1 城市轨道交通无障碍设施实施范围

城市轨道交通无障碍设施实施范围包括车站站外区域、车站站内公共区、列车车厢。

3.4.2 城市轨道交通无障碍设施的设置内容

城市轨道交通无障碍设施的设置内容包括车站站前道路、广场、无障碍停车位，车站出入口、台阶，无障碍楼梯、扶手、栏杆，轮椅坡道，盲道，无障碍电梯，自动扶梯，低位服务设施（低位饮水器、低位售票窗口、低位售票机等），无障碍检票通道，无障碍厕所、无障碍厕位、母婴室，无障碍车厢，无障碍标识系统。

3.4.3 城市轨道交通无障碍设施设计

城市轨道交通无障碍设施设计应符合以下规定（图 3-3-11）：

① 轮椅乘客无障碍通行路径为：市政人行道盲道与车站站前广场相对应位置—站前广场—无障碍电梯—无障碍出入口通道—低位售票窗口—安检区域—宽通道检票机—付费区无障碍电梯—站台无障碍候车点；

② 车站站前广场，无障碍电梯地面、候梯厅、轮椅坡道、出入口通道、室外平台、台阶和行李坡道，无障碍楼梯踏步、平台，无障碍厕所、无障碍厕位，无障碍车厢等地面及盲道应采用防滑的铺装材料；

③ 车站站前广场应与相邻城市道路一侧的人行道连通，两者有高差时，应设置轮椅坡道；

④ 站厅位于首层的地上车站室内外有高差时，应同时设置台阶和轮椅坡道的无障碍出入口；

⑤ 设置无障碍电梯的出入口通道内存在高差时应设轮椅坡道；

⑥ 车站公共区站台到站厅、站厅到地面不同层时应设置无障碍电梯；

⑦ 换乘通道当有高差或台阶时，应设轮椅坡道或无障碍电梯；

⑧ 车站出入口和站台至站厅应设上下行自动扶梯，自动扶梯设置要求应符合现行地方标准，如《城市轨道交通工程设计规范》DB11/ 995—2013 的有关规定；

⑨ 车站付费区与非付费区交界处应设置净宽≥900mm 的宽通道检票机；

⑩ 车站公共区应设置无障碍厕所。

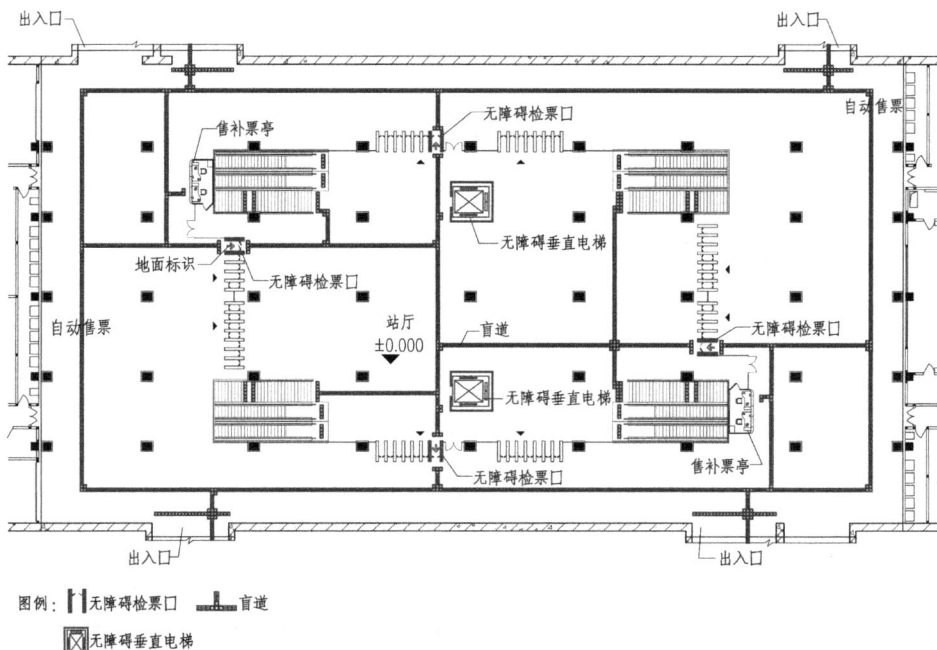

图例：▮▮无障碍检票口 ▬▬盲道
⊠无障碍垂直电梯

图 3-3-11 平行换乘式站厅无障碍设计示例

3.4.4　母婴室无障碍设计

母婴室无障碍设计应符合下列规定：

① A类、B类特级和甲级车站应设置母婴室，乙级和乙级以下车站宜设置母婴室（见《城市轨道交通工程设计规范》DB11/995—2013）；

② 母婴室使用面积宜≥10.0m²，房间内应设置婴儿尿布台、洗手盆、座椅、插座等成品设施；

③ 母婴装修材料、母婴设施及卫生洁具应满足国家绿色环保相关规定要求（参照《民用建筑设计统一标准》GB 50352—2019 第6.6.6条）。

3.5　建筑无障碍设施设计

建筑物无障碍设计内容包括公共建筑和居住建筑。

公共建筑是城市建设的主要组成部分，其功能不仅要满足人们的物质需要，还要满足人们的精神需求。公共建筑无障碍设施的空间环境不仅是为了满足行动障碍者、视觉障碍者的需求，更体现出一个城市的文明程度。居住建筑是人们生活的主要场所，其无障碍设计和人们的生活质量息息相关。

建筑物设置无障碍设施的主要部位包括：无障碍出入口、轮椅坡道、无障碍通道及门、符合无障碍要求的楼梯及台阶、无障碍电梯、升降平台、扶手、轮椅席位、低位服务设施、无障碍厕所、无障碍浴室、无障碍客房、无障碍标识系统等。

3.5.1　无障碍出入口设计

无障碍出入口是在坡度、宽度、高度以及地面材质、扶手形式等方面方便行动障碍者通行的出入口。这种出入口不仅方便行动障碍者、视觉障碍者通行，同时也给其他人带来便利。相关设计要点如下：

（1）出入口平台

除平坡出入口外，无障碍出入口的门前应设置平台；在门完全开启的状态下，平台的净深度应≥1.50m；无障碍出入口的上方应设置雨篷（图3-3-12）。

（2）出入口大厅

① 所有的出入口（包括紧急出入口）都应便于行动障碍者通行；

② 公共建筑入口大厅处应设信息指示牌，显示建筑内部功能空间布局及无障碍设施位置（图3-3-13）；

③ 从入口大厅能看见建筑物内的电梯、自动扶梯和台阶等主要部分，并应有明显的引导标识，并需考虑如何更容易到达这些地方；

④ 在公共建筑物内，因为有不同类型的使用者，登记处、指示牌、标识、引导牌、轮椅停放、公用电话等不同功能的设施之间应该考虑关联性；

⑤ 入口大厅的地面应采用防滑材料，避免使用厚地毯。

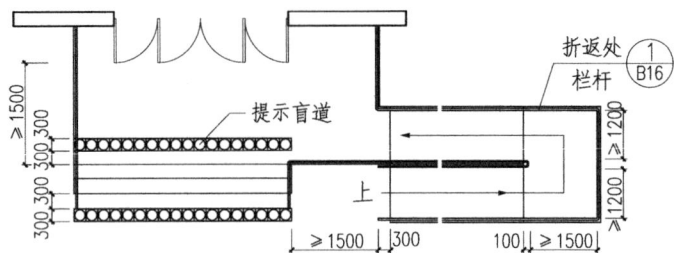

台阶与折返型双坡道入口平面

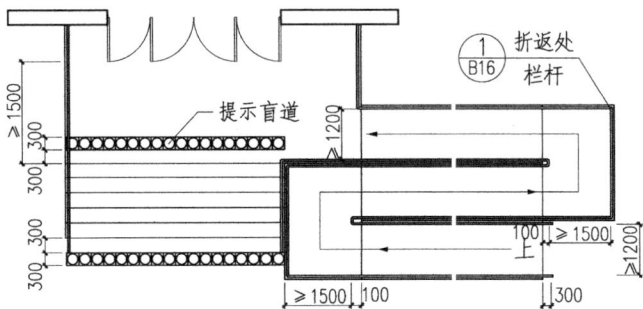

台阶与折返型三坡道入口平面

说明：

1. 公共建筑的室内外台阶踏步宽度不宜小于300mm，踏步高度不宜大于150mm，并不应小于100mm。踏步应防滑。

2. 3级及3级以上的台阶应在两侧设置扶手。

3. 台阶上行及下行的第一阶宜在颜色或材质上与其他阶有明显区别，或设置警示条。

4. 在门完全开启的状态下，建筑物无障碍出入口的平台的净深度不应小于1.50m。

5. 无障碍出入口的轮椅坡道净宽度不应小于1.20m。

图 3-3-12 台阶与轮椅坡道出入口无障碍设计

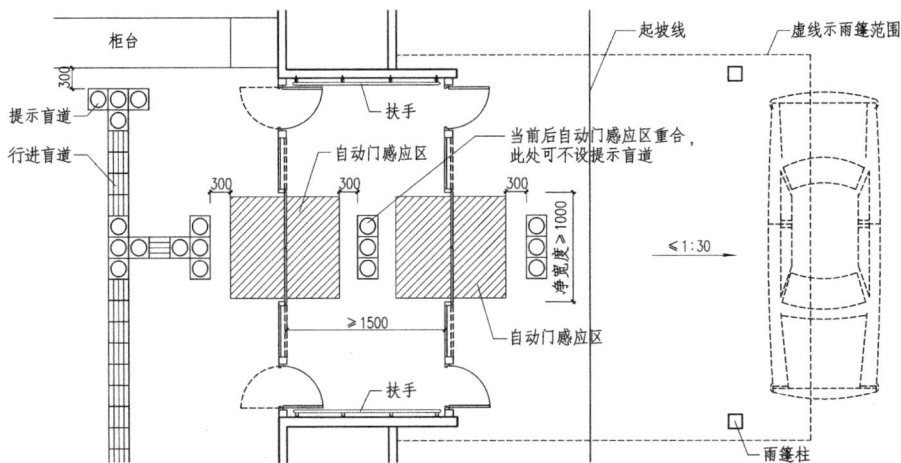

图 3-3-13 公共建筑无障碍入口示例

（3）坡度

依据《无障碍设计规范》GB 50763—2012第3.3.3—1条，平坡出入口的地面坡度应≤1∶20，当场地条件比较好时，宜≤1∶30；第8.1.3条，公共建筑的主要出入口宜设置坡度≤1∶30的平坡出入口。

（4）公共建筑入口平台（图3-3-14）

① 无障碍入口平台应有雨篷，并尽可能大些；经过入口不应通过台阶；有高差时应设坡道，并要保证其有效宽度；

② 要充分考虑人流和车行路线，以确保安全；

③ 设门斗时，两道门不宜同时开启，考虑轮椅行动特点，两门之间间距宜≥1500mm；

④ 最理想的门是自动推拉门，其次是手动推拉门，再次单扇平开门；

⑤ 自动门开启后通行净宽度应≥1.00m；

⑥ 地面材料应选用遇水不滑的防滑地面；

⑦ 为视觉障碍者设置的引导铃应装在大厅外侧正上方。

（5）建筑出入口滤水箅子

无障碍通道上有井盖、箅子时，其孔洞的宽度或直径应≤13mm，条状孔洞应垂直于通行方向。

3.5.2 无障碍通道、走廊设计

（1）平面

无障碍通道、走廊尽可能做成直交形式，如果走廊过长，应适当设置可休息

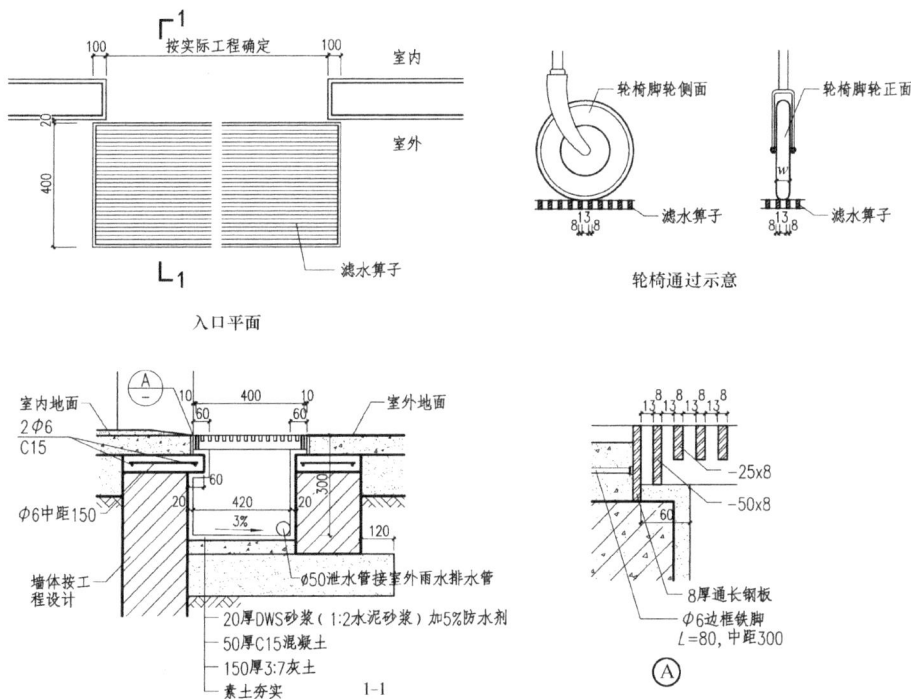

图 3-3-14　建筑出入口滤水箅子

的场所。走道转弯处的阳角应为弧形墙面或曲形曲面，不仅防止碰撞，还可方便轮椅拐弯（图 3-3-15～图 3-3-18）。

（2）地面

使用防滑材料，避免使用厚地毯。考虑视觉障碍者是靠盲杖、脚下的触感和反射声音行走的，要采用适宜的地面材料帮助其识别方位，便于找到目的地。

（3）扶手

行动障碍者经常通行的走廊需设置扶手，扶手应连续，在房间入口处的扶手处应设有盲文提示标识。

（4）护墙板

轮椅不易保持直行，为避免车轮及脚踏板碰到墙壁上，应设置保护板或高踢脚板等防护措施。

（5）色彩与照明

在门口与门框处加上有对比的色彩，能够明确表示出入口的位置。连续的照明可以起到引导线路的作用。

（6）室内无障碍通道、走廊

室内无障碍通道、走廊净宽应≥1200mm，人流较多或较集中的大型公共建筑的室内走道净宽应≥1800mm。

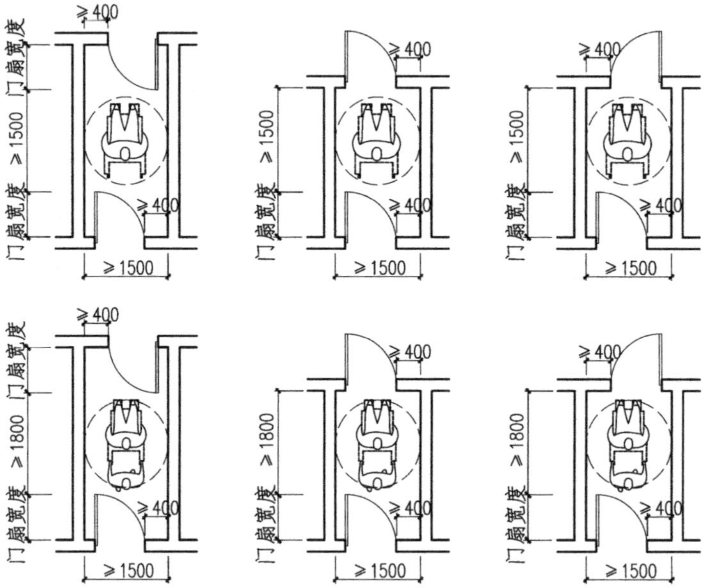

说明：
1. 依据《无障碍设计规范》GB 50763—2012第3.5.3条规定：
（1）在门扇内外应留有直径不小于1.5m的轮椅回转空间。
（2）在单扇平开门、推拉门、折叠门的把手一侧的墙面，应设宽度不小于400mm的墙面。
2. 居住建筑出入口大门应满足北京市地方标准《居住区无障碍设计规程》DB11/T 1222-2015
第6.1.4条" 双扇门应保证一侧门扇开启后的通行净宽度不应小于800mm" 的要求。

图 3-3-15 门厅与过厅

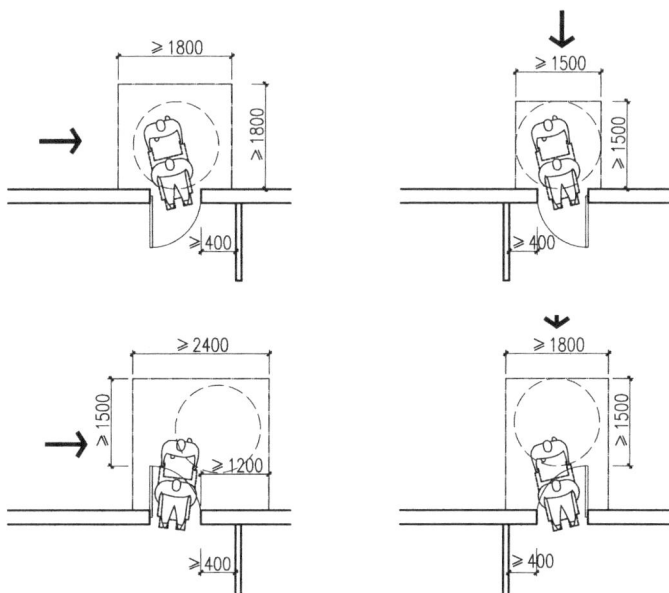

说明:

1. 箭头方向为轮椅使用者进入房间的方向;虚线表示适合轮椅使用者的房间入口空间范围。
2. 依据《无障碍设计规范》GB 50763-2012第3.5.3条规定:在门扇内外应留有直径不小于1.5m的轮椅回转空间;在单扇平开门、推拉门、折叠门的把手一侧的墙面,应设宽度不小于400mm的墙面。

图 3-3-16 房间入口空间范围

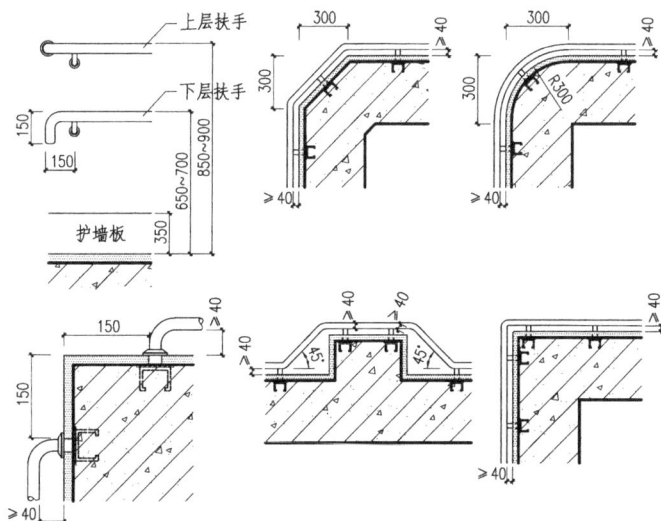

图 3-3-17 无障碍水平通道一

3.5.3 房门的无障碍设计

开启和关闭门扇对于行动障碍者及视觉障碍者是有困难的,容易发生碰撞的危险。不同类型的门适用于行动障碍者及视觉障碍者的顺序是:自动门＞推拉门＞折叠门＞平开门。不应采用力度大的弹簧门、旋转门;不宜采用弹簧门、玻

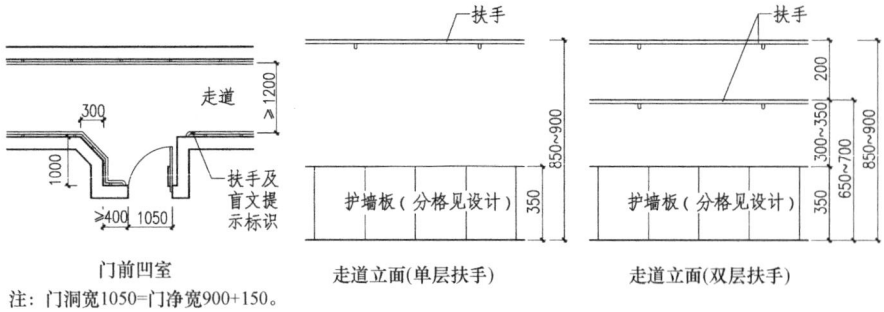

注：门洞宽1050=门净宽900+150。

图 3-3-18　无障碍水平通道二

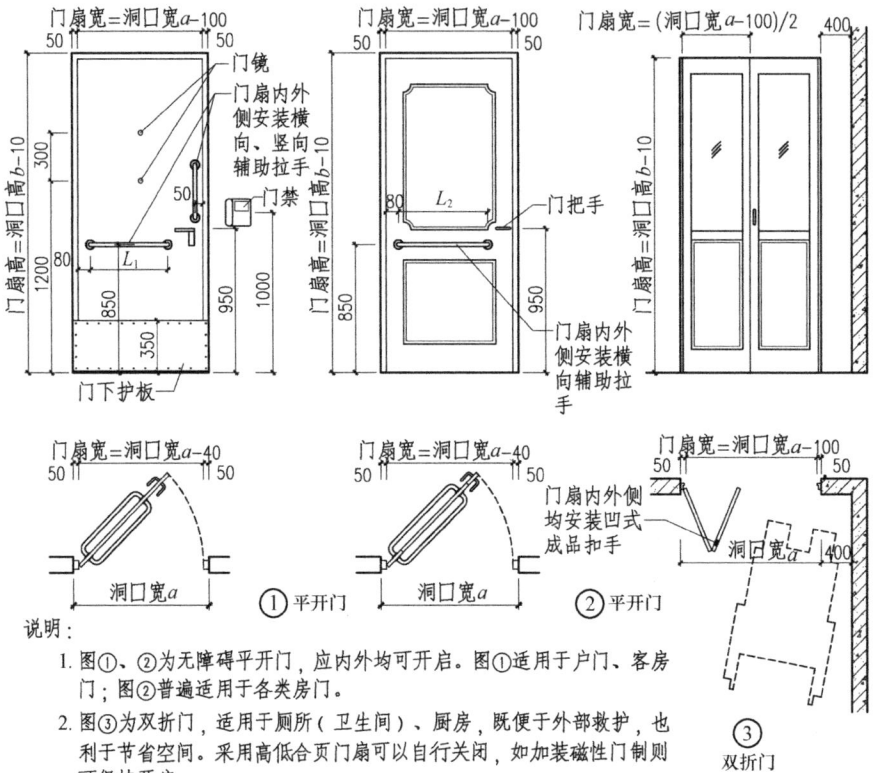

说明：

1. 图①、②为无障碍平开门，应内外均可开启。图①适用于户门、客房门；图②普遍适用于各类房门。
2. 图③为双折门，适用于厕所（卫生间）、厨房，既便于外部救护，也利于节省空间。采用高低合页门扇可以自行关闭，如加装磁性门制则可保持开启。
3. 本页厕所（卫生间）门、厨房门的材料和构造做法均按工程设计。
4. 多扇推拉门洞宽a及洞高b的具体尺寸按工程设计。
5. 拉手长度L_1、L_2的具体尺寸按门扇实际条件由设计人定。
6. 图①竖向辅助拉手利于行动障碍者使用。
7. 横向辅助拉手距门合页端80mm，便于轮椅使用者关门。

图 3-3-19　户门、厕所（卫生间）门、厨房门

璃门；当采用玻璃门时，应有醒目的提示标识。具体要求如下：

① 新建和扩建建筑的门开启后的通行净宽不应小于 900mm，既有建筑改造或改建的门开启后的通行净宽不应小于 800mm（图 3-3-19）；

② 平开门的门扇外侧和里侧均应设置执手，执手应保证单手握拳操作，操作部分距地面高度应为 0.85～1.00m；

③ 除防火门外，门开启所需的力度不应大于 25N；

④ 有条件时门把手应考虑轮椅使用者或儿童也可以利用的高度和形状；横向拉手高度为 750~1000mm，转式执手等其他形状的把手高度为 900~950mm。在门扇内外侧均安装辅助拉手，有利于轮椅使用者启闭；

⑤ 门下侧应设 350mm 高保护板（图 3-3-20~图 3-3-22）；

⑥ 满足无障碍要求的门不应设挡块和门槛，门口有高差时，高度应≤15mm，并应以斜面过渡，斜面的纵向坡度应≤1：10。

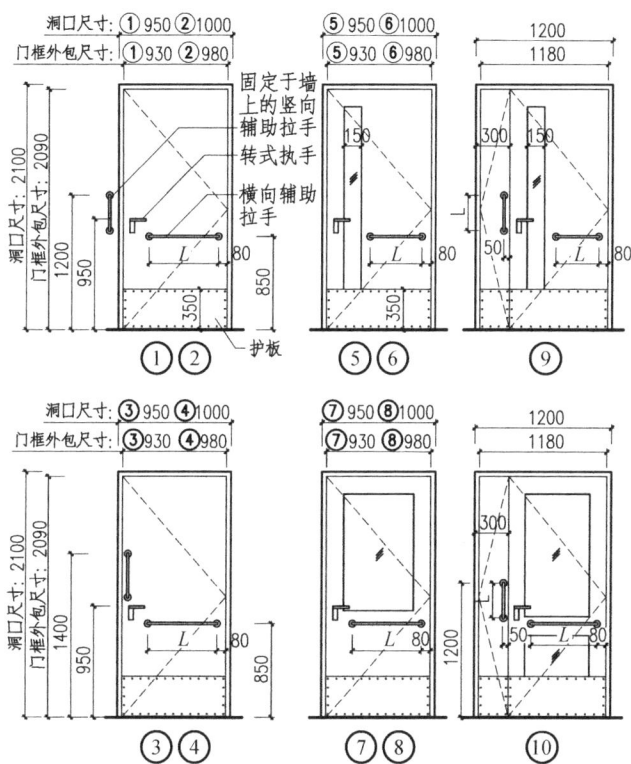

说明：
1. 平开门的材料构造做法均按工程设计。若平开门为金属板门，可不设门下护板。
2. 门洞宽小于1600mm的双扇门，单扇开启时净宽不小于800mm。
3. 本图所示门立面均为推开立面，横向、竖向辅助拉手设在门扇推开侧图示位置，其长度L的具体尺寸按门扇实际条件由设计人定。门执手一律选用成品长柄转式执手。

图 3-3-20　平开门拉手、辅助拉手、推板及护板

3.5.4　窗的无障碍设计

窗户对不能去外界活动的行动障碍者来说是了解外界情况的重要地方。窗户的设计原则是：启闭方便、容易操作、保证安全。

（1）窗台高度

窗台的高度宜<1000mm，高层建筑物需要装防护栏杆和扶手。如果是落地式玻璃窗，有可能看不清玻璃，则需要采取安全防护措施。

（2）窗户执手高度

对于轮椅使用者，窗户执手距地高度宜为 1300mm。手动开关窗户操作所需的力度不应大于 25N。

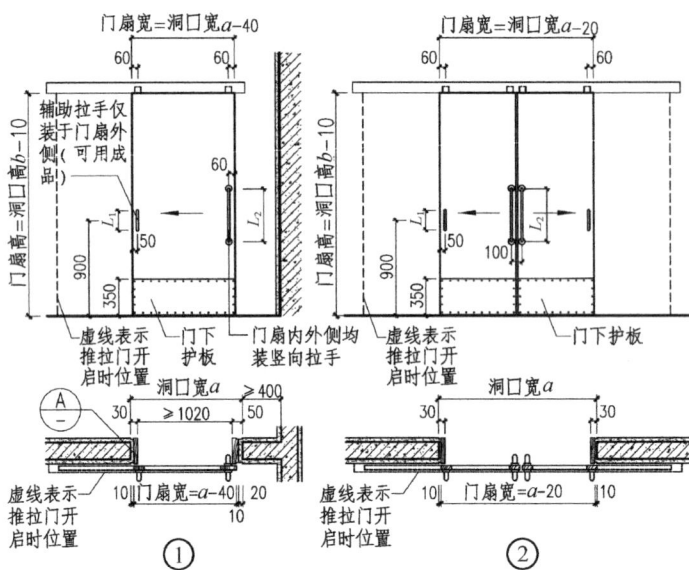

图 3-3-21　推拉门拉手、辅助拉手及护板

说明:

1. 本图为推拉门,其材料和构造做法均按工程设计。若推拉门为金属板门,可不设门下护板。

2. 多扇推拉门洞宽 a 及洞高 b 的具体尺寸按工程设计。

3. 拉手长度 L_1、L_2 的具体尺寸按门扇实际条件由设计人定。尽量采用吊轨,不设地轨,门下部地面做平。

4. 本图所示均为明装推拉门,各种暗装推拉门也可参照此图确定拉手位置。

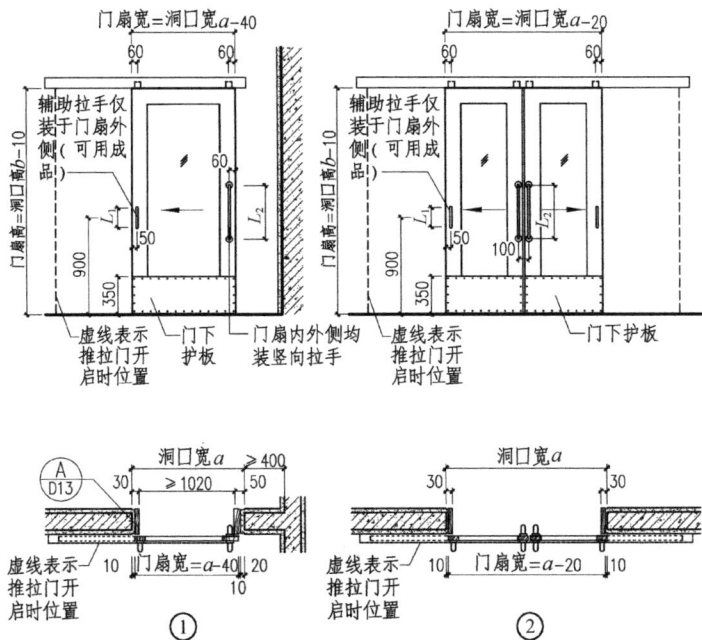

图 3-3-22　玻璃推拉门拉手、辅助拉手及护板

3.5.5 垂直升降平台设计

《无障碍设计规范》GB 50763—2012 第 3.7.3 条强制性要求：垂直升降平台的基坑应采用防止误入的安全防护措施；垂直升降平台的传送装置应有可靠的安全防护装置。

垂直升降平台仅用于建筑入口、大厅、通道等地面高差处，只适用于场地有限的改造工程。垂直升降平台的深度应≥1.20m，宽度应≥0.90m，应设扶手、挡板及呼叫控制按钮。垂直式升降平台为定型产品，具体安装设计需由厂家提供专项资料。

3.5.6 符合无障碍要求的楼梯设计要点

楼梯是比较容易使通行者受到伤害的地方，因此提供符合无障碍要求的楼梯应特别重视安全问题。

楼梯的梯段应采用有休息平台的直行方式，并在起步和终步前的 250～300mm 处设置提示盲道。

梯段尽可能平缓，同一楼梯所有踏步宽度及踏步高度应一致。宜采用表 3-3-6 中粗线以下的数据。公共建筑楼梯的踏步宽度应≥280mm，踏步高度应≤160mm。

公共建筑梯段宽度宜≥1500mm，居住建筑梯段宽度宜≥1200mm。

每个梯段的踏步数不应少于 3 步或多于 18 步。

踏步形状应无直角突缘，踢踏面完整。不可用有直角突缘或无踢面踏步。

梯段临空一侧的踏步尽端应有立缘、踢脚板或栏板等安全挡台（图 3-3-23）。

踏面应平整防滑或在踏面前缘设防滑条，防滑条向上突出不得超过 2mm。如在踏步上铺设地毯，应紧贴踏步表面，并安装牢固。

踏步为 3 级及 3 级以上的梯段两侧均应设扶手（图 3-3-24、图 3-3-25）。扶手应安装坚固，形状易于抓握。圆形扶手的直径应为 35～50mm，矩形扶手的截面尺寸应为 35～50mm。每个扶手埋件的承载力应≥0.8kN。

公共楼梯可设上下双层扶手，上扶手距地 900mm，下扶手距地 650～700mm；水平栏杆处，上扶手距地 1050mm，下扶手距地 800～850mm。

扶手应保持连贯，靠墙面的扶手的起点和终点处应水平延伸长度应≥300mm。

扶手末端应向内拐到墙面或向下延伸≥100mm，栏杆式扶手应向下成弧形或延伸到地面上固定。

扶手内侧与墙面的距离应≥40mm。

扶手的材质宜选用防滑、热惰性指标好的材料。

应在每一层楼的楼梯扶手端部设置楼层的盲文提示标识。

楼梯栏杆顶部的水平荷载要求详见《建筑结构荷载规范》GB 50009—2012 第 5.5.2 条。

便于弱视者通行的楼梯应用明暗或色彩反差区别踏面和踢面，并改善局部照明，减少梯段处的阴影，提高安全度。楼梯上行及下行的第一阶宜在颜色或材质上与平台有明显区别，或在台阶面上设置警示条。

符合无障碍要求的楼梯踏步数值选用表

表 3-3-6

层高 s / 数值 / 每层步数 n	2700	2800	2900	3000	3100	3200	3300	3400	3500	3600	3900	4200
17	r=159 t=300 θ=27°54'											
18	r=150 t=300 θ=26°34' t=320 θ=25°07'	r=156 t=300 θ=27°24' t=320 θ=24°44'										
19		r=147 t=300 θ=26°10' t=320 θ=24°44'	r=153 t=300 θ=26°58' t=320 θ=25°30'	r=158 t=300 θ=27°46'								
20			r=145 t=300 θ=25°79' t=320 θ=24°23'	r=150 t=300 θ=26°34' t=320 θ=25°07'	r=155 t=300 θ=27°19' t=320 θ=25°51'	r=160 t=280 θ=29°45' t=300 θ=28°04'						
21				r=143 t=300 θ=25°48' t=320 θ=24°03'	r=148 t=300 θ=26°25' t=320 θ=24°46'	r=152 t=300 θ=26°56' t=320 θ=25°28'	r=157 t=300 θ=27°39'					
22					r=141 t=320 θ=23°46'	r=145 t=320 θ=24°27'	r=150 t=300 θ=26°34' t=320 θ=25°07'	r=155 t=300 θ=27°15' t=320 θ=25°47'				
23							r=143 t=320 θ=24°09'	r=148 t=300 θ=26°25' t=320 θ=24°48'	r=152 t=300 θ=26°54' t=320 θ=25°26'	r=157 t=300 θ=27°33'		
24								r=142 t=320 θ=23°53'	r=146 t=320 θ=24°30'	r=150 t=300 θ=26°34' t=320 θ=25°07'		
25										r=144 t=320 θ=24°14'	r=156 t=280 θ=29°12' t=300 θ=27°28'	
26											r=150 t=300 θ=26°34' t=320 θ=25°07'	r=160 t=280 θ=29°59' t=300 θ=28°18'
27											r=144 t=320 θ=24°18'	r=155 t=300 θ=27°24'
28												r=150 t=300 θ=26°34' t=320 θ=25°07'
29												r=145 t=300 θ=25°79' t=320 θ=24°21'
30												r=140 t=320 θ=23°38'

说明：本表所列数值适用于供成年拄杖者和视力残疾者通行的安全疏散楼梯设计。

表中：1. s—层高（mm），n—每层踏步数，r—每层踏步高度（mm），t—一踏步宽度（mm），θ—梯段坡度角；供设计时选用；
2. 设计人选用楼梯踏步数值时同时应注意符合其他有关建筑设计规范的要求；
3. 建议踏步尺寸为150×300（高×宽，单位 mm），按表中粗线以下数值为宜；
4. 本表不适用于户内楼梯。

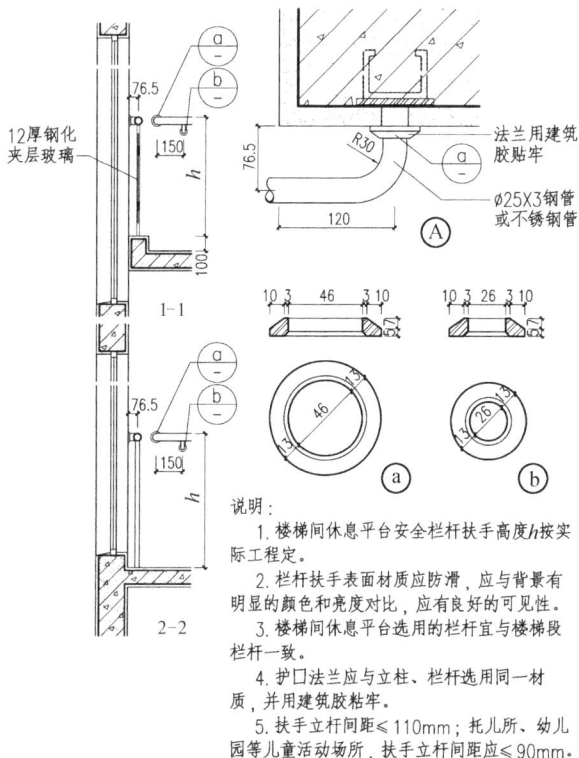

12厚钢化夹层玻璃

法兰用建筑胶贴牢

Ø25X3钢管或不锈钢管

说明:

1. 楼梯间休息平台安全栏杆扶手高度 *h* 按实际工程定。

2. 栏杆扶手表面材质应防滑,应与背景有明显的颜色和亮度对比,应有良好的可见性。

3. 楼梯间休息平台选用的栏杆宜与楼梯段栏杆一致。

4. 护口法兰应与立柱、栏杆选用同一材质,并用建筑胶粘牢。

5. 扶手立杆间距≤110mm;托儿所、幼儿园等儿童活动场所,扶手立杆间距应≤90mm。

图 3-3-23 楼梯间休息平台安全栏杆

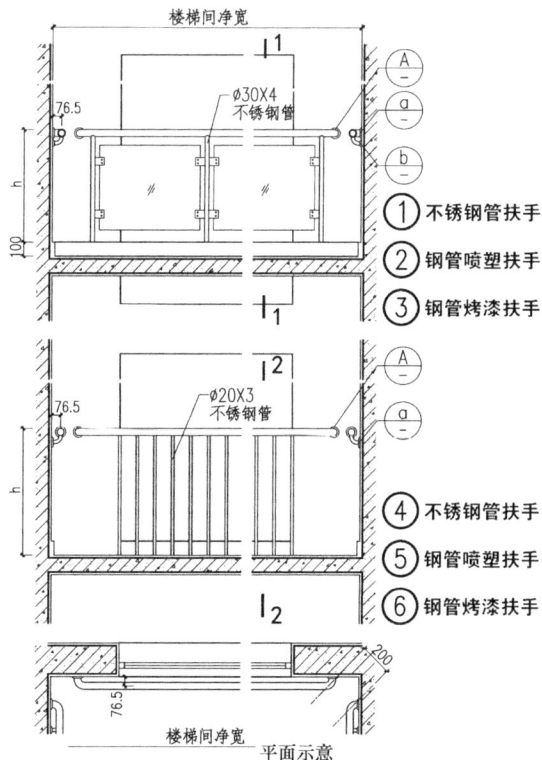

Ø30X4 不锈钢管

① 不锈钢管扶手
② 钢管喷塑扶手
③ 钢管烤漆扶手

Ø20X3 不锈钢管

④ 不锈钢管扶手
⑤ 钢管喷塑扶手
⑥ 钢管烤漆扶手

楼梯间净宽

平面示意

图 3-3-24 楼梯间栏杆扶手

293

3.5.7 无障碍电梯设计要求

无障碍电梯是指可供行动障碍者及视觉障碍者自行操作的电梯。设计人应按具体使用者的需要确定相应的设施与措施，对电梯及其井道等选用由工程设计确定（图 3-3-26、图 3-3-27）。

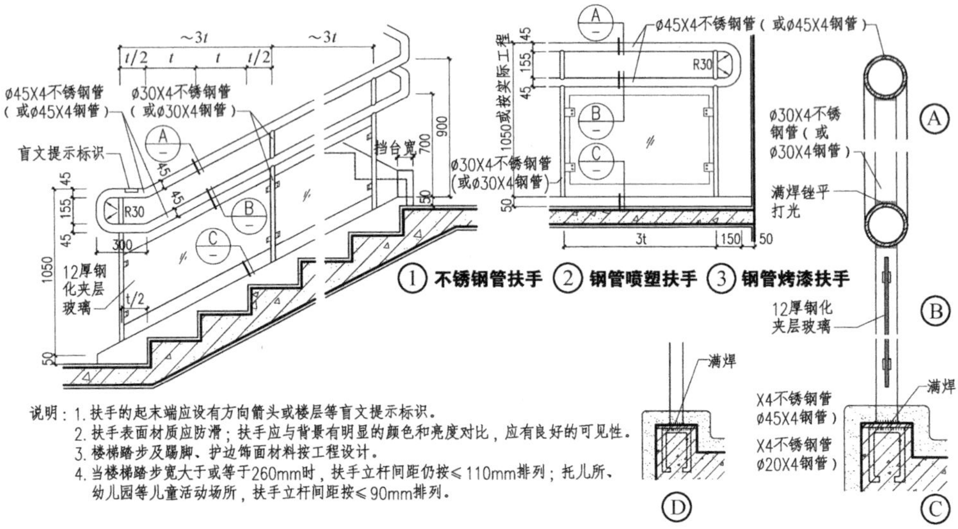
ø45X4不锈钢管（或ø45X4钢管）
ø30X4不锈钢管（或ø30X4钢管）
盲文提示标识
12厚钢化夹层玻璃
挡台宽
1050或按实际工程
满焊锉平打光
满焊
① 不锈钢管扶手 ② 钢管喷塑扶手 ③ 钢管烤漆扶手
说明：1. 扶手的起末端应设有方向箭头或楼层等盲文提示标识。
2. 扶手表面材质应防滑；扶手应与背景有明显的颜色和亮度对比，应有良好的可见性。
3. 楼梯踏步及踢脚、护边饰面材料按工程设计。
4. 当楼梯踏步宽大于或等于260mm时，扶手立杆间距仍按≤110mm排列；托儿所、幼儿园等儿童活动场所，扶手立杆间距按≤90mm排列。

图 3-3-25 楼梯栏杆扶手

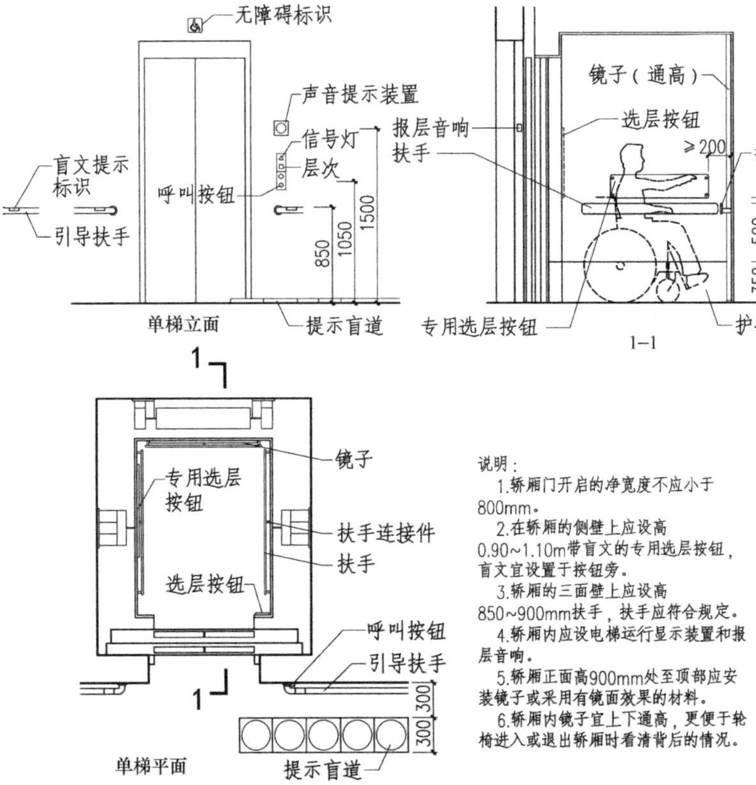
无障碍标识
声音提示装置
信号灯
层次
呼叫按钮
盲文提示标识
引导扶手
单梯立面
提示盲道
镜子（通高）
选层按钮
报层音响
扶手
专用选层按钮
护壁板
1-1
镜子
专用选层按钮
扶手连接件
选层按钮
单梯平面
说明：
1.轿厢门开启的净宽度不应小于800mm。
2.在轿厢的侧壁上应设高0.90~1.10m带盲文的专用选层按钮，盲文宜设置于按钮旁。
3.轿厢的三面壁上应设高850~900mm扶手，扶手应符合规定。
4.轿厢内应设电梯运行显示装置和报层音响。
5.轿厢正面高900mm处至顶部应安装镜子或采用有镜面效果的材料。
6.轿厢内镜子宜上下通高，更便于轮椅进入或退出轿厢时看清背后的情况。

图 3-3-26 无障碍电梯设施示例

电梯轿厢
视觉障碍者及普通乘客可使用的操作面板
轿厢内的显示装置
轿厢内的声音提示装置

镜子（通高）
轮椅使用者可用的低位操作面板（专用选层按钮）
扶手

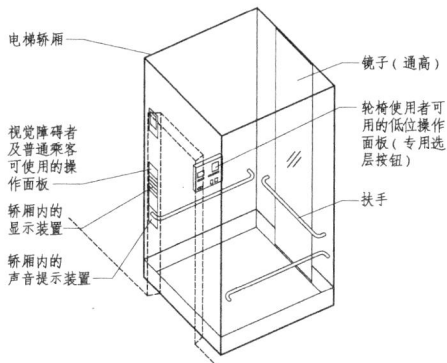

无障碍电梯轿厢内部示意图

无障碍标识
运行状态信息（上下行运行方向、层数）
声音提示装置
通用型操作面板
呼叫按钮
盲文提示标识

出口信息，所到楼层信息
盲文提示标识
提示盲道

通行净宽度
电梯门洞净宽度
候梯厅深度
候梯厅宽度≥1800

无障碍候梯厅示意图

无障碍电梯类别与规格

名称	电梯轿厢尺寸		电梯门尺寸		备注
	深	宽	净宽	净高	
住宅电梯	1400	1100	800	2100	可进轮椅
	1500	1600	1100	2400	可进担架床
乘客电梯	1400	1350	800	2100	可进轮椅和医护人员
	1400	1600	1100	2100	可进轮椅
	1400	1950	1100	2100	可进2组轮椅
医用电梯	2400	1400	1300	2100	可进移动病床
	2700	1800	1300	2100	（用于医疗建筑）

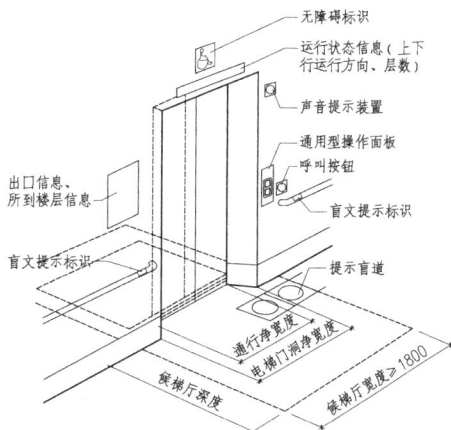

说明：
1. 居住建筑候梯厅深度不应小于1.50m，公共建筑及设置病床梯的候梯厅深度不应小于1.80m，且满足《民用建筑设计统一标准》GB 50352—2019表6.9.1"候梯厅深度"的规定。
2. 电梯门应为水平滑动式门。
3. 新建和扩建建筑的电梯门开启后的通行净宽不应小于900mm，既有建筑改造或改建的电梯门开启后的通行净宽不应小于800mm。
4. 电梯门完全开启时间应保持不小于3s。

图 3-3-27　无障碍电梯轴测示意图

电梯应设于入口大厅附近易于到达之处，并在明显位置挂设无障碍标识。

电梯轿厢内应设内线电话和报警灯，以便发生故障时立即和控制室取得联系。

电梯门应有可调节时间的开关，使有人出入电梯关门时不夹人，其计算公式如下：

$$T = \frac{D}{450\text{mm/s}}, \qquad T \geqslant 5\text{s}$$

式中：T——总时间（s）；

D——距离（mm），按电梯厅中线与呼叫按钮中线交点至最远电梯门中线之间的距离计算，如图 3-3-28 所示。

在呼叫按钮附近还应有信号灯和音响信号，以显示回应信号（灯光及音响），被呼叫的电梯停稳后，电梯门完全开启时间应保持不小于 3 秒。

设置无障碍顺利出入的平层装置，其最大误差为 13mm，以便在地面和轿厢平台有高差时，自动调整轿厢位置。轿厢平台和梯井门口牛腿之间净空不大于 32mm。

为方便手部动作不方便者，应使按钮启动方便，按钮内应设灯光或音响装置，以便得知动作是否实现。

沿轿厢内墙面安装扶手，以保持身体在操纵按钮和电梯升降时的平衡。

为乘轮椅者使用的电梯设置应符

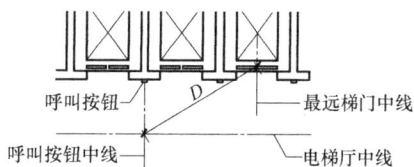

呼叫按钮
最远梯门中线
呼叫按钮中线
电梯厅中线

图 3-3-28　无障碍电梯可调节时间计算图示

合以下规定：

①　电梯门前应设直径≥1.50m 的轮椅回转空间，公共建筑的候梯厅深度应≥1.80m；

②　呼叫按钮的中心距地面高度应为 0.85～1.10m，且距内转角处侧墙距离应≥400mm；

③　应增加设置专用选层按钮，中心高度 0.90～1.10m。专用选层按钮装在轿厢两侧，靠近内侧位置，四周装有防护框或做成嵌入式，以免轿厢人多时，顾客无意中触动按钮；

④　电梯门洞的净宽度宜≥900mm；

⑤　为轮椅出入方便，轿厢门开启后的净宽应≥800mm；

⑥　轿厢的三面壁上应设高 850～900mm 的扶手；轿厢内四壁距地 350mm 以下，设置防止轮椅碰撞的金属护壁板；

⑦　轿厢正面高 900mm 处至顶部应安装镜子或采用有镜面效果的材料，以便轮椅进入或退出轿厢时，能看清背后的情况；

⑧　轿厢的规格应依据建筑性质和使用要求的不同而选用。最小规格为深度应≥1.40m，宽度应≥1.10m；中型规格为深度应≥1.50m，宽度应≥1.60m；医疗建筑与老人建筑宜选用病床专用电梯。

为视觉障碍者使用的电梯设置应符合以下规定：

①　电梯出入口处宜设置提示盲道；

②　呼叫按钮应设置盲文标识，同时在呼叫按钮前应设置提示盲道，并避开电梯门，以免视觉障碍者和走出电梯的人相撞；

③　候梯厅应设电梯运行显示装置和抵达音响，电梯轿厢内应安装语音报层音响装置；

④　在轿厢的侧壁上应设高 0.90～1.10m 的带盲文的专用选层按钮，盲文宜设置于按钮旁；专用选层按钮标识可采用普通文字中的阿拉伯数字（等线体）和图形符号，但其线型应自底面突出或凹入；不具备上述条件时应在按钮左侧设置盲文（供全盲及低视力者使用）；

⑤　内线电话宜为对讲式（供全盲及低视力者使用）；

⑥　信号灯及动态显示盘中的上、下行箭头及阿拉伯数字的尺寸尽可能加大（供低视力者使用）。

3.5.8　轮椅席位的设置要求

轮椅席位的设置应符合以下规定（图 3-3-29）：

①　轮椅席位应设在便于到达疏散口及通道的附近，不得设在公共通道范围内；

②　在轮椅席位上观看演出和比赛的视线不应受到遮挡，但也不应遮挡他人的视线；

③　在轮椅席位旁或在邻近的观众席内宜设置 1∶1 的陪护席位；

④　轮椅席位处地面上应设置无障碍标识。

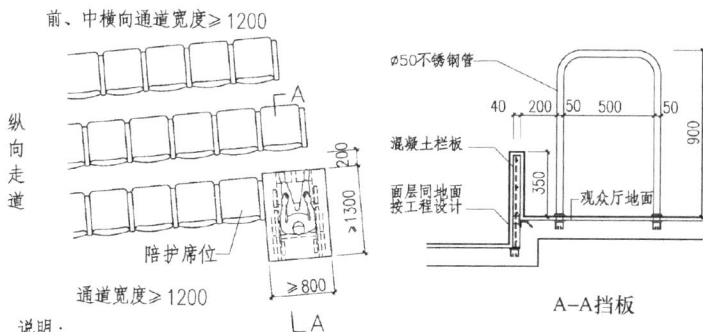

说明:
1. 轮椅席在无需要时，可临时安放座椅供普通观众使用；
2. 观众厅内通往轮椅席位的通道宽度 ≥1.20m；
3. 轮椅席位的地面应平整、防滑，在边缘处宜安装栏杆或栏板；
4. 每个轮椅席位的净尺寸深度 ≥1.30m，宽度 ≥800mm；
5. 观众席为100座及以下时应至少设置1个轮椅席位。101~400座时应至少设置2个轮椅席位。400座以上时，每增加200个座位应至少增设1个轮椅席位；
6. 在轮椅席位旁或邻近的坐席处应设置1:1的陪护席位；
7. 轮椅席位的地面坡度不应大于1:50。

图 3-3-29　观众厅轮椅席示例

3.6　无障碍厕所、浴室设计

本部分适用于新建、改建、扩建建筑工程内的无障碍厕所、浴室。内容包括：公共卫生间（厕所）内的无障碍厕位、无障碍卫生间及无障碍浴室设施的布置及相关设计要求（表 3-3-7、图 3-3-30～图 3-3-33）。

多功能无障碍厕所适用人群分类图例及配置要求　　　　表 3-3-7

设计及选材配置要点 ＼ 适用人群	轮椅使用者	护理台使用者	高龄老人和拐杖使用者	孕妇	造瘘者	携幼子同行者	儿童
空间设计要求	• 轮椅可以回转 • 不限制移动的方向	—	• 老年步行车及其他助行辅助器具可以进入	—	—	• 婴儿车可进入	—
所需部品	• 坐便器 • L形抓杆 • 翻折式抓杆	• 可折叠护理台	• 坐便器 • 抓杆	• 坐便器 • 抓杆	• 人工膀胱及人工肛门清洗器	• 婴儿护理台 • 婴儿座椅 • 儿童更衣踏板	• 适合孩子体格的卫生器具

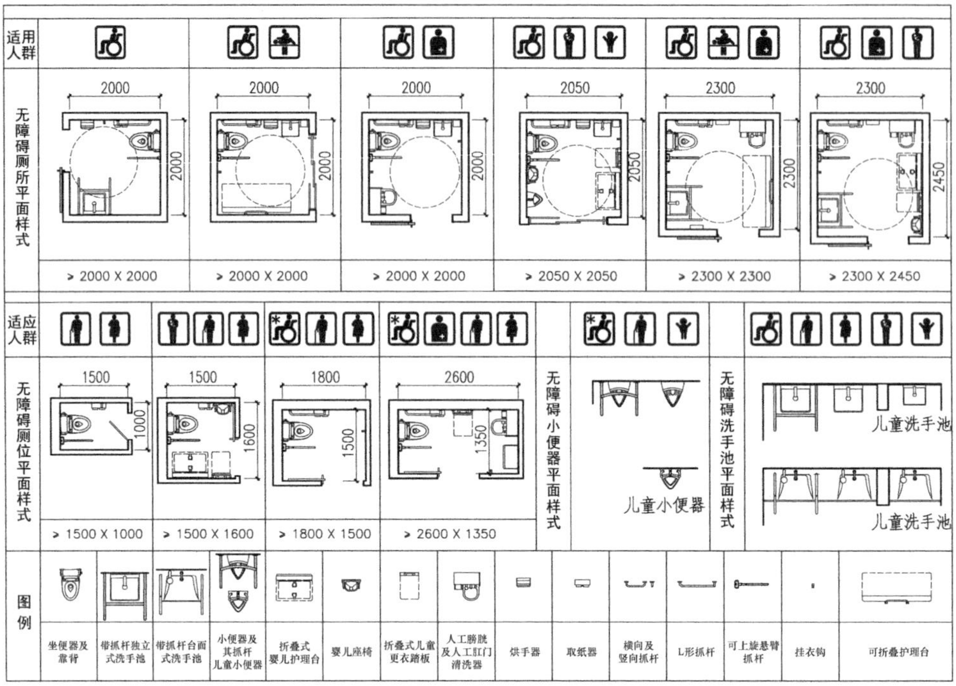

注: ⚿ 表示能达到轮椅使用者的部分要求，但会有一些不方便。

图 3-3-30　多功能无障碍厕所设计平面

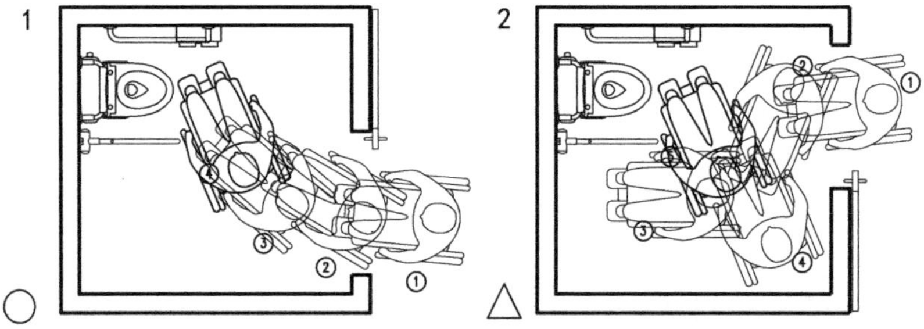

说明: 1.坐便器与门呈对角布局，轮椅使用者能较为方便按所需角度接近坐便器。

2.坐便器正对门布局，轮椅使用者需要多次调整轮椅角度才能到达坐便器前，较为不便。

图例: ○ 推荐采用; △ 特殊情况可以采用

图 3-3-31　门的位置与轮椅使用者接近坐便器时的动作关系示意

3.6.1　无障碍厕所设计

满足无障碍要求的公共卫生间（厕所）应符合下列规定（图 3-3-34）：

① 女卫生间（厕所）应设置无障碍厕位和无障碍洗手/面盆，男卫生间（厕所）应设置无障碍厕位、无障碍小便器和无障碍洗手/面盆；

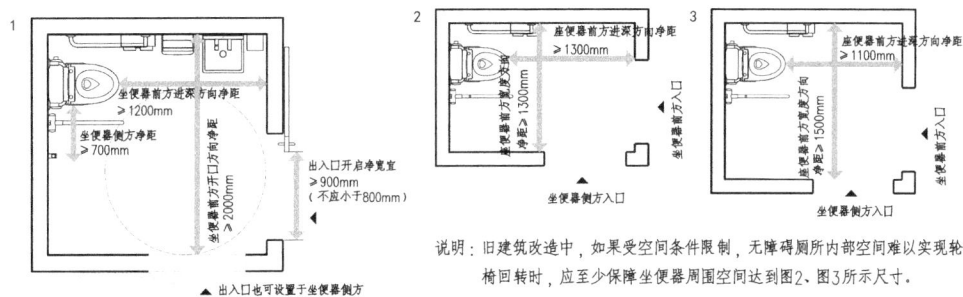

图 3-3-32 适宜轮椅使用者的无障碍厕所空间尺寸要求

说明：旧建筑改造中，如果受空间条件限制，无障碍厕所内部空间难以实现轮椅回转时，应至少保障坐便器周围空间达到图2、图3所示尺寸。

说明：无障碍厕所抓杆等安装位置应方便使用，设计时应以坐便器坐面高度和坐便器前端为基准。

无障碍坐便器附属构件尺寸要求

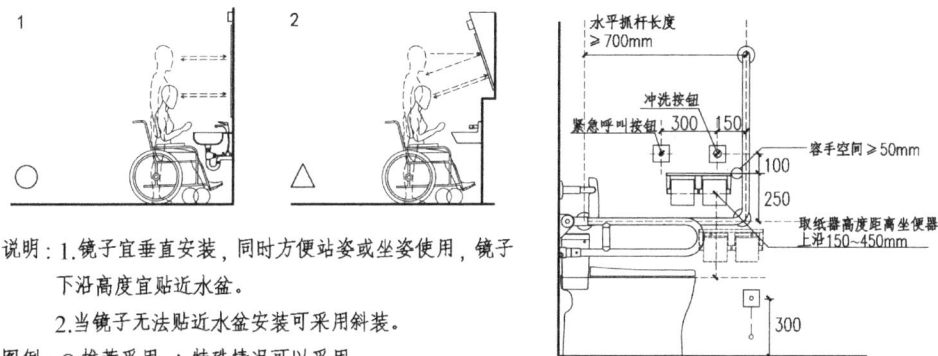

说明：1.镜子宜垂直安装，同时方便站姿或坐姿使用，镜子下沿高度宜贴近水盆。

2.当镜子无法贴近水盆安装可采用斜装。

图例：○推荐采用；△特殊情况可以采用

镜子设置推荐方案

图 3-3-33 无障碍厕所使用情景示意

② 内部应设直径≥1.50m 的轮椅回转空间。

无障碍厕位应符合下列规定：

① 应方便乘轮椅者到达和进出，尺寸应≥1.80m×1.50m；

② 应设置无障碍坐便器；

③ 如采用向内开启的平开门，应在开启后厕位内留有直径≥1.50m 的轮椅回转空间，并应采用门外可紧急开启的门闩。

无障碍厕所应符合下列规定（图 3-3-35～图 3-3-37）：

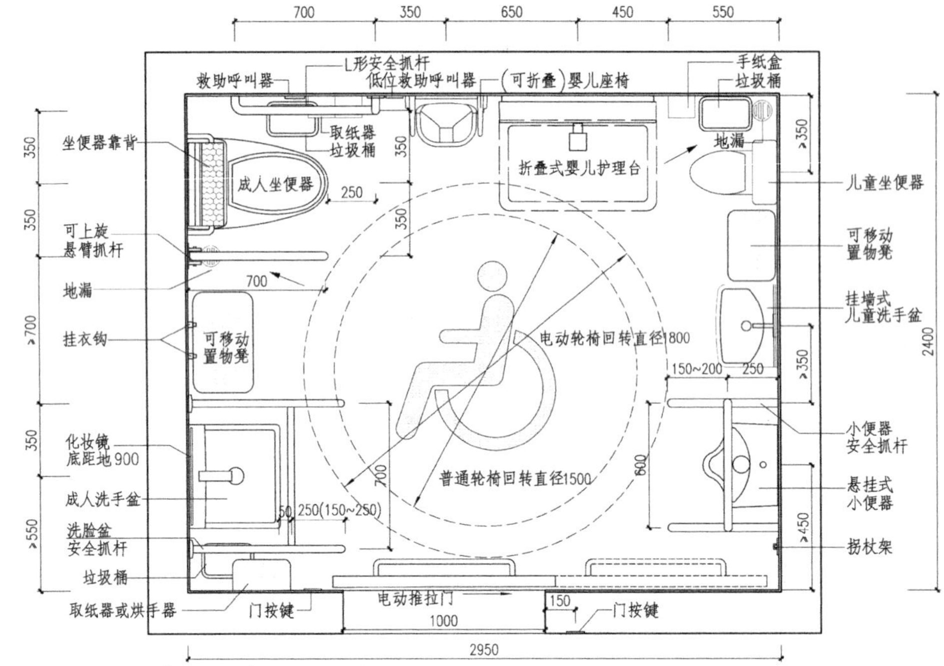
700
350
650
450
550
救助呼叫器
L形安全抓杆
低位救助呼叫器
(可折叠)婴儿座椅
手纸盒
垃圾桶
坐便器靠背
取纸器
垃圾桶
成人坐便器
折叠式婴儿护理台
地漏
儿童坐便器
可上旋
悬臂抓杆
可移动
置物凳
地漏
挂衣钩
可移动
置物凳
挂墙式
儿童洗手盆
电动轮椅回转直径1800
普通轮椅回转直径1500
化妆镜
底距地900
小便器
安全抓杆
成人洗手盆
悬挂式
小便器
洗脸盆
安全抓杆
拐杖架
垃圾桶
取纸器或烘手器
门按键
电动推拉门
门按键
1000
150
2950
2400
150~200
250
50 250(150~250)

说明：适用于多种人群(老幼病残孕)使用的综合多功能卫生间。

图 3-3-34　无障碍厕所平面示例

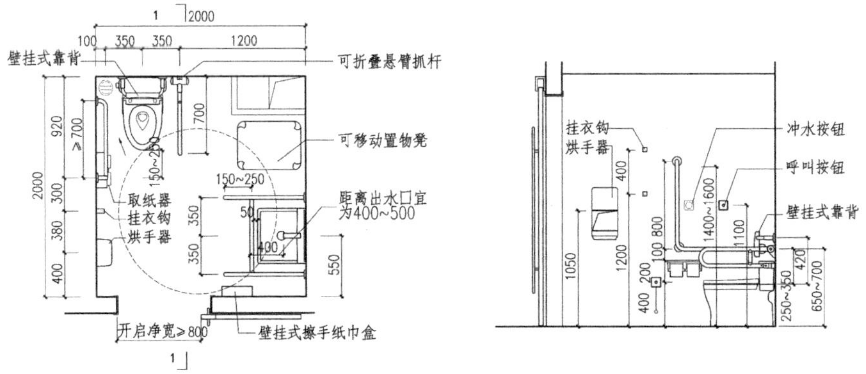
2000
100 350 350 1200
壁挂式靠背
可折叠悬臂抓杆
可移动置物凳
150~250
取纸器
挂衣钩
烘手器
距离出水口宜
为400~500
开启净宽≥800
壁挂式擦手纸巾盒
挂衣钩
烘手器
冲水按钮
呼叫按钮
壁挂式靠背
1400~1600
650~700
250~350

平面图　　　　1-1剖面

图 3-3-35　无障碍厕所（典型）

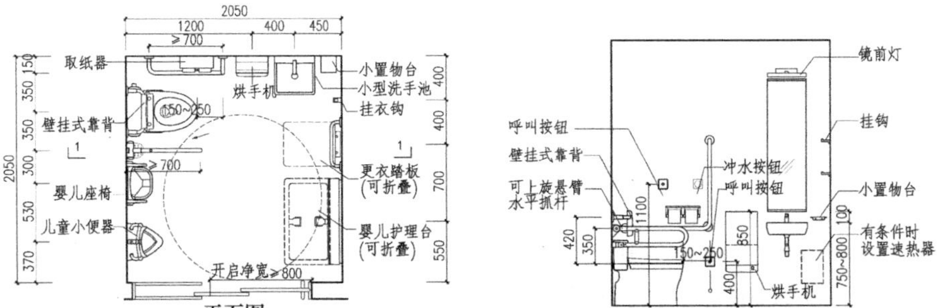
2050
1200 400 450
≥700
取纸器
小置物台
烘手机
小型洗手池
挂衣钩
壁挂式靠背
150~250
≥700
更衣踏板
(可折叠)
婴儿座椅
儿童小便器
婴儿护理台
(可折叠)
开启净宽≥800
镜前灯
挂钩
呼叫按钮
壁挂式靠背
冲水按钮
可上旋悬臂
水平抓杆
呼叫按钮
小置物台
有条件时
设置速热器
烘手机
750~800

平面图　　　　1-1剖面

说明：手纸盒突出墙面距离一般为100，所以当水平抓杆突出墙面≥120时，手纸盒可设置于水平扶手之上。

图 3-3-36　无障碍厕所（母婴）

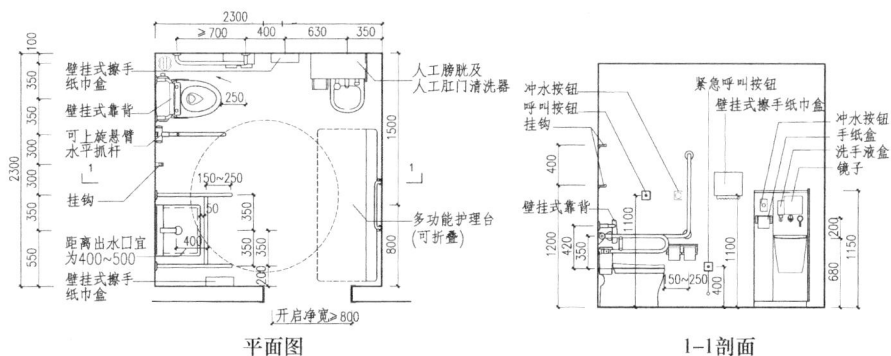

图 3-3-37　无障碍厕所（身体残障）

① 无障碍厕所应根据建筑功能所涉及的人群选择适合的多功能卫生间布局；

② 无障碍厕所位置应靠近公共卫生间，面积应≥4.00m²，内部应设有直径≥1.50m 的轮椅回转空间；

③ 内部应设置无障碍坐便器、无障碍洗手/面盆、多功能台、低位挂衣钩和救助呼叫装置；

④ 厕所门应采用水平滑动式门或向外开启的平开门。

3.6.2　无障碍浴室设计

满足无障碍要求的公共浴室应符合下列规定（图 3-3-38）：

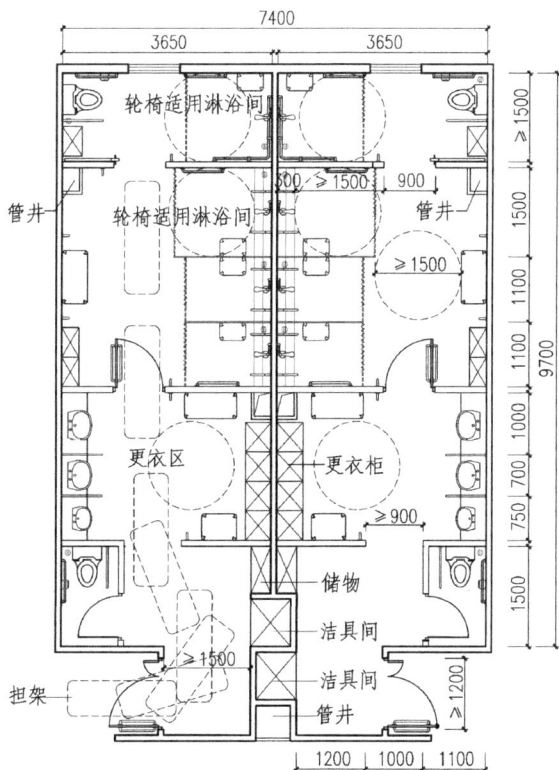

图 3-3-38　公共浴室平面示例

① 公共浴室应设置至少 1 个无障碍淋浴间或盆浴间，以及 1 个无障碍洗手/面盆；

② 无障碍淋浴间的短边宽度应≥1.50m，淋浴间前应设一块≥1500mm×800mm 的净空间，和淋浴间入口平行的一边的长度应≥1.50m；

③ 淋浴间入口应采用活动门帘。

无障碍更衣室应符合下列规定：

① 乘轮椅者使用的储物柜前应设直径≥1.50m 的轮椅回转空间；

② 更衣室长椅的高度应为 400~450mm。

无障碍淋浴间应符合下列规定（图 3-3-39）：

① 内部空间应方便乘轮椅者进出和使用；

② 淋浴间前应设便于乘轮椅者通行的净空间；

③ 浴间坐台应安装牢固，高度应为 400~450mm，深度应为 400~500mm，宽度应为 500~550mm；

④ 应设置 L 形安全抓杆，其水平部分距地面高度应为 700~750mm，长度应≥700mm，其垂直部分应设置在坐台前端，顶部距地面高度应为 1.40~1.60m；

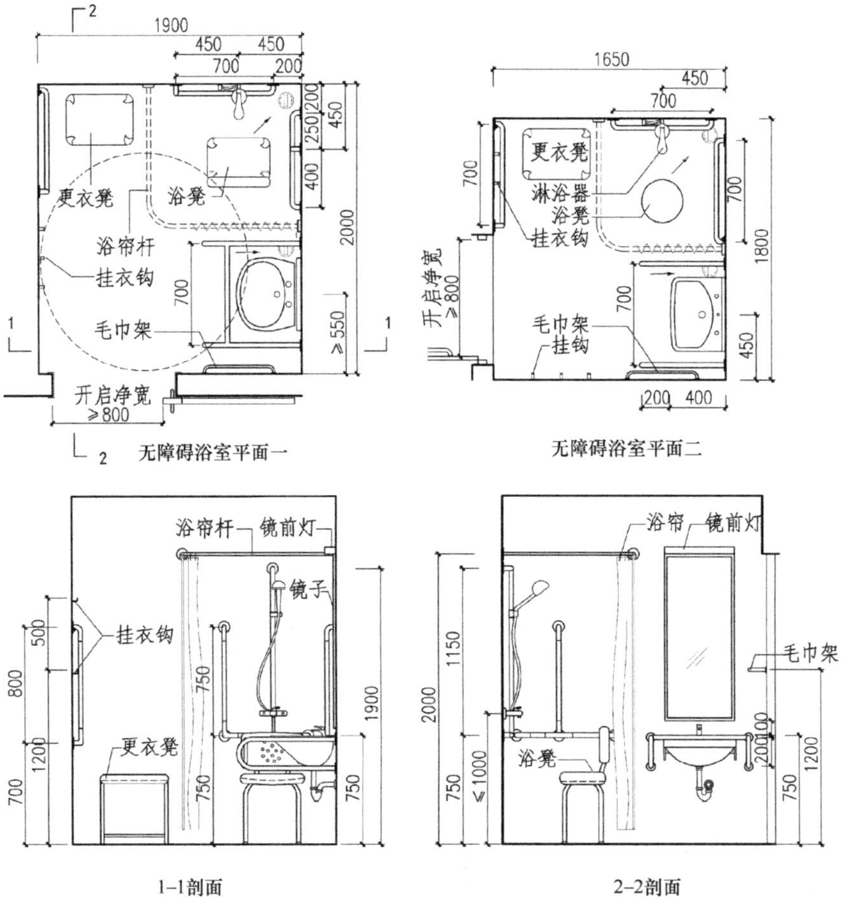

图 3-3-39　无障碍淋浴间

⑤ 淋浴控制开关的高度距地面高度应≤1.00m；应设置有一个手持的喷头，其支架高度距地面高度应≤1.20m，淋浴软管长度应≥1.50m。

3.6.3 关于部品部件的一般规定

无障碍坐便器应符合下列规定（图 3-3-40）：

① 两侧应设置安全抓杆。轮椅接近坐便器一侧应设置可垂直或水平 90°旋转的水平抓杆，另一侧应设置 L 形抓杆。水平抓杆距坐便器的上沿高度应为 250～350mm，长度应≥700mm。L 形抓杆的水平部分距坐便器的上沿高度应为 250～350mm，水平部分长度应≥700mm，竖向部分应设置在坐便器前端 150～250mm，竖向部分顶部距地面应为 1.40～1.60m；

② 坐便器冲水装置应位于易触及的位置，应可自动操作或单手操作，操作所需力度应≤25N；

③ 取纸器应设在坐便器的侧前方，高度与坐便器的上沿距离应为 150～450mm；

④ 在坐便器附近应设置救助呼叫装置，其高度应满足坐在坐便器上和跌倒在地面的人均能够使用。

无障碍小便器应符合下列规定（图 3-3-41）：

① 小便器下口距地面高度应≤400mm；

② 小便器两侧应在离墙面 250mm 处，设高度为 1.20m 的垂直安全抓杆，并在离墙面 550mm 处，设高度为 900mm 水平安全抓杆，与垂直安全抓杆连接。

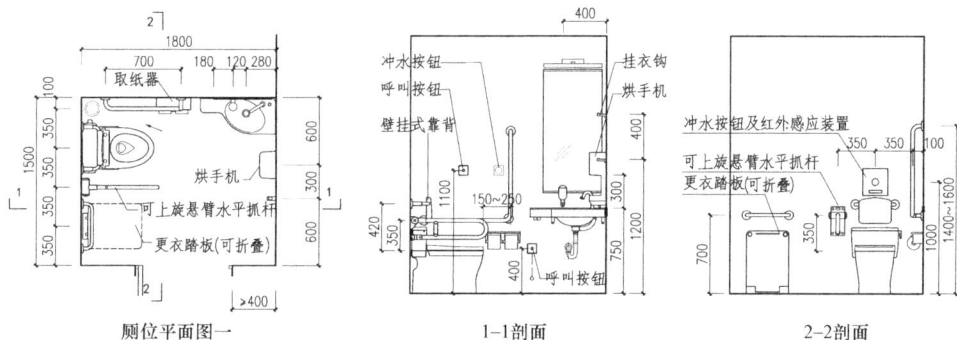

厕位平面图一　　　　1—1剖面　　　　2—2剖面

图 3-3-40　无障碍厕位

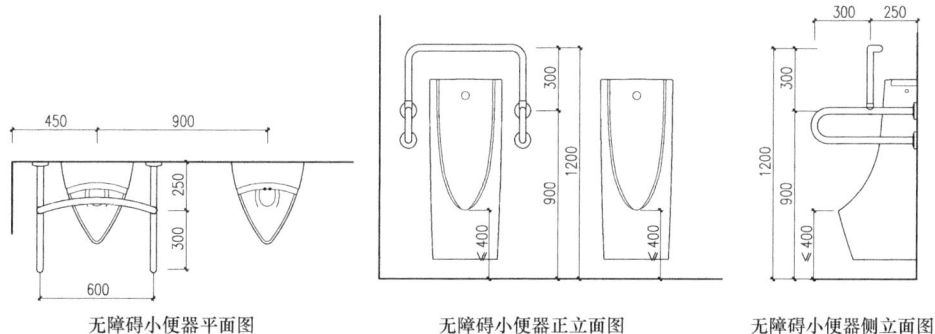

无障碍小便器平面图　　　无障碍小便器正立面图　　　无障碍小便器侧立面图

图 3-3-41　无障碍小便器

无障碍洗手/面盆应符合下列规定（图 3-3-42、图 3-3-43）：

① 台面距地面高度应≤800mm，水嘴中心距侧墙应≥550mm，其下部应留出宽≥750mm、高 650mm、地面至向上高度 250mm 部分深 450mm、其他部分深 250mm 的容膝容足空间；

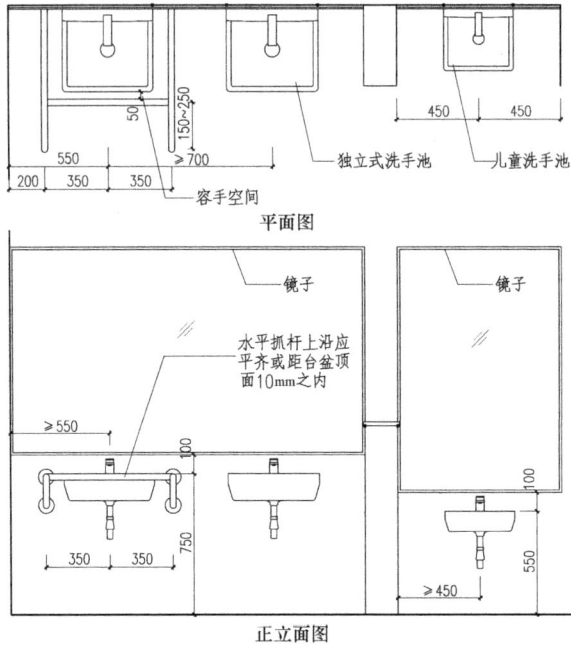

图 3-3-42　无障碍洗手池

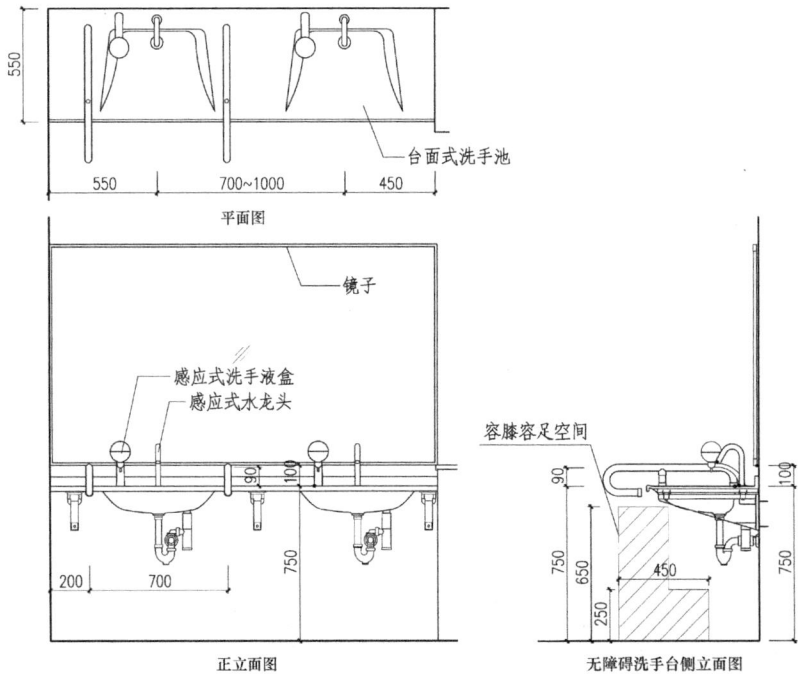

图 3-3-43　无障碍洗手台

② 应在洗手/面盆上方安装镜子；

③ 出水龙头应采用杠杆式水龙头或感应式自动出水方式，当采用杠杆式水龙头，操作所需的力度应≤25N。

安全抓杆安装应符合以下规定（图 3-3-44、图 3-3-45）：安全抓杆为（φ30～

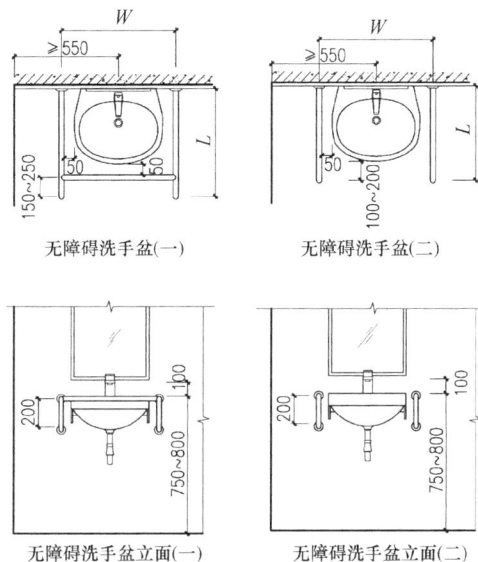

无障碍洗手盆(一)　　　无障碍洗手盆(二)

无障碍洗手盆立面(一)　　无障碍洗手盆立面(二)

说明：
1. 安全抓杆为(φ30~φ40)x3，抓杆内侧距墙面净距应≥40mm。
2. 安全抓杆要安装牢固，应能承受安全承载力≥1.0kN。
3. 镜子与洗手盆距离≥100mm时，宜采用有角度的镜子，方便坐轮椅者使用。

图 3-3-44　安全抓杆与洁具位置关系（一）

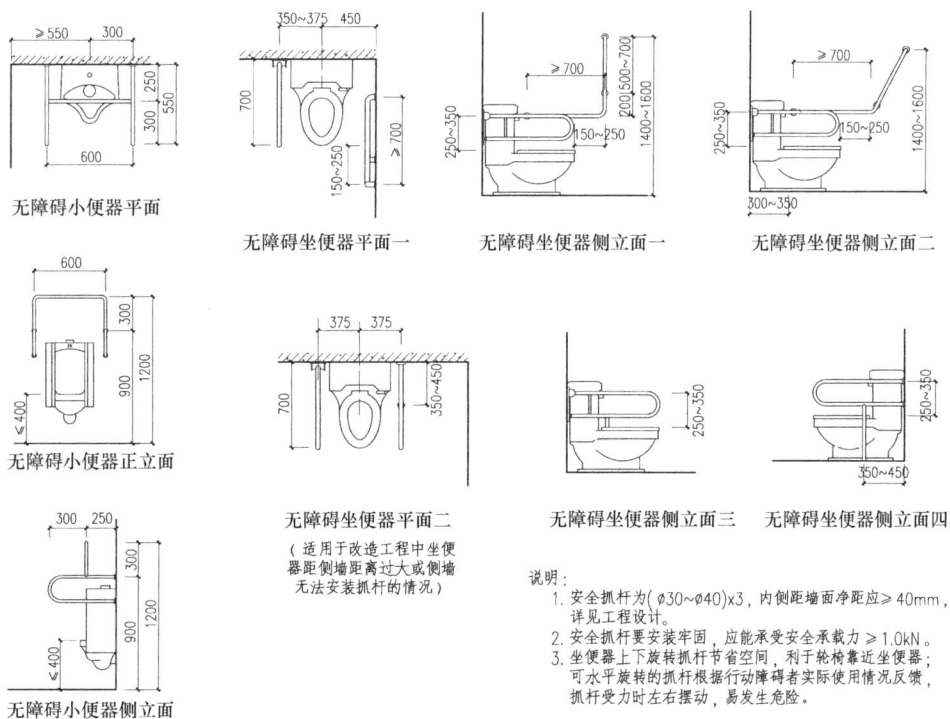

无障碍小便器平面　　无障碍坐便器平面一　　无障碍坐便器侧立面一　　无障碍坐便器侧立面二

无障碍小便器正立面

无障碍坐便器平面二
（适用于改造工程中坐便器距侧墙距离过大或侧墙无法安装抓杆的情况）

无障碍坐便器侧立面三　　无障碍坐便器侧立面四

无障碍小便器侧立面

说明：
1. 安全抓杆为(φ30~φ40)x3，内侧距墙面净距应≥40mm，详见工程设计。
2. 安全抓杆要安装牢固，应能承受安全承载力≥1.0kN。
3. 坐便器上下旋转抓杆节省空间，利于轮椅靠近坐便器；可水平旋转的抓杆根据行动障碍者实际使用情况反馈，抓杆受力时左右摆动，易发生危险。

图 3-3-45　安全抓杆与洁具位置关系（二）

$\phi40)\times3$，内侧距墙面净距应$\geqslant40$mm，应安装牢固，且应能承受安全承载力$\geqslant$
1.0kN。安全抓杆的安装位置，应根据使用者所需尺度空间进行精细化合理设
计，确保使用者安全的同时能够发挥安全抓杆的支撑、倚靠、借力等功能。

3.7　无障碍厨房设计

无障碍厨房设计应符合以下规定（图 3-3-46～图 3-3-48）：

无障碍厨房是指使用轮椅者可方便操作的厨房。

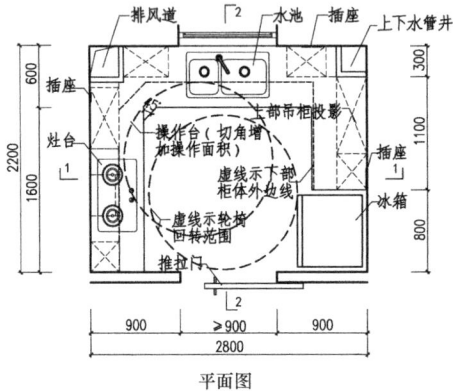

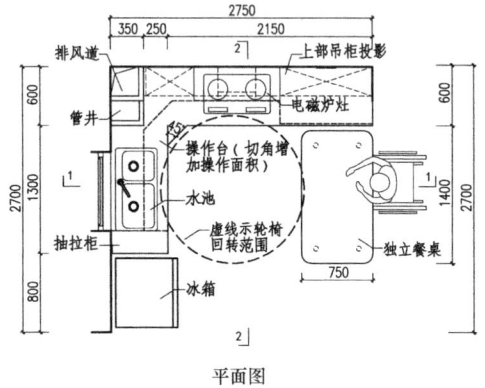

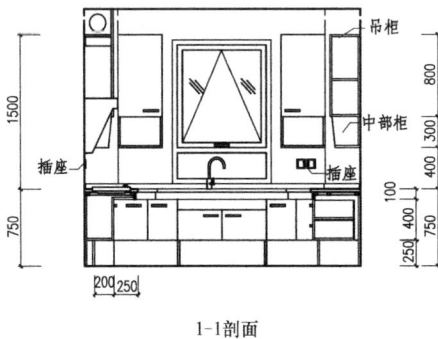

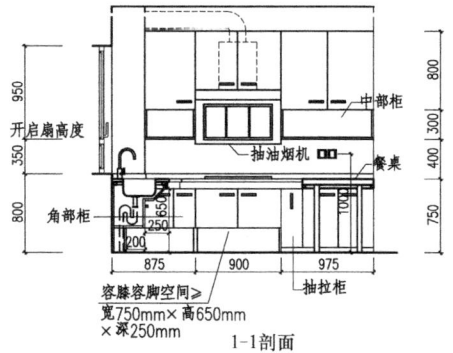

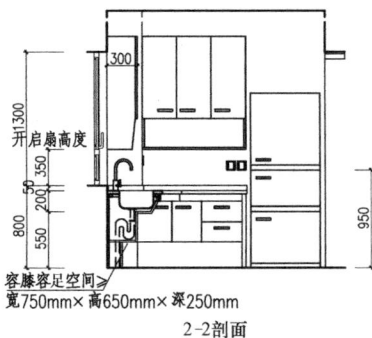

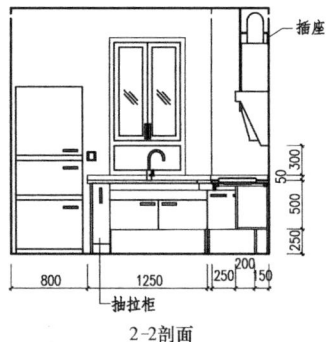

图 3-3-46　一般住宅中的无障碍
厨房布置示例

图 3-3-47　公寓等设施中的无障碍
厨房布置示例

厨房内要有轮椅周转面积，通道净宽≥1500mm，门把手一侧的墙垛宽度应≥400mm；厨房通行净宽宜≥900mm，并宜预留直径≥1500mm的轮椅回转空间，可借用入口空间与操作台下方空间完成轮椅转向。

地面应采用防滑和不积水材料，墙面为瓷砖墙面，顶棚为耐擦洗涂料。其材料和做法由工程设计定。

厨房门宜采用推拉折叠门，不应设门槛，门内外楼地面如有高差应≤15mm，并以斜坡过渡。

厨房内考虑设置操作台、灶台和灶具、洗池、中部柜、吊柜、排油烟道和排油烟机、燃气表。

本图排油烟道采用 300mm×300mm 的通风排气道，距地 2200mm 处应设置 φ150 排油烟管道插孔。排油烟道后考虑有其他管道通过，留150mm 宽空间。当实际情况及选用排油烟道与图示尺寸不同时，可按实际尺寸调整。

燃气表要方便轮椅靠近，阀门及观察孔距地高度≤1100mm，当设有燃气热水器必须专设排气道或排气口。

厨房应设置不同高度的电器插座，至少设置两组防溅水型单相三线、单相二线的组合插座。在冰箱和排气机械等处，设专用单相三线插座至少各一个，水池下水处预留单相二线插座至少一个，便于增设净水机、小厨宝等家电。

平面图

1-1剖面

2-2剖面

图 3-3-48　老年人照料设施、公寓等的无障碍厨房布置示例

设计中要注意将厨房操作台、洗池设备和上、下层普通人用的台、池设备尽量对齐，以便布置干管。洗池的下水管应向后靠，以免轮椅脚踏碰撞。为便于改造，设置台、池的承重墙对面，宜设置轻质墙。

《北京市无障碍系统化设计导则》中相关规定：

① 厨房操作台下应具有容膝空间，保证老年人能够以坐姿实现非灶火炊事操作。厨房操作台面应连续平滑，便于老年人连续推移餐具，减少老年人的走动距离。

② 柜门应采用杆式拉手，高位吊柜拉手应设于底部，且应设置下拉式吊柜

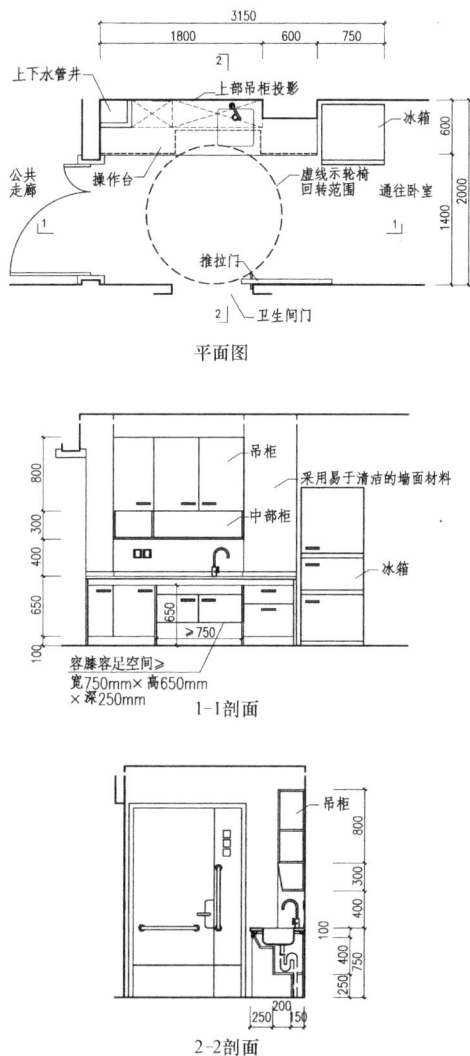

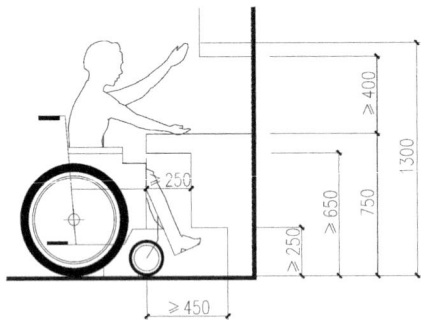

图 3-3-49　坐姿操作台示例

储物架，吊柜下沿应设置局部照明灯具为其下方洗涤池及操作台提供照明。

③ 厨房内应设置防火防烟报警装置，报警器应与户内紧急呼叫装置一同连接居住区物业服务中心。

坐姿操作的操作台台下空间净高≥650mm，且地面至向上高度 250mm 的部分深至少 450mm，其他部分深至少 250mm（图 3-3-49）。

3.8　无障碍客房设计

本部分内容包括新建、改建的各类型旅馆建筑内客房的布置及相关设计要求（图 3-3-50～图 3-3-53）。

无障碍客房是指出入口、通道、通信、家具和卫生间等均设有无障碍设施，房间的空间尺度方便行动障碍者安全活动的客房。

无障碍客房应设于底层或无障碍电梯可达的楼层，应设在便于到达、疏散和进出的位置，并以无障碍通道连接。

无障碍客房的入口和室内空间应方便乘轮椅者进入和使用，内部应设轮椅回转空间，轮椅需要通行的区域通行净宽应≥800mm。

无障碍客房的主要人员活动空间应设置易于识别和使用的救助呼叫装置，例如床头、无障碍坐便器旁、淋浴间内、浴缸旁等位置。

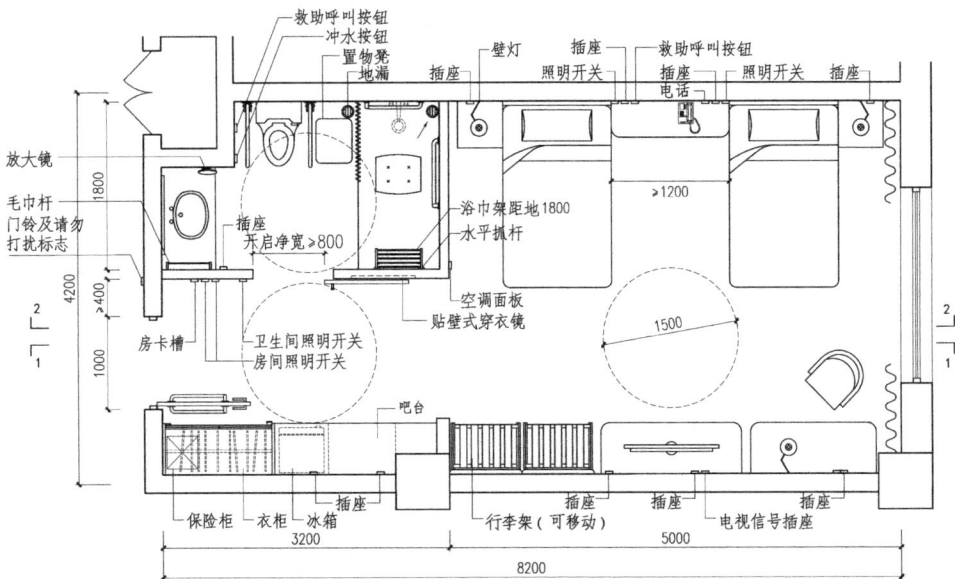

图 3-3-50　无障碍客房布置示例（一）——平面图

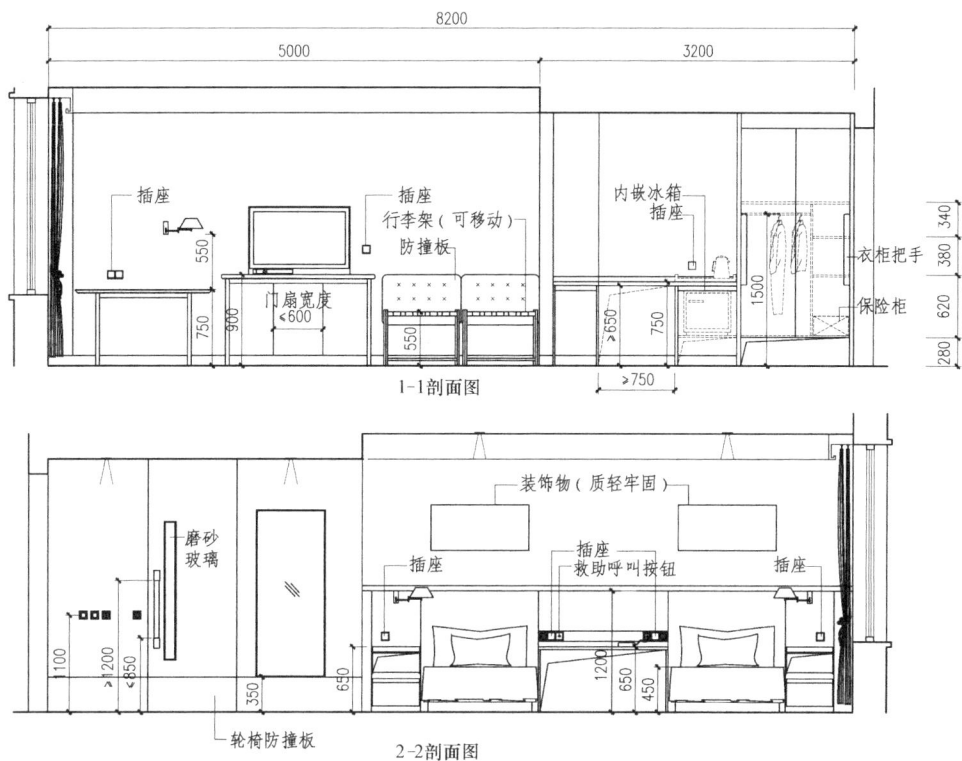

图 3-3-51　无障碍客房布置示例（一）——剖立面图

1-1剖面图

2-2剖面图

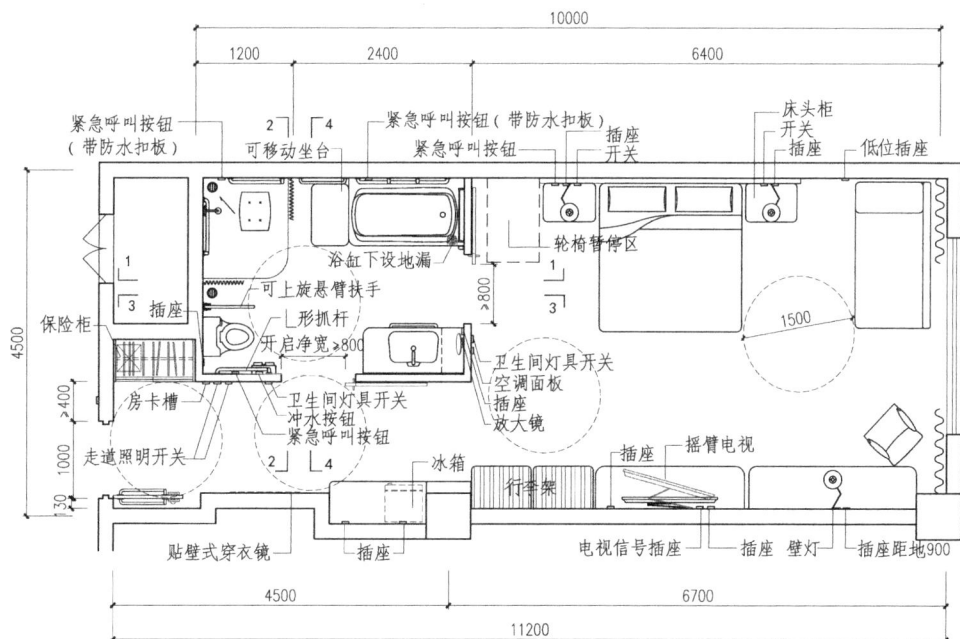

图 3-3-52　无障碍客房布置示例（二）——平面图

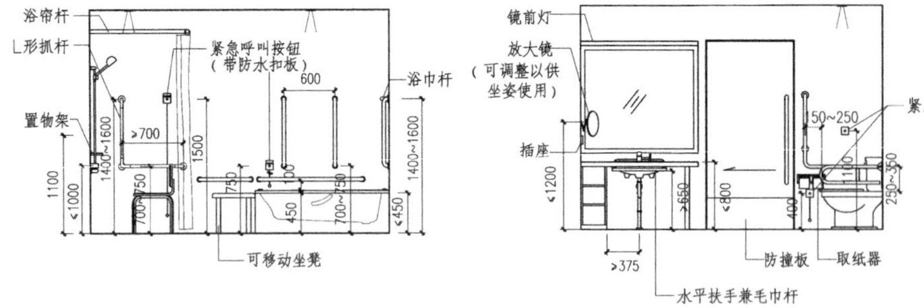

1-1剖面图   3-3剖面图

图 3-3-53   无障碍客房布置示例（二）——剖立面图

无障碍客房内应设置无障碍卫生间，并符合下列规定：

① 应保证轮椅进出，内部应设轮椅回转空间；

② 内部应设置无障碍坐便器、无障碍洗手/面盆、无障碍淋浴或盆浴间、低位挂衣钩、低位毛巾架、低位搁物架和救助呼叫装置；

③ 应设置水平滑动式门或向外开启的平开门；

④ 其他设计要求参见《无障碍设施》21BJ12-1 无障碍卫生间设计的章节。

无障碍客房内若需设置厨房时应为无障碍厨房，其设计要求参见《无障碍设施》21BJ12-1 无障碍厨房设计的章节。

① 无障碍客房是指出入口、通道、通信、家具和卫生间等均设有无障碍设施，房间的空间尺度方便行动障碍者安全活动的客房；

② 无障碍客房应设于底层或无障碍电梯可达的楼层，应设在便于到达、疏散和进出的位置，并以无障碍通道连接；

③ 无障碍客房的入口和室内空间应方便乘轮椅者进入和使用，内部应设轮椅回转空间，轮椅需要通行的区域通行净宽不应小于 800mm。

无障碍客房内供乘轮椅者上下床用的床侧通道宽度不应小于 1.20m。

无障碍客房的窗户可开启扇的执手距地面高度应为 0.85~1.00m，否则应设置自动开闭系统，手动开关窗户操作所需的力度不应大于 25N。

无障碍客房内供使用者操控的照明、设备、设施的开关和调控面板应易于识别和使用，安装高度应为 0.85~1.10m。

无障碍客房的门铃和门禁应同时满足听觉障碍者、视觉障碍者及言语障碍者使用。

有关安全抓杆的安装要求详见《无障碍设施》21BJ12-1 安全抓杆安装章节。

3.9　母婴室设计

3.9.1　母婴室相关标准规范

《民用建筑设计统一标准》GB 50352—2019 条款 6.6.6 中规定，在交通客运站、高速公路服务站、医院、大中型商店、博览建筑、公园等公共场所应设置母婴室，办公楼等工作场所的建筑物内宜设置母婴室。母婴室应符合下列规定：

① 母婴室应为独立房间且使用面积宜≥10.0m²；

② 母婴室应设置洗手盆、婴儿尿布台及桌椅等必要的家具；

③ 母婴室的地面应采用防滑材料铺装。

3.9.2 母婴室入口及交通空间

母婴室应独立、私密，门口可正常通行、无障碍物。为保障婴儿车顺利进入母婴室，周边交通空间及母婴室入口应满足：

① 母婴室大门的净宽度应≥900mm，因为婴儿车的整车外径宽度约为600mm，车篮的长度约为1100mm，双婴儿伞车的宽度与长度均为815mm左右，此净宽度便于正常通行；同时，母婴室的大门应方便成人在单手推拉婴儿车时将大门开合，在条件允许的情况下，宜使用通过按钮可自动开闭的推拉门或平开门；

② 母婴室内部通道净宽度应≥1100mm；母婴室内部通道设置合理的净宽度，能使婴儿车顺利进出且不干扰他人活动。

3.9.3 按使用面积分类

母婴室按使用面积可分为小型、中型、大型、特大型，见表3-3-8。

母婴室使用面积分类　　　　　　　　　表3-3-8

类型	小型	中型	大型	特大型
使用面积 S	4m²≤S<10m²	10m²≤S<15m²	15m²≤S<25m²	S≥25m²

3.9.4 母婴室功能分区与功能设施

母婴室功能分区一般分为盥洗区、哺乳区（办公建筑为集乳区）、备餐区、休息区。其中，盥洗区、哺乳区（办公建筑为集乳区）是母婴室的必要功能分区（图3-3-54、表3-3-9）。

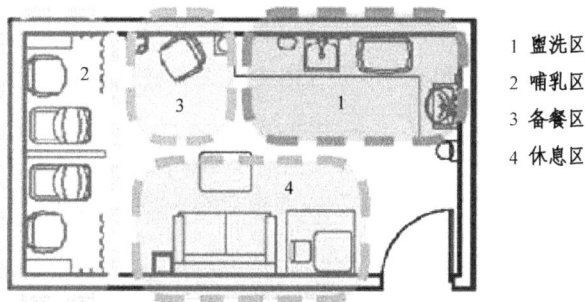

　　　　　　　　　　　　　　1 盥洗区
　　　　　　　　　　　　　　2 哺乳区
　　　　　　　　　　　　　　3 备餐区
　　　　　　　　　　　　　　4 休息区

图 3-3-54　母婴室功能分区

母婴室类型与功能设施配置对照表 表3-3-9

功能设施	类型	非办公建筑母婴室				办公建筑母婴室		
		小型	中型	大型	特大型	小型	中型	大型
盥洗区	婴儿尿布台	√	√	√	√			
	洗手池	√	√	√	√	○	○	√
	干手器或纸巾盒	√	√	√	√	○	○	√
	垃圾桶	√	√	√	√	√	√	√
	热水设备			○	○			○
	空气净化器				○			
	母婴用品自动售卖机				○			
哺(集)乳区	座椅	√	√	√	√	√	√	√
	桌子或置物架	○	√	√	√	√	√	√
	帘布(带挂钩)或门	√	√	√	√	√	√	√
	电源插座(用于电动吸奶器)	○	○	√	√	√	√	√
	衣帽钩(架)	○	○	○	○	○	○	○
	紧急呼叫按钮	○	○	○	○	○	○	○
	电视或广播(插放相关讯息)				○			
备餐区	温奶器		○	○	○			
	饮水机		○	○	○		○	○
	儿童安全座椅		○	○	○			
	冰箱					√	√	√
	消毒柜						○	√
休息区	沙发或座椅		○	○	○			○
	相关母婴读物			○	○			○
	儿童桌椅			○	○			

注：√表示应设置，○表示宜设置。

3.9.5 母婴室室内环境及细节设计

（1）室内环境

1）采光与照明

室内照明的光源宜使用暖色光源与间接光源。冷色光源、直接光源会使婴幼儿及哺乳期妇女的眼睛感到不适。在换尿布及哺乳时，婴幼儿是平躺着望向天花板的，暖色光源与间接光源能使母婴室内光线柔和并避免眩光。

有条件时可采用自然采光。

母婴室照明标准值可参照《托儿所、幼儿园建筑设计规范（2019年版）》JGJ 39—2016表6.3.4中"喂奶室"的要求规定。

2）隔声、噪声控制

母婴室内宜保持安静的声环境，如设置广播，播放音量不宜过大。依据《住宅设计规范》GB 50096—2011第7.3.1条、北京市地方标准《住宅设计规范》DB11/ 1740—2020第8.4.1条及《托儿所、幼儿园建筑设计规范（2019年版）》JGJ 39—2016表5.2.1，母婴室内允许噪声级应≤45dB（A）。

依据《托儿所、幼儿园建筑设计规范（2019年版）》JGJ 39—2016 表 5.2.2，母婴室与相邻房间之间的空气声隔声标准（计权隔声量）应≥50dB，楼板撞击声单值评价量应≤65dB。

3）空气质量

母婴室内空气质量应符合现行国家标准《室内空气质量标准》GB/T 18883—2002 的有关规定。

母婴室应使用环保、无毒、无刺激性气味的家具，以保证婴幼儿的身心健康。母婴室使用的建筑材料、装修材料和室内设施应符合现行国家标准《民用建筑工程室内环境污染控制规范》GB 50325—2020 的有关规定。

4）室内温度

婴幼儿及哺乳期妇女对温度比较敏感，母婴室的室内温度应适宜且稳定，母婴室内宜保持恒温 20~25℃。若温度过高，可能引致婴幼儿体温升高，出现发烧（脱水热）现象；若室温达不到 20℃，可能会使婴幼儿出现鼻塞现象。

依据《托儿所、幼儿园建筑设计规范（2019年版）》JGJ 39—2016 表 6.2.9，母婴室内供暖设计温度宜为 20℃。

5）通风

当母婴室设置机械送排风系统时，不应与卫生间的送排风系统混用。母婴室有条件时宜采用自然通风。

依据《托儿所、幼儿园建筑设计规范（2019年版）》JGJ 39—2016 第 6.2.11条，母婴室内应优先采用有组织自然通风设施；当采用换气次数确定室内通风量时，房间的换气次数为 3~5 次/h；采用机械通风或空调的房间，人员所需新风量应≥30m^3/（h·人）。

6）洁净度

为避免交叉感染，提倡采用具有自洁功能的装修材料。距离地面高度 1.30m以下、幼儿经常接触的墙面，宜采用光滑易清洁的材料。

母婴室内应避免洗手池、地漏等下水口反臭现象。母婴室内宜使用空气净化器或新风过滤系统，以保持室内空气清洁。

（2）细节设计（图 3-3-55~图 3-3-60）

母婴室应采用统一标识，楼层宜有母婴室的区域图和醒目引导标识，在显眼处及母婴室门前应张贴标识。

婴儿尿布台及儿童安全座椅的承重≥20kg。

母婴室内应使用防滑地面，防止成人和婴幼儿意外滑倒。

洗手台面、桌面、墙角、窗台、散热器、窗口竖边等阳角处应做成圆角，防止婴幼儿撞伤。

母婴室内宜使用不落地洁具，方便清理卫生，避免藏污纳垢，减少细菌滋生。

母婴室内宜设置感应型设备，例如感应自动门、感应水龙头、感应皂液器、感应干手器等。

母婴室的墙面、地面、天花板色调宜使用简单、纯正、明快、活泼的色调，可使母婴身心轻松愉悦，促进婴幼儿的视觉感官发育。

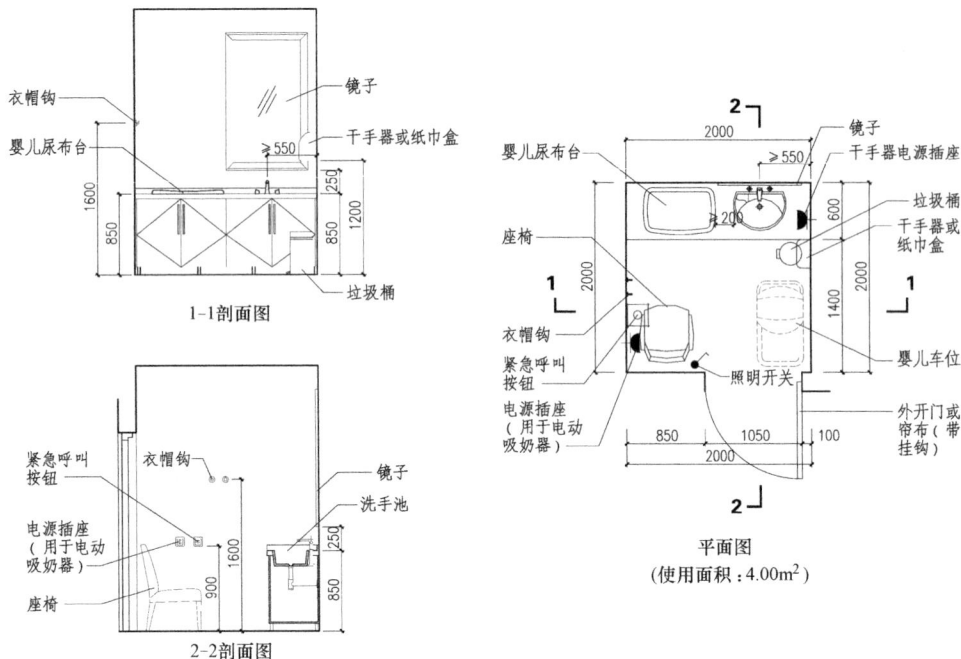

图 3-3-55 小型母婴室设计示例（一）

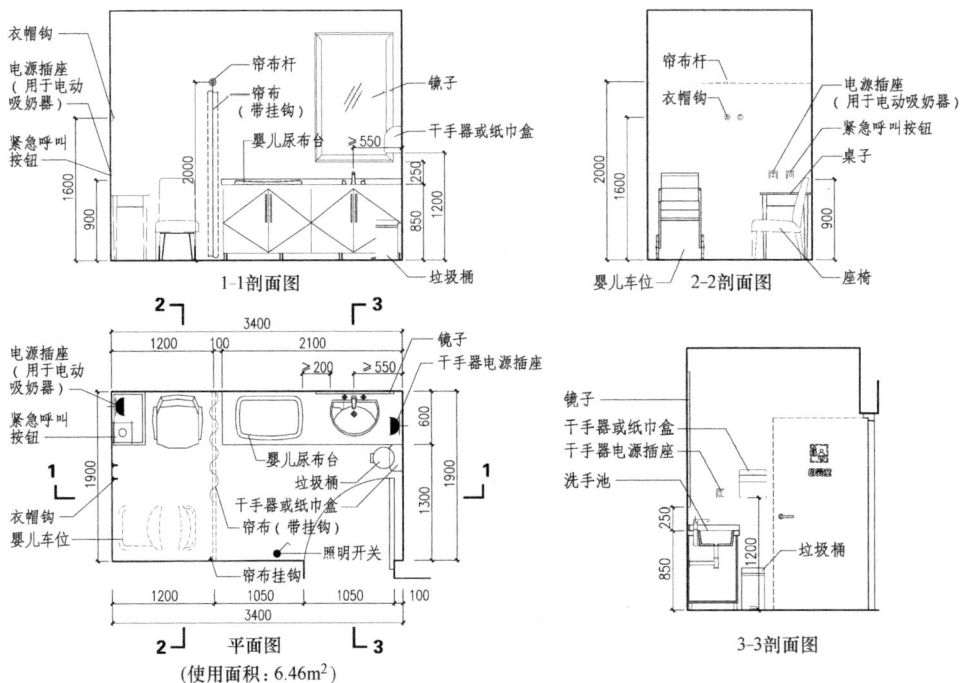

图 3-3-56 小型母婴室设计示例（二）

　　母婴室的室内装饰宜活泼可爱，适合婴幼儿的心智成长。例如使用卡通贴画、卡通灯具等。在母婴室内可张贴母乳喂养、婴儿护理相关知识。

　　母婴室内可播放温馨轻快的背景音乐，使母婴身心轻松愉悦。背景音乐的音量不宜太大。

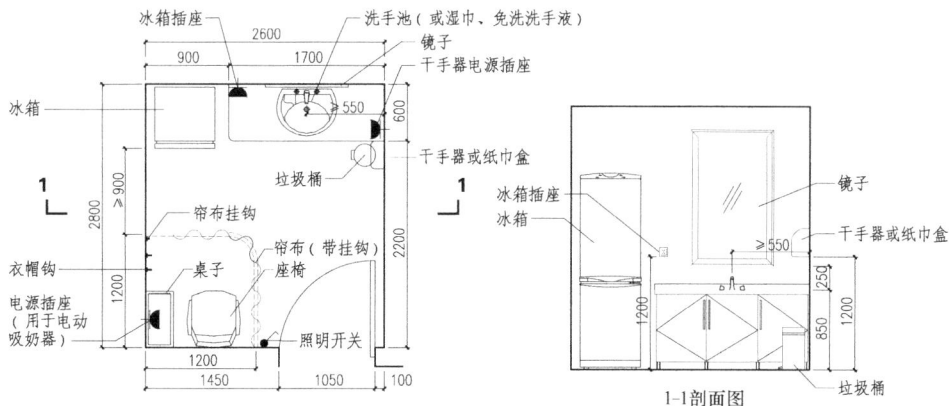

冰箱插座　　洗手池（或湿巾、免洗洗手液）
　　　　　　镜子
2600　　　　干手器电源插座
900　　1700

冰箱
　　　　　　　550
　　　　600

　　　　　　干手器或纸巾盒
1　　　　1

2800
≥900
　　　　2200

衣帽钩　　　帘布挂钩
　　　　桌子　　帘布（带挂钩）
　　　　　　　座椅
电源插座
（用于电动
吸奶器）　　　照明开关

1200
1450　　1050　　100
1200

平面图
（使用面积：7.28m²）

冰箱插座
冰箱
　　　　　　　镜子
　　　　　　　干手器或纸巾盒
　≥550
　　　250
1200　　　850　　1200
　　　　　　　垃圾桶

1-1剖面图

说明：
1. 办公建筑中的母婴室主要用于哺乳期妇女收集和存放
母乳，应设置冰箱，可不设置婴儿尿布台。
2. 若无条件设置洗手池，可用湿巾或免洗洗手液替代。

图 3-3-57　小型母婴室设计示例（三）（适用于办公建筑）

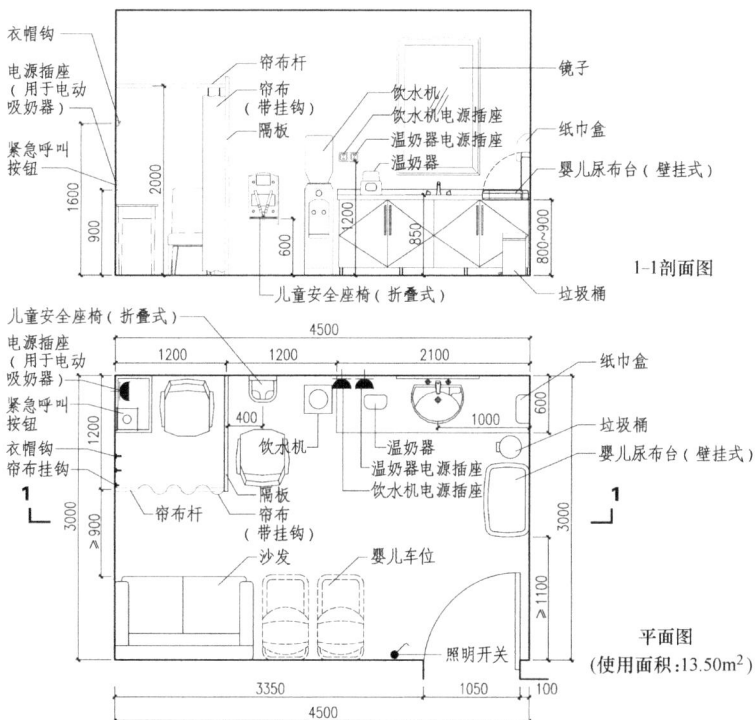

衣帽钩
电源插座
（用于电动
吸奶器）　　帘布杆
　　　　　　帘布
紧急呼叫　　（带挂钩）
按钮　　　　隔板

镜子
饮水机
饮水机电源插座
纸巾盒
温奶器电源插座
温奶器
婴儿尿布台（壁挂式）

1600　　2000
　900　　　600　　1200　850　800~900

儿童安全座椅（折叠式）　垃圾桶

1-1剖面图

儿童安全座椅（折叠式）
电源插座
（用于电动
吸奶器）
紧急呼叫
按钮
衣帽钩
帘布挂钩
帘布杆

4500
1200　1200　　2100
　　　400　　　　　1000　600

纸巾盒
垃圾桶
温奶器
温奶器电源插座
饮水机电源插座
婴儿尿布台（壁挂式）

3000
≥900
帘布
（带挂钩）
沙发　　婴儿车位
　　　　　　照明开关

3000
≥1100

3350　　1050　100
4500

平面图
（使用面积：13.50m²）

说明：
1. 由于干手器的噪声
及气流会对婴儿有干扰，
邻近婴儿尿布台不宜布置
干手器。
2. 婴儿尿布台的台面
高度建议与洗手池台面高
度一致。

图 3-3-58　中型母婴室设计示例（一）

　　商业建筑、医疗建筑、交通建筑、公园等场所的母婴室内宜安装用于播放消息与通知的电视或广播，音量不宜过大。

　　母婴室的防火疏散设计应符合现行国家标准《建筑设计防火规范（2018年版）》GB 50016—2014 的规定。

315

第3篇　无障碍工程建设

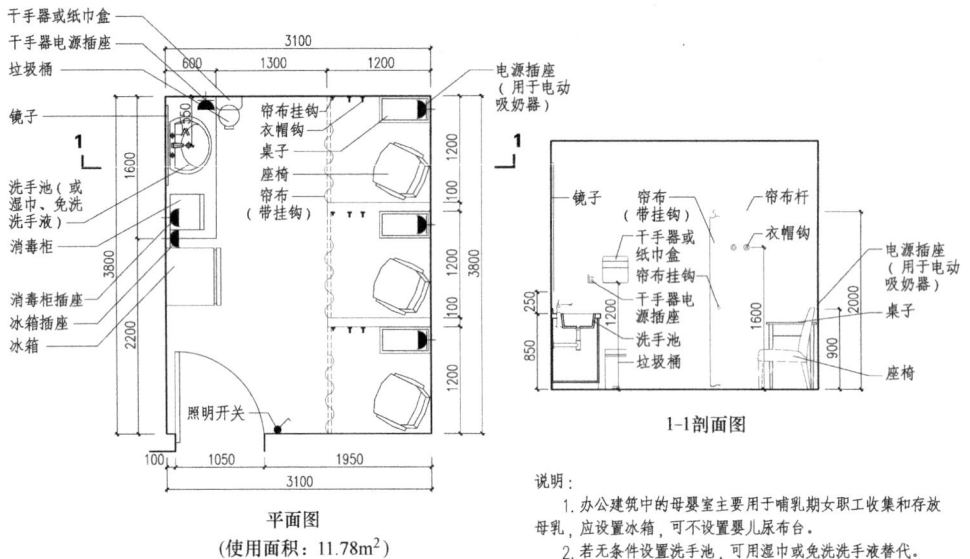

干手器或纸巾盒
干手器电源插座
垃圾桶
镜子
洗手池（或湿巾、免洗洗手液）
消毒柜
消毒柜插座
冰箱插座
冰箱
照明开关

帘布挂钩
衣帽钩
桌子
座椅
帘布（带挂钩）

电源插座（用于电动吸奶器）

镜子　帘布（带挂钩）　帘布杆　衣帽钩
干手器或纸巾盒
帘布挂钩
干手器电源插座
洗手池
垃圾桶
电源插座（用于电动吸奶器）
桌子
座椅

1-1剖面图

说明：
1. 办公建筑中的母婴室主要用于哺乳期女职工收集和存放母乳，应设置冰箱，可不设置婴儿尿布台。
2. 若无条件设置洗手池，可用湿巾或免洗洗手液替代。

平面图
（使用面积：11.78m²）

图 3-3-59　中型母婴室设计示例（二）（适用于办公建筑）

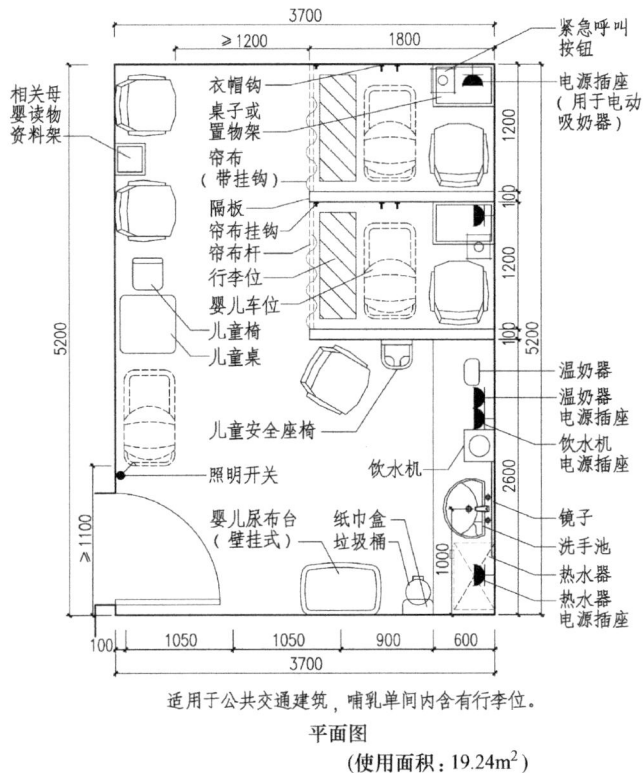

相关母婴读物资料架
衣帽钩
桌子或置物架
帘布（带挂钩）
隔板
帘布挂钩
帘布杆
行李位
婴儿车位
儿童椅
儿童桌
儿童安全座椅
照明开关
婴儿尿布台（壁挂式）
纸巾盒
垃圾桶

紧急呼叫按钮
电源插座（用于电动吸奶器）
温奶器
温奶器电源插座
饮水机
饮水机电源插座
镜子
洗手池
热水器
热水器电源插座

饮水机

适用于公共交通建筑，哺乳单间内含有行李位。

平面图
（使用面积：19.24m²）

图 3-3-60　大型母婴室设计示例

4 无障碍工程施工的关键技术[*]

4.1 无障碍设施建设的现状

4.1.1 无障碍环境建设的成就与挑战

　　残疾人、老年人等特殊群体在出行时需要借助轮椅、拐杖、盲杖等特殊工具，他们在行动能力等方面属于弱势群体，危急情况下应变能力差，抗滑、抗摔倒的能力弱，无障碍设施是他们的助手和依靠，有时候甚至是他们生命的支撑点。所以，无障碍设施的安全性能显得尤为重要。过陡的坡道、临空位置没有设置安全挡台、承载力过低的安全抓杆等都存在安全隐患，甚至危及使用者的生命安全。无障碍设施常见的安全性问题有：

　　① 缘石坡道的宽度小于轮椅通行宽度，乘轮椅者下行时容易摔落；

　　② 缘石坡道、轮椅坡道的坡度过陡，乘轮椅者上行、下行时难以控制速度和方向；

　　③ 无障碍通道、盲道被占用而未采取阻挡和设置警示标识，乘轮椅者和视力障碍者容易误入危险区域；

　　④ 安全抓杆、扶手的承载能力过低，靠抓杆和扶手行走和支撑身体的乘轮椅者和老年人容易因失去支撑力而摔倒；

　　⑤ 呼叫按钮的安装位置错误，在需要求助时无法按压呼叫按钮而发生危险；

　　⑥ 地面抗滑能力较低，残疾人、老年人等容易摔倒而发生危险；

　　⑦ 无障碍通道、轮椅坡道、台阶、楼梯的临空位置未采取安全阻挡措施，乘轮椅者、拄拐杖者、视力障碍者容易发生危险而摔倒；

　　⑧ 楼梯、台阶、坡道的起始位置等行走规律发生变化时未设置提示盲道，乘轮椅者、视力障碍者和老年人容易踏空而发生危险；

　　⑨ 自动扶梯、楼梯的下部和其他室内外低矮空间可以进入且净高小于 2.00m 处，未采取安全阻挡措施，视力障碍者容易误入而发生危险。

　　缘石坡道净宽小轮椅不能正常通行，缘石坡道与车行道高差大，容易引发安全事故；轮椅坡道设置雨水箅尺寸大于 13mm 且顺着行进方向，轮椅前小轮和拐杖容易卡入，引发安全事故；轮椅坡道轮椅坡道临空没有扶手和挡台，容易引发安全事故。

4.1.2 无障碍设施的功能性问题

　　无障碍环境建设的目的是通过对城市道路、公共建筑、公共交通系统和居住区的通用设计、施工和维护管理，方便包括残疾人、老年人在内的全体社会成员

---

　　[*] 本章作者：周序洋、彭大文、周文波。

自主安全地利用无障碍设施通行和使用无障碍服务设施提供的便利。如城市道路设置缘石坡道和盲道，城市公共厕所设置无障碍厕所或厕位，在有台阶的建筑出入口设置轮椅坡道和扶手等。然而由于无障碍设计、施工、验收和维护管理等仍存在一定问题，无障碍设施的功能缺失情况还时有发生，直接影响残疾人、老年人等有需求人士出行和参与社会活动。无障碍设施常见的功能性问题有：

① 缘石坡道与车行道之间高差过大，乘轮椅者无法通行或通行困难；

② 行进盲道的转弯太多，占用问题严重，规格多样，与周围地面无反差，视觉障碍者依靠行进盲道出行困难；

③ 轮椅坡道坡度陡，高差超过一定高度的坡道未设置休息平台，两侧扶手安装不牢，影响乘轮椅者通行；

④ 供乘轮椅者使用的门、闸机和无障碍通道的宽度小于轮椅通行宽度，乘轮椅者不能通行；

⑤ 未设置无障碍电梯或无障碍电梯缺少低位按钮、楼层显示和语音报层，乘轮椅者、视觉障碍者、听觉障碍者不能正常使用电梯；

⑥ 楼梯和台阶未设置扶手，起始位置未设置提示盲道，视觉障碍者和老年人使用楼梯和台阶困难；

⑦ 机动车停车场未设置无障碍停车位，或设置无障碍停车位缺失指向标识，残疾人驾驶机动车使用困难；

⑧ 无障碍卫生间的安全抓杆安装错误的现象比较普遍，乘轮椅者利用抓杆使用马桶和小便器困难；

⑨ 进入无障碍卫生间、浴室的门净宽太小，轮椅回转空间尺寸太小，乘轮椅者不能进入；

⑩ 轮椅席位位置、尺寸、到达路径设置不合理，乘轮椅者观演不方便；

⑪ 低位服务设施容膝空间太小或缺失，乘轮椅者使用不方便；

⑫ 无障碍设施的标识标牌太小，色彩反差小，标识不规范，指向系统不完善，缺失语音提示，乘轮椅者、视觉障碍者和老年人不能方便使用无障碍设施；

⑬ 盲道转弯太多，导盲功能缺失。

4.1.3 无障碍设施的系统性问题

残疾人、老年人等有需求人士的便利出行，涉及其居住的住宅、社区环境、城市道路和目的地之间的"点线相连"的无障碍设施，其间任何一处存在"障碍"，都会导致其出行无法顺利进行。在一定范围内的无障碍设施不系统、相互之间不衔接，直接影响无障碍环境建设和无障碍设施总体功能的发挥。单个无障碍设施符合规范要求，不等于整个系统的功能完善。解决无障碍设施的相互衔接、互联互通问题，应通过无障碍环境建设的全过程管理，使无障碍设施在一定区域及区域之间构成一个通畅有机的整体，以满足残疾人、老年人等特殊群体的使用需求。无障碍设施常见的系统性问题有：

① 建筑物内部的无障碍设施之间不能互联互通；

② 建筑基地内部建筑物之间无障碍设施不能互联互通；

③ 建筑物出入口与城市道路人行道系统无障碍设施未能有效衔接;

④ 道路人行道系统无障碍设施与公共交通系统无障碍设施不能有效衔接;

⑤ 公共交通车辆的无障碍设施与公共交通系统无障碍设施不能有效衔接;

⑥ 城市广场、绿地(公园)内部无障碍设施不能互联互通;

⑦ 城市广场、绿地(公园)与道路人行道系统无障碍设施不能有效衔接;

⑧ 临时占用无障碍设施未设置临时通道,或占用后未及时恢复。

4.1.4 无障碍设施问题的原因分析

(1)从国家标准规范层面分析

我国无障碍环境建设的理念是 20 世纪 80 年代提出的,无障碍设计规范通过多次修编完善,由国家住房和建设部门的工程行业标准提升为国家标准,从为残疾人专用设计到为残疾人、老年人等有需求的全体社会成员通用设计,规范名称从 1988 年的《方便残疾人使用的城市道路和建筑物设计规范》JGJ 50—1988 到 2021 年《建筑与市政工程无障碍通用规范》GB 55019—2021,2011 年颁布实施的《无障碍设施施工验收及维护规范》GB 50642—2011 将无障碍设施从设计、施工、验收到维护管理全过程进行规范管理,对保证无障碍设施的质量起到了积极的推动作用。但相关规范的强制性条文较少,执行力度小。无障碍设计的施工图审查基本缺失,无障碍设施在工程验收过程中仅作为分项工程或检验审批分散在各分部或子分部工程组织验收。由于未能完整落实无障碍设施工程与主体工程同步设计、同步施工、同步验收投入使用原则,导致工程交付使用后无障碍设施的安全性、功能性和系统性问题普遍存在,直接影响残疾人、老年人等有需求人士的便利使用。

(2)从工程项目设计层面分析

建筑工程设计包含建筑设计、结构设计、给排水设计、暖气通风设计、电气设计、节能设计等,无障碍设施设计分属于建筑设计和电气设计的内容,市政工程设计的缘石坡道、盲道及过街提示音响分属于人行道和人行横道的内容。无障碍设计分散在建筑与市政工程设计中,内容少且占比低。从部分建筑与市政工程项目设计图纸的审查情况看,对无障碍设施缺少专项设计,涉及无障碍设施的便利使用功能的相关尺寸、使用材料、施工要点等未在施工详图和专项技术交底体现,有的工程项目只在施工说明中提及无障碍设施施工按照相关规范执行。这些情况导致工程项目交付使用后,无障碍设施的安全性、功能性和系统性问题较多出现。

(3)从工程项目管理层面分析

无障碍设施通常作为分项工程包含在各分部工程内,根据《无障碍设施施工验收及维护规范》GB 50642—2011 的划分,缘石坡道和室外盲道包含在道路的分部工程人行道中,而无障碍出入口、轮椅坡道、无障碍通道、无障碍浴室、无障碍厕所、无障碍厕位、楼梯和台阶等划分为分部工程装饰装修工程的地面子分部工程。同时要求设计单位就审查合格的施工图设计文件向施工单位进行技术交底时,应对该工程项目包含的无障碍设施作出专项的说明。实行监理的建设工程项目,项目监理部应对该工程项目包含的无障碍设施编制监理实施细则。单位工程的施工组织设计中应包括无障碍设施施工的内容。然而在实际施工过程中,存在无障碍设施未被单独划列、专项施工的情况。设计单位的技术交底未专项提及，监理单位的监理大纲未专项编制，施工单位在施工组织设计中未专项组织。而无障碍设施的安全性和功能性往往体现在专业化项目管理和精细化施工过程中，细小的尺寸误差和施工工艺的疏忽都可能直接影响无障碍设施的便利使用，如呼叫按钮的安装位置、安全抓杆的安装尺寸、缘石坡道与车行道的高差等。

（4）从工程项目验收层面分析

《无障碍设施施工验收及维护规范》GB 50642—2011 第 1.0.4 条规定：无障碍设施的施工和交付应与建设工程的施工和交付相结合，同步进行。无障碍设施施工应进行专项的施工策划和验收。规范颁布实施以来，从多项工程项目验收调研中得知，无障碍设施的验收因包含在各分部工程中而未进行专项验收，工程验收技术人员对无障碍设计规范和施工验收规范缺乏深入的学习理解，无障碍设施的验收仅局限于设施的有和无，而忽略了按照规范组织对影响使用功能的细微尺寸、安装位置的专项验收。直接影响残疾人、老年人安全的地面防滑验收也未能按照规范要求组织专项验收，导致竣工验收合格的工程项目中无障碍设施也存在安全隐患、功能性降低等问题，残疾人、老年人等有需求人士不能便利使用，甚至发生安全事故。

4.1.5　无障碍设施的施工管理

无障碍设施项目的施工管理是在工程项目施工管理范围内进一步深入的专项施工管理。按照国务院《无障碍环境建设条例》规定，无障碍设施工程应当与主体工程同步设计、同步施工、同步验收投入使用。依据《建筑与市政工程无障碍通用规范》GB 55019—2021 和《无障碍设施施工验收及维护规范》GB 50642—2011，无障碍设施的施工管理应做到以下几点：

① 工程项目设计单位就审查合格的施工图设计文件向施工单位进行技术交底时，应对该工程项目包含的无障碍设施作出专项的说明；

② 实行监理的建设工程项目，项目监理部应对工程项目包含的无障碍设施编制监理实施细则；

③ 施工单位应按审查合格的施工图设计文件和施工技术标准进行无障碍设施的施工，单位工程的施工组织设计中应包括无障碍设施施工的内容；

④ 无障碍设施施工现场应在质量管理体系中包含相关内容，制定相关的施工质量控制和检验制度；

⑤ 无障碍设施使用的原材料、半成品及成品的质量标准，应符合设计文件要求及国家现行建筑材料检测标准的有关规定；室内无障碍设施使用的材料应符合国家现行环保标准的要求，并应具备产品合格证书、中文说明书和相关性能的检测报告；进场前应对其品种、规格、型号和外观进行验收；

⑥ 无障碍通道的地面面层和盲道面层应坚实、平整、抗滑、无倒坡、不积水，其抗滑性能应由施工单位通知监理单位进行验收；

⑦ 无障碍设施地面基层的强度、厚度及构造做法应符合设计要求，其基层的质量验收与相应地面基层的施工工序同时进行；地面面层施工后应及时进行养

护，达到设计要求后，方可正常使用；

⑧ 扶手、安全抓杆的承载力应符合设计规范要求。

4.2 无障碍设施地面施工

根据《建筑与市政工程无障碍通用规范》GB 55019—2021 的要求，无障碍设施的地面应坚固、平整、防滑、不积水，是对无障碍设施安全性和功能性的基本要求。无障碍设施的地面按面层使用材料和施工方法不同，分为整体面层和板块面层。整体面层有混凝土面层和沥青面层等；板块面层有防滑陶瓷地砖和石板材、防滑地砖、烧毛花岗石、混凝土预制块等。两类面层因构成层次有些不同，施工也有差异。无障碍设施的地面基层构造层次应与四边相邻地面构造相同，以保证变形的协调一致。地面面层施工顺序从下到上依次为：基土施工→灰土回填→垫层施工→结合层施工→面层施工，应逐步推广预制无障碍地面面层的施工技术。

4.2.1 无障碍设施的地面整体面层施工

（1）基土层施工

无障碍设施的地面面层施工前，应按照设计要求进行基土层施工，基土可以是原状土夯实整平即可，如果用土回填，回填土的土质要求和施工操作与四边相邻地面相同，压实后的基土面水平或坡度要符合设计要求，同时应检查密实度是否达到设计要求。在验收合格的基土上铺填 150mm 厚的三七灰土，水平面铺土前应隔一定距离用杆件标注出厚度标高，坡道铺土前应在坡顶、坡底或中间处隔一定距离用杆件标注出厚度标高线，用以控制灰土铺填厚度，回填土用人工或机械压密实，密实后再检查灰土表面的标高、平整度和坡度应符合设计要求。

（2）垫层施工

浇筑混凝土垫层时，混凝土强度等级和摊铺厚度应符合设计要求，混凝土配置、拌合、搅拌、运送和浇捣按常规施工，浇铺前在各控制点插好竹签或短钢筋，用来控制垫层的厚度，垫层面积太大或太长时，可以多插立竹签或短钢筋，并且在竹签或短钢筋之间拉线，以方便控制混凝土铺摊厚度。混凝土铺摊后立即用平板式震动器振压，等混凝土表面发亮、冒出水泥浆即可，完成后检查混凝土垫层表面的平整度和坡度。混凝土垫层厚度一般在 60mm 左右，混凝土的强度等级≥C15。

（3）结合层施工

面层施工时，先在垫层表面刷一道结合层。如果是混凝土面层，结合层应按照施工规范的要求用素水泥浆或与混凝土同比例的水泥砂浆刮刷一遍。施工结合层对面层和垫层的紧密结合起到非常重要的作用，是保证两层不空鼓、不开裂的重要工序措施，因此要按规范完成涂刷。如果是沥青面层，结合层可用沥青油涂刷，把沥青烧热熬化成流动状态，趁热刮涂在垫层上，一定要保证涂满、涂匀。如果施工段多，一般要保证涂刷过结合层的施工段，面层当天应完成。

（4）整体面层的施工

1）混凝土面层施工

混凝土面层摊铺时，核对混凝土的强度等级，检查原材料，按规定进行混凝土配比。现场用搅拌机搅拌的，要控制好搅拌时间。摊铺前，在关键点插上钢筋，钢筋之间拉通线，准确控制面层的厚度和坡度。摊铺时的混凝土虚铺厚度可略高于标准线，振动密实后，表面略有降低，正好等于标准高度。混凝土振实后，在初凝前人工抹面，先用木抹子或塑料抹子搓面，使表面平实、均匀，再用铁抹子收光。注意收光不可像普通建筑物内地面一样光滑，而是稍微压实，防止面层开裂影响质量，水平或坡面应平整而防滑。混凝土面层施工完毕后，要严格检查面层的厚度、标高、平整度、密实度，同时应按照规范要求检测表面防滑系数。

2）沥青面层施工

沥青面层摊铺时，做好厚度控制点和控制线，沥青混凝土应趁热摊铺，用机械压实。摊铺时沥青混凝土的虚铺厚度应高出控制标高，压实后正好达到要求。具体高出的虚铺数值可根据施工条件和材料决定，也可以现场试验确认。沥青混凝土摊铺时温度不宜过低，否则影响整体结合质量。机械压实时控制好压实的遍数和压实时间，否则影响整体密实度。沥青混凝土面层完成后表面应平整，无裂缝、烂边、掉渣和推挤等质量问题，还要严格检查标高和厚度是否与设计相符。

4.2.2 无障碍设施的地面板块面层施工

板块面层包括防滑陶瓷地砖和石板材、防滑透水地砖、烧毛花岗石、混凝土预制块等。其构造层次和整体面层基本相同，基土层、垫层施工方法和步骤相同，只是面层和结合层施工和整体面层不同，其面层和结合层施工方法如下。

（1）防滑陶瓷地砖和石板材面层施工

铺贴防滑陶瓷类板块或石板材面层施工工序为：基层处理→铺摊干硬砂浆→铺控制点处板材→拉通线铺中间板材→擦缝、勾缝清理。在铺砂浆前将基层清扫干净，用喷壶洒水润湿，刷一层水泥浆，水灰比为 0.5 左右，随刷随铺。根据水平线铺结合层兼找平层水泥砂浆，找平层一般采用 1:2～1:3 的干硬性水泥砂浆，干硬程度以手捏成团不松散为宜，铺好后用挂尺刮平，找平层可高出板材底面 3～4mm，将预先浸湿阴干（部分板材不需浸水）板材铺在干硬性水泥砂浆上，橡皮锤敲击压实至不下沉。试铺合适后，双手提起板材放到一边，在水泥砂浆上浇一层素水泥浆结合层，然后正式镶铺，也可翻开板材，在板材背面满刮水泥浆作为结合层。铺放板材时，四角要同时往下落，用橡皮锤或木锤轻击木垫板（不得用锤直接敲击陶瓷或石板材），根据水平线用铁水平尺找平，铺完控制点后再铺贴中间部位板块，控制工序与预制砖块铺放相同，但施工精度和质量控制要高于预制砖。如发现板材有空鼓或空隙应将板材掀起来用砂浆补实再进行安装。陶瓷类和石板材接缝要严，一般不留空隙。在一个施工段板材铺砌完毕后 1～2昼夜，根据面层颜色调配 1:1 左右的稀水泥浆，用浆壶徐徐灌入板块间缝隙，分几次进行，并用长把刮板把流出的水泥浆向缝隙内喂灰。灌浆时，多余的砂浆应立即擦去，灌浆 1～2h 后，用棉丝团或抹布进行擦缝，把缝隙内砂浆与板材面擦平，同时将板材面水泥浆擦干净。面层施工完毕后应围挡养护，直到水泥浆终凝后产生一定强度才能上人，必要时洒水养护。养护时间根据环境和气候，一般在 3~7 天后即可上人。

（2）火烧石材、防滑地砖面层施工

火烧石材、防滑地砖面层铺贴时，先在混凝土垫层上摊铺一道干硬性水泥砂浆，洒一道水泥后再铺贴面板。为控制好质量，操作工序为：在坡道两端做好标高控制桩，用水准仪测出面层的标高，并标注在桩身上，按标注线在桩间拉标高控制通线。在控制端摊铺一段干硬性水泥砂浆，摊铺面积稍微大于一块板砖面积为宜，干硬性砂浆摊铺高度略高于标高控制线，表面刮平，开始试铺面板，将板材四角水平放置砂浆上，用橡皮锤敲击板材，砂浆受压密实板材随之略有下沉，直到板面与控制线齐平，将面板拿起放置一边，在平时的干硬性砂浆上洒一层水泥，再把板材按刚才放置正式铺贴上去即可。按此步骤先完成控制点处的铺贴，再铺贴中间的板块，直到所有面层全部完工。养护到板底砂浆产生一定强度，进行板间勾缝或填缝，同时表面清理，等填缝或勾缝砂浆达到强度即可正常使用。

板材铺贴施工中应注意：

① 干硬性水泥砂浆摊铺的厚度要合理，高了用刮尺刮去，低了应及时补高，通常厚度控制在 25~35mm，砂浆的配比控制在 1：2~1：3.5；

② 试铺面板时，两手对边提板材，板材四角水平同时轻轻放置在砂浆面上，橡皮锤敲击先慢后稍快，必要时在板上放块小木板，锤子敲击在木板上，以防损坏或污染面板；

③ 砂浆下沉密实后，双手拿住板材对边，轻轻提起，让板材四边同时离开砂浆面，以防破坏已经平整密实的干硬砂浆，拿开板材后，及时查看砂浆面层压平，如有局部凹陷，要补填砂浆使其平整；

④ 洒水泥粉起到结合层作用，如果不洒水泥粉，可在板材背面满刮一层水泥浆做结合层；

⑤ 正式铺贴时，板材四边水平同时落下，再用锤轻轻敲击，使板材表面棱角正好与控制线齐平；

⑥ 板块间填缝或勾缝时间不能太早，一定要等板底结合层水泥浆达到能上人的强度，因为板上过早承受荷载，水泥浆还没有足够的强度就会破坏面板与底层的粘结，导致板块松动，造成返工；填缝或勾缝的等待时间与板底结合层水泥品种、强度等级、施工环境温度等有关；

⑦ 板底结合层养护如天气干燥、炎热应适当洒水，冬天或雨天应采取适当覆盖措施以保证水泥充分水化产生强度。填缝或勾缝用的是砂浆，所以填缝或勾缝后也要进行适当养护后方能使用；养护的时间同样与水泥的品种、等级、施工环境温度等有关，必要时洒水或遮盖；

⑧ 对较长的路道，应分段进行施工，但每段面层标高应在分段施工前测定好，以保证整个轮椅坡道通长方向竣工后表面平整，相邻段无高差；

⑨ 坡道中间出现无法避免的窨井、检查井时，应先将井壁、井框部分施工完毕再做坡道施工，井框外露在坡道中间；如果井框的平面位置和高度与坡道面

落差值超过规范，将严重影响轮椅的正常通过，甚至引起轮椅使用者的安全事故，所以施工中要用仪器精测定出井框的平面位置，精确测定出井框的标高后，再次复核无误方能施工，这样可保证井框与坡道表面一致；井壁强度和沉降变形直接影响到井框的稳定，所以井壁材料、几何尺寸严格按设计图纸或图集设计，操作工序按标准工法进行；井上盖板强度、刚度要合格，盖板的面层尽量与坡道材料相同，有标准件的地方可委托专业厂家生产井盖。

4.3 缘石坡道

4.3.1 缘石坡道

缘石坡道是无障碍通行流线及无障碍设施系统中的一个重要组成部分，在各种路口、出入口和人行横道处，当有高差时就应设置缘石坡道，设置缘石坡道的目的是消除残疾人、老年人等有需求人群在通行中的障碍，保证其安全、便利地出行，同时也保证无障碍设施之间的有效衔接，实现无障碍设施之间的整体性和系统性。缘石坡道位于人行道口或人行横道两端，为了避免人行道路缘石带来的通行障碍，方便行人进入人行道的一种坡道。缘石坡道通常可分为全宽式单面坡缘石坡道、三面坡缘石坡道、扇形单面坡缘石坡道等。

4.3.2 缘石坡道常见工程问题

因设计、施工管理和工人技术等原因引起的缘石坡道工程常见问题有：

① 缘石坡道坡口与车行道之间高差超过验收偏差允许值，影响轮椅通行，还容易绊倒行人；

② 单面坡、三面坡缘石坡道坡度大，容易发生滑倒，影响轮椅通行；

③ 坡面防滑系数低于规范要求，老年人和拄拐杖人容易滑倒；

④ 板块面层施工铺贴和整体面层平整度不合格；

⑤ 缘石坡道和人行横道斑马线不对应；

⑥ 十字路口缘石坡道铺贴紊乱，乘轮椅者通行困难。

4.3.3 缘石坡道的施工控制要点

缘石坡道按面层使用材料和施工方法分为整体面层施工和板块面层施工。整体面层材料包括混凝土、沥青等；板块面层包括预制砌块、陶瓷类地砖、石板材和石块等。

缘石坡道施工控制要点如下：

① 应选用防滑材料或采取防滑措施；

② 施工前应先放线确定坡度比和坡道位置；

③ 应按照规范和设计要求控制坡度、宽度和过渡空间尺寸；

④ 应采用精细施工处理坡道下口与车行道高差；

⑤ 板块面层应控制面层与基层结合牢固、无空鼓；

⑥ 板块面层应统筹组砌方式、平整度及允许偏差等；

⑦ 整体面层应控制混凝土、沥青面层平整度和抗压强度。

4.4 盲道

4.4.1 盲道

盲道是为视觉障碍者引路的由触感材料铺贴而成的道路，盲道通常铺设在人行道上或其他必要的场所，引导视觉障碍者向前行走、辨别方向以及到达目的地。盲道一般分为行进盲道和提示盲道。行进盲道是表面呈条状形，使视觉障碍者通过盲杖的触觉和脚感，指引视觉障碍者可直接向正前方继续行走的盲道。提示盲道表面呈圆点形，用在盲道的起点处、拐弯处、终点处和表示服务设施的位置以及提示视觉障碍者前方将有不安全或危险状态等位置，具有提醒注意的作用。

4.4.2 盲道工程常见的问题

因项目设计、施工管理和工人技术等原因引起的盲道工程常见的问题有：

① 盲道铺贴使用的板材不符合规范要求，视觉障碍者难以识别；

② 盲道系统防滑系数低，健全人士和视觉障碍者均容易滑倒；

③ 行进盲道铺贴转弯过多，视觉障碍者难以通行；

④ 行进盲道系统性缺失，视觉障碍者难以通行；

⑤ 交叉路口盲道铺贴混乱，视觉障碍者难以识别。

4.4.3 盲道的施工控制要点

盲道通常铺设在人行道中间，在编制人行道施工方案时应同时考虑盲道的施工方案。盲道施工前应对设计图纸进行会审，根据现场情况，与其他设计工种进行协调。盲道铺设应连续，应避开树木（穴）、电线杆、拉线等障碍物。在施工放线时，要体现盲道优先的原则，其他设施不得占用盲道，避免为避让树木、电线杆、拉线等障碍物而使行进盲道多处转折的现象。同时，盲道应避开非机动车停放的位置。根据施工方案的安排，盲道的基层和垫层的施工应与人行道同时进行，在人行道面层施工时，应先铺设盲道，再进行人行道面层的铺设。

盲道按面层材料和施工方法的不同可分为：预制板块材料的盲道，包括陶瓷盲道板、石材盲道板和预制混凝土盲道板；不锈钢材料的盲道，包括不锈钢盲道触感条和触感圆点。

（1）板（块）材面层盲道施工控制要点

① 盲道型材应选用防滑材料或采取防滑措施；

② 应按照规范和设计要求控制盲道板（块）材的规格、颜色、强度；

③ 应检测行进盲道触感条和提示盲道触感圆点凸面高度；

④ 应控制提示盲道和行进盲道的设置部位、走向，及其与周边树池、围墙

325

等障碍物的距离；

⑤ 应控制板（块）材面层铺贴的牢固性、平整度等。

（2）不锈钢行进条和触感圆点施工控制要点

① 不锈钢盲道型材铺贴时应采取防滑措施；

② 应按照规范和设计要求控制不锈钢盲道型材的厚度、触感条和触感圆点的凸面高度、安装间距及牢固度；

③ 应按照规范和设计要求控制盲道宽度，提示盲道和行进盲道的设置部位、走向，与周边树池、围墙等障碍物的距离；

④ 应控制不锈钢行进条和触感圆点牢固性和平整度。

4.4.4　盲道铺贴施工特殊情况的处理

（1）人行道转角处盲道的铺贴施工

当施工中遇到行进盲道转角时，可采用弧形方法铺贴行进盲道，但铺贴时应保证弧形行进盲道三角接缝最大宽度 $d \leqslant 10\text{mm}$，并用水泥砂浆抹平。

（2）行进盲道

在起点、终点、转弯处铺设提示盲道时，当盲道的宽度 $\leqslant 300\text{mm}$ 时，提示盲道的宽度应大于行进盲道的宽度。

4.5　无障碍通道

4.5.1　无障碍通道

无障碍通道包含轮椅坡道、水平通道、垂直通道、无障碍出入口和门。无障碍出入口分为平坡出入口、同时设置台阶和轮椅坡道的出入口、同时设置台阶和升降平台的出入口。考虑残疾人老年人的使用方便和安全的门应进行无障碍设计。

4.5.2　无障碍通道工程常见问题

设计、施工管理和工人技术等原因引起的无障碍通道工程的常见问题有：

① 轮椅坡道的坡度大于规范要求；

② 轮椅坡道高差大于 0.75m 时未设置休息平台；

③ 高差大于 300mm 且坡度大于 1∶20 的轮椅坡道两侧未设置扶手；

④ 无障碍通道的宽度小于规范要求；

⑤ 无障碍通道地面防滑系数低于规范要求；

⑥ 无障碍通道的系统性问题；

⑦ 无障碍通道上设置雨水篦不符合规范要求；

⑧ 供残疾人、老年人等使用的门不符合无障碍设计规范要求。

4.5.3　无障碍通道工程的施工控制要点

无障碍通道是为残疾人、老年人等有需求人士提供便利通行的设施，应统筹考虑乘轮椅者、老年人、视觉障碍者和拉行李箱者等的不同需求，应做到逢坎必坡，逢陡必缓，逢滑必涩。无障碍通道施工按照使用面层材料的不同可分成两大类：整体面层施工和板块面层施工。无障碍通道地面构造层次应与四边相邻地面构造相同，以保证变形的协调一致。块材面层无障碍通道构造层为：基土层→垫层→结合层→面层；整体面层构造为：基土层→垫层→面层。无障碍通道施工控制要点如下：

① 无障碍通道面层应选用防滑材料或采取防滑措施；

② 设置台阶和轮椅坡道的应控制轮椅坡道的坡度；

③ 轮椅坡道施工前应先放线确定坡度比；

④ 应控制轮椅坡道临空侧面安全挡台高度；

⑤ 应控制轮椅坡道起点、终点缓冲地带和中间休息平台的尺寸；

⑥ 无障碍通道上设置井盖或雨水篦，应控制孔洞尺寸和方向；

⑦ 应控制无障碍通道上凸出物的尺寸；

⑧ 无障碍通道上的门应考虑采用横把手；

⑨ 无障碍通道门的安装应控制观察窗的高度和开启力度；

⑩ 应控制两道门同时开启后门扇间的距离；

⑪ 无障碍通道应控制门的有效净宽度；

⑫ 板块面层应控制面层铺贴的牢固性，防止空鼓；

⑬ 板块面层应统筹组砌方式、平整度及允许偏差等；

⑭ 整体面层应控制混凝土、沥青面层平整度和抗压强度。

4.5.4 轮椅坡道栏杆及扶手的施工

根据设计规范的要求，轮椅坡道高度超过 300mm 时且坡度大于 1：20 时，应在两侧设置扶手。扶手应具有安全防护的功能，无障碍通道上有高差时应设置轮椅坡道。通道两侧应设置栏杆进行保护，临空侧应设置安全阻挡措施，安全挡台的高度应>100mm。

（1）预埋铁件安装栏杆及扶手的施工

预埋铁件安装栏杆及扶手的施工步骤包括：混凝土挡台支模→安放预埋铁件→浇筑混凝土→焊接通长金属板条→焊接竖向栏杆→打磨焊接处。具体施工步骤如下：

① 轮椅坡道地面垫层施工时，挡台混凝土应与垫层同时施工，在通道外侧支好模板，然后沿着模板内侧，按设计的距离安放预埋铁件。预埋件一般是方形钢板，尺寸为 80mm×80mm，厚度应>5mm，方形钢板背面焊接钢筋做固定脚，钢筋做成"几"字形，上部与方形钢板焊接，并在端部做小弯钩，钢筋为 Φ6，长度为 120mm。安放时，预埋件顶面的标高要测控准确，一般与挡台混凝土面同高，安放的数量应符合设计要求，应保证栏杆有足够的强度和稳定性。

② 模板和预埋件检查合格后，开始浇筑混凝土挡台。通常安全挡台混凝土与垫层同时浇筑，使安全挡台与地面垫层形成一个整体，能够保证混凝土挡台的强度和稳定性。混凝土配置、运输、浇筑、振捣和养护与地面混凝土施工相同。

具体应注意以下两点：第一，操作时，要有专人检查振捣点和振捣时间；第二，安全挡台混凝土浇筑或振捣时不能触碰预埋件，振捣浇筑完成后，应仔细检查预埋件的位置和预埋深度，确保预埋件定位准确。

③ 混凝土经标准养护达到规定强度后，应在预埋件上焊接通长铁条。铁条宽度40mm，厚度5mm，沿挡台通长焊接，完成后要检查焊缝的焊脚厚度、焊缝长度、外观质量，及是否有夹渣气泡等不合格现象，焊接是否牢固等。记录并保存隐蔽验收记录等存档资料。

④ 栏杆扶手与挡台固定连接，扶手由水平杆、竖向栏杆和端部杆组成，可以在施工现场或工厂预制成型，整体一次就位安装完毕。具体施工步骤为：按图进行栏杆下料→竖向栏杆与水平扶手杆焊接→整片扶手栏杆就位固定→栏杆美观处理。施工时应注意：按设计的高度进行竖向栏杆数量、长度下料，竖向栏杆两端按图纸的坡度进行端面剖割（不能简单做垂直截面切割），方便竖向栏杆与水平扶手杆、底面挡台顶接触的角度相吻合，焊接应严密平顺。竖向栏杆与水平扶手杆焊接时，中心线对中，接触处全面焊接，然后对焊缝要打磨光滑，使其美观。扶手杆在坡道两端应伸出超过300mm水平段作为缓冲，方便使用者在上下坡时不失手和摔倒。以上整体安装的好处是现场施工速度快，竖向栏杆与水平扶手连接牢固平顺，整片安全栏杆与挡台外观整齐。还有分件安装法，即按图进行水平杆、竖向栏杆下料→将竖向栏杆固定在挡台上→焊接水平扶手杆→整个栏杆端部外伸段连接→美观打磨处理。分件安装的好处是，竖向栏杆和挡台连接时比较方便，如果端面角度切割有问题，修改返工方便易行，且竖向栏杆与挡台焊接面接触全面牢固。两种施工方法各有优缺点，在施工现场应综合确定选用。栏杆安装完成后，应对坡道面和挡台做装饰抹灰或其他面层施工，这样有利于栏杆根部固定处的质量和美观。

⑤ 预埋件防锈及防腐处理。栏杆焊接完毕后，应对钢板、钢管和焊缝处进行防锈、防腐涂料涂刷，再做面层粉刷进行装饰覆盖。防锈防腐涂料的材料和操作方法，应按设计或规范要求进行，将金属面、焊缝等处用砂纸打磨干净后，涂刷防锈漆两遍，后一遍要等前一遍干后进行，然后涂刷罩面漆。对于不锈钢栏杆，则不必涂刷。

（2）膨胀螺栓安装栏杆及扶手的施工

膨胀螺栓安装栏杆及扶手的施工步骤包括：检查验收安全挡台混凝土强度及标高→在挡台面弹栏杆位置墨线→测定膨胀螺栓位置点→钻孔打入膨胀螺栓→连接钢板→栏杆下端与钢板连接→连接安全栏杆或其他水平斜杆→栏杆两端部加工连接→外观收尾处理。施工中应注意的以下几点：

① 安全挡台混凝土验收时，宽度、高度等尺寸应满足要求，混凝土强度必须满足要求，否则钻孔时混凝土容易酥裂，而起不到根部固定作用。

② 膨胀螺栓固定点定位时，用尺子先通长拉线，再分点定位，不可一段一段量点画线，容易把测量误差积累到最后几个杆子上，使得偏差很大，无法连接。

③ 钻孔时，应选择好钻头的直径，并控制好钻孔深度，固定的膨胀螺栓的材料、规格、直径、防腐性能等应符合国家或地方验收规范和强制规范，必要时

对膨胀螺栓做抗拉拔受力试验。

④ 将中心开孔的钢板套在螺栓上，并用双螺帽和螺栓拧紧，也可把螺栓和钢板焊接，但不能把钢板直接焊接在螺栓顶上，且不开孔穿套；钢板上开的孔是斜向的，与坡道坡度吻合，孔径和螺栓直径吻合。螺栓和钢板焊缝应连续饱满，应满足强度要求。

⑤ 竖向栏杆和钢板焊接固定时，竖向栏杆下料长度应准确，下端口要切割成与坡度一致的角度，栏杆与钢板连接焊缝连续，焊缝质量如焊脚尺寸、焊缝无气孔夹杂等符合验收规定。

⑥ 在每个竖向栏杆上套上防护盖后，进行水平扶手栏杆和其他水平栏杆的焊接，焊缝应连续饱满，不得出现气孔和夹渣；端部扶手弯曲处要圆润平滑，不得出现裂纹和影响美观的褶皱、扭曲变形等，焊接处打磨光滑平整，手摸顺滑。

4.6 楼梯、台阶和扶手

4.6.1 楼梯、台阶和扶手

无障碍楼梯和台阶使用功能相同，只是在室内称为楼梯，在室外称为台阶。无障碍楼梯、台阶是楼梯、台阶的形式、宽度、踏步、地面、扶手等方面方便行动及视觉障碍者使用的楼梯。这里讲的行动及视觉障碍者主要是指拄拐杖者和色弱、色盲人士。无障碍扶手是残疾人在通行中，用来保持身体平衡和协助使用者行进，避免发生摔倒危险的重要辅助设施。扶手安装的位置、高度及选用的形式是否合适，将直接影响到使用效果。扶手不仅能协助乘轮椅者、拄拐杖者及盲人便利通行，同时也给老年人的出行带来安全和方便。无障碍扶手包括：人行天桥、人行地道、无障碍通道、轮椅坡道、楼梯和台阶的扶手，无障碍电梯轿厢扶手和升降平台的扶手，轮椅席位处的扶手等。

4.6.2 楼梯、台阶和扶手工程的常见问题

由设计、施工管理和工人技术等原因引起的楼梯、台阶及扶手施工常见的工程问题有：

① 楼梯、台阶起点和终点处未铺设提示盲道；
② 楼梯、台阶的防滑条、警示条突出踏面安装；
③ 三级及以上的楼梯、台阶未安装扶手；
④ 三级及以上的楼梯、台阶安全挡台缺失；
⑤ 楼梯、台阶踏面防滑系数（摩擦系数）低于规范要求；
⑥ 楼梯、台阶的扶手安装强度不符合规范要求；
⑦ 楼梯、台阶的扶手安装尺寸不符合规范要求。

4.6.3 楼梯、台阶和扶手工程施工控制要点

楼梯、台阶和扶手工程施工控制要点有：

① 应控制踏步起点和终点的提示盲道铺贴的位置和尺寸；

② 应控制上行和下行第一阶踏步与平台的色差或材质差；

③ 踏步防滑条、警示条等附着物应控制不能高出踏面；

④ 应控制踏面和平台的防滑系数；

⑤ 应控制踏面和平台的平整度；

⑥ 应控制栏杆式楼梯安全阻挡台的尺寸和位置；

⑦ 应控制扶手抗侧翻承载力和抗拉拔力；

⑧ 应控制扶手的连贯性及起点和终点处水平延伸长度；

⑨ 扶手的材质应选用防滑、热惰性指标好的材料；

⑩ 应控制扶手的安装高度和距墙面的净距。

4.7 无障碍厕所及安全抓杆

4.7.1 无障碍厕所及安全抓杆

厕所是与人们生活关系非常密切的场所，也是残疾人、老年人交通出行的基本保障。根据无障碍设计规范，为保证残疾人、老年人等特殊群体能够独立自主地参与社会生活和社会活动，在靠近公共厕所处应设置方便行动障碍者使用且无障碍设施齐全的小型无性别厕所，或者在公共厕所内设置带坐便器及安全抓杆且方便行动进出和使用的带隔间的无障碍厕位。

4.7.2 无障碍厕所及安全抓杆常见的工程问题

由设计、施工管理和工人技术等原因引起的无障碍卫生间及安全抓杆常见的工程问题如下：

① 公共厕所出入口的坡度太陡，乘轮椅者无法进入；

② 轮椅坡道的扶手设置和安装不符合规范要求；

③ 厕所门的净宽不符合规范要求；

④ 厕所内轮椅回转空间尺寸不符合规范要求；

⑤ 安全抓杆缺失或安装不规范；

⑥ 安全抓杆的承载力不符合规范要求；

⑦ 呼叫按钮安装位置错误，发生危险时不能呼叫；

⑧ 洗手盆下方容膝空间尺寸不符合规范要求；

⑨ 公共厕所地面防滑系数低于规范要求；

⑩ 公共厕所未设置无障碍厕所，也未设置无障碍厕位；

⑪ 缺少指向标识，有需要者不能及时找到无障碍厕所。

4.7.3 无障碍厕所及安全抓杆施工控制要点

无障碍厕所及安全抓杆施工控制要点包括：

① 控制出入口轮椅坡道的坡度和使用防滑材料；

② 应控制扶手抗侧翻承载力和抗拉拔力；

③ 应控制出入口坡道临空处安全阻挡台的尺寸和位置；

④ 无障碍厕所门的净宽应符合规范要求；

⑤ 厕所内的轮椅回转空间应符合规范要求；

⑥ 应控制安全抓杆承载力的拉拔力；

⑦ 安全抓杆安装的位置和尺寸应符合规范要求；

⑧ 呼叫按钮的安装位置和呼叫功能应符合规范要求；

⑨ 洗手盆的安全抓杆和容膝空间应符合规范要求；

⑩ 应控制地面使用材料的防滑系数符合规范要求；

⑪ 应注意无障碍标识的设置和安装位置。

4.7.4　无障碍厕所安全抓杆的安装

（1）基本要求

安全抓杆是供乘轮椅者及拄拐杖者方便如厕和保证使用者安全的重要设施。《无障碍设施施工验收及维护规范》GB 50642—2011 将其列为强制性条文，规定：无障碍设施的安全抓杆预埋件应进行验收，安全抓杆预埋件的验收应按照隐蔽工程的验收进行，由施工单位通知监理单位组织验收，形成验收文件；同时规定：无障碍厕所的安全抓杆应安装坚固，支撑力应符合设计要求，应能承受100kg 以上的拉拔力。坐便器的安全抓杆是供乘轮椅者从轮椅上转移到坐便器上以及拄拐杖者从坐便器上起立时使用的抓杆。

安装在坐便器旁的安全抓杆在墙壁上的 L 形抓杆长度一般为 600～800mm，另一侧的抓杆一般为 T 形，T 形抓杆的长度通常为 550～600mm，可做成悬臂式可转动式抓杆。可转动式抓杆可做成水平旋转 90°和垂直旋转 90°两种，在使用前将抓杆转到贴近墙面，不占空间。待轮椅靠近坐便器后再将抓杆转过来，协助乘轮椅者转换到坐便器上。

男性小便器的安全抓杆则是供乘轮椅者及拄拐杖者站立如厕和支撑的设施。主要供使用者将胸部靠住，使重心更为稳定。男性小便器安全抓杆应在离墙两侧250mm 处，设高度为 1.2m 的垂直安全抓杆，并在离墙 550mm 处设高度为900mm 水平安全抓杆，与垂直安全抓杆连接。

（2）预埋件（后置件）安装

1）预埋件（后置件）安装要求

安全抓杆的预埋件（后置件）安装，必须严格按照设计图纸，核对尺寸，这样才能确保安装准确。《无障碍设施施工验收及维护规范》GB 50642—2011 中将安全抓杆的安装作为强制性条文，规定安全抓杆预埋件应进行验收，验收时应按无障碍设施隐蔽工程验收并做好记录，形成验收文件。同时要求无障碍厕所和厕位的安全抓杆应安装牢固，支撑力应符合设计要求。

2）预埋件（后置件）构造要求

① 安全抓杆的预埋件构造要求。安全抓杆的预埋件必须预埋准确，安全牢固，按设计的位置量好尺寸。预埋件一般是方形钢板，尺寸为 80mm×80mm，

厚度应>5mm，方形钢板背面焊接钢筋做固定脚，上部与小钢板焊接，伸出来的两个端部做小弯钩，钢筋为Φ8，长度120mm。安放时，预埋件顶面的尺寸要测控正确，安放的数量应符合设计要求，应保证安全抓杆有足够的强度和稳定性。

② 安全抓杆后置件的构造要求。由于预埋件尺寸难以把握，施工难度较大，目前在满足安全要求的情况下，对实心砖墙面和混凝土地面或墙面，根据设计要求，通常采用钢制的膨胀螺栓进行安全抓杆的安装。

3）安全抓杆的安装

安全抓杆的形状和尺寸应按设计图纸要求加工成型或购置合格的定型产品，安装高度和尺寸应按照设计要求准确定位。安全抓杆固定于墙面和地面的做法步骤如下：

① 有预埋件的安全抓杆的施工。根据设计尺寸和安装高度，在预埋钢板表面画出安全抓杆的位置线，把加工成型的安全抓杆套上一个法兰盖罩，将抓杆端面对准钢板面上的位置线焊接牢固，选择焊条时要注意焊条种类和型号要与钢板、抓杆材质相配套，焊缝厚度符合设计要求。如果抓杆和钢板是不锈钢的，要用专用焊条和焊接工艺。墙面抹好灰后，将法兰盖罩卡好，必要时内部套一个橡胶圈盖罩，使其不会移动。目前安全抓杆应选用直径30~40mm的空心不锈钢管或选用专业厂家生产的定型产品。安全抓杆的弯曲处应圆润流畅、无开裂和明显起皱，杆件接头处对准平整，焊缝均匀密实，连接牢固，打磨后表面手感光滑，且进行抛光。

② 后置件的安全抓杆安装。按设计的高度，在实心砖墙或混凝土墙上测出安全抓杆固定点中心高度，并用笔标出十字线，以十字为中心，准确量出四个角部膨胀螺栓（用来固定钢板）的位置点，并用笔标出。如果是轻质墙体、多孔砌块、空心砖块墙体，应在固定安全抓杆的部位砌筑加筋实心砖梁或钢筋混凝土梁与周边结构连接，以确保安全抓杆固定部位牢固。在膨胀螺栓位置用冲击钻钻出相应的孔，把加工好的固定钢板贴到墙上，将钢板上的孔与墙面孔对准，打入膨胀螺栓，拧上螺母，检查钢板是否贴紧墙面且垂直端正，然后将螺母拧紧固定。膨胀螺丝的数量、规格、型号和防腐性能应按设计要求选用，如设计无规定时，可用镀锌螺栓，钢板表面应采取防腐措施，钢板应按设计要求或选用100mm×100mm×5mm尺寸。其余安装要求参考有预埋件的安全抓杆的施工。

目前安全抓杆采用后置件安装的比较多。在使用膨胀螺栓固定工艺安装时，操作前一定要认真核对厕所的电路图纸、智能化图纸和水路图纸等，确认好电线、水管和智能化线路走向及位置，严禁在安全抓杆安装操作中碰、挤、截断电路、水路管线。

4.8 地面防滑

4.8.1 地面防滑常见的工程问题

随着建筑物和市政道路的地面装饰面层材料不断升级，大量建筑采用抛光石板材、釉面砖、磨光砖和玻璃做饰面，在片面追求美观的认识下，忽视了地面防滑这个基本的使用要求。目前因公共场所地面过于光滑而导致意外滑倒而致伤、致残等事件不断发生，地面防滑已经成为公共安全的新问题。涉及行动弱势群体通行防滑安全的无障碍设施主要包括：缘石坡道、盲道、出入口、轮椅坡道、无障碍通道、楼梯和台阶、无障碍厕所和厕位、无障碍浴室和浴位、无障碍客房和无障碍住房等。地面防滑常见的工程问题如下：

① 整体面层未对地面进行防滑物理构造处理或化学处理，防滑性能不符合规范要求；

② 板块面层选用的材料防滑性能不符合规范要求；

③ 施工时对坡道地面未进行防滑处理，坡道地面防滑性能不符合规范要求；

④ 施工时对厕所和浴室等潮湿地面未做防滑处理，潮湿地面防滑性能不符合规范要求；

⑤ 无障碍设施的改造未对地面磨损造成防滑性能下降处进行防滑处理；

⑥ 雨雪天气未对易滑地面进行防滑处理（如铺贴防滑胶垫等）。

4.8.2 地面防滑工程施工控制要点

按照《无障碍设施施工验收及维护规范》GB 50642—2011 第 3.1.10 条的要求，缘石坡道、盲道、轮椅坡道、无障碍出入口、无障碍通道、楼梯和台阶、无障碍停车位、轮椅席位等地面面层抗滑性能应符合标准规范和设计要求。面层的抗滑性能采用抗滑系数和抗滑摆值进行控制；其面层抗滑系数≥0.5，面层抗滑指标 FB 应符合表 3-4-1 的要求。地面防滑工程施工控制要点如下：

① 预制板块类地面板块材料，应采用防滑系数＞0.5的人造石材和火烧花岗石等，进场前应核查产品合格证书、性能检测报告，并按规范要求取样送检进行复检；

② 对于整体式面层，按设计要求做好面层的物理构造防滑处理（包括拉毛等）或化学防滑处理（包括化学防滑涂料等）；

③ 对坡道地面按照设计规范的要求做防滑处理；

④ 对潮湿地面按照设计要求进行防滑处理；

⑤ 雨雪天气前后，立即对易滑地面进行临时防滑处理。

无障碍设施地面面层抗滑指标 *FB*（BPN）　　　　表 3-4-1

抗滑摆值	室外		室内		
	缘石坡道、盲道、通道、地面、楼梯和台阶踏面		地面、走道、楼梯踏面和台阶		
			厕所、浴间、饮水机处等易浸水地面		干燥地面
	坡面	平面	坡面	平面	
$FB(BPN)$	$FB \geqslant 55$	$FB \geqslant 45$	$FB \geqslant 55$	$FB \geqslant 45$	$FB \geqslant 35$

5 无障碍设施改造与督导机制 *

随着我国经济社会进入高质量发展阶段，无障碍设施改造作为无障碍环境建设的重要内容被正式提上日程。无障碍设施改造与无障碍环境督导是相辅相成的。无障碍环境督导催生了大量无障碍设施改造，提升了城市宜居环境品质，满足了人民日益增长的美好生活需要。本章将探讨无障碍设施改造和无障碍环境督导的基本理论，介绍无障碍建设促进社团的督导机制，分析无障碍设施改造的经典案例。

5.1 基本理论

5.1.1 无障碍设施改造的由来与挑战

无障碍设施改造是一个有价值的研究课题。有以下情况涉及无障碍设施改造：一是对外开放的名胜古迹需要进行无障碍改造；二是城市历史发展过程所形成的老旧小区、老旧楼宇、老旧街区、老旧厂区、老旧公园等，在城市更新中需要进行无障碍改造；三是新建的不规范的无障碍设施和不系统的无障碍环境也应该进行改造。这些需求构成了无障碍设施改造作为独立研究课题的必要条件。

名胜古迹和老旧城区是城市在历史发展过程中形成的，属于存量问题；而不规范、不系统的无障碍设施是近十几年新建或扩建的项目中形成的，属于增量问题。自2012年国务院《无障碍环境建设条例》实施以来，无障碍环境建设在全国范围内全面展开，特别是经济社会较为发达的城市率先把无障碍环境建设作为城市发展的重要目标，实施了一系列无障碍建设行动计划。但随着无障碍设施普及率的提高，无障碍设施不规范的问题逐渐凸显出来，成为当前无障碍环境建设的突出问题。最近，城市更新提上了各大城市的发展日程。城市更新的目标是实现城市高质量发展、满足人民日益增长的美好生活需要，而无障碍环境则是美好生活需要的重要内容之一。无障碍设施的规范化、无障碍环境的系统化以及城市更新的无障碍实施行动，是无障碍设施改造的主要内容。

改造不同于新建。新建是从零做起，可供规划设计的空间充足且富有弹性。改造是在基础环境既定的情况下进行的，约束条件不仅繁多，而且严格，大大增加了无障碍设施改造的复杂性。比如，名胜古迹的改造不但不能破坏古迹原貌，而且还应保证无障碍设施改造与原有环境在艺术风格上保持一致，这大大增加了设计的难度。市政道路的改造也是比较复杂的问题：它受到既有设施带、绿化带、控制红线、有效通行宽度、窨井盖等影响，不是简单执行国家标准就能达到预期效果的。总之，无障碍设施改造约束条件多，发挥空间小，更富有挑战性，

---

* 本章作者：吕洪良。

要求设计师不能"只知其一、不知其二"，而应"知其然，知其所以然"。设计空间缺乏弹性是不利条件，但在某种意义上也是有利因素，因为逆境更有利于激发设计师的创造性。以上因素是无障碍设施改造作为独立研究课题的充分条件。

无障碍设施改造是一个在新的设计范式指引下赋予建筑物或其他公共场所新功能的创造过程。创造是一个复杂的知识产生过程。它既遵循常理、又不拘泥于常规，在"山重水复疑无路"之处，发现"柳暗花明又一村"。设计师的创造源泉来自其他设计同行的作品或其他艺术家的作品，也来自有活力的需求者。而需求者也是潜在的合作者往往是热心公益事业的残疾人。

5.1.2　无障碍环境督导的特点与缘起

无障碍环境督导是公众参与的一种形式。最早由残疾人自发组织起来，对公共设施无障碍情况进行考察，并向相关政府部门和单位反馈。无障碍环境督导有以下几个特点：第一，它是组织行为，不是个人行为。有的组织是自发的、松散的，有的组织是经正式注册、有正式规章制度、受当地残联支持和管辖。总之，无障碍环境督导是一种组织行为。第二，它多为事后检查，鲜有事前参与。通常在工程项目竣工验收、投入使用之后，残疾人才有机会考察无障碍环境。就目前而言，无障碍环境督导主要还是事后介入。第三，它主要针对无障碍设施不规范、无障碍环境不系统两方面问题进行反馈。

在没有无障碍环境时，残疾人感受不到无障碍设施的便利，从而缺乏无障碍概念，因此此时无障碍出行需求只是一种潜在的需求。只有当无障碍设施开始普及、无障碍环境初具规模时，残疾人特别是重度残疾人，作为对无障碍环境高度敏感、高度依赖的群体，才能感知到环境的便利。在这一阶段，他们面对的主要问题是无障碍设施不规范、无障碍环境不系统。这两方面问题激发了残疾人开展无障碍督导的积极性。无障碍环境是由相互关联的无障碍设施构成的系统。系统的完整性和连续性是实现其基本功能的重要保障。无障碍设施的不规范性使无障碍系统链条中产生了断点，影响了其无障碍系统功能的发挥，缩小了需求者自主行动的半径，加大了残疾人独自出行的风险。作为无障碍建设早期探索阶段的产物，不完善的无障碍环境让残疾人对无障碍设施产生了基本认知，在学习效应的作用下引发无障碍环境需求，进而产生了无障碍环境督导这种表达不满和诉求的方式。

有人建议用"体验"而非"督导"来称呼这种公益行为，原因有二：一则认为残疾人未得到法规或行政授权；二则怀疑残疾人是否拥有相应的专业能力。其实在一些地方性法规里，对残疾人参与监督是有规定的。例如，《辽宁省无障碍环境建设管理规定》第八条规定："残疾人工作机构和有关社会组织应当向政府有关部门反映残疾人、老年人等社会成员的无障碍需求，提出加强和改进无障碍环境建设的意见和建议，参与无障碍环境建设规划的制定和实施工作，开展无障碍环境建设宣传和社会监督。"第九条规定："残疾人工作机构应当组织建立由人大代表、政协委员和残疾人、老年人、媒体代表等社会各界参加的社会监督员队伍，对无障碍环境建设和设施使用情况进行监督。社会监督员有权向无障碍环境建设不达标或者设施被侵占、损坏的单位和相关部门提出质询、意见和建议，相关部门和单位应当及时予以答复。"这说明残疾人开展无障碍督导是有法可依的。至于残疾人是否有相应专业能力，则需要有更加清晰的规定。

5.1.3 无障碍环境督导的理念与机制

20世纪中后叶，残疾人权利运动在美国兴起。残疾人领袖们认为：残疾人是个人事务的专家。他们反对"康复范式"（Rehabilitation Paradigm），倡导"独立生活范式"（Independent Living Paradigm），提出了"没有我们的参与，不做与我们相关的决定"（Nothing about Us without Us）的口号。这意味着残疾人群体不甘心作为被动的接受者，而要作为主动的参与者。尽管在残疾人权利运动史上独立生活运动的发起人埃德·罗伯茨（Ed Roberts）、通用设计的开创者罗纳德·梅斯（Ronald L. Mace）都是残疾人，但残疾人并不是无障碍环境的唯一受益群体，因为老人、孕妇、儿童、临时伤残者和病弱者、身负重物的人，乃至每个普通人都会体验到无障碍设施所带来的便利。但残疾人是无障碍需求者中的关键少数，这是因为他们对无障碍环境的高度依赖性和敏感性。

无障碍环境督导建立在残疾人对无障碍环境高度依赖、强烈不满以及自觉意识提升的基础上。它以利益团体的形式出现。个人努力的成本是私人的，效益是社会的，正的外部效应会导致个人层面的无障碍督导活动不足。集体行动也不能完全实现外部效应内部化，但公益行为所带来的精神满足、社会声誉等非物质激励将促使残疾人精英投身于无障碍环境督导。因此，如果说残疾人是无障碍需求者中的关键少数，那么，参与督导的知识精英则是残疾人群体的关键少数。他们主要采用的方式有：个人投诉（如"12345"市民热线）、向残联反映并由残联协调维权、向政府部门直接反映、媒体呼吁、人大建议和政协提案、公益诉讼等。上海等个别城市有无障碍环境建设联席会议制度，是一种依托当地残联的无障碍"督导—反馈—协调—整改"机制。

在上述无障碍环境督导机制中，残疾人只是作为问题发现者和反馈者，是被动的需求者，而不是主动的供给者。按照谢里·阿恩斯坦（Sherry Arnstein）的参与阶梯理论（The Ladder of Participation），残疾人处于最低的"非参与"（Nonparticipation）层次（即权力部门制定方案，让残疾人直接接受）或"象征性地参与"（Tokenism）层次（即权力部门象征性地作出少许妥协）。这两种模式中参与信息的流动是单向的，是从权力部门流向残疾人，残疾人缺乏谈判的权力。这显然与"没有我们的参与，不做与我们相关的决定"所传递的理念是有距离的。残疾人群体期待的参与是公民控制（Citizen Power）层次，至少是合作参与（Partnership）。残疾人在长期生活实践中积累了大量关于残疾本身、残疾与环境之间关系、应对环境挑战的策略等默会知识（Tacit Knowledge）。这种知识即使是当事人，都可能无法用语言清晰、准确地表达出来，设计师通过短期模拟体验残疾状态也无法获取。有两种方法可以打破设计师和残疾人之间的信息屏障：一是设计师与残疾人建立起亲密的合作关系，通过实验观察残疾人的复杂行为，了解残疾人的特殊心理；二是培训残疾人，使其掌握相关的设计规范或标准以及基础的设计方法，与设计师平等地参与设计过程。有创造力的残疾人是设计师的合作伙伴，而非竞争对手。来自残疾人的感性或理性认识与设计师的专业知识相结合，将会以创新思维应对无障碍改造的挑战。

5.2 督导实践：大连市无障碍建设促进会

5.2.1 无障碍环境督导：大连的探索

无障碍环境督导早期由肢残人协会组织开展。肢残人协会作为残联下属的专门协会负有代表、服务、维权职责。无障碍环境督导属于维权范畴。中国肢残人协会设立了无障碍服务与推广委员会，开展无障碍建设推动工作。各地肢残人协会也有类似的委员会。中国残疾人联合会、中国肢残人协会举办了多期无障碍督导员培训班。2010 年前后，各地开始成立专业的无障碍环境督导组织，多以"无障碍建设（或环境）促进会"命名。下面主要介绍大连市无障碍建设促进会的实践与探索。

大连市无障碍建设促进会（以下简称"大促会"）成立于 2010 年，2011 年注册为正式的社会组织。成立之初，大促会有 200 多名会员，基本都是轻度肢残人。2016 年换届之后，大促会定位为无障碍促进志愿公益组织，会员精简为 60余人，吸纳了轮椅人士、盲人、聋人、少数精神和智力残疾人亲友，还发展了一批健全人会员（包括残疾人家属、相关领域从业人员）和大量大学生、公司员工等非会员志愿者。多元的人员构成体现了组织建设的无障碍、包容性特征，将各个利益相关群体都纳入无障碍督导队伍。

大促会每年都会确定一个主题，开展督导活动，如十大商圈、十大景区、十大公园、十大交通枢纽等，都是城市最具代表性的公共场所，且与残疾人日常生活密切相关的公共设施。在督导之前，大促会开展一系列研讨和培训，无障碍督导员按照一定的考核指标体系进行测评。考察之后，督导员会将测评结果整理成调研报告，呈送给委托单位残联，进而转交给相关政府部门。分类别考察主要是因为同类公共场所的管辖权对应单一的主管部门，比较便于沟通。2019～2020年，大连市在争创全国文明城市的过程中进行了加强无障碍环境建设工作部署。在相应工作机制下，大促会对十大类公共场所进行了抽样调查，并将调查报告汇总给市残联，最后由市委文明办、市住建局下放给各个部门和单位。

大促会调查发现仅仅提出问题或者按照国标提出整改建议无法实现无障碍改造的目的，特别是对于一些复杂的无障碍改造，专业设计师也无法精准把握。因此，从 2019 年开始，大促会定期举办学术工作坊，邀请相关专家、残疾人督导员、相关部门和单位工作人员、志愿者参与。大促会旨在通过学术研讨，逐步培养自己的残疾人无障碍设计专家，以此提高残疾人群体的话语权。督导开展一段时间后，在大连机场、大连市公共行政服务中心等公共场所无障碍改造中，残疾人专家的话语权都得到了充分发挥，并取得了良好的效果。

5.2.2　无障碍环境督导：经验与不足

　　大促会之所以能在无障碍环境督导中发挥作用，是因为它以社会组织的形式将一大批残疾人组织了起来，进行了有效的思想动员，以无障碍环境督导为己任，将残疾人由被动者转变为主动者。"没有我们的参与，不做与我们相关的决定"这句口号不仅针对他人，更要求残疾人群体自身首先组织起来，采取行动，成为自觉、能动的主体。在无障碍环境督导方面，组织比个人更有力量、更有渠道、更能引起社会的关注。社会组织凝聚了残疾人群体中的精英，其通过协商与合作更能体现集体理性。个人表达容易感性和情绪化，群体表达更趋于理性，使残疾人群体以良好沟通者的姿态出现在公众视野。在长期的无障碍督导实践中，大促会意识到：仅仅做到主动呼吁、理性发声是远远不够的，还应该培养残疾人无障碍专家，特别是其面对复杂的无障碍改造时应能拿出一揽子技术方案，提升话语权，实现合作参与（Partnership）。从主动发声者到良好沟通者，再到无障碍研究者，实现难度越来越大，参与程度越来越深，但取得的效果越来越好。残疾人无障碍专家队伍的构成首先是残疾人，无论肢残人还是盲人，最好是重度残疾人，其次是相关领域专家，必须有系统的无障碍专业知识、丰富的实践经验、广博的理论研究——这是残疾人深度参与的基础。

　　大促会在无障碍环境督导中的作用受到了很多制约。最重要的制约是无障碍法治建设严重滞后，使无障碍环境督导缺乏有效的机制体制保障。大促会在组织建设、人才培养、行动策略等方面形成了比较成熟的模式，但在无障碍环境督导过程中缺乏有力的传输渠道和惩戒措施，最终导致很多意见、建议无法落实。比如，残联属于群团组织，可以进行协调，但没有强制约束力。相关部门拒不落实，残联也没有相应的制约手段。住建部门从客观上没有相应的制度使其跨部门行使管理权。特别是下放行政审批权改革之后，责权关系没有理顺，无障碍环境建设审查机制没有建立起来。这是大多数城市在无障碍环境建设中所面临的共同问题。2021年以来，上海、深圳、杭州、北京等城市陆续出台了无障碍地方性法规，旨在理顺无障碍环境建设的责权关系，建立起相应的机制体制。

　　同时，残疾人群体偏老龄化，教育程度偏低，经济条件不佳，大多处于社会底层。公益志愿者行为是一种奢侈品，不是普通大众可以"消费"的。无障碍环境督导比普通的公益志愿者行为要求更高，需要一定的专业知识，并需要一定的学习能力。在美国的独立生活运动中，受过高等教育的重度肢残人是积极分子。但现实中有学识、有情怀、有格局的年轻残疾人是罕见的。大促会逐渐将视野转向无障碍环境建设的所有利害相关者，期望纾解这一困局。

5.2.3　无障碍环境督导：设计师的态度

　　残疾人无障碍专家多是在无障碍环境督导中通过学习和实践逐步成长起来的。设计师是经过长期专业学习训练的，具有一定的专业优势。但残疾人专家长期面对各种障碍的挑战，在"挑战—应战"中习得了丰富的默会知识，具有"情境理性"（Situated Rationality）。按照让·莱夫（Jean Lave）和丁纳·温格（Etienne Wenger）的情境学习（Situated Learning）理论，学习不仅是一个个体性的意义建构的心理过程，更是一个社会性、实践性、以差异资源为中介的参与过程。简言之，实践出真知。从这个意义上讲，残疾人专家的专业性可能更有实践意义。下面分享大促会的两则督导日志（根据大促会相关调研总结材料整理），以了解设计单位与设计师在无障碍环境督导中出现的误解现象。

日志一

时间：2021 年 5 月；地点：某建筑设计院；调研内容：综合交通枢纽无障碍设计

"我方的残疾人无障碍专家与对方的设计团队进行了接洽。尽管我们事先告知其调研目的，但对方没有提供任何设计资料和介绍资料，只是口头介绍了某在建综合交通枢纽无障碍设施的种类和数量。我们提出要看无障碍卫生间的设计图纸，因为此前我们考察该单位设计的另一个综合交通枢纽，发现无障碍卫生间的布局及设施大多不规范，坐便器一侧的 L 形安全抓杆存在严重安装错误（图 1）。设计院没有无障碍设施专项设计，只是在公共厕所的设计中包含了无障碍卫生间的平面设计，没有正立面图和侧立面图。我们发现 L 形安全抓杆的设计仍有问题，将竖杆设计到坐便器内侧了（图 2）。对方一再强调，他们是按照国家标准设计的。"

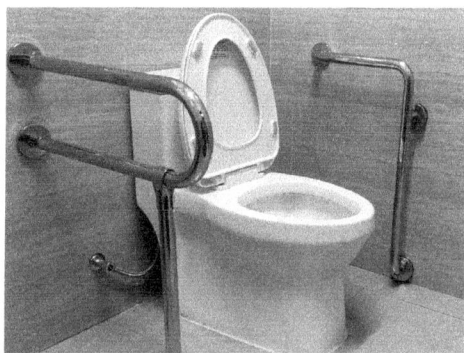

图 1 某综合交通枢纽的无障碍卫生间

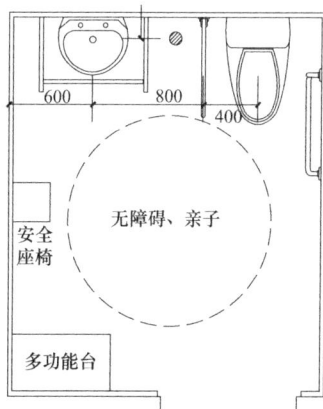

图 2 某综合交通枢纽的无障碍卫生间的设计图

日志二

时间：2021 年 10 月；地点：某高校；调研内容：实验教学楼主出入口轮椅坡道设计

"某高校实验教学楼落成。对主出入口的折返式轮椅坡道，我们找到了建设单位和设计单位，提出室外坡道的坡度应小于 1:12，以 1:14 最为适宜（图3）。并且折返的两段坡道在坡度上应该均衡，上层坡道较长，坡度应略大于下层坡道。对方认为他们按照设计规范做的，坡度均小于 1:8 的国标要求，因此未接受我们的意见。"

图 3　某高校实验教学楼的折返式轮椅坡道

在以上两个案例中，设计师对设计规范都有所了解，但不经过专业培训，仅仅在设计过程中查阅国家标准，未必能设计出合理而实用的无障碍设施。设计规范只是提供一个笼统的框架，没有体现更多的细节，特别是布局结构方面的细节。比如，无障碍卫生间的婴儿安全固定座椅是为 0～3 岁儿童设置的，应安装在 L 形安全抓杆的前方，便于陪同的父母等亲友安抚和保障安全。如果设置在坐便器对面，与亲友的距离会引起儿童的不安和哭闹。这些知识并未体现在国家标准中，但应作为常识为设计师所掌握。无障碍设计涉及人体工程学、行为学、心理学等多方面知识，很多知识不是设计师坐上轮椅或蒙上眼睛在短时间内就能总结出来的。因此，设计师应与残疾人或残疾人无障碍专家建立合作伙伴关系，充分尊重他们的意见。

5.3　合作参与：大连市公共行政服务中心

5.3.1　无障碍设施改造的参与与成效

大连市无障碍建设促进会的无障碍环境督导主要包括三种形式：非参与，即向相关单位提交调研报告，只是得到表态，并未付诸实际行动；象征性参与，即双方开展了座谈或研讨，交流了信息，交换了意见，但相关单位事后并未采取行动，或改造结果仍未达到规范要求；积极参与，即大促会以合作伙伴身份深度参与无障碍改造，最终效果能达到预期目标。这意味着无障碍督导由事后的亡羊补牢转化为事前的未雨绸缪。

2021 年，大促会作为合作伙伴先后参与了大连机场、大连市公共行政服务中心（以下简称"行服中心"）的无障碍设施改造。对大连机场无障碍改造的参与延伸到修改确定设计图纸。后期施工过程没有进行督导会导致个别局部实际效果与设计图纸稍有偏差。大促会对行服中心无障碍改造的参与延伸到对项目经理的监督和指导，最终完全实现了残疾人专家团队的预期效果。无障碍环境督导深度与实际效果是成正比的。

对于大促会而言，在缺乏相应制度安排的情况下，实现深层参与是非常困难的。其对大连机场无障碍改造项目的合作参与是在中国残联、中国民用机场协会的推动下达成的合作意向。行服中心的无障碍设施改造是一个特例。在创建大连市全国文明城市的过程中，行服中心通过大连市残联与大促会取得联系，希望大促会推荐专业的无障碍设计和施工单位。大促会推荐了一家会员单位，并与该家会员单位达成意向，对无障碍设施改造进行全流程的监督和指导。无障碍设施改造项目必须有残联或残疾人代表验收并拥有表决权，才能确保残疾人的参与深度，才能保证无障碍设施改造的品质，才能使偶然性转化为必然性。

5.3.2 无障碍设施改造的挑战与应对

大连市公共行政服务中心的无障碍设施改造内容主要包括无障碍卫生间和带盲文的导航牌等导盲设施。下面主要介绍无障碍卫生间改造过程中遇到的挑战以及应对策略。

该中心本次计划改造 8 个无障碍卫生间。每个卫生间面积约 $4.5m^2$，坐便器、洗脸盆的位置以及相应安全抓杆的造型和尺寸都不规范（图 3-5-1）。改造中主要遇到四大难题：①墙壁使用的是空心砖，对安全抓杆、洗脸盆的牢固性会造成不利影响；②上下排水、排污管线是固定的，对调整坐便器和洗脸盆的位置会造成一定限制；③空间面积有限，可采用的结构布局受到一定限制，特别是要保证坐便器可上旋安全抓杆一侧留出 700～800mm 的空间存在一定难度；④下水管道墙垛影响坐便器靠近墙壁，也不利于 L 形安全抓杆的安装。

专家团队提出了以下解决思路：①在坐便器后面加一段实体墙，将坐便器改为墙排式。可将坐便器与洗脸盆并列设置，通过错位使坐便器可上旋安全抓杆一侧留出足够的空间，以保证轮椅人士独自或在他人协助下从侧面移动到坐便器上（图 3-5-2～图 3-5-4）。而且下水管道墙垛建在实体墙内，上下排水管道也由于修建实体墙而可以重新调整，从而使坐便器和洗手盆可以按照合理的流线进行重新布局。②坐便器的侧面也可以加一段实体墙，将冲水按钮改到坐便器侧面。这样也在实质上解决了下水管道墙垛所导致的问题。日本的无障碍卫生间多采用这种模式：坐便器后面的实体墙满足墙排功能即可，不必太厚；洗脸盆设置在 L 形安全抓杆前方。但日式洗脸盆通常不设安全抓杆，但中式洗脸盆通常加设安全抓杆。安全抓杆可能影响坐便器前方的轮椅回转空间。③在 L 形安全抓杆前方设置婴儿安全固定座椅，这样便于成年人安抚和照顾座椅中的婴儿。因为需要安装婴儿安全固定座椅，所以将洗脸盆与坐便器做了错位排列。

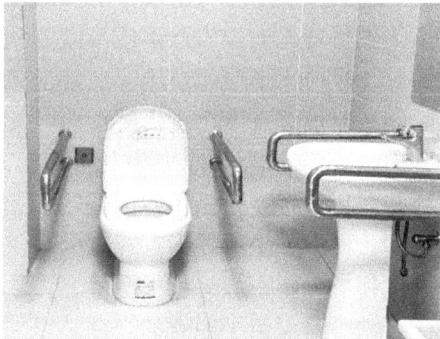

图 3-5-1 行服中心无障碍卫生间原有设施与布局

在行服中心无障碍设施改造过程中，专家团队进行了充分的研讨，主要

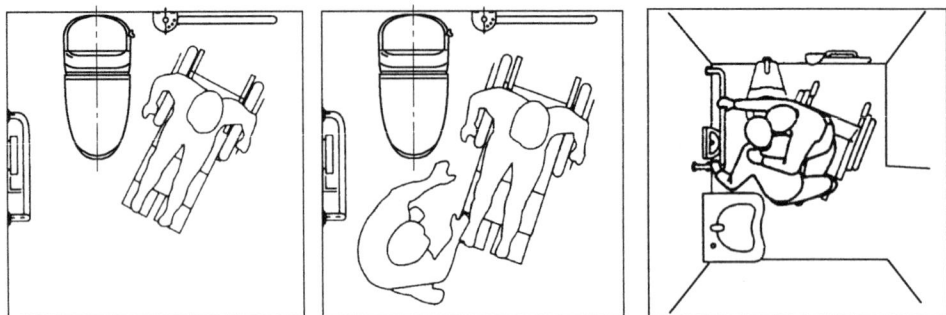

图 3-5-2　残疾人如厕的行为模式（从侧面移动到坐便器上）

图 3-5-3　坐便器与洗脸盆的错位布局

讨论了以下问题：①取纸盒的位置。按照日本的规范和图集，取纸盒通常设置在 L 形安全抓杆内部。但在日本由于坐便器一侧通常设置一个小洗手盆，所以 L 形抓杆与墙壁的距离较大，这样取纸盒不会影响 L 形抓杆（主要指竖杆）的使用。但在中国，L 形抓杆距墙壁比较近，所以取纸盒适合放在 L 形抓杆的横杆下方或竖杆前方。②坐便器一侧安装了一个花洒，一方面可伸其发挥小洗手盆的作用，另一方面可使其与坐便器搭配，充当造口清洁器。花洒的位置是有争议的。有专家认为花洒最低点应与坐便器上缘保持同一高度，以便手臂无力的人使用。有专家认为如手臂无力较为严重便不可能独自如厕。所以，建议其以 1.2m 的标准高度为宜。轮椅人士使用花洒时通常坐在轮椅上，这个高度更便于他们触及。③紧急呼叫按钮设置有 3 个。坐便器前方的低位呼叫按钮按照日本的设计图集通常位于距离坐便器前端约 300mm 处。考虑到仰面摔倒的可能性，专家团队将这处低位呼叫按钮设置在距坐便器前端约 1.2m 处。L 形抓杆上方的呼叫按钮配有较长的拉绳，便于在坐便器附近摔倒的人使用。洗脸盆一侧设置了一个呼叫按钮，是考虑挂拐的人不小心将拐杖滑落、无法自行拾起时求助使用。④鉴于墙体采用空心砖，洗脸盆保留了原有的立柱，以加固支撑。洗手盆前缘距离安全抓杆的横杆 20～30mm，以便手指探入；安全抓杆的横杆距洗手盆上缘不大于 10mm，起到支撑作用。⑤没有设置带安全抓杆的低位小便器。这一方面因为空间有限（由图中文字标注：

1950
470 580 900
375 375 450 325 325
50 50

洗手盆扶手 距地820

红砖墙砌筑
冲水开关
350
240
洗手盆
350
拉绳报警器
450

L形扶手
横杆距地700,竖杆距地1400手持冲洗花洒
水箱
240 240 240
300
坐便器
可上旋悬臂扶手 距地700
自动干手器

纸巾盒 距坐便器上沿450
700 700 700
150
100 150

拉绳报警器
200
200 150 50

轮椅回转直径φ1500
550
500
2350

婴儿座椅
350
250

拉绳呼叫按钮
300
410
800

折叠打理台 距地500
150
200

450 1000 500
1950

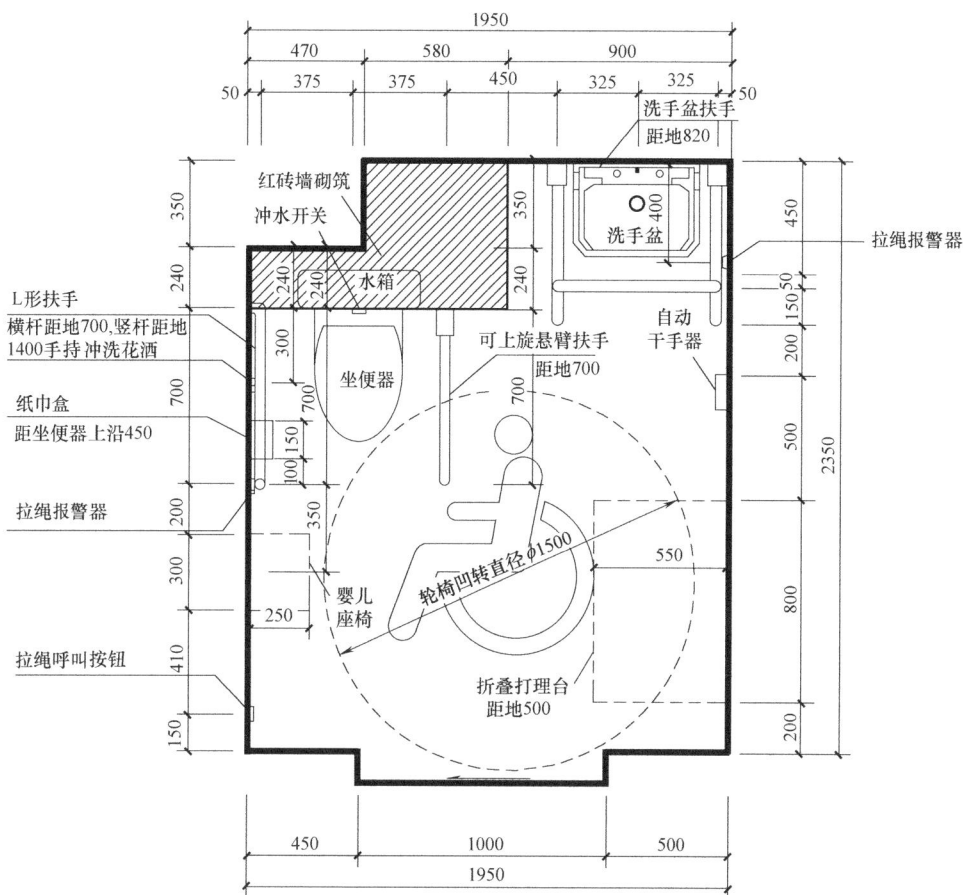

图 3-5-4　行服中心新改造的无障碍卫生间平面图

于这个原因，便利于儿童的设施也省略了）；另一方面是因为带安全抓杆的低位小便器、低位洗脸盆等主要为拄拐的残疾人提供便利的设施通常设置在普通的男、女卫生间里。如果按照这种功能细分，无障碍卫生间中洗手盆的安全抓杆也可以省略。⑥配备了可折叠的多功能护理台，既节约空间，又可以充当儿童护理台（更换尿布等）、换衣台（儿童和成人均可使用）、置物台（冬季穿戴的厚重衣物等）。以上设计力求简洁、实用、变通、一物多用、低成本、高效率和创造性。

5.3.3　无障碍设施改造的问题与启发

在行服中心的无障碍设施改造过程中，设计和施工两个环节都是非常关键的。设计的关键作用是毋庸置疑的，但施工环节通常被忽略了，而施工的随意处理造成的不规范问题更为严重。

首先，如果仅仅停留在翻阅设计规范的认知水平，是无法设计出规范、实用的无障碍设施的。比如，无障碍卫生间是有多个功能分区的，每个分区之间存在内在的逻辑。如果不了解残疾人的人体工程学数据、行为模式和心理特征，特别

是如厕过程中所遇到的困难，就很难设计出合理的流线和适宜的尺寸。残疾人群体本身呈现出多样性特征，邀请残疾人无障碍专家深度参与无障碍设计与改造是非常必要的。

其次，施工环节的问题非常严重。对图纸缺乏理解，对细节缺乏敏感性，基本上凭借经验来实施改造。遇到认识模糊的地方，往往会根据经验随意处理。所以，在行服中心的改造中出现了多次返工。比如，洗脸盆和安全抓杆是分别从两个厂家采购的，尺寸不匹配，施工中未做任何调整就直接安装了。工程监理和项目经理全面、精准地了解无障碍设施设计非常关键。如果无障碍督导达不到这个层面，即使设计得非常完美，最终的呈现也可能与设计初衷相去千里。在行服中心无障碍改造中，大促会的专家建议先集中改造一个无障碍卫生间，作为样板间，把所有问题都消化掉，再对其他无障碍卫生间进行改造。对于大型工程项目，采用样板间的方式将无障碍设施改造标准化，是一种值得推广的方式。对于小型工程项目，以工作坊的方式建立起"设计师—残疾人专家—工程监理和项目经理"沟通链条，是一种值得探索的模式。当然，最理想的方式不是单个无障碍设施产品的采购，而是一揽子规范的无障碍卫生间解决方案（从设计方案到标准化产品）的实施。标准化整体装配是无障碍设施改造的未来发展方向。

第 4 篇　"十四五"期间的无障碍立法与政策

本篇介绍了当前我国各地在"十四五"期间无障碍相关地方立法、政策和标准的最新进展。本篇选取了北京、上海、深圳、哈尔滨、嘉兴为例，对近两年来地方上无障碍立法和标准导则进行了系统、全面的介绍。从背景、过程、主要内容、技术要点等方面，针对人群需求、技术内容和法治体系建设如何融合的问题，阐述了各地的优秀经验和做法。对推动不同地区在提升、完善无障碍公共政策等方面有重要的参考价值。本篇还选取了近年来重要的无障碍相关领域国际、国内会议的宣言与倡议，形成列表，供读者进一步了解通用无障碍理念的发展与传播情况。

1 《北京市无障碍环境建设条例》介绍[*]

1.1 立法背景

《北京市无障碍设施建设和管理条例》（以下简称"04版《条例》"）于2004年颁布实施，是我国第一部无障碍建设领域的地方性法规，对引领和推动北京市无障碍设施建设工作有序开展，保障2008年奥运会、残奥会等国家重大活动的成功举办，推动北京市成为全国首批无障碍设施建设示范城市发挥了重要作用。当前，无障碍环境建设面临的形势已经发生了深刻变化，新时代对无障碍环境建设提出了更高要求。

2012年国务院公布实施《无障碍环境建设条例》（以下简称"国家《条例》"），从关注无障碍的硬环境建设向同时关注无障碍的软硬环境建设转变。《中华人民共和国国民经济和社会发展第十四个五年规划》和《2035年远景目标纲要》提出"构筑美好数字生活新图景，加快信息无障碍建设""推进新型城市建设，加强无障碍环境建设"等要求。2017年，党中央、国务院批复了《北京城市总体规划（2016年—2035年）》，确定了"四个中心"的北京城市战略定位，明确了国际一流和谐宜居之都的建设目标，提出"加强无障碍设施及环境建设维护"等要求。近年来，随着经济社会发展和人均寿命提高，社会老龄化程度不断加深，全社会对无障碍环境的需求持续增长，北京市无障碍环境建设发展不平衡、保障不充分等问题日益凸显。

为深入贯彻落实《北京城市总体规划（2016年—2035年）》规划建设目标，切实解决无障碍环境建设领域突出问题，结合2022年冬奥会和冬残奥会筹办工作，进一步推进北京无障碍环境建设，2021年2月，北京市人大常委会明确将"04版《条例》"修订纳入年度立法工作计划。同月，北京市规划和自然资源委员会（以下简称"市规自委"）同市残疾人联合会（以下简称"市残联"）启动了条例修订工作。

1.2 立法概况

1.2.1 工作组织

本次条例修订工作成立了由北京市规自委、市残联、市人大常委会城建环保办公室和法制办公室、市司法局组成的工作专班。市规自委组织成立了由北京市城市规划设计研究院及下属北规院弘都规划建筑设计研究院有限公司、中国政法大学等单位组成的课题组，并在工作过程中邀请相关领域专家共同参与。工作专班、课题组、专家团队形成部门协同、技术支撑、专家参与的工作组织方式。

---

* 本章作者：许槟。

1.2.2 基本思路

本次条例修订以适应时代发展、推进首都建设为目标导向，充分借鉴国内外立法经验，以及北京市无障碍环境建设专项行动的实践经验，通过深入分析研究和广泛征求意见，解决无障碍环境建设的突出问题。

1.2.3 工作方法

工作中课题组主要采用了对比分析、专题研究、现场调研、座谈交流和征求意见等相结合的工作方法。

通过对相关国家法律、行政法规、地方性法规、部门规章及地方政府规章、规范性文件、国际国外立法情况，以及相关标准规范等进行梳理，进一步对比分析"04 版《条例》"与"国家《条例》"、近年其他省市立法文件，发现现行条例的不足之处。

通过开展无障碍环境方面的问题研究，需求与现状研究，建设、改造管理研究，以及法律责任研究等专题研究工作，明确条例修订的方向。

通过对盲道、坡道、无障碍停车位、无障碍公厕、无障碍服务设施等现状进行调研，梳理分析存在的问题及问题产生的原因和解决路径。在此基础上，邀请残障人士、社会组织、无障碍专家、有关行政主管部门、人大代表和政协委员进行座谈研讨，聚焦条例修订的重点与难点问题，集思广益，统筹条款优化内容。

通过征求市规自委和市残联的各专业部门、相关市级行政主管部门及区政府、相关领域专家以及公众意见，了解不同视角所关注的重点及热点问题，有针对性地完善条款内容。工作组共收到各方反馈意见共 258 条，其中规自委系统 28 条，行政主管部门及区政府 31 条，专家意见建议 63 条，公众意见 136 条。经过逐条分析讨论和研究，确定采纳及部分采纳 167 条。

1.2.4 工作过程

基于市规自委和市残联的相关前期工作准备，条例修订工作历时 8 个多月，历经初稿—征求意见稿—报审稿—审议稿 4 个阶段的完善修改，市领导召开 2 次专题会听取汇报。2021 年 9 月 24 日，《北京市无障碍环境建设条例》经北京市第十五届人民代表大会常务委员会第三十三次会议审议通过，于 2021 年 11 月 1 日起正式施行。

1.3 核心内容

1.3.1 总体情况

按照市人大常委会年度立法工作计划，"04 版《条例》"修订在立项论证中，确定将立法形式定位为废旧立新，将条例名称调整为《北京市无障碍环境建设条例》。从"无障碍设施"到"无障碍环境"，既能顺应无障碍环境建设的发展趋势和举办冬奥会、冬残奥会的形势要求，也能确保地方立法与国务院《无障碍环境建设条例》相衔接，并有必要补充、细化国务院《无障碍环境建设条例》中"无障碍信息交流"和"无障碍社会服务"的相关内容。

《北京市无障碍环境建设条例》包括总则、无障碍设施建设与管理、无障碍信息交流、无障碍社会服务、无障碍法律责任及附则，共6章、43条，与原条例相比，修改18条（部分原条目进行了合并），新增25条，删除2条。其中，总则和无障碍设施建设与管理部分以修改完善为主，无障碍信息交流和无障碍社会服务部分主要为新增条款，法律责任部分在整合原有条款的基础上进行了补充及完善。

1.3.2 章节要点

（1）总则

本部分涉及立法目的、概念内涵、发展方针和原则、政府职责、部门职责、社会责任和社会监督、支持保障、宣传倡导共8个条款。通过更新概念原则、建立工作体系、完善配套措施，提升无障碍环境建设理念，加强无障碍环境建设保障。

1）提升无障碍环境建设理念

为了完善无障碍环境建设的内涵，本部分将无障碍环境受益群体范围从残疾人、老年人、儿童及其他行动不便者扩展为全体社会成员，将无障碍环境建设领域从设施建设环境扩展至信息交流环境和社会服务环境，保障全体社会成员都能够更加广泛、平等、自主、便利地参与社会生活，促进北京市基于国际一流和谐宜居之都规划目标的友好人居环境建设，提高社会文明程度。结合无障碍设计的新理念、新要求，在明确与经济和社会发展水平相适应的基础上，将基本原则确定为"通用设计、合理便利、广泛受益"，并新增关于弘扬价值观、坚持文明理念、营造良好氛围的条文内容。

2）加强无障碍环境建设保障

明确市、区人民政府制定无障碍环境建设发展规划，并纳入国民经济和社会发展规划以及相应的国土空间规划。完善无障碍环境建设责任体系，提出建立市、区政府部门间工作协调机制，基于北京市基层治理能力和法规保障，将部分工作职责下沉至街道办事处与乡镇人民政府。列举出与无障碍环境建设相关的14个政府行政主管部门，提出其将无障碍建设纳入相关专项规划并组织实施、加强指导监督检查、制定相关地方标准的职责，形成协同共管格局，解决无障碍建设系统性衔接问题。充分发挥残联、老龄办、妇联等相关组织作用，充实无障碍监督条款，新增支持科学技术研究、提高人才培养力度、加强宣传教育等规定，全力保障无障碍环境建设。

（2）无障碍设施建设与管理

包括无障碍设施工程建设要求、建设单位职责、相关主体职责、施工单位与工程监理单位职责、工程质量监管、无障碍设施管理维护、无障碍设施改造、交通工具无障碍、无障碍停车位、无障碍客房、临时占用共11个条款，通过强化各方职责、健全管护机制、便利交通出行，构建无障碍设施建设的全流程监管，解决残疾人普遍反映的出行难问题。

1）构建无障碍设施建设的全流程监管

完善无障碍设施工程建设原则，补充设计、施工图审查、施工、监理、建设等相关单位的责任，规定建设工程设计总说明书要对无障碍设施设计内容进行单项说明，增加规划自然资源部门审核以及住房和城乡建设以及相关专业工程行政主管部门审核、监督管理的责任，明确可以邀请残疾人、老年人等代表对无障碍设施进行试用体验。围绕现有设施改造问题，明确分为应建未建与按新标准提升改造两种情形，细化政府与社会主体的责任边界和改造资金分担机制，并设置了相应罚则，增加了残疾人、老年人居家环境无障碍改造条款。

2）解决残疾人普遍反映的出行难问题

为有效解决残疾人普遍反映的出行难问题，条例补充、完善了对于公共交通、公共停车场、旅馆客房、临时占用的相关规定。明确城市公共交通和城市轨道交通车辆、车站无障碍设施、设备的设置要求，逐步建立无障碍公交导乘系统。严格无障碍停车位的使用和管理，增加停车场管理单位责任。补充旅馆、酒店配置无障碍客房的要求。严格管控临时占用无障碍设施，提出避免占用、替代、恢复无障碍设施的相关要求。

（3）无障碍信息交流

包括无障碍新技术应用、网站无障碍、移动互联网应用无障碍、无障碍公共服务信息、无障碍公共场所（活动）信息交流、无障碍公共呼叫系统、无障碍电视和影视作品共7个条款，旨在推动无碍交流的全面覆盖，强化技术应用的科技支撑。

1）推动无碍交流的全面覆盖

条例旨在通过信息化的手段弥补由有障碍人群身体机能和所处环境等因素所导致的差异，提出对于有关社会组织、政府及其部门、公共服务机构的网站与移动互联网应用的无障碍建设要求。明确政府通过视频方式发布突发事件信息的，要同时采取实时字幕、手语等无障碍方式。举办有视力、听力残疾人参加的会议和公共活动，举办单位应当根据需要提供实时字幕、手语、解说等服务。明确110、119、120、122等紧急呼叫系统，以及12345市民服务热线及其网络平台，应当具备文字信息传送和语音呼叫功能。要求市、区广播电视台在播出电视节目时同步配备字幕，并提出对于手语配播节目的要求。

2）强化技术应用的科技支撑

充实引导新技术应用，强化科技支撑。条例支持新技术在导盲、声控、肢体控制、图文识别、语音合成等方面的应用，推进相关技术的成果转化。支持无障碍地图产品开发和人工智能技术的融合应用，推进社交通信、生活购物、旅游出行等领域移动互联网应用的无障碍设计，降低残疾人、老年人等有需求者接入信息社会的成本，提供更加多样的信息获取途径，在极大程度上改善既有生活方式和生活质量。

（4）无障碍社会服务

包括无障碍公共服务、无障碍应急服务、无障碍服务方式与信息识别、无障碍终端设备、无障碍考试、无障碍选举活动、导盲犬、盲文出版物和图书馆、人才培养共9个条款，重点聚焦公众服务需求，助力提升生活品质。

1）聚焦公众服务需求

条例聚焦残疾人、老年人等社会成员的需求，明确北京市提供政务服务和其他公共服务的场所应当提供助视、助听、助行设备以及辅助服务，开展无障碍预约服务。加强突发事件中对残疾人、老年人等社会成员的保护，完善无障碍应急服务相关工作措施。围绕出行、就医、消费、文娱、办事等事项，规定保留和改进传统服务方式，加强技术创新。细化对于考试的无障碍要求，明确相关考试应当提供阅卷、书写、助听、唇语、协助等便利。要求组织残疾人、老年人等社会成员参加选举的，应当根据需要提供盲文、大字选票。

2）助力提升生活品质

为了便于有需求群体更加安全、自主地使用相关物品，条例鼓励在食品、药品和日用品的外形或者外部包装上设置无障碍识别标识、技术和语言，方便残疾人、老年人等社会成员识别和使用。加大无障碍终端设备研发的投入，支持残健融合型无障碍智能终端产品的生产。支持盲文、有声出版物出版和盲文图书馆、图书室、图书角建设；鼓励高等院校、社会团体、文化企业参与无障碍模式的作品制作，在公共文化服务方面提供便利。在反复研究论证、广泛征求社会公众意见的基础上，明确视力残疾人可以携带导盲犬进入公共场所、乘坐交通工具，引导社会公众给予残疾人群体更多的关心、关爱，为其正常出行、自主参与社会生活提供支持和帮助。

（5）法律责任

包括涉及违反无障碍设施建设要求的责任，违反无障碍设施维护管理要求的责任，违反无障碍设施整改要求的责任，违反无障碍停车位建设的责任，损坏、违法占用无障碍设施的责任，拒绝导盲犬出行的责任，行政处罚分工共 7 个条款，着重完善既有条款内容，补充设定法律责任。

1）完善既有条款内容

在原有建设单位、设计单位、施工单位违反无障碍设施建设要求法律责任的基础上，增加工程监理单位的法律责任，明确由规划自然资源、住房和城乡建设或者专业工程行政主管部门依据职权依法处罚。细化完善损坏、违法占用无障碍设施的法律责任，增加未设置护栏、标识或者提示，未采取必要的替代措施，临时占用期届满未及时恢复无障碍设施功能的法律责任，明确由街道办事处、乡镇人民政府责令限期改正，对逾期不改正的进行处罚。

2）补充设定法律责任

为落实无障碍环境建设责任，增加管理责任人未履行维护管理责任以及未在限定的时间内完成整改的法律责任，依据市政府相关文件要求，将部分执法权下沉至街道办事处、乡镇人民政府，并提出限期改正及处罚规定。增加关于擅自改变、占用无障碍停车位用途的法律责任，针对擅自改变无障碍停车位用途的，由街道办事处或者乡镇人民政府限期改正，对逾期不改正的进行处罚；针对擅自占用无障碍停车位的，由公安机关交通管理部门依法处罚。为落实导盲犬使用权利，增加"拒绝视力残疾人携带导盲犬进入公共场所、乘坐公共交通工具"的法律责任，由街道办事处、乡镇人民政府或者相关主管部门依据职权责令改正，拒不改正的，对相关单位和个人予以警告或者通报批评。

2　上海市无障碍环境建设立法概况

《上海市无障碍环境建设与管理办法》（沪府令〔2021〕45号）于2021年3月12日正式公布，自2021年6月1日起施行。

该管理办法的出台，是贯彻落实习近平总书记"人民城市人民建，人民城市为人民"重要指示的具体举措，随着政府支持力度的加大和法治保障的增强，上海市的无障碍环境建设进入了跃升期。

2.1　概况

2.1.1　1980～1997年：起步阶段

上海市最初的城市无障碍设施建设可以追溯到20世纪80年代。20世纪80年代中后期，上海市在市区的一些主要街道和新建大型公共建筑中开始修建无障碍设施。

1992年12月，上海市建设委员会、市计划委员会、市民政局、市残联等部门联合下发《关于在本市执行〈方便残疾人使用的城市道路和建筑物设计规范〉的通知》，对全市新建、改建的道路和建筑物全面实施无障碍设施建设。自此，上海市正式进入了无障碍设施建设的发展轨道。

1993年2月，上海市发布了《上海市实施〈中华人民共和国残疾人保障法〉办法》，将城市的无障碍设施建设列入实施内容。

1997年，上海市政府把在中心城区的南京路、淮海路等重要商业街道修建无障碍设施改造工程列入"为民办实事工程"之一。

2.1.2　1998～2009年：加速推进

1999年，为了筹备翌年在上海市召开的第五届全国残疾人运动会，上海市政府又把城市主要道路、比赛场馆、运动员住宿宾馆、主要商业街道和旅游景点周边的无障碍设施列为筹备建设工作的重要内容。

进入21世纪，上海市加快了无障碍设施建设的步伐，并且相继出台了多项政策措施，促进城市无障碍设施建设的发展。

2000年5月6～14日，上海市成功举办"第五届全国残疾人运动会"。

2002年10月，在全国无障碍设施建设工作电视电话会议上，上海市被列为创建全国无障碍设施建设示范城市之一，无障碍设施建设进入快车道。

2003年4月3日，时任上海市市长韩正颁布了上海市人民政府第1号令《上海市无障碍设施建设和使用管理办法》。

2003年5月31日，上海市人民政府批准实施《上海市无障碍设施建设规划

---

   * 本章作者：祝长康。

（2003—2006 年）》；2003 年 8 月 13 日，上海市建设和管理委员会颁布实施《无障碍设施设计标准》DGJ 08—103—003，这是全国第一部无障碍设计的地方规范。

2005 年 2 月 25 日，上海市被建设部、民政部、全国老龄办、中国残联选为"全国无障碍设施建设示范城市"。

2006 年，为了举办世界特殊奥林匹克运动会（以下简称"特奥会"），上海市发布了《上海市无障碍设施建设实施导则》，并对全市的体育场馆、宾馆、城市道路的无障碍设施进行改造，重点对举办特奥会开幕式的上海体育馆和举办特奥会闭幕式的江湾体育场进行无障碍设施改造。

2007 年 8 月 29 日，上海市人民政府批准实施《上海市无障碍环境建设规划纲要（2007—2010 年）》。

2007 年 10 月 2~11 日，上海成功举办世界夏季特殊奥林匹克运动会，共设21 个正式比赛项目和 4 个表演项目。

为积极准备上海世博会的召开，2008 年 2 月，上海市编制了《迎世博加强市容环境建设和管理 600 天行动计划纲要"加强无障碍环境建设"分纲要》。2009 年上海市对世博园区进行了无障碍规划，上海市世博局编制了《中国 2010 年上海世界博览会参展指南（D7 无障碍设计）、（D8 无障碍活动服务）》，上海市住建委编制了《中国 2010 年上海世博会临时建筑物、构筑物设计标准（无障碍专篇）》。

在开展无障碍设施建设的同时，上海市针对不同类别和需求的残疾人，进一步开辟了信息交流无障碍服务。自 2005 年、2006 年起，上海陆续出台政策，为视力障碍者家庭开通固定电话通话优惠服务，为听力残疾人提供通信信息卡优惠套餐服务，为视力残疾人办理公交免费乘车证服务等。这些举措惠及全市视力残疾人、听力残疾人及其家庭。

随着公共空间无障碍环境的日渐改善，解决残疾人、老年人在家生活的便利问题以及他们如何从家中"走出去"的困难，即家庭无障碍设施建设问题，逐渐成为上海市无障碍设施建设的重要内容之一。

上海市残联 2006 年开始了无障碍设施建设进入残疾人家庭的问题研究，2007 年采取"每区一家，每家一万"的形式实施了试点工作。

上海市在无障碍设施建设方面取得的丰硕成果获得了社会各界的充分肯定。2005 年，上海市获得了"全国无障碍设施示范城市"的称号，成为全国首批 12 个无障碍示范城市之一。

2.1.3　2010~2020 年：全面展开

2010 年 5~10 月，第 41 届世界博览会在上海市成功举办。其间世博园区内实现了无障碍设施全覆盖，开通了绿色通道和无障碍服务，并专门设立了以残疾人为主题的生命·阳光馆。这是世博会 159 年历史上的首创，获国际展览局特别颁发的"国际展览局奖章"。自世博会举办之后，上海市的无障碍建设开始从设施建设向环境建设转变，目标为打造"全方位无障碍"的上海城市环境体系。

2010 年 9 月，上海市无障碍环境建设推进工作办公室通过对全市 18 个区县的城市道路、公共建筑、公共交通设施、特殊设施、居住小区和居住建筑、信息交流等方面的无障碍环境建设检查评估，上海市正式申报全国无障碍建设城市。

2011年12月30日，上海市被住建部、民政部、中国残联、全国老龄办评为"'十一五'全国无障碍建设先进城市"。

2013年，上海市开展了创建全国无障碍环境建设市县的工作，全面推进城市道路、建筑物、公共场所、交通设施和信息交流等方面的无障碍环境建设。

2015年12月30日，住建部、工信部、民政部、中国残联、全国老龄办发布《关于表彰全国无障碍建设市县的决定》，上海市有11个区创建成为"全国无障碍环境建设达标区"，有5个区创建成为"全国无障碍环境建设示范区"。

2018年11月5~10日，第一届中国国际进口博览会在国家会展中心（上海）举行，中国国家主席习近平出席开幕式并举行相关活动。上海市成功举办了首届中国国际进口博览会，从轨道交通车站的无障碍设施改造，到进博会场馆的无障碍设施全覆盖，确保残疾人和老年人参观进博会全程无障碍。

与此同时，上海市的无障碍环境建设的重点逐步向居住社区无障碍环境、困难家庭无障碍改造以及郊区农村无障碍建设方面延伸。从2010年起，上海市对城镇肢体一、二级残疾人家庭开展无障碍设施改造。2014年改造范围扩大到农村低保、重残、一户多残家庭，对农村困难残疾人家庭改造项目试点实施。2015年，上海市加入中国残联的"贫困残疾人家庭无障碍改造数据库系统"，定期维护更新数据库，保障改造项目工作有序开展。2017年开始，上海市开展残疾人（特别是农村困难残疾人）家庭无障碍改造。

2.2 溯源

2.2.1 根据上位法制定地方规章

《上海市实施〈中华人民共和国残疾人保障法〉办法》于1993年2月6日上海市第九届人民代表大会常务委员会第41次会议通过，于1993年5月16日起施行。该办法共有九章、四十七条，内容包括总则、残疾评定、康复、教育、劳动就业、文化生活、福利与环境、法律责任和附则，其中第七章第四十条是无障碍设施方面的条款。

《上海市实施〈中华人民共和国残疾人保障法〉办法》（2013年修正本）于2013年11月21日上海市第十四届人民代表大会常务委员会第九次会议第二次修订，于2013年11月21日上海市人民代表大会常务委员会公告第4号公布，自2014年4月1日起施行。该办法共有十章、六十条，包括总则、残疾评定、预防与康复、教育、劳动就业、文化生活、社会保障与服务、无障碍环境、法律责任和附则等内容，其中第八章是"无障碍环境"，有七项条款。

2.2.2 根据创建要求，编制地方规章

上海市为了创建全国无障碍设施建设示范城市，根据《全国无障碍设施建设

示范城（区）标准（试行）》的要求，2003年3月31日上海市人民政府第三次常务会议通过《上海市无障碍设施建设和使用管理办法》，2003年4月3日时任上海市市长韩正颁布了上海市人民政府第1号令，自2003年6月1日起施行。该办法共十九条，内容不仅规定了无障碍设施建设的范围，而且明确了政府各部门的职责，并对建设工程的每一个环节的无障碍设施建设作出了规定，还提出了监督机制和处罚措施。

2.3 编制背景

2012年6月13日国务院第208次常务会议通过《无障碍环境建设条例》，自2012年8月1日起施行。

从现有立法情况来看，2012年国务院颁布实施的《无障碍环境建设条例》是我国第一部无障碍环境建设方面的法规，共有六章三十五条。其对无障碍环境建设提出了更高标准和更明确的要求，在规范无障碍设施建设的基础上，增加了无障碍信息交流、无障碍社区服务等内容。

上海市于2003年在全国率先颁布实施《上海市无障碍设施建设和使用管理办法》，但随着经济发展和社会进步，该办法已不能满足现实需要，特别是对照2012年国务院颁布实施的《无障碍环境建设条例》，《上海市无障碍设施建设和使用管理办法》的内容只有"无障碍设施建设"，无法全面指导全市的无障碍环境建设工作，急需修改完善。

为贯彻落实习近平总书记"两个格外"的要求，践行"人民城市人民建，人民城市为人民"的重要理念，有必要制定一部全新的无障碍环境建设与管理办法，进一步明确主体责任，加强监督管理，创造更高水平的无障碍环境，保障残疾人、老年人等社会成员平等参与、共享高品质生活，提升城市温度和文明程度，展现国际大都市形象。

2.4 编制过程

2014年起由上海市住建委和市残联牵头启动了《上海市无障碍环境建设与管理办法》（以下简称《管理办法》）的立法调研工作。在立法调研过程中，广泛收集资料，多次征求中国残联、相关委办局、部分区及有关专家等各方意见，形成了《上海市无障碍环境建设与管理办法》的立法建议稿。

2019年3月26日《上海市人民政府办公厅关于印发2019年市政府规章立法工作计划的通知》中该工作被列为"调研项目第10项"。

2020年3月9日《上海市人民政府办公厅关于印发2020年市政府规章立法工作计划的通知》中该工作被列为"正式项目第2项"。

2020年9月17日上海市人民政府发布《关于〈上海市无障碍环境建设与管理办法（征求意见稿）〉征询公众意见的公告》，在网上公开征集意见。

2021年2月7日上海市人民政府第114次常务会议通过《上海市无障碍环境

使用与管理办法》，自 2021 年 6 月 1 日起施行。

2.5　内容解读

《管理办法》共七章五十一条，分为总则、无障碍设施建设与维护、无障碍信息传播与交流、无障碍社会服务、监督管理、法律责任和附则。主要规定如下：

2.5.1　明确政府及相关部门职责

无障碍环境建设涉及城市建设、公共交通、信息交流、社会服务等领域，是一项综合性、跨部门的系统工程。相关部门职责如下：

一是明确市、区人民政府的领导职责，建立健全综合协调机制；二是对住建、交通等主要部门职责作了细化，并要求有关部门在各自职责范围内，负责无障碍环境建设与管理相关工作；三是明确无障碍环境建设发展规划的编制要求，并将无障碍环境建设内容纳入相关专项规划；四是鼓励区人民政府在推进新城建设、旧区改造、城市更新等过程中，建设更高标准的无障碍环境，创建无障碍环境示范项目、精品项目；五是将无障碍环境建设纳入精神文明创建考核评价指标体系。

具体包括第五条、第六条、第八条、第九条、第十二条。

2.5.2　鼓励和支持社会参与

推动无障碍环境建设需要社会各方共同参与。一是明确残联、依法设立的老年人组织等社会组织有权反映群体需求，提出意见、建议，开展社会监督；二是支持无障碍环境建设科技研发；三是加强无障碍环境建设宣传教育；四是鼓励志愿者、志愿服务组织参与宣传、监督和提供志愿服务，鼓励社会各界捐助无障碍环境建设。

具体包括第七条、第九条、第十条、第十一条。

2.5.3　明确无障碍设施建设与维护要求

一是明确无障碍设施建设标准和要求，以及建设工程设计、施工、监理单位的责任；二是明确建设工程设计方案、施工图设计文件审查和竣工验收环节的无障碍设施审查要求；三是明确无障碍设施试用体验、公共交通无障碍、无障碍设施改造和养护的相关要求；四是规定无障碍停车位的设置和管理规范，明确政府出资建设的公共停车场对残疾人专用机动车限时减免停车费用，明确残疾人专用机动车的认定标准、限时减免的操作细则等具体办法，由市交通部门会同市公安、价格主管部门和市残联另行制定；五是鼓励老旧居住区加装电梯，推进符合条件的残疾人、老年人家庭无障碍设施改造；六是禁止损坏、擅自占用无障碍设施或者改变其用途，并对临时占用无障碍设施明确管理要求。

具体包括第十三条～第二十六条。

2.5.4　促进无障碍信息传播与交流

一是要求政府及有关部门发布与残疾人、老年人相关的公共信息，应当提供语音播报、文字提示等信息交流服务；二是明确与残疾人、老年人日常生活密切相关的影视、阅读、网站及移动终端应用、紧急呼叫与热线服务、参与公共活动等方面的业务，都应提供无障碍信息交流支持与服务措施，提高残疾人、老年人的获得感和幸福感。

具体包括第二十七条～第三十二条。

2.5.5　完善无障碍社会服务

一是组织选举和考试时，为有需求的残疾人、老年人提供特别帮助；二是对政务服务、文化旅游、公共服务、医疗卫生、教育教学、公共交通、应急避难等领域的无障碍服务提出明确要求，方便残疾人、老年人等办理相关事务和融入社会生活；三是根据国务院办公厅最新文件精神，要求有关部门和单位采取措施，推广应用符合残疾人、老年人需求特点的智能信息服务并提供相应支持，尊重残疾人、老年人的习惯，保留并完善传统服务方式，解决"数字鸿沟"问题；四是对残疾人携带辅助犬出行作出具体规定。

具体包括第三十三条～第四十三条。

2.5.6　加强监督管理和责任追究

通过设立督导员，将无障碍设施维护纳入城市网格化管理；建立投诉、举报机制，强化监督管理，并明确有关违法行为以及对有关部门及其工作人员失职、渎职行为的法律责任。

具体包括第四十四条～第五十条。

2.6　创新点

2.6.1　将无障碍环境建设纳入精神文明创建考核评价指标体系

明确上海市、区人民政府应当将无障碍环境建设作为精神文明创建活动的重要内容，纳入精神文明创建考核评价指标体系。

2.6.2　分别对新建和已建的道路及各类建筑物提出无障碍环境建设的要求

新建、改建、扩建道路，公共建筑，公共交通设施，居住建筑及居住区，应当符合无障碍设施工程建设标准。

对已建成的不符合无障碍设施工程建设标准的道路、公共建筑、公共交通设施、居住建筑、居住区，市住建、交通等有关部门应当组织编制无障碍设施改造计划，报市人民政府批准后组织实施。

2.6.3　把无障碍设施建设贯穿建设工程全过程

无障碍设施工程应当与主体工程同步设计、同步施工、同步验收并投入使用。

从规划许可、项目立项、设计、施工图审查、施工、监理、竣工验收、日常养护、维护管理等各个环节加强无障碍设施建设的管理力度。

无障碍设施的所有权人和管理人，应当对无障碍设施进行维护和管理，有损毁或者故障应及时进行维修，确保无障碍设施正常使用。

2.6.4　扩大无障碍信息传播与交流的范围

从"无障碍信息交流"扩展为"无障碍信息传播与交流"；范围扩大为公共信息无障碍、影视无障碍、阅读无障碍、网站及移动终端应用、紧急呼叫与热线服务、公共活动信息交流服务 6 大类；特别是 12345 市民服务热线已经提供手语翻译服务，保障听力、言语障碍者咨询、建议、求助、投诉、举报等需要。

2.6.5　拓展无障碍社会服务的内容

在《无障碍环境建设条例》的基础上，根据上海市的实际情况，将"无障碍社区服务"拓展为"无障碍社会服务"，其内容由原来的四条增加为十一条；范围覆盖选举活动、考试活动、政务服务、文化旅游服务、公共服务、医疗卫生服务、教育教学服务、公共交通服务、智能信息服务、应急避难服务、辅助犬共十一大类。

2.6.6　增加残疾人、老年人对无障碍设施进行试用体验

第十八条（无障碍设施试用体验）规定：新建、改建、扩建城市主要道路、广场、公园、绿地、公共建筑、公共交通设施等，建设单位在组织竣工验收时，可以根据实际需要，邀请残疾人、老年人等社会成员代表对无障碍设施进行试用体验，听取其意见和建议。

2.6.7　老旧居住区加装电梯首次列入法规

第二十四条（加装电梯和家庭无障碍设施改造）规定：本市鼓励老旧居住区加装电梯，推进符合条件的残疾人、老年人家庭无障碍设施改造。

2.6.8　把"导盲犬"提升为"辅助犬"

首次把"导盲犬"提升为"辅助犬"。"辅助犬"包括"导盲犬、助听犬、残疾人工作犬"。

公共场所工作人员应当为携带辅助犬的残疾人提供便利。

残疾人携带辅助犬出行，应当随身携带相关证件；出入公共场所和乘坐公共交通工具，应当遵守国家和本市的有关规定。

2.7 下一步工作

要全面贯彻执行《上海市无障碍环境建设与管理办法》，首要任务是建立"上海市无障碍环境建设联席会议"制度。

要根据《管理办法》的规定，编制《上海市无障碍环境建设"十四五"规划》。

要根据《管理办法》的规定，完善上海市的无障碍设施建设的技术标准。

要大力宣传《管理办法》，让大家都来自觉推进无障碍环境建设工作。

大力推进无障碍环境建设立法。2021年全国两会上，上海代表团首次以代表团名义提出两份议案和两份建议。其中一份就是加快制定《无障碍环境建设法》的议案，呼吁以法律制度来保障我国无障碍环境建设持续健康、高质量发展，满足社会成员对无障碍环境建设日益增长的迫切需求。

在未来工作中，上海市一方面要在实施《上海市无障碍环境建设与管理办法》的基础上，争取早日把其上升为《上海市无障碍环境建设管理条例》；另一方面要为国家《无障碍环境建设法》的立法做好调研工作。

2.8 结束语

2020年9月17日上午，习近平总书记在湖南长沙主持召开座谈会。在听取了杨淑亭代表残疾人群体的发言后，习近平总书记表示，"不断满足人民群众对美好生活的需要，必须保护好残疾人权益，残疾人事业一定要继续推动。你提到的无障碍设施建设问题，是一个国家和社会文明的标志，我们要高度重视"。习近平总书记的讲话为我国无障碍环境建设指明了方向。

无障碍环境建设是城市发展和进步的重要途径和主要标志，对维护社会公平正义和全面建成小康社会具有积极意义。上海市要打造卓越的全球城市、具有世界影响力的现代化国际大都市，无障碍环境建设无疑是其中的重要一环，它体现的是一座城市的温度，反映的是一座城市的国际形象。

2.9 附录：上海市在无障碍环境建设方面取得的成就

2.9.1 承办国内外大型文化体育商业活动，推进无障碍环境建设

2000年5月6~14日，上海市成功举办"第五届全国残疾人运动会"。

2007年10月2~11日，上海市成功举办"世界夏季特殊奥林匹克运动会"，共设21个正式比赛项目和4个表演项目。

2010年5~10月，上海市成功举办第41届世界博览会；2010年上海世博会"生命阳光馆"是世博会150多年的历史上首次设立的残疾人综合馆。

2018年11月5~10日，第一届中国国际进口博览会在国家会展中心（上海）举行，中国国家主席习近平出席开幕式并举行相关活动。上海市成功举办了首届

中国国际进口博览会，从轨道交通车站的无障碍设施改造，到进博会场馆的无障碍设施全覆盖，确保残疾人和老年人参观进博会做到全程无障碍。

2.9.2　积极参加国家部委组织的无障碍环境建设示范市县村镇的活动

2005 年 2 月 25 日，上海市被建设部、民政部、全国老龄办、中国残联命名为"全国无障碍设施建设示范城市"。

2011 年 12 月 30 日，上海市被住建部、民政部、中国残联、全国老龄办评为"'十一五'全国无障碍建设先进城市"。

2015 年 12 月 30 日，住建部、工信部、民政部、中国残联、全国老龄办联合发布《关于表彰全国无障碍建设市县的决定》，上海市有 11 个区创建成为"全国无障碍环境建设达标区"，有 5 个区创建成为"全国无障碍环境建设示范区"。

2021 年 2 月 1 日，住建部、工信部、民政部、中国残联、全国老龄办联合发布《关于表彰无障碍环境市县村镇的决定》，上海市的黄浦区、徐汇区被评为"全国无障碍环境示范区"；崇明区城桥镇被评为"全国无障碍环境示范镇"；普陀区、金山区、浦东新区、长宁区被评为"全国无障碍环境达标区"。

3 深圳无障碍城市建设条例及无障碍设计标准介绍 [*]

3.1 《深圳经济特区无障碍城市建设条例》

3.1.1 制定背景

《深圳经济特区无障碍城市建设条例》（以下简称"2021年条例"）于2021年制定，自2021年9月1日起正式实行。此次无障碍城市建设条例的制定颁布，响应了2018年深圳市委六届九次全会提出的"建设无障碍城市"目标号召，融合了2018年《深圳市创建无障碍城市行动方案》的要求。在结合十几年来深圳无障碍建设经验和痛点的基础上，对2010年颁布实施的《深圳市无障碍环境建设条例》（以下简称"2009年条例"）进行了进化迭代。

3.1.2 定位进化

2009年深圳市在全国率先以地方立法的形式出台了《深圳市无障碍环境建设条例》，强化2002年国务院颁布的《无障碍环境建设条例》在地方的落实，将无障碍环境建设纳入法治轨道。历经了十多年的探索实践，原条例部分内容已经滞后于深圳特区当前的文化、经济、科技发展，因此2021年的《深圳经济特区无障碍城市建设条例》是适应当前城市发展的一次无障碍基因进化。

此次条例明显的特点是称谓的变动，原条例无障碍环境的称谓定义是指"保障残疾人及其他有需要者独立、安全、便利参与社会生活的物质环境和信息交流环境"。此次条例将"无障碍环境"改为"无障碍城市"，并将其定义为"按照通用设计理念，制定制度规则，规划、设计、改造和管理的城市。为残疾人和老年人、伤病患者、孕妇、儿童以及其他有需要者出行、交流信息、享受服务和居家生活提供便利"。条例称谓的改动明确了无障碍建设的范围边界和覆盖内容，同时明确了无障碍建设广泛受益的原则，并细化了主体服务人群，为条例细则的制定提供了明确的方向。因此，2021年条例较2009年条例，在无障碍建设目标上进行了较大提升，将原有"促进社会文明进步"的目标提升为"加快无障碍城市建设，打造城市文明典范"，体现了深圳特区对建设先进、标杆无障碍城市的决心。

3.1.3 内容解读

（1）结构表达的利弊

《深圳市经济特区无障碍城市建设条例》全文共八个章节，73条内容。章节及条文排布按照保障障碍人群在城市中的使用逻辑进行组织。除总则、附录外，

---

[*] 本章作者：刘芳、张梁铎。

第二～七章分别是规划和标准、出行无障碍、信息无障碍、服务无障碍、保障措施、法律责任。此架构明确了以残障人士需求为核心的人本精神，条例章节框架与2018年《深圳市创建无障碍城市行动方案》重点任务要求框架保持一致，较2009年条例进行了较大调整。从法规呈现的角度，此次条例保持了深圳市地方无障碍法规的延续性。但从工程建设角度，其将2009年条例中的"设施建设与管理"要求拆分纳入了出行无障碍、信息无障碍和服务无障碍章节，加大了工程标准与地方性法规的对接难度。

（2）措施要求的变革

2021年条例第73条条文与2009年条例相比较：保持沿用的条文为3条，即完全沿用无改动；进化的条文为5条，即随着城市发展的推进，条文内涵要求不变，但措施手段向前推进，进入新的发展阶段，从解决"从无到有"的阶段进化为"从有到优"的阶段；细化条文为25条，即条文内涵要求不变，但对具体实施的范围、责任主体、操作办法进行了细化。换言之，全条例中有45%，共33条条文为在原条例基础上的进一步落实和演进。

2021年条例中进行变动的条文为13条，即改变了原条例的措施办法，其多涉及法律责任和制度层面的内容；新增条文27条，即对原条例的补充，多涉及出行、信息和保障措施层面的内容。因此，此次条例内容新增变化率达到55%，增加了城市无障碍配置的内容，拓宽了无障碍建设的范围，明确了通用设计的受众，增加了科技智能化的要求，强化了财政、教育、责任处分等手段对无障碍城市建设的保障（表4-3-1）。

（3）工程建设的启示

《深圳市经济特区无障碍城市建设条例》中与工程建设相关的条文共24条，

《深圳经济特区无障碍城市建设条例》条文统计表　　表4-3-1

章节 \ 条数	总条数	与2009年发布的《深圳市无障碍环境建设条例》对比					与建设相关的条文数
		延续条文数	细化条文数	细化条文数	变动条文数	新增条文数	
第一章 总则	8	0	4	4	2	2	1
第二章 规划和标准	5	0	1	1	1	2	3
第三章 出行无障碍	19	1	7	7	2	7	13
第四章 信息无障碍	8	0	4	4	0	3	1
第五章 服务无障碍	9	1	4	4	2	2	2
第六章 保障措施	12	1	3	3	0	7	0
第七章 法律责任	11	0	2	2	5	4	4
第八章 附则	1	0	0	0	1	0	0
合计	73	3	25	25	13	27	24

主要集中在规划和标准、出行无障碍和法律责任章节。对工程建设提出要求的条文呈现出以下三个方面特征：

① 使用对象和工程类型的拓宽。深圳市在无障碍环境建设之初就提出了"服务全民"的口号，2021 年条例明确了工程建设服务受众的通用设计理念，多处条款细化、强调了老年人、妇女、儿童的需求。除此之外，还增加了无障碍标识、母婴室、服务犬设施等要求条文，对需要建设无障碍配套设施的场所进行了细化和增加。可以说，未来无障碍城市工程建设的内容更广阔，几乎涉及了全部公共建筑场所类型，预示着工程设计全领域精细化、人性化设计需求的广阔前景。

② 科技赋能和智能信息的引入。2021 年条例绝大多数新增条文都与现代信息技术、智慧无障碍城市建设相关，预示着城市无障碍工程设计越来越多地与信息化、数字化、智能化共荣共建，指明了无障碍工程设计智慧研发迭代的必要性。

③ 环境建设责任主体的明确。总结近十年无障碍环境建设的经验，2021 年条例对无障碍城市建设的痛点、难点进行了反思。因此条例要求在建设和维护落实中，主体责任更加明确，对机关组织、社会力量的组合、衔接更加巧妙，对规划、设计、施工、验收、改造、管理的责任分工更加精准，预示着工程设计全行业在无障碍建设方面投入的力度将进一步加大。

3.2 深圳市《无障碍设计标准》

3.2.1 制定背景

深圳市《无障碍设计标准》SJG 103—2021 于 2021 年编制完成发布，于 2022 年 3 月实施。为响应贯彻深圳市委六届九次全会建设无障碍城市的目标，遵循《深圳市创建无障碍城市行动方案》和《深圳经济特区无障碍城市建设条例》中规范无障碍建设标准化问题的要求，深圳市住建局组织无障碍研究机构及当地大型设计机构进行地方标准编制工作。

"九五"至"十三五"期间，国家及各地相继进行了无障碍环境建设法规的完善。目前已经形成以国家规范《无障碍设计规范》GB 50763—2012、《建筑与市政工程无障碍通用规范》GB 55019—2021 为龙头，以港澳台地区、上海、天津、重庆、深圳七部地方标准为支撑的无障碍设计标准体系雏形。

如何呈现深圳市在无障碍建设方面的先进性和创新性，如何呈现通用设计理念，如何结合深圳市的地域特征，如何简化设计建设工作者的阅读和使用，如何将庞杂的无障碍设计要素要点整合为符合标准工具的表达范式，是深圳市《无障碍设计标准》制定工作中的重点、难点。

3.2.2 内容解读

（1）标准架构和条文组织

国内外现行无障碍标准规范有两种架构方式。一种是"自上而下"的架构，即先说明哪些场所类型里需要哪些无障碍设施及布置的位置等要求，后说明各类设施的设计建造安装的尺寸、位置等要求。目前美国、日本、我国香港的标准均采用"自上而下"的架构方式进行条文陈述。一般这类标准要求与法规吻合度较高，即当地无障碍法规要求较为细致，对需配备无障碍设施设备的场所类型规定较为明确，因此标准的第一部分先谈空间场所与法规要求的连贯性较强。另一种是"自下而上"的架构，即先罗列各类无障碍设施设备的设计建造安装尺寸、位置等要求，再说明各个场所类型里无障碍设施分别放哪里、怎么布置。目前我国国标、澳门标准、天津标准、重庆标准均采用"自下而上"的架构表达。原因在于当前国内大部分地区无障碍法规线条较粗，突出管理和引导，无障碍建设场所建设要求和设施配备要求较为笼统，标准与法规之间的对应关系尚不突出，因此先描述指标要求后加载类型场所中的配建要点，"从小到大"地阅读更便于标准使用者去理解。

深圳市《无障碍设计标准》延续了国标工具理性下的系统架构方式，但增加了设施和场所归类。对同类型场所的共性要求进行了提炼合并，形成道路、广场、绿地、建筑章节中的"一般规定"。避免了无障碍出入口及无障碍通道、坡道、楼电梯、卫生间等相同设置要求的多处重复表述，各建筑类型要求只体现个性差异，从不同使用者对不同建筑类型的需求着手组织条文内容，突出人本核心的精神。在无障碍设施章节中，简化条文并按先设计、后安装的顺序进行要点陈述。除此之外，无障碍通行设施依据行进流线安排设施出现的顺序（图 4-3-1）。

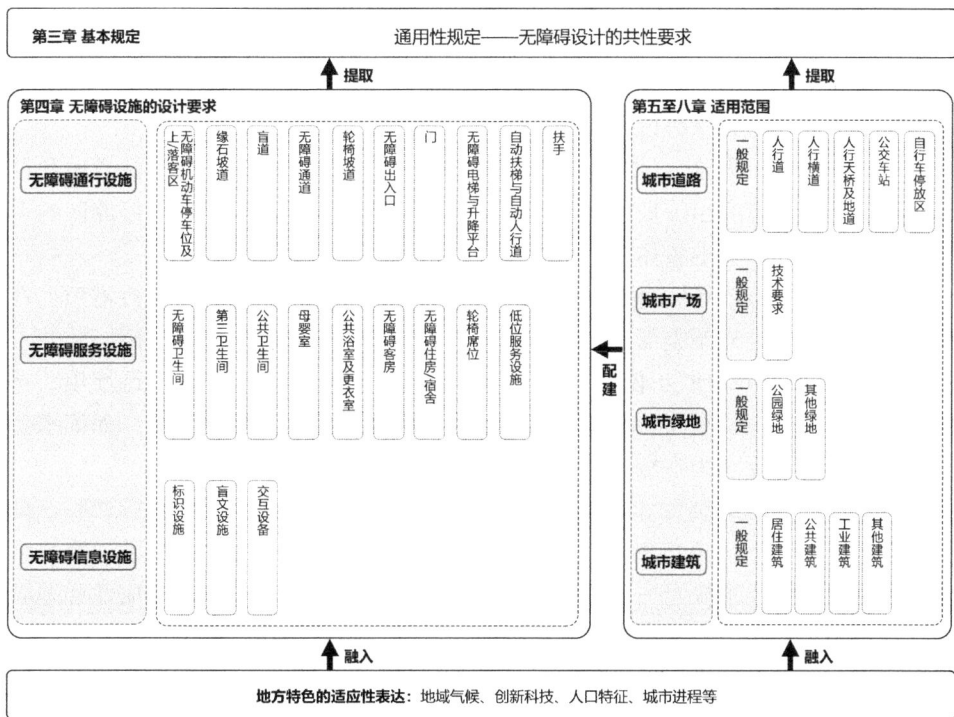

图 4-3-1　深圳市《无障碍设计标准》框架结构

（2）标准特色和地方创新

深圳市《无障碍设计标准》全文共 267 条，较国标《无障碍设计规范》GB 50763—2012 和《建筑与市政工程无障碍通用规范》GB 55019—2021 变动 155 条（包括调整、简化和参照其他国家标准中无障碍要求新增），变动率为 58%（表 4-3-2）。

深圳市《无障碍设计标准》条文编制统计表 表 4-3-2

	总条文数	改动调整条文数	编制新增条文数	他标纳入条文数
第一章 总则	3	1	0	0
第二章 术语	45	3	9	2
第三章 基本规定	7	3	4	0
第四章 无障碍设施的设计要求	92	21	22	9
第五章 城市道路	22	3	5	6
第六章 城市广场	12	3	5	2
第七章 城市绿地	23	3	9	2
第八章 城市建筑	62	5	22	6
总计	267	52	76	27

第一章"总则"：参照国标和各类标准编制惯例，结合无障碍设计标准的编制目标进行编制。

第二章"术语"：依据"国标中的术语解释＋本标准新增、修改、简化的术语解释"，按出现顺序进行编制。

第三章"基本规定"：强调无障碍设施的普遍规定，以及与深圳高温多雨气候结合的总体要求。

第四章"无障碍设施的设计要求"：依据《无障碍通用规范》条文进行增项、补充和表述简化。增加、补充内容主要集中于"无障碍信息设施"部分，突出深圳市科技优势，为无障碍设计与智慧城市的联动预留接口。

第五章"城市道路"：依据《无障碍设计规范》相应章节条文进行增项和补充。增项补充内容突出深圳市城市道路使用中的具体需求，如自行车停放区的无障碍设计要求为本标准整体增项节。

第六章"城市广场"：依据《无障碍设计规范》相应章节条文进行增项、补充和细节调整，补充调整部分突出与其他广场设计相关规范标准的衔接。

第七章"城市绿地"：依据《无障碍设计规范》相应章节条文进行增项、补充和细节调整。主要增项、补充内容突出深圳市滨海的城市地形特征，如滨水公园的无障碍设计要求为本标准整体增项节。

第八章"城市建筑"：依据《无障碍设计规范》相应章节条文进行调整，调整较大。结构调整包括将出入口、卫生间、通道、电梯、配建停车场、轮椅席位、标识等共性要求提至一般规定中。各类型建筑中强化无障碍的适应性和差异性。增项调整包括交通建筑中增加轨道交通建筑、工业建筑、公路服务建筑、城市公共卫生间的无障碍设计要求。调整居住建筑的条文组织，配建增加包括母婴室、导盲犬休息设施、信息交流设施及一体化设施、充电功能的无障碍机动车停车位、遮阳避雨设施的要求。

"条文说明"：对标准条文进行了编制依据的解释，对改动、增加的条文阐述修改依据。同时，针对第四章中尺寸要求较复杂的无障碍设施增加平、立面示意图。针对第五至八章，增加工程类型需配建的无障碍设施一览表。

3.2.3 使用指引

无障碍涉及的要素广、设施多，导致无障碍环境建设缺漏现象时有发生，无障碍设计标准规范阅读和使用起来也费力不连贯。提高阅读和使用效率是深圳市《无障碍设计标准》编制的重要目标之一，因此编制过程中注重条文组织表达与设计习惯的吻合，并在条文说明中增加图、表诠释。

深圳市《无障碍设计标准》的阅读和使用可遵循以下流程：

① 无障碍设计常识性了解：术语和基本规定（第二、三章）；

② 无障碍设施尺寸、安装、产品要求掌握：无障碍设施的设计要求（第四章）；

③ 无障碍设计审核过程中的使用：确定查找建设类型（第五至八章）—查阅该建设类型需要配建的无障碍设施（对应章节的条文说明中"无障碍设施一览表"）—该建设类型的一般配建规定（对应章节的"一般规定"）—该建设类型的无障碍个性设计配建要求（对应节内条文）—需要配建的设施设计、安装、产品要求（第四章）—落实于图纸及现场。

深圳市《无障碍设计标准》是在尊重执行国家标准的基础上，结合深圳市科技特色、智慧城市导向、地域气候特征、服务受众细化、城市进程和通用性表达的要求进行的编制和尝试，旨在方便、简化设计建设工作者的阅读和使用，为落实具有深圳特色的无障碍城市提供依据。

4 哈尔滨市无障碍系统化专项规划设计导则介绍 *

4.1 编制背景

为打造高质量发展的全国宜居城市样板，在中国残疾人联合会无障碍环境推进办公室、哈尔滨市政府的组织和指导下，中国中建设计集团有限公司在多年研究基础上历时半年完成《哈尔滨市无障碍系统化设计导则》。在编制过程中，编委会深入哈尔滨市进行实地调研，并召开了由全国无障碍建设专家委员会专家组成的技术对接会，完成了对标国际一流、具有前瞻性和引领性的《哈尔滨市无障碍系统化设计导则》。

4.2 主要内容

4.2.1 总体思路

为全面推进哈尔滨市总体规划实施，进一步提升哈尔滨市无障碍环境建设水平，改善人居环境，方便人民群众的社会生活，制定本导则。导则适用于哈尔滨市市域范围内新建、改（扩）建项目和城市公共空间的无障碍系统化设计、建设与管理；既有项目改造可参照执行。

无障碍系统化设计与建设应对标国际一流标准，坚持以人为本的和谐宜居理念，遵循通用、共享、适老、融合的原则。无障碍设施设计应与城市设计、场地设计、建筑设计、室内设计、标识设计和器具设计相结合，形成一体化设计，并要求同步设计、同步建设和同步交付使用。新建和改造的重点街区和地段应在城市规划设计阶段编制城市设计无障碍专篇，新建、改（扩）建的重点项目均应在场地、建筑和室内设计阶段进行无障碍专项设计。

本导则所列条文重点强调了无障碍设计的系统性技术要求，不涉及细部尺寸和做法等具体规定。其具体规定应按照现行国家和地方规范、标准的相关条文执行。各类场所的无障碍设计除应符合本导则所规定的内容外，尚应符合国家及地方规范、标准的相关规定。

4.2.2 总体目标

导则提出了应遵循"畅行城市"和"全龄优化"的无障碍环境建设目标要求："多坡化、少台阶；适全龄、重接驳；促精细、提性能；保安全、最便捷；抓精准、要通用"。

在此基础上，导则同时提出了"全龄友好无障碍性能目标值"，主要包括场

　　＊ 本章作者：薛峰、靳喆。

地无障碍性能目标值、建筑无障碍性能目标值、材料无障碍性能目标值以及信息无障碍服务目标值四大类，针对不同场景、不同场所中各类无障碍设施的配置、建设、安装提出了科学、详细的量化要求。

4.2.3　技术路线

基于总体目标，导则提出了"一高、两新、三融、四化"的技术路线："一高"即对标国际一流，体现前瞻性和引领性的高质量无障碍环境建设；"两新"即创新了多主体协同系统化三维感知设计方法，创新了建筑师全过程陪伴式设计和督导管理机制；"三融"即与环境美融合、与数字城市（CIM）建设同步融合、与智慧社区生活相融合，让老百姓有更多的获得感和幸福感；"四化"即落实无障碍环境建设的全龄化、精细化、智慧化、一体化。

形成"1+3+N"的模式："1"是指政府管理机构，"3"是指专家负责机制（社区责任建筑师）、专业咨询机构、专业评估机构，"N"是指各类社会组织（图 4-4-1）。

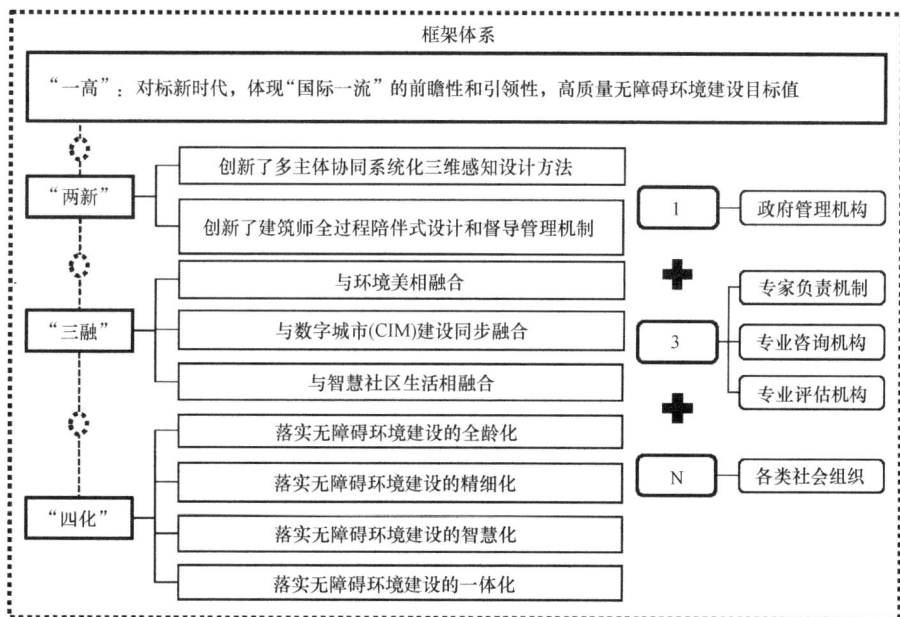

图 4-4-1　导则技术框架体系

4.2.4　技术措施

导则立足于全生命周期的无障碍环境建设，提出了涵盖设计管理、保障机制、验收及维护机制、建筑师负责制管理以及系统化设计要点等多个方面的技术内容。其中，系统化设计要点针对城市街区、公园绿地、交通枢纽、行政办公、博览建筑、体育场馆、医疗康复建筑、中小学校建筑、宾馆建筑、大型商业建筑、居住社区、社区养老机构、村镇社区、城市公共空间人性化服务配套等 14 个场景，围绕场地接驳、行进道路与路线、各类功能空间、服务配套设施等技术要点，采用图文并茂的方式详细说明了各类无障碍设施的配置、设计以及建设要求。

同时，导则总结形成了无障碍工程质量验收表及抽查考核表和无障碍试点改造建议汇总，以实际项目为例，通过改造前后对比图的方式，详细解释了无障碍环境建设中的要点、难点，并给出了相应的改造技术建议。

4.3 技术创新点

创新点一：基于哈尔滨市构建了涵盖无障碍性能目标值、无障碍管理机制的技术体系，同时构建了"建筑师负责制"的无障碍设计建造全过程设计与管理体系，建立多层级计划体系，管控无障碍专项设计进度计划，管控无障碍设计成果实施进度，组织设计赴现场服务，对无障碍设计成果实施全过程进行管控，确保实施成果品质，依据总体成本要求，严格管控无障碍专项工程造价，并确保实施成果质量，监管无障碍专项设计的成果标准，严格执行国家、地区的相关规范、文件等，保障建设品质（图 4-4-2、表 4-4-1）。

创新点二：明确了无障碍成套技术文件、主要材料和设施性能配置，提出了无障碍性能提升设计要素、无障碍智慧城市建设要点，体现了系统化、精细化、智慧化的技术特色（表 4-4-2）。

创新点三：总结形成了"城市无障碍改造试点建议"和易于参考和借鉴的"设计要点与实例"，为政府机关、技术人员以及广大群众提供了系统了解、掌握无障碍环境建设技术要点的工具和措施，便于无障碍环境建设相关的优秀案例与经验进行推广（图 4-4-3）。

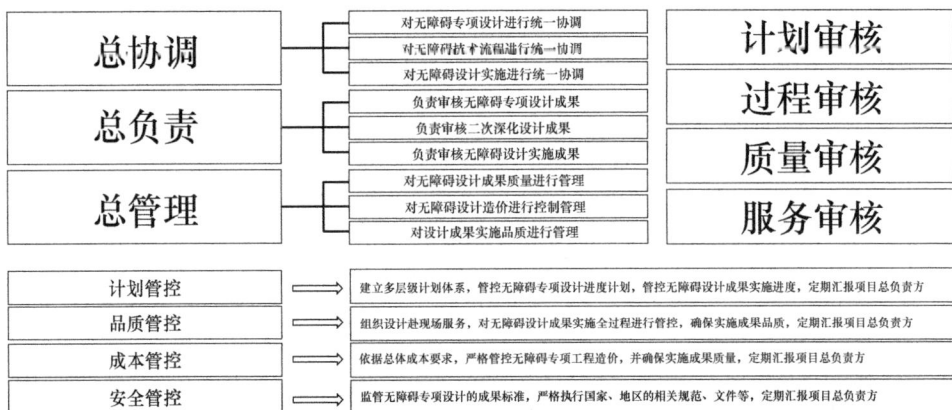

图 4-4-2 导则全过程设计与管理体系框架图

场地规划和景观设计图纸资料清单　　　　　　　　　　表 4-4-1

场地规划和景观设计无障碍所需图纸资料		
1. 道路无障碍路线图	1.1 从入口广场到建筑入口无障碍路线图	
	1.2 从无障碍停车场到建筑入口无障碍路线图	
	1.3 路口过街的视觉减速提示和提示斑马线无障碍路线图	
	1.4 景观绿地公园无障碍路线图	
2. 园区无障碍导示图设置位置图	注:规划和景观图纸需提供平面图,节点措施需提供 sketch 三维模型图纸	
3. 园区无障碍车位位置图		
4. 园区无障碍座椅布置位置图		
5. 园区行进盲道系统(只在展示区和管委会区域设置)路线图,线路是从园区主要入口至这两个功能区建筑入口		
6. 人行道与车行道路缘石高差的人性提示措施	8. 景观有台阶时的无障碍坡道以及补充照明位置图	
7. 园区 APP 电子导盲设施至各功能区布置路线图	9. 无障碍优先候车区布置位置图	
城市道路无障碍设计无障碍所需图纸资料		
1. 展示区和管委会公共卫生间无障碍卫生间细化图(包括:适老和适婴功能)		
2. 市民服务中心无障碍服务角室内设计图		
3. 展示、电影院、报告厅、市民中心和餐厅服务接待部分接待柜台和讲台无障碍设计	注:图纸需提供平面图,建筑空间技术措施需提供 sketch 三维模型图纸,以及辅具产品材质和型号样板图	
4. 信息无障碍导盲路线图		
5. 空间无障碍路线图		
6. 无障碍标识连贯性引导路线图		

信息无障碍设计无障碍所需方案或图纸				
1. 所用园区电子标签智慧导盲建议方案	2. 所用预约自助智慧服务 APP 建议方案	3. 展示区和管委会区市民接待区域求助呼叫设施分布图	4. 无障碍客房门体开锁智能设施	5. 视听手语服务 APP

建筑无障碍设计无障碍所需图纸资料			
1. 室外标识系统分布图	2. 室内标识系统分布图	3. 通用设计标识设计	4. 盲文导示位置图
5. 园区总体无障碍路线导示图设计及位置		6. 人性化服务提示标识位置及设计	7. 公共区域人性化设施设计

无障碍设计要素　　　　　　　　　　表 4-4-2

类别	分项	1 基础要素(25 项)	2 提升要素(65 项)
慢行系统 (23 项)	空间(3 项)	人行道铺装、绿化隔离带铺装	设施带铺装
	路面与结构(4 项)	人行道铺装、车止石、管井盖、缘石坡道	—
	附属设施(11 项)	台阶、梯道及坡道、缘石坡道、慢行导向设施、行进盲道和提示盲道	自行车停放架、公共自行车租赁点、标识导向、信号灯控制、行进盲道和提示盲道
	过街设施(5 项)	过街人行横道、安全岛	人行天桥、天桥绿化休闲设施、过街扶梯、天桥升降梯、地下通道、过街人行横道、安全岛
机动车道 (20 项)	空间(11 项)	候车亭、排队导流设施、休息座椅、导乘地图、广告牌、照明灯具	公交站台、交通渠化岛、休息座椅、导乘地图、广告牌、照明灯具
	路面与结构(3 项)	垃圾桶、缘石坡道、行进盲道和提示盲道、优先和无障碍标识	垃圾桶、缘石坡道、行进盲道和提示盲道、优先和无障碍标识
	附属设施(6 项)	电子站牌、电子标签助乘设施、免费 WIFI、共享充电装置	电子站牌、电子标签助乘设施、免费 WIFI、共享充电装置

类别	分项	1 基础要素(25项)	2 提升要素(65项)
集成设施带 (27项)	公益性设施(6项)	—	扶梯、无障碍垂直电梯、无障碍坡道
	公共服务性设施 (15项)	—	浅港湾式出租车停靠区、共享自行车停车架、地面铺装标线、导乘地图、周边交通信息导示(公交站点导示、过街设施导示、无障碍路径导示)、高差提示、夜景亮化照明、垃圾桶、缘石坡道、行进盲道和提示盲道
	交通服务设施(4项)	—	遮雨设施、绿植树池、休息座椅
	艺术景观设施(2项)	—	太阳能和生物质能设施、共享手机充电装置
开放空间 (10项)	—	行道树、树池	绿荫行道树、移动花钵、悬挂花钵、护栏绿化、树池绿篱、管井盖、消火栓、浇灌设施
附属功能 (7项)	公交站点(2项)	过街人行道、与缘石坡道接驳	过街人行道、与缘石坡道接驳
	地铁站点(5项)	非机动车道减速带、护桩隔离、标识导向	非机动车道减速带、护桩隔离、标识导向
	公共卫生间(5项)	非机动车道减速带、护桩隔离、标识导向	非机动车道减速带、护桩隔离、标识导向

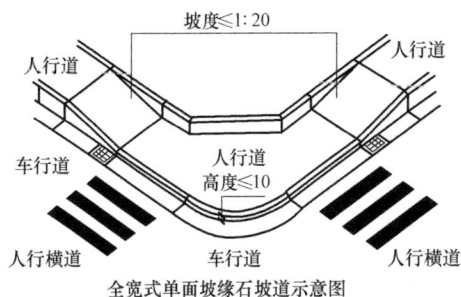

全宽式单面坡缘石坡道示意图

和平里社区服务中心

海淀区东源大厦停车场

图 4-4-3　导则中的无障碍设计要点与示例

5 嘉兴城市无障碍环境设计专项导则介绍*

5.1 编制背景

嘉兴市特别发布在庆祝建党百年之际制定的《嘉兴城市无障碍环境设计专项导则》。导则围绕"和谐共享的宜居之城"的目标愿景，以人为核心，将满足人的需求作为嘉兴市全龄友好无障碍环境建设最根本的出发点和落脚点，为全面深入地推动城市无障碍环境建设，提供了坚实的技术保障。嘉兴市委、市政府把"无障碍环境建设工程"纳入"建设共同富裕示范区的典范城市标志性工程"，把无障碍环境建设作为重要项目纳入城市品质提升、禾城驿站、未来社区等内容，积极开展全国无障碍城市创建，体现嘉兴的文明程度、体现嘉兴的城市温度，进一步彰显了以人民为中心，关注并着力补齐民生领域短板，努力建设共同富裕示范区的典范城市的政治担当和为民情怀。

百年砥砺守初心，红船故里送温情。2020 年，受中国残疾人联合会、嘉兴市政府、残疾事业发展研究会、无障碍环境研究专业委员会委托，中国中建设计集团有限公司选派骨干党员设计师团队"重走一大路线，追寻红船精神"，团队历经半年多的时间，用脚丈量红色文化，用心倾听百姓声音，为人民拓展幸福空间，于2021 年 6 月公益完成编制了《嘉兴无障碍环境建设导则》，并先后指导了南湖革命纪念馆、嘉兴火车站、嘉兴市党群服务中心等 12 项庆祝建党百年重点工程的无障碍设计（图 4-5-1）。

图 4-5-1 中国残联副主席吕世明等专家团队现场踏勘

5.2 主要内容

5.2.1 总体思路

本导则的编制与应用，使嘉兴市成为引领未来我国无障碍环境建设总体趋势

---

* 本章作者：薛峰、靳喆。

转向的关键节点，也为我国无障碍环境建设提供了如下创新思路。

一是坚定文化自信，拓展幸福空间。习近平总书记曾指出，"无障碍设施建设问题是一个国家和社会文明的标志，我们要高度重视。"中国建筑集团恪守社会责任，拓展幸福空间，与嘉兴市政府合作，把宣传无障碍文化、推进无障碍城市作为城市名片进行推广，体现在城市建设发展的各个领域、内化进市民的观念意识和行为规范当中，不仅成为嘉兴人民最温馨的记忆，也必将成为引领我国无障碍事业前行的一面旗帜。

二是规划衔接引导，构建长效机制。导则结合嘉兴市城市总体规划、"城市无障碍环境建设三年行动计划"、"创建无障碍示范城市实施方案"等要求，提出了重点区域、重点场所的城市公共空间无障碍设施"分区、分类、分期"建设指引，并对各层级规划编制提出建议，支撑政策、管理条例、工作方案、技术标准等的拟定与出台，指导专项建设行动，带动各项工作的协同与联动，统一技术接口的衔接，最终实现构建嘉兴市无障碍建设工作的可持续长效运行机制。

三是打造智慧城市，细化服务需求。导则以系统整合、集成应用为目标，针对肢体障碍、视力障碍、语言和听力障碍等不同障碍人群需求，依托嘉兴市智慧城建总体架构，打造智慧无障碍体系，搭建了"一体化智慧无障碍云平台"。通过"无障碍城市体检"和"无障碍城市治理与服务"两大场景下的技术应用和设施建设，满足全人群、全场景的出行需求；并针对嘉兴城市特色，为人文宜居、红色基因、生态城市、漫享古城、幸福活力和智造园区等场景，提出了系统的无障碍规划引导和设计标准。

四是坚持"五位一体"，打造"三有"新场景。导则创新性地应用了"五位一体"多目标导向下的整合设计方法，突破以往无障碍设计与城市规划设计分离、城市无障碍设施与其他公共设施分离建设的模式，形成了将无障碍设施与城市功能、环境景观、城市文化、公共艺术品、信息化设施等"一体化设计、一体化建造，同步实施、同步使用"的技术模式，为打造"有温度，有味道，有颜值"的城市公共空间新场景提供了新的实施路径和解决方案。

5.2.2 总体目标

以习近平新时代中国特色社会主义思想为指导，牢固树立以人民为中心的发展思想，立足新发展阶段，贯彻新发展理念，构建新发展格局，深入实施全面融入长三角一体化发展首位战略，统筹推进市域一体化发展，推动城市高质量发展，构建共同富裕美好社会，打造"红船魂、运河情、江南韵、国际范"的国际化品质江南水乡文化名城，不断增强人民群众获得感、幸福感、安全感和认同感，擦亮"七张金名片"，建设"五彩嘉兴"，奋力打造"重要窗口"中最精彩板块，推动嘉兴蝶变跃升、跨越发展（图4-5-2）。基于上述目标，导则提出了五个方面的建设重点：

一是构建安全便捷的出行环境，实现道路交通设施有效服务各类人群。

二是构建包容共享的活动场所，实现公共空间和场地的人性化建设。

三是构建宜居宜业的生活环境，实现优良的生活品质和便利的就业条件。

图 4-5-2　导则的目标与愿景

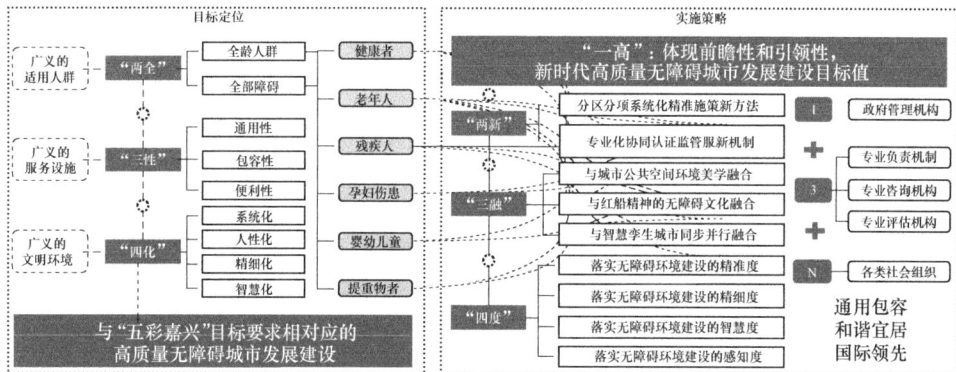

图 4-5-3　导则总体框架与结构

四是构建精细有序的治理模式，实现设施全生命周期的良好运维和高满意度的公共服务。

五是构建智慧创新的服务体系，实现服务无死角覆盖和技术创新发展。

5.2.3　技术路线

导则分为上篇（规划引导）与下篇（建设指导）的编制形式，在内容上从四个层面构建了实施路径（图 4-5-3）。

① 宏观引导层面：形成无障碍的理念和思维引导方法体系。把人性化与各组织、各生命系统"原生"立体织网，融入城市生命体中，形成嘉兴城市环境建

设一张蓝图。

② 中观衔接层面：提出嘉兴市创建无障碍示范城市创建体系。明确建设目标、指明路径、提出策略方法和创建指标体系，与住建部"十四五"无障碍示范城市创建指南和评分体系结合。

③ 微观落地层面：导则分为上篇（规划引导）与下篇（建设指导）的编制形式。便于使用人群结合各自需求翻阅，下册提供指导工具和借鉴图集，以图文并茂的形式明确实施标准和要求。

④ 创新引领层面：提出创建城市智慧大脑"无障碍中枢系统"。针对无障碍理论体系的科学化输出，智慧化应用，引领化创新。

5.2.4 技术措施

（1）规划衔接

无障碍环境的建设是一个长期、持续的过程，因此需要可持续的长效运行机制来保障各项具体工作稳步推进，其中包括"三年专项行动计划""创建无障碍示范城市实施方案"、政策指导、地方性法规和标准体系建设、规划编制等。

导则通过对各层级规划编制提出建议、支撑政策法规（包括地方政策、管理条例、工作方案、技术标准等）的拟定与出台、指导专项建设行动，带动各项工作的协同与联动，统一技术接口的衔接，最终构建嘉兴市无障碍建设工作的可持续长效运行机制（图4-5-4）。

（2）智慧引导

依托嘉兴市"智慧城建"2+5+N总体架构，结合城市无障碍专项体检形成数据库，构建智慧无障碍体系，主要包括搭建一体化智慧无障碍云平台（数据平

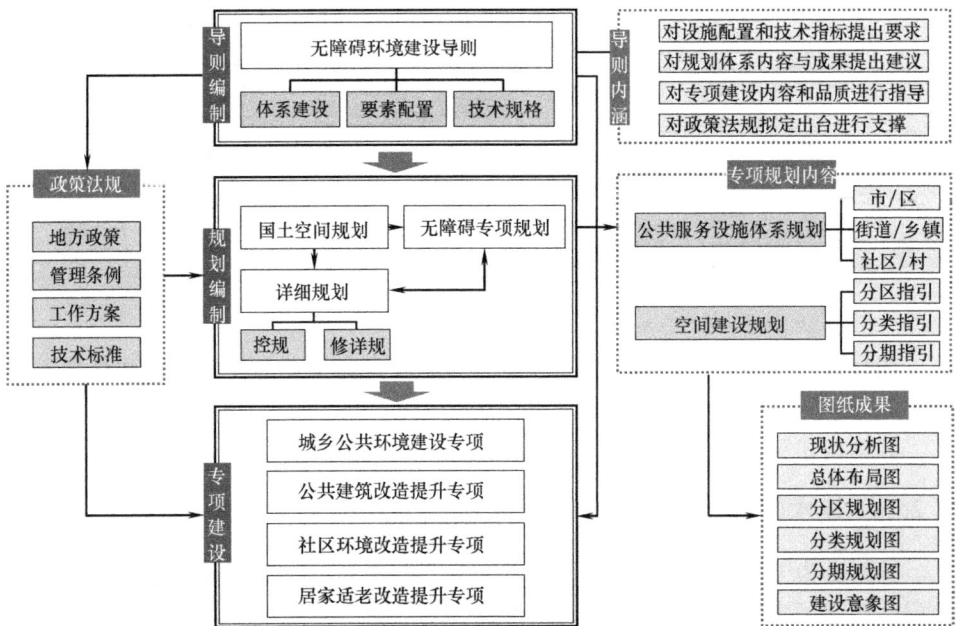

图 4-5-4　导则与相关规划和工作的衔接关系

台、数据驾驶舱)、三大应用服务端(环境治理、生活服务、公共服务)、四大应用功能模块(出行服务、生活服务、公共服务、环境治理)以及两大配套体系(政策制度、运营管理),搭建场景、应用技术。

(3)场景建设

基于全龄、全人群的各类需求,结合嘉兴城市发展总体目标以及历史文化与自然环境特色,导则总结了包括"人文宜居""红色基因""生态城市""漫享古城""幸福活力""智造园区"在内的六大类、27项城市无障碍场景。根据不同场景中主要活动人群的行为与需求、公共环境与建筑空间特点等,从规划引导、系统设计两个层面提出了无障碍环境的建设原则、建设内容以及设计建造要求(图4-5-5)。

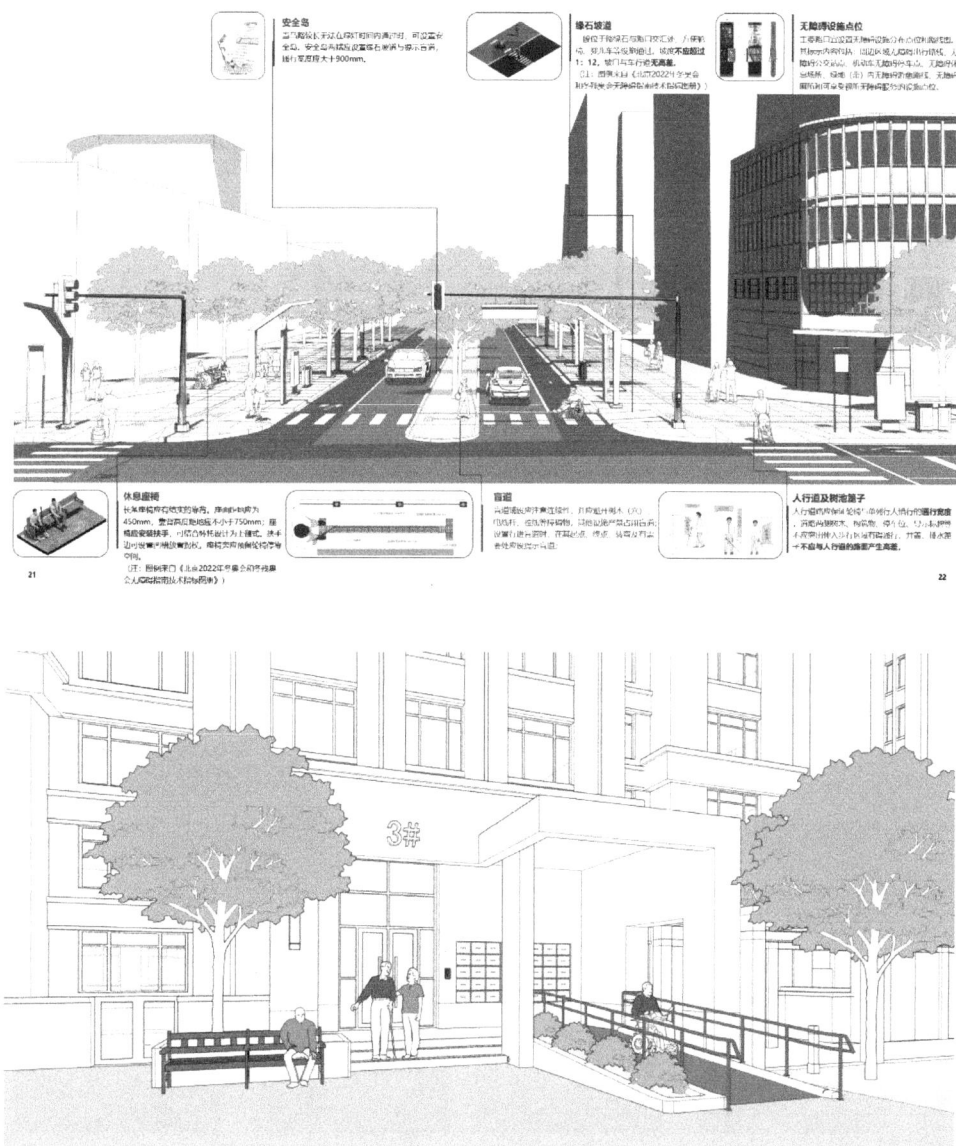

图 4-5-5 应用场景示例

（4）文化与服务共享

无障碍环境建设不但需要"过硬"的物质环境建设，还需要进一步强化"软实力"。导则从"文化自信"和"服务体系"两个方面提出了嘉兴无障碍环境建设"软实力"提升的措施：文化方面，把宣传无障碍文化、推进无障碍城市作为城市名片进行推广，体现在城市建设发展的各个领域、内化进市民的观念意识和行为规范当中，形成城市无障碍文化特色和发展特质；服务方面，从道路、停车、公交、轨交、枢纽、住区、信息共享等 11 个分项提出了服务体系构建的具体要求。

（5）创建全生命周期机制

针对无障碍环境建设中常见的设计规范的执行监督不力、对无障碍设施的工程验收不严等问题，导则制定了有效管理机制加强对无障碍环境建设全生命周期的管理监督力度，有效保证无障碍环境建设的水准和质量，包括：建设前期阶段，确定具体的无障碍建设标准；建设准备阶段，加强监督，将无障碍设计纳入设计审查体系；探索无障碍专项工程验收；建立分级的后评估体系。

（6）建设指导

为保障相关技术内容能够精细化、系统化地得到落实，导则下篇通过"建设引导"和"元素图解"两个篇章，为技术人员提供了指导工具和借鉴图集。其中在建设引导中，系统总结了在无障碍环境建设中，有关城市设计、场景设计、建设审批机制的各项技术要点；在元素图解中，则通过图文并茂的方式详细解释了各类要素，如坡道、盲道、门窗等基础要素的尺度、性能等指标性要求和系统集成建设要点（图 4-5-6、图 4-5-7）。

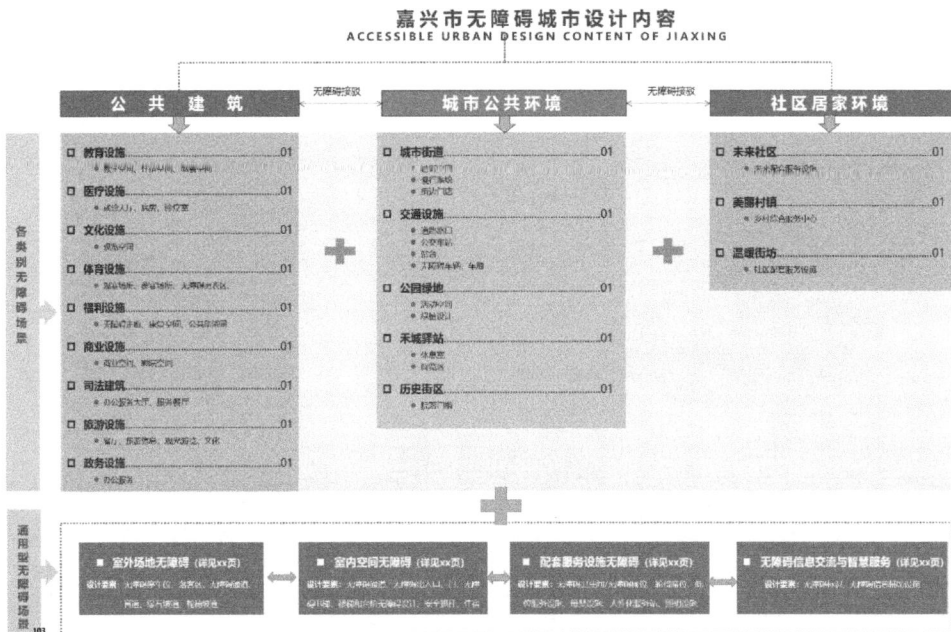

图 4-5-6　无障碍城市设计要点

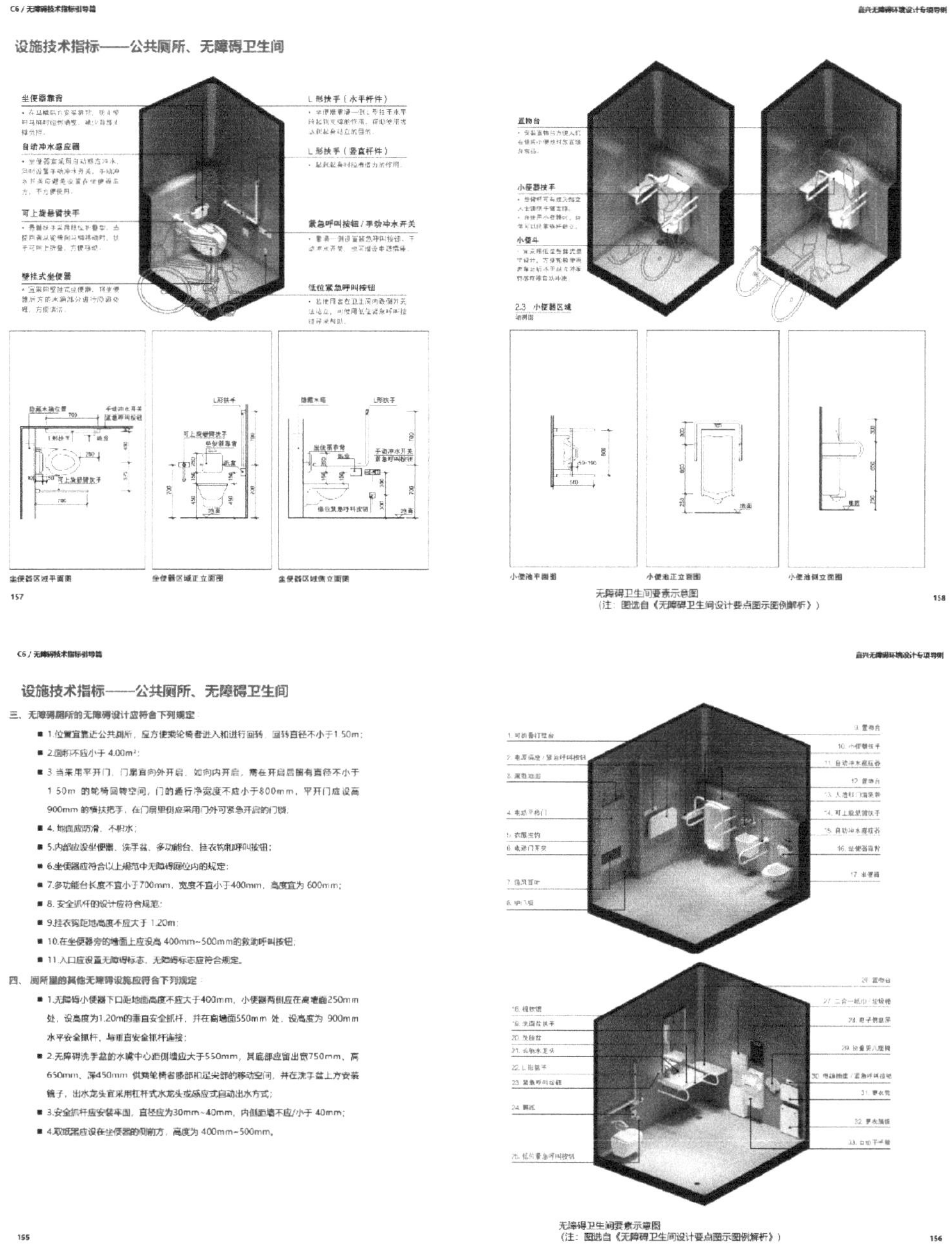

图 4-5-7　无障碍卫生间设计要点

5.3　技术创新点

（1）创新点一：落实《嘉兴城市总体规划》无障碍内容的要求，创建了我国无障碍城市设计技术体系，提出了嘉兴市无障碍设施建设指引

一是对嘉兴市的残疾人的人口结构与分布、无障碍需求、无障碍设施建设和维护的现状与分布进行了网格化的摸底调研和分析，摸清了我市无障碍设施规划

377

建设和维护情况的底数。

二是建立了以城市道路、公共交通、公共活动空间、公共服务场所和社区等城市公共空间以及信息交流为主要无障碍需求场景的无障碍城市设计技术体系。

三是结合城市总体规划的要求，提出了重点区域、重点场所的城市公共空间无障碍设施"分区、分类、分期"建设指引，并落实到《嘉兴市进一步促进无障碍环境建设 2019—2021 年行动方案》。

（2）创新点二：构建了地段区域和项目地块分类指标控制体系，形成了城市无障碍系统化设计指引、控制要点和专项设计的方法

一是对应重点地段区域的城市规划目标，编制了嘉兴市无障碍环境建设重点区域无障碍城市设计的控制性、引导性分类控制要求，分级评价指标体系，以及为保证实施效果的设计师全过程监管和验收评审方法。

二是对应重点类型的项目地块建设要求，编制了嘉兴市无障碍环境系统化设计要点和技术措施体系，分类制定了针对城市公共空间无障碍流线规划、设施配置、标识引导、人性化设计、信息化服务等的系统化设计指引和要素控制要点。

（3）创新点三：以全龄、全人群友好为目标，形成了无障碍城市人性化设计全要素编目，对嘉兴市城市公共空间人性化、精细化无障碍设计进行引导

按老年人、残疾人、儿童等全人群的环境友好需求，分析各类人群的生活轨迹，提取了近 2000 条无障碍设计的人性化要素，确定了各类设施通用性能和差异性能要求。明确适老、适童和适残设施配置的内容、要求和服务半径，系统梳理与其他环境设施的关系。形成了对应场景的分类人性化设计全要素编目清单、选材性能标准，并以场景模拟的方式提出了设计引导措施。

（4）创新点四：创新"五位一体"的无障碍整合设计新方法，探索无障碍城市设计与新技术的融合，制定"云上"城市公共空间设计配置要求

一是突破以往无障碍设计与城市设计分离、城市无障碍设施与其他公共设施分离建设的模式，形成了将无障碍设施与城市功能、环境景观、城市文化、公共艺术品、信息化设施"五位一体"多目标导向下的整合设计。打造"有温度，有味道，有颜值"的城市公共空间新场景，实现了无障碍城市设计方法的创新。

二是针对肢体障碍、视力障碍、语言和听力障碍等不同障碍人群需求，针对不同场景和公共空间，提出了相应的无障碍智能服务配置要求。明确了与智慧城市接驳的"一体化智慧无障碍云平台"需求清单，构建了城市无障碍数据驾驶舱与智慧城市基础支撑平台、综合监管平台的信息交互技术路径。

5.4 总体成效

中国建筑集团设计志愿团队以人民对无障碍环境的需求为导向，把专业嵌入服务百姓中、把实事办到群众心坎上，在建党百年之际高质量、高品质、高效率地完成这部具有历史价值和特殊意义的《嘉兴城市无障碍设计专项导则》的编制工作。全国无障碍建设专家委员会专家组一致认为此导则达到了国际先进水平，为全国城市无障碍环境建设提供了可复制、可推广的典型范例。

6 近年来无障碍发展的宣言与倡议

6.1 通用无障碍发展北京宣言

2018 年 10 月 15 日，在清华大学无障碍发展研究院主办"包容与多样：无障碍发展国际学术大会"上发布。

6.2 "一带一路"通用无障碍发展倡议

2019 年 10 月 11 日，在中国残联和清华大学共同主办的"一带一路框架下无障碍论坛"上，来自"一带一路"沿线国家和地区的青年代表，清华大学、中国青少年无障碍使团的学生代表共同发布。

6.3 做"无障碍天下"使者

2020 年 9 月 22 日，第 15 届中国信息无障碍论坛暨全国无障碍环境建设成果展示应用推广活动上，由清华大学学生无障碍研究协会等青年学子代表们共同发布。

6.4 信息无障碍发展杭州宣言

2020 年 9 月 22 日，第 15 届中国信息无障碍论坛暨全国无障碍环境建设成果展示应用推广活动上发布。

6.5 适老化及无障碍倡议书

2021 年 5 月 25 日，中国互联网协会于"互联网公益日"发布。

6.6 智能无障碍哈尔滨宣言

2021 年 7 月 28 日，第 16 届中国信息无障碍论坛暨全国无障碍环境建设成果展示应用推广活动上发布。

第 5 篇 无障碍环境建设典型案例

本篇统稿人：田永英　赵尤阳

　　本篇基于住房和城乡建设部、中国残联相关部门联合开展的无障碍环境建设的典型案例征集工作，选取了部分有参考价值的案例，对无障碍设计和建设的应用场景加以深入介绍和分析。案例的选取既有新建项目，也有改建项目，既有大型公共建筑，也有室外公共空间，既有落成项目，也有已经开始实施的工程咨询方案，对设计、建设和运行的不同阶段都有参考意义。案例的类型也非常丰富，对交通建筑、体育建筑、教育建筑、商业建筑、居住社区等几个方面都有所涉及。当然，囿于现实条件的制约，不同项目也存在一些遗憾和不足之处，这也是本篇希望能够引起读者更好、更深入思考的内容。

1 北京大兴国际机场无障碍系统设计

项目设计单位：北京市建筑设计研究院有限公司
项目建设单位：北京新机场建设指挥部
项目施工单位：北京城建集团、北京建工集团
案例编制人员：胡霄雯、刘琮

1.1 项目概况

1.1.1 设计背景

北京大兴国际机场（以下简称"大兴机场"）是我国的重大标志性工程，是国家发展的一个新的动力源，是落实民航强国战略、服务国家交通强国建设的具体体现，肩负着服务雄安新区、服务京津冀协同发展等国家战略的功能。

民用机场作为国家对外交往的窗口，其无障碍环境建设和通用设计水平，是国家物质文明和精神文明发展的集中体现，是社会进步、人文关怀的重要标志，直接影响着我国的国际形象。大兴机场作为新时代的宏大工程举世瞩目。无障碍环境建设是"安全机场、绿色机场、智慧机场、人文机场"四型机场高端定位的重要组成部分，是"精品工程、样板工程"不可或缺的闪光点。大兴机场将无障碍通用设计理念全方位落地见效，无障碍设施设备高起点、高标准、高质量、高品质地完美呈现，是展示北京大兴国际机场现代化建设水平和人文关怀的重要体现。

1.1.2 设计理念

北京大兴国际机场无障碍设计按照世界眼光、国际一流、中国特色、高点定位的要求，按照行动不便者、视觉障碍者和听觉障碍者的需求，创新性地将无障碍设施分为八大系统。结合国际标准和中国人独特的人体工程学原理，有针对性地根据三类群体对机场航站楼内无障碍系统设施的不同需求进行研究，希望总结出一套适用于航站楼等大型综合交通枢纽的无障碍设计导则。

大兴机场在贯彻落实《无障碍环境建设条例》《无障碍设计规范》GB 50763—2012等法规标准要求的基础上，充分借鉴发达国家和地区机场无障碍环境建设的好经验、好做法，立足于大兴机场航站楼建筑，以三类无障碍需求作为切入点分别研究停车系统、通道系统、公共交通运输系统、专用检查通道系统、服务设施系统、登机桥系统、标识信息系统、人工服务系统，按照"高点定位、国际视野"的标准，对大兴机场无障碍设计进行了高于国内现有标准的提升和优化工作（图5-1-1）。

1.2 项目设计内容

北京大兴国际机场是集航空出行、飞行运控与保障以及城市轨道交通出行接驳于一体的功能复合、工艺复杂的超大型城市综合交通枢纽，是覆盖"航空出行—交通接驳—飞行保障"全过程的"城市航空出行空间"。通过需求与流线分析、功能空间与无障碍设施布局、服务体系构建等方法，结合无障碍设施设备特征，总结出以下八大系统。

1.2.1 停车系统

结合航站楼出入口就近设置无障碍机动车停车位，在车位一侧留有宽度为1.2m的轮椅通道，在车位后部留有宽度1.2m的轮椅通道（图5-1-2）。

1.2.2 通道系统

通道系统包括室外通道、室内通道、出入口、门、坡道等无障碍设计。

（1）室外通道

从落客平台人行道起通过三面坡衔接航站楼车道边，沿车道边设置连续行进盲道，并引导至出入口、召援电话前设置的提示盲道（图5-1-3）。

（2）室内通道

航站楼内有连续的行进盲道引导至内部综合问询柜台位置。出入口、门、召援电话、电梯、楼梯、台阶、坡道等设施前设有提示盲道（图5-1-4）。

图 5-1-1 大兴国际机场鸟瞰

图 5-1-2 无障碍机动车停车位

图 5-1-3 室外通道

图 5-1-4 行进盲道引导至问询咨询台

（3）出入口、门

出入口优先选用自动门系统，并考虑自动门开启后的通行宽度。如设置手动启闭装置，也应考虑其距地高度。出入口处设置召援电话，召援电话按钮配套设置盲文（图 5-1-5）。

（4）坡道

航站楼内坡道均设置上、下两层扶手，扶手端部设盲文提示（图 5-1-6）。

1.2.3 公共交通运输系统

公共交通运输系统包括楼梯、电梯、扶手及自动步道、摆渡车及远机位登机桥等无障碍设计。

（1）楼梯

设有上、下两层扶手，并考虑其使用高度。台阶上行及下行的第一阶设置警示色提示条（图 5-1-7～图 5-1-9）。

图 5-1-5　航站楼出入口

图 5-1-6　指廊区连续坡道

图 5-1-7　末端圆弧形倒角扶手

图 5-1-8　楼梯前提示盲道

图 5-1-10　全面屏触摸操控面板

图 5-1-9　楼梯前警示色提示条

图 5-1-11　一体化低位操控面板

（2）电梯

无障碍电梯外采用放大入口，外侧呼叫面板设置盲文按键，并设有语音提示。轿厢内设横向控制板，按钮设盲文提示，同时考虑控制面板高度；轿厢内壁设有适当倾斜的镜面（图 5-1-10、图 5-1-11）。

（3）扶手及自动步道

① 扶手保持连贯并设盲文提示，扶手末端为圆弧形倒角向内延伸；

图 5-1-12　自动步道

②自动步道前设置提示盲道，盲道长度与自动步道入口等长（图 5-1-12）。

（4）摆渡车及远机位登机设施

摆渡车靠近车门设置供轮椅使用者使用的轮椅车位，轮椅车位设置固定轮椅设施。

1.2.4　专用通道系统

每个检查区域至少设置 1 个无障碍检查通道，并满足轮椅通行宽度。在安检区域应设私密检查间。

图 5-1-13　边检区域无障碍专用自助通道

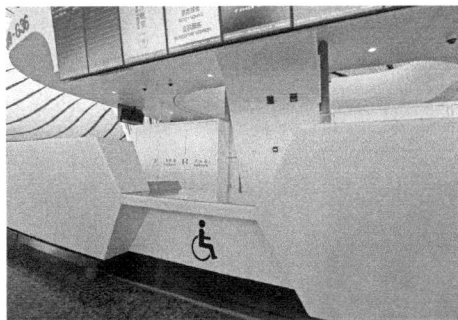

图 5-1-14　低位柜台

图 5-1-15　低位饮水处

　　自助检查通道处服务设施如身份扫描、登机牌验证、指纹识别、面部识别等，应考虑满足轮椅使用者使用（图 5-1-13）。

1.2.5　服务设施系统

　　服务设施系统包括低位柜台及饮水处、公共卫生间、无障碍卫生间、母婴室及母婴候机室、无高差行李托运设施等无障碍设计。

　　（1）低位柜台及饮水处

　　航站楼内的问询、银行、邮局、餐饮、购物等服务设施均设置满足容膝容足空间的低位柜台，低位柜台前预留轮椅回转空间（图 5-1-14、图 5-1-15）。

　　（2）公共卫生间

　　除了符合洁具配置的基本要求，男、女卫生间在靠近入口处设置 1 个低位洗手盆，厕位间设置 L 形抓杆满足行动不便人士、老年人使用。男卫生间的小便器区域设置 1 个低位小便器和 1 个带抓杆的低位小便器（图 5-1-16～图 5-1-18）。

　　（3）无障碍卫生间

　　① 无障碍卫生间外侧设置无障碍标志、声光报警装置、盲文地图；内侧设置无障碍洗手盆、无障碍小便器、无障碍坐便器、安全扶手、紧急呼叫按钮、母婴及儿童洁具设施。

　　② 首次引进人工造瘘清洗器，并增加母婴设施（婴儿护理台、婴儿挂斗），打破传统残疾人卫生间的定义，实现通用化设计的无障碍卫生间。呼叫

图 5-1-16　低位洗手盆

图 5-1-17　低位小便器、带抓杆的低位小便器

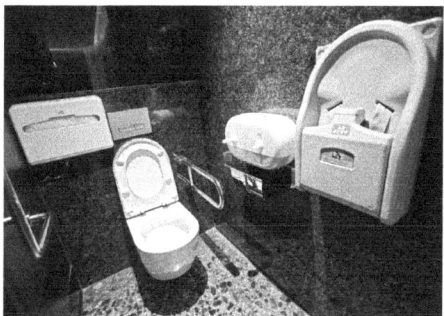

图 5-1-18　厕位间

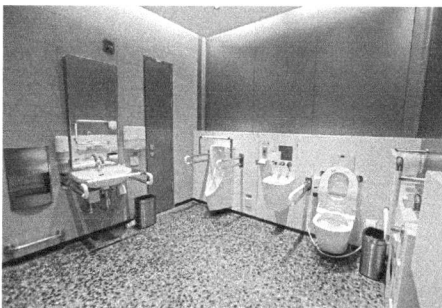

图 5-1-19　无障碍卫生间

图 5-1-20　母婴候机室

图 5-1-21　无高差行李托运设备

按钮、安全抓杆等设施经常容易被忽略，经过研究可满足精确到毫米级的设计要求（图 5-1-19）。

（4）母婴及母婴候机室

①　母婴室设置自动平移门或自动平开门。室内设置换洗台、消毒设备、热水器、婴儿安全座椅、可折叠式婴儿护理台等设施，结合家具设置紧急呼叫按钮。

②　母婴候机室结合候机区设置，并考虑其服务半径。室内设置哺乳区、换洗台、消毒设备、热水器、婴儿安全座椅、可折叠式婴儿护理台、儿童活动、儿童睡眠等设施，结合家具设置紧急呼叫按钮（图 5-1-20）。

图 5-1-22 登机桥双层扶手

图 5-1-23 无障碍标识

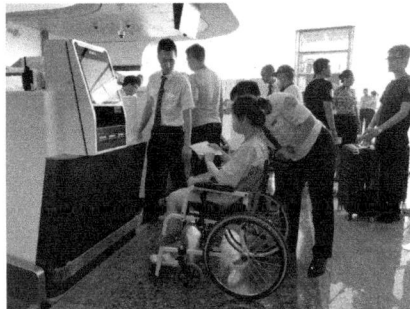

图 5-1-24 自助值机服务

（5）无高差行李托运设施

行李托运设施与地面无高差衔接，采用斜面式称重系统，实现旅客将行李轻松推上行李称重机（图 5-1-21）。

1.2.6 登机桥系统

登机桥固定端应控制桥内坡度，并设置双层扶手保障不同人群的行动安全；坡道起始处铺设提示盲道（图 5-1-22）。

1.2.7 标识信息系统

航站楼内设置无障碍设施导向标识，并在无障碍设施旁显著位置设无障碍设施提示标识（图 5-1-23）。

1.2.8　人员服务系统

人员服务是无障碍设施的重要组成，旨在为各类旅客群体提供舒适和流畅的出行体验（图 5-1-24）。

1.3　技术难点

（1）难点一：如何提升旅客满意程度，突出落实"全人群"受益

为了实现以共享为根本目标，让所有人都能享有无障碍发展带来的安全、便利、舒适出行的幸福体验。北京大兴国际机场无障碍系统设计创新性地将无障碍设施分为八大类，有针对性地根据需求进行研究探索。使用人群不局限于残障人士，更多考虑特殊旅客，需要关怀人群，以及所有出行旅客。

（2）难点二：如何提高服务水平，满足无障碍设施设备"全覆盖"

以全需求人群行为特征数据图谱为基础，划分了航空出行服务、交通换乘接驳、飞行保障三个典型功能空间，围绕"安全、顺畅、便捷、舒适"城市航空出行需求开展了全要素、高集成度的通用设计，通过需求与流线分析、功能空间与无障碍设施布局、服务体系构建等方法，将各功能空间的布局、交通流线和设施接驳进行了有效的组织和串联，形成了满足普通旅客、弱势群体、服务与保障人员等在内的所有人群需求的城市航空出行链。

（3）难点三：如何打造世界一流、国际领先的无障碍环境

北京大兴国际机场无障碍建设打破常规、接轨国际水平、凸显人文关怀，更用实际行动传达了人文关爱、融合共享的理念，为残障人士、老年人及全社会成员出行创造更加安全、便利、舒适的条件。

1.4　应用价值

北京大兴国际机场无障碍系统设计面向机场航站楼等大型综合交通枢纽设计领域，具有良好的科学价值、社会效益和经济效益。

（1）科学价值

通过机场无障碍系统设计的研究，构建无障碍、便捷的旅客全流程出行体验，有效提升机场无障碍服务保障能力。

（2）社会效益

本设计水平反映社会发展程度和文明程度，促进社会和谐发展，开发和激发失能认识的社会价值。成果可有效提升机场无障碍，便捷出行服务的人性化、科技化水平，增强机场无障碍出行服务保障能力，推进我国无障碍服务水平进一步提升。

（3）经济效益

随着机场残障旅客航空出行数量的日益增多，机场无障碍环境建设需求日益增长，无障碍系统设计在机场拥有广泛的应用场景，同时也可在其他大型交通枢纽推广应用，产业化前景广阔。

2 杭州湖滨步行街区无障碍环境改造

项目设计单位：中国中建设计研究院有限公司、波士顿国际设计 BIDG、中国美术学院
项目建设单位：杭州湖滨南山商业发展有限公司
项目施工单位：上海波城建筑设计事务所有限公司
案例编制人员：薛峰、靳喆、童馨、凌苏扬

2.1 项目概况

杭州滨湖步行商业街是全世界唯一一处毗邻世界文化遗产（西湖风景名胜区）的滨湖步行商业街，是湖滨核心商圈的重要支撑，被商务部纳入全国首批改造提升试点的 11 条步行街之一，也是全国首个对标世界一流的"无障碍步行街区试点项目"（图 5-2-1）。

湖滨步行街无障碍专项设计以遵循"畅享街区"和"全龄优化"为原则，以国内外通用设计最新理念、标准、技术为参照，扩展了商业步行街无障碍环境建设的内涵，首次提出了全龄友好无障碍设施和无障碍智能服务理念，创新了步行街无障碍环境建设的机制方法，同时结合了杭州市的区位特点和地域文化，力求达到具有前瞻性和推广性的高质量无障碍步行示范街区。

本项目获 2020 年商务部颁发的九条"首批全国示范步行街"之一，全国首个"无障碍步行街区试点项目"，获全国首次（2020 年）无障碍设施设计十大精品案例。

图 5-2-1 步行街实景图

2.2 规划改造范围

本步行街北至庆春路（一期北至长生路），南至解百新元华，东至延安路，西至湖滨路，包括长生路、学士路、平海路、邮电路等部分路段，占地面积 41 万 m^2。街区紧邻城市干道延安路，现状步行街全长 650m（含湖滨路步行街

500m＋平海路西段步行街 150m），规划拓展东坡路全线和平海路东段（东坡路至延安路），规划后步行街总长 1620m。

2.3 设计特点

（1）机制模式——建立我国商业步行街无障碍改造全过程咨询模式

项目创建了无障碍设计全过程从策划咨询到规划设计、选材、施工、维护，组织用户体验、专家咨询评估的建筑师全过程负责制模式（图 5-2-2）。

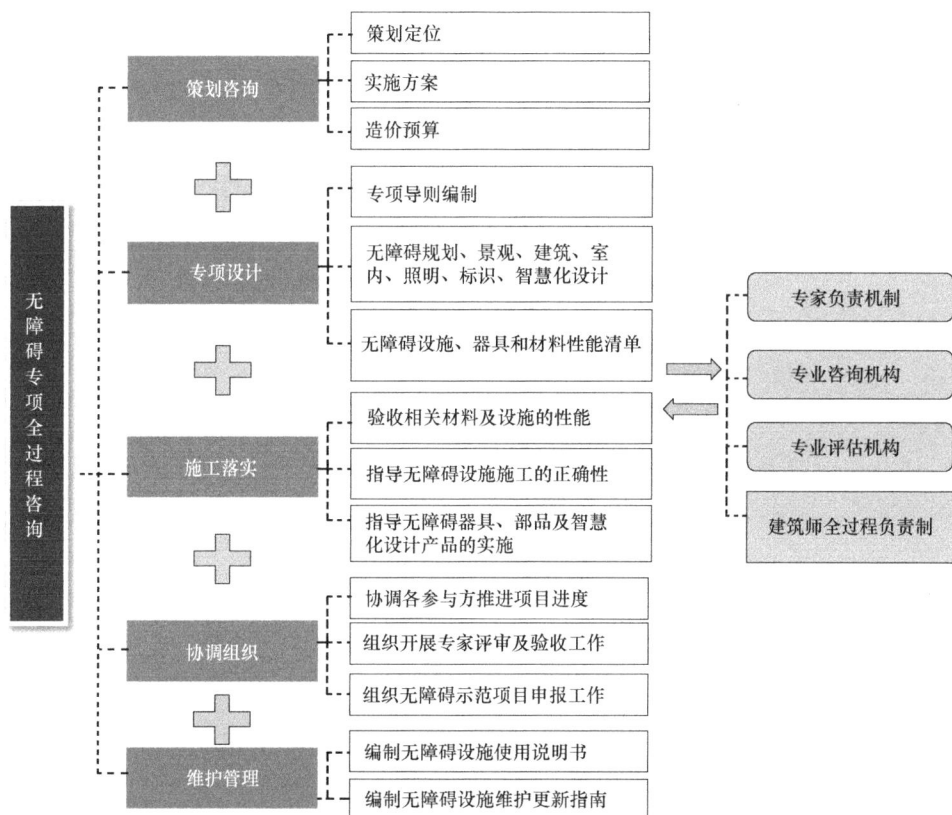

图 5-2-2 无障碍专项全过程咨询框架图

（2）技术体系——形成了无障碍专项设计的系统化技术体系

协同规划、建筑、景观、照明、智能化等各专业，对交通接驳、道路广场、建筑场地、无障碍服务配套设施、标识引导、智慧化等系统进行改造，改造后完成近千项全龄友好无障碍微改造节点设计。

（3）全龄友好——加强了全龄友好服务设施的人性化配置

项目加强了为老年人、儿童、孕妇等全龄人群服务的人性化设施及服务配置体系，使全部人群均可"畅享街区"。

（4）实用美观——强调无障碍设施与西湖景区美感的结合

无障碍设计在以实用为前提下，尊重历史文化，与西湖景区和步行街区一体化设计,力求让无障碍设施与西湖景区美感相结合。同时注重设计与工艺化生产的衔接与指导,并监督选材及安装,保证无障碍设施与环境的一体化设计。

(5)科技创新——加强信息智慧技术的无障碍场景应用

将无障碍信息系统与街区智慧大脑对接,对应不同场景应用,构筑了一个"互联网+"时代下的智慧化无障碍商业街区。

2.4 改造前存在的问题

改造前,步行街人车混行,场地有高差,步行系统不连贯,所有商铺入口均存在高差台阶,街区缺少公共空间休息场所、景观林荫空间、系统的无障碍标识,同时缺少全龄友好的无障碍配套设施及无障碍智能化设计(图 5-2-3)。

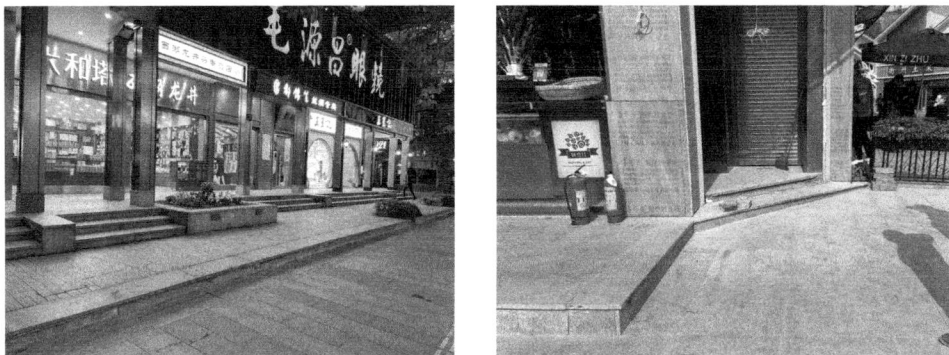

图 5-2-3 改造前步行街区实景照片

2.5 改造技术路线

首次建立我国商业步行街无障碍改造设计体系,满足城市公共空间品质与市民出行需求的服务体系,完成近千项人性化微改造节点设计。

① 专项体检:对原有步行街进行无障碍专项体检,编制体检报告。

② 需求调研:对弱势群体的需求、游客的需求及街区各业主的意见开展调研工作。

③ 规划梳理:对现有无障碍人性化资源进行整合,提出配置性能指标,并对消极空间充分利用。

④ 设计导则:编制无障碍专项指导书,提出各专业协同设计要求、设计标准,设计平面图效果图示。

⑤ 产品设计:提出配套产品及辅具的性能要求,开展工业化设计及产品遴选。

⑥ 施工安装:现场跟进施工指导,协助施工验收及对使用者维护指导工作。

⑦ 成果应用:编制商业步行街无障碍设计导则,将成果进行应用推广。

2.6 无障碍改造技术体系

2.6.1 道路广场改造

（1）车行道改为步行道的道路广场改造

对总长 1620m 的 9 条步行街进行坡地化无障碍改造。共改造 10 个与外部交通相连的无障碍过街路口。通过场地坡地化设计，使约 1500 个商铺入口实现无障碍坡地化进入。改造各处不同类型的无障碍出入口 415 处（图 5-2-4、图 5-2-5）。

图 5-2-4 改造后步行街区实景照片

图 5-2-5 步行街区实景照片

（2）过街路口景观空间节点改造

街区导入人流后，利用原有道路结构基础在各个道路交口形成步行街的节点，对应商业广场，形成收放有秩的公共空间。对于无法进行坡地化设计的场所，结合不同高程局部场地环境设计规划无障碍流线，进行微改造设计（图 5-2-6）。

图 5-2-6 步行街过街路口实景照片

图 5-2-7 无障碍坡道改造前照片

图 5-2-8 台阶高差处改造后照片

图 5-2-9 步行街实景照片一

图 5-2-10 步行街实景照片二

2.6.2 建筑场地改造

对于无法进行坡地化设计的场所，通过无障碍坡道和三面缘石坡道，解决不同高程场地的无障碍流线的连续性问题（图 5-2-7、图 5-2-8）。

2.6.3 景观环境改造

结合滨湖茂密的林荫空间和骑楼空间，重新设计了步行道路的地面铺装，增设现代种植池与租摆花卉，与原有景观小品共同构成商业环境的有机组成部分，并将休息座椅与原有高大乔木绿植与植物花摆相结合，形成面湖而坐的步行街休憩空间（图 5-2-9、图 5-2-10）。

2.6.4 配套设施改造

（1）全龄友好人性化配套设施人性化设计

设计老年人、残疾人、儿童、母婴均可友好使用的无障碍卫生间，并在改建的商业设施内设计了无障碍爱心服务设施，设计了系统的无障碍引导标识、多处无障碍优先等候区。在步行街出入口与交叉口处布置具有轮椅容膝空间的低位服务设施、可显示附近无障碍服务设施与街区整体无障碍环境的电子屏、可交互的无障碍智能标识系统，以及各类引导标识系统（图5-2-11、图5-2-12）。

（2）无障碍导视系统设计

在主要出入口、无障碍通道、停车位、建筑出入口、卫生间、人行天桥、地道等无障碍设施处应设置无障碍标识；在无障碍流线以及每个方向发生改变的位置，设置无障碍引导标识，指明无障碍路径和设施位置；在视觉障碍者有需求处，能够提供盲文字符引导（或者语音引导），并因地制宜合理设置信息无障碍的语音设备和设施（图5-2-13、图5-2-14）。

2.6.5 智慧无障碍改造

（1）创建智慧街区的无障碍中枢系统

全面利用5G网络、大数据、人工智能和"城市大脑"等先进技术，构筑了

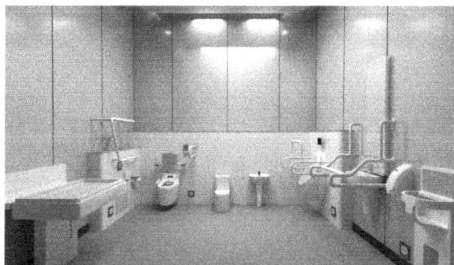

图5-2-11 无障碍卫生间改造设计图

图5-2-12 无障碍爱心驿站设计图

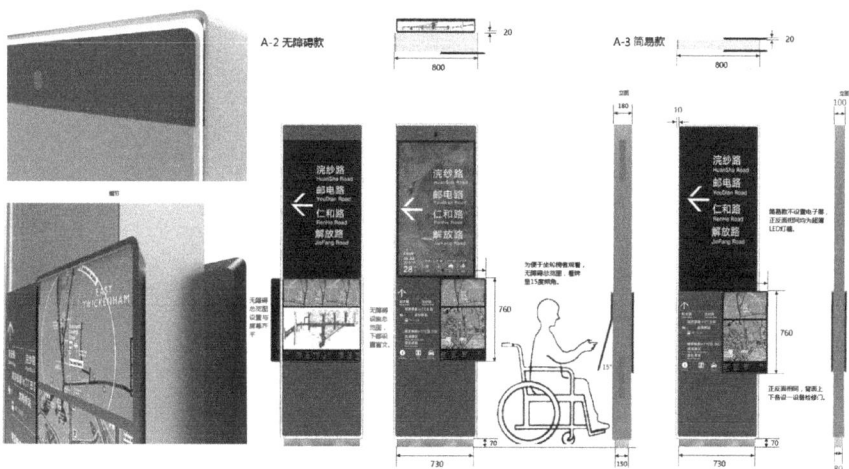

图5-2-13 无障碍标识设计图

一个"互联网+"时代下的智慧化商业街区。步行街建设室内外一体化移动网络全覆盖的无障碍智能服务基础设施体系，建立步行街大数据+人工智能平台，深度分析、融合和动态挖掘无障碍需求数据，预测人性化服务内容和消费需求（图5-2-15）。

（2）智能灯杆语音过街提示、紧急呼叫求助功能

结合智慧灯杆设置固定智能导盲终端，设置导盲路线发布、紧急呼叫求助、公共广播以及随身设备充电等无障碍服务功能（图5-2-16）。

图 5-2-14　无障碍标识实景照片

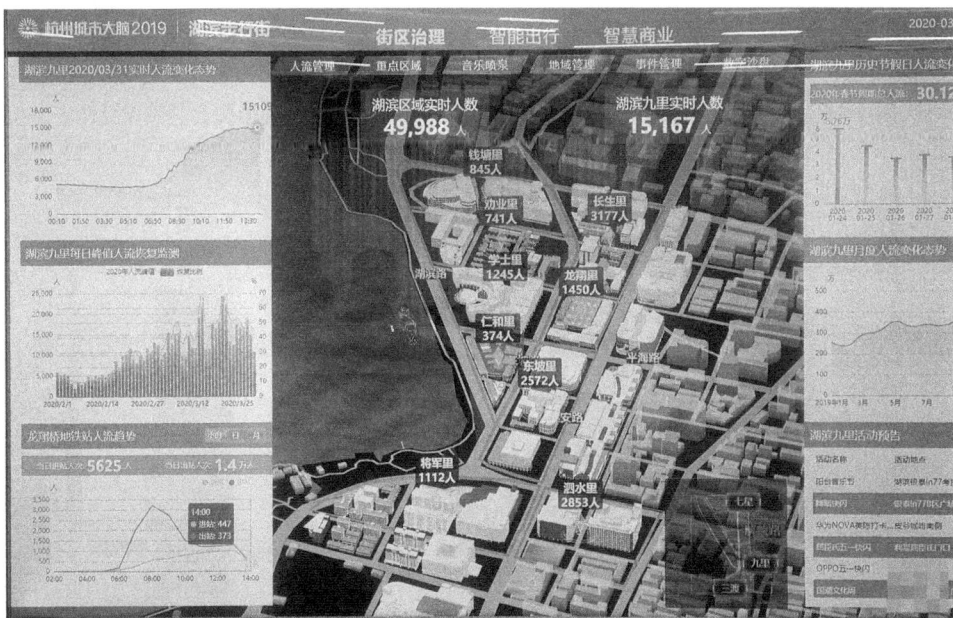

图 5-2-15　湖滨步行街大数据图

（3）无障碍数字地图智慧导航

建立可精准定位的无障碍数字导航地图，通过 APP 软件为轮椅使用者选择吃、购、娱、住、游等合理的无障碍出行路线，并提供商家定位导航和预约无障碍服务（图 5-2-17）。

建立数字化盲道系统，通过 APP 软件和高精度近距离定位技术，同时辅助语音提示、商铺 POI 信息播报等，帮助视障人士获取精准的室内外定位导航服务。

（4）智慧斑马线

在步行街与城市道路相邻的路口处设置与过街信号灯联动的夜光提示斑马线，满足在夜间光线较弱的情况下，为有障碍人士提供安全过街提示，并提醒车辆司机减速慢行的功能（图 5-2-18）。

图 5-2-16　智慧灯杆实景照片

图 5-2-17　无障碍数字地图智慧导航照片

图 5-2-18　智慧斑马线实景照片

3　国家残疾人冰上运动比赛训练馆工程

项目设计单位：中国建筑标准设计研究院有限公司
项目建设单位：中国残疾人体育运动管理中心
项目施工单位：北京城建集团
案例编制人员：张欣、胡若谷、李姝婷、焦倩茹

3.1　项目概况

3.1.1　项目背景

本项目是全面落实习近平总书记关于北京冬奥会、冬残奥会筹办工作的指示精神，切实践行十九大报告中残疾人事业发展、健康中国建设等理念，将"创新、协调、绿色、开放、共享"的发展理念认真落实在项目建设的各项工作中，坚持绿色办奥、共享办奥、开放办奥、廉洁办奥，在策划、设计、施工、管理等全方面突出绿色建筑、生态涵养、科技人文等特点。

在"残健融合、共享发展"的号召下，体育场馆及设施需要重点考虑无障碍设计，既要统一，实现大众化、整体性和规范化，也要满足各种不同人群的不同需求，具备包容性。无障碍设施的建设，是为行为障碍者以及所有需要使用无障碍设施的人们提供必要的基本保障，是一个城市、一个国家的精神文明和物质文明的标志。

作为全国唯一的专门建设服务于残疾人冰上项目的比赛训练馆，国家残疾人冰上运动比赛训练馆建设项目全面贯彻无障碍理念，重点突出残疾人运动员、残疾人观众的需求，优化人员流线和资源配置，既符合国家无障碍建设标准，又满足残疾人冰上运动的特殊无障碍需求，从训练参赛、生活辅助等方面打造全面无障碍的环境。力争将本场馆建设成为国内乃至国际范围内无障碍冰上场馆的标杆建筑、示范场馆，全面体现我国残疾人体育事业的发展成果（图 5-3-1、图 5-3-2）。

3.1.2　总体情况

国家残疾人冰上运动比赛训练馆项目是中国残疾人体育运动管理中心的新建

图 5-3-1　项目鸟瞰图

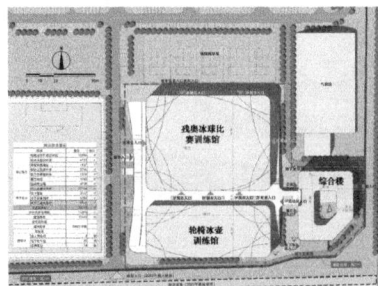

图 5-3-2　总平面图

工程，项目建设地点位于北京市顺义区后沙峪镇天北路 321 号。用地面积 18000m²，总建筑面积 31473m²，由冰球比赛训练馆、轮椅冰壶训练馆和综合楼三部分组成。其中，综合楼主要包括体能训练用房、科研及教育用房、医疗及康复用房、餐厅、运动员公寓、地下车库及设备用房。

3.2 设计目标

场馆设计的出发点在于专门服务于残疾人运动员及观众，真正从残疾人运动员和观众的实际需求出发。通过这个项目，我们从场地规划、建筑设计、设施设备、标识系统等不同方面，综合考虑符合各类残疾人的训练、参赛、观赛等的不同功能需求，归纳分析得出各类体育场馆的无障碍设计策略。无障碍设计首先是从人的实际需求出发，考虑场馆的服务人群主要分为运动员和观众两大人群，其中运动员包括残奥冰球运动员和轮椅冰壶运动员，观众包括残疾人观众、老年人观众、孕妇观众及其他观众。人群主要发生于项目内的行为包括训练、参赛、观赛和生活。场馆在设计时充分思考了各类人群在使用建筑的过程中所会遇到的障碍，考虑了有障碍人群对不同空间的使用需求。

3.3 无障碍设计策略

作为全国唯一的专门服务于残疾人的冰上运动体育场馆，项目需要发挥引领性的作用，不仅仅要满足一般性的无障碍设计，更需要高于标准的人性化优化设计。通过对使用人员日常行为的分析，研究了人员发生各类行为时的人体尺度和行为模式，思考需要提供无障碍设计的各个方面以及优化细节。从场地规划、空间布局、流线组织、设施设备、标识系统、避险避难六大体系开展设计，总结出通用的无障碍设计策略，以及针对此体育场馆特有的无障碍设计策略，为运动员的训练参赛、生活辅助等方面打造了全面人性化环境。

3.3.1 室外平台无障碍

解决重度移动障碍者（包括运动员与观众）大型综合性多层建筑无障碍应急疏散的世界性难题。

考虑到体育活动散场瞬时人流较大，行动不便的观众可能难以快速疏散到安全场地。设计团队在场馆二层设置室外平台，观众可通过观众厅向四个方向疏散到室外平台，该区域为室外亚安全区，行动不便者可在此区域等待救援。应急疏散平台加坡道的方案圆满解决了重度移动障碍者散场的无障碍安全需求（图 5-3-3）。

3.3.2 观众无障碍

场馆提供了轮椅观众进场、观赛、退场的无障碍观赛环境。

冰球馆承载比赛功能，在冰球馆二层四周设置 200 个无障碍座席，将比赛球场围绕在中心，分 12 个区，每个区域配有独立出入口和无障碍卫生间，不与普

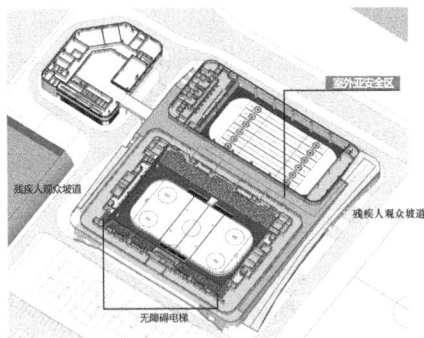

图 5-3-3　室外平台

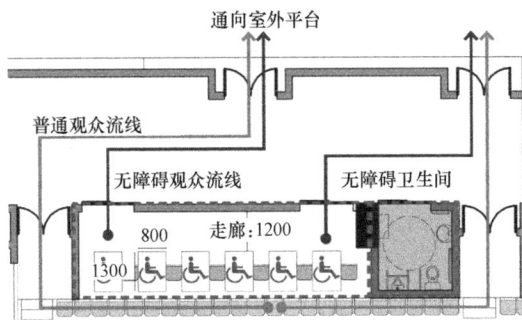

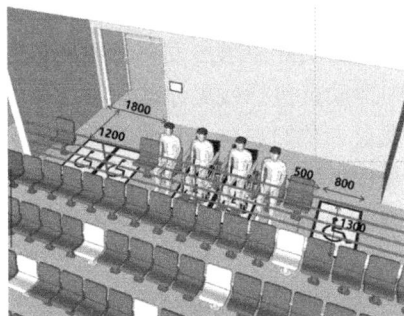

图 5-3-4　观众区

通观众共用出入口，避免二者流线交叉、相互干扰，保证残疾人观众的疏散安全。观众席的设计在无障碍座席旁边 1∶1 配了陪同座椅，并且成对布置，可使两个无障碍座席相邻而坐，方便交流。陪同座席使用可移动座椅，不需要的时候可以移开，2 个陪同座席移开的宽度可以保证再加 1 个无障碍座席，因此可根据现场人员使用情况灵活布置（图 5-3-4）。

图 5-3-5　架空连桥

3.3.3　通行空间无障碍

场馆满足了残疾运动员住宿、训练、比赛的无障碍通行需求。

（1）架空连桥

场馆与综合楼之间设置架空连桥，避免与场地内的车流、人流交叉，互相干扰，为运动员提供安全、高效的往返于场馆和公寓的便捷通道（图 5-3-5）。

（2）双通道、仿真冰面

整个场馆本着"逢棱必圆、逢角必圆、逢坎必平"的原则，采用全平面设计，即场馆内部所有地面都是平整的，不存在任何凸起高差，方便残疾人出入。场馆设置两处 60m×30m 冰面，为残疾人运动员提供轮椅冰壶和冰球训练场地。目前两块冰面均已完成制冰工作，国家残疾人冰壶队即将入驻。为方便残疾人运动员训练，保证冰面与冰场周边地面平齐，两块冰面标高均下降 4cm，方便残疾人运动员进入冰场。冰球馆的运动员更衣室到冰场通道整体更是铺设了 283.5m² 的仿真冰面，解决残疾人运动员更换完冰橇后从更衣室到达冰面这段路程的通行问题，为残障运动员进行冰雪运动提供最大便利。

（3）轮椅坡道

场馆的西侧、东侧设置供残疾人观众使用的轮椅坡道；综合楼北侧设置供运动员使用的轮椅坡道，起坡前设置提示盲道。坡面平整、防滑、无反光，设置无障碍标识。西侧主坡道作为观众主入口，会有大量人群同时进入，该坡道纵向坡度为 1∶20，轮椅使用者可自行上坡，无需他人帮助。轮椅坡道扶手设置在坡道两侧，为双层扶手。所有的扶手下方挡台采用圆角设计，防止尖角对轮椅使用者产生伤害（图 5-3-6、图 5-3-7）。

（4）无障碍电梯

无障碍电梯除了在正常高度设置的一组电梯上、下按钮外，在距离地面 20cm 的地方，还设有一组上、下按钮。这是专门为上肢残疾使用者设计的，他们可以直接用脚触碰按钮，方便乘坐电梯。电梯门采用透明玻璃设计，轿厢内外能相互看到，方便彼此出行。当按下任意一个按钮时，同向的两个按钮会同时亮起（图 5-3-8）。

图 5-3-6　场馆轮椅坡道　　　　图 5-3-7　综合楼轮椅坡道

图 5-3-8　无障碍电梯

3.3.4 使用空间无障碍

（1）卫生间

卫生间设计同样处处体现无障碍理念：半自动平移门设计、可移动式浴凳、双方向 L 形扶手等无障碍设施，细节考虑门洞净距、洗漱台高度、容膝空间等。马桶创新使用了双位排水控制系统，这是此项目自主创新研发的一套控制系统，墙面设有两个控制按钮，解决了上肢残疾或下肢残疾的人士使用一般马桶不便的问题（图 5-3-9）。

（2）室内设施

场馆的所有墙面阳角均做抹弧处理，对残疾人起到了非常好的保护。通道墙壁上无障碍扶手采用两层设计，分别距离地面 70cm 和 90cm，可满足不同残疾人群需求。扶手表面采用树脂材质，具有冬夏恒温、抗菌、抗病毒的功能，并且具有一定的柔软性，使得握持感更舒适（图 5-3-10）。

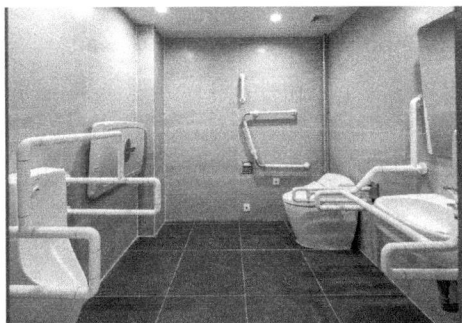

图 5-3-9　无障碍卫生间　　　　　　　图 5-3-10　室内走廊

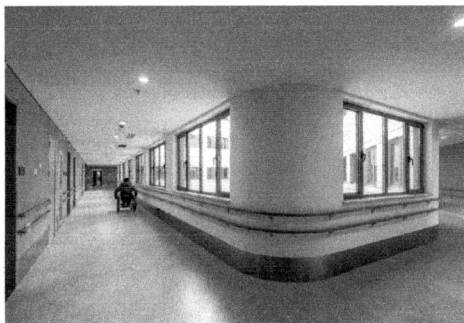

3.4 结语

2022 年冬奥会背景下，残疾人冰上运动比赛训练馆的建成将会是人众了解关注残疾人体育事业的契机及宣传残健共融大家庭的重要窗口。

通过建设现代化、专业化的残疾人冰上运动比赛训练馆，展示我国改革开放的巨大成就和社会主义的优越性，扩大我国在国际舞台的影响力，提高国际声誉，进一步促进首都的经济发展、城市繁荣和社会进步，为中国及世界体育留下独特的财富，为中华民族的繁荣昌盛作出应有的贡献。

残疾人通过参与体育活动，增强平等参与意识，享受参与运动的权利，展现自强不息和勇敢地迎接生活挑战的精神，并提高自己的能力、实现人生梦想。同时，使社会充分认识到残疾人的潜能，了解残疾人自强不息的精神，形成和谐友爱、平等互助的社会风气，推动残健共融建设和全社会的文明发展。

4 2019年中国北京世界园艺博览会永宁阁

设计单位：北京林业大学园林学院、北京市园林古建设计研究院有限公司
施工单位：北京市园林古建工程有限公司
管理单位：北京世园投资发展有限责任公司
案例编写人员：董璁、唐健

4.1 工程概况

永宁阁是2019年中国北京世界园艺博览会的地标性楼阁建筑，坐落于园区中央的天田山顶，采用中国传统形式，辽金建筑风格，高台阁院式布局。山顶高台64m见方，永宁阁雄踞中央，四周缭以门庑、回廊和角亭（图5-4-1）。

永宁阁将无障碍设计与传统建筑设计有机融合，在营造中国传统建筑古典形象和审美意境的同时，也充分考虑了无障碍使用需求，在仿古建筑无障碍设计方面作出了有益探索。在不影响传统建筑法式规制的前提下，通过设置与古典要素融为一体的坡道、坡廊、可拆卸门槛等设施，妥善解决了无障碍通行问题，体现出具有中国特色的人文关怀。

永宁阁所在的天田山位于园区的山水园艺轴西侧，山高25m。山体南向坡度较缓，山脚下曲水潆洄，园亭点缀，是通往永宁阁的主要入口。依据天田山的体量和走势，将建筑承台置于山顶靠南一侧。山体其余三面均为陡坡，顺势修整为层层跌落的梯田花台（图5-4-2）。

按照中国山水宫苑建筑传统，采用"高台阁院"式布局（图5-4-3），整体意象可以概括为：梯田错落，重台参差，回廊环绕，高阁耸峙。自山腰至山顶分为两级台面，低台位于高台南侧，台面丁字形，南北纵深40m，可供游人在此盘桓留影。山顶高台64m，合古尺20丈见方，居中高阁耸立，四周廊庑拱卫，象征

图5-4-1　永宁阁建成实景

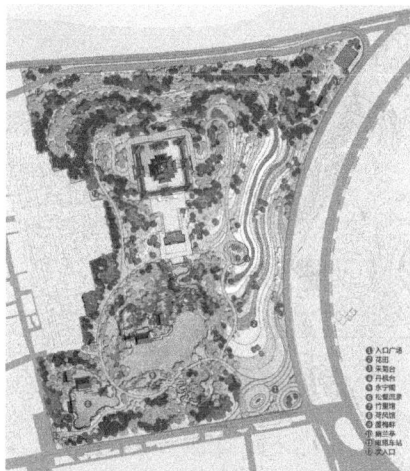

图5-4-2　天田山总平面图

四海升平、国泰民安。

主体建筑永宁阁地下1层，地上部分明2层、暗1层，坐落于1.2m高的须弥座台基上，建筑高度27.6m，连同脚下山体高度总计52.6m，为整个园区中的制高点。台基四面设踏道，北面东西两侧并设有无障碍坡道。

阁主体平面正方形，四向对称。首层广深各五间，四面出龟头式抱厦，抱厦广小三间，深一间，作为入口敞厅，用于人群集散。室内设1部无障碍电梯和2部楼梯，其中一部用于上行、一部用于下行。腰檐、平坐内部为暗层。明二层建于平坐之上，殿身广深各三间，副阶周匝深半间，作为观景大厅，室内高堂邃宇，四周檐廊环绕，在此凭栏，可尽赏河山美景（图5-4-4）。

图 5-4-3　永宁阁高台阁院式布局

图 5-4-4　永宁阁南北剖面图

4.2　无障碍设计

4.2.1　传统建筑无障碍技术难点

（1）难点一：屋有三分，阶为下分

中国传统建筑的台基是木构建筑不可或缺的防水和防潮构造，也是中国建筑的典型特征之一，在视觉上为建筑提供了坚实的底座，却给无障碍设计带来不小的麻烦。

（2）难点二：院落布局，遇门有槛

中国建筑的门窗要安装在柱额上需用槛框作为过渡，其中竖者为框，横者为槛。紧贴地面，卡在柱脚之间的称为下槛，是安装和固定大门、隔扇的重要构件，却成为轮椅通行的障碍。

（3）难点三：楼面狭小，楼梯局促

古建筑一般体量不大，面积有限，要在兼顾使用的同时，满足安全疏散和无障碍设计要求，存在一定难度。

4.2.2　无障碍建设目标

项目从方案阶段开始进行通盘考虑，做好顶层设计，力争使无障碍通行设施做到：①贯穿全流程，不留断点；②实现全覆盖，不留死角；③与古典要素融为一体，不留痕迹。

4.2.3　无障碍建设策略

与消防设计相结合：利用盘山车道使轮椅可以抵达山顶高台北侧，经游廊豁口进入院内。

无障碍设施的古典化：无障碍坡道与建筑台基、游廊地面一体化，变临时性为永久性。

古典要素的无障碍化：建筑门槛设计为可拆卸活动式。

4.3　永宁阁无障碍设计

游览过程被分为上山、进院、登阁、入室四个节点，进行通盘考虑和顶层设计，实现无障碍全覆盖（图 5-4-5、图 5-4-6）。

4.3.1　无障碍设计节点 1——上山

天田山东西两侧的消防车道同时兼作无障碍登山坡道，位于山脚下的四柱牌楼未设台基，以便轮椅顺利通过并直达高台北侧的观景平台（图 5-4-7～图 5-4-11）。

4.3.2　无障碍设计节点 2——进院

山顶承台东、南、西三面被门、庑、亭、廊连续包围，唯北侧将左右游廊分别于中部断开，以此作为轮椅和消防车出入口（图 5-4-12）。豁口两侧的半截游廊顺势处理成坡廊，成为进入四周廊庑的入口（图 5-4-13～图 5-4-15）。

4.3.3　无障碍设计节点 3——登阁

建筑主体位于 1.2m 高的须弥座台基上，首层四面出抱厦，台基随之四面突出。轮椅坡道左右对称布置在台基北侧的两个窝角，坡道栏杆采用与台基勾栏相同的材质和形式，望之浑然一体（图 5-4-16～图 5-4-20）。

图 5-4-5　永宁阁无障碍游览路线

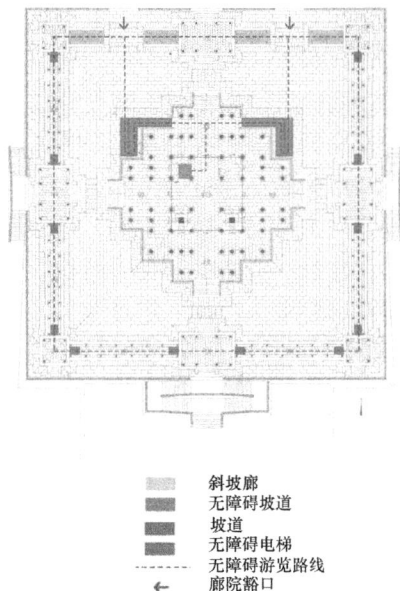

斜坡廊
无障碍坡道
坡道
无障碍电梯
无障碍游览路线
廊院豁口

图 5-4-6　永宁阁无障碍设施分布图

图 5-4-7　山脚下的四柱牌楼

图 5-4-8　登山坡道一

图 5-4-9　登山坡道二

图 5-4-10　登山坡道三

图 5-4-11　高台北侧观景平台

图 5-4-12　廊院北侧入口

图 5-4-13　廊院北侧坡廊

图 5-4-14　廊亭交接坡道

图 5-4-15　永宁阁高台北侧出入口及无障碍设施

图 5-4-16　永宁阁主体及登阁坡道

图 5-4-17　无障碍坡道一

图 5-4-18　无障碍坡道二

图 5-4-19　无障碍坡道三

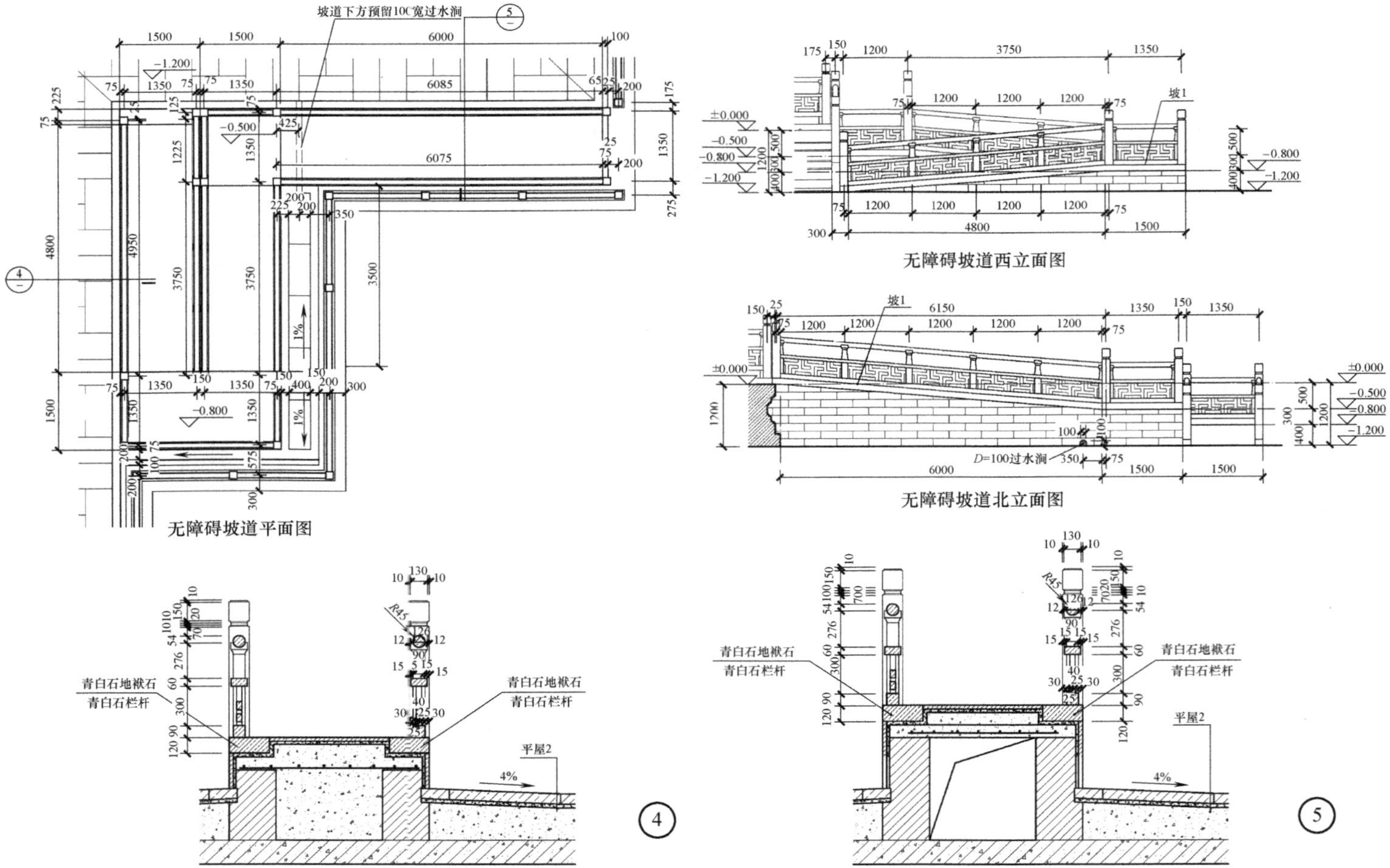

无障碍坡道西立面图

无障碍坡道北立面图

坡道下方预留100宽过水涧

$D=100$过水涧

无障碍坡道平面图

青白石地栿石
青白石栏杆
平座2

4%

青白石地栿石
青白石栏杆

青白石地栿石
青白石栏杆
平座2

4%

青白石地栿石
青白石栏杆

无障碍坡道平、立面图及详图

图 5-4-20　无障碍坡道平、立面图及详图

4.3.4 无障碍设计节点 4——入室

首层及二层的所有包铜下槛均为可拆卸的活动门槛，上起下落，拆、装两便，在保证外观完整性的同时，为无障碍通行提供了便利。室内设无障碍电梯 1 部，经电梯上至二层，即为全园观景最胜之地（图 5-4-21～图 5-4-25）。

图 5-4-21　包铜门槛

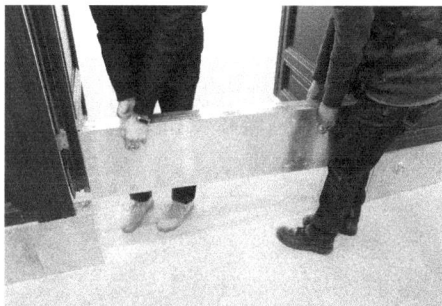

图 5-4-22　门槛上起下落安装

图 5-4-23　无障碍电梯

图 5-4-24　二层回廊

图 5-4-25　永宁阁二层室内

5 国家游泳中心无障碍环境建设提升项目

项目业主单位： 北京市国有资产经营有限责任公司
项目设计单位： 北京市建筑设计研究院有限公司
项目施工单位： 中建一局集团建设发展有限公司
项目管理单位： 北京国家游泳中心有限责任公司
案例编制人员： 杨奇勇、李云峰、齐志广、刘振铎

5.1 项目概况

国家游泳中心作为 2008 年奥运会水上运动比赛场馆，在奥运会后作为奥运遗产保留，承办体育赛事、弘扬奥运精神、宣传爱国主义，并保持了饱满、活跃的运营状态。为了执行节俭办奥运的可持续发展策略，给世界人民带来全新的感受，申奥计划拟将"水立方"变身为"冰立方"，作为 2022 年冬奥会、冬残奥会冰壶比赛场馆。

冬奥会、冬残奥会冰壶比赛场馆充分利用国家游泳中心现有场馆及配套设施条件，在对现有框架式、可拆卸、可转换装置改进的基础上建立制冰体系，同时对场馆内空调和除湿系统等进行改造，在节约建设资金的同时高质量、高标准地满足 2022 年冬奥会、冬残奥会场馆要求。冬奥会后，冰壶场地将形成既能组织冰上赛事，又能承办游泳赛事，同时还能承接大型文化演出活动的多功能大厅，从而实现场馆的反复利用、综合利用、长久利用。

为确保场馆满足冬奥会和国际冰壶组织技术标准要求，需要对"水立方"进行比赛冰场建设和相关设施改造。项目建成后，"水立方"将成为世界上唯一一个承接冬、夏两届奥运会，在冰、水业态间切换的场馆。场馆升级后不但可为冰上赛事提供最佳竞赛体验和热身场地，体现"以运动员为中心"的办赛宗旨，还通过已有设施转换和打造节能场馆，体现"节俭办赛"理念，并将通过市场化运作，发挥冬奥引领作用，彰显首都文化中心定位，助力实现"3 亿人上冰雪"的目标（图 5-5-1）。

图 5-5-1 水冰转换

2018 年，北京冬奥会冬奥组委、中国残联、北京市政府、河北省政府联合下发《北京 2022 年冬奥会和冬残奥会无障碍指南》（以下简称《指南》），要求冬奥会各相关单位认真遵照执行。在项目规划设计阶段，场馆就将《指南》以正式函件转发设计、施工、监理单位，联合在项目规划、设计、建设每个阶段落实无障碍环境建设要求。

场馆无障碍环境建设提升项目已建成，总计投入经费两百余万元，主要用于包括场馆各主出入口自动门、无障碍坐席、无障碍电梯、无障碍卫生间、低位服务台、电梯提示盲道、运动员更衣间等设施的建设升级。冬奥会、冬残奥会冰壶比赛场馆升级改造，满足了冬奥会、冬残奥会场馆无障碍环境要求，同时还能够保证场馆未来可持续运营无障碍环境服务。

5.2　场馆无障碍环境建设技术路线

冬奥会、冬残奥冰壶场馆改造，秉持"可持续""轻建造"的核心理念，在保证水冰功能复合的基础上，实现场馆设施的整体提升和可逆转换，改造后的"冰立方"实现"冰水双轮驱动"，将成为最具代表性的双奥场馆，成为体育场馆反复利用、综合利用和持久利用的有力注脚。

在无障碍设施提升方面同样依据上述场馆愿景，进行顶层设计。首先是认真梳理 2022 年北京冬奥会和冬残奥会冰壶与轮椅冰壶赛事中对无障碍设施的赛事需求，将有关冰壶和轮椅冰壶运动、运动员需求、运行分区、人员流线等方面中具备特殊性的无障碍需求进行总结归纳；其次是深入理解《北京 2022 年冬奥会和冬残奥会无障碍指南》和《北京 2022 年冬奥会和冬残奥会无障碍指南技术指标图册》中对无障碍设施的统一设置要求和标准；再次是全面核实场馆现有无障碍设施现状条件、设备状态，并逐一与上述需求和要求进行对比，明确标准差异和缺失内容，分析其解决途径（图 5-5-2）。

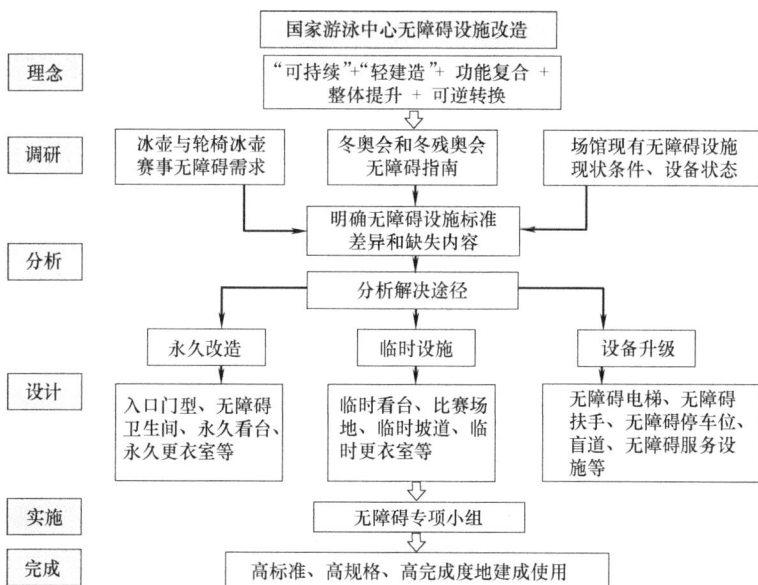

图 5-5-2　技术路线图

在明确了无障碍设施的提升需求后，由建设单位、设计单位牵头对冰壶场馆改造项目的无障碍设施进行整体规划设计，依据现场条件和综合使用需求，分类落实改造方式和途径，并从技术、运维、工期、经济等诸多方面保证无障碍改造内容的实际可操作性。将场馆的出入口门型、无障碍卫生间、永久冰壶运动员更衣室、永久观众看台无障碍坐席、奥运大家庭无障碍平台等几项内容列入永久改建的范围；将临时观众看台（含无障碍坐席）、冰壶场地（含坡道）、运动员临时无障碍坡道、临时冰壶运动员更衣室（集装箱）等列入可逆转换和重复利用的临时设施范围；将无障碍电梯、无障碍扶手、无障碍停车位、盲道、无障碍服务设施等列入了设备设施更换升级的范围。以不同的措施手段最终实现无障碍要求的全面满足。

5.3　场馆无障碍环境建设技术亮点

项目规划设计阶段结束后，将无障碍指南标准转化成可操作实施的无障碍建设提升图纸，针对设计图纸内容组织设计单位进行交底答疑，施工单位根据图纸编制无障碍环境建设提升技术方案、施工方案，并经监理单位审批通过后开始建设实施。实施过程中严格采取技术质量巡检，关键部位采取监理旁站监督施工，有力保证了无障碍环境建设的质量标准。

同时在无障碍环境建设提升工作的组织方面，全面依托整体工程的参建各方，由建设单位牵头，设计、施工、监理等各方参与，成立无障碍专项小组，实现项目实施过程中的整体关联；认真组织参建各方严格按设计文件进行工程施工，并阶段性邀请冬奥组委相关部门及行业专家进行内外结合的无障碍专项检查，及时纠正出现的问题；最终保证国家游泳中心冰壶场馆改造工程无障碍设施得以高标准、高规格、高完成度地建成使用。

此外，场馆补充使用的临时可周转集装箱更衣间，同样按照无障碍标准进行设计建造，满足冬奥会、冬残奥会无障碍功能需求。同时每套更衣间分别由4组模块组成，整体式更衣间土体基于集装箱的回收再利用，尽最大限度减少使用新的资源。所有设施可以"快闪模式"环保无痕进入和退出，转换场地后可继续运营和后续利用，达成可持续发展（图5-5-3）。

图 5-5-3　集装箱可持续的利用

5.4　无障碍环境建设特色

5.4.1　通行无障碍提升

在建筑基地内，人行道在各种道路口、各种出入口位置设置缘石坡道。其高差、坡度、宽度等均符合规定要求。本项

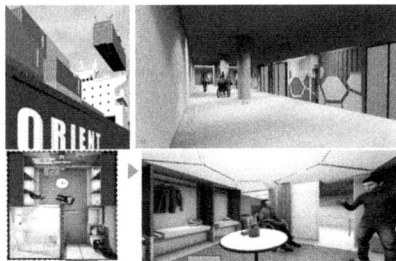

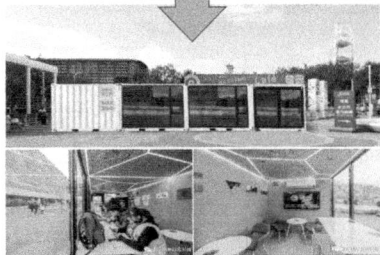

目场地内人行道、室外活动场地、停车场、建筑出入口的无障碍系统均可以与场地内外人行通道的无障碍进行衔接（图 5-5-4）。

场馆首层门厅均为无障碍出入口，坡度均为 1：30 的平坡入口；地下各类人群出入口均为无障碍出入口。建筑内各入口门、通道门、房间门净宽均大于 0.90m。建筑内人行通道净宽均大于 1.20m，主要通道净宽均大于 1.50m（图 5-5-5）。

5.4.2 无障碍坡道提升

"相约北京"冬季体育系列测试活动冰壶及轮椅冰壶比赛，所搭设的运动员坡道是按照 1：20 搭建的（图 5-5-6、图 5-5-7）。

场馆的东侧设置供轮椅运动员上下场使用的轮椅坡道。经过 4 月测试赛测试后，场馆对运动员坡道进行优化，以让使用者视野更开阔，坡道坡面平整、防滑、无反光，并设置无障碍标识。该坡道纵向坡度为 1：20，轮椅运动员可自行上坡，无需他人帮助。轮椅坡道扶手设置在坡道两侧，为双层扶手，扶手更加的精巧、方便使用。

图 5-5-4 运动员落客区实景图

图 5-5-5 场馆主出入口实景图

图 5-5-6 运动员无障碍坡道实景图

图 5-5-7 搭设的运动员无障碍坡道实景图

5.4.3 无障碍运动员更衣间提升

场馆新建永久运动员更衣间，更衣间满足无障碍功能，更衣间门采用感应式自动门，开启后净宽1m，满足无障碍指南要求。更衣间内卫生间设置无障碍淋浴区及无障碍厕位，包括无障碍坐便器、无障碍洗手盆、安全抓杆、呼叫按钮、挂衣钩等（图5-5-8）。

在运动员区补充使用的10套临时可周转集装箱更衣间，卫生间尺寸为2220mm×2670mm，内外地坪无高差设计，卫生间内部保证直径1.50m的轮椅回转空间。设置L形安全抓杆、可折叠安全抓杆、浴凳及紧急求救按钮等设施。运动员集装箱更衣间电动平开门、U形扶手、洗漱台高度、容膝空间充分为残疾人运动员考虑，提供更加舒适、方便的环境（图5-5-9）。

图5-5-8 新建场馆卫生间、
更衣间实景图

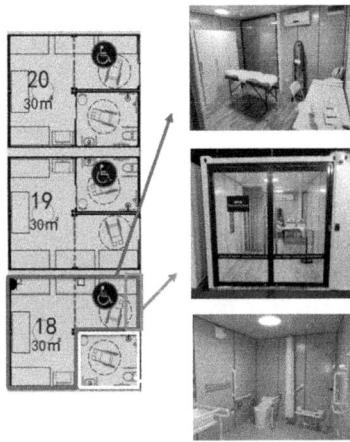

图5-5-9 临时可周转集装箱卫生间、
更衣间实景图

5.4.4 无障碍观赛提升

比赛大厅承载冬奥会、冬残奥会冰壶比赛功能，在每个客户群区域都设有各自的观赛无障碍坐席，同时在旁边配置了1∶1的陪同坐席。各个客户群区域都满足"平进平出"的原则，设有独立的无障碍卫生间、对突出的看台踏步进行倒圆角处理，满足各类客户群的使用需求，同时对各客户群无障碍席位进行了视线分析，所处位置满足观赛条件（图5-5-10、图5-5-11）。

5.4.5 无障碍卫生间提升

场馆通过提升升级媒体区、运动员区、竞赛管理区、场馆运行区、奥林匹克大家庭区等区域相关无障碍卫生间的设施，满足无障碍卫生间相关要求。改造升级首层观众无障碍卫生间，并增加母婴、第三卫生间功能，满足无障碍卫生间相关要求。无障碍卫生间设置自动感应门同时配置了中英语音提示功能，卫生洁具及扶手等设施标准按国家规范配置，并配备紧急呼叫铃供无障碍应急使用。洗手盆镜子采用倾斜方式安装，满足各类无障碍人士使用（图 5-5-12）。

5.4.6　无障碍服务设施提升

完善公共区域无障碍设施，首层 5 号、8 号门入口等区域设置必要的无障碍专用设施，包括低位服务柜台（图 5-5-13）、可以放置轮椅的无障碍休息区等。在场馆公用部位，设置国际通用的无障碍提示标识、无障碍标识及信息，设置定位平面示意图、电子显示屏，设置语音提示设备（电梯语音提示、卫生间应急呼叫、卫生间语音提示）。

5.5　无障碍环境建设应用场景

2022 年冬奥会、冬残奥会期间场馆将举行冰壶比赛、轮椅冰壶比赛，为保

图 5-5-10　测试赛现场实景图

图 5-5-11　无障碍观众实景图

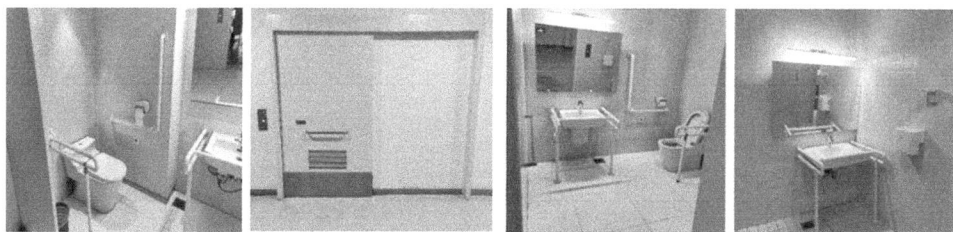

图 5-5-12　无障碍卫生间全景效果图

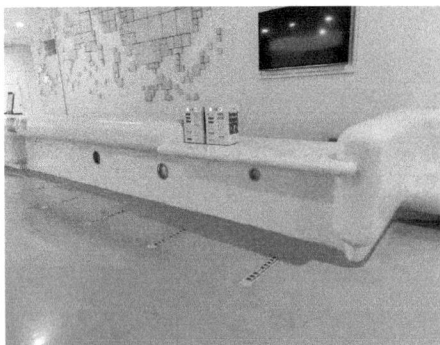

图 5-5-13　低位服务台效果图

图 5-5-14　"相约北京"冬季体育
系列测试活动

图 5-5-15　"相约北京·昆泰"
2021 年世界轮椅冰壶锦标赛

证赛时各主要流线无障碍设施满足使用，对各个流线设施进行升级改造，确保满足使用需求。同时通过 4 月"相约北京"冬季体育系列测试活动及 10 月"相约北京·昆泰"2021 年世界轮椅冰壶锦标赛，对场馆无障碍设施进行了检验（图 5-5-14、图 5-5-15）。

5.6　无障碍环境建设总结

"水立方"场馆无障碍环境建设升级后，形成了完善的无障碍设施体系，提高了无障碍设施服务标准，不仅能够满足场馆冬奥会、冬残奥会比赛运行需求，还将更好地为赛后场馆可持续利用提供长期保障。无障碍设施不仅充分展现中国残疾人事业的发展水平和中国社会文明程度，也让来自国外的运动员和官员感受到中国作为东道主的人文关怀。

2021 年 10 月轮椅冰壶世锦赛开赛当天，国家游泳中心场馆运行稳定，无障碍设施运行良好，世界冰壶联合会官员、国外参赛队员及随队官员对赛事筹办工作给予了高度肯定。世界冰壶联合会主席凯特·凯斯尼斯称赞："国家游泳中心是我经历过的历届冬奥会中最棒的冰壶场馆。运动员更衣室、无障碍坡道等设施的设计非常精巧，考虑十分周到，对世锦赛和冬奥会的成功举办充满信心。"国家游泳中心将结合 2021 年两次测试赛成功举办的经验，圆满完成 2022 年冬奥会、冬残奥会任务。

6 北京市"小空间 大生活——百姓身边微空间改造行动"适老无障碍改造

项目主办单位：北京市规划和自然资源委员会
项目设计单位：西城区——北京汉通建筑规划设计有限公司
　　　　　　　东城区——深圳市城市规划设计研究院有限公司
项目施工单位：西城区——北京兴宏泰建筑工程有限公司
　　　　　　　东城区——江苏中益建设集团有限公司
项目管理单位：北京建筑大学高精尖中心
　　　　　　　中国中建设计研究院有限公司
　　　　　　　北京市西城区大栅栏街道办事处
　　　　　　　北京市东城区北新桥街道办事处
案例编写人员：迟义宸、张永仲、栾景亮、杨振盛、薛峰、张大玉、李雪华、吕小勇、单樑、洪涛、藏勇、靳喆、童馨、凌苏扬、喻晓、李加磊、吴白超、熊文

6.1 项目背景

"小空间 大生活——百姓身边微空间改造行动计划"，以学党史、为人民办实事、提高人民生活质量和人民生活品质为出发点，聚焦百姓身边需求和改造意愿强烈的"三角地""边角地""畸零地""垃圾丢弃堆放地""裸露荒弃地"等具有"消极空间"与"剩余空间"特征的小微公共空间，优先选取"12345"投诉率较高、各种矛盾集中突出，同时具备改造示范性的公共空间。坚持以问题为导向，直面问题、解决问题，把百姓满意度作为改造中的重要原则和标准，着力为百姓排忧解难、纾困去烦，更新小空间、实现大改变，真正将北京市委市政府关于落实习近平总书记"学党史、办实事"的举措落到实处，与社区居民共谋、共建、共享"党群欢乐之家"，解决好人民群众的"难、困、忧、烦"问题，提升百姓幸福感、获得感、安全感。

6.2 西城区大栅栏街道厂甸 11 号院内公共空间——党群共建欢乐之家

6.2.1 现状分析

西城区厂甸 11 号院是大栅栏片区唯一的楼房住宅小区，原为电信局宿舍，建于 1984 年，共有 206 户居民。室外空间由 1 号、2 号住宅楼及北侧配套用房围合而成，面积 3134m² （图 5-6-1、图 5-6-2）。院内杂物及建筑垃圾随意堆放；线缆横飞、杂乱，安全隐患极大；景观绿化未能提供宜人空间，严重缺乏供老年

图 5-6-1　场地位置

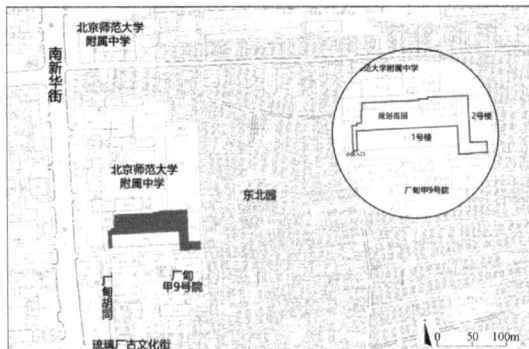

图 5-6-2　设计范围

人、儿童活动和交流的空间；800m² 配套建筑老旧、利用率低，被"僵尸"自行车占满；室外电动车随意拉线充电，自行车无序停放，垃圾杂物严重占用居民公共活动空间。

6.2.2　现状问题

难：居民室外休闲交往难、活动难、出行难、入厕难、健身难；线缆入地难，安全隐患大（图 5-6-3）。

困：非机动车、杂物抢占室内外空间，居民出行之困；公共空间绿化杂乱、品质低下，居民休闲活动之困（图 5-6-4）。

忧：电动车充电线随意拉线，消防安全之忧；休闲、健身设施老化，使用安全之忧；建筑垃圾常有、长存，卫生健康之忧（图 5-6-5）。

烦：公共空间被私人侵占，活动空间缺失之烦；无室内休闲交流场所之烦；室外地面常修，出行不便之烦（图 5-6-6）。

6.2.3　无障碍系统化设置

（1）特色 1：通行无障碍改造

社区出入口与周边城市道路和公共交通站点无障碍接驳，设有联贯社区公共绿地、公共活动场所、各配套服务设施和住宅的无障碍人行道系统。社区通行无障碍改造的无障碍设施包括缘石坡道、轮椅坡道、灯光照明及标识。

图 5-6-3　缺乏活动空间的老人

图 5-6-4　常年占据大量室内外空间资源的"僵尸自行车"

图 5-6-5　场地内堆放的建筑垃圾　　　图 5-6-6　临时占道摆放桌椅

（2）特色 2：社交空间适老化改造

社区内宅间绿地、口袋公园和社区公园等公共绿地的无障碍设计内容包括：出入口、步行道、休憩设施、儿童游乐场地、健身运动场地、公共厕所等场地和设施。公共绿地和公共活动场地内的步行道路和活动场地满足轮椅使用者无障碍通行要求。

（3）特色 3：活动空间无障碍改造

活动场地内的亭、廊、花架等休憩设施有高差处设置坡道或以坡地过渡；避免出现一步高差；台阶高差处设置与环境景观相结合的轮椅坡道和提示标识，并结合实际情况设置助力扶手；活动场地设置的休息座椅设置撑扶扶手，坐垫材质符合人体舒适的要求。

（4）特色 4：建筑无障碍改造

住宅和各类配套服务设施出入口有高差处采用防滑材料，并设置轮椅坡道及助力扶手。标识尺寸、色彩、图案、字体大小等符合老年人和残疾人识别要求。台阶高差处和容易发生磕绊处设置夜间重点照明。

（5）特色 5：配套设施无障碍

社区服务中心、配套商业和餐饮服务等配套服务设施出入口处不设置高差。如有台阶高差，其高差处设置轮椅坡道，并设置助力扶手及相应的引导标识。

配套设施内保证轮椅无障碍通行及回转空间。其内设置具有容膝空间的低位服务台、无障碍休息区、无障碍餐桌和相关的无障碍器具，并设置相应的无障碍引导标识（图 5-6-7～图 5-6-11）。

6.2.4　无障碍用场景

（1）通行流线无障碍

改善庭院公共空间，保留树木并增加景观设施，改造高花坛为可穿行绿地，形成更宜人、可使用的活动休憩空间。改造后形成完整的无障碍流线，社区活动场地、公共空间、无障碍卫生间、建筑出入口处轮椅与婴儿车都可以无障碍通行（图 5-6-12、图 5-6-13）。

（2）建筑出入口无障碍

原有配套建筑地坪与室外地坪存在高差，对老年人出入造成不便。改造后建设无障碍坡道，配合栏杆扶手、一体化无障碍设施设计，实现公共空间全龄友好品质提升（图 5-6-14、图 5-6-15）。

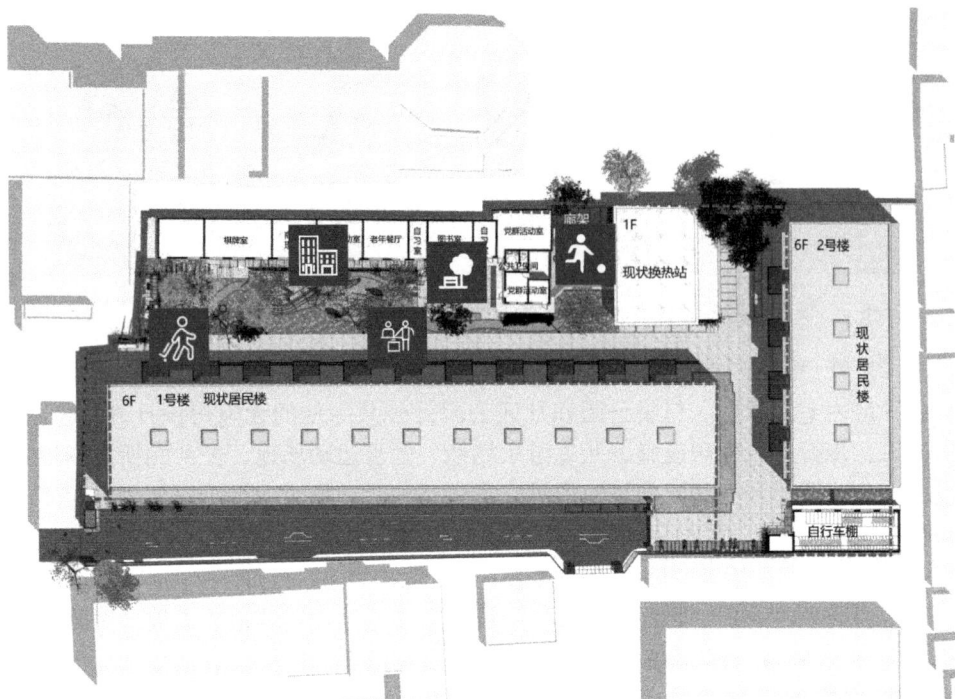

图 5-6-7　项目总平面图

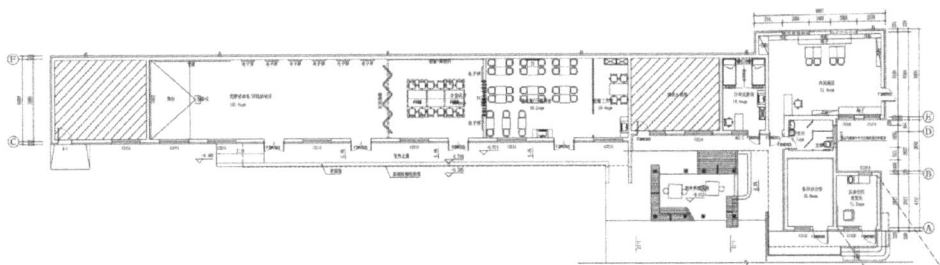

图 5-6-8　一层室内平面图

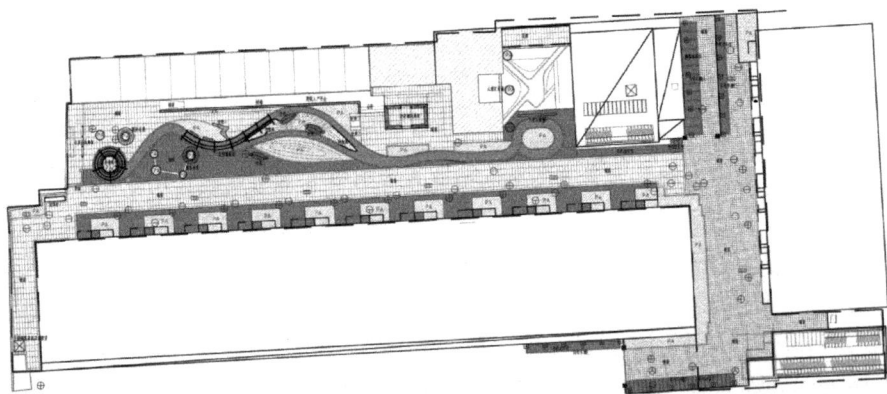

图 5-6-9　场地平面图

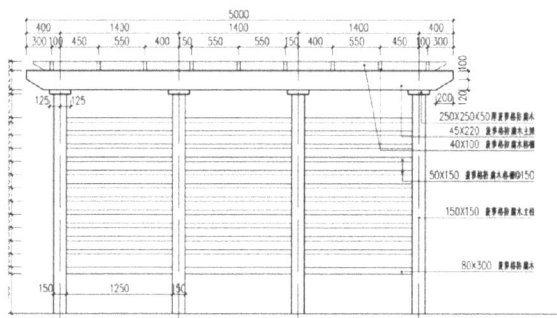

图 5-6-10　分类垃圾廊架

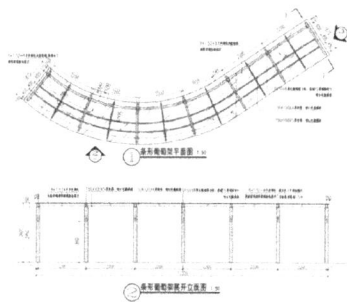

图 5-6-11　条形葡萄架

图 5-6-12　改造前通行流线

图 5-6-13　改造后通行流线

图 5-6-14　改造前出入口

图 5-6-15　改造后出入口

（3）公共卫生间无障碍

原有社区内卫生间年久失修，上、下水不通，不能使用。整治、增设无障碍卫生间，解决老年人及高楼层居民室外活动中入厕难的问题（图 5-6-16、图 5-6-17）。

（4）配套设施无障碍

换热站东侧小院长期被建筑垃圾占据，且无人看管，安全隐患大。通过清理、整治院落，为电动车停车腾出空间，增设室外电动车充电桩，消除拉线充电的安全隐患（图 5-6-18、图 5-6-19）。

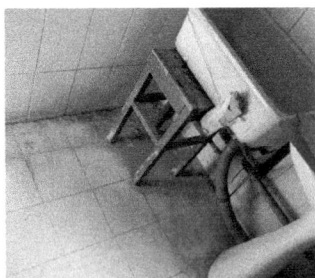

图 5-6-16　改造前卫生间

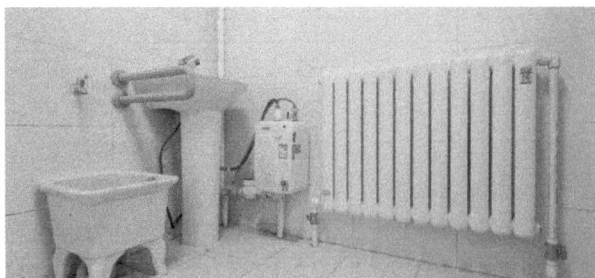

图 5-6-17　改造后无障碍卫生间

图 5-6-18　东侧小院改造前

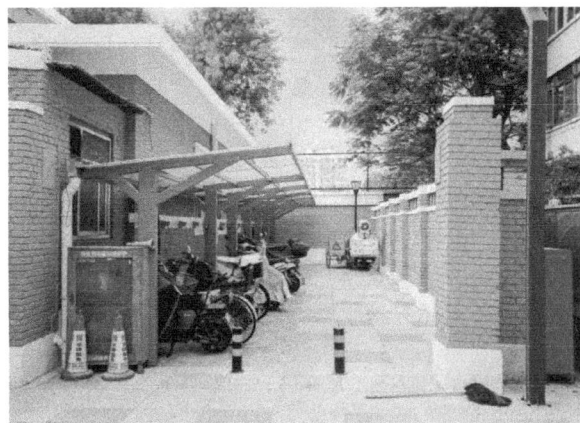

图 5-6-19　东侧小院改造后

（5）活动场地无障碍

改造前换热站西侧小院长期被私人物品占用，无法使用。社区内缺少儿童活动场地。清除原有废弃物，腾出空间，建设儿童专属游戏场所，铺设塑胶地面，让孩子安全、妈妈放心（图 5-6-20、图 5-6-21）。

（6）保留场所精神，传承记忆

院内原有葡萄架承载着居民美好的记忆，具有较高的保留价值。原汁原味保留葡萄架并进行结构加固，增强文化记忆，提升归属感，使百姓记得住乡愁（图 5-6-22、图 5-6-23）。

（7）室内活动场地无障碍

原有车棚功能单一，社区内缺少多功能室内活动场地。建设党群活动中心，设置党建、物业、健身、娱乐、阅览、休闲、便民服务等功能，为居民提供丰富、便利的室内公共活动空间和社区党建场所（图 5-6-24、图 5-6-25）。

改造前原有北侧车棚脏乱，基本无人使用。而社区缺少孩子课外拓展活动的空间，选取相对安静位置的室内空间进行改造，打造社区食堂及儿童书屋，为社区孩子们开辟出放学后能安心自习和阅读的学习空间（图 5-6-26、图 5-6-27）。

图 5-6-20　改造前被占用场地

图 5-6-21　改造后成为健身场地

图 5-6-22　改造前葡萄架

图 5-6-23　改造后葡萄架

图 5-6-24　改造前车棚

图 5-6-25　改造后党群活动中心

图 5-6-26　改造前车棚

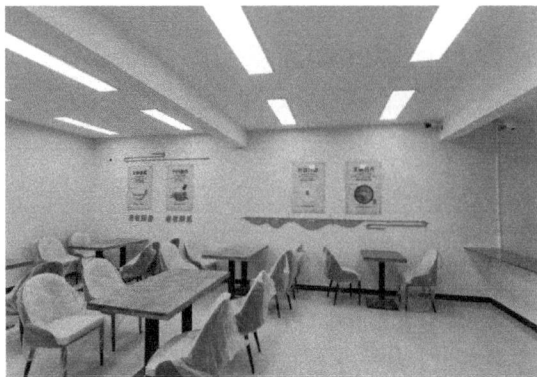

图 5-6-27　改造后社区食堂

图 5-6-28　改造前垃圾分类
及快递柜

图 5-6-29　改造后垃圾分类及快递柜

（8）垃圾分类及快递收取便捷化

原有社区内垃圾分类箱简陋、不健全，无快递收取配套设施。集中布局垃圾分类收集和快递柜，采用先进的智慧分类系统，利用物联网、互联网融合技术，实现便捷的垃圾分类和快递收取（图 5-6-28、图 5-6-29）。

6.3　东城区北新桥街道民安小区——欢声笑语的院子

6.3.1　现状分析

东城区北新桥街道民安小区 26 号楼为回迁安置房，建于 2003 年，居住总户数为 706 户，常住人口 2063 人。小区内部空间由住宅建筑东、西、南三面围合而成，北侧是北新桥派出所南墙，空间整体呈"凹"字形，场地规模 4113m²。院内现状场地受高层住宅"凹"形布局影响，全年缺少阳光；场地不平整、障碍较多，安全隐患较大；杂物及建筑垃圾随意堆放；景观绿化未能提供宜人空间，严重缺乏供老年人、儿童活动和交流的空间；室外电动车随意拉线充电，自行车无序停放；邻里关系极度紧张（图 5-6-30、图 5-6-31）。

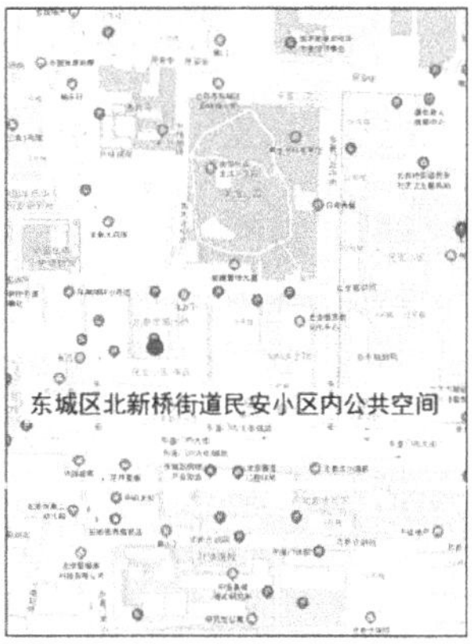

图 5-6-30　场地位置

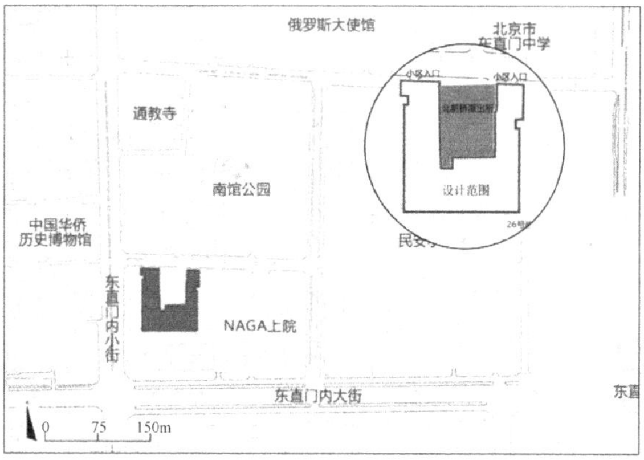

图 5-6-31　设计范围

6.3.2　现状问题

难：居民室外活动难、出行难、健身难。建筑入口设有台阶，居民出行阻碍大（图 5-6-32）。

困：生活垃圾随意堆放，垃圾收集设施简陋，环境卫生恶劣之困；机动车、非机动车乱停乱放，抢占消防通道、人行空间，居民出行之困（图 5-6-33）。

忧：建筑垃圾常有长存，侵占大量公共空间，公共卫生之忧；配套服务设施缺少、利用率低，生活不便（图 5-6-34）。

烦：活动空间全年缺少阳光，有空间狭小之烦、活动设施缺乏之烦；邻里关系紧张（图 5-6-35）。

图 5-6-32　缺乏绿植、基本无法使用的活动场地

图 5-6-33　随意堆放的生活垃圾

图 5-6-34　场地内堆放的生活垃圾

图 5-6-35　人均使用公共空间面积仅为 $1m^2$ 左右

6.3.3　无障碍系统构建

（1）特色1：通行无障碍改造

城市街区和组团内各类主要室外活动场所、各类停车场所、组团出入口、各类配套服务设施出入口、住宅单元出入口能够与各类道路的无障碍路线相连接。

（2）特色2：社交空间适老化改造

在居住区室外公共空间内设置可供老年人相聚的交往空间，并应在儿童活动场地周边设置可供老年人休息的座椅，也可将老年人健身活动器械与儿童活动场地结合设置，形成与儿童共处的户外活动场所。

（3）特色3：活动空间无障碍改造

室外健身和活动场所与居住区内外无障碍路线相连接，活动场所有高差处结合景观环境设置轮椅坡道，或以无障碍坡地连接，轮椅坡道两侧结合景观环境设置助力扶手，并设置相应的无障碍引导标识。休息区的无障碍座椅设置有扶手和靠背。

（4）特色4：建筑无障碍改造

单元出入口前有高差处设置轮椅坡道及助力扶手，轮椅坡道两侧的助力扶手与景观环境设计相结合。

（5）特色5：完善公共服务设施

合理设置快递取件、垃圾分类点、室外充电桩。公共服务设施能够与各类道路的无障碍路线相连接（图5-6-36～图5-6-40）。

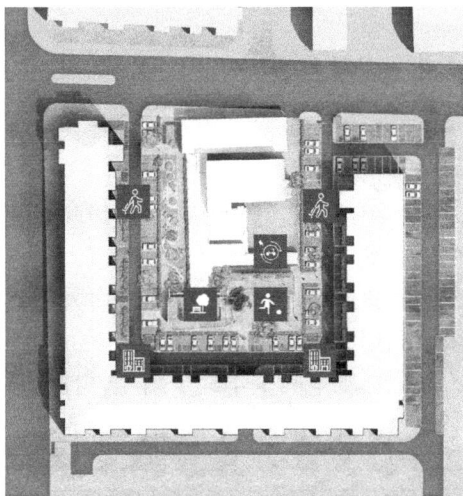

图 5-6-36　项目平面图

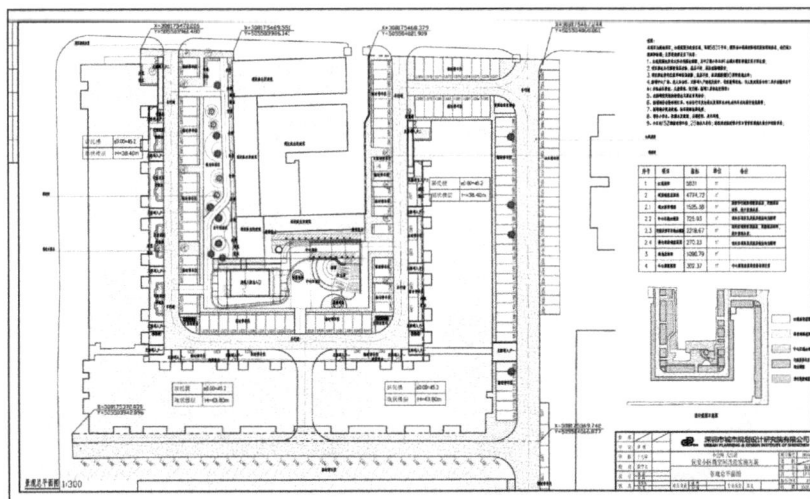

图 5-6-37　项目平面图

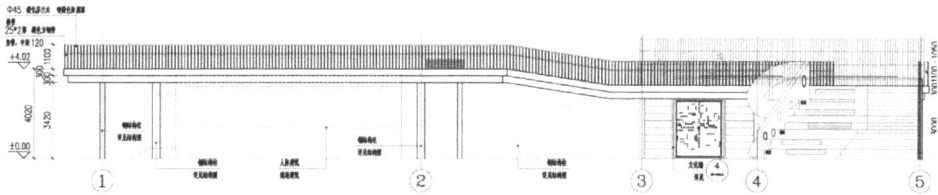

图 5-6-38 通往二楼的无障碍平台立面

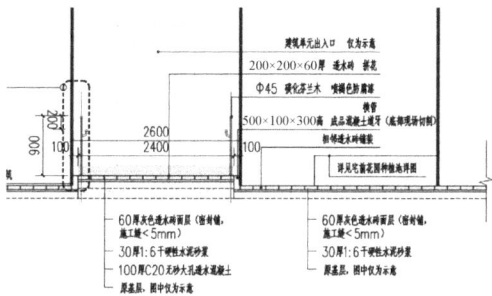

图 5-6-39 无障碍单元入口剖面图

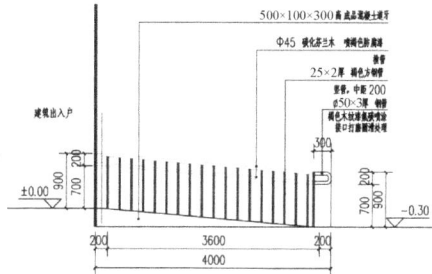

图 5-6-40 无障碍扶手立面图

图 5-6-41 改造前公共活动空间

图 5-6-42 改造后公共活动空间

6.3.4 用场景

（1）营造公共活动空间

现状场地环境杂乱，无休闲设施、无落座空间，无人使用。整治、高效且综合利用场地现状，建设多种休闲服务设施，为居民提供一个功能复合、空间丰富的集中性活动空间（图 5-6-41、图 5-6-42）。

（2）通行流线无障碍

原人防建筑北墙与派出所外墙间通道狭窄无用。利用此低效无用空间，设置残疾人坡道，配合残疾人扶手，保障前往二层平台通行便捷（图 5-6-43、图 5-6-44）。

（3）建筑出入口无障碍

原单元入户门口均有台阶，与地面存在高差，安全隐患大。单元入户出入口均改造为坡道且加装残疾人扶手，实现轮椅、婴儿车、老年人安全出行（图 5-6-45、图 5-6-46）。

图 5-6-43　改造前灰色空间

图 5-6-44　通往二层的无障碍坡道

图 5-6-45　改造前单元楼出入口

图 5-6-46　改造后单元楼出入口

（4）健身场地无障碍

原场地西北侧空间被非机动车与建筑垃圾占据，社区内无休闲健身场所。利用场地西北侧建设运动长廊，为居民提供轻量化的休闲运动场地，解决了居民无处健身活动的问题（图 5-6-47、图 5-6-48）。

（5）休息场地无障碍

原场地内植被杂乱，景观品质差，且无居民可落座设施。运动场地周边设置休憩座椅，并精心设计花池、树池，为使用者营造用得舒心并赏心悦目的休闲空间（图 5-6-49、图 5-6-50）。

（6）规范非机动车停车、充电

原单元入户两侧被非机动车占据，居民出行难，安全隐患大。利用廊下空间建设为集中的非机动车停车区，配置非机动车充电桩，为居民提供便捷的停车、充电服务（图 5-6-51、图 5-6-52）。

图 5-6-47　改造前被占用场地

图 5-6-48　改造后健身场地

图 5-6-49　改造前被占用场地

图 5-6-50　改造后休息场地

图 5-6-51　改造前非机动车停车

图 5-6-52　改造后非机动车停车、充电场地

（7）规范机动车停车

院内机动车、非机动车乱停乱放，挤占人行通道、消防通道现象严重。规范场地内及车行道两侧机动车、非机动车停放，创造安全有序、易通行的小区内部道路（图 5-6-53、图 5-6-54）。

图 5-6-53　改造前机动车停车

图 5-6-54　改造后机动车停车

7 新建京雄城际铁路雄安站站房及相关工程无障碍设计

设计单位：中国铁路设计集团有限公司（总体设计）、北京市市政工程设计研究总院有限公司、中国建筑设计院有限公司

建设单位：雄安高速铁路有限公司

运营单位：中国铁路北京局集团有限公司

案例编写人员：陶然、赵世磊、谷邠英、栾天浩、郭栋、杜昱霖、隋茵、张建海、崔孟雪、杨金鹏、王喆

7.1 工程概况

高铁雄安站位于河北省雄安新区，总建筑面积 $475241m^2$。高铁雄安站是包含铁路站房工程、市政配套工程、城市轨道交通工程以及地下空间工程的大型城市综合体，是雄安新区面向京津冀协同发展的重要门户。在设计之初就以打造"畅通融合、绿色温馨、经济艺术、智能便捷"的现代化铁路客站枢纽为目标，全力建设成精品智能客站示范工程。工程于 2018 年由国铁集团和河北省人民政府批准建设，由中国铁路设计集团有限公司（总体设计）、北京市市政工程设计研究总院有限公司、中国建筑设计院有限公司联合设计，2020 年 12 月竣工。

在雄安站设计中，以有爱无碍为原则，以无障碍需求为导向，以无障碍尺度为标准，对无障碍卫生间、竖向交通、停车及通道、服务设施、安检及验票、标识、人员服务七大无障碍系统进行了全面优化提升，为特殊人士、妇幼家庭群体等提供了更好的服务条件，更具有人文情怀。相关设施与装修设计高度融合，实现了有爱无碍、绿色温馨、经济艺术与智能便捷的有机统一（图 5-7-1）。

图 5-7-1　雄安站鸟瞰

7.2 我国铁路客站无障碍设计现状

目前在中国，无障碍设计已逐步发展为建筑设计中强制性的要求，但在诸多细节上还做得不够细致。

2005 年，铁道部发布实施了《铁路旅客车站无障碍设计规范》TB 10083—2005，2018 年修编并纳入了《铁路旅客车站设计规范》TB 10100—2018，2021 年住建部发布了《建筑与市政工程无障碍通用规范》GB 55019—2021。从规范的最低要求方面来说，无障碍措施水平也在逐步提升。

7.3 雄安站无障碍设计目标

随着人们对精神文明要求的日益提高，人性化关爱意识也逐步提升。铁路无障碍设施的使用群体不仅包括残障人士，还包括有特殊需求的群体，如年老体弱者、患有疾病的乘客、儿童或身高矮小的乘客、孕妇、推婴儿车的乘客、携带大件行李的乘客等。为了确保有需求的乘客都能安全、方便地乘坐火车出行，设计人员有必要充分了解不同使用群体的实际需求，将"人性化设计"做到实处，营造出真正意义上的无障碍环境，打造全龄友好型铁路客站。

随着科技的发展，诸多设备进行了更新换代，其功能更强大、更人性化。结合不断涌现的科技产品，进一步优化提升无障碍设计，从而进一步改善无障碍环境，使广大人民群众能够共享科技发展成果带来的便利。

7.4 设计方案

在满足专业规程规范的前提下，充分吸纳国内外先进理念，按照世界眼光、国际一流、中国特色、高点定位的标准，有针对性地根据不同特殊群体与大众群体融合共享的需求进行研究，使空间利用合理有序，设施配备便捷完善。注重设施设备的设计细节与细化，在平面布局、空间定位、分类层级、产品样式、部品选用、材质色彩等方面精益求精，为特殊人士、妇幼家庭群体等提供了更好的服务条件。

7.4.1 功能布局，便捷无碍

合理规划无障碍卫生间、重点旅客候车区、儿童候车区。雄安站无障碍卫生间是融合了成人、儿童、家庭的综合通用型无障碍卫生间。针对服务对象的差异进行了分区。以无障碍尺度控制设施间距，自由舒适（图5-7-2、图5-7-3）。

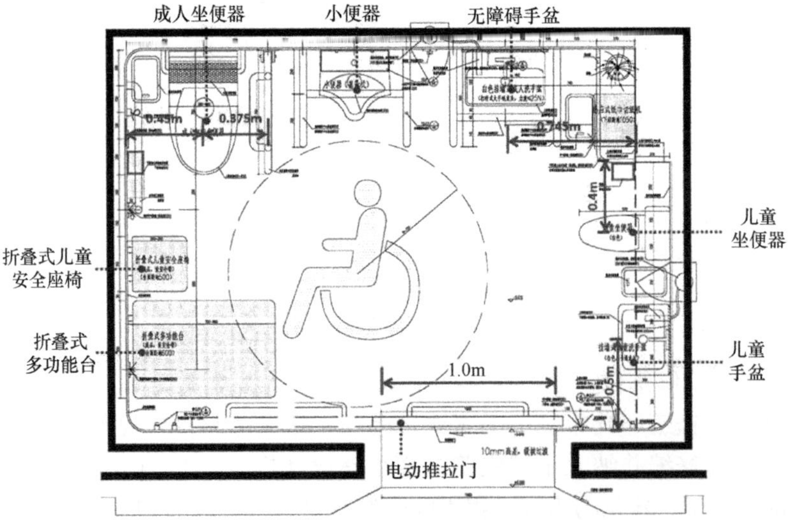

图 5-7-2　无障碍卫生间平面图

儿童候车区布置艺术隔断兼座椅，四周为环形有机形态座椅，中部设置可攀爬的鹅卵石形态座椅，增强趣味性（图5-7-4）。

无障碍候车区规划有轮椅停放位置。周围设有扶手，以折线营造起伏——适应坐姿和轮椅存放需求，与垃圾桶一体化设计，整体平滑，无尖锐凸出以及较大起伏，过道宽阔，地面做防滑处理。采用木纹色彩，温馨醒目。配置低位查询机（图5-7-5）。

7.4.2 有爱设施，共享文明

无障碍卫生间内除了设有规范要求的设施以外，还设置了智能大便器、花洒、双卷纸取纸器、便器软背垫、感应式垃圾桶、感应式皂液器、感应式纸巾机、置物台、拐杖架、新型安全抓杆等，设施丰富，主辅匹配，贴合无障碍需求（图5-7-6）。

图 5-7-3　无障碍卫生间俯视图

图 5-7-4　儿童候车区实景

图 5-7-5　无障碍候车区实景

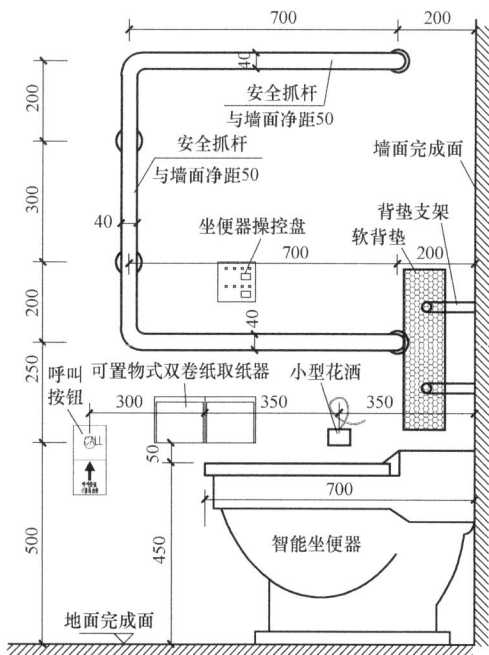

图 5-7-6　坐便器侧面设施立面图

图 5-7-7　站房主入口实景

无障碍卫生间采用专用电动推拉门，旅客进出站口均采用自动感应门（图5-7-7），汽车场站采用常开防火门，便于通行（图5-7-8）。

设置了连续的导引标识系统。电子显示系统能够显示车次状态信息，便于听力障碍者使用（图5-7-9）。

7.4.3 注重细节，传递关爱

装修采用圆角。设有宽通道检票口，配置显示屏及广播，便于肢体障碍者、听力障碍者、视力障碍者使用（图5-7-10）。

综合服务中心设有宽大容膝空间的无障碍专用窗口，便于肢体障碍者使用。配置了显示屏及广播，便于听力障碍者、视力障碍者使用（图5-7-11）。

无障碍电梯均配置脚踢式按钮、到站声光提示（图5-7-12），按钮盲文设置在按钮左侧，便于上肢障碍者、视力障碍者、听力障碍者使用。有条件的电梯在轿厢内设置折叠式座椅。

楼梯扶手端部均做下弯处理。楼扶梯前方设置提示盲道。扶梯上下端设置醒目的提示标识（图5-7-13）。

距站台边缘1m处设有醒目的警示线及提示盲道，对视力较弱者的安全起到提示作用（图5-7-14）。

图5-7-8 配套汽车场站出入口实景

图5-7-9 电子显示屏实景

图5-7-10 检票口实景

图5-7-11 综合服务中心实景

7.4.4 绿色温馨，共享文化

艺术文化柱与显示屏、无障碍服务台有机融合。显示屏为倾斜式，便于低位观看（图5-7-15）。母婴室设置背景墙壁画，以现场手绘＋立体拼贴的方式，通过柔和、雅致的色彩，以白洋淀自然生态的画面为主题，营造出一个具有梦幻感和故事性的空间（图5-7-16）。大厅内结合绿化设置休闲座椅，可以供体力较弱的旅客临时休息（图5-7-17）。

7.5 主要技术

7.5.1 以无障碍需求为导向

充分研究所服务群体的需求，分类研究老、幼、病、残、孕等不同群体的需求和行为特征，进而明确新时代铁路客站的无障碍设计定位及策略（表5-7-1）。

通过对群体需求和无障碍尺度的全面研究，合理规划了无障碍卫生间、重点旅客候车区、儿童候车区，避免了以往铁路客站所出现的无障碍功能不全面的问题，解决了以往铁路客站所出现的无障碍设施与实际使用之间的矛盾。

7.5.2 智能化无障碍设施的应用

通过智能化无障碍设施的应用研究，使重点旅客能够共享科技发展的成果，提高了无障碍设施的便利性。

残障者开关一般的平开门时，会开关不便。无障碍卫生间专用电动推拉门为按钮式操作，可以为残障者带来极大的便利（图5-7-18）。

图 5-7-12　无障碍电梯实景　　　　图 5-7-13　楼扶梯实景　　　　图 5-7-14　站台实景

图 5-7-15　服务台实景　　　　图 5-7-16　母婴室实景　　　　图 5-7-17　休闲座椅实景

类别		功能需求			
		行动不便群体	听障群体	视障群体	母婴
第三卫生间		●	●	●	●
无障碍卫生间		●	●	●	
竖向交通系统	楼梯	●		●	
	电梯	●	●	●	●
	扶梯			●	
停车及通道系统	无障碍停车位	●			
	无障碍通道及站台	●		●	
	出入口/门	●			
	坡道	●			
服务设施系统	售票	●	●		
	综合服务台	●	●		
	重点旅客候车区	●	●		
	母婴室、儿童活动区				●
	饮水处	●			
安检及验票系统	实名制验证及安检	●			
	检票	●	●	●	
标识系统		●		●	●
人员服务系统	信息服务	●		●	
	协办手续、轮椅租借引导服务	●		●	
	市政配套服务	●		●	

随着科技的发展，感应式洗手液、感应式纸巾机、智能坐便器、感应式开盖垃圾桶更加普及。在工程中应用这些智能化设施，将会较大程度地提高便利性。

7.5.3 与文化艺术相融合

以往铁路旅客车站中，一般注重设施功能，忽视艺术效果。在雄安站无障碍设计中，相关设施与装修设计高度融合，实现绿色温馨、经济艺术与智能便捷的有机统一。

7.5.4 结合 BIM 技术，打造精品工程

采用平面设计、BIM 三维设计以及虚拟现实的方式，在设计阶段即为使用者提供了一个可视、可体验、可感知的三维立体空间，用于指导设计优化和精确施工（图 5-7-19）。

7.6 运行效果

邀请了部分特殊人士、妇幼家庭、老年人进行了实际使用验证，普遍反映雄安站项目建成后的无障碍环境品质与以往铁路站房相比有较大幅度的提升，其无障碍设施为特殊人士、妇幼家庭等群体提供了更好的服务条件，更具有人文情

怀。项目也获得了社会的广泛关注，新华网等多家媒体进行了报道，社会认可度较高。

图 5-7-18　无障碍卫生间专用电动推拉门

图 5-7-19　BIM 全景图

8 西湖大学校园通用无障碍环境建设指南与图示

建设单位： 杭州市推进西湖大学项目建设指挥部
使用单位： 西湖大学
设计单位： 浙江大学建筑设计研究院有限公司
无障碍咨询： 清华大学无障碍发展研究院
案例编写人员： 邝洋

8.1 项目概况

西湖大学是在浙江省、杭州市和西湖区政府的支持下，以小而精的模式创建的一所社会力量举办、国家重点支持的新型高等学校。校园位于杭州市西湖区双桥云谷单元，占地约 1380 亩（图 5-8-1）。校园规划总建筑面积约 91.3 万 m^2，首期建设约 45.6 万 m^2。作为浙江省重点工程，项目由杭州市推进西湖大学建设指挥部主持兴建，主要设计单位为浙江大学建筑设计研究院有限公司。2019 年春开工建设，2021 年底首期工程正式建成交付。

校园规划布局以中心岛为核心布置教学、科研建筑群，环形水系将首期与后期串联为一个整体，外围生活区、运动区和服务公共区围绕核心展开。西湖大学无障碍设计以友善人文校园、全龄畅行校园作为指导理念，重点考虑了校园景观环境复杂和建筑类型多样化的特点，从校园景观、出行、生活服务设施、标示标识、信息智能等各个方面系统总结了西湖大学校园无障碍的重点要求和设计内容。同时，无障碍设计突出通用化设计与融合使用导向，专项构建无障碍的校园环境体系，解决当前大学校园无障碍环境不全面、不完善、不实用的现状，达到"可及、可达、可进、可用"的理想环境。

8.2 西湖大学校园无障碍设计要点

8.2.1 无障碍出行

校园内部被贯穿校园的城市河道以及内部水环分隔成五部分。规划的中心岛是学校科研和教学的核心区，生活区和运动区、行政办公区围绕中心岛布置。为使行动不便者尽可能到达校园每一个地方，校园内设计了无障碍线路串联各个区域，无障碍路径可达校内所有建筑无障碍出入口、无障碍停车场地、重要校内景点和室内外公共活动场所（图 5-8-2）。

（1）道路无高差设计

车行道与人行道采用无高差设计，车行流线从校园入口沿外环道路通至地下停车场。人行道路均采用防滑材料，路面避免布置管井盖和排水箅子（图 5-8-3）。

图 5-8-1　校园规划鸟瞰图

图 5-8-3　校园道路无高差设计

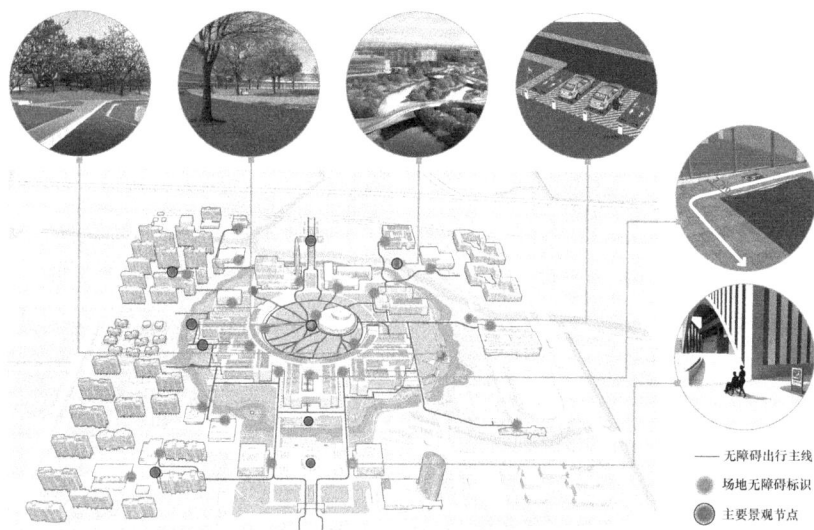

——无障碍出行主线
●　场地无障碍标识
●　主要景观节点

图 5-8-2　校园无障碍规划路径

（2）无障碍机动车位

无障碍机动车停车位地面包含停车线、轮椅通道和无障碍标识。停车位的宽度≥2.50m、长度≥5.00m、净空高度≥2.20m，侧面乘降区和后部取货区的宽度≥1.20m（图5-8-4）。

（3）校园慢行交通

慢行道路（步行道、骑行道、跑步道）的宽度、坡度和材料及服务设施，应符合无障碍设计相关规范的要求，满足其连贯步行和骑行的无障碍要求（图5-8-5）。

8.2.2　无障碍景观环境

校园室外景观环境突出人性化、通用化和地域性设计，既要方便健康人日常生活、休息、运动，也要满足校园中的老年人、受伤者、残疾人等通行不便的弱势群体对环境方便性、安全性、舒适性、平等性的需求，让他们融入正常的校园生活中。项目针对西湖大学特色的滨水空间，特别设计了无障碍的游览路线，使其与滨水岸线的主要观景场所无障碍连接，并保证轮椅的通行要求。在滨水空间设置了若干处观赏平台和轮椅可到达的游船停靠点（图5-8-6、图5-8-7）。

图 5-8-4 校园道路室外无障碍机动车位设计

图 5-8-5 校园慢行道休息设施

图 5-8-6 校园滨水平台

图 5-8-7 校园滨水步道

图 5-8-8 人行桥鸟瞰

图 5-8-9 人行桥节点

校园中硬质的广场与人行步道、步行桥、车辆通道都在同一标高或以缓坡过渡。连接中心岛的 12 座校内景观桥遵循通用性、无障碍性、可达性原则，与路面、广场自然无高差衔接，桥面坡度均小于 1：20。人行桥考虑桥型的趣味性和可停留性，设置了休息观赏区（图 5-8-8、图 5-8-9）。

8.2.3 无障碍室内设施

校园室内设施设计突出在人体尺度和使用便利性研究的基础上进行人性化和精细化设计，包含了校园卫生间、电梯、无障碍席位、无障碍宿舍、教室、食堂、医院、客房和校内所有低位服务设施（图 5-8-10、图 5-8-11）。

8.2.4 无障碍室外设施

校园室外设施包含了固定或活动室外家具、无障碍服务亭、公共艺术装置、室外饮水机、灯具音响、垃圾桶等各项设施。所有室外服务设施遵循与景观场地结合、无棱角、适应多种人群需求的原则，沿主要步行道、人流集中的活动区布置。公共休息设施间距不超过 100m（图 5-8-12）。

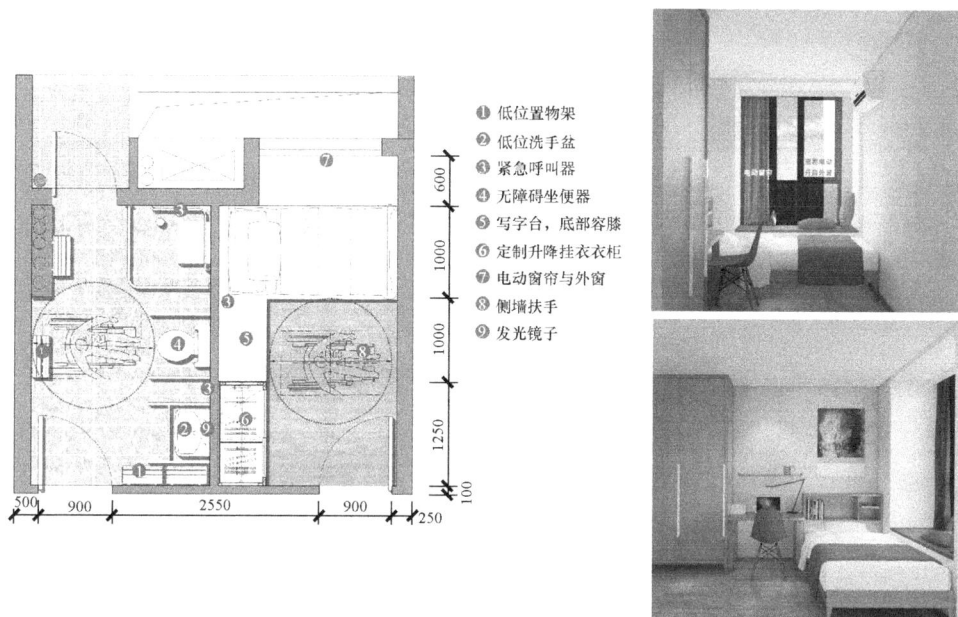

① 低位置物架
② 低位洗手盆
③ 紧急呼叫器
④ 无障碍坐便器
⑤ 写字台，底部容膝
⑥ 定制升降挂衣衣柜
⑦ 电动窗帘与外窗
⑧ 侧墙扶手
⑨ 发光镜子

图 5-8-10 无障碍宿舍

图 5-8-11 无障碍卫生间

图 5-8-12 校园运动步道及无障碍设施

在校园室外休憩区设置高低位直饮水机，在校园室外活动的交通节点处设置室外无障碍电子求助装置。在满足基本照明要求的前提下，充分考虑特殊群体的使用需求，灯具高度、光线角度均须避免造成眩光效应。灯具的选型以圆润无棱角为原则，电压应采用低压直流电，控制在对人体无害的范围内。在人群停留时间较长的宿舍、食堂等活动区设置室外无障碍服务亭，包含校园信息发布、轮椅充电、直饮水、休息座椅等功能（图 5-8-13）。

8.3 案例总结

大学校园是重要的教育场所，提供公平教育、开放包容的校园环境是校园人文关怀的重要体现。大学校园通常存在用地面积大、建筑类型多、景观环境多样的特点，因此，无障碍环境系统化的要求很高。西湖大学作为一所新建的高等大学，从规划设计阶段分析校园无障碍的规模、尺度、需求，以及地域化和人性化

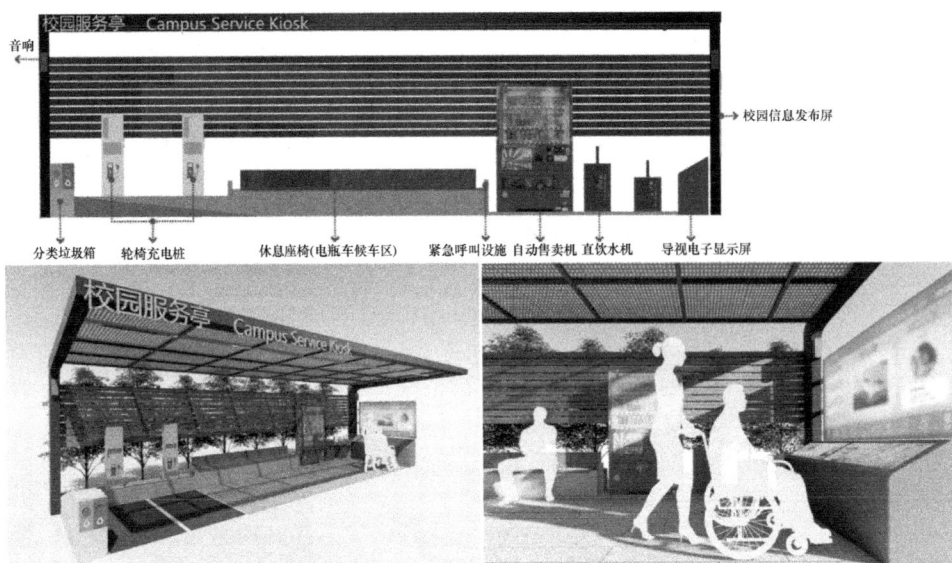

图 5-8-13　校园无障碍服务亭

　　特点，专项构建无障碍校园环境体系，以期建成一所"友善人文、全龄畅行"的无障碍大学，提升广大师生及社会对无障碍之友善、融合、包容理念的认识。

9 北京大学畅春园社区老年友好社区创建

设计单位： 北京大学人口研究所，北京大学建筑与景观设计学院
管理单位： 北京市海淀区人民政府燕园街道办事处
案例编写人员： 陈功、康宁、陆晓敏、张月、李安琪、曲别娟娟

9.1 项目概况

北京大学畅春园社区位于北京市海淀区燕园街道，建于 1985 年，占地面积 5.6 万 m^2，被北大附中实验学校物理分隔成东、西两个园区。东区居民 1124 人（不含在校博士生），平均年龄 39.74 岁，与全国平均数据接近。西区居民共 1072 人，平均年龄 52.85 岁，80 周岁以上高龄老人 160 人，占比 14.93%，65 周岁以上 267 人，占比 24.91%，远超全国和北京的平均水平，是一个严重老龄化社区。社区中的很多工作，即使不是为老年人设计的，最终也将会集中到老年人这一群体上。因此，进行老年友好型社区建设是畅春园社区工作的重中之重。针对这种情况，北京大学人口研究所并燕园街道一起决定对畅春园社区进行适老化改造。改造后，北京大学畅春园社区被评选为全国示范性老年友好型社区（图 5-9-1、图 5-9-2）。

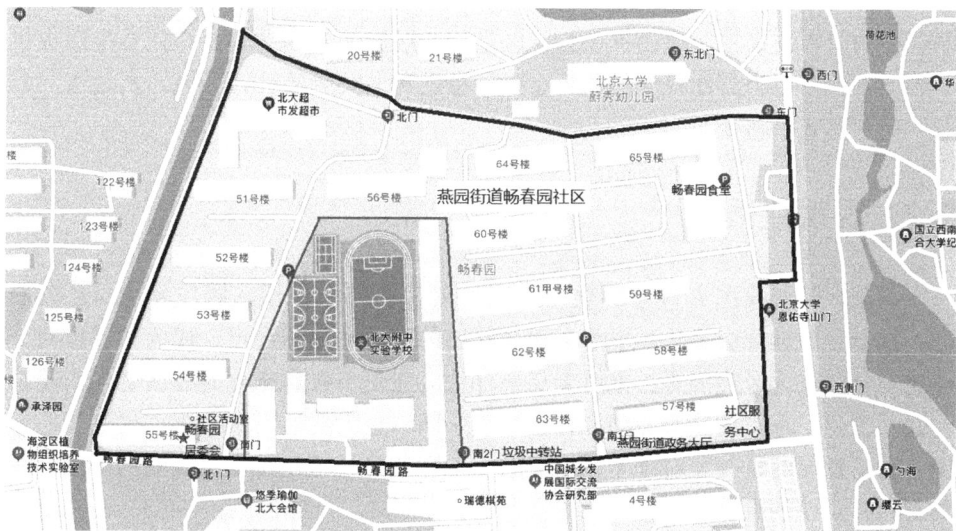

图 5-9-1 北京大学畅春园社区区位图

项目自 2016 年启动，围绕居住环境、出行设施、社区服务与管理、社会参与、科技助老等方面开展，通过北京市老年友好社区评价清单系统地评估社区情况，在此基础上对社区环境进行改造。项目包括地下管线更换、适老化电梯加建、智能门禁系统升级、社区步道改造、园林绿化改造、照明条件改造，辅以社区治理工作推进，环环相扣，互为铺陈，解决老旧社区出行难、设施差的问题。

图 5.9-2　北京大学畅春园社区

畅春园的老年友好社区建设不仅为社区老年人居家养老和平等参与社会生活提供了必要条件，也为其他各年龄的社会成员提供和谐共融的社区环境，实现由"养老"向"享老"转变。

9.2　现状评估

当前，随着我国人口老龄化的快速发展，在公共交通、居住环境、公共服务、社会参与和社会文化环境等方面暴露出的问题越来越突出，成为积极应对人口老龄化的重大风险因素。推进老年友好社区建设不仅意味着为社区老年人塑造友好、支持、尊重的物质空间和社会环境，同时也为普通居民提供了促进身心健康、和谐发展的条件，对处于人口老龄化加速期和城镇化转型发展期的中国社会具有格外重要的意义。

本项目通过老年友好社区评价清单系统地对社区进行评价。老年友好社区评价清单紧紧把握老年友好社区的内涵，以发展思想作为指导，确保老年友好社区测度体系具备科学性、系统性、层次性和导向性；技术层面要求以统计思想为总领，严格考察入选指标的量化性、可得性和简明性。评价领域包括居室环境类、服务类、文化参与类以及科技类四大部分，与无障碍环境建设紧密相关。其中包括：环境类评价指标，包含居室环境、连接处及社区环境两部分，涉及室内、室外及楼梯间、电梯间环境评价的 16 项指标；服务类评价指标，包含养老服务设施、六助服务、医疗服务、救助服务、健康宣传、喘息服务、照护服务等 21 项指标；文化参与类评价指标，包含敬老孝老文化、积极老龄观、社区老年协会、社区老年志愿组织、社区老年文体组织等 9 项指标；以及科技类评价指标，包含社区 24 小时生活服务热线、社区微信群、智能化养老应用情况等 7 项指标。

社区在楼梯建筑环境中的无障碍建设不足。在楼梯方面，应有清晰且具连续性的楼层标识，楼梯间应设置休息座椅供老年人休息，地面高差处应设置无障碍坡道进行过渡。楼梯间没有安全挡板、防滑条，无休息座椅供老年人休息，部分楼层标识不清晰。多数住宅区单元门入口处未配备无障碍坡道、无障碍扶手。即使安装了无障碍坡道，但仍存在较多问题，如坡道被自行车或电动车占用，坡道设计不符合规范，没有设置无障碍扶手等。在电梯方面，老旧社区存在的无电梯、加装电梯难问题频现，高层社区老年人和残疾人出行困难（图 5-9-3）。

在社区环境评价中发现畅春园社区人车分离的情况较差，人车无法分离可能会威胁老年人出行和活动安全。根据调查结果来看，社区步道未设立盲道、人行道与减速设施，车辆停放杂乱且占据消防通道，部分道路地面铺设不平整，人车混行，危机四伏，不少老年人因此跌倒骨折。摔伤是老年人日常受伤的重要原因，严重的摔伤甚至会引发并发症而威胁生命。需要注意在社区内建设更为安全的人行道路和减速设施，将人行道、自行车道、机动车道进行明显划分，保证人行道的通畅性和可使用性，为社区老年人营造一个安全的出行环境。

道路的平整度、安全性对于老年人而言也至关重要。在调查中有被访者提出社区存在道路平整度问题，部分道路地面铺设不平整、施工后存留的沟壑在社区内留下严重的安全性隐患，缺少无障碍通道。当老年人自理能力受损时，道路的轮椅通过性决定了老年人是否能离开家门进行活动。因此，社区需要针对道路情况进行修整，进行无障碍设施建设，以满足老年人出行安全、通畅的需求（图 5-9-4）。

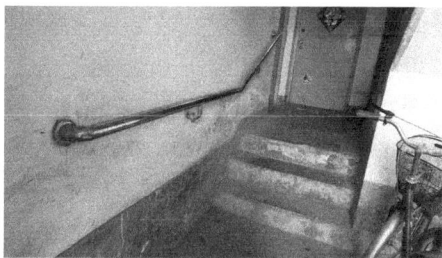

图 5-9-3　改造前楼梯间

图 5-9-4　社区缺少无障碍坡道

社区公共服务设施数量不足，如缺少便于老人歇脚的路椅及围栏、路灯覆盖范围不足、无公共卫生间等。此外，社区标识系统有待完善。社区标识系统的完善能够将社区功能区进行良好划分，通过对商业区域、教育机构和文化体育设施等区域的标识，能够帮助老年人识别社区的不同功能。燕园街道的社区标识系统在进一步完善基础上，还需要注重标识的醒目和适老化，不能有而无用。

总体而言，社区为老年人提供的服务相对常规和传统，而且在深度和持续性方面有待加强。另外，由于人力、物力、资金等方面的局限性，很多服务难以开展具有针对性的、细致入微的整合养老服务。进行老年友好型社区建设是街道工作的重中之重，优质的社区居家养老服务是保障和提升燕园街道老年人生活质量的关键环节。因此，本项目从居住环境、出行设施、社区服务、社会参与、孝老敬老氛围、科技助老智慧等方面开展畅春园社区老年友好社区创建工作。

9.3　建设效果

9.3.1　多方面改造社区基础设施，全方位提升社区物质环境

为建设老年友好社区，在改造社区物质环境方面，畅春园社区主要进行了两个方面的改造，包括改善老年居民居住环境和改造社区内外出行设施。居住环境的改善主要有八个方面。一是注重安全问题，定期进行安全检查。畅春园社区每季度检查一遍消防器材是否在有效范围，每季度一次进行楼道堆积物、电动自行车等火灾隐患大检查，统一清理未准时准改的堆积物，每月巡视检查线路。二是未雨绸缪，完善社区应急工作网络。为更好完成社区安防工作，畅春园社区制定了社区防火、应急预案，完善社区应急网络，开展防火和医疗急救演练，同时配备灭火器、应急救援设备、防空防灾设备柜、便民服务箱和微型消防站。三是关注细节，降低居民家中安全隐患。畅春园社区为65岁以上老人家庭配备了烟感报警器，减少火灾发生的可能。对80岁以上老人免费下发浴凳，降低老年人洗澡滑道的风险。四是启动地下管线改造，实现架空明线入地电缆的铺装，保证管线有序排列。五是改善社区景观环境，弥补因施工而被破坏的绿地，发动居民一起抢救花草，美化、绿化社区。六是开展"阳光工程"，粉刷楼道墙面，改造楼梯间照明，帮助独居空巢家庭改善家庭照明条件等。七是开展垃圾分类，对居民垃圾分类情况进行随机抽查，对抽查时表现较好的居民给予现场蔬菜奖励。另外，社区也在北大环科学院教授的帮助下，指导居民在家中利用免费设备开展厨余垃圾堆肥工作，减轻市政垃圾处理压力。八是升级公厕。由于社区东门往来游人较多，为方便路人与居民，社区在东门建成无障碍、干净整洁的公厕。

出行设施的改造包括六个方面。一是进行100％无障碍设施改造。社区在所有楼道内部和单元门外一侧安装不锈钢扶手，满足老年人对无障碍设施的需求。二是建设适老化电梯。截至目前已有15部电梯交付使用，改善老年人尤其是居于高层的高龄老人的出行情况。三是增设智能门禁系统，给老旧单元门换上"新衣"，杜绝楼道内小广告现象，提高楼道的安防等级。四是实行人车分流，铺设人行专用步道，设置金属桩防止人行步道被机动车占用，同时保证道路平整无坑洼，满足老年人的出行需要。五是为老年人专设活动场地，在主要通道处设置路椅、路灯，方便老年人的日常和夜间活动。六是细致规划，在楼与楼与之间保证居民停车位的同时，也保障留有足够通道方便救护车通行（图5-9-5～图5-9-8）。

图 5-9-5　畅春园社区无障碍电梯改造

图 5-9-6　地下管线改造前后对比图

图 5-9-7　门禁改造前后对比图

图 5-9-8　步道改造前后对比图

9.3.2　社区—学校—医院—家庭—个人五位一体，加强老年友好服务环境建设

依托北京大学，充分发挥大院式街道特长，畅春园社区活动开展具有得天独厚的便利条件。例如北大校医院定期来社区进行养生保健讲座，增加老人们的健康知识；北大人口所来进行实习的同学们深入社区工作，为老年友好型社区建立做出提案；北大环科团队传授家庭厨余垃圾堆肥技术，和居民共同改善社区土壤环境；北大法律援助协会来社区做普法讲座和免费现场咨询，提高老人们对于法律知识的了解；北大体育教研部的教练每周指导社区老人开展太极、五禽戏、八段锦训练，促进老年人主动健康；北大工学院带最新研发的面诊仪和脉诊仪给居民免费体验，为社区老人们带来最新的科技化产品。在社区与北大师生的共同努力下，燕园街道各社区活动开展得风生水起，社区的老人们树立起了积极老龄观，提倡老有所为，促进老年健康，共同建设老年友好型社区。燕园街道各社区依托北京大学的"健康社区建设项目"逐步推进健康社区建设，极大地满足了各社区老年居民对健康服务、慢性病治疗与康复、运动促进健康的需求。

2017年北京大学人口研究所以燕园街道为试点，开展"健康社区建设"项目，联合体育教研部、燕园街道、景观学院等院系和部门进行"北大健康社区模式"的探索，逐步形成具有中国特色的"体卫融合"社区健康促进服务模式。在该模式中，吸纳有综合医院医生、运动专家、社区家庭医生、社区代表的专家委员会通过采集社区居民的健康信息，为居民建立健康档案，研发了针对老年人的太极拳训练康复体系，建立了糖尿病、失眠、膝关节疼痛太极拳运动处方库，定期对居民进行体质健康测试、运动技能培训和体育健身指导，增强了社区居民的体质。同时，在慢性病医疗服务中，该模式将医生作为运动干预治疗的主体，将与老年人健康相关的身体素质测试指标和体检相结合，将运动处方与运动指导方案纳入部分慢性病防控和康复范畴，将医院的健身指导师"搬"进社区，保证了老年运动的有效性和可持续性等。另外，社区也不断鼓励居民参与居民自我健康管理小组，不断扩大居民自我管理活动覆盖范围和受益人群，让更多的老年居民参与进来，提升自己的身体素质。

除此之外，北京大学校医院每学期都会来社区进行养老照顾的相关培训，培训指导内容既有中医保健养生知识，又有糖尿病这些常见慢性病照护知识，也有健康生活理念，通过健康指导员，校医院还在社区推行适合在办公室和家中活动的毛巾操。除培训外，社区医院建有医疗知识科普群，通过微信群和居民健康指导员队伍发布健康知识，回答一些医疗问题。总的来说，畅春园社区以居民健康为中心，有效利用了高校资源，丰富了社区卫生服务体系，在更好建成老年友好社区、促进老年居民身心健康的道路上更进一步。

9.3.3　加强老年友好社区人才培养，助力老年友好社区模式复制推广

在燕园街道老年友好社区建设中，北京大学人口所的师生结合不同专业课程，发挥专业特长，从实际出发，紧扣社区需求与民生热点，构建老年友好型社

区环境的"学科"方案。从实践中来、到实践中去，同学们在深入社区调研的过程中，察实情、出实招，友好社区创建充分反映实际情况，理论和政策创新更符合实际。在老年友好型社区建设的过程中，人口学、老年学、人口资源与环境经济学、社会工作专业的同学们深入社区进行调研，针对具体问题具体分析，提出解决方案。人口所的老师及同学们从社区老年友好环境及无障碍环境的建设相关科研项目入手，利用专业知识，辅以社区治理工作推进，环环相扣，互为铺陈，建设老年友好型社区。同时培养了多名博士后、博士和硕士开展实地调查和理论学术研究，产出了一些调研报告和研究成果，通过项目的持续化运作，树立了同学们的老年友好意识，培养了一批老年友好人才。

畅春园老年友好社区的建设以无障碍环境建设为主，包括满足老年人生活需求的硬件环境，促进老年人健康和社会参与的软件环境，为老年人提供福祉保障、满足不同层次需求的养老服务环境。在物理环境方面应以满足人们不同生命阶段的居住需求为核心，关注基于差异的环境适应性，强调建成环境对老年人身体机能退化、认知和社会交往能力减弱的弥补与援助，促进老年人充分参与社区生活，并促进健康积极的老龄化，同时为其他长期或暂时行动不便的人士提供方便。"倾听老年人心声，响应老年人需求，发现老年人优势，创造老年人机会"是畅春园社区对"老年友好型社区"的独到理解。畅春园居委会希望通过不断的努力，除了营造对于老年人友好的生活硬件环境以外，还能让更多人感受到畅春园老年人对社会的友好，让每一名生活于此的老年居民更体面、更幸福、更自豪。

社区是老年人重要的生活及活动场所，把社区作为切入点着力建设老年友好型社区，也是建设老年友好型社会的"第一步"。下一步将通过燕园街道畅春园老年友好型社区创建工作中得到的经验启示，为我国建设老年友好型社会提供经验借鉴。老年友好型社区建设模式的复制推广，需要自上而下共同发力，既需要政府的顶层设计，在规划中布局养老服务体系建设，也需要基层社区在实践中不断探索，具体问题具体分析，从老年人的居住环境、出行环境、健康服务、社会参与等需求入手，提升老年人生活水平。下一步将探索老年友好型社会创建工作模式和长效机制，从而统筹解决人口老龄化背景下的社会问题，确保老年人"老有所养、老有所敬、老有所乐、老有所为"，提升社会服务能力和水平，增强人民群众的获得感、幸福感、安全感，促进社会的和谐和可持续发展。

结语　无障碍理念意识与实践成果感悟

本篇作者：吕世明

中国的改革开放催生了无障碍建设，中国残疾人联合会成立伊始积极推进并见证无障碍建设三十多年的发展史。党的十八大以来，在习近平中国特色社会主义思想引领下，党和国家高度重视无障碍环境建设，我国无障碍事业坚持以人民为中心的发展理念，坚持新发展理念，坚持民生需求导向，融入党史学习教育，融入国家发展大局，融入乡村振兴、城市更新、旧有改造、适老化工程、福利设施建设、居家无障碍改造、信息化普惠及社会公共服务等各方面，融入"我为群众办实事"行动中，解决人民群众"急难愁盼"，无障碍环境建设正在呈现高标准、高质量、高品质发展的大好态势，取得的显著成就为世人瞩目，彰显出中国特色社会主义制度的无比优越，展现了中国人权的保障形象。

1　无障碍环境建设顶层设计融入国家大局

我国无障碍事业快速发展迎来黄金机遇期，成为全面小康幸福生活和共同富裕的基本条件。习近平总书记对无障碍环境建设作出重要指示："无障碍设施建设问题，是一个国家和社会文明的标志，我们要高度重视。"习近平总书记几次在北京考察冬奥会、冬残奥会筹办工作时多次强调"同步推进各类配套设施和无障碍环境建设""增设相关无障碍设施"；视察北京大兴国际机场，查看无障碍设施；并多次关心无障碍建设，提升基层群众的安全和便利。党中央对无障碍环境建设作出一系列战略部署，李克强总理连续四年在国务院《政府工作报告》中强调"无障碍设施建设"。"发展社区养老、托幼、用餐、保洁等多样化服务，加强配套设施和无障碍设施建设，实施更优惠政策，让社区生活更加便利。完善传统服务保障措施，为老年人等群体提供更周全更贴心的服务。推进智能化服务要适应老年人、残疾人需求，并做到不让智能工具给他们日常生活造成障碍。"十三届全国人大常委会审议国务院关于建设现代综合交通运输体系有关工作情况，栗战书委员长强调城乡无障碍标准体系和设施建设，全国人大常委会正在推进无障碍环境建设立法进程。全国政协召开双周协商会，研究推进无障碍环境建设。

无障碍法规政策顶层制度设计如雨后春笋，多措并举，推进我国无障碍环境高质量发展。《中华人民共和国国民经济和社会发展第十四个五年规划和2035年远景目标纲要》发布，其中提出"加快信息无障碍建设，帮助老年人、残疾人等共享数字生活。""推进新型城市建设，顺应城市发展新理念新趋势，开展城市现代化试点示范，建设宜居、创新、智慧、绿色、人文、韧性城市。提升城市智慧化水平。完善公共设施和建筑应急避难功能。加强无障碍环境建设。""完善社区居家养老服务网络，推进公共设施适老化改造，推动专业机构服务向社区延伸，整合利用存量资源发展社区嵌入式养老。开展儿童友好型城市建设。""保障妇女未成年人和残疾人基本权益，坚持男女平等基本国策，坚持儿童优先发展，提升残疾人关爱服务水平，切实保障妇女、未成年人、残疾人等群体发展权利和机会。完善无障碍环境建设和维护政策体系，支持困难残疾人家庭无障碍设施改造。"《中共中央 国务院关于加强新时代老龄工作的意见》发布，都要求各地将无障碍环境建设和适老化改造纳入城市更新、城镇老旧小区改造、农村危房改造、农村人居环境整治，提升统筹推进。中共中央办公厅、国务院办公厅印发《农村人居环境整治提升五年行动方案（2021—2025 年）》，多部门联合印发《"十四五"公共服务规划》《"十四五"国家信息化规划》《"十四五"推动高质量发展的国家标准体系建设规划》《国家综合立体交通网规划纲要》《关于推进信息无障碍的指导意见》《中共中央 国务院关于加强新时代老龄工作的意见》《无障碍环境建设"十四五"实施方案》《关于推进无障碍环境认证工作的指导意见》《建筑与市政工程无障碍通用规范》《关于加快实施老年人居家适老化改造工程的指导意见》《关于"十四五"推进困难重度残疾人家庭无障碍改造工作的指导意见》等，形成共推之势。

重点关注消除数字鸿沟、平等共享信息，启动"互联网应用适老化及无障碍改造专项行动"，相继印发《关于切实解决老年人运用智能技术困难便利老年人使用智能化产品和服务的通知》《互联网网站适老化通用设计规范》和《移动互联网应用（APP）适老化通用设计规范》等，重点开展为老年人提供更优质的电信服务、开展互联网适老化及无障碍改造专项行动、扩大适老化智能终端产品供给、切实保障老年人安全使用智能化产品和服务四方面 12 项重点工作；加快推进网站和 APP 的适老化、无障碍的改造工作，建立互联网应用适老化及无障碍水平评测体系，组织实施评测结果张榜，反响热烈。

中国残疾人联合会部署推进"十三五""十四五"困难重度残疾人家庭无障碍改造工作，是"十四五"期间国家 102 项重点工程之一。着力消除残疾人家庭生活障碍，改善残疾人居住环境和生活品质，助力残疾人全面发展和共同富裕。残疾人家庭无障碍改造和适老化改造为民造福，誉满口碑。

2 无障碍环境建设政策制度纳入法治保障

全国人大常务委员会通过《中华人民共和国乡村振兴促进法》明确提出："提供便利可及的公共文化服务"和"加强乡村无障碍设施建设"，持续改善农村人居环境。全国人大常委会批准《关于为盲人、视力障碍者或其他印刷品阅读障碍者获得已出版作品提供便利的马拉喀什条约》的决定。《马拉喀什条约》落地中国，长期以来因版权困扰的图书及音像等出版物无障碍格式版的壁垒终于得到突破，更多、更好、更新的图书及音像作品将满足视障群体及其他阅读障碍者的无障碍化需求，让阅读障碍者感受到消除歧视、尊重生命、维护尊严的时代回响。2021 年，国务院残疾人工作委员会办公室会同相关部、委、司、局召开无障碍环境建设立法会商会达成共识；全国人大社会建设委员会将无障碍立法调研列为 2021 年重点工作。在全国两会上有关无障碍方面的提案建议达 20 多项，上海以代表团名义提出为无障碍环境立法的议案。"十四五"开局之年是国家层面无障碍环境建设政策文件频繁出台最多的一年。无障碍环境建设已被纳入国家发展规划，形成国家顶层设计，在乡村振兴、交通强国、脱贫攻坚、老龄化产业、健康中国、完善社区建设、促进旅游业改革发展、国家信息化规划、全国文明单位测评体系及推进基本公共服务均化等规划及政策中都得以有效落实。我国的无障碍环境推进处处彰显党和国家为民办实事的温度和决心。配合人大、政协两会无障碍系列专项咨询，为"两会"无障碍建议议案和提案提供材料，助力将无障碍相关内容纳入"十四五"规划。全国绝大部分地区积极制定无障碍环境建设的法规政策，仅 2021 年就有北京、上海、江苏、重庆、四川、深圳、杭州和雄安新区等地人大常委会为无障碍环境建设管理立法和发布政府令，无障碍法治环境前所未有。

3　无障碍环境建设规范标准置入工作中心

无障碍环境建设的国家标准、地方标准、团体标准以及无障碍导则与指南呼之欲出，犹如井喷。智库单位近年来纷纷参与起草无障碍领域相关政策文件标准导则，包括《中共中央 国务院关于加强新时代老龄工作的意见》《工业和信息化部关于印发互联网应用适老化及无障碍改造专项行动方案的通知》《工业和信息化部办公厅关于进一步抓好互联网应用适老化及无障碍改造专项行动实施工作的通知》《"十四五"信息通信行业发展规划》《提升全民数字素养与技能行动纲要》《"十四五"残疾人保障和发展规划》《Web 信息无障碍通用设计规范》《信息技术互联网内容无障碍可访问性技术要求与测试方法》《移动智能终端信息无障碍通用规范》《信息技术 互联网产品视障者体验测试规范》《互联网网站适老化通用设计规范》《互联网应用适老化及无障碍水平评测体系》等。

参与制定部分地方《无障碍环境建设条例》《公共建筑无障碍设计标准》《建筑与市政工程无障碍通用规范》（强制性规范）《深圳市无障碍设计标准》及建筑构造通用图集《无障碍设施》等的编制、修订工作。参编《粤港澳大湾区无障碍环境系统配套规则导则与行动计划》《清华大学校园总体规划无障碍专项规划》《康复大学无障碍设计任务书》《康复大学通用无障碍环境建设导则》《雄安新区无障碍规划设计导则》《雄安商服中心无障碍专项设计任务书》《北京 2022 年冬奥会和冬残奥会无障碍指南技术指标图册》《杭州市无障碍环境融合设计指南（试行）》《西湖大学校园无障碍规划导则》《西湖大学校园无障碍环境建设指南与图示》《北京市无障碍环境建设标准化图示图集》《残疾人家庭无障碍改造技术手册》《民用机场旅客航站区无障碍系统设计导则》《民用机场无障碍服务指南》《深圳市无障碍城市设计导则》《心智障碍社会服务机构规范化管理与标准化服务评估标准》《重大传染病疫情残疾人防护社会支持服务指南（试行）》《中华经典读本（视障版）》《衢州市无障碍城市设计导则》《导盲犬机构与人员标准》《信息技术 互联网产品视力残疾人体验测试规范》《工业和信息化部 中国残疾人联合会关于推进信息无障碍的指导意见》《推动互联网应用适老化及无障碍普及专项行动实施方案》《银行无障碍环境建设规范图册》《老年人照料设施盲人护理单元建设》《无障碍设施建设技术手册》《既有住区公共设施改造技术规程》《老旧小区综合改造评价标准》《老旧小区居家养老设施适老化改造实施建议》《无障碍标识设计指南及图示》《城市无障碍环境建设专项规划编制指南》《冬残奥会运动项目辅助服装设计导则》《肢体残疾人服装用人体测量的尺寸定义与方法》。

针对效果质量、投入成本、内容质量、实用价值、技术指标、图示图例、实际案例、标准规范提升等创新思路和编写体例，涵盖多面、形式新颖、内容详实、图文并茂，对于进一步提升改造标准质量、满足个性化需求具有指导推进作用。在实践推进项目中，组织智库合作单位开展城市系列设计导则编制，按照不同分类进行无障碍全要素组合的做法实用价值高、可操作性强，创新思路纳入管理和服务内容，对各地城市无障碍环境建设具有积极示范价值。在"畅行畅享"方面，解决残疾人、老年人家居与出行困难，彰显为社会成员平等参与社会生活提供安全便捷、自如舒适的无障碍环境保障的为民情怀。

4 无障碍环境建设特色智库彰显实践效能

全国无障碍环境建设智库单位近百家，凝聚社会多元力量，发挥合作优势，围绕北京冬奥、防控疫情、"十四五"发展、共同富裕等核心问题，承担众多国家重点重大课题研究，在无障碍立法、无障碍人权保障、无障碍民生需求、无障碍文化育人等多领域，创新性地开展无障碍理论研究与社会实践，构建理论研究、实践指导、人才培养、文化推广等综合平台，持续推进无障碍"畅享行动"，促进无障碍智库凝聚力量、转化效能、持续发展。中国建筑学会、中国机场协会创立无障碍专委会，努力打造成为有影响力、有感召力和辐射力的新型特色、专业研究、创新智慧、效能凸显的一流无障碍智库。发挥专业特色长项，推动顶层设计上下联动、统筹整合配合融合实施。

"2020—2021中国经济年会"首次将无障碍环境建设专题纳入；中国建筑科学大会首次设立平行论坛，举办"包容·宜居·健康环境峰会——2021无障碍与适老化联合论坛"；在中国科技大会上强化推进信息科技无障碍建设；在第十四届中国残疾人事业发展论坛上专设"新时代无障碍发展与社会治理"分论坛等。连续第六年在WSIS论坛上就信息公平服务和包容性建设这一议题举办专场会议，"2021信息社会世界峰会信息无障碍主题论坛"提出建立健全推进信息无障碍建设的长效工作机制，中国与各国和地区分享信息无障碍技术和建设经验，帮助更多的信息化落后地区跟上信息无障碍事业的发展步伐，着力解决老年人、残疾人运用智能技术困难，助推信息无障碍全面发展，同国际社会一道不断推动信息化与无障碍环境的深度融合，共同提高老年人、残疾人群体共享信息时代人类文明发展成果。

以"真情服务 畅行无忧"为主题的第六届中国机场服务大会暨2021民用机场无障碍环境建设发展论坛，首次将民用机场无障碍环境建设作为中国机场服务大会的主题，也是中国无障碍环境建设与发展的首次行业专题大会；民航局《民用机场旅客航站区无障碍设施设备配置技术标准》《民用机场旅客航站区无障碍专项设计和设施认证规范》，39家千万级机场向全国同业发出《中国民用机场无障碍环境建设倡议书》，展现打造中国机场无障碍环境精品、推动全社会无障碍环境建设的力度。举办首期民用机场无障碍专项设计定向培训班，将无障碍环境建设在民用机场设计环节落实、落地、落效。

无障碍领域行业盛会——连续数届科技无障碍发展大会举办，"数字融合共享，科技无碍未来"。汇聚社会各界代表，共同探讨数字包容议题，分享科技无障碍领域成果，推动无障碍科技事业发展。"无障碍与未来人居——清华大学融合共享思想力论坛"吸引相关政府部门、联合国机构和国内外的院士、专家、学者针对无障碍发展的意义、目标与路径、创新技术、人才培养等方面进行了深度探讨，获得学术界和公众高度评价。"包容·宜居·健康环境峰会——2021 无障碍与适老化联合论坛"属于"中国建筑科学大会"平行论坛，赢得多方联合支持。"首届中国无障碍法治环境保障论坛"推进中国无障碍环境系统化法治化建设，研讨探求无障碍法治环境建设的目标、路径和方法，寻求提高无障碍法治环境治理能力的科学体系与长效机制，以此推动保障全人群全生命周期无障碍环境的立法进程、法规政策标准制定和效能转化，提升无障碍法治环境治理能力和服务能力现代化。

第 16 届中国信息无障碍论坛暨全国无障碍环境建设成果展示应用推广活动中，设有信息无障碍论坛、城市无障碍设计论坛两个分论坛，迎来全国人大专委会、国家部委、地方残联、高等院校、科研机构、建筑设计单位、社会组织等各界代表 300 余人参与。旨在探索新发展阶段，伴随时代发展、社会进步、科技腾飞所带来的无障碍环境建设方面的新需求、新问题、新思考和新方案，实现高质量发展无障碍、高品质创造新生活的目标。活动征集到一年来无障碍成果 360 余项。首次由住房和城乡建设部科技与产业化发展中心、中国残疾人联合会无障碍环境建设推进办公室联合推介"十三五"期间全国无障碍环境建设优秀成果典型案例 22 项；中国视障文化资讯服务中心等推出年度信息无障碍创新成果案例 20 项。中国信息通信研究院泰尔终端实验室、中国盲人协会、中国视障文化资讯服务中心共建智能终端产品测评联合实验室工作正式启动；哈尔滨市作为国内率先编制双导则的城市实施成效显著。

5 无障碍环境建设课题研究提供智力支撑

为解决无障碍环境建设领域突出问题，进一步提升城市无障碍环境系统化、规范化、精细化水平，专家团队积极配合将无障碍咨询指导工作常态化。开展无障碍公共服务与特殊需求现状研究，建立完善无障碍公共服务体系，推进适老化环境建设研究，推进无障碍服务实用功能研究，参与无障碍设计改造技术手册和导则等编写研讨活动，充分听取有关部委、高校科研机构的专家和协会行业组织、无障碍通用设计研修营残疾人朋友的意见和建议。

完成《加快培育江苏省无障碍战略性新兴产业的政策建议》《武汉市加强无障碍环境建设工作指导意见》《无障碍设施工程建设管理研究》等报告；参与旅游无障碍服务试点、无障碍旅游景区推进、新能源无障碍品牌样车体验与改进、高铁车厢无障碍标准提升、北京老旧小区无障碍改造、园林景观的无障碍"微景观"设计等项目工作，发挥了智库单位专业特长，展现了服务无障碍专项的实力与水平。

开展"无障碍环境建设经济价值"课题研究，首次在中国经济年会上将无障碍环境建设纳入经济发展大局共商共议，推动无障碍经济价值的深度思考与研究；开展无障碍认证机制研究，多家智库团队参与前期准备工作，与国家认证机构合作开展认证工作专题线上、线下培训，在民航等重点行业推进先行先试，与国家认证监管部门有效对接，从无障碍认证模式、制度体系、体制机制、实施路径等方面独辟蹊径，探索首创实施。"促进残疾人共同富裕"等重大主题相关工作包括"全面小康后无障碍社会建设理论与战略研究""残疾人维权体系与机制研究""老年人出行的政策与措施研究""无障碍与残疾人社会融合""积极应对人口老龄化，加快无障碍环境立法""智能环境控制辅具在残障老人健康监护中的应用研究""服务效能与智能的关系研究"，开展面向未来智慧城市空间生产价值及其现代服务效能及无障碍空间规划问题等研究；并与联合国开发计划署开展"安全出行和负责任的旅行"课题研究，及"十三五"国家重点研发计划课题"既有居住建筑公共设施功能提升关键技术研究"等。

无障碍环境建设立法课题研究提上立法日程，召开无障碍环境建设立法研究讨论会，30多家智库单位共同配合，承担"无障碍立法课题研究"项目，加强无障碍立法前期的基础性调研，对法律文本的系统支撑报告等逐项进行了深入研究，明确实现路径，积极提升完善，为无障碍环境建设立法提供理论参考和实践支撑。积极配合全国人大社会建设委员会开展无障碍立法咨询和立法调研，赢得人大常委会百余位常委联名签署。围绕人大和政协代表与委员对于尽快制定无障碍环境建设法加大关切，针对无障碍环境建设目前面临的问题和需求，先后赴十几个地区开展无障碍立法调研，收集城市建设、检察公益诉讼、交通设施、旅游景区、民用机场等无障碍落实情况和典型案例，为推进无障碍立法提供社会实践依据。

与最高检察院深入合作，探索公益诉讼有效机制，推进无障碍公益诉讼以点带面在全国各地实施，扩大、推广媒体无障碍公益诉讼宣传。开展信息无障碍需求调研，配合开展信息无障碍项目实施。国家民航局支持实施大兴机场典型案例推广和机场新无障碍标准宣贯。联合交通科学院赴地方开展交通项目无障碍立法调研。

无障碍环境研究服务全民防疫大局，特殊时期的研究构成特殊的思考，研究内容涉及：《突发事件应对法》有关加入特殊群体保障相关内容的调查研究与建议；应对突发重大公共卫生事件中老年群体的应急管理和保障服务体系建设；国内外无障碍应急疏散保障体系研究；重大公共卫生突发事件下城市社区基层无障碍环境治理研究；推动实现聋人急救报警平台与全国193个急救中心的链接联动；新冠肺炎疫情下对养老建筑设计、无障碍交通服务体系构建以及信息无障碍传递等方面的思考与建议；非常时期关爱盲人不掉队，保障疫情期间服务不掉线；抗击疫情战役中对无障碍环境建设的思考；面对严重疫情为残疾人提供需要等各方面研究。智库单位防疫抗疫专题研究成果累积百余篇，多项研究成果成为国家及省、市级重点课题立项，或发表在国内外核心期刊。汇编成《2020新冠疫情防控无障碍研究汇集》。聚焦疫情中的无障碍人文、无障碍价值和无障碍需求，凝聚专家、学者对疫情防控的无障碍环境研究，探索服务残障人士、老年人等特殊群体的保障和做法，研究成果展现出智库单位为国为民的政治责任与担当，为全民抗击新冠肺炎疫情作出应有贡献，引发反响。

6 无障碍环境建设科技完善信息交流畅通

开展国家重点研发计划"科技冬奥"重点项目"无障碍、便捷智慧生活服务体系构建技术与示范"的课题研究，承担服务冬残奥会六个运动队无障碍系列服装服饰产品研发及推广等。开展了"民用机场母婴室规划建设及设施设备配置标准""北京市无障碍环境建设需求与现状""无障碍环境发展现状研究""无障碍旅游服务机构评价规范——旅行社与饭店""无障碍友好社区建设指南""残障人士无障碍社会服务指南 1.0 版""新时代城市老旧小区无障碍改造规划和发展指南研究""景区无障碍环境建设现状分析与对策研究""无障碍环境建设治理平台创建研究""新建校园无障碍环境建设与研究""无障碍公益诉讼技术服务项目""重点区域无障碍地图信息采集项目""老旧小区无障碍改造技术指南""街道及古城街道无障碍改造技术咨询顾问服务""盲道设置关键技术及发展趋势分析"等专题研究。

开展信息无障碍方面研究包括："面向移动终端的盲文智能数字服务系统研发及应用示范""我国信息无障碍环境建设支持研究报告""我国新型数字鸿沟的成因和解决路径研究""移动互联网应用适老化改造""中老年智能机用户需求研究报告""数字货币的特定用户需求和无障碍设计"等。同时，协同研发畅听无碍 APP、语音转换文字设备，自建手语翻译中心，以远程视频形式为听障人士免费提供各类专业领域的实时手语翻译，支撑调研深圳创建智慧无障碍先行示范区工作等。高品质的数字化产品服务依托领先的多模态识别技术，致力于多款无障碍智能语音通信产品面世，AI 赋能输入法及"爱听助理"，助力 2022 年北京冬奥会、冬残奥会成为史上首个沟通无障碍奥运会。研发众声无障碍输入法、"光明影院"无障碍电影、今声优盒实时字幕机顶盒、人人皆可用的智能终端设计、听障人士无障碍通信产品畅听王卡、钉钉信息无障碍、码上知道——视障人士用药及食品安全智能辅助系统、低视力新型助视解决方案、无障碍智能家居体验馆、"听见 A.I. 的声音"等众多信息无障碍产品和服务，解决老年人、听障人士、视障人士在信息获取中遇到的困难和障碍，共享社会信息成果。聚焦偏远地区居民、文化差异人群等信息无障碍重点受益群体，消除信息消费资费、终端设备、服务与应用三方面障碍，使各类社会群体都能平等、方便地获取、使用信息，初步构建起涵盖设备终端、服务应用等领域的无障碍规范标准体系，显著提升信息技术服务全社会的水平。

中国残疾人联合会、智库合作单位、配合中国盲人协会、中国聋人协会高质量、高品质推进信息无障碍环境建设，让视障群体、听障群体及老年群体都能享受到信息科技发展带来的生活便利，平等、优质、高效地享用信息无障碍成果，推进信息无障碍产品的技术研发和普及应用，全面提升信息无障碍带来的安全感、获得感和幸福感，与我国信通行业专家、信息无障碍需求体验专家联合成立信息无障碍促进委员会及信息无障碍专家咨询工作组，举办信息无障碍需求调研会，对重点、难点、热点问题开展专家咨询和寻求解决方案。

7 无障碍环境建设咨询助力国家重点工程

统筹协调、融合聚合有条件、有专长、有意愿的高校、科研院所，设立无障碍研究机构，融入无障碍智库，开展实践应用研究合作和推广，编制导则、制订规范、专题论证、现场指导、项目跟踪等，主动而为、源头介入、突破难点，积极寻求和培育无障碍环境建设的需求点、普及点、探索点、实践点、提升点和创新点，探索和推进国家无障碍高质量发展机制建设，树立典型、宣讲动员、建立合作，为无障碍环境建设提供智力咨询、人才培育，为国家重点工程无障碍把关定向，为城市提升和专项改造提供支持。

智库专家团队参与国家重点工程与项目聚智献策，具体包括：2022年亚运会和亚残运会场馆、西安"第十四届全国残运会"场馆及主办城市、康复大学、西湖大学、中国人民大学、雄安新区、粤港澳大湾区、海南自贸港区以及北京、杭州、深圳、哈尔滨、海南、张家口等城市无障碍提升行动，为亚洲基础设施投资银行总部办公楼、北京市残疾人服务示范中心——汇爱大厦、北京残疾人之家、浙江省残疾人之家、北京西站、长安商场、王府井商业步行街、北京市政务服务中心六里桥办公区、五棵松地区、东直门交通枢纽、杭州市湖滨商业步行街、雄安创新研究院科技园区、北京北站、北京环球影城主题乐园、石景山区八角街道及古城街道等重点项目提供无障碍咨询指导。对新建、改建、扩建机场的无障碍环境建设给予重点关注、专业指导、专项咨询，组织专家团队为西部地区、福州、厦门、杭州萧山、成都天府、西安咸阳、广州白云、长沙黄花、大连等新建、在建机场进行无障碍专项指导，指导编制机场无障碍专项设计导则，召开专家评审会与研讨会，与多家机场设计单位交流沟通、商讨指导，推进现代化民用机场高质量无障碍环境建设，将好成果、好经验、好做法全面落实在新建、在建机场建设中。对高铁京张线车站、高铁雄安站、北京丰台站、北京北站等进行无障碍专项考察和指导；与交通科学研究院合作，对高铁车站、客运码头、高速公路服务区无障碍环境建设进行专项调研等。指导人大会议中心、政协会议中心无障碍客房改造；承担地方银行无障碍环境示范融合设计、村社区无障碍环境建设设计、市残疾人综合服务中心无障碍环境改造提升服务方案、景区无障碍环境改造提升服务方案等示范场景的设计、施工和技术服务；参与指导体育中心"一场两馆"摸底调查和改造提升行动；开展市区无障碍主题调研；完成城区政务服务中心所属的街道政务服务大厅及全区政务服务中心手语翻译全覆盖，服务"精品示范街区"和"一刻钟无障碍便民服务圈"建设；指导市公共行政服务中心信息无障碍和无障碍卫生间改造提升等。

智库组建专项专家团队，积极参与国家重点工程、重大项目以及城市提升行动中的无障碍规划、技术咨询，与设计单位和管理单位共同精心打磨，形成无障碍环境最佳设计方案，力争让国家工程不留遗憾、不留缺陷、不费时间、不返工拆改，同时降低成本、节约造价，打造重大项目活动无障碍建设样板案例示范，彰显出智库单位的专业实力和联合攻关的合作效力。

8　无障碍环境建设全力服务北京冬奥、冬残奥

　　智库多家团队参与北京 2022 冬奥和冬残奥会场馆的无障碍环境建设，融入智慧，发挥智能，配合将无障碍环境建设纳入规划、建设和验收评估的各个阶段。北京冬残奥会 30 个场馆包括 5 个竞赛场馆和 25 个非竞赛场馆，均通过场地认证，全面具备办赛条件。北京冬残奥村、延庆冬残奥村、张家口冬残奥村、主运行中心等非竞赛场馆已交付使用。所有竞赛场馆和冬奥村、冬残奥村各环节均达到无障碍运行流线清晰顺畅、要求、无障碍设施建设规范标准、可持续及人性化建设目标。冬残奥会竞赛场馆经过运行测试演练，能够满足赛事运行要求。除场馆建设外，冬奥筹办是促进举办城市乃至全国无障碍建设的重要机遇，从城市道路、公共交通、公共服务和信息交流等方面推进举办城市无障碍环境全面提升，不仅可以实现冬奥城市运行的高水平无障碍环境，而且为举办城市留下丰厚的冬奥无障碍遗产。北京、杭州等地推进无障碍环境建设三年行动计划成效显著；筹办北京冬奥会、冬残奥会和杭州亚运会、亚残运会提升无障碍城市设施与信息服务的品质亮点频现。

9　无障碍环境建设促进北京三年行动显著成效

　　据不完全统计，行动推动北京全市范围累计整治、整改无障碍设施点位 28.9 万个，打造了 100 个无障碍的精品示范街区和 900 多个无障碍示范工程等。张家口市推进改造盲道 358.58 千米、无障碍卫生间 680 个，设置无障碍电梯和升降平台 101 处、无障碍公共服务网站 38 个等。实现在所有的冬奥会、冬残奥会工程项目从规划、建设到无障碍工程技术评审鉴定，从北京、延庆到张家口崇礼赛区，处处都融入了无障碍专项技术咨询评审、无障碍专项设计以及无障碍改造设计的指导，无障碍智库专家团队的心血与汗水转化成实效成果。

　　智库专家团队和研修营 4 名成员被北京冬奥会及冬残奥会组委会聘请为北京冬奥会及冬残奥会无障碍体验员，积极配合北京冬奥及冬残奥会组委会对包括相关测试赛场馆、冬残奥村等专项设施的无障碍环境及服务进行体验和建议。北京新起点公益基金会研修营团队配合北京市无障碍专班对 3 个重点区域、4 个重点领域、17 个重点任务进行督导；对北京市涉及冬奥会、冬残奥会赛事的场馆、宾馆、医院等涉奥场所及其周边区域的相关设施，各区、各部门打造的无障碍精品工程、无障碍精品示范街区和一刻钟无障碍便民服务圈，"七小门店"、老旧小区等无障碍重点、难点等群众反应强烈和媒体重点关注的重点项目提供技术指导。

10　无障碍环境建设进校园进课堂创新突破

　　智库合作高校积极推进无障碍通识课程，面向全体学生开设无障碍通识公共选修课，相继开设"通用无障碍导论""无障碍服装概论""信息无障碍"等课

程。《无障碍设计》（修编）、《视觉设计基础》（新编）获批住房和城乡建设部"十四五"规划教材立项，"无障碍通用标识设计试验虚拟仿真实验"项目获"首批国家级一流本科课程"，"无障碍设计"入选高校一流课程，首次开设通识选修课"生活与无障碍设计"；推进信息无障碍高校课程建设及人才培养，编写《信息无障碍》讲义，开展"环境无障碍（通用）设计"国家级线上精品课程建设；"老年照护职业技能等级证书试点项目"等项目深化开展；启动全国注册建筑师继续教育必修教材《通用无障碍设计》编写工作；首创无障碍与人体运动健康科学研究基地落户高校，组建跨学科、跨专业的研究团队，推进校园无障碍建设，为"十四五"无障碍助力健康中国提供学术支持和解决方案。

智库合作高校搭建多个国际学术交流平台，促进无障碍国际交流活动持续不断，与来自联合国世界旅游组织、教科文组织、人居署、康复国际、儿童基金会等国际组织进行跨国别、领域对话，在能力建设和资源共享等方面发挥了积极作用。智库校园单位与哈佛大学、牛津大学、剑桥大学、美国加州伯克利大学、东京大学、悉尼大学等世界一流大学持续开展学术交流。高校无障碍科研队伍不断扩大。

11 无障碍环境建设志愿服务彰显人文情怀

无障碍建筑师志愿使团扩大力量。国家重点工程设计团队、无障碍研修团队、全国无障碍通用设计研修营等相继设立。其中八个无障碍研修团队有：全国无障碍通用设计研修营、大连无障碍通用设计研修班、成都市圆梦无障碍训练营、深圳市无障碍通用设计研修营（筹）、武汉市无障碍通用设计研修营（筹）、清华大学学生无障碍研究协会、中国青少年无障碍使团、浙江大学"有爱的"无障碍学生公益社团，在我国无障碍人才培育领域首开行业无障碍培训之先河，意义影响深远。

共同主办"致敬无障碍发展"年度青年人物风采展示活动，共推出 2021 年"致敬无障碍发展"年度青年人物 10 位、重点关注青年人物 20 位。《中国青年》杂志第 22 期推出专题报道《爱，无障碍》，报道了 10 位年度青年人物的先进事迹和风采故事，引发社会反响。《2021 年无障碍环境建设"星"计划工作方案》开展"无障碍导师心手相牵"品牌活动，组织建筑师沙龙等活动，编写《无障碍建筑师之星风采录》等项目正在同步实施。全国无障碍通用设计研修营一、二期部分营员正参加北京城市如火如荼的"无障碍三年行动"和冬奥会、冬残奥场馆及城市无障碍环境建设验收工作，研修营第三期开展网上在线教学活动。未来研修营将与建筑师无障碍使团开展"无障碍导师心手相牵"活动，培养我国残障人士无障碍专业人才，加强无障碍督导员队伍建设，为无障碍认证奠定人才基础。

12 无障碍环境建设文化自信感染感召社会

在中国建设银行的大力支持和中国青年网、《中国青年》杂志的全程合作下，智库文化宣传力度空前，合作单位积极打造无障碍文化品牌，文化成果丰富多彩。隆重推出《国家无障碍战略研究与应用丛书》（第一、二辑），"无障碍文化丛书"

20部连续荣获"十三五""十四五"两次"国家出版基金支持"和"十三五""十四五"重点书目双奖殊荣；《无障碍环境蓝皮书（2021）》《无障碍环境治理体系构建与实践》《无障碍环境蓝皮书：中国无障碍环境发展报告（2021）》《国家通用手语社区情景微剧》（40集）等。2021年12月30日，全国首部《无障碍环境蓝皮书（2021）》在"畅享无障碍人文大讲堂"上正式发布，引发千万人关注。

智库合作单位无障碍专项图书成果斐然，包括《基层专职委员通用手语500句在线教程》《中国残疾人事业研究报告（2020—2021）》《中国残疾人事业研究报告（2021—2022）》《无障碍出行与服务》《视障高等融合教育理论与实践》《大连理工大学无障碍研究与发展成果展示》《北京2022年冬奥会和冬残奥会残疾人服务知识手册》《江苏城镇老旧小区无障碍环境改造技术指南研究报告》《孤独症谱系障碍与社会融合》《信息无障碍讲义》等。

中国建设银行无障碍文化图书专项资金支持图书应用成效凸显，包括《无障碍文汇（第一、二辑）》《残疾人研究（无障碍专刊）》《中国无障碍环境建设发展报告》《大美无障·爱（第一、二辑）》（上下卷）、《无障碍标识环境设计导则》《2020新冠疫情防控无障碍研究汇集》《无障碍诗歌选》《全国无障碍环境建设成果展示应用推广目录》《全国无障碍环境建设智库发展报告书（2020）》《第14届、第15届中国信息无障碍论坛暨全国无障碍环境建设成果展示应用推广综述集锦》《全国无障碍环境建设智库100件大事（2019年、2020年）》三集、《落言有声无障爱》《十大精品案例图片集》《通用设计在无障碍建筑与环境建设中的应用爱尔兰无障碍建筑设计指南汇编》等。三年来中国建设银行无障碍文化图书专项基金已支持图书出版达30余种。

此外，上海国际康复活动中心（诺宝中心）建成"心视野体验馆"，无障碍电影成果推出"百年百部"制作计划，献礼中国共产党成立100周年；我国内地首部导盲目犬电影《快乐密码》获得广泛关注；我国著名词作家朱海先生为无障碍赋歌，《大美中国无障爱》歌词发布，好评如潮等。配合举办残疾人作家班，推进无障碍文化宣传，由星云文化教育公益基金会资助成功举办首期残疾人作家培训班。来自全国25个省（区、市）的35名视力、听力、肢体学员圆满完成各项学习任务，全面提升了残疾人作家们将无障碍理念文化融入文学灵感与实践意识有机创作中的能力。作家班33万余字的无障碍文化作品已汇集成册，由星云无障碍文化基金赞助出版。

配合星云文化教育公益基金会和中国民用机场协会"第10个全球无障碍宣传日"，联合创作《命运与共 助梦起飞——快闪无障碍》公益宣传片，展现了无障碍事业的文化魅力，展现出残疾人积极乐观、勇于拼搏的自强精神及人们对全球共享"无障·爱"的期盼。快闪在北京、台北、东京、马尼拉、吉隆坡、纽约、巴黎、约翰内斯堡、悉尼、圣保罗全球10座城市同步举行。宣传"无障·爱"、体验"无障·爱"，让无障碍理念走入更多人的心中，以此来为2022年北京冬奥会、冬残奥会预热，让世界了解中国"无障·爱"，让各地运动员，因"无障·爱"而绽放微笑，拥抱充满希望的未来。快闪宣传片得到中国共产党中央委员会宣传部领导好评，连续上亿观众关注，广为展示，成为靓丽的无障碍文化名片。

13　无障碍环境建设宣传推广载体喜闻新颖

新华社、新华网、《人民日报》、人民网、中国网、《光明日报》、中国青年网、未来网、《华夏时报》等多家中央和地方主流媒体全年转载、报道智库重大活动和项目达上百篇，"平等融合、共享发展"无障碍理念广泛宣传，扩大影响，深入人心。智库创办的"无障碍智库"公众号成为集理论交流、课题研究、实践推进、成果展示的专业性公众平台，全年发布文章超1800篇，累计600余万字，自创文章近百篇、近百万字，成为时代性强、理念崭新、高端引领、内容权威、影响广泛的无障碍宣传阵地。智库举办的"畅享无障碍人文大讲堂"得到中新网、光明网、中国青年网、《中国青年》杂志、凤凰网、新浪、搜狐、网易、今日头条等国内各大媒体、网站报道推广，众多媒体公众号转发，鼓舞人心，激发斗志，反响热烈。无障碍文化建设与宣传树立了新时代无障碍环境建设的独特品牌。同时，启动"无障碍技术规范大全大系"研究；出版无障碍专业图书、图册图集、译文译作、文汇专著等；开发纪录片、宣传片、无障碍快闪。歌曲诗歌、公众号等无障碍文化产品丰富多彩；以文化宣传为导向，扩大认知度影响力；以服务需求为动力，以普及推介为导引，宣传无障碍环境正能量。

创办会客厅访谈新模式。会客厅已有11家，创意开展内容多样、富有特色的"无障爱会客厅"活动，先后举办"访谈交通无障碍畅行、无障碍之路：从有形到无形""畅谈新时代的无障碍立法""认证专家走进畅享会客厅——探索无障碍认证机制""推进无障碍高质量建设"等10余场访谈活动。各地会客厅助力"畅享无障碍人文大讲堂"活动，扩大了收视率和品牌活动影响，发挥会客厅的示范、引导、展示、交流功效和作用，为推进无障碍立法、无障碍认证作出很好的宣传普及，提升智库单位和各地无障碍机构组织的理念意识。

举行以"大美无障碍、人文无障爱"为主题的"全国首次无障碍设施设计十大精品图片展"，持续推动精品带动效应。图片展精选全国首次无障碍设施设计十大精品案例图片共42幅，全部采用大幅画面呈现加配诗点评的方式，突出无障碍设计特色与理念，彰显无障碍精准、精细、精美设计的实用性、多样性和人文价值。"十大精品"案例图片突出无障碍专项设计亮点和精美艺术呈现，示范复制效应持续。

建立无障碍文化示范基地，带动推进示范。以无障碍环境建设为善缘书舍服务切入点，以"生命书店"为定位，用特殊人群的文化作品救助、鼓励特殊人群，影响更多的人热爱生命、珍惜生命。"无障·爱"文化基地配合举办多期"致敬生命"系列沙龙活动，广泛宣传无障碍人文理念与民生价值。

中国建设银行与智库共同打造的"劳动者港湾·无障碍家园"展区亮相中国国际福祉博览会暨中国国际康复博览会，成为一道独特的风景。"劳动者港湾·无障碍家园"展区包括四大板块："劳动者港湾"品牌项目推介及系列成果展示，无障碍智库系列无障碍文化图书成果展示，中国盲文图书馆无障碍影视、图书产品及助盲系列电子设备展示，"无障碍智慧家园"系列智能产品和无障碍城市、无障碍街区、无障碍家庭建设方案样板示范及现场技术指导。为参观者提供了全方位、全领域、全息化的无障碍信息及指导服务。展区搭建了无障碍高端智能与基层无障碍推进者、设计者、施工者沟通交流及指导的专业化技术平台，成效突出。

与映客互娱集团联合承办，全国各地 11 家无障碍会客厅协办的"畅享无障碍人文大讲堂"系列活动成功举办。共开展 6 场大讲堂直播活动，主题分别为：畅享无障碍法规与政策、畅言无障碍人文价值、畅视无障碍法治治理、畅谈无障碍信息交流、畅导无障碍文化传播、畅往无障碍美好愿景。同期还举行全国首部《无障碍环境蓝皮书（2021）》发布解读和专家访谈活动，共有 51 位无障碍专家、教授和行业推动者参与分享。映客直播联合凤凰新闻、中国网、一点资讯、哔哩哔哩几家平台进行全程直播。6 场大讲堂累计在线观看人数突破千万，整体覆盖人群近 8000 万，创下了无障碍文化宣传普及史上新纪录，开创了我国无障碍文化全民普及网络直播宣讲的先河。这是我国无障碍环境建设史上一件值得庆贺的大事，也是无障碍环境研究专业委员会发挥智库效能与新媒体融合创新推广无障碍的一次有益尝试，更是映客直播间自开播以来首个助推我国无障碍事业高品质文化传播的大型爱心志愿公益行动。同时，大讲堂系列活动得到全国几十家主流媒体的热情关注，进行跟踪报道，带来的社会文明引领价值、新媒体舆论宣传正能量的导向价值不可估量。

14　无障碍环境建设理念意识引发感悟

公共行业、科研高校、社会组织、科技研究、智库机构涌现，机场行业、高铁设施、城市更新、老旧小区改造提升、精品宜居社区打造、无障碍检察公益诉讼、老楼装配电梯等建设不断推进，国家三大电信运营商以及科大讯飞、腾讯、映客等互联网行业等在无障碍环境领域呈现出波澜壮阔的无障碍人居大美画卷。全国首次"无障碍设计设施十大精品案例"亮点纷呈，示范效应不断；首次隆重推出《无障碍优秀典型案例 22 项》和《信息无障碍优秀案例展示 20 项》引发业内反响，成为示范标杆。无障碍的文化传播日益深入人心，无障碍环境建设呈现出势如破竹、方兴未艾的良好态势。

我们应当看到，一方面，无障碍成绩显著，处处皆有、事事皆为；另一方面，无障碍也缺憾不少，身边还有许多无障碍的"急难愁盼"。这主要是由于无障碍元素没有按照标准规范置入、纳入、融入所有的设计、设施和信息配置之中，没有真正地超前部署、相伴而行，实施无障碍的文明意识仍然不够自觉，无障碍的整体普及不足，无障碍的规范标准执行得不够到位，无障碍成品质不高，精细度不到位。由于无障碍环境的特质，决定其属性必须要遵循全链条、全系统、全方位的科学严谨的流程流线，必须要从源头着手予以治理，即规划前置、设计先行、全程咨询、过程监督、体验检验、验收评估等为其必备程序。只有无障碍提前预设、高标准实施，才会高质量完备、高品质享用，完善、完美的无障碍场景应用才会发挥更大的、不可替代的人文价值、社会效能和经济效益。无障碍环境建设是一项系统工程，需要一体化布局、一元化整合、一条线流程、一条龙配置、一站式检验，一步到位一招鲜，一劳永逸一贯先。无障碍环境建设只要做到源头植入、意识成形、行为自觉、习以为惯、信手拈来，就会精准精细、质量可观，无障碍环境文化美育就可以提升价值、广为传播，大美无障碍的人文宜居美丽环境就可以高质量、高品质、高效能地得以呈现。

无障碍被誉为一个社会的文明地标线和测温计。残疾人对无障碍环境的期盼、感悟和情感具有最深刻的体验。曾经的无障碍环境建设默默无闻，曾经的无障碍环境建设走过弯路，曾经的无障碍环境建设被束之高阁，曾经的无障碍环境建设被不屑一顾。以往在有障碍的环境中，残疾人无奈只能窝在家里生活，被迫、被动地适应这个狭小环境，处处事事只能对付、将就或克服，犹如井中之蛙般孤独，感觉生活无趣、生命乏味、生存无望，产生环境和心理精神的双重障碍，自然导致了残疾人在平等参与、融合共享方面的缺失缺憾。

无障碍环境建设不仅与残疾人相关，还与每个人密切相关。如今，无障碍环境建设惠及社会全体成员，已成为人们的共识。无障碍环境建设的货真价实显而易见：可以避险、避难，挽救生命，因可避免拆建返工、降低造价节约资金、转化效能创造效应而价值无限，可以起到防火栓、灭火器、救生衣、救心丸等功能、效能。残疾人对无障碍环境的依赖感和依存度十分显著，甚至是需要终生相伴；老龄人在某一个阶段也会对无障碍环境和适老化的需求度剧增。日常生活中，妇女、儿童、孕妇、伤患或是负重者都可以对无障碍环境随时可需、急时可用、用时自如。可以说，把无障碍环境比喻为人体的毛细血管恰如其分，其独特的作用和非凡的价值不言而喻。无障碍设施犹如每处场所必配的消防灭火器一样，随时需要时就随时可派上用场，何时需用就随时可用，立马能用、信手好用。好的无障碍环境就是不用则已，一用可行、随时可用、立马好用，真正达到"听得见、看得着、行得通、用得好"的实际效果。无障碍环境虽往往被忽略，但人们一到需要时就会想到无障碍环境、需要无障碍环境，现实表明无障碍环境是有价值、有温度、有颜值、有品质，更是有情怀的。

我们常说，当一座城市的老年人自由自在、儿童车活动安全、坐轮椅者行动无碍、视听障碍者交流自如，这种情景是多么地令人惬意和向往，这才是一个美丽宜居、文明人文的大爱温暖城市。无障碍环境是我们心灵沟通的媒介，无障碍环境是我们的温暖之家，无障碍环境是我们的安全港湾，无障碍环境也是我们的心灵驿站，无障碍环境是我们最美好的宜居家园。无障碍环境越来越显示出它应有的本质魅力和卓越价值，无障碍环境越来越让人们感到可敬可爱，无障碍环境与所有人相影相形、相伴相融，无障碍环境助力梦愿景，无障碍环境释放永恒爱。失去之物方感珍惜，平时不能等需要的时候才想起无障碍环境，一旦有缺失或是不尽到位就会留下遗憾。

随着我国进入新阶段、贯彻新发展理念、构建新发展格局，无障碍环境建设得到越来越多的重视，功能家喻户晓，成绩有目共睹，成效比比皆是。如今，我们欣慰地看到，"十三五"以来近千万残疾人和老龄人家庭得到了无障碍和适老化改造，解决了困境，解除了烦恼，解放了家人，堪称无障碍环境建设的历史奇迹。社区、街区环境的无障碍使人们生活安全便捷、自如自在；交通设施的无障碍助人自由出入、畅行无阻；旅游景区的无障碍令人饱览旖旎风光、心情舒畅；信息交流的无障碍帮助视听障碍者绽放空间、放飞心灵。原来残疾人花前月下相亲恋爱时无奈需要有"第三者"陪伴，如今即便是夫妻都坐着轮椅或视听有障碍，都可以自由漫步、牵手漫游。特别是，残疾人对无障碍的权利意识日益觉醒，无障碍环境和广阔空间给社会成员，也给残疾人自身带来平等参与、融合共享社会美好生活的机遇与条件，残疾人追求美好生活的信心与希望得到放大。原来全国仅有几十位残疾人督导员，现在已有数千人在志愿参与无障碍环境的体验与督导。无障碍环境建设研修营培养的4位残疾人受聘为北京冬残奥会组委会无障碍环境体验辅导员，结束了以往中国举办国际重大残疾人体育赛事请外国残疾人无障碍专家来华指导检验的历史，令人欣喜。成千上万的残疾人权利意识觉醒，主动融入，加入到推进无障碍环境建设的洪流中，体验追求梦想、创造人生价值，他们也成为推进无障碍环境建设的主力军和生力军。

尽管无障碍环境的现实需求、布局业态、推进趋势以及实施力度都呈现出前所未有的态势和超越以往的成效，但是无障碍环境建设现在也进入爬坡过坎、攻坚拔寨、创新突破、超越卓越的新阶段，需要以新发展理念调整策略、更新观念、改变思维，现实需要、责任驱使、形势倒逼我们"坐着说不如站着行、跑着推"。现在的关键点在于以持续恒久的工匠精神，用心用情、用诚用劲，更加扎实、更加深入、更加务实，全系统流程、全方位过程、全链条闭环，将无障碍的设计、设施、施工及信息文化服务等举措和行动落实、落细、落地、落到位，真正将无障碍环境建设成果谱写大地、扎根土壤、转化效能。尤其是在意识理念、行为自觉、逻辑程序、方法路径上需要下更大、更加科学的软功、硬功和苦功。现在建筑设计领域倡导的"前策划、中监督、后评估"就体现出一套科学、规范、实效的价值体系。我们应当以一往无前的奋斗姿态推动无障碍环境建设，加快立法进程、强化政策落地、制度有效实施。

我从事无障碍环境建设30余年，深刻感受到无障碍环境建设虽然算不上是惊天动地的突出行业，也谈不上是轰轰烈烈的惊人举动，可以说名不见经传、无声无息，但其朴实而无华、处处皆可为。往昔的一寸台阶曾使我多次摔伤骨折，甚至险些丧命，我更是切身感受到无障碍环境就是人的生命线，我们把无障碍环境视为永恒的生活品质实至名归。无障碍环境建设引以为荣的就是前人栽树、后人乘凉、甘作铺路石的幸福工程和文明象征。每年都有上百位全国人大代表和全国政协委员为无障碍环境呼吁，可谓无障碍环境建设人人皆为、可亲可爱，推进无障碍环境建设家喻户晓、人人为责。这正是前辈们往日艰辛奠定基础并激情拼搏，历经三十几年不遗余力持续推进而终于集中爆发的相当可观的喜人态势，令我们颇感欣慰、引为自豪，更感责任艰巨、使命光荣。我们期盼有一天，社会生活和事业发展的一切全部都自然、必然地融入了无障碍环境建设，"无障碍"这个词汇仅被定格在词典里，那就是我们追求不懈的目标。

我从事无障碍事业，越做越热爱、越做越投入、越做越有价值成就感和存在愉悦感，所以始终坚守、矢志不渝、欲罢而不忍，未来也必将与奋斗无障碍事业相伴终生、追求毕生。我在多年参与推动无障碍体验与实践中粗略提炼出的一点体验如下。

（1）无障碍设计流程

先行策划融咨询，过程审查深度论；纳入评审纠偏颇，深化设计品质蕴；化整为单细而精，优化环节解疑困；阶段认证强规标，体验评估信誉俊；前期源头置入先，中期监督效能准；后期监管闭环灵，全程圆满匠神韵。

（2）无障碍设计10逢

逢棱必圆，逢台必坡，逢陡必缓，逢滑必涩，逢沟必填，逢隙必合，逢差必零，逢碍必除，逢险必免，逢错必纠。

（3）无障碍标识10逢

逢小必大，逢低必高，逢近必远，逢暗必明，逢淡必艳，逢密必疏，逢旧必新，逢缺必全，逢繁必简，逢景必标。

15　结语

回首往昔，初心永恒，激情满怀。我们步履坚定、脚踏实地，好事多多、大事连连，创意无穷、创新不断，书写历史、成果斐然。我国无障碍事业起航新征程，融入社会发展、贴近百姓民生、服务北京冬奥、改善城乡品质，以前所未有的速度向前发展，向世界展示了中国行动、中国智慧、中国成就和中国方案。中国无障碍发展史上的每一点进步，都留下智库人辛勤耕耘的足迹，每一个向前发展的里程，都有无障碍践行者同行相伴的身影，身体力行、丰厚功力，已成为久久为功的动力源泉，家国天下，与有荣焉。

展望未来，使命荣光，任重道远。新的一年开启崭新一页，我们深化学党史、悟思想、办实事、开新局，高质量推进"十四五"乃至未来无障碍环境建设发展，以人民为中心，以民生大计为根本，慎终如始地展现无障碍智库责任担当；高质量推进无障碍环境建设，广泛聚合社会优势资源，服务国家重点工程和重大项目，为美丽中国、健康中国、乡村振兴、城市更新、幸福社区等国家战略聚智汇力，不断提升人民群众生活的安全感、获得感和幸福感；助力共同富裕示范区建设，以共建共享中国无障碍展示平台为抓手，以新时代文明实践中心为载体，立足志愿服务人文基地，以无障碍环境建设的优异成绩迎接党的二十大胜利召开！

当前，我们已开启全面建设社会主义现代化国家新征程，国家"十四五"规划和2035年远景目标纲要对无障碍未来的发展愿景令我们期待无比，促我们砥砺无限。叙说无障碍，一时说不完；曾经因障碍，我们失去爱；缺失无障碍，一切都皆无；昨日无障碍，我们收获爱；如今无障碍，我们创造爱；拥抱无障碍，一切可未来；明天无障碍，大美无限爱。无障碍是有文化品位的，无障碍是有温度的，无障碍是有颜值的，无障碍可亲可爱、无处不见、可触可摸；无障碍不是高不可攀、深不可测，无障碍也不是一朝一夕、唾手可及，无障碍需要艰苦成行、踔厉奋斗，更需要以愚公移山、挖山不止的精神，精雕细刻工匠打磨，方能久久为功、日见成型。曾经的无障碍令人太期待，如今的无障碍已经多呈现，未来大美无障碍，需要人人都关注，人人尽参与，一切可如愿。